北大社“十三五”职业教育规划教材
高职高专土建专业“互联网+”创新规划教材

建筑工程施工技术

（第三版）

主　编　钟汉华　季翠华　董　伟
副主编　项海玲　周卫文　胡小敏　杜　鹏
参　编　梁晓军　田　健　余丹丹
　　　　张晓琳　邵元纯　王忠发　段美龄
主　审　张亚庆

北京大学出版社
PEKING UNIVERSITY PRESS

内容简介

本书是按照高等职业教育土建施工类专业的教学要求，以国家现行建设工程标准、规范和规程为依据，以施工员、二级建造师等职业岗位能力的培养为导向，根据编者多年的工作经验和教学实践，在前两版教材的基础上修改、补充编纂而成。本书对房屋建筑工程施工工序、工艺、质量标准等做了详细的阐述，坚持以就业为导向，突出实用性、实践性；吸取了建筑施工的新技术、新工艺、新方法，其内容的深度和难度符合高等职业教育的特点，重点讲授理论知识在工程实践中的应用，培养高等职业学校学生的职业能力；内容通俗易懂，叙述规范、简练，图文并茂。全书共分7个单元，包括土方工程施工、地基与基础工程施工、砌体工程施工、钢筋混凝土结构工程施工、钢结构工程施工、防水及屋面工程施工、装饰工程施工。

本书内容具有较强的针对性、实用性和通用性，既可作为高等职业教育土建类各专业的教学用书，也可作为建筑安装企业各类人员的学习参考用书。

图书在版编目(CIP)数据

建筑工程施工技术/钟汉华，季翠华，董伟主编．—3版．—北京：北京大学出版社，2016.11

(高职高专土建专业“互联网+”创新规划教材)

ISBN 978-7-301-27675-4

Ⅰ．①建…　Ⅱ．①钟…②季…③董…　Ⅲ．①建筑工程—工程施工—高等职业教育—教材　Ⅳ．①TU74

中国版本图书馆CIP数据核字(2016)第255473号

书　　名　建筑工程施工技术（第三版）
　　　　　JIANZHU GONGCHENG SHIGONG JISHU
著作责任者　钟汉华　季翠华　董　伟　主编
策划编辑　杨星璐
责任编辑　伍大维
数字编辑　孟　雅
标准书号　ISBN 978-7-301-27675-4
出版发行　北京大学出版社
地　　址　北京市海淀区成府路205号　100871
网　　址　http://www.pup.cn　新浪微博：@北京大学出版社
电子信箱　pup_6@163.com
电　　话　邮购部010-62752015　发行部010-62750672　编辑部010-62750667
印 刷 者　北京鑫海金澳胶印有限公司
经 销 者　新华书店
　　　　　787毫米×1092毫米　16开本　30.00印张　707千字
　　　　　2009年3月第1版
　　　　　2013年1月第2版
　　　　　2016年11月第3版　2021年6月第8次印刷
定　　价　66.00元

未经许可，不得以任何方式复制或抄袭本书之部分或全部内容。

版权所有，侵权必究

举报电话：010-62752024　电子信箱：fd@pup.pku.edu.cn

图书如有印装质量问题，请与出版部联系，电话：010-62756370

第三版前言

本书是根据高等职业教育土建类专业人才培养目标，以施工员、二级建造师等职业岗位能力的培养为导向，同时遵循高等职业院校学生的认知规律，以专业知识、职业技能、自主学习能力及综合素质培养为课程目标，紧密结合职业资格证书中相关的考核要求来确定本书内容的。本书根据编者多年的工作经验和教学实践，在前两版教材的基础上修改、补充编纂而成。

建筑工程施工技术是一门实践性很强的课程。为此，本书始终坚持“素质为本、能力为主、需要为准、够用为度”的原则进行编写。在内容上，本书对土方工程、地基与基础工程、砌体工程、钢筋混凝土结构工程、钢结构工程、防水及屋面工程、装饰工程等土建工程施工工艺做了详细阐述，并结合我国建筑工程施工的实际精选内容，力求理论联系实际，注重对学生实践能力的培养，突出实用性和针对性，以满足学生学习的需要。同时，本书还在一定程度上反映了国内外建筑工程施工的先进经验和技术成就。

本次再版，是在前两版教材的基础上，通过收集前两版教材使用者的意见而修订和提升的，增加了基坑施工的篇幅，对地基与基础工程大部分内容进行了修订，增加了工程案例，并依据最新施工及验收规范要求对全书进行了修订。本书建议安排60～80学时进行教学。

针对“建筑工程施工技术”教材的特点，为了使学生更加直观地认识和了解建筑工程施工工艺过程，也方便教师教学讲解，编者以“互联网＋”教材的模式开发了本书配套的APP客户端，学生通过扫描封二中所附的二维码进行下载，APP客户端通过虚拟现实的手段，采用全息识别技术，应用3ds Max和Sketch Up等多种工具，将书中的图形转化成可360°旋转、无限放大和缩小的三维模型；在书中相关知识点的旁边，以二维码的形式添加了作者积累整理的动画、视频、图片、图文、规范等资源，学生可在课内外通过扫描二维码来阅读更多学习资料。此外，编者也会根据行业发展情况，不定期更新二维码链接资源，以便使教材内容与行业发展结合更为紧密。

本书由湖北水利水电职业技术学院钟汉华，重庆建筑工程职业学院季翠华，湖北水利水电职业技术学院董伟担任主编；湖北水总水利水电建设股份有限公司项海玲、周卫文，湖北水利水电职业技术学院胡晓敏，天津城市建设管理职业技术学院杜鹏担任副主编；湖北浩川水水电工程有限公司梁晓军、田健，湖北水利水电职业技术学院邵元纯、余丹丹、王中发，武汉上智职业培训学校张晓琳，天津城市建设管理职业技术学院段美龄担任参编；武汉市城建工程有限公司张亚庆担任主审。本书具体编写分工如下：单元1由钟汉华、董伟编写；单元2由季翠华、杜鹏编写；单元3由张晓琳、段美龄编写；单元4由梁晓军、田健编写；单元5由胡晓敏编写；单元6由余丹丹、邵元纯编写；单元7由项海玲、周卫文、王中发编写。

另外，本书还参考和引用了许多相关专业文献和资料，未在书中一一注明出处，在此对这些文献和资料的作者表示衷心的感谢。

由于编者水平有限，加之时间仓促，书中难免存在不妥之处，恳请广大读者与同行批评指正。

【资源索引】

编　者

2016年9月

CONTENTS

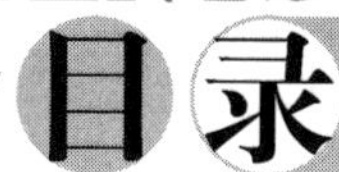

单元1

土方工程施工

教学目标

了解土的组成和结构；熟悉土的物理性质、土的工程分类和土的鉴别方法；熟悉土方调配原则和土方调配方案的编制，掌握基坑、基槽土方量的计算方法，能够用方格网法或断面法正确计算土方工程量；了解流砂发生的条件及防止措施，熟悉集水井降水法的工艺要求，掌握轻型井点降水井点的布置、施工工艺；熟悉土壁塌方的原因、影响土方边坡的因素和土壁支撑方法，掌握常用土方施工机械的性能、特点、适用范围及提高生产率的方法，能够根据土方开挖方式合理选择施工机械；正确选择地基回填土的填方土料及填筑压实方法，能分析填土压实的影响因素；掌握土方工程冬期和雨期施工措施。

教学要求

能力目标	知识要点	权重
熟悉土的工程性质；掌握土方的种类和鉴别方法	土方的种类和鉴别	10%
掌握基坑、基槽、场地平整土方量的计算方法；熟悉土方调配原则和土方调配方案的编制	土方工程量的计算	20%
熟悉土方开挖前施工准备工作内容；掌握土壁塌方的原因和土壁支撑方法，针对土方开挖方式正确选择施工机械	土方施工	30%
了解土料填筑的要求；熟悉压实功、含水量和铺土厚度对填土压实的影响；掌握填土压实方法技术要求	土方的填筑与压实	10%
熟悉深基坑支护、降排水方法；掌握支护方式、轻型井点布置和施工工艺	基坑支护、降水、排水方法	20%
了解地基土的保温防冻方法；掌握土方工程冬期和雨期施工措施	土方工程冬、雨期施工	10%

引 例

某大厦为钢筋混凝土框架-剪力墙结构，建筑面积 7630m^2。地上 32 层，地下 3 层，基底标高－14.28m，基坑开挖深度－12.8m。根据岩土工程勘察报告，土层可分为两层：人工堆积层和第四季沉积层。拟建场区内地表以下的地下水，按含水层埋藏深度和地下水位高程划分为 3 层：上层滞水（埋深 4.30～5.40m）、层间潜水（埋深 15.32m）和潜水（埋深 21.70～23.40m）。基坑北面边坡场地较宽阔，西面边坡的北段距离商场约为 3.5m，南段距离住宅楼 2.3m，东面边坡临近学校间距约为 3.5m。

思考：(1) 基坑土方量如何计算？

(2) 基坑支护方案。

(3) 基坑土方开挖方式与机械选择。

知 识 点

土方工程是建筑工程施工中的主要工种之一。常见的土方工程有场地平整、基坑（基槽）与管沟开挖、地坪填土、路基填筑及基坑回填等。土方工程施工包括土（石）的挖掘、运输、填筑、平整和压实等主要施工过程，以及排水、降水和土壁支撑等准备工作与辅助工作。土方工程量大，施工条件复杂，施工中受气候条件、工程地质条件和水文地质条件影响很大，因此施工前应针对土方工程的施工特点，制定合理的施工方案。

课题 1.1　土的基本性质

1.1.1　土的组成

土是一种松散的颗粒堆积物，它是由固体颗粒、液体和气体三部分组成。土的固体颗粒一般由矿物质组成，有时含有胶结物和有机物，该部分构成土的骨架。土的液体部分是指水和溶解于水中的矿物质。空气和其他气体构成土的气体部分。土骨架间的孔隙相互连通，被液体和气体充满。土的三相组成决定了土的物理力学性质。

1. 土的固体颗粒

土骨架对土的物理力学性质起决定性的作用。分析研究土的状态，就要研究固体颗粒的状态指标，即固体颗粒的大小及粒径级配、固体颗粒的成分、固体颗粒的形状。

1）固体颗粒的大小及粒径级配

土中固体颗粒的大小及其含量，决定了土的物理力学性质。颗粒的大小通常用粒径表示。实际工程中常按粒径大小分组，粒径在某一范围之内的分为一组，称为粒组。粒组不同其性质也不同。常用的粒组有：砾粒、砂粒、粉粒、黏粒。以砾粒和砂粒为主要组成成分的土称为粗粒土；以粉粒和黏粒为主的土称为细粒土。各粒组的具体划分和粒径范围见表 1－1。

表 1-1 土的粒组划分方法和各粒组土的特性

粒组统称	粒组划分		粒径范围 d/mm	主要特性
巨粒组	漂石（块石）		d>200	透水性大，无黏性，无毛细水，不易压缩
	卵石（碎石）		200≥d>60	透水性大，无黏性，无毛细水，不易压缩
粗粒组	砾粒	粗砾	60≥d>20	透水性大，无黏性，不能保持水分，毛细水上升高度很小，压缩性较小
		中砾	20≥d>5	
		细砾	5≥d>2	
	砂粒	粗砂	2≥d>0.5	易透水，无黏性，毛细水上升高度不大，饱和松细砂在振动荷载作用下会产生液化，一般压缩性较小，随颗粒减小，压缩性增大
		中砂	0.5≥d>0.25	
		细砂	0.25≥d>0.075	
细粒组	粉粒		0.075≥d>0.005	透水性小，湿时有微黏性，毛细水上升高度较大，有冻胀现象，饱和并很松时在振动荷载作用下会产生液化
	黏粒		d≤0.005	透水性差，湿时有黏性和可塑性，遇水膨胀，失水收缩，性质受含水量的影响较大，毛细水上升高度大

2）固体颗粒的成分

土中固体颗粒的成分绝大多数是矿物质，或有少量有机物。颗粒的矿物成分一般有两大类，一类是原生矿物，另一类是次生矿物。

3）固体颗粒的形状

原生矿物的颗粒一般较粗，多呈粒状；次生矿物的颗粒一般较细，多呈片状或针状。土的颗粒愈细，形状愈扁平，其表面积与质量之比愈大。

对于粗颗粒，比表面积没有很大意义。对于细颗粒，尤其是黏性土颗粒，比表面积的大小直接反映土颗粒与四周介质的相互作用，是反映黏性土性质特征的一个重要指标。

2. 土的液体部分

土中液体含量不同，土的性质也不同。土中的液体一部分以结晶水的形式存在于固体颗粒的内部，形成结合水；另一部分存在于土颗粒的孔隙中，形成自由水。

1）结合水

在电场作用力范围内，水中的阳离子和极性分子被吸引在土颗粒周围，距离土颗粒越近，作用力越大；距离越远，作用力越小，直至不受电场力作用。通常称这一部分水为结合水。其特点是包围在土颗粒四周，不传递静水压力，不能任意流动。由于土颗粒的电场有一定的作用范围，因此结合水有一定的厚度，其厚度首先与颗粒的黏土矿物成分有关。在黏土矿物中，由蒙脱石组成的土颗粒，尽管其单位质量的负电荷最多，但其比表面积较大，因而单位面积上的负电荷反而较少，结合水层较薄；而高岭石则相反，结合水层较厚；伊利石介于二者之间。

结合水的厚度还取决于水中阳离子的浓度和化学性质，如水中阳离子浓度越高，则靠近土颗粒表面的阳离子也越多，极性分子越少，结合水层也就越薄。

2）自由水

不受电场引力作用的水称为自由水。自由水又可分为毛细水和重力水。

毛细水分布在土颗粒间相互连通的弯曲孔道中。由于存在水分子与土颗粒之间的附着力和水、气界面上的表面张力，所以地下水将沿着这些孔道被吸引上来，从而在地下水位以上形成一定高度的毛细管水带。它与土中孔隙的大小、形状、土颗粒的矿物成分及水的性质有关。

在潮湿的粉、细砂中，由于孔隙中的气体与大气相通，孔隙水中的压力也小于大气压力，此时孔隙水仅存于土颗粒接触点周围。

3. 土的气体部分

在非饱和土中，土颗粒间的孔隙由液体和气体充满。土中气体一般以两种形式存在于土中：一种是四周被颗粒和水封闭的封闭气体；另一种是与大气相通的自由气体。

当土的饱和度较低，土中气体与大气相通时，土体在外力作用下，气体很快从孔隙中排出，土的强度和稳定性提高。当土的饱和度较高，土中出现封闭气体时，土体在外力作用下，体积缩小；外力减小，则体积增大。因此，土中封闭气体增加了土的弹性。同时，土中封闭气体的存在还能阻塞土中的渗流通道，减小土的渗透性。

1.1.2 土的结构

土的结构主要是指土体中土粒的排列与连接。土的结构有单粒结构、蜂窝结构和絮状结构（图 1.1），蜂窝结构和絮状结构又称海绵结构。

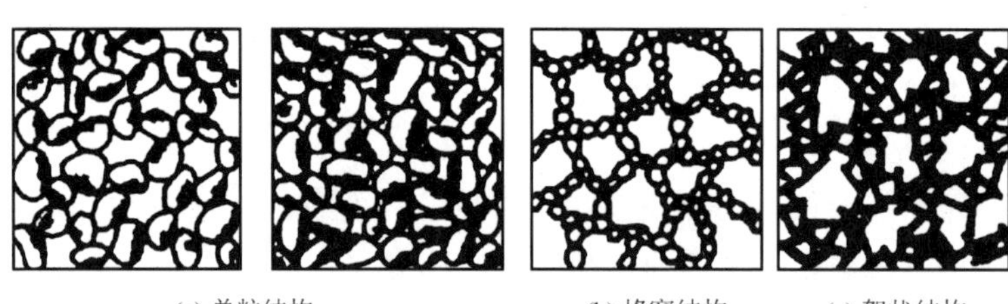

(a) 单粒结构　(b) 蜂窝结构　(c) 絮状结构

图 1.1　土的结构

1. 单粒结构

单粒结构是无黏性土的基本组成形式，由较粗土粒如砾石、砂粒在重力作用下沉积而成，如图 1.1(a) 所示。土粒排列成密实状态时，称为紧密的单粒结构，这种结构土的强度大、压缩性小，是良好的天然地基。反之，当土粒排列疏松时，称为疏松的单粒结构，因其土的孔隙大，土粒骨架不稳定，未经处理，不宜作建筑物地基。因此，以单粒结构为基本结构特征的无黏性土的工程性质主要取决于土体的密实程度。

2. 蜂窝结构

蜂窝结构主要是由较细的土粒（粉粒）组成的结构形式。其形成机理为：当粉粒在水中下沉碰到已经沉积的土粒时，由于粒间引力大于其重力，而停留在接触面上不再下沉，逐渐形成链环状单元。很多这样的链环状单元联结起来，便形成了孔隙较大的蜂窝结构，如图 1.1(b) 所示。蜂窝结构是以粉粒为主的土所具有的结构形式。

3. 絮状结构

絮状结构是由黏粒集合体组成的结构形式。其形成机理为：黏粒能够在水中长期悬浮，不因重力而下沉，当悬浮液介质发生变化时（如黏粒被带到电解质浓度较大的海水中)，土粒表面的弱结合水厚度减薄，黏粒相互接近便凝聚成类似海绵絮状的集合体而下沉，并和已沉积的絮状集合体接触，形成孔隙较大的絮状结构，如图 1.1(c) 所示。絮状结构是黏性土的主要结构形式。

蜂窝结构和絮状结构的土中存在大量孔隙，压缩性高，抗剪强度低，但土粒间的联结强度会由于压密和胶结作用而逐渐得到加强，称为结构强度。天然条件下，任何一种土类的结构都不是单一的，往往呈现出以某种结构为主，混杂各种结构的复合形式。此外，当土的结构受到破坏和扰动时，在改变了土粒排列的同时，也不同程度地破坏了土粒间的联结，从而影响土的工程性质，对于蜂窝结构和絮状结构的土，往往会大大降低其结构强度。

1.1.3 土的物理性质指标

如前所述土是三相体，是由土的固体颗粒、水和气体三相体组成，随着土中三相之间的质量与体积的比例关系的变化，土的疏密性、软硬性、干湿性等物理性质随之变化。为了定量了解土的这些物理性质，就需要研究土的三相比例指标。因此，所谓土的物理性质指标就是表示土中三相比例关系的一些物理量。图 1.2 所示为土的三相简图。

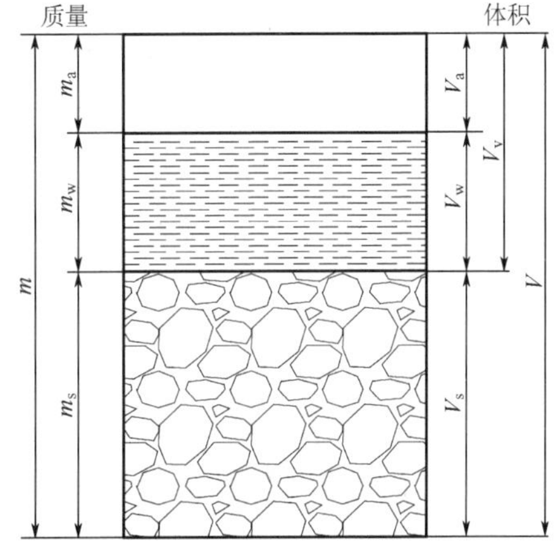

图 1.2 土的三相简图

图 1.2 中符号的意义如下。

m_s——土粒质量；

m_w——土中水质量；

m_a——土中气体质量（$m_a \approx 0$）；

m——土的总质量，$m=m_s+m_w+m_a$；

V_s——土粒体积；

V_w——土中水体积；

V_a——土中气体体积；

V_v——土中孔隙体积，$V_v=V_a+V_w$；

V——土的总体积，$V=V_a+V_w+V_s$。

1. 土的三相基本指标

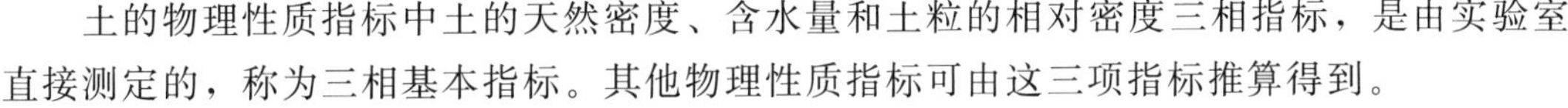

土的物理性质指标中土的天然密度、含水量和土粒的相对密度三相指标，是由实验室直接测定的，称为三相基本指标。其他物理性质指标可由这三项指标推算得到。

1) 土的天然密度 ρ 和天然重度 γ

单位体积天然土的质量，称为土的天然密度，简称土的密度，记为 ρ，单位为 g/cm^3。

天然密度表达式为

$$\rho=\frac{m}{V} \tag{1-1}$$

在计算土体自重时，常用到天然重度的概念，即 $\gamma=\rho g$，单位为 kN/m^3。

天然状态下的土的密度变化范围较大，黏性土和粉土为 $1.8\sim2.0g/cm^3$，砂性土为 $1.6\sim2.0g/cm^3$。

2）土颗粒的相对密度 d_s（G_s）

土颗粒的密度与4℃纯水的密度之比，称为土颗粒的相对密度，记为 d_s 或 G_s，是无量纲数值，其计算公式为

$$d_s=\frac{m_s/V_s}{\rho_w}=\frac{\rho_s}{\rho_w} \tag{1-2}$$

式中：ρ_w——4℃纯水的密度，$\rho_w=1g/cm^3$。

同一种土，其土粒相对密度变化范围很小，砂土为2.65～2.69，粉土为2.70～2.71，黏性土为2.72～2.75。

3）土的含水量 w

土中水的质量和土颗粒质量的比值称为含水量，也称含水率，用百分数表示，记为 w，其计算公式为

$$w=\frac{m_w}{m}\times 100\% \tag{1-3}$$

天然土层的含水量变化范围很大，与土的种类、埋藏条件及所处的自然地理环境有关。一般砂土的含水量为0～40%，黏性土大些，为20%～60%，淤泥土含水量更大。黏性土的工程性质很大程度上由其含水量决定，并随含水量的大小发生状态变化，含水量越大的土压缩性越大，强度越低。

2. 导出指标

测出上述三个基本试验指标后，就可根据三相图，计算出三相组成各自的体积和质量上的含量，根据其他相应指标的定义便可以导出其他的物理性质指标，即导出指标。

1）反映土的松密程度的指标

反映土的松密程度的指标有以下两个。

(1) 孔隙比 e。土中孔隙体积与固体土颗粒体积之比，以小数表示，记为 e，即

$$e=\frac{V_v}{V_s} \tag{1-4}$$

孔隙比是评价土的密实程度的重要物理性质指标。

一般砂土的孔隙比为0.5～1.0，黏性土和粉土为0.5～1.2，淤泥土不小于1.5。$e<0.6$ 的砂土为密实状态，是良好的地基；$1.0<e<1.5$ 的黏性土为软弱淤泥质地基。

(2) 孔隙率 n。土中孔隙体积与总体积之比，即单位土体中孔隙所占的体积，用百分数表示，记为 n，其公式为

$$n=\frac{V_v}{V}\times 100\% \tag{1-5}$$

孔隙率也可用来表示同一种土的松密程度，其值随土形成过程中所受的压力、粒径级配和颗粒排列的状况而变化。一般粗粒土的孔隙率小，细粒土孔隙率大。例如，砂类土的孔隙率一般是28%～35%；黏性土的孔隙率有时可高达60%～70%。

2）反映土中含水程度的指标

土中水的体积与孔隙总体积之比称为饱和度，记为 S_r，以百分数表示，其公式为

$$S_r=\frac{V_w}{V_v}\times 100\% \tag{1-6}$$

饱和度表示土孔隙内充水的程度，反映土的潮湿程度，如 $S_r=0$ 时，土是完全干的；$S_r=100\%$时，土是完全饱和的。

砂土与粉土以饱和度作为湿度划分的标准，分为稍湿、很湿与饱和三种湿度状态：

$S_r\leqslant 50\%$，稍湿；

$50\%<S_r\leqslant 80\%$，很湿；

$S_r>80\%$，饱和。

而对于天然黏性土，一般将 S_r大于 95%才视为完全饱和土。

3）特定状态下的密度和重度

特定状态下的密度和重度有以下几种。

（1）干密度 ρ_d 和干重度 γ_d。

单位体积土中固体颗粒的质量，记为 ρ_d，单位为 g/cm^3，其公式为

$$\rho_d=\frac{m_s}{V} \tag{1-7}$$

单位体积土中固体颗粒的重力，称为土的干重度，记为 γ_d，单位为 kN/m^3，其公式为

$$\gamma_d=\frac{m_s g}{V}=\rho_d g \tag{1-8}$$

干密度反映了土的密实程度，工程上常用它来作为填方工程中土体压实质量的检查标准。干密度越大，土体越密实，工程质量越好。

（2）饱和密度 ρ_{sat}和饱和重度 γ_{sat}。

土的孔隙中充满水时的单位体积质量，称为土的饱和密度，记为 ρ_{sat}，单位为 g/cm^3，其公式为

$$\rho_{sat}=\frac{m_s+V_v\rho_w}{V} \tag{1-9}$$

一般土的饱和密度的范围为 $1.8\sim 2.3g/cm^3$。

土中孔隙完全被水充满时，单位体积土所受的重力即为土的饱和重度，记为 γ_{sat}，其公式为

$$\gamma_{sat}=\frac{m_s g+V_v\rho_w g}{V}=\rho_{sat} g \tag{1-10}$$

（3）有效重度（浮重度）γ'。

地下水位以下的土，扣除水浮力后单位体积土所受的重力称为土的有效重度（浮重度），记为 γ'，单位为 kN/m^3，其公式为

$$\gamma'=\frac{m_s g-V_s\rho_w g}{V}=\frac{m_s g-(V-V_v)\rho_w g}{V}=\gamma_{sat}-\gamma_w \tag{1-11}$$

式中：γ_w——水的重度，$\gamma_w=10kN/m^3$。

3. 三相指标的换算

上面仅给出了导出指标的定义式，实际上都可以依据三个基本试验指标（土的密度 ρ、土粒相对密度 d_s、含水量 w）推导得出。

推导时，通常假定土体中土颗粒的体积 $V_s=1$（也可假定其他两相体积为 1），根据各

指标的定义可得到 $V_v=e$，$V=1+e$，$m_w=\rho_s$，$m_s=w\rho_s$，$m=(1+w)\rho_s$，如图 1.3 所示。具体的换算公式可查阅表 1-2。

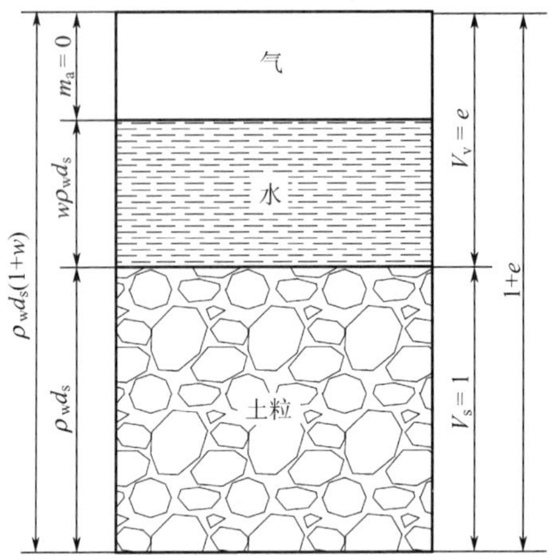

图 1.3 三相比例指标换算图

表 1-2 土的三相比例指标常用换算公式

导出指标	符　号	表达式	与试验指标的换算公式
干重度	γ_d	$\gamma_d=\frac{m_s g}{V}=\rho_d g$	$\gamma_d=\frac{\gamma}{1+w}$
饱和重度	γ_{sat}	$\gamma_{sat}=\frac{m_s g+V_v\rho_w g}{V}=\rho_{sat} g$	$\gamma_{sat}=\frac{\gamma(\rho_s g-\gamma_w)}{\gamma_s(1+w)}+\gamma_w$
有效重度	γ'	$\gamma'=\frac{m_s g-V_s\rho_w g}{V}=\gamma_{sat}-\gamma_w$	$\gamma'=\frac{\gamma_w(d_s-1)\gamma}{\rho_s(1+w)g}$
孔隙比	e	$e=\frac{V_v}{V_s}$	$e=\frac{\gamma_w d_s(1+w)}{\gamma}-1$
孔隙率	n	$n=\frac{V_v}{V}\times 100\%$	$n=1-\frac{\gamma}{\rho_s g(1+w)}$
饱和度	S_r	$S_r=\frac{V_w}{V_v}\times 100\%$	$S_r=\frac{\gamma\rho_s g w}{\gamma_w[\rho_s g(1+w)-\gamma]}$

注：表中 g 为重力加速度，$g\approx 10\text{m/s}^2$。

1.1.4 土的物理状态指标

1. 黏性土（细粒土）的物理状态指标

1）界限含水量

黏性土最主要的特征是它的稠度，稠度是指黏性土在某一含水量下的软硬程度和土体对外力引起的变形或破坏的抵抗能力。当土中含水量很低时，水被土颗粒表面的电荷吸附于颗粒表面，土中水为强结合水，土呈现固态或半固态。当土中含水量增加，吸附在颗粒周围的水膜加厚，土粒周围除强结合水外还有弱结合水。弱结合水不能自由流动，但受力时可以变形，此时土体受外力作用可以被捏成任意形状，外力取消后仍保持改变后的形状，这种状态称为塑态。当土中含水量继续增加，土中除结合水外已有相当数量的水处于电场引力范围外，这时，土体不能承受剪应力，呈现流动状态。实质上，土的稠度就是反映土体的含水量，而黏性土的含水量又决定其工程性质。土从一种状态转变成另一种状态的界限含水量，称为稠度界限。因此，根据含水量和该土的稠度界限可以定性判断其工程性质。工程上常用的稠度界限有液限和塑限两种。

液限，指土从塑性状态转变为液性状态时的界限含水量，用 w_L 表示。

塑限，指土从半固体状态转变为塑性状态时的界限含水量，用 w_P 表示。

2）塑性指数

液限与塑限的差值称为塑性指数，即

$$I_P = w_L - w_P \tag{1-12}$$

式(1-12) 中 w_L 和 w_P 用百分数表示，计算所得的塑性指数也应用百分数表示，但是习惯上 I_P 不带百分号，如 $w_L=35\%$、$w_P=23\%$，$I_P=35-23=12$。液限与塑限之差越大，说明土体处于可塑状态的含水量变化范围越大。也就是说，塑性指数的大小与土中结合水的含水量有直接关系。从土的颗粒大小来看，土粒越细，黏粒含量越高，其比表面积越大，则结合水越多，塑性指数也越大；从土的矿物成分讲，土中含蒙脱石类越多，塑性指数也越大；此外，塑性指数还与水中离子浓度和成分有关。

3）液性指数

土的天然含水量与塑限之差再与塑性指数之比，称为土的液性指数，即

$$I_L = \frac{w - w_P}{I_P} = \frac{w - w_P}{w_L - w_P} \tag{1-13}$$

由上式可知，当天然含水量小于 w_P 时，I_L 小于 0，土体处于固体或半固体状态；当 w 大于 w_L 时，$I_L>1$，天然土体处于流动状态；当 w 在 w_P 和 w_L 之间时，I_L 在 0～1 之间，天然土体处于可塑状态。因此，可以利用液性指数 I_L 表示黏性土所处的天然状态。I_L 值越大，土体越软；I_L 值越小，土体越坚硬。

2. 无黏性土（粗粒土）的物理状态指标

砂土、碎石土统称为无黏性土，无黏性土的密实程度是影响其工程性质的重要指标。当其处于密实状态时，结构较稳定，压缩性小，强度较大，可作为建筑物的良好地基；而处于疏松状态时（特别对细、粉砂来说），稳定性差，压缩性大，强度偏低，属于软弱土之列。

1）砂土的密实度

砂土的密实度可用天然孔隙比衡量，当 $e<0.6$ 时，属密实砂土，强度高，压缩性小；当 $e>0.95$ 时，属松散砂土，强度低，压缩性大。这种测定方法简单，但没有考虑土颗粒级配的影响。例如，同样孔隙比的砂土，当颗粒不均匀时较密实（级配良好），当颗粒均匀时较疏松（级配不良）。换言之，孔隙比适用于同一级配的砂土密实度的判断，不适用于不同级配砂土之间的密实度比较。

考虑土颗粒级配影响，通常采用砂土的相对密度 D_r 来划分砂土的密实度，其公式为

$$D_r = \frac{e_{max} - e}{e_{max} - e_{min}} \tag{1-14}$$

式中：D_r——砂土的相对密度；

e_{max}——砂土的最大孔隙比，即最疏松状态的孔隙比，其测定方法是将疏松的风干土样，通过长颈漏斗轻轻倒入容器，求其最小重度，进而换算得到最大孔隙比；

e_{min}——砂土的最小孔隙比，即最密实状态的孔隙比，其测定方法是将疏松的风干土样分几次装入金属容器，并加以振动和锤击，直到密度不变为止，求其最大重度，进而换算得到最小孔隙比；

e——砂土在天然状态下的孔隙比。

从式(1-14) 可知，若砂土的天然孔隙比 e 接近于 e_{min}，D_r接近 1，土呈密实状态；当 e 接近 e_{max}时，D_r接近 0，土呈疏松状态。按照 D_r的大小将砂土分成下列三种状态：

密实：$1 \geqslant D_r > 0.67$；

中密：$0.67 \geqslant D_r > 0.33$；

松散：$0.33 \geqslant D_r > 0$。

2）碎石土的密实度

碎石土既不易获得原状土样，也难于将贯入器击入土中。对这类土可根据《建筑地基基础设计规范》(GB 50007—2011) 和《岩土工程勘察规范》(GB 50021—2001) 要求，用重型动力触探击数来划分碎石土的密实度。

1.1.5 土的渗透性

1. 达西定律

土的渗透性（透水性）是指水流通过土中孔隙的难易程度。地下水的补给（流入）与排泄（流出）条件及土中水的渗透速度都与土的渗透性有关。在考虑地基土的沉降速率和地下水的涌水量时都需要了解土的渗透性指标。

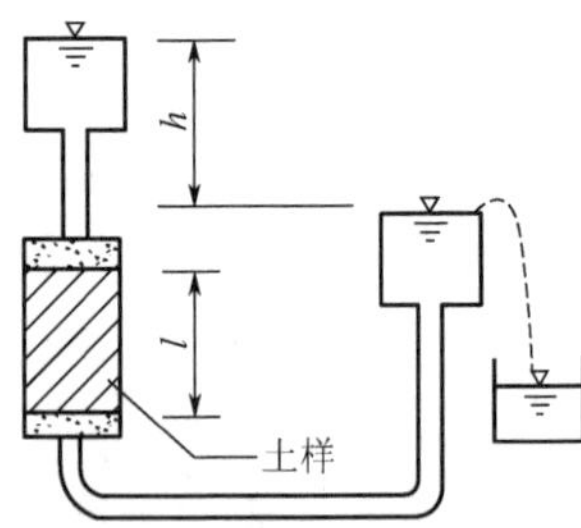

图 1.4 砂土渗透试验示意图

为了说明水在土中渗流时的一个重要规律，可进行如图 1.4 所示的砂土渗透试验。试验时将土样装在长度为 l 的圆柱形容器中，水从土样上端注入并保持水头不变。由于土样两端存在水头差 h，故水在土样中产生渗流。试验证明，水在土中的渗透速度与水头差 h 成正比，而与水流过土样的距离 l 成反比，即

$$v=k\frac{h}{l}=ki \tag{1-15}$$

式中：v——水在土中的渗透速度，单位为 mm/s，它不是地下水在孔隙中流动的实际速度，而是在单位时间内流过土的单位截面积的水量；

i——水力梯度，或称水力坡降，$i=h/l$，即土中两点的水头差 h 与水流过的距离 l 的比值；

k——土的渗透系数，表示土的透水性质的常数，mm/s。

在式(1-15) 中，当 $i=1$ 时，$k=v$，即土的渗透系数的数值等于水力梯度为 1 时的地下水的渗透速度。k 值的大小反映了土透水性的强弱。

式(1-15) 是达西 (H. Darcy) 根据砂土的渗透试验得出的，故称为达西定律，或称

为直线渗透定律。土的渗透系数可以通过室内渗透试验或现场抽水试验来测定。各种土的渗透系数变化范围参见表1-3。

表1-3 各种土的渗透系数参考值

土的名称	渗透系数/(cm/s)	土的名称	渗透系数/(cm/s)
致密黏土	$<10^{-7}$	粉砂、细砂	$10^{-4}\sim10^{-2}$
粉质黏土	$10^{-7}\sim10^{-6}$	中砂	$10^{-2}\sim10^{-1}$
粉土、裂隙黏土	$10^{-6}\sim10^{-4}$	粗砂、砾石	$10^{-2}\sim10^{-1}$

2. *动水力及渗流破坏*

地下水的渗流对土单位体积内的骨架所产生的力称为动水力，或称为渗透力。它是一种体积力，单位为kN/m^3。动水力计算公式为

$$j=\gamma_w i \tag{1-16}$$

式中：j——动水力，kN/m^3；

γ_w——水的重度；

i——水力梯度。

当渗透水流自下而上运动时，动水力方向与重力方向相反，土粒间的压力将减少。当动水力等于或大于土的有效重度γ'时，土粒间的压力被抵消，于是土粒处于悬浮状态，土粒随水流动。这种现象称为流土。

动水力等于土的有效重度时的水力梯度叫做临界水力梯度i_{cr}，$i_{cr}=\gamma'/\gamma_w$。土的有效重度γ'一般在$8\sim12kN/m^3$之间，因此i_{cr}可近似地取为1。

在地下水位以下开挖基坑时，如从基坑中直接抽水，将导致地下水从下向上流动而产生向上的动水力。当水力梯度大于临界值时，就会出现流土现象。这种现象在细砂、粉砂、粉土中较常发生，给施工带来很大的困难，严重的还将影响邻近建筑物地基的稳定。如果水自上而下渗流，动水力使土粒间应力即有效应力增加，从而使土密实。

【知识链接】

1.1.6 土的工程分类

地基土的合理分类具有重要的工程实际意义。自然界土的成分、结构及性质千变万化，表现的工程性质也各不相同。如果能把工程性质接近的一些土归在同一类，那么就可以大致判断这类土的工程特性，评价这类土作为建筑物地基或建筑材料的适用性及结合其他物理性质指标确定该地基的承载力。对于无黏性土，同等密实度条件下，颗粒级配对其工程性质起着决定性的作用，因此颗粒级配是无黏性土工程分类的依据和标准；而对于黏性土，由于它与水作用十分明显，土粒的比表面积和矿物成分在很大程度上决定着土的工程性质，而体现土的比表面积和矿物成分的指标主要有液限和塑性指数，所以液限和塑性指数是对黏性土进行分类的主要依据。

《建筑地基基础设计规范》(GB 50007—2011)中关于土的分类原则，对粗颗粒土，考虑了其结构和颗粒级配；对细颗粒土，考虑了土的塑性和成因，并且给出了岩石的分类标准。它将天然土分为岩石、碎石土、砂土、粉土、黏性土和人工填土6大类。

1. *岩石*

岩石是颗粒间牢固联结，呈整体或具有节理裂隙的岩体。它作为建筑场地和建筑地基

可按下列原则分类。

(1) 按成因不同可分为岩浆岩、沉积岩、变质岩。

(2) 按岩石的坚硬程度即岩块的饱和单轴抗压强度可分为坚硬岩、较硬岩、较软岩、软岩和极软岩5类。

(3) 按岩土的完整程度可分为完整、较完整、较破碎、破碎和极破碎5类。

(4) 按风化程度可分为未风化、微风化、中风化、强风化和全风化5种。其中微风化或未风化的坚硬岩石为最优良地基。强风化或全风化的软岩石为不良地基。

2. 碎石土

粒径大于2mm的颗粒含量超过全重50%的土称为碎石土。

根据颗粒形状和粒组含量，碎石土又可细分为漂石、块石、卵石、碎石、圆砾和角砾6种。

常见的碎石土，强度高、压缩性低、透水性好，为优良地基。

3. 砂土

粒径大于2mm的颗粒含量不超过全部质量的50%，且粒径大于0.075mm的颗粒含量超过全部质量50%的土，称为砂土。砂土根据粒组含量的不同又细分为砾砂、粗砂、中砂、细砂和粉砂5种。

4. 粉土

粒径大于0.075mm的颗粒含量不超过全部质量的50%，且塑性指数$I_P \leqslant 10$的土，称为粉土。

5. 黏性土

塑性指数$I_P > 10$，且粒径大于0.075mm的颗粒含量不超过全部质量50%的土，称为黏性土。

6. 人工填土

由人类活动堆填形成的各类堆积物，称为人工填土。人工填土依据其组成物质可细分为4种，详见表1-4。

表1-4　人工填土按组成物质分类

组成物质	土的名称
碎石土、砂土、粉土、黏性土等	素填土
建筑垃圾、工业废料、生活垃圾等	杂填土
水力冲刷泥沙的形成物	冲填土
经过压实或夯填的素填土	压实填土

通常人工填土的工程性质不良，强度低，压缩性大且不均匀。压实填土相对较好，杂填土工程性质最差。

除了上述6大类岩土，自然界中还分布着许多具有特殊性质的土，如淤泥、淤泥质土、红黏土、湿陷性黄土、膨胀土、冻土等。它们的性质与上述6大类岩土不同，需要区别对待。

课题 1.2 土方量计算

1.2.1 基坑、基槽土方量计算

1. 基坑土方量计算

基坑是指长宽比小于或等于 3 的矩形土体。基坑土方量可按立体几何中拟柱体（由两个平行的平面做底的一种多面体）体积公式计算，如图 1.5 所示，即

$$V=\frac{H}{6}(A_1+4A_0+A_2) \tag{1-17}$$

式中：H——基坑深度，m；

A_1、A_2——基坑上、下底的面积，m^2；

A_0——基坑中截面的面积，m^2。

2. 基槽土方量计算

基槽土方量计算可沿长度方向分段后，按照上述同样的方法计算，如图 1.6 所示，即

$$V_1=\frac{L_1}{6}(A_1+4A_0+A_2) \tag{1-18}$$

式中：V_1——第一段的土方量，m^3；

L_1——第一段的长度，m；

A_0、A_1、A_2意义同前。

将各段土方量相加，即得总土方量

$$V=V_1+V_2+\cdots+V_n \tag{1-19}$$

式中：V_1，V_2，…，V_n——各段土方量，m^3。

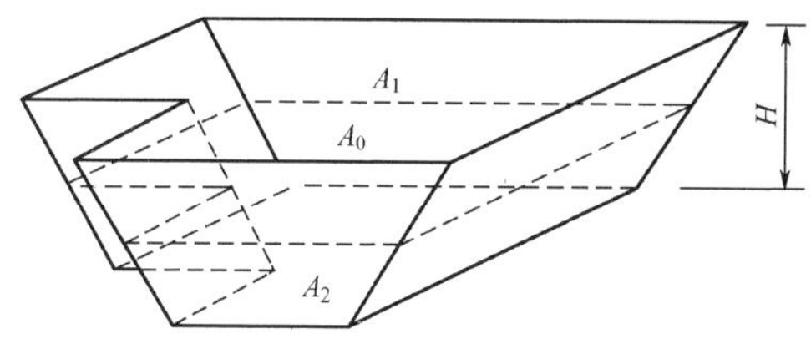

图 1.5 基坑土方量计算

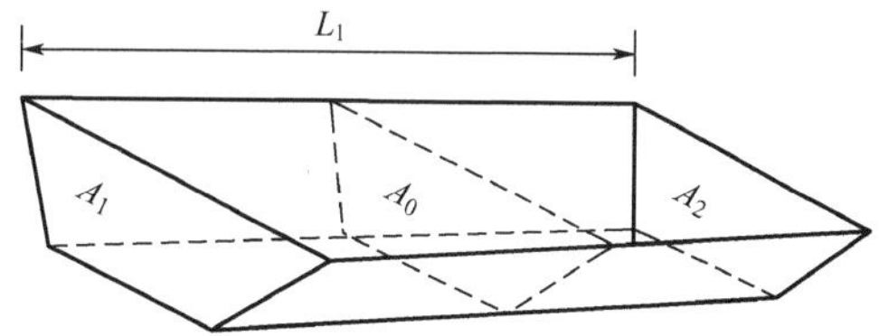

图 1.6 基槽土方量计算

1.2.2 场地平整土方计算

场地平整前，要确定场地设计标高、计算挖填土方量，以便据此进行土方挖填平衡计算，确定平衡调配方案，并根据工程规模、施工期限、现场机械设备条件，选用土方机械，拟定施工方案。

1. 场地平整高度的计算

对较大面积的场地平整，正确地选择场地平整高度（设计标高），对节约工程投资、加快建设速度具有重要意义。一般选择原则是：在符合生产工艺和运输的条件下，尽量利用地形，以减少挖方数量；场地内的挖方与填方量应尽可能达到互相平衡，以降低土方运

输费用；同时应考虑最高洪水位的影响等。

计算场地平整高度常用的方法为“挖填土方量平衡法”，因其概念直观、计算简便、精度能满足工程要求，故应用最为广泛，其计算步骤和方法如下。

1）计算场地设计标高

如图 1.7(a) 所示，将地形图划分方格网（或利用地形图的方格网），在每个方格的角点标高，一般可根据地形图上相邻两等高线的标高，用插入法求得。当无地形图时，也可在现场打设木桩定好方格网，然后用仪器直接测出。

一般要求是使场地内的土方在平整前和平整后相等而达到挖方和填方量平衡，如图 1.7(b) 所示。设达到挖填平衡的场地平整标高为 H_0，则由挖填平衡条件，H_0的计算公式为

$$H_0=\frac{\sum H_1+2\sum H_2+3\sum H_3+4\sum H_4}{4N} \tag{1-20}$$

式中：N——方格网数，个；

H_1——一个方格共有的角点标高，m；

H_2——两个方格共有的角点标高，m；

H_3——三个方格共有的角点标高，m；

H_4——四个方格共有的角点标高，m。

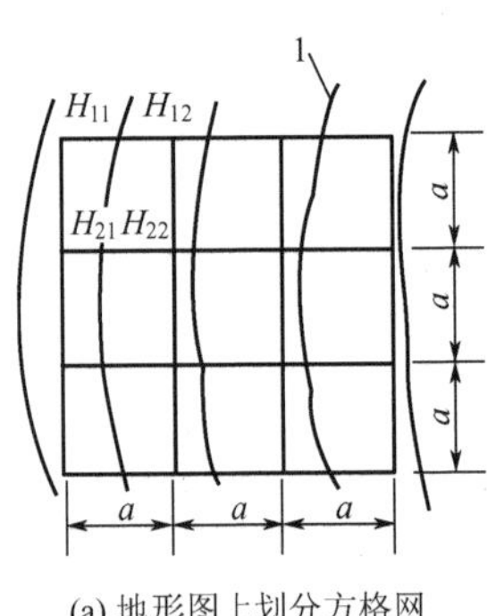

(a) 地形图上划分方格网

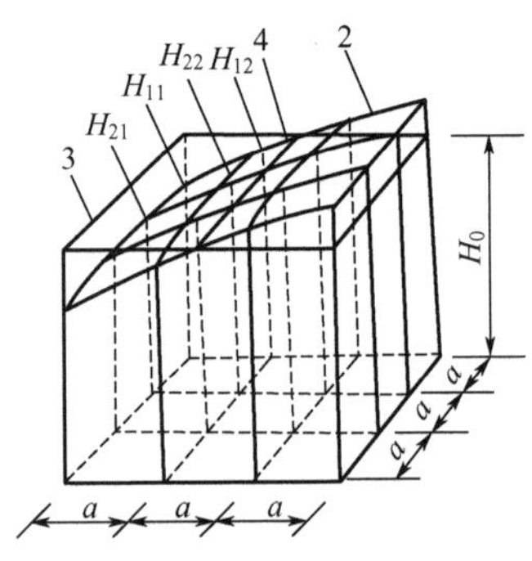

(b) 设计标高示意图

图 1.7 场地设计标高计算简图

1—等高线；2—自然地坪；3—设计标高平面；4—自然地面与设计标高平面的交线（零线）；a—方格网边长；H_{11}、H_{12}、H_{21}、H_{22}—任一方格的四个角点的标高

2）考虑设计标高的调整值

式(1-20) 计算的 H_0为一理论数值，实际尚需考虑如下一些因素。

(1) 土的可松性。

(2) 设计标高以下各种填方工程用土量，或设计标高以上的各种挖方工程量。

(3) 边坡填挖土方量不等。

(4) 部分挖方就近弃土于场外，或部分填方就近从场外取土等因素。考虑这些因素所引起的挖填土方量的变化后，须适当提高或降低设计标高。

3）考虑排水坡度对设计标高的影响

式(1-20) 计算的 H_0未考虑场地的排水要求（即假定场地表面均处于同一个水平面

上，但实际上均应有一定的排水坡度)。如果场地面积较大，则应有2‰以上的排水坡度，故应考虑排水坡度对设计标高的影响。场地内任一点实际施工时所采用的标高 H_n (m)可由下式计算。

单向排水时：

$$H_n = H_0 + li \tag{1-21}$$

双向排水时：

$$H = H_0 \pm l_x i_x \pm l_y i_y \tag{1-22}$$

式中：l——该点至 H_0 的距离，m；

i——x 方向或 y 方向的排水坡度（不少于2‰）；

l_x、l_y——该点于 x—x、y—y 方向距场地中心线的距离，m；

i_x、i_y——x 方向和 y 方向的排水坡度；

±——该点比 H_0 高就取“+”号，反之则取“−”号。

2. 场地平整土方工程量的计算

在编制场地平整土方工程施工组织设计或施工方案，进行土方的平衡调配及检查验收土方工程时，常需要进行土方工程量的计算，常用的计算方法有方格网法和横截面法。

1) 方格网法

方格网法用于地形较平缓或台阶宽度较大的地段。该计算方法较为复杂，但精度较高，其计算步骤和方法如下。

(1) 划分方格网。根据已有地形图（一般用1：500的地形图）将欲计算场地划分成若干个方格网，尽量与测量的纵横坐标网对应，方格一般采用20m×20m或40m×40m，将相应设计标高和自然地面标高分别标注在方格点的右上角和右下角。将自然地面标高与设计地面标高的差值，即各角点的施工高度（挖或填）填在方格网的左上角，挖方为(−)，填方为(+)。

(2) 计算零点位置。在一个方格网内同时有填方或挖方时，应先算出方格网边上零点的位置，并标注于方格网上，连接零点即得填方区与挖方区的分界线（零线）。

零点的位置计算如图1.8所示，公式为

$$x_1 = \frac{h_1}{h_1 + h_2} \times a \qquad x_2 = \frac{h_2}{h_1 + h_2} \times a \tag{1-23}$$

式中：x_1、x_2——角点至零点的距离，m；

h_1、h_2——相邻两角点的施工高度，m，均用绝对值；

a——方格网的边长，m。

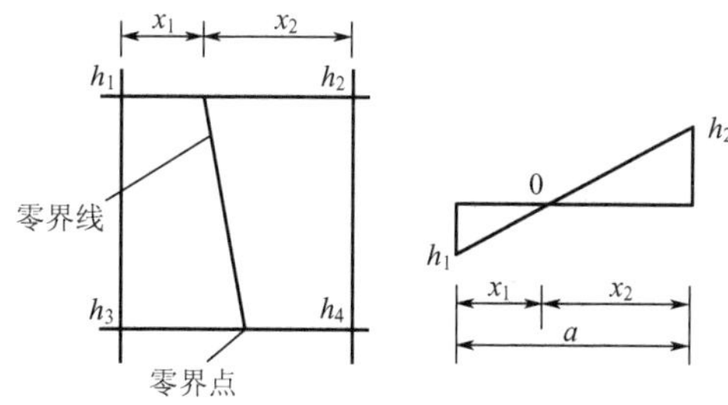

图1.8　零点位置计算示意图

为省略计算，也可采用图解法直接求出零点位置，如图 1.9 所示，方法是用尺在各角上标出相应比例，用尺相接，与方格相交点即为零点位置。这种方法可避免计算（或查表）出现的错误。

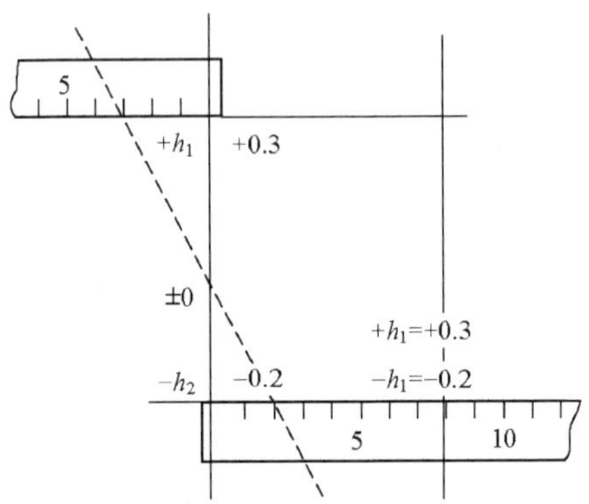

图 1.9　零点位置图解法

（3）计算土方工程量。按方格网底面积图形和表 1-5 所列体积计算公式计算每个方格内的挖方或填方量，或用查表法计算，有关计算公式见表 1-5。

表 1-5　常用方格网点计算公式

项　目	图　示	计算公式
一点填方或挖方 （三角形）		$V=\frac{bc}{2}\cdot\frac{\sum h}{3}=\frac{bch_3}{6}$ 当 $b=a=c$ 时，$V=\frac{a^2h_3}{6}$
二点填方或挖方 （梯形）		$V_+=\frac{b+c}{2}\cdot a\cdot\frac{\sum h}{4}=\frac{a}{8}(b+c)(h_1+h_3)$ $V_-=\frac{d+e}{2}\cdot a\cdot\frac{\sum h}{4}=\frac{a}{8}(d+e)(h_2+h_4)$

（续）

项　　目	图　　示	计算公式
三点填方或挖方（五角形）	h_1 h_2 h_3 h_4 b c	$V=\left(a^2-\frac{bc}{2}\right)\frac{\sum h}{5}=\left(a^2-\frac{bc}{2}\right)\frac{h_1+h_2+h_3}{5}$
四点填方或挖方（正方形）	h_1 h_2 h_3 h_4	$V=\frac{a^2}{4}\sum h=\frac{a^2}{4}(h_1+h_2+h_3+h_4)$

注：1. a 为方格网的边长；b、c 为零点到一角的边长；h_1、h_2、h_3、h_4 为方格网四角点的施工高度，用绝对值代入；$\sum h$ 为填方或挖方施工高度总和，用绝对值代入；V 为填方或挖方的体积。

2. 本表计算公式是按各计算图形底面积乘以平均施工高度得出的。

(4) 计算土方总量。将挖方区（或填方区）所有方格的计算土方量汇总，即得到该场地挖方和填方的总土方量。

目前，一般采用专用软件进行计算。

2) 横截面法

横截面法适用于地形起伏变化较大的地区，或者地形狭长、挖填深度较大又不规则的地区，计算方法较为简单方便，但精度较低。其计算步骤和方法如下。

(1) 划分横截面。根据地形图、竖向布置或现场测绘，将要计算的场地划分横截面 AA'、BB'、CC'…，如图 1.10 所示，使截面尽量垂直于等高线或主要建筑物的边长，各截面间的间距可以不等，一般取 10m 或 20m，在平坦地区可取大些，但最大不超过 100m。

(2) 画横截面图形。按比例绘制每个横截面的自然地面和设计地面的轮廓线。自然地面轮廓线与设计地面轮廓线之间的面积，即为挖方或填方的截面。

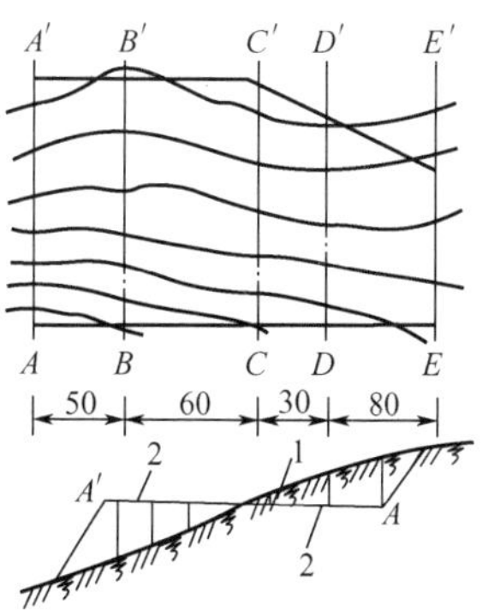

图 1.10　划分横截面

1—自然地面；2—设计地面

(3) 计算横截面面积。按表 1-5 计算每个截面的挖方或填方截面面积。

(4) 计算土方量。根据横截面面积，按下式计算土方量，即

$$V=\frac{A_1+A_2}{2}\times s \tag{1-24}$$

式中：V——相邻两横截面间的土方量，m^3；

A_1、A_2——相邻两横截面的挖(—)[或填(+)]的截面积，m^2；

s——相邻两横截面的间距，m。

(5) 土方量汇总。按表1-6格式汇总全部土方量。

表1-6 土方量汇总

截　面	填方面积/m^2	挖方面积/m^2	截面间距/m	填方体积/m^3	挖方体积/m^3
$A—A'$					
$B—B'$					
$C—C'$					
合计					

3. 边坡土方量计算

平整场地、修筑路基、路堑的边坡挖、填土方量的计算常用图算法。图算法是根据地形图和边坡竖向布置图或现场测绘，先将要计算的边坡划分为两种近似的几何形体，如图1.11所示，一种为三角棱体(如体积①～③、⑤～⑪)；另一种为三角棱柱体(如体积④)，然后应用表1-5中的公式分别进行土方计算，最后将各块汇总即得场地总挖土(—)、填土(+)的量。

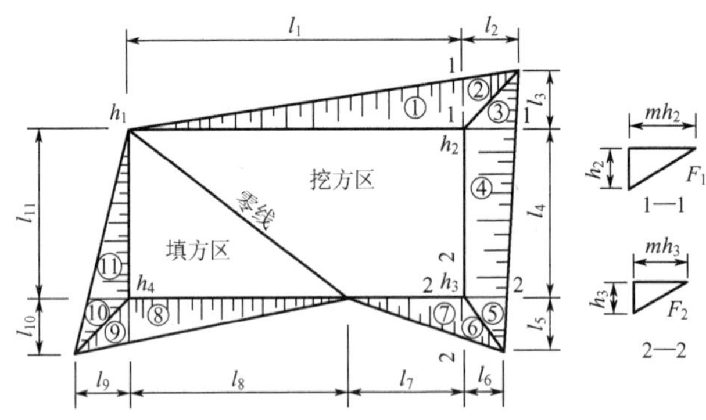

图1.11 场地边坡计算简图

4. 土方的平衡与调配计算

计算出土方的施工标高、挖填区面积、挖填区土方量，并考虑各种变动因素(如土的松散率、压缩率、沉降量等)进行调整后，应对土方进行综合平衡与调配。土方平衡调配工作是土方规划设计的一项重要内容，其目的在于使土方运输量或土方运输成本为最低的条件下，确定填、挖方区土方的调配方向和数量，从而达到缩短工期和提高经济效益的目的。

进行土方平衡与调配时，必须综合考虑工程和现场情况、进度要求和土方施工方法，以及分期分批施工工程的土方堆放和调运问题，经过全面研究，确定平衡调配的原则之后，才可着手进行土方平衡与调配工作，如划分土方调配区，计算土方的平均运距、单位土方的运价，确定土方的最优调配方案。

1）土方的平衡与调配原则

土方的平衡与调配应遵循以下原则。

(1) 挖方与填方基本达到平衡，减少重复倒运。

(2) 挖（填）方量与运距的乘积之和尽可能为最小，即总土方运输量或运输费用最小。

(3) 好土应用在回填密实度要求较高的地区，以避免出现质量问题。

(4) 取土或弃土应尽量不占农田或少占农田，对弃土尽可能有规划地造田。

(5) 分区调配应与全场调配相协调，避免只顾局部平衡，任意挖填而破坏全局平衡。

(6) 调配应与地下构筑物的施工相结合，地下设施的填土应留土后填。

(7) 选择恰当的调配方向、运输路线、施工顺序，避免土方运输过程中出现对流和乱流现象，同时便于机具调配、机械化施工。

2）土方平衡与调配的步骤及方法

土方平衡与调配需编制相应的土方调配图，其步骤如下。

(1) 划分调配区。在平面图上先画出挖填区的分界线，并在挖方区和填方区适当划出若干调配区，确定调配区的大小和位置。划分时应注意以下几点。

① 划分应与房屋和构筑物的平面位置相协调，并考虑开工顺序、分期施工顺序。

② 调配区的大小应满足土方施工用主导机械行驶操作的尺寸要求。

③ 调配区的范围应和土方工程量计算用的方格网相协调。一般可由若干个方格组成一个调配区。

④ 当土方运距较大或场地范围内土方调配不能达到平衡时，可考虑就近借土或弃土，此时一个借土区或一个弃土区可作为一个独立的调配区。

(2) 计算各调配区的土方量并标注在图上。

(3) 计算各挖、填方调配区之间的平均运距，即挖方区土方重心至填方区土方重心的距离。取场地或方格网中的纵、横两边为坐标轴，以一个角作为坐标原点，如图1.12所示，按下式求出各挖方或填方调配区土方重心坐标 x_0 及 y_0。

$$x_0=\frac{\sum(x_iV_i)}{\sum V_i} \tag{1-25}$$

$$y_0=\frac{\sum(y_iV_i)}{\sum V_i} \tag{1-26}$$

式中：x_i、y_i——i 块方格的重心坐标；

V_i——i 块方格的土方量。

填、挖方区之间的平均运距 L_0 为

$$L_0=\sqrt{(x_{0\mathrm{T}}-x_{0\mathrm{W}})^2+(y_{0\mathrm{T}}-y_{0\mathrm{W}})^2} \tag{1-27}$$

式中：$x_{0\mathrm{T}}$、$y_{0\mathrm{T}}$——填方区的重心坐标；

$x_{0\mathrm{W}}$、$y_{0\mathrm{W}}$——挖方区的重心坐标。

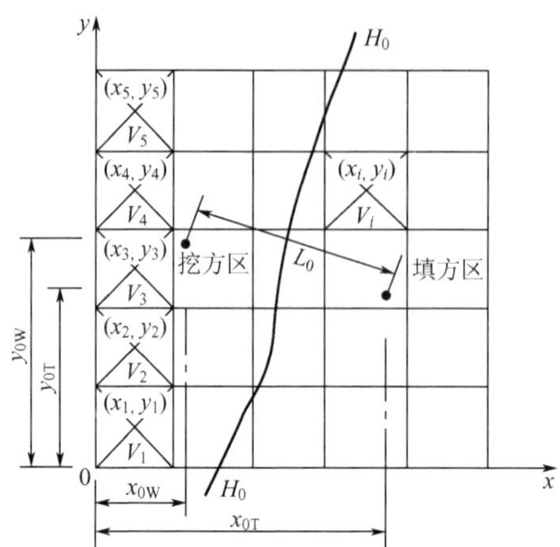

图 1.12　土方调配区间的平均运距

一般情况下，也可用作图法近似地求出调配区的形心位置 O 以代替重心坐标。重心求出后，标于图上，用比例尺量出每对调配区之间的平均运输距离（L_{11}、L_{12}、L_{13}…）。

所有填挖方调配区之间的平均运距均需一一计算，并将计算结果列于土方平衡与运距表内，见表 1-7。

表 1-7　土方平衡与运距

挖方区	填　方　区						
	B_1	B_2	B_3	B_j	…	B_n	挖方量/m³
A_1	L_{11} x_{11}	L_{12} x_{12}	L_{13} x_{13}	L_{1j} x_{1j}	…	L_{1n} x_{1n}	a_1
A_2	L_{21} x_{21}	L_{22} x_{22}	L_{23} x_{23}	L_{2j} x_{2j}	…	L_{2n} x_{2n}	a_2
A_3	L_{31} x_{31}	L_{32} x_{32}	L_{33} x_{33}	L_{3j} x_{3j}	…	L_{3n} x_{3n}	a_3
A_4	L_{41} x_{41}	L_{42} x_{42}	L_{43} x_{43}	L_{4j} x_{4j}	…	L_{4n} x_{4n}	a_4
…	…	…	…	…	…	…	…
A_m	L_{m1} x_{m1}	L_{m2} x_{m2}	L_{m3} x_{m3}	L_{mj} x_{mj}	…	L_{mn} x_{mn}	a_m
填方量/m³	b_1	b_2	b_3	b_j	…	b_n	$\sum_{i=1}^{m} a_i = \sum_{j=1}^{n} b_j$

注：L_{11}、L_{12}、L_{13}…为挖填方之间的平均运距；x_{11}、x_{12}、x_{13}…为调配土方量。

当填、挖方调配区之间的距离较远，采用自行式铲运机或其他运土工具沿现场道路或规定路线运土时，其运距应按实际情况进行计算。

(4) 确定土方最优调配方案。对于线性规划中的运输问题，可以用“表上作业法”来求解，使总土方运输量为最小值，即为最优调配方案。总土方运输量为

$$W = \sum_{i=1}^{m} \sum_{j=1}^{n} L_{ij} x_{ij} \tag{1-28}$$

式中：L_{ij}——各调配区之间的平均运距，m；

x_{ij}——各调配区的土方量，m^3。

(5) 绘出土方调配图。根据以上计算，标出调配方向、土方数量及运距（平均运距再加施工机械前进、倒退和转弯必需的最短长度）。

课题1.3 土方开挖

1.3.1 施工准备

土方开挖前需要做好下列准备工作。

1. 场地清理

对施工区域内的障碍物要调查清楚，制定方案，并征得主管部门的同意，拆除影响施工的建筑物、构筑物；拆除和改造通信和电力设施、自来水管道、煤气管道和地下管道；迁移树木等。

2. 排除地面积水

尽可能利用自然地形和永久性排水设施，采用排水沟、截水沟或挡水坝等设施，把施工区域内的雨雪自然水、低洼地区的积水及时排除，使场地保持干燥，便于土方工程施工。

3. 测设地面控制点

在进行大型场地的平整工作时，利用经纬仪和水准仪将场地设计平面图的方格网在地面上测设固定下来，各角点用木桩定位，并在桩上注明桩号、施工高度，以便于施工。

4. 修筑临时设施

修筑临时道路、电力、通信及供水设施，以及生活和生产用临时房屋。

1.3.2 土方开挖方式

在土方工程施工中合理选择土方机械，充分发挥机械的性能，并使各种机械相互配合，以加快施工进度，提高施工质量，降低工程成本，具有十分重要的意义。

1. 场地平整

场地平整包括土方的开挖、运输、填筑和压实等工序。对地势较平坦、含水量适中的大面积平整场地，选用铲运机较适宜；对地形起伏较大，挖方、填方量大且集中的平整场地，且运距在1000m以上时，可选择正铲挖土机配合自卸车进行挖土、运土，在填方区配备推土机平整及压路机碾压施工；挖、填方高度均不大，且运距在100m以内时，采用推土机施工，更为灵活、经济。

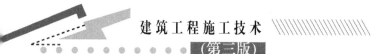

2. 基坑开挖

单个基坑和中小型基础基坑，多采用抓铲挖土机和反铲挖土机开挖。抓铲挖土机适用于一、二类土质和较深的基坑，反铲挖土机适用于四类以下土质、深度在 4m 以内的基坑。

3. 基槽、管沟开挖

在地面上开挖具有一定截面、长度的基槽或沟槽，挖大型厂房的柱列基础和管沟，宜采用反铲挖土机挖土。如果水中取土或开挖土质为淤泥且坑底较深，则可选择抓铲挖土机挖土。如果土质干燥、槽底开挖不深、基槽长度在 30m 以上，则可采用推土机或铲运机施工。

4. 整片开挖

【参考视频】

基坑较浅，开挖面积大且基坑土干燥，可采用正铲挖土机开挖。若基坑内土体潮湿，含水量较大，则应采用拉铲或反铲挖土机作业。

5. 柱基础基坑、条形基础基槽开挖

对于独立柱基础的基坑及小截面条形基础基槽，可采用小型液压轮胎式反铲挖土机配以翻斗车来完成。

1.3.3 土方机械开挖

土方工程施工包括土方的开挖、运输、填筑和压实等。由于土方工程量大、劳动繁重，施工时应尽量采用机械化施工，以减少繁重的体力劳动，加快施工进度。

1. 推土机施工

推土机由拖拉机和推土铲刀组成。按铲刀的操纵机构不同，推土机可分为钢索式和液压式两种。目前最常用的是液压式推土机，如图 1.13 所示。

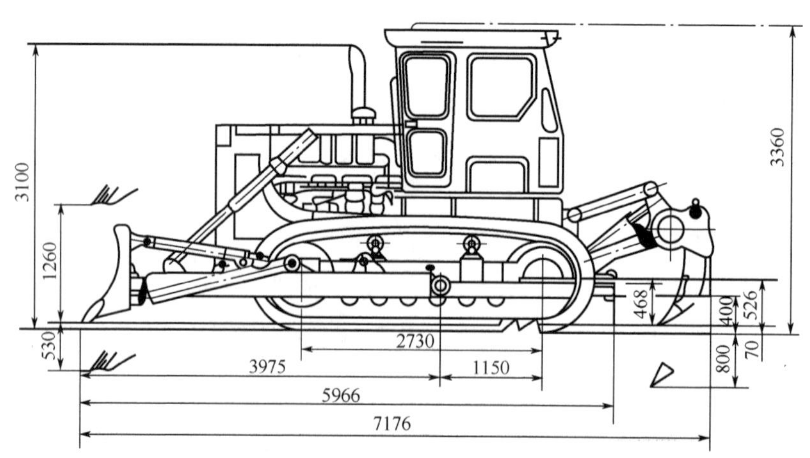

图 1.13　液压式推土机

推土机能够单独完成挖土、运土和卸土的工作，具有操作灵活、运转方便、所需工作面小、行驶速度快、易于转移等特点。

推土机的经济运距在100m以内，效率最高的运距为60m。为提高生产效率，可采用槽形推土、下坡推土及并列推土等方法。

2. 铲运机施工

铲运机是一种能独立完成铲土、运土、卸土、填筑、场地平整的土方施工机械。其按行走方式可分为牵引式铲运机和自行式铲运机，按铲斗操纵系统可分为液压操纵和机械操纵两种，如图1.14所示。

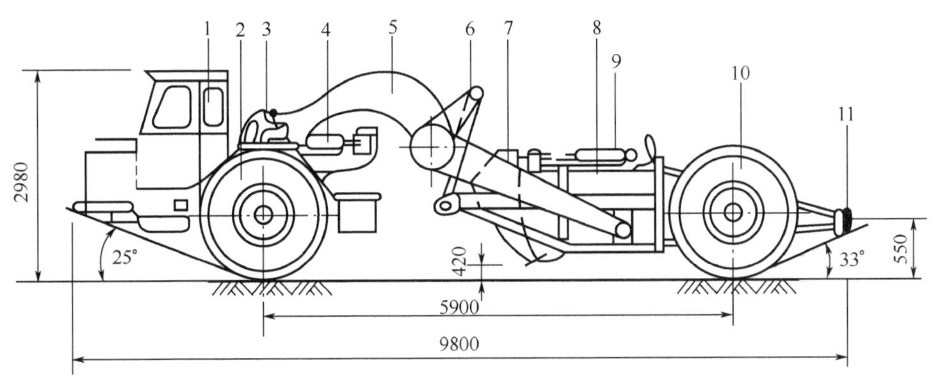

图1.14 自行式铲运机

1—驾驶室；2—前轮；3—中央框架；4—转角油缸；5—辕架；6—提斗油缸；7—斗门；8—铲斗；9—斗门油缸；10—后轮；11—尾架

铲运机对道路要求较低，操纵灵活，具有生产效率较高的特点。它适用在一至三类土中直接挖、运土。铲运机的经济运距为600～1500m，当运距为800m时效率最高。铲运机常用于坡度在20°以内的大面积场地平整、大型基坑开挖及填筑路基等情况，不适用于淤泥层、冻土地带及沼泽地区。

为了提高铲运机的生产效率，可以采用下坡铲土、推土机推土助铲等方法，缩短装土时间，使铲斗的土装得较满。铲运机在运行时，应根据填、挖方区的分布情况，结合当地的具体条件，合理选择运行路线（一般有环形路线和“8”字形路线两种形式），提高生产率。

3. 单斗挖土机施工

单斗挖土机是土方开挖常用的一种机械，按工作装置不同，可分为正铲、反铲、拉铲和抓铲4种，如图1.15所示；按其行走装置不同，可分为履带式和轮胎式两类；按操纵机构的不同，可分为机械式和液压式两类。其中，液压式单斗挖土机调速范围大，作业时惯性小，转动平稳，结构简单，一机多用，操纵省力，易实现自动化。

【参考视频】

1）正铲挖土机

正铲挖土机的工作特点是前进行驶，铲斗由下向上强制切土，挖掘力大，生产效率高，适用于开挖停机面以上的一至三类土，且与自卸汽车配合完成整个挖掘运输作业，可用于挖掘大型干燥的基坑和土丘等。

正铲挖土机的开挖方式，根据开挖路线与运输车辆相对位置的不同，可分为正向挖土、反向卸土和正向挖土、侧向卸土两种，如图1.16所示。

（1）正向挖土、反向卸土。挖土机沿前进方向挖土，运输车辆停在挖土机后方装土。

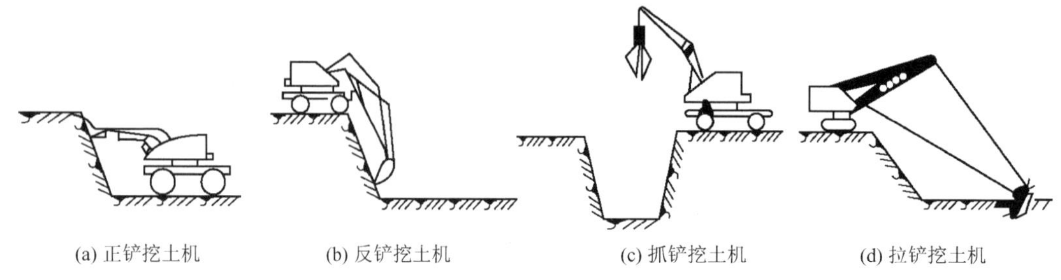
(a) 正铲挖土机　(b) 反铲挖土机　(c) 抓铲挖土机　(d) 拉铲挖土机

图 1.15　单斗挖土机的类型

这种作业方式所开挖的工作面较大，但挖土机卸土时动臂回转角度大，生产率低，运输车辆要倒车开入，一般只适用于开挖工作面较小且较深的基坑。

(2) 正向挖土、侧向卸土。挖土机沿前进方向挖土，运输车辆停在侧面装土。采用这种作业方式，挖土机卸土时动臂回转角度小，运输工具行驶方便，生产率高，使用广泛。

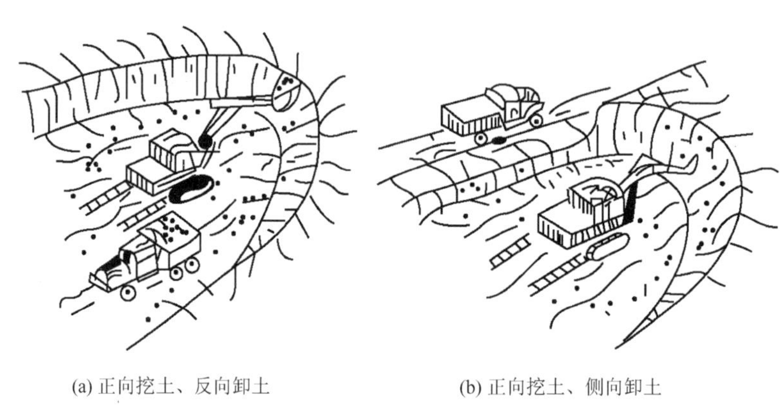
(a) 正向挖土、反向卸土　(b) 正向挖土、侧向卸土

图 1.16　正铲挖土机的作业方式

2) 反铲挖土机

反铲挖土机的工作特点是后退行驶，铲斗由上而下强制切土；挖土能力比正铲挖土机小；用于开挖停机面以下的一至三类土，适用于挖掘深度不大于 4m 的基坑、基槽、管沟开挖，也可用于湿土、含水量较大及地下水位以下的土壤开挖。

反铲挖土机的开挖方式有沟端开挖和沟侧开挖两种。沟端开挖，如图 1.17(a) 所示，挖土机停在沟端，向后倒退挖土，汽车停在两旁装土，开挖工作面宽。沟侧开挖，如图 1.17(b) 所示，挖土机沿沟槽一侧直线移动挖土，挖土机的移动方向与挖土方向垂直，此法能将土弃于距沟较远处，但挖土宽度受到限制。

3) 抓铲挖土机

抓铲挖土机主要用于开挖土质比较松软，施工面比较狭窄的基坑、沟槽和沉井等工程，特别适用于水下挖土。土质坚硬时不能用抓铲挖土机施工。

4) 拉铲挖土机

拉铲挖土机工作是利用惯性，把铲斗甩出后靠收紧和放松钢丝绳进行挖土或卸土，铲斗由上而下，靠自重切土。拉铲挖土机可以开挖一、二类土壤的基坑、基槽和管沟，特别适用于含水量较大的水下松软土和普通土的挖掘。拉铲挖土机的开挖方式与反铲挖土机相似，有沟端开挖和沟侧开挖两种。

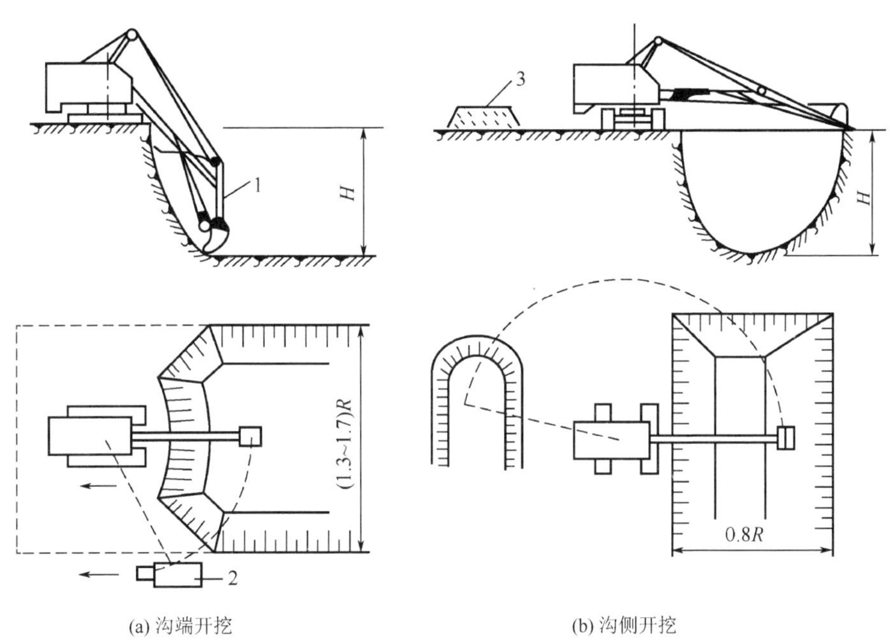

(a) 沟端开挖　　(b) 沟侧开挖

图 1.17　反铲挖土机的作业方式

1—反铲挖土机；2—自卸汽车；3—弃土堆；H—最大挖掘深度；R—最大回转半径

4. 装载机

装载机按行走方式可分为履带式和轮胎式两种；按工作方式可分为单斗式装载机、链式装载机和轮斗式装载机。土方工程中主要使用单斗式装载机，它具有操作灵活、轻便和快速等特点，既适用于装卸土方和散料，也可用于松软土的表层剥离、地面平整和场地清理等工作。

课题 1.4　土方的填筑与压实

建筑工程的回填土主要有地基、基坑（槽）、室内地坪、室外场地、管沟和散水等，回填土一定要密实，以保证回填后的土体不会产生较大的沉陷。

1.4.1　土料填筑的要求

碎石类土、砂土和爆破石渣可用作表层以下的填料。当填方土料为黏土时，填筑前应检查其含水量是否在控制范围内，含水量大的黏土不宜作为填土用。另外，含有大量有机质的土，吸水后容易变形，其承载能力会降低；含水溶性硫酸盐大于 5%的土，在地下水的作用下，硫酸盐会逐渐溶解消失，形成孔洞，影响土的密实性。所以这两种土以及淤泥、冻土、膨胀土等均不应作为填土使用。

填土应分层进行，并尽量采用同类土填筑。如采用不同土填筑时，应将透水性较大的土层置于透水性较小的土层之下，不能将各种土混杂在一起使用，以免填方内形成水囊。

碎石类土或爆破石渣作填料时，其最大粒径不得超过每层铺土厚度的 2/3，使用振动碾时，不得超过每层铺土厚度的 3/4；铺填时，大块料不应集中，且不得填在分段接头或填方与山坡连接处。

1. 密实度要求

填方的密实度要求和质量指标通常以压实系数 λ_c 表示。压实系数为土的控制（实际）干密度 ρ_d 与最大干密度 $\rho_{d,max}$ 的比值。最大干密度 $\rho_{d,max}$ 是在最优含水量时，通过标准的击实方法确定的。密实度要求一般根据工程结构性质、使用要求及土的性质确定，如未做规定，可参考表 1-8 中的数值。

表 1-8　压实填土的质量控制

结构类型	填土部位	压实系数 λ_c	控制含水量/(%)
砌体承重结构和框架结构	在地基主要受力层范围内	≥0.97	$w_{op}\pm2$
	在地基主要受力层范围以下	≥0.95	
排架结构	在地基主要受力层范围内	≥0.96	$w_{op}\pm2$
	在地基主要受力层范围以下	≥0.94	

注：1. 压实系数 λ_c 为压实填土的控制干密度 ρ_d 与最大干密度 $\rho_{d,max}$ 的比值，w_{op} 为最优含水量。
2. 地坪垫层以下及基础底面标高以上的压实填土，压实系数不应小于 0.94。

压实填土的最大干密度 $\rho_{d,max}$（t/m^3）宜采用击实试验确定。当无试验资料时，可按下式计算，即

$$\rho_{d,max}=\eta\frac{\rho_w d_s}{1+0.01w_{op}d_s} \tag{1-29}$$

式中：η——经验系数，黏土取 0.95，粉质黏土取 0.96，粉土取 0.97；

ρ_w——水的密度，t/m^3；

d_s——土粒相对密度；

w_{op}——最优含水量（%）（以小数计），可按当地经验或取 w_p+2（w_p 为土的塑限）。

2. 含水量控制

在同一压实功条件下，填土的含水量对压实质量有直接影响。对于较为干燥的土，因其颗粒之间的摩擦阻力较大，故不易被压实。当含水量超过一定限度时，土颗粒之间的孔隙因水的填充而呈饱和状态，也不能被压实。当土的含水量适当时，水起到润滑作用，土颗粒之间的摩擦阻力减小，可以获得较好的压实效果。每种土都有其最佳含水量。土在这种含水量的条件下，使用同样的压实功进行压实，所得到的密度最大，如图 1.18 所示，不同土有不同的最佳含水量，如砂土为 8%～12%、黏土为 19%～23%、粉质黏土为 12%～15%、粉土为 15%～22%。工地上简单检验黏性土含水量的方法是以手握成团落地散开为适宜。

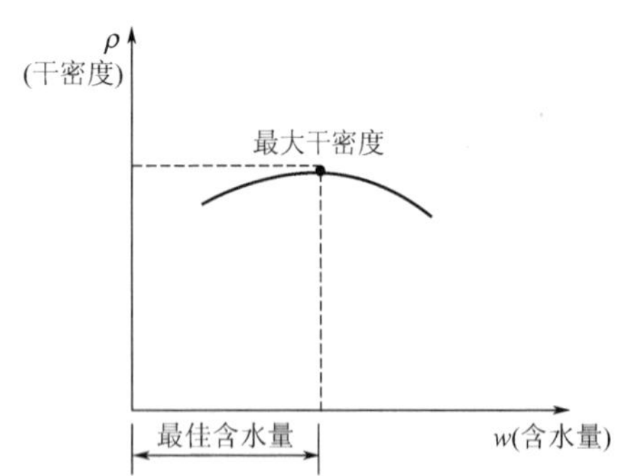

图 1.18　土的干密度与含水量的关系

为了保证填土在压实过程中处于最佳含水量状态，当土过湿时，应予翻松晾干，也可掺入同类干土或吸水性土料；当土过干时，则应预先洒水润湿。

3. 铺土厚度和压实遍数

填土每层铺土厚度和压实遍数视土的性质、设计要求的压实系数和使用的压（夯）实

机具性能而定，一般应通过现场碾（夯）压试验确定。表1-9所示为填土施工时的分层厚度及压实遍数的参考数值，如无试验依据时，可参考使用。

表1-9 填土施工时的分层厚度及压实遍数

压实机具	分层厚度/mm	每层压实遍数
平碾	250～300	6～8
振动压实机	250～350	3～4
柴油打夯机	200～250	3～4
人工打夯	不大于200	3～4

1.4.2 填土压实的方法

填土压实的方法一般有碾压法、夯实法和振动压实法，如图1.19所示。

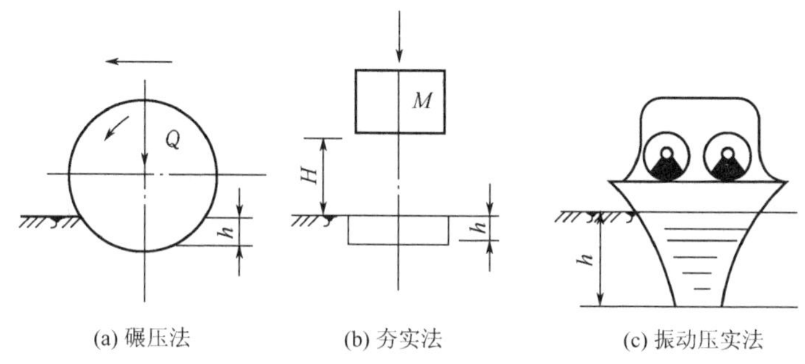

图1.19 填土压实的方法

1. 碾压法

碾压法是利用机械滚轮的压力压实土壤，使之达到所需的密实度，此法多用于大面积填土工程。碾压机械有光面碾（压路机）、羊足碾和气胎碾。光面碾对砂土、黏性土均可压实；羊足碾需要较大的牵引力，且只宜压实黏性土，如图1.20所示；气胎碾在工作时是弹性体，其压力均匀，填土压实质量较好。此外，还可利用运土机械进行碾压，也是较经济合理的压实方案，施工时使运土机械的行驶路线能大体均匀地分布在填土区域内，并达到一定的重复行驶遍数，使其满足填土压实质量的要求。

碾压机械压实填方时，行驶速度不宜过快，一般平碾控制在2km/h，羊足碾控制在3km/h，否则会影响压实效果。

2. 夯实法

夯实法是利用夯锤自由下落的冲击力来夯实土壤，主要用于小面积回填。夯实法分人工夯实和机械夯实两种。常用的夯实机械有夯锤、内燃夯土机和蛙式打夯机（图1.21）。夯实法适用于夯实砂性土、湿陷性黄土、杂填土及含有石块的填土。

3. 振动压实法

振动压实法是将振动压实机械放在土层表面，借助振动机械使压实机械振动，土颗粒在振动力的作用下发生相对位移而达到紧密状态。这种方法对振实非黏性土的效果较好。

【知识链接】

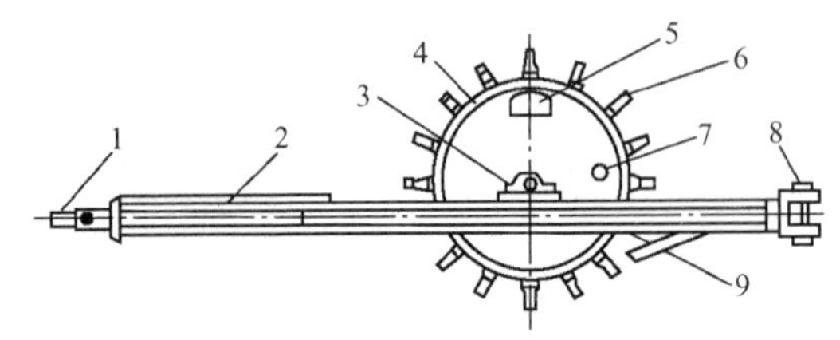

图 1.20　羊足碾的构造

1—前拉头；2—机架；3—轴承座；4—碾筒；5—装砂口；
6—羊碾头；7—水口；8—后拉头；9—铲刀

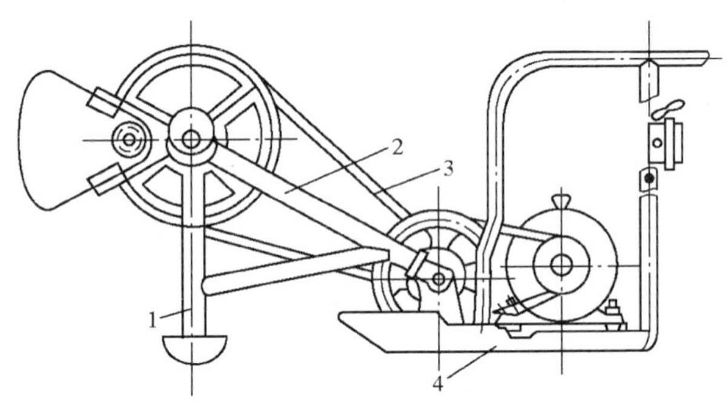

图 1.21　蛙式打夯机

1—夯头；2—夯架；3—三角带；4—底盘

【参考视频】

课题 1.5　基坑支护

1.5.1　支护结构

支护结构（包括围护墙和支撑）按其工作机理和围护墙的形式可分为多种类型，如图 1.22 所示。

支护结构的构造可分为围护墙和支撑体系两部分。

1. 围护墙

常见的围护墙有以下几种。

(1) 深层搅拌水泥土桩墙。深层搅拌水泥土桩墙是用深层搅拌机就地将土和输入的水泥浆强制搅拌，形成连续搭接的水泥土柱状加固体挡墙。水泥土加固体的渗透系数不大于 10^{-7}cm/s，能止水防渗。这种围护墙属重力式挡墙，利用其本身重量和刚度进行挡土和防渗，具有双重作用。

(2) 钢板桩。钢板桩有槽钢钢板桩和热轧锁口钢板桩等类型。

① 槽钢钢板桩是一种简易的钢板桩围护墙，由槽钢正反扣搭接或并排组成。槽钢的长度为 6～8m，型号由计算确定。打入地下后在顶部接近地面处设一道拉锚或支撑。其截面抗弯能力弱，一般用于深度不超过 4m 的基坑。由于搭接处不严密，一般不能完全止水。如果地下水位高，需要时可用轻型井点降低地下水位。槽钢钢板桩一般只用于一些小

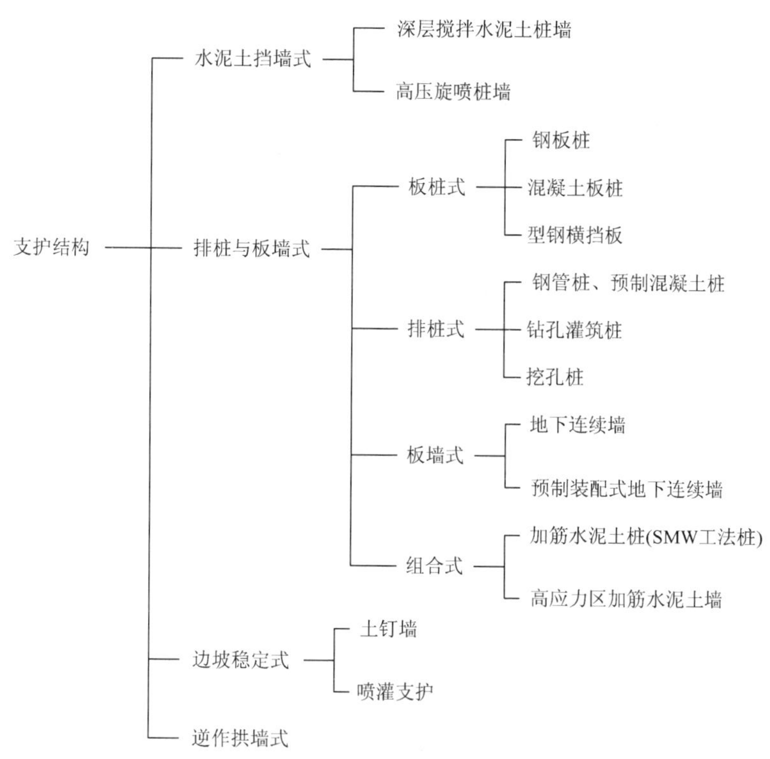

图 1.22　支护结构的类型

型工程。其优点是材料来源广，施工简便，可以重复使用。

② 热轧锁口钢板桩（图 1.23）的形式有 U 形、L 形、一字形、H 形和组合型等。热轧锁口钢板桩的优点是材料质量可靠，在软土地区打设方便，施工速度快而且简便；有一定的挡水能力（小趾口者挡水能力更好）；可多次重复使用；一般费用较低。其缺点是一般的钢板桩刚度不够大，用于较深的基坑时支撑（或拉锚）工作量大，否则变形较大；在透水性较好的土层中不能完全挡水；拔除时易带土，如处理不当会引起土层移动，可能危害周围的环境。

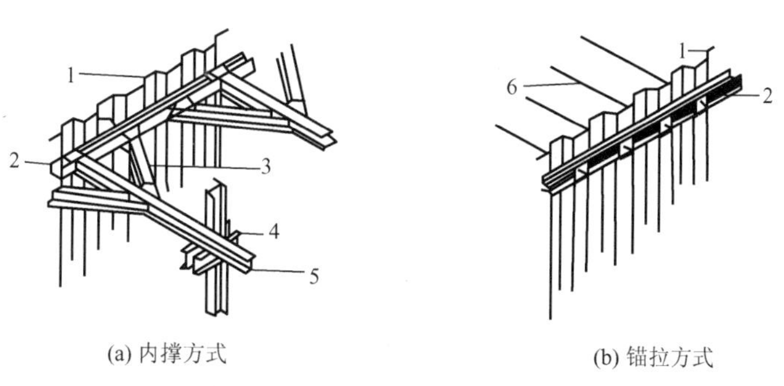

(a) 内撑方式　　(b) 锚拉方式

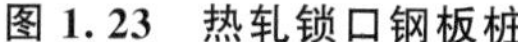

图 1.23　热轧锁口钢板桩

1—钢板桩；2—围檩；3—角撑；4—立柱与支撑；5—支撑；6—锚拉杆

其中，U 形钢板桩多用于对周围环境要求不很高的、深度为 5～8m 的基坑，需视支撑（拉锚）加设情况而定。

(3) 型钢横挡板。型钢横挡板也称桩板式支护结构，如图 1.24 所示。这种围护墙是由工字钢（或 H 形钢）桩和横挡板（也称衬板），再加上围檩、支撑等组成的一种支护体系。施工时先按一定间距打设工字钢或 H 形钢桩，然后在开挖土方时边挖边加设横挡板。施工结束后拔出工字钢或 H 形钢桩，并在安全允许的条件下尽可能回收横挡板。

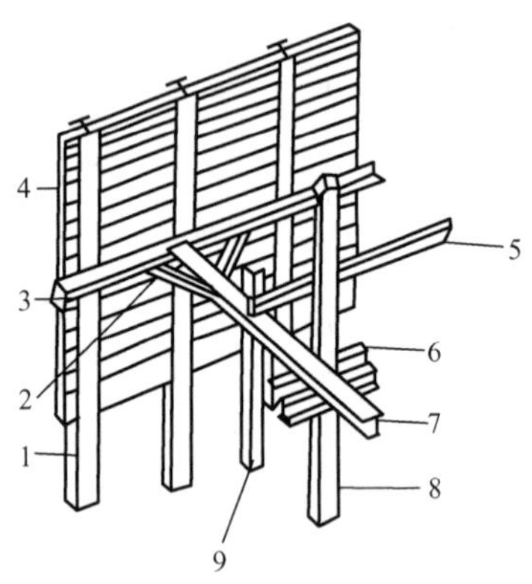

图 1.24　型钢横挡板

1—工字钢（H 形钢）；2—八字撑；3—腰梁；4—横挡板；5—水平联系杆；6—立柱上的支撑件；7—横撑；8—立柱；9—垂直联系杆件

横挡板直接承受土压力和水压力，由横挡板传给工字钢桩，再通过围檩传至支撑或拉锚。横挡板的长度取决于工字钢桩的间距和厚度，由计算确定，横挡板多用厚度为 60mm 的木板或预制钢筋混凝土薄板制成。

型钢横挡板多用于土质较好、地下水位较低的地区。

(4) 钻孔灌筑桩。根据目前的施工工艺，钻孔灌筑桩（图 1.25）为间隔排列，缝隙不小于 100mm，因此，它不具备挡水功能，需另做挡水帷幕。目前我国应用较多的是厚度为 1.2m 的水泥土搅拌桩。当钻孔灌筑桩用于地下水位较低的地区时，不需要做挡水帷幕。

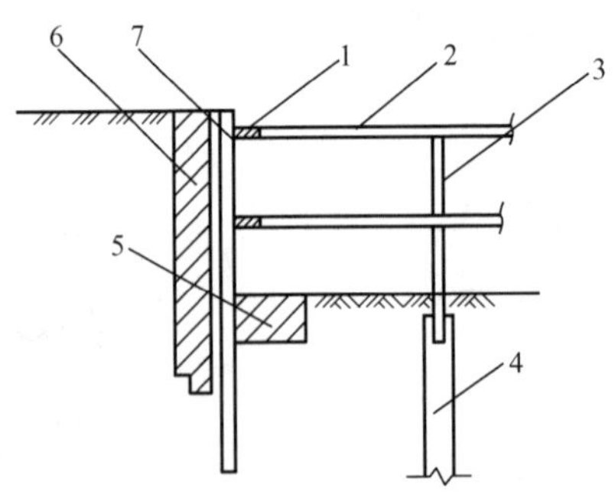

图 1.25　钻孔灌筑桩

1—围檩；2—支撑；3—立柱；4—工程桩；5—坑底水泥土搅拌桩加固；6—水泥土搅拌桩挡水帷幕；7—钻孔灌筑桩围护墙

钻孔灌筑桩施工时无噪声、无振动、无挤土，刚度大，抗弯能力强，变形较小，几乎在全国都有应用。钻孔灌筑桩多用于基坑侧壁安全等级为一、二、三级、坑深为 7～15m 的基坑工程，在土质较好的地区可设置 8～9m 的悬臂桩，在软土地区多加设内支撑（或拉锚)，悬臂式结构不宜大于5m。桩径和配筋由计算确定，常用直径为600mm、700mm、800mm、900mm、1000mm。

(5) 挖孔桩。挖孔桩也属桩排式围护墙，多在我国东南沿海地区使用。其成孔是人工挖土，多为大直径桩，宜用于土质较好的地区。如土质松软、地下水位高时，需边挖土边施工衬圈，衬圈多为混凝土结构。在地下水位较高的地区施工挖孔桩时，还要注意挡水问题，否则地下水会大量流入桩孔，而且大量的抽排水又会引起邻近地区地下水位下降，因土体固结而出现较大的地面沉降。

挖孔桩时，由于人要下到桩孔开挖，这样便于检验土层，也易扩孔；可多桩同时施工，施工速度可保证；大直径挖孔桩用作围护桩可不设或少设支撑。但挖孔桩劳动强度高、施工条件差，如遇有流砂还有一定的危险性。

(6) 地下连续墙。地下连续墙是利用专用的挖槽机械在泥浆护壁下开挖一定长度(一个单元槽段)，挖至设计深度并清除沉渣后，插入接头管，再将在地面上加工好的钢筋笼用起重机吊入充满泥浆的沟槽内，最后用导管浇筑混凝土，待混凝土初凝后拔出接头管，一个单元槽段即施工完毕(图1.26)，如此逐段施工，即形成地下连续的钢筋混凝土墙。

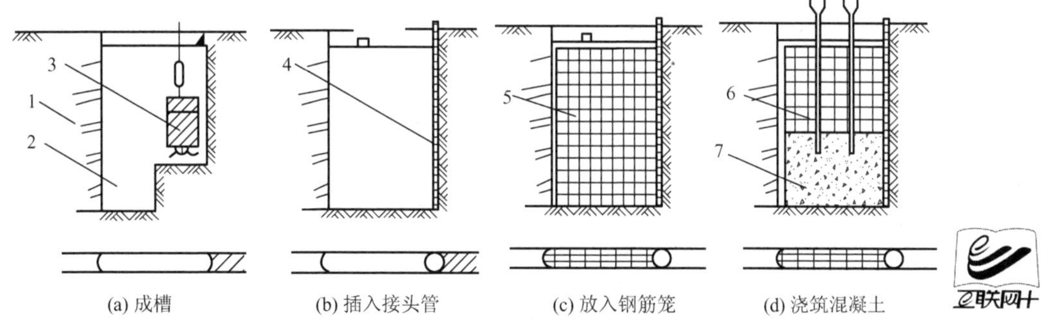

图1.26 地下连续墙施工过程示意图

1—已完成的单元槽段；2—泥浆；3—成槽机；4—接头管；5—钢筋笼；6—导管；7—浇筑的混凝土

(7) 加筋水泥土桩(SMW工法桩)。加筋水泥土桩是在水泥土搅拌桩内插入H形钢，使之成为同时具有受力和抗渗两种功能的支护结构围护墙，如图1.27所示。坑深大时也可加设支撑。

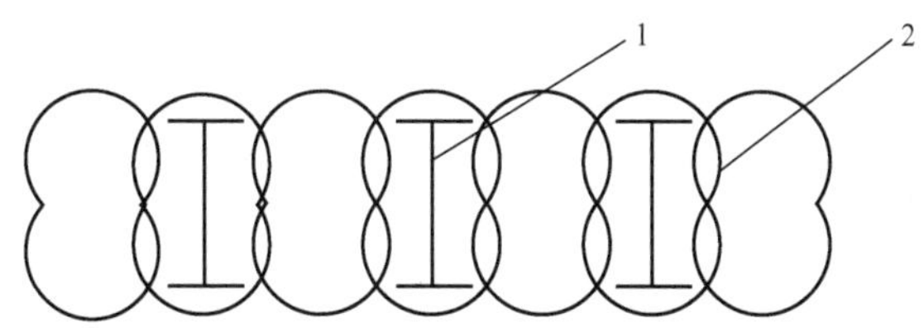

图1.27 SMW工法围护墙

1—插在水泥土桩中的H形钢；2—水泥土桩

加筋水泥土桩的施工机械应为带有三根搅拌轴的深层搅拌机，全断面搅拌，H形钢靠自重可顺利下插至设计标高。由于加筋水泥土桩法围护墙的水泥掺入比达20%，因此，水

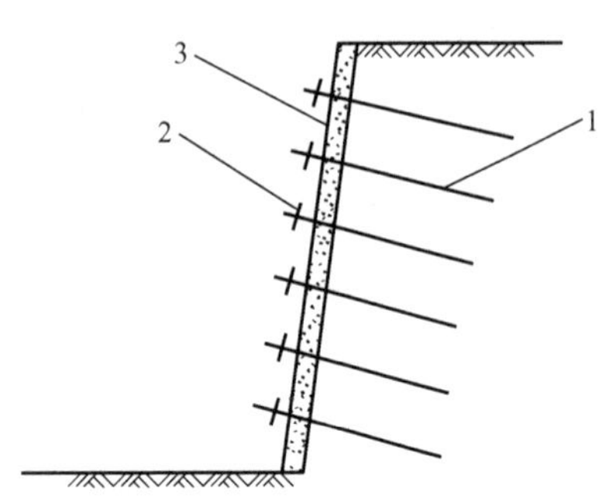

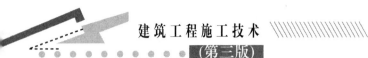

图 1.28　土钉墙

1—土钉；2—垫板；
3—喷射细石混凝土面层

泥土的强度较高，与 H 形钢黏结好，能共同作用。

(8) 土钉墙。土钉墙（图 1.28）是一种边坡稳定式的支护，其作用与被动起挡土作用的上述围护墙不同，它起主动嵌固作用，能增加边坡的稳定性，使基坑开挖后坡面保持稳定。

施工时，每挖深 1.5m 左右，挂细钢筋网，喷射细石混凝土面层（厚度为 50～100mm），然后钻孔插入钢筋（长度为 10～15m，纵、横间距约为 1.5m×1.5m），加垫板并灌浆，依次进行直至坑底。

土钉墙用于基坑侧壁安全等级为二、三级的非软土场地；基坑深度不宜大于 12m；当地下水位高于基坑底面时，应采取降水或截水措施。

(9) 逆作拱墙。当基坑平面形状适合时，可采用拱墙作为围护墙。拱墙有圆形闭合拱墙、椭圆形闭合拱墙和组合拱墙。对于组合拱墙，可将局部拱墙视为两铰拱。

拱墙截面宜为 Z 形，如图 1.29(a) 所示，拱墙壁的上、下端宜加肋梁；当基坑较深，一道 Z 形拱墙不够时，可由数道拱墙叠合组成，如图 1.29(b) 所示，或沿拱墙高度设置数道肋梁，如图 1.29(c) 所示，肋梁的竖向间距不宜小于 2.5m；也可不加设肋梁而用加厚肋壁的办法解决，如图 1.29(d) 所示。

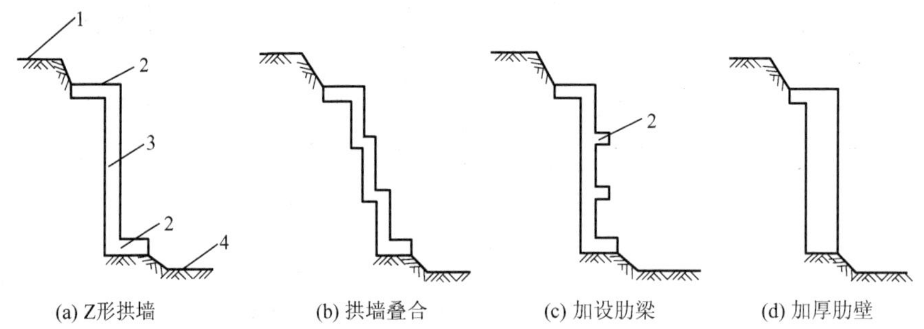

图 1.29　拱墙截面

1—地面；2—肋梁；3—拱墙；4—基坑底

圆形拱墙壁的厚度不宜小于 400mm，其他拱墙壁的厚度不宜小于 500mm。混凝土强度等级不宜低于 C25。拱墙的水平方向应通长双面配筋，钢筋总配筋率不小于 0.7%。

拱墙在垂直方向应分道施工，每道施工高度视土层直立高度而定，不宜超过 2.5m。待上道拱墙合拢且混凝土强度达到设计强度的 70%后，才可进行下道拱墙施工。上下两道拱墙的竖向施工缝应错开，错开距离不应小于 2m。拱墙宜连续施工，每道拱墙的施工时间不宜超过 36h。

逆作拱墙宜用于基坑侧壁安全等级为三级者；淤泥和淤泥质土场地不宜应用；拱墙轴线的矢跨比不宜小于 1/8；基坑深度不宜大于 12m；当地下水位高于基坑底面时，应采取降水或截水措施。

2. 支撑体系

对于排桩、板墙式支护结构，当基坑深度较大时，为使围护墙受力合理且受力后变形控制在一定范围内，需沿围护墙竖向增设支承点，以减小跨度。在坑内对围护墙加设支承，称为内支撑；在坑外对围护墙设拉支承，则称为拉锚（土锚）。

内支撑受力合理、安全可靠，易于控制围护墙的变形，但内支撑的设置也给基坑内挖土和地下室结构的支模和浇筑带来一些不便，需通过换撑加以解决。

支护结构的内支撑体系包括腰梁或冠梁（围檩）、支撑和立柱。腰梁固定在围护墙上，将围护墙承受的侧压力传给支撑（纵、横两个方向）。支撑是受压构件，当其长度超过一定限度时稳定性不好，所以需在中间加设立柱，立柱下端需稳固，立柱插入工程桩内，实在对不准工程桩时，需另外专门设置桩（灌筑桩）。

1.5.2 支护结构施工

1. 钢板桩施工

1）钢板桩施工前的准备工作

钢板桩施工前的准备工作如下。

（1）钢板桩的检验。

① 外观检验。外观检验包括表面缺陷、长度、宽度、高度、厚度、端头矩形比、平直度和锁口形状等项内容。检查中要注意以下几个方面。

a. 对打入钢板桩有影响的焊接件应予以割除。

b. 有割孔、断面缺损的应予以补强。

c. 若钢板桩有严重锈蚀，应测量其实际断面厚度，以便决定在计算时是否需要折减。原则上要对全部钢板桩进行外观检查。

② 材质检验。对钢板桩母材的化学成分及机械性能进行全面试验。它包括钢材的化学成分分析，构件的拉伸、弯曲试验，锁口的强度试验和延伸率试验等项内容。每一种规格的钢板桩至少进行一个拉伸、弯曲试验。每25～50t的钢板桩应进行两个试件试验。

（2）钢板桩的矫正。钢板桩为多次周转使用的材料，在使用过程中会发生板桩的变形、损伤。对偏差超过规范数值者，使用前应进行矫正与修补。

（3）打桩机的选择。打设钢板桩时，使用自由落锤、汽动锤、柴油锤、振动锤等皆可，但使用较多的是振动锤。如使用柴油锤，为避免桩顶因受冲击而损伤和控制打入方向，在桩锤和钢板桩之间需设置桩帽。

（4）导架安装。为保证沉桩轴线位置的正确和桩的竖直，控制桩的打入精度，防止板桩的屈曲变形和提高桩的贯入能力，一般都需要设置一定刚度的、坚固的导架，也称施工围檩。

导架通常由导梁和导桩等组成。它的形式，在平面上有单面和双面之分，在高度上有单层和双层之分。一般常用的是单层双面导架。

导架的位置不能与钢板桩相碰。导桩不能随着钢板桩的打设而下沉或变形。导梁的高度要适宜，要有利于控制钢板桩的施工高度和提高工效，要用经纬仪和水平仪控制导梁的位置和标高。

2）钢板桩的打设

钢板桩的打入方式有单独打入法和屏风式打入法。

（1）单独打入法是从板桩墙的一角开始，逐块（或两块为一组）打设，直至工程结束。这种打入方法简便、迅速，不需要其他辅助支架，但是易使板桩向一侧倾斜，且误差积累后不易纠正。为此，这种方法只适用于板桩墙要求不高且板桩长度较小（如小于10m）的情况。

（2）屏风式打入法是将10～20根钢板桩成排插入导架内，呈屏风状，然后再分批施打。施打时先将屏风墙两端的钢板桩打至设计标高或一定深度，成为定位板桩，然后在中间按顺序分1/3、1/2板桩高度呈阶梯状打入，如图1.30所示。

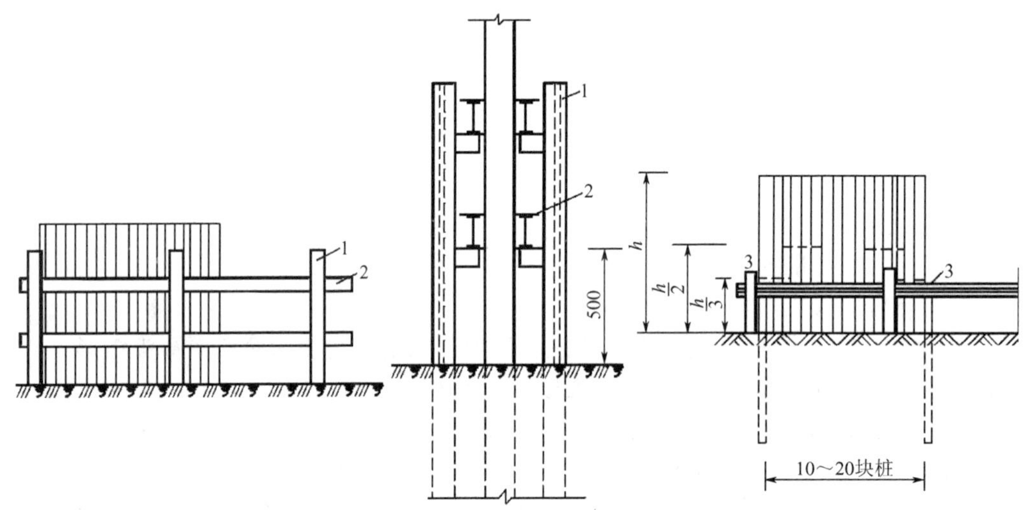

图1.30　屏风式打入法

1—围檩桩；2—围檩；3—两端先打入的定位钢板桩；h—钢板桩的高度

钢板桩的打设是用吊车将钢板桩吊至插桩点处进行插桩，插桩时锁口要对准，每插入一块即套上桩帽轻轻加以锤击。在打桩过程中，为保证钢板桩的垂直度，应用两台经纬仪在两个方向加以控制。为防止锁口中心线平面位移，可在打桩进行方向的钢板桩锁口处设卡板，阻止板桩位移。同时在围檩上预先算出每块板块的位置，以便随时检查校正。

钢板桩分几次打入，如第一次由20m高打至15m，第二次则打至10m，第三次打至导梁高度，待导架拆除后，第四次才打至设计标高。

【知识链接】

打桩时，要确保开始打设的第一、二块钢板桩的打入位置和方向的精度，因为它可以起到样板导向作用，一般每打入1m应测量一次。

3）钢板桩的拔除

在进行基坑回填土时，要拔除钢板桩，以便修整后重复使用。

钢板桩的拔出，从克服板桩的阻力着眼，根据所用的拔桩机械，拔桩方法有静力拔桩、振动拔桩和冲击拔桩三种。

（1）静力拔桩主要是用卷扬机或液压千斤顶，但该法效率低，有时难以顺利拔出，故较少应用。

（2）振动拔桩是利用机械的振动激起钢板桩振动，以克服和削弱板桩拔出阻力，将板桩拔出。此法效率高，大功率的振动拔桩机可将多根板桩一起拔出。目前该法应用较多。

（3）冲击拔桩是以高压空气、蒸汽为动力，利用打桩机给钢板桩以向上的冲击力，同时利用卷扬机将板桩拔出。

2. 深层搅拌水泥土桩墙施工

【参考视频】

深层搅拌水泥土桩墙，是采用水泥作为固化剂，通过特制的深层搅拌机械，在地基深处就地将软土和水泥强制搅拌形成水泥土，利用水泥和软土之间所产生的一系列物理-化学反应，使软土硬化成整体性的并有一定强度的挡土防渗墙。

深层搅拌水泥土桩墙施工工艺可采用喷浆式深层搅拌（湿法）、喷粉式深层搅拌（干法）和高压喷射注浆法（高压旋喷法）三种方法。

(1) 采用湿法工艺施工时注浆量较易控制，成桩质量较为稳定，桩体均匀性好。迄今为止，绝大部分深层搅拌水泥土桩墙都采用湿法工艺，因此，在设计与施工方面积累了丰富的经验，故一般应优先考虑湿法施工工艺。

(2) 采用干法施工工艺，虽然水泥土强度较高，但其喷粉量不易控制，搅拌难以均匀，桩身强度离散较大，出现事故的概率较高，目前已很少应用。

(3) 采用高压喷射注浆法成桩工艺，主要是利用高压水、气切削土体并将水泥与土搅拌形成水泥土桩。该工艺施工简便，喷射注浆施工时，只需在土层中钻一个直径为 50～300mm 的小孔，便可在土中喷射成直径为 0.4～2.0m 的加固水泥土桩。因而其能在狭窄施工区域或贴近已有基础施工，但该工艺水泥用量大、造价高，一般当场地受到限制，湿法机械无法施工时，或一些特殊场合下可选用此工艺。

3. 地下连续墙施工

【参考视频】

地下连续墙施工工艺，即在工程开挖土方之前，用特制的挖槽机械在泥浆护壁下每次开挖一定长度（一个单元槽段）的沟槽，待挖至设计深度并清除沉淀下来的泥渣后，将在地面上加工好的钢筋骨架（称为钢筋笼）用起重机械吊放入充满泥浆的沟槽内，再用导管向沟槽内浇筑混凝土。因为混凝土是由沟槽底部开始逐渐向上浇筑的，所以随着混凝土的浇筑即将泥浆置换出来，待混凝土浇筑至设计标高后，一个单元槽段即施工完毕，各个单元槽段之间由特制的接头连接，而形成连续的地下钢筋混凝土墙。

对于现浇钢筋混凝土壁板式地下连续墙，其施工工艺如图 1.31 所示。其中，修筑导墙、泥浆制备与处理、挖深槽、钢筋笼制作与吊放，以及浇筑混凝土是地下连续墙施工中的主要工序。

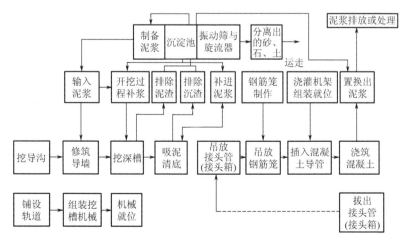

图 1.31　现浇钢筋混凝土壁板式地下连续墙的施工工艺过程

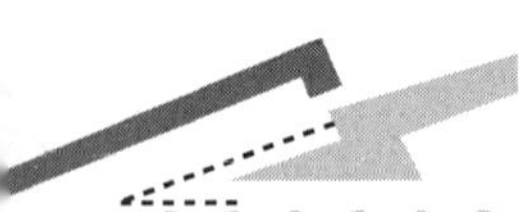

【参考视频】

4. 逆作拱墙法施工

对于深度大的多层地下室结构，传统的方法是开敞式自下而上施工，即放坡开挖或支护结构围护后垂直开挖，挖土至设计标高后，浇筑混凝土底板，然后自下而上逐层施工各层地下室结构，出地面后再逐层进行地上结构施工。

逆作拱墙法的工艺原理是在土方开挖之前，先沿建筑物地下室轴线（适用于“两墙合一”的情况）或建筑物周围（地下连续墙只用作支护结构）浇筑地下连续墙，作为地下室的边墙或基坑支护结构的围护墙，同时在建筑物内部的有关位置（多为地下室结构的柱子或隔墙处，根据需要经计算确定）浇筑或打下中间支承柱（也称中柱桩）。然后开挖土方至地下一层顶面底标高处，浇筑该层的楼盖结构（留有部分工作孔），此时已完成的地下一层顶面楼盖结构即用作周围地下连续墙刚度很大的支撑。然后人和设备通过工作孔下去逐层向下施工各层地下室结构。与此同时，因为地下一层的顶面楼盖结构已完成，为进行上部结构施工创造了条件，所以在向下施工各层地下室结构时可同时向上逐层施工地上结构，这样上、下同时进行施工，直至工程结束。

5. 土钉墙施工

1）基坑开挖

基坑要按设计要求严格分层分段开挖，在完成上一层作业面土钉与喷射混凝土面层达到设计强度的70%以前，不得进行下一层土层的开挖。每层开挖的最大深度取决于在支护投入工作前土壁可以自稳而不发生滑动破坏的能力，实际工程中常取基坑每层挖深与土钉竖向间距相等。每层开挖的水平分段宽度也取决于土壁自稳能力，且与支护施工流程相互衔接，一般多为10～20m长。当基坑面积较大时，允许在距离基坑四周边坡8～10m的基坑中部自由开挖，但应注意与分层作业区的开挖相协调。

挖方要选用对坡面土体扰动小的挖土设备和方法，严禁边壁出现超挖或造成边壁土体松动。坡面经机械开挖后要采用小型机械或铲锹进行切削清坡，以使坡度及坡面平整度达到设计要求。

2）喷第一道面层

每步开挖后应尽快做好面层，即对修整后的边壁立即喷上一层薄混凝土或砂浆。若土层地质条件好的话，可省去该道面层。

3）设置土钉

设置土钉时可以是采用专门设备将土钉钢筋击入土体，但通常的做法是先在土体中成孔，然后置入土钉钢筋并沿全长注浆。

(1) 钻孔。钻孔前，应根据设计要求定出孔位并做出标记及编号。当成孔过程中遇到障碍物需调整孔位时，不得损害支护结构设计原定的安全程度。

采用的机具应符合土层特点、满足设计要求，在进钻和抽出钻杆的过程中不得引起土体坍孔。在易坍孔的土体中钻孔时宜采用套管成孔或挤压成孔的方法。成孔过程中应由专人做成孔记录，按土钉编号逐一记载取出土体的特征、成孔质量、事故处理等，并将取出的土体及时与初步设计所认定的土质加以对比，若发现有较大偏差时要及时修改土钉的设计参数。

(2) 插入土钉钢筋。插入土钉钢筋前要进行清孔检查，若孔中出现局部渗水、坍孔或掉落松土时应立即处理。在土钉钢筋置入孔中前，要先在钢筋上安装对中定位支架，以保证钢筋处于孔位中心且注浆后其保护层厚度不小于25mm。支架沿钉长的间距可为2～3m，支架可为金属或塑料件，以不妨碍浆体自由流动为宜。

(3) 注浆。注浆前要验收土钉钢筋的安设质量是否达到设计要求。一般可采用重力、低压（0.4～0.6MPa）或高压（1～2MPa）注浆方式，水平孔应采用低压或高压注浆方式。压力注浆时应在孔口或规定位置设置止浆塞，注满后保持压力3～5min。重力注浆以满孔为止，但在浆体初凝前需补浆1～2次。

对于向下倾角的土钉，注浆采用重力或低压注浆方式时宜采用底部注浆的方法，注浆导管的底端应插至距孔底250～500mm处，在注浆的同时将导管匀速缓慢地撤出。注浆的过程中注浆导管口应始终埋在浆体表面以下，以保证孔中气体能全部逸出。

4) 喷第二道面层

在喷混凝土之前，先按设计要求绑扎、固定钢筋网。面层内的钢筋网片应牢固固定在边壁上并符合设计规定的保护层厚度要求。钢筋网片可用插入土中的钢筋固定，但在喷射混凝土时不应出现振动。

钢筋网片可焊接或绑扎而成，网格允许偏差为±10mm。铺设钢筋网时每边的搭接长度应不小于一个网格边长或200mm，如为搭焊则焊接长度不小于网片钢筋直径的10倍。网片与坡面间隙不小于20mm。

土钉与面层钢筋网的连接可通过垫板、螺帽及土钉端部螺纹杆固定。垫板钢板的厚度为8～10mm，尺寸为（200mm×200mm）～（300mm×300mm）。垫板下的空隙需先用高强水泥砂浆填实，待砂浆达到一定强度后方可旋紧螺帽以固定土钉。土钉钢筋也可通过井字加强钢筋直接焊接在钢筋网上，焊接强度要满足设计要求。

喷射混凝土的配合比应通过试验确定，粗骨料的最大粒径不宜大于12mm，水灰比不宜大于0.45，并应通过外加剂来调节所需工作度和早强时间。当采用干法施工时，应事先对操作手进行技术考核，以保证喷射混凝土的水灰比和质量达到设计要求。

喷射混凝土前，应对机械设备、风、水管路和电路进行全面检查和试运转。

为保证喷射混凝土厚度达到均匀的设计值，可在边壁上隔一定距离打入垂直短钢筋段作为厚度标志。喷射混凝土的射距宜保持在0.6～1.0m，并使射流垂直于壁面。在有钢筋的部位可先喷钢筋的后方以防止钢筋背面出现空隙。喷射混凝土的路线可从壁面开挖层底部逐渐向上进行，但底部钢筋网的搭接长度范围内先不喷混凝土，待与下层钢筋网搭接绑扎之后再与下层壁面同时喷混凝土。混凝土面层接缝部分做成45°角斜面搭接。当设计面层厚度超过100mm时，混凝土应分两层喷射，一次喷射厚度不宜小于40mm，且接缝错开。在混凝土接缝中继续喷射混凝土之前，应将浮浆碎屑进行清除，并喷少量水润湿。

面层喷射混凝土终凝后2h应喷水养护，养护时间宜为3～7d，养护视当地环境条件采用喷水、覆盖浇水或喷涂养护剂等方法。

喷射混凝土强度可用边长为100mm的立方体试块进行测定。制作试块时，将试模底面紧贴边壁，从侧向喷入混凝土，每批至少留取3组（每组3块）试件。

5) 排水设施的设置

水是土钉支护结构最为敏感的问题，不但要在施工前做好降排水工作，还要充分考虑土钉支护结构工作期间地表水及地下水的处理，设置好排水构造设施。

对基坑四周地表应加以修整并构筑明沟排水，严防地表水再向下渗流。可将喷射混凝土面层延伸到基坑周围地表构成喷射混凝土护顶并在土钉墙平面范围内的地表做防水地

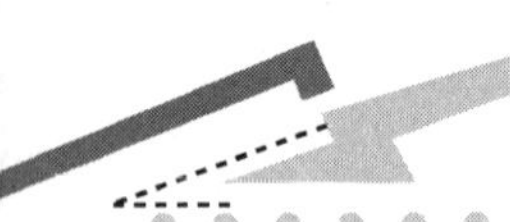

面，以防止地表水渗入土钉加固范围的土体中，如图 1.32 所示。

当基坑边壁有透水层或渗水土层时，混凝土面层上要做泄水孔，即按间距 1.5～2.0m 均布设置长度为 0.4～0.6m、直径不小于 40mm 的塑料排水管，外管口略向下倾斜，管壁上半部分可钻些透水孔，管中填满粗砂或圆砾作为滤水材料，以防止土颗粒流失，如图 1.33 所示。也可在喷射混凝土面层施工前预先沿土坡壁面每隔一定距离设置一条竖向排水带，即用带状皱纹滤水材料夹在土壁与面层之间形成定向导流带，使土坡中渗出的水有组织地导流到坑底后集中排除，但施工时要注意每段排水带滤水材料之间的搭接效果，必须保证排水路径畅通无阻。

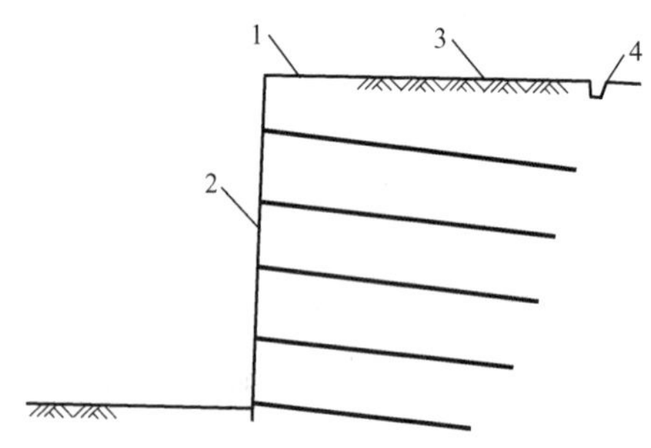

图 1.32　地面排水

1—喷射混凝土面层；2—喷射混凝土护坡；
3—防水地面；4—排水沟

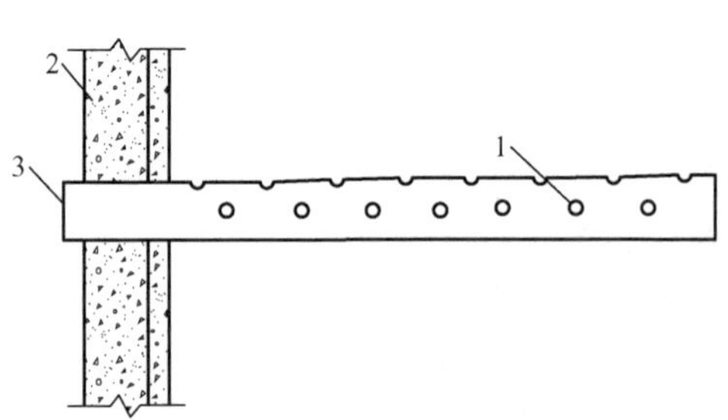

图 1.33　面层内排水管

1—孔眼；2—面层；3—排水管

为了排除积聚在基坑内的渗水和雨水，应在坑底设置排水沟和集水井。排水沟应离开坡脚 0.5～1.0m，严防冲刷坡脚。排水沟和集水井宜用砖衬砌并用砂浆抹内表面以防止渗漏，坑中积水应及时排除。

6. 内支撑体系施工

1）钢支撑施工

钢支撑常用 H 形钢支撑与钢管支撑。

当基坑平面尺寸较大，支撑长度超过 15m 时，需设立柱来支承水平支撑，防止支撑弯曲，缩短支撑的计算长度，防止支撑失稳破坏。

立柱通常用钢立柱，其长细比一般小于 25，由于基坑开挖结束浇筑底板时支撑立柱不能拆除，为此立柱最好做成格构式，以利于底板钢筋通过。钢立柱不能支承于地基上，而需支承在立柱支承桩上，目前多用混凝土灌筑桩作为立柱支承桩，灌筑桩混凝土浇至基坑面为止，钢立柱插在灌筑桩内，如图 1.34 所示，插入长度一般不小于 4 倍立柱边长，在可能的情况下尽可能利用工程桩作为立柱支承桩。立柱通常设于支撑交叉部位，施工时立柱支承桩应准确定位。

腰（冠）梁是一个受弯剪的构件，其作用一是将围护墙上承受的土压力、水压力等外荷载传递到支撑上，二是加强围护墙体的整体性。所以，增强腰梁的刚度和强度对整个支护结构体系有着重要意义。

钢支撑都用钢腰梁，钢腰梁多用 H 形钢或双拼槽钢等，通过设于围护墙上的钢牛腿或锚固于墙内的吊筋加以固定，如图 1.35 所示。钢腰梁的分段长度不宜小于支撑间距的 2 倍，拼装点尽量靠近支撑点。如支撑与腰梁斜交，则腰梁上应设传递剪力的构造。腰梁安

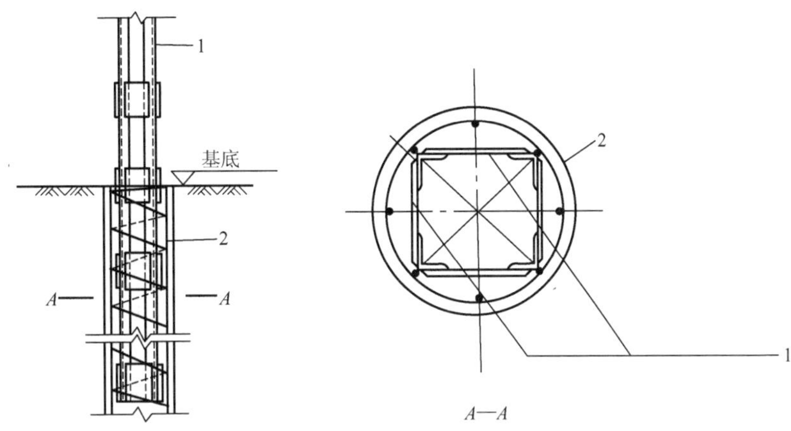

图 1.34 钢格构立柱与灌筑桩支承

1—灌筑桩；2—钢格构立桩

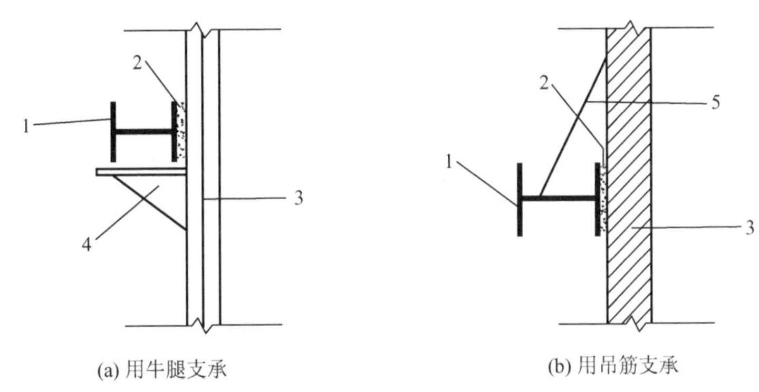

图 1.35 钢腰梁固定

1—腰梁；2—填塞细石混凝土；3—支护墙体；4—钢牛腿；5—吊筋

装后与围护墙间的空隙，要用细石混凝土填塞。

钢支撑受力构件的长细比不宜大于 75，联系构件的长细比不宜大于 120。安装节点尽量设在纵、横向支撑的交汇处附近。纵、横向支撑的交汇点尽可能在同一标高上，这样支撑体系的平面刚度较大，尽量少用重叠连接。钢支撑与钢腰梁可用电焊连接。

2）钢筋混凝土支撑施工

钢筋混凝土支撑腰梁与支撑整体浇筑，在平面内形成整体。位于围护墙顶部的冠梁，多与围护墙体整浇，位于桩身处的腰梁也通过桩身预埋筋和吊筋加以固定，如图 1.36 所示。

当基坑挖土至规定深度时，按设计工况要及时浇筑支撑和腰梁，以减少时效作用，减小变形。支撑受力钢筋在腰梁内的锚固长度不应小于 $30d$（d 为钢筋直径）。要待支撑混凝土强度达到不小于 80%设计强度时，才允许开挖支撑以下的土方。支撑和腰梁浇筑时的底模（模板或细石混凝土薄层等），挖土开始后要及时去除，以防坠落伤人。支撑如穿越外墙，要设止水片。

在浇筑地下室结构时，如要换撑，也需底板、楼板的混凝土强度达到不小于设计强度

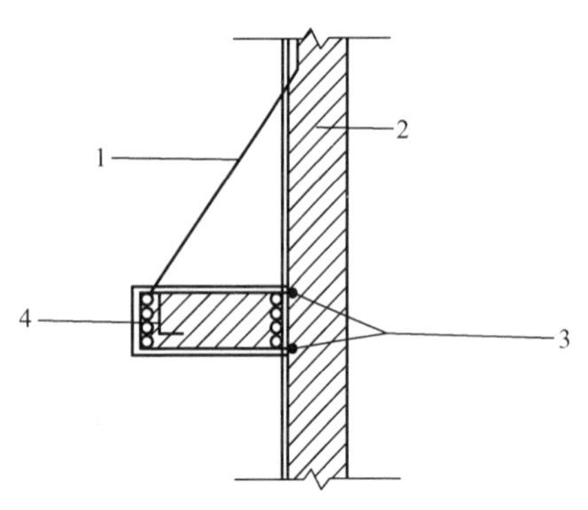

图 1.36　桩身处钢筋混凝土腰梁的固定

1—吊筋；2—支护墙体；
3—与预埋筋连接；4—钢筋混凝土腰梁

的 80%时才允许换撑。

7. 锚杆施工

锚杆施工，包括钻孔、安放拉杆、压力灌浆和张拉锚固。

1）钻孔

钻孔工艺影响锚杆的承载能力、施工效率和成本。钻孔的费用一般占总费用的 30%，有时达 50%。钻孔时要求不扰动土体，减少原来土体内应力场的变化，尽量不使自重应力释放。

（1）钻孔的方法。钻孔方法的选择主要取决于土质和钻孔机械。常用的锚杆钻孔方法有如下几种。

① 螺旋钻孔干作业法。当锚杆处于地下水位以上，呈非浸水状态时，宜选用不护壁的螺旋钻孔干作业法来成孔，该法对黏土、粉质黏土、密实性和稳定性较好的砂土等土层都适用。

成孔有两种施工方法：一种方法是钻孔与插入钢拉杆合为一道工序，即钻孔时将钢拉杆插入空心的螺旋钻杆内，随着钻孔的深入，钢拉杆与螺旋钻杆一同到达设计规定的深度，然后边灌浆边退出钻杆，而钢拉杆即锚固在钻孔内；另一种方法是钻孔与安放钢拉杆分为两道工序，即钻孔后在螺旋钻杆退出孔洞后再插入钢拉杆。后一种方法设备简单、简便易行，采用较多。为加快钻孔施工，可以采用平行作业法钻孔和插入钢拉杆。

② 压水钻进成孔法。该法是锚杆施工应用较多的一种钻孔工艺。这种钻孔方法的优点是可以把钻孔过程中的钻进、出渣、固壁、清孔等工序一次完成，可以防止坍孔，不留残土，软、硬土都能适用。但用此法施工时，若工地没有良好的排水系统，则会积水较多，有时也会给施工带来麻烦。

钻进时冲洗液（压力水）从钻杆中心流向孔底，在一定水头压力（0.15～0.30MPa）下，水流携带钻削下来的土屑从钻杆与孔壁之间的孔隙处排出孔外。钻进时要不断供水冲洗（包括接长钻杆和暂时停机时），而且要始终保持孔口的水位。待钻到规定深度（一般钻孔深度要大于锚杆长度 0.5～1.0m）后，继续用压力水冲洗残留在钻孔中的土屑，直至水流不显浑浊为止。

钻机就位后，先调整钻杆的倾斜角度。当在软黏土中钻孔且不用套管钻进时，应在钻孔孔口处放入 1～2m 的护壁套管，以保证孔口处不坍陷；钻进时宜用 3～4m 长的岩芯管，以保证钻孔的直线形。钻进速度视土质而定，一般以 30～40cm/min 为宜，对锚杆的自由段的钻进速度可稍快，对锚固段，尤其是扩孔时，钻进速度可稍慢。钻进中如遇到流砂层，应适当加快钻进速度，降低冲孔水压，保持孔内水头压力。对于杂填土地层（包括建筑垃圾等），应设置护壁套管钻进。

③ 潜钻成孔法。此法是利用风动冲击式潜孔冲击器成孔，这种工具原来是用来穿越地下电缆的，它的长度小于 1m，直径为 78～135mm，由压缩空气驱动，内部装有配气阀、气缸和活塞等机构。它是利用活塞往复运动做定向冲击，使潜孔冲击器挤压土层向前钻进。因为它始终潜入孔底工作，所以冲击功在传递过程中损失较小，具有成孔效率高、噪声低等特点。为了控制冲击器，使其在钻进到预定深度后能退出孔外，还需配备 1 台钻

机，将钻杆连接在冲击器尾部，待达到预定深度后，由钻杆沿钻机导向架后退将冲击器带出钻孔。

(2) 锚杆的钻孔。锚杆的钻孔和其他工程的钻孔相比，应注意的事项和应达到的要求有如下几点。

① 孔壁要求平直，以便安放钢拉杆和灌筑水泥浆。

② 孔壁不得坍陷和松动，以免影响钢拉杆的安放和锚杆的承载能力。

③ 钻孔时不得使用膨润土循环泥浆护壁，以免在孔壁上形成泥皮，降低锚固体与土壁间的摩擦阻力。

④ 土层锚杆的钻孔多数有一定的倾角，因此，孔壁的稳定性较差。

⑤ 因为土层锚杆的长细比很大，孔洞很长，故保证钻孔的准确方向和直线性较困难，易发生偏斜和弯曲。

(3) 钻孔的扩孔。扩孔的方法有4种，即机械扩孔、爆炸扩孔、水力扩孔和压浆扩孔。

① 机械扩孔需要用专门的扩孔装置。该扩孔装置是将一种扩张式刀具置于一个鱼雷形装置中，这种扩张式刀具能通过机械方法随着鱼雷式装置缓慢地旋转而逐渐地张开，直到所有切刀都完全张开完成扩孔锥为止。该扩孔装置能同时切削两个扩孔锥。护孔装置上的切刀应用机械方法开启，开启速度由钻孔人员控制，一般情况下切刀的开启速度要慢些，以保证扩孔切削下来的土屑能及时排出而不致堵塞在扩孔锥内。扩孔锥的形状还可用特制的测径器来测定。

② 爆炸扩孔是把计算好的炸药放入钻孔内引爆，把土向四周挤压形成球形扩大头。此法一般适用于砂性土，对黏性土爆炸扩孔扰动大，易使土液化，有时反而使承载力降低。即使是用于砂性土，也要防止扩孔坍落。爆炸扩孔在城市中采用时要格外慎重。

③ 水力扩孔在我国已成功地用于锚杆施工。用水力扩孔，当锚杆钻进到锚固段时，需换上水力扩孔钻头（它是将合金钻头的头端封住，只在中央留一直径为10mm的小孔，而且在钻头侧面按120°角、与中心轴线成45°角开设三个直径为10mm的射水孔)。水力扩孔时，保持射水压力为0.5～1.5MPa，钻进速度为0.5m/min，用改装过的直径为150mm的合金钻头即可将钻孔扩大到直径为200～300mm，如果钻进速度再减小，钻孔直径还可以继续增大。

在饱和软黏土地区用水力扩孔，如孔内水位较低，由于淤泥质粉质黏土和淤泥质黏土本身呈软塑或流塑状态，易出现缩颈现象，甚至会出现卡钻，使钻杆提不出来。如果孔内保持必要的水位，则钻孔时不会产生坍孔。

④ 压浆扩孔在国外广泛采用，但需用堵浆设施。我国多用二次灌浆法来达到扩大锚固段直径的目的。

2) 安放拉杆

锚杆用的拉杆，常用的有钢管（钻杆用做拉杆)、钢筋、钢丝束和钢绞线，主要根据锚杆的承载能力和现有材料的情况来选择。当承载能力较小时，多用粗钢筋；当承载能力较大时，多用钢绞线。

(1) 钢筋拉杆。钢筋拉杆由一根或数根粗钢筋组合而成，如为数根粗钢筋则需用绑扎或电焊连接成一体。其长度应按锚杆设计长度加上张拉长度（等于支撑围檩高度加锚座厚度加螺母高度）计算。钢筋拉杆的防腐蚀性能好，易于安装，当锚杆的承载能力不很大时应优先考虑选用。

对有自由段的锚杆，钢筋拉杆的自由段要做好防腐和隔离处理。防腐层施工时，宜清除拉杆上的铁锈，再涂一度环氧防腐漆冷底子油，待其干燥后，再涂二度环氧玻璃铜（或玻璃聚氨酯预聚体等），待其固化后，再缠绕两层聚乙烯塑料薄膜。

（2）钢丝束拉杆。钢丝束拉杆可以制成通长一根，它的柔性较好，往钻孔中沉放较方便。但施工时应将灌浆管与钢丝束绑扎在一起同时沉放，否则放置灌浆管会有困难。

钢丝束拉杆的自由段需理顺扎紧，然后进行防腐处理。防腐方法可用玻璃纤维布缠绕两层，外面再用黏胶带缠绕，也可将钢丝束拉杆的自由段插入特制护管内，护管与孔壁间的空隙可与锚固段同时进行灌浆。

钢丝束拉杆的锚固段也需用定位器，该定位器为撑筋环，如图 1.37 所示。钢丝束的钢丝为内外两层，外层钢丝绑扎在撑筋环上，撑筋环的间距为 0.5～1.0m，这样锚固段就形成一连串的菱形，使钢丝束与锚固体砂浆的接触面积增大，增强了黏结力，内层钢丝则从撑筋环的中间穿过。

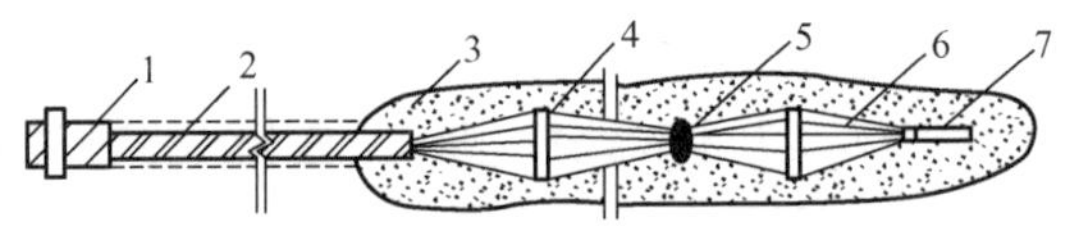

图 1.37　钢丝束拉杆的撑筋环

1—锚头；2—自由段及防腐层；3—锚固体砂浆；4—撑筋环；
5—钢丝束结；6—锚固段的外层钢丝；7—小竹筒

钢丝束拉杆的锚头要能保证各根钢丝受力均匀，常用的有镦头锚具等，可按预应力结构锚具选用。

沉放钢丝束时要对准钻孔中心，如有偏斜则易将钢丝束端部插入孔壁内，这样既破坏了孔壁引起坍孔，又可能堵塞灌浆管。为此，可用一个长度为 25cm 的小竹筒将钢丝束下端套起来。

（3）钢绞线拉杆。钢绞线拉杆的柔性较好，向钻孔中沉放较容易，多用于承载能力大的锚杆。

锚固段的钢绞线要仔细清除其表面的油脂，以保证与锚固体砂浆有良好的黏结。自由段的钢绞线要套以聚丙烯防护套等进行防腐处理。

钢绞线拉杆需用特制的定位架。

3）压力灌浆

压力灌浆是锚杆施工中的一个重要工序。施工时，应将有关数据记录下来，以备将来查用。灌浆有三个作用，即形成锚固段，将锚杆锚固在土层中；防止钢拉杆腐蚀；充填土层中的孔隙和裂缝。

灌浆的浆液为水泥砂浆（细砂）或水泥浆。水泥一般不宜用高铝水泥，因为氯化物会引起钢拉杆腐蚀。拌和水泥浆或水泥砂浆所用的水，一般应避免采用含高浓度氯化物的水，因为它会加速钢拉杆的腐蚀。若对水质有疑问，应事先进行化验。

灌浆方法有一次灌浆法和二次灌浆法两种。一次灌浆法只用一根灌浆管，利用 2DN－15/40 型等泥浆泵进行灌浆，灌浆管端距孔底 20cm 左右，待浆液流出孔口时，用水泥袋纸等捣塞入孔口，并用湿黏土封堵孔口，严密捣实，再以 2～4MPa 的压力进行补灌，要稳压数分钟灌浆才告结束。

一次灌浆法宜选用灰砂比为1：(1～2)、水灰比为0.38～0.45的水泥砂浆，或水灰比为0.40～0.50的水泥浆；二次灌浆法中的二次高压灌浆，宜用水灰比为0.45～0.55的水泥浆。

4）张拉锚固

锚杆压力灌浆后，待锚固段的强度大于15MPa并达到设计强度等级的75%后方可进行张拉。

锚杆宜张拉至设计荷载的0.9～1.0倍后，再按设计要求锁定。锚杆张拉控制应力，不应超过拉杆强度标准值的75%。

锚杆张拉时，其张拉顺序要考虑对邻近锚杆的影响。

课题1.6 降水施工

在基坑开挖过程中，当基坑底面低于地下水位时，由于土壤的含水层被切断，地下水将不断渗入基坑。这时如不采取有效措施进行排水，降低地下水位，不但会使施工条件恶化，而且基坑经水浸泡后会导致地基承载力下降和边坡塌方。因此，为了保证工程质量和施工安全，在基坑开挖前或开挖过程中，必须采取措施降低地下水位，使基坑在开挖中坑底始终保持干燥。对于地面水（雨水、生活污水），一般采用在基坑四周或流水的上游设排水沟、截水沟或挡水土堤等办法解决。对于地下水则常采用人工降低地下水位的方法，使地下水位降至所需开挖的深度以下。无论采用何种方法，降水工作都应持续到基础工程施工完毕并回填土后才可停止。

1.6.1 基坑明排水

1. 明沟、集水井的排水布置

基坑明排水是在基坑开挖过程中，在坑底设置集水井，并沿坑底的周围或中央开挖排水沟，使水流入集水井内，然后用水泵抽出坑外。明排水法包括普通明沟排水法和分层明沟排水法两种。

1）普通明沟排水法

【参考视频】

普通明沟排水法是采用截、疏、抽的方法进行排水，即在开挖基坑时，沿坑底周围或中央开挖排水沟，再在沟底设置集水井，使基坑内的水经排水沟流入集水井内，然后用水泵抽出坑外，如图1.38和图1.39所示。

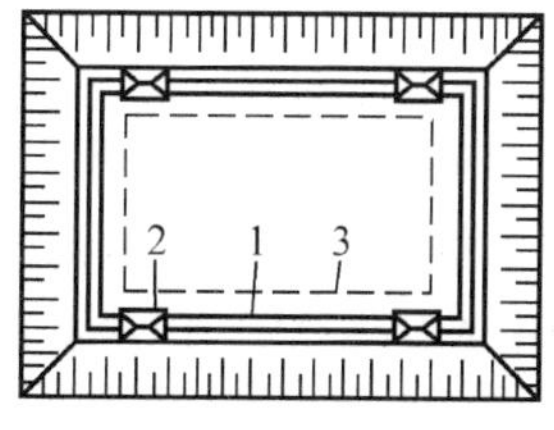

图1.38 坑内明沟排水

1—排水沟；2—集水井；3—基础外边线

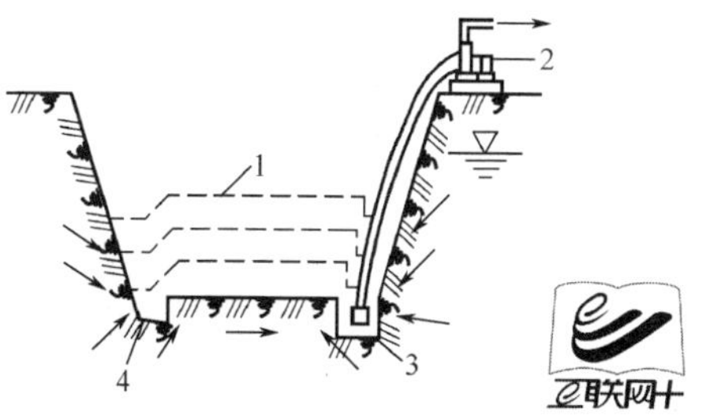

图1.39 集水井降水

1—基坑；2—水泵；3—集水井；4—排水坑

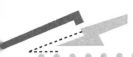

根据地下水量、基坑平面形状及水泵的抽水能力，每隔 30～40m 设置一个集水井。集水井的截面一般为 (0.6m×0.6m)～(0.8m×0.8m)，其深度随着挖土的加深而加深，并保持低于挖土面 0.8～1.0m，井壁可用竹笼、砖圈、木枋或钢筋笼等做简易加固；当基坑挖至设计标高后，井底应低于坑底 1～2m，并铺设 0.3m 厚的碎石滤水层，以免由于抽水时间较长而将泥沙抽出，并防止井底的土被搅动。一般基坑排水沟的深度为 0.3～0.6m，底宽应不小于 0.3m，排水沟的边坡为 1.1～1.5m，沟底设有 0.2%～0.5% 的纵坡，其深度随着挖土的加深而加深，并保持水流的畅通。基坑四周的排水沟及集水井必须设置在基础范围以外，以及地下水流的上游。

2）分层明沟排水法

如果基坑较深，开挖土层由多种土壤组成，中部夹有透水性强的砂类土壤时，为避免上层地下水冲刷下部边坡，造成塌方，可在基坑边坡上设置 2～3 层明沟及相应的集水井，分层阻截土层中的地下水，如图 1.40 所示。这样一层一层地加深排水沟和集水井，逐步达到设计要求的基坑断面和坑底标高，其排水沟与集水井的设置及基本构造与普通明沟排水法基本相同。

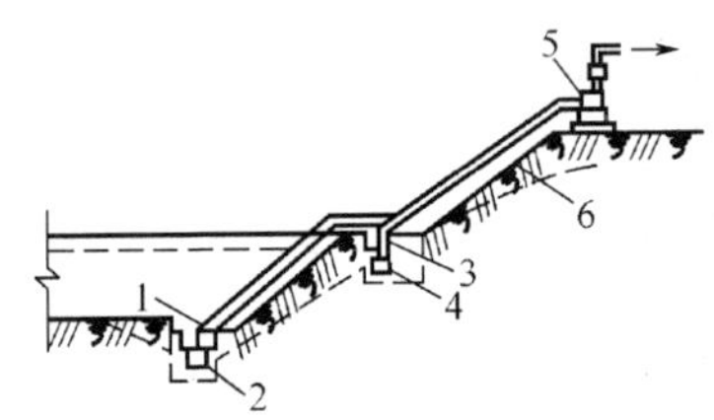

图 1.40　分层明沟排水

1—底层排水沟；2—底层集水井；3—二层排水沟；
4—二层集水井；5—水泵；6—水位降低线

2. 水泵的选用

集水明排水是用水泵从集水井中排水，常用的水泵有潜水泵、离心式水泵和泥浆泵。排水所需水泵的功率按下式计算。

$$N=\frac{K_1QH}{75\eta_1\eta_2} \tag{1-30}$$

式中：K_1——安全系数，一般取 2；

Q——基坑涌水量，m^3/d；

H——包括扬水、吸水及各种阻力造成的水头损失在内的总高度，m；

η_1——水泵效率，取 0.4～0.5；

η_2——动力机械效率，取 0.75～0.85。

1.6.2　人工降水

【参考视频】

在软土地区，当基坑开挖深度超过 3m 时，一般要用井点降水。开挖深度浅时，也可边开挖边用排水沟和集水井进行集水明排。地下水的控制方法有很多种，其适用条件见表 1-10，选择时应根据土层情况、降水深度、周围环境、支护结构种类等进行综合考虑。当因降水而危及基坑及周边环境安全时，宜采用截水或回灌的方法。

表 1-10 地下水控制方法的适用条件

方法名称		土 类	渗透系数/(m/d)	降水深度/m	水文地质特征
集水明排		填土、粉土、黏性土、砂土	7～20.0	<5	上层滞水或水量不大的潜水
降水	真空井点		0.1～20.0	单级<6 多级<20	
	喷射井点		0.1～20.0	<20	
	管井	粉土、砂土、碎石土、可溶岩、破碎带	1.0～200.0	>5	含水丰富的潜水、承压水、裂隙水
截水		黏性土、粉土、砂土、碎石土、岩溶土	不限	不限	—
回灌		填土、粉土、砂土、碎石土	0.1～200.0	不限	—

轻型井点降低地下水位是沿基坑周围以一定的间距埋入井点管（下端为滤管），在地面上用水平铺设的集水总管将各井点管连接起来，在一定位置设置离心泵和水力喷射器，离心泵驱动工作水，当水流通过喷嘴时形成局部真空，地下水在真空吸力的作用下经滤管进入井管，然后经集水总管排出，从而降低了水位。

轻型井点系统由井点管、连接管、集水总管及抽水设备等组成，如图 1.41 所示。

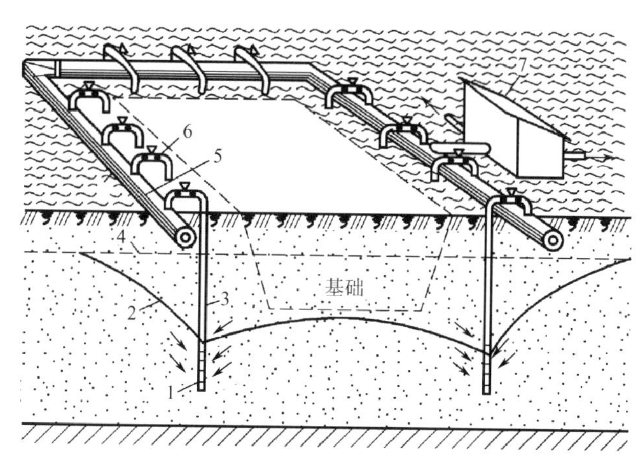

图 1.41 轻型井点降低地下水位全貌示意图

1—滤管；2—降低各地下水位线；3—井点管；4—原有地下水位线；
5—总管；6—弯联管；7—水泵房

1. 井点管

【参考图文】

井点管多用无缝钢管，长度一般为 5～7m，直径为 38～55mm。井点管的下端装有滤管和管尖，滤管的构造如图 1.42 所示。滤管的直径常与井点管的直径相同，长度为 1.0～1.7m，管壁上钻有直径为 12～18mm 的滤孔，呈星棋状排列。管壁外包两

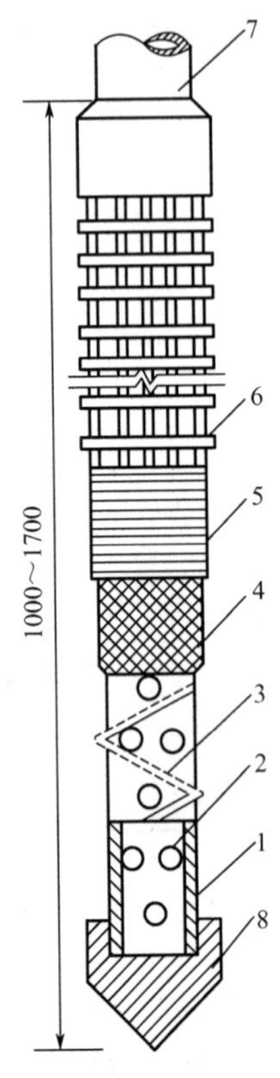

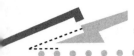

图 1.42　滤管构造

1—井点管；2—粗铁丝保护网；3—粗滤网；4—细滤网；
5—缠绕的塑料管；6—管壁上的小孔；
7—钢管；8—铸铁头

层滤网，内层为细滤网，采用 30～50 孔/cm 的黄铜丝布或生丝布，外层为粗滤网，采用 8～10 孔/cm 的铁丝布或尼龙丝布。常用的滤网类型有方织网、斜织网和平织网。一般在细砂中适宜采用平织网，中砂中宜采用斜织网，粗砂、砾石中则用方织网。为避免滤孔淤塞，在管壁与滤网间用铁丝绕成螺旋形隔开，滤网外面再围一层 8 号粗铁丝保护网。滤管下端放一个锥形铸铁头以利井管插埋。井点管的上端用弯管接头与总管相连。

2. 连接管与集水总管

连接管用胶皮管、塑料透明管或钢管弯头制成，直径为 38～55mm。每个连接管均宜装设阀门，以便检修井点。集水总管一般用直径为 100～127mm 的钢管分布连接，每节长约 4m，其上装有与井点管相连接的短接头，间距为 0.8m、1.2m 或 1.6m。

3. 抽水设备

现在抽水设备多使用射流泵，如图 1.43 所示。射流泵采用离心泵驱动工作水运转，当水流通过喷嘴时，由于截面收缩，流速突然增大从而在周围产生真空，把地下水吸出，而水箱内的水呈一个大气压的天然状态。射流泵能产生较高真空度，但排气量小，稍有漏气则真空度易下降，因此，它带动的井点管根数较少。但它具有耗电少、质量轻、体积小、机动灵活的优点。

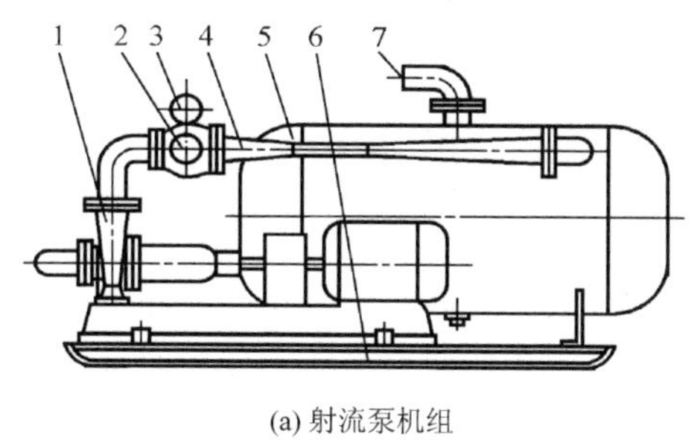

(a) 射流泵机组

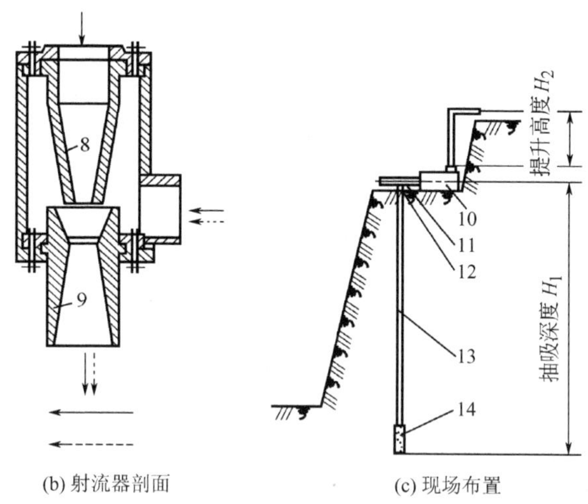

(b) 射流器剖面　　(c) 现场布置

图 1.43　射流泵井点系统工作简图

1—离心泵；2—进水口；3—真空表；4—射流器；5—水箱；6—底座；7—出水口；8—喷嘴；9—喉管；10—机组；11—总管；12—软管；13—井点管；14—滤水管

课题 1.7　冬期和雨期施工

1.7.1　土方工程的冬期施工

冬期施工，是指室外日平均气温连续 5 天稳定低于 5℃即进入冬期施工，当室外日平均气温连续 5 天稳定高于 5℃即解除冬期施工。土方工程冬期施工的造价高、功效低，故施工一般应在入冬前完成。如果必须在冬期施工时，其施工方法应根据本地区气候、土质和冻结情况，并结合施工条件进行技术比较后确定。

1. 地基土的保温防冻

土在冬期由于受冻变得坚硬，挖掘困难。土的冻结有其自然规律，在整个冬期，土层的冻结厚度（冻结深度）可参见有关的建筑施工手册，其中未列出的地区，在地面无雪和草皮覆盖的条件下，全年标准冻结深度 Z_0 的计算公式为

$$Z_0=0.28\sqrt{\sum T_m+7}-0.5 \qquad (1-31)$$

式中：$\sum T_m$——低于 0℃的月平均气温的累计值（取连续 10 年以上的平均值），以正号代入。

土方工程冬期施工时应采取防冻措施，常用的方法有松土防冻法、覆盖雪防冻法和隔热材料防冻法等。

(1) 松土防冻法。进入冬期，在挖土的地表层先翻松25～40cm厚表层土并耙平，其宽度应不小于土冻结深度的两倍与基底宽之和。在翻松的土中有许多充满空气的孔隙，可以降低土层的导热性，达到防冻的目的。

(2) 覆盖雪防冻法。降雪量较大的地区，可利用较厚的雪层覆盖作保温层，防止地基土冻结。对于大面积的土方工程，可在地面上与风主导方向垂直的方向设置篱笆、栅栏或雪堤（高度为0.5～1.0m，间距为10～15m），人工积雪防冻。对于面积较小的基槽（坑）土方工程，在土冻结前，可以在地面上挖积雪沟（深度为30～50cm），并随即用雪将沟填满，以防止未挖土层冻结。

(3) 隔热材料防冻法。对于面积较小的基槽（坑）的地基土，可在土层表面直接覆盖炉渣、锯末、草垫、树叶等保温材料，其宽度为土层冻结深度的两倍与基槽宽度之和。

2. 冻土的融化

冻结土的开挖比较困难，可用外加热能融化后再进行挖掘。这种方式只有在面积不大的工程上采用，费用较高。

(1) 烘烤法。烘烤法适用面积较小、冻土不深、燃料充足的地区。常用锯末、谷壳和刨花等作燃料。在冻土上铺上杂草、木柴等引火材料，然后撒上锯末，上面再压数厘米的土，让其阴燃。250mm厚的锯末经一夜燃烧可融化冻土300mm左右，开挖时应分层分段进行。

(2) 蒸汽融化法。当热源充足、工程量较小时，可采用蒸汽融化法，即把带有喷气孔的钢管插入预先钻好的冻土孔中，通蒸汽融化冻土。

3. 冻土的开挖

冻土的开挖方法有人工法开挖、机械法开挖、爆破法开挖三种。

(1) 人工法开挖。人工开挖冻土适用于开挖面积较小、场地狭窄、不具备其他方法进行土方破碎开挖的情况。开挖时一般用大铁锤和铁楔子劈冻土。

(2) 机械法开挖。机械法开挖适用于大面积的冻土开挖。破土机械根据冻土层的厚度和工程量的大小选用。当冻土层厚度小于0.25m时，可直接用铲运机、推土机、挖土机挖掘；当冻土层厚度为0.6～1.0m时，用打桩机将楔形劈块按一定顺序打入冻土层，劈裂破碎冻土，或用起重设备将重量为3～4t的尖底锤吊至5～6m高时，脱钩自由落下，击碎冻土层（击碎厚度可达1～2m），然后用斗容量大的挖土机进行挖掘。

(3) 爆破法开挖。爆破法开挖适用于面积较大、冻土层较厚的土方工程。采用打炮眼、填药的爆破方法将冻土破碎后，用机械挖掘施工。

4. 冬期回填土施工

由于冻结土块坚硬且不易破碎，回填过程中又不易被压实，待温度回升、土层解冻后会造成较大的沉降。因此，为保证冬期回填土的工程质量，在冬期回填土施工时必须按照施工及验收规范的规定组织施工。

冬期填方前，要清除基底的冰雪和保温材料，排除积水，挖除冻块或淤泥。对于基础和地面工程范围内的回填土，冻土块的含量不得超过回填土总体积的15%，且冻土块的粒径应小于15cm。填方宜连续进行，且应采取有效的保温防冻措施，以免地基土或已填土受冻。填方时，每层的虚铺厚度应比常温施工时减少 20%～25%。填方的上层应用未冻的、不冻胀或透水性好的土料填筑。

1.7.2 土方工程的雨期施工

1. 雨期施工准备

在雨期到来之际，对施工现场、道路及设施必须做好有组织的排水；对施工现场临时设施、库房要做好防雨排水的准备；对现场的临时道路进行加固、加高，或在雨期加铺炉渣、砂砾或其他防滑材料；在施工现场应准备足够的防水、防汛材料（如草袋、油毡雨布等）和器材工具等。

2. 土方工程的雨期施工

雨期开挖基槽（坑）或管沟时，开挖的施工面不宜过大，应从上至下分层分段依次施工，随时将底部做成一定的坡度，应经常检查边坡的稳定，适当放缓边坡或设置支撑。雨期不要在滑坡地段进行施工。大型基坑开挖时，为防止被雨水冲塌，可在边坡上加钉钢丝网片，再浇筑 50mm 厚的细石混凝土。地下的池、罐构筑物或地下室结构，完工后应抓紧基坑四周回填土施工和上部结构的继续施工，否则会引发地下室和池罐上浮的事故。

应用案例 1-1

1. 工程概况

某工程项目基底埋深为 5m，局部电梯井埋深 6m。

(1) 工程地质。某场地地形平坦，在拟建场地 15m 内，地表为人工填土，以下为第四纪冲击层，自上而下依次为杂填土（厚度 0.50～2.70m，层底标高 34.84～37.57m）、素填土（厚度 0.40～1.80m，层底标高 33.94～36.83m）和粉质黏土（厚度 9.60～10.80m，层底标高 26.12～27.53m）。

(2) 水文地质。1999 年 12 月上旬勘探时，遇到两层地下水，第一层为上层滞水，静止水位埋深 0.80～3.20m（相应于标高 34.90～36.06m）；第二层为潜水，静止水位埋深 14.00m（相应于标高 24.22m）。近年最高地下水位标高为 36.00m 左右（上层滞水）。

2. 基坑降水方案

根据场地含水层的分布、组织结构和水力性质，结合基坑降水要求，本工程降水目的为上层滞水，由于其颗粒细、埋深浅、渗透性小，且降水深度不大，适用真空井点降水技术，方法比较简单，效果好。

(1) 井点布置。为拦截地下水向基坑内涌入，保持基坑无水，保证基坑施工，沿基坑外缘 1.5m 布置降水管井，井点间距 1.5m；在场地内布置一个地下水位观测孔。

(2) 井点结构。孔深 12m，观测孔深 8m；钻孔直径 300mm，观测孔直径 300mm；井点管为直径 38～50mm 的钢管，下部 1～2m 长为滤管，观测孔的井点管直径为 38～50mm 的塑料管；在井管外围填入直径 2～4mm 的砾石滤料，在砂层部位填入混合滤料。

该工程中，降水的质量是影响整个工期的关键，因此在降水施工中切不可盲目抢工期，尤其在洗井的工序上必须达到水清砂净，降水井施工及排水干管的铺设计划绝对工期为 10d。尽量与护坡桩、土方配合，减少单独占用工期的天数。

3. 地面防渗措施

地面防渗措施有以下几点。

(1) 在基坑侧壁四周5m范围内不得设置用水点；在场地内所有用水点，均应设置排水沟，将水引入下水管道。

(2) 在基坑四周边沿设置排水沟（或排水管道），并在3m范围内的地面用水泥抹面，防止降雨和人工用水的入渗。

(3) 基坑边坡坡面应用水泥砂浆抹面，以防雨季降雨入渗引起边坡坍塌。

(4) 堵塞并排出基坑周边附近的人防通道、上下水管道和暖气沟等的积水，防止涌入基坑。

4. 基坑支护方案

为确保边坡安全，并降低成本，东南坡采取钢板桩支护，西北坡采取1∶0.4的自然放坡。

5. 基坑开挖方案

采用反铲挖土机施工，预留20～30cm人工修坡。土方开挖严格按设计规定的分层开挖深度按作业顺序施工。

基坑采用信息化施工，确保基坑开挖过程中的安全，必须对基坑进行监测。

(1) 观测点的布置。在坡顶上每隔10m布置一个点。

(2) 观测精度要求。满足国家三级水准测量精度要求，水平误差控制在6.00mm以内；垂直误差控制在0.5mm以内。

(3) 观测时间的确定。基坑开挖每一步都应做基坑变形观测，观测时间间隔每天一次，必要时连续观测，基坑开挖7d后，可由每天一次放宽到3d一次，15d后为每周观测一次。

(4) 注意事项。每次观测应用相同的观测方法和观测线路，观测期间使用同一种仪器、同一个人操作，不能更换，以保证精度要求。加强对基坑各侧沉降、变形的观测，特别对有地下管线的各边坡可进行重点观测。

(5) 质量问题处理。如发生质量问题，立即口头上报监理，并在4h内递交有关质量问题的书面详细报告，包括时间、部位、细节描述、产生原因、处理措施等。土方开挖过程中，若基坑变形突然加大，应立即停止开挖，并及时回填，也可以在其背后进行挖土卸荷，以保证基坑稳定。开挖过程中，若局部存水，可以采用明排集中，用潜水泵抽到地面排水系统。

(6) 技术资料。基础施工项目经理部在施工过程中负责收集、整理各种原始资料和记录，并及时上报监理。按照国家有关标准和要求，完成技术资料的分类、归档工作。在每项分项工程完成后，在监理规定的时间内，提交符合的竣工资料（包括竣工图）一份。

6. 雨期施工措施

雨期施工措施如下。

(1) 场地排水。坡顶做1.5m宽散水、挡水墙，四周做混凝土路面。基坑内，沿四周挖砌排水沟、设集水井，泵抽至市政排水系统。排水沟布置在基础轮廓线以外，排水沟边缘应离开坡脚0.3m，沟底比基坑底低0.4m，坡度1∶1000；集水井设置在基坑脚上，安置四个集水井，井径0.8m，井壁用普通砖、砂浆砌后抹光，集水井底比排水沟低0.8m

(视抽水设备进水阀的高度可进行调整);排水设备为大扬程的潜水泵,抽出的积水应排至基坑以外地面排水系统,防止乱排产生回渗。保证施工现场水流畅通,不集水,四邻地区不倒灌。

(2) 做好生活区的下水管道和雨水井,用水应有固定排放途径,保证雨后不陷、不滑、不泥泞、不存水,避免浸泡边坡。

(3) 土方施工中,基坑内临时道路上铺渣土或级配砂石,保证雨后通行不陷。

(4) 已暴露还未开挖土工作面,应防止雨水直接冲刷,遇雨时可覆盖塑料布。

(5) 清槽钎探后应立即浇筑好混凝土垫层,防止雨水泡槽。

(6) 现场存储的钢材做好防雨水锈蚀的准备。

(7) 机电设备要经常检查接零、接地保护,所有机械棚要搭设严密,防止漏雨,随时检查漏电装置功能是否灵敏有效。

(8) 浇筑混凝土前,要随时关注天气预报,尽量避开大雨,运输混凝土罐车和施工地点要准备大量雨布,以备浇筑时遇雨进行遮盖。

(9) 现场要有10台左右的备用潜水泵,遇雨时及时抽水。

7. 安全文明施工

实行规范化管理,保证工程在管理、质量、文明、作风上创一流水平。

(1) 组织机构。公司组成基础施工项目部,在建设单位及总包方的授权、委托及领导下,对基坑支护、土方挖运工程进行全面管理并对基础施工阶段的安全、质量、工期、环保、文明施工等负责。

施工部由各专业施工队按统一的人员编制自行组建,设队长一人、工长一人、质检一人;其中机动施工部主要负责除土方挖运、基坑支护以外的基础施工阶段的其他工作。基础施工项目经理部设专人进行环保、文明施工、扰民及民扰问题处理等工作。

在基础施工前,由项目经理部主持前期施工准备会议,听取基础施工项目经理部对整个工程及其各分部分项工程的施工准备工作计划,该计划主要反映开工前、施工中必须做的有关工作。

(2) 施工现场准备工作。地上、地下各种管线及障碍物的勘测定位;地上、地下障碍物的拆除;施工现场的平整;测量放线;临时道路、临时供水、供电等管线的敷设;临时设施的搭设;现场照明设备的安装。

(3) 劳动组织准备。建立各施工部的管理组织,集结施工力量、组织劳动力进场,做好施工人员入场教育等工作。

(4) 材料、机械准备。根据相关的设计图样和施工预算,编制详细的材料、机械设备需要量计划;签订材料供应合同;确定材料运输方案和计划;组织材料按计划进场和保管。

(5) 施工场外协调。由基础施工项目经理部与土方施工部共同对外协调交通、环卫、市容的关系,以及扰民、民扰处理的前期准备工作。

8. 质量保证体系

质量方针是“用我们的承诺和智慧,雕塑时代的艺术品”。基础施工阶段将在该质量保证体系下按ISO 9002标准要求进行。

(1) 组织保证体系。基础施工阶段建立由基础施工项目经理领导,主任工程师中间控制,责任工程师负责的三级管理系统。

(2) 质量管理程序。施工过程中形成以建设单位监理、项目经理、质量总监、土方责任工程师、基坑支护责任工程师、土方施工部、基坑支护施工部、生产副总经理、主任工程师、降水责任工程师和降水施工部组成管理体系。

单元小结

土方工程包括场地平整、基坑（基槽）与管沟开挖、地坪填土、路基填筑及基坑回填等。土方工程施工包括土（石）的挖掘、运输、填筑、平整和压实等施工过程，以及排水、降水和土壁支撑等准备工作与辅助工作。土方工程量大，施工条件复杂，施工中受气候条件、工程地质条件和水文地质条件影响很大，施工前必须制定合理的施工方案。

土的工程性质包括土的含水量、土的质量密度、土的可松性和土的渗透性，土的工程性质对土方工程施工有着直接影响，也是进行土方施工方案确定的基本资料。

场地平整土方量的计算有方格网法和断面法两种。断面法是将计算场地划分成若干横截面后逐段计算，最后将逐段计算结果汇总。断面法计算精度较低，可用于地形起伏变化较大、断面不规则的场地。当场地地形较平坦时，一般采用方格网法。

土方工程施工包括土方开挖、运输、填筑和压实等。由于土方工程量大，劳动繁重，施工时应尽量采用机械化施工，以减少繁重的体力劳动，加快施工进度。

填土的压实方法有碾压法、夯实法和振动压实法。填土压实的质量与许多因素有关，其中主要影响因素有压实功、土的含水量及每层铺土厚度。

支护结构包括围护墙、支撑体系。

施工降排水一般布置明沟、集水井进行明排，布置降水井（井点或管井）进行暗排。

土方工程冬期施工时对地基土可进行保温防冻，冻结土的开挖比较困难，可外加热能融化后再进行挖掘。冻土的开挖方法有人工法开挖、机械法开挖、爆破法开挖三种。雨期到来之际，对施工现场、道路及设施必须做好有组织的排水；在施工现场应准备足够的防水、防汛材料（如草袋、油毡、雨布等）和器材工具等。雨期开挖基槽（坑）或管沟时，开挖的施工面不宜过大，应从上至下分层分段依次施工，随时将底部做成一定的坡度，应经常检查边坡的稳定，适当放缓边坡或设置支撑。

推荐阅读资料

1.《建筑工程施工质量验收统一标准》(GB 50300—2013)
2.《建筑地基基础工程施工规范》(GB 51004—2015)
3.《建筑地基基础工程施工质量验收规范》(GB 50202—2002)
4.《建筑基坑支护技术规程》(JGJ 120—2012)
5.《岩土锚杆与喷射混凝土支护工程技术规范》(GB 50086—2015)
6.《建筑施工土石方工程安全技术规范》(JGJ 180—2009)
7.《钢板桩支护工程施工工艺标准》(QB - CNCEC JO10404—2004)
8.《复合土钉墙基坑支护技术规范》(GB 50739—2011)
9.《建筑边坡工程技术规范》(GB 50330—2013)
10.《建筑工程冬期施工规程》(JGJ/T 104—2011)

习 题

一、单选题

1. 土方工程施工不具有的特点是（　　）。
   A. 土方量大　　B. 劳动繁重　　C. 工期短　　D. 施工条件复杂
2. 开挖高度大于 2m 的干燥基坑，宜选用（　　）。
   A. 抓铲挖土机　　B. 拉铲挖土机　　C. 反铲挖土机　　D. 正铲挖土机
3. 当基坑或沟槽宽度小于 6m，且降水深度不超过 5m，可采用的布置是（　　）。
   A. 单排井点　　B. 双排井点　　C. 环形井点　　D. U 形井点
4. 集水坑深度应随挖土深度的加深而加深，要经常保持低于挖土面（　　）。
   A. 0.5～0.7m　　B. 0.7～1.0m　　C. 1.0～1.5m　　D. 1.5～2.0m
5. 在基坑开挖过程中，保持基坑土体稳定的主要是靠（　　）。
   A. 土体自重　　B. 内摩擦力　　C. 黏聚力　　D. B 和 C

二、多选题

1. 影响基坑边坡大小的因素有（　　）。
   A. 开挖深度　　B. 土质条件　　C. 地下水位
   D. 施工方法　　E. 坡顶荷载
2. 下列各种情况中受土的可松性影响的是（　　）。
   A. 填方所需挖土体积计算　　B. 确定运土机具数量
   C. 计算土方机械生产率　　D. 土方平衡调配
   E. 场地平整
3. 在轻型井点系统中，平面布置的方式有（　　）。
   A. 单排井点　　B. 双排井点　　C. 环状井点
   D. 四排布置　　E. 二级井点
4. 影响填土压实质量的因素（　　）。
   A. 土料的种类和颗粒级配　　B. 压实功
   C. 土的含水量　　D. 每层铺土厚度
   E. 压实遍数
5. 正铲挖土机的作业特点有（　　）。
   A. 能开挖停机面以上一至四类土　　B. 挖掘力大
   C. 挖土时，直上直下自重切土　　D. 生产效率高
   E. 宜于开挖高度大于 2m 的干燥基坑

三、简答题

1. 土方工程施工中，根据土体开挖的难易程度土体是如何分类的？
2. 土的可松性对土方施工有何影响？
3. 基坑及基槽的土方量如何计算？

4. 试述方格网法计算场地平整土方量的方法和步骤。

5. 土方调配应遵循哪些原则？调配区如何划分？

6. 单斗挖土机有哪几种类型？其工作特点和适用范围如何？正铲、反铲挖土机开挖方式有哪几种？如何选择？

7. 填土压实有哪几种方法？各有什么特点？影响填土压实的主要因素有哪些？

8. 什么是土的最佳含水量？土的含水量和控制干密度对填土压实质量有何影响？

9. 为何要进行基坑降排水？

10. 基坑降水方法有哪些？指出其适用范围。

11. 试述轻型井点降水设备的组成和布置。

12. 基坑降水会给环境带来什么样的影响？如何治理？

13. 土方工程冬期施工有哪些防冻措施？雨期施工应注意哪些问题？

四、计算题

1. 某个基坑底长度为85m、宽度为60m、深度为8m，工作宽度为0.5m，四边放坡，边坡系数为0.5。试计算土方开挖工程量。

2. 某建筑物地下室的平面尺寸为51m×11.5m，基底标高为−5m，自然地面标高为−0.45m，地下水位为−2.8m，不透水层在地面下12m，地下水为无压水，实测透水系数K=5m/d，基坑边坡为1∶0.5，现采用轻型井点降低地下水位，试进行轻型井点系统平面和高程布置，并计算井点管的数量和间距。

单元 2

地基与基础工程施工

教学目标

了解地基局部处理和软土地基加固的方法，熟悉常见浅基础的构造并掌握其施工要点；掌握预制桩和灌注桩的施工方法；了解地下连续墙、箱形基础的基本构造；掌握制定地基加固处理方案及锤击沉入预制桩、现场灌注桩施工方案，学会分析基础施工中常见的质量缺陷及质量问题。

教学要求

能力目标	知识要点	权重
了解地基处理的方法，掌握软土地基加固方法、施工要点	地基处理与加固	15%
熟悉浅基础的构造，掌握常用浅基础的施工要点	浅基础施工	20%
预制桩的预制、起吊、运输及堆放方法；掌握预制桩施工的全过程和施工要点	钢筋混凝土预制桩施工	20%
掌握泥浆护壁灌注桩和干作业成孔灌注桩的施工要点；掌握沉管灌注桩施工工艺和质量控制方法；熟悉人工挖孔桩施工工艺	钢筋混凝土灌注桩施工	30%
熟悉地下连续墙的构造和施工工艺	地下连续墙施工	10%
了解箱形基础的构造和施工工艺	箱形基础施工	5%

引 例

任何建筑物必须有可靠的地基与基础。若建筑载荷较小，一般采用天然地基或加固处理后的地基。随着社会进步及工程建设领域的迅速发展，近年来各种大型建筑物、构筑物日益增多，规模愈来愈大，对基础工程的要求越来越高。建筑物为了有效地把结构的上部荷载传递到周围土层的土壤深处承载能力较大的土层上，因此，深基础被广泛应用到土木工程中。

思考：(1) 基础是否越深越好？

(2) 浅基础与深基础使用范围有何区别？浅基础与深基础形式各有哪些？

知 识 点

土质条件较好，建筑层数低，多采用浅基础。浅基础造价低、施工简便，常用形式有板式基础、杯形基础和筏式基础。

当浅层土层无法满足建筑物对地基的变形和承载力要求时，需要利用下部土层或坚实的土层、岩层作为持力层，常采用深基础；深基础的常见类型有桩基础、箱形基础、墩基础、深井基础和地下连续墙等。

课题 2.1 地基处理

地基是承受上部结构荷载的土层，若建筑物直接建造在地基土层上，该土层不经过人工处理便能直接承受建筑物荷载作用，这种地基称为天然地基。若建筑物所在场地地基为软土、软弱土、人工填土等土层，这些土层不能承受建筑物荷载作用，必须经过人工处理后才能使用，这种经人工处理后的地基称为人工地基。基础垫层就是将基础底面下要求范围内的软弱土进行处理，以起到加固地基、确保基础底筋的有效位置、使底筋和土壤隔离不受污染等作用。

2.1.1 灰土地基

灰土地基是将基础底面下要求范围内的软弱土层挖去，用一定比例的石灰、土，在最优含水量的情况下充分拌和，分层回填夯实或压实而成。

灰土地基具有一定的强度、水稳定性和抗渗性，施工工艺简单、取材容易、费用较低，是一种应用广泛、经济、实用的地基加固方法。灰土地基适用于加固厚度为 1～4m 的软弱土、湿陷性黄土、杂填土等，还可用作结构的辅助防渗层。

1. 材料要求

灰土地基是用石灰与土的拌合料经压实而成的，其对材料的主要要求如下。

(1) 土料。采用就地挖掘的黏性土及塑性指数大于 14 的粉土。土内不得含有松软杂质和耕植土。土料应过筛，其颗粒不应大于 15mm。严禁采用冻土、膨胀土、盐渍土等活动性较强的土料。

(2) 石灰。应用Ⅲ级以上新鲜的块灰，含氧化钙、氧化镁越高越好。使用前 1～2d 应消解并过筛，其颗粒不得大于 5mm，且不应夹有未熟化的生石灰块粒及其他杂质，也不得含有过多水分。

灰土的配合比采用体积比，除设计有特殊要求外，一般为2∶8或3∶7。基础垫层灰土必须过标准斗，严格控制配合比。拌和时必须均匀一致，至少翻拌两次，拌和好的灰土颜色应一致。

灰土施工时，应适当控制含水量。现场检验方法是：用手将灰土紧握成团，两指轻捏即碎为宜。如土料水分过大或不足时，应晾干或洒水润湿。

2. 作业条件

灰土地基的作业条件如下。

(1) 基坑（槽）在铺灰土前必须先行钎探验槽，并按要求处理完地基，办理隐检手续。

(2) 当地下水位高于基坑（槽）底时，施工前应采取排水或降低地下水位的措施，使地下水位经常保持在施工面以下0.5m左右。

(3) 基础施工前，应做好水平高程的标志。如在基坑（槽）或管沟的边坡上每隔3m钉上表示灰土上平面的木橛，在室内和散水的边墙上弹上水平线或在地坪上钉好控制标高的标准木桩。

(4) 房心灰土和管沟灰土，应在完成上下水管道的安装或管沟墙间加固等之后进行施工，并且将管沟、槽内、地坪上的积水或杂物、垃圾等清除干净。

(5) 基础外侧打灰土，必须对基础、地下室墙和地下防水层、保护层进行检查，发现损坏时应及时修补处理，办完隐检手续。现浇的混凝土基础墙、地梁等均应达到规定的强度，不得碰坏或损伤混凝土。

3. 工艺流程

灰土地基施工工艺流程如图2.1所示。

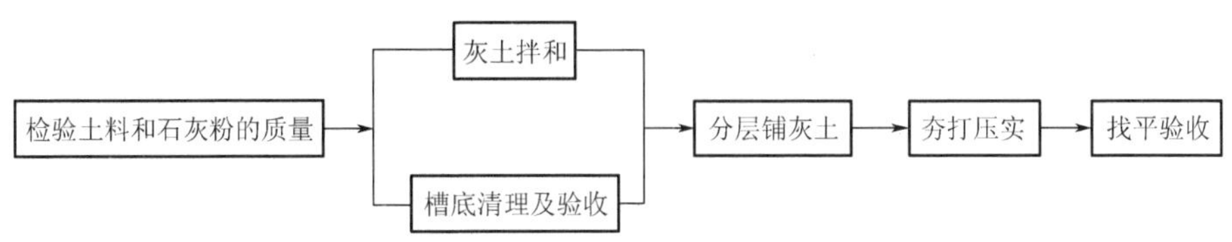

图2.1 灰土地基施工工艺流程

4. 施工要点

灰土地基的施工要点如下。

(1) 对基槽（坑）应先验槽。消除松土，并打两遍底夯，要求平整干净。如有积水、淤泥，应晾干；局部如有软弱土层或孔洞，应及时挖除后用灰土分层回填夯实。

(2) 土应分层摊铺并夯实。灰土每层最大虚铺厚度，可根据不同夯实机具按照表2-1选用。每层灰土的夯压遍数，应根据设计要求的灰土干密度在现场试验确定，一般不少于3遍。人工打夯应一夯压半夯，做到夯夯相接、行行相接、纵横交叉。

(3) 灰土回填每层夯（压）实后，应根据规范规定进行质量检验。达到设计要求时，才能进行上一层灰土的铺摊。

(4) 当日铺填夯压，入槽（坑）灰土不得隔日夯打。夯实后的灰土在3d内不得受水浸泡，并应及时进行基础施工与基坑回填，或在灰土表面做临时性覆盖，避免日晒雨淋。

(5) 灰土分段施工时，不得在墙角、柱基及承重窗间墙下接缝，上下两层的接缝距离不得小于500mm，接缝处应夯压密实，并做成直槎。

(6) 对基础、基础墙或地下防水层、保护层，以及从基础墙伸出的各种管线，均应妥善保护，防止回填灰土时碰撞或损坏。

(7) 灰土最上一层完成后，应拉线或用靠尺检查标高和平整度，超高处用铁锹铲平；低洼处应及时补打灰土。

(8) 施工时应注意妥善保护定位桩、轴线桩，防止碰撞位移，并应经常复测。

表 2-1　灰土最大虚铺厚度

序号	夯实机具	重量/t	虚铺厚度/mm	备　注
1	石夯、木夯	0.04～0.08	200～250	人力送夯，落距为400～500mm，每夯搭接半夯，夯实后的厚度为80～100mm
2	轻型夯实机械	0.12～0.4	200～250	蛙式打夯机或柴油打夯机，夯实后的厚度为100～150mm
3	压路机	机重6～10	200～300	双轮

2.1.2　砂和砂石地基

砂和砂石地基是采用砂或砂砾石（碎石）混合物，经分层夯实作为地基的持力层，提高基础下部地基强度，并通过垫层的压力扩散作用来降低地基的压应力，减少变形量，如图2.2所示。砂垫层还可起到排水作用，地基土中的孔隙水可通过垫层快速排出，能加速下部土层的沉降和固结。

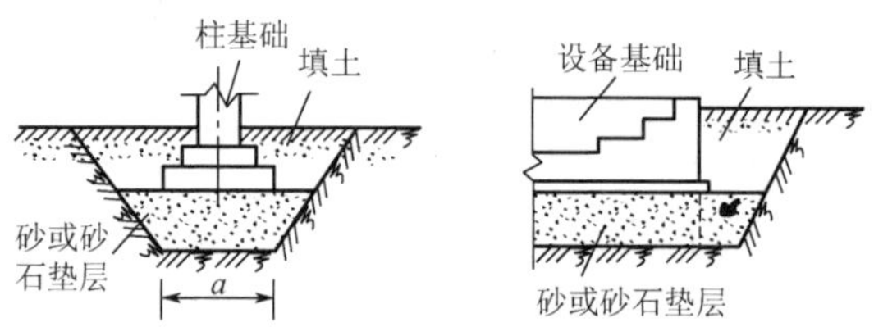

图 2.2　砂和砂石地基施工做法

1. 材料要求

砂、石宜用颗粒级配良好，质地坚硬的中砂、粗砂、砾砂、卵石或碎石、石屑，也可用细砂，但宜同时掺入一定数量的卵石或碎石。人工级配的砂石垫层，应将砂石拌和均匀。砂砾中石子的含量应在50%以内，石子的最大粒径不宜大于50mm。砂、石子中均不得含有草根、垃圾等杂物，含泥量不应超过5%；用作排水垫层时，含泥量不得超过3%。

2. 作业条件

砂和砂石地基的作业条件如下。

(1) 砂石地基铺筑前，应验槽，包括轴线尺寸、水平标高、地质情况，如有无孔洞、沟、井、墓穴等；应在未做地基前处理完毕，并办理隐检手续。

(2) 设置控制铺筑厚度的标志，如水平标准木桩或标高桩，或在固定的建筑物墙上、槽和沟的边坡上弹上水平标高线或钉上水平标高木橛。

(3) 在地下水位高于基坑（槽）底面的工程中施工时，应采取排水或降低地下水位的措施，使基坑（槽）保持无水状态。

(4) 铺设垫层前，应将基底表面浮土、淤泥、杂物清除干净，两侧应设一定坡度，防止振捣时塌方。

3. 工艺流程

砂和砂石地基施工工艺流程如图 2.3 所示。

图 2.3 砂和砂石地基施工工艺流程

4. 施工要点

砂和砂石地基的施工要点如下。

(1) 垫层铺设时，严禁扰动垫层下卧层及侧壁的软弱土层，防止被践踏、受冻或受浸泡，降低其强度。如垫层下有厚度较小的淤泥或淤泥质土层，在碾压荷载下抛石能被挤入该层底面时，可采用挤淤处理的方法，即先在软弱土面上堆填块石、片石等，然后将其压入以置换和挤出软弱土，再做垫层。

(2) 砂和砂石地基底面宜铺设在同一标高上。如深度不同时，基土面应挖成踏步和斜坡形，踏步宽度不小于 500mm，高度同每层铺设厚度，斜坡坡度应大于 1∶1.5，接槎处应注意压（夯）实。施工应按先深后浅的顺序进行。

(3) 应分层铺筑砂石，铺筑砂石的每层厚度，一般为 150～200mm，不宜超过 300mm，也不宜小于 100mm。分层厚度可用样桩控制。视不同条件，可选用夯实或压实的方法。大面积的砂石垫层，铺筑厚度可达 350mm，宜采用 6～10t 的压路机碾压。

(4) 砂和砂石地基的压实，可采用平振法、插振法、水撼法、夯实法、碾压法。各种施工方法的每层铺筑厚度及最优含水量见表 2－2。

表 2－2 砂和砂石地基每层铺筑厚度及最优含水量

项次	捣实方法	每层铺筑厚度/mm	施工时最优含水量/(%)	施工说明	备注
1	平振法	200～250	15～20	用平板式振捣器往复振捣	—
2	插振法	振捣器插入深度	饱和	(1) 用插入式振捣器； (2) 插入间距可根据机械振幅大小决定； (3) 不应插至下卧黏性土层； (4) 插入振捣器后所留的孔洞，应用砂填实	不宜使用于细砂或含泥量较大的砂所铺的砂垫层
3	水撼法	250	饱和	(1) 注水高度应超过每次铺筑面； (2) 钢叉摇撼捣实，插入点间距为 100mm； (3) 钢叉分四齿，齿的间距为 30mm，长度为 30mm；柄长为 900mm，重量为 4kg	湿陷性黄土、膨胀土地区不得使用

(续)

项次	捣实方法	每层铺筑厚度/mm	施工时最优含水量/(%)	施工说明	备注
4	夯实法	150～200	8～12	(1) 用木夯或机械夯； (2) 木夯重 40kg，落距为 400～500mm； (3) 一夯压半夯，全面夯实	适用于砂石垫层
5	碾压法	250～350	8～12	6～10t 压路机往复碾压，一般不少于 4 遍	(1) 适用于大面积砂垫层； (2) 不宜用于地下水位以下的砂垫层

注：在地下水位以下的地基，其最下层的铺筑厚度可比上表增加 50mm。

(5) 砂垫层每层夯实后的密实度应达到中密标准，即孔隙比不应大于 0.65，干密度不小于 1.60g/cm^3。测定方法是用容积不小于 200cm^3 的环刀取样。如为砂石垫层，则在砂石垫层中设纯砂检验点，在同样条件下用环刀取样鉴定。现场简易测定方法是：将直径为 20mm、长度为 1250mm 的平头钢筋举离砂面 700mm 处时，使其自由下落。插入深度不大于根据该砂的控制干密度测定的深度为合格。

(6) 分段施工时，接槎处应做成斜坡，每层接槎处的水平距离应错开 0.5～1.0m，并应充分压(夯)实。

(7) 铺筑的砂石应级配均匀。如发现砂窝或石子成堆的现象，应将该处砂子或石子挖出，分别填入级配好的砂石。同时，铺筑级配砂石，在夯实碾压前，应根据其干湿程度和气候条件，适当地洒水以保持砂石的最佳含水量，一般为 8%～12%。

(8) 夯实或碾压的遍数，由现场试验确定。用木夯或蛙式打夯机时，应保持 400～500mm 的落距，要求一夯压半夯、行行相接、全面夯实，一般不少于 3 遍。采用压路机往复碾压，一般碾压不少于 4 遍，其轮距搭接不小于 500mm。边缘和转角处应用人工或蛙式打夯机补夯密实。

【知识链接】

(9) 当采用水撼法或插振法施工时，以振捣棒振幅半径的 1.75 倍为间距(一般为 400～500mm)插入振捣，依次振实，以不再冒气泡为准，直至完成。同时应采取措施做到有控制地注水和排水。

2.1.3 粉煤灰地基

粉煤灰地基是以粉煤灰为垫层，经压实而成的地基。粉煤灰可用于道路、堆场和小型建筑、构筑物等的地基换填。

1. 材料要求

粉煤灰地基的材料要求如下。

(1) 粉煤灰作为建筑物基础时应符合有关放射性安全标准的要求。

(2) 大量填筑时应考虑对地下水和土壤环境的影响。

（3）可用电厂排放的硅铝型低钙粉煤灰，SiO_2、Al_2O_3、Fe_2O_3的含量越高越好，SO_2的含量宜小于 0.4%，以免对地下金属管道等产生腐蚀。

（4）颗粒粒径宜为 0.001～2.00mm。

（5）烧失量宜低于 12%。

（6）粉煤灰中严禁混入植物、生活垃圾及其他有机杂质。

（7）粉煤灰进场时，其含水量应控制在 31%±4%。

2. 作业条件

粉煤灰地基的作业要求如下。

（1）基坑（槽）内换填前，应先进行钎探并按要求处理完基层，办理验槽隐检手续。

（2）当地下水位高于基坑（槽）底时，应采取排水或降水措施，使地下水位保持在基底以下 500mm 左右，并在 3d 之内不得受水浸泡。

（3）基础外侧换填前，必须对基础、地下室墙和地下防水层、保护层进行检查，发现损坏时应及时修补，并办理隐检手续；现浇的混凝土基础墙、地梁等均应达到规定的强度，施工中不得损坏混凝土。

3. 工艺流程

粉煤灰地基施工工艺流程如图 2.4 所示。

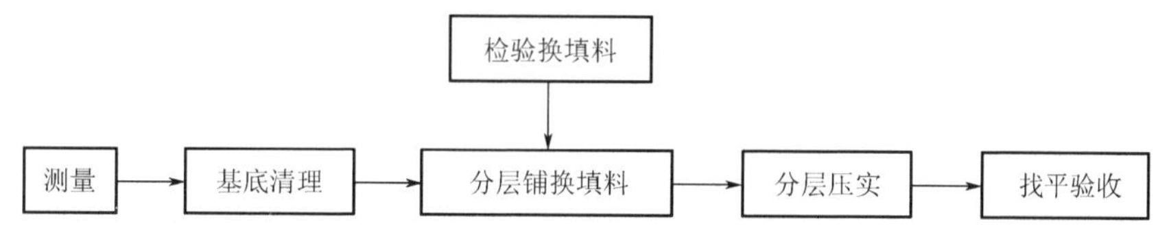

图 2.4 粉煤灰地基施工工艺流程

4. 施工要点

粉煤灰地基的施工要点如下。

（1）铺设前应先验槽，清除地基表面垃圾杂物。

（2）粉煤灰地基应分层铺设与碾压。铺设厚度，用机械夯为 200～300mm，夯完后厚度为 150～200mm；用压路机为 300～400mm，压实后为 250mm 左右。对小面积基坑（槽）垫层，可用人工分层摊铺，用平板振动器或蛙式打夯机进行振（夯）实，每次振（夯）板应重叠 1/3～1/2 板，往复压实，由两侧或四侧向中间进行，夯实不少于 3 遍。大面积垫层应采用推土机摊铺，先用推土机预压两遍，然后用 8t 压路机碾压，施工时压轮重叠 1/3～1/2 轮宽，往复碾压，一般碾压 4～6 遍。

（3）粉煤灰铺设时的含水量应控制在最优含水量的 31%±4%。

（4）每层铺完经检测合格后，应及时铺筑上层，以防干燥、松散、起尘、污染环境，并应禁止车辆在其上行驶。

（5）粉煤灰地基全部铺设完成并经验收合格后，应及时浇筑混凝土垫层，以防日晒、雨淋的破坏。

（6）夯实或碾压时，如出现“橡皮土”现象，应暂停压实，可采用将垫层开槽、翻松、晾晒或换灰等办法处理。

（7）在软弱地基上填筑粉煤灰地基时，应先铺设 200mm 厚的中、粗砂或高炉干渣，这样不仅可以避免下卧软土层表面受到扰动，而且有利于下卧软土层的排水固结，以切断毛细水的上升通道。

(8) 冬季施工的最低气温不得低于 0℃，以免粉煤灰含水冻胀。

2.1.4 夯实地基

夯实地基采用较多的是重锤夯实地基和强夯法地基。

1. 重锤夯实地基

重锤夯实是利用起重机械将夯锤提升到一定高度，然后自由落下，重复夯击基土表面，使地基表面形成一层比较密实的硬壳层，从而使地基得到加固。其适于地下水位在 0.8m 以上、稍湿的黏性土、砂土、饱和度 $S_r \leqslant 60$ 的湿陷性黄土、杂填土以及分层填土地基的加固处理，但当夯击对邻近建筑物有影响，或地下水位高于有效夯实深度时，不宜采用。重锤表面夯实的加固深度一般为 1.2～2.0m。湿陷性黄土地基经重锤表面夯实后，透水性会显著降低，可消除湿陷性，地基土密度增大，强度可提高 30%；对杂填土则可以减少其不均匀性，提高承载力。

夯锤的形状有圆台形和方形，如图 2.5 所示，夯锤的材料是用整个铸钢（或铸铁），或用钢板壳内填筑混凝土，夯锤的质量在 8～40t，夯锤的底面积取决于表面土层，对砂石、碎石、黄土，一般面积为 2～4m²；黏性土一般为 3～4m²，淤泥质土为 4～6m²。为消除作业时夯坑对夯锤的气垫作用，夯锤上应对称性设置 4～6 个直径为 250～300mm 下贯通的排气孔。

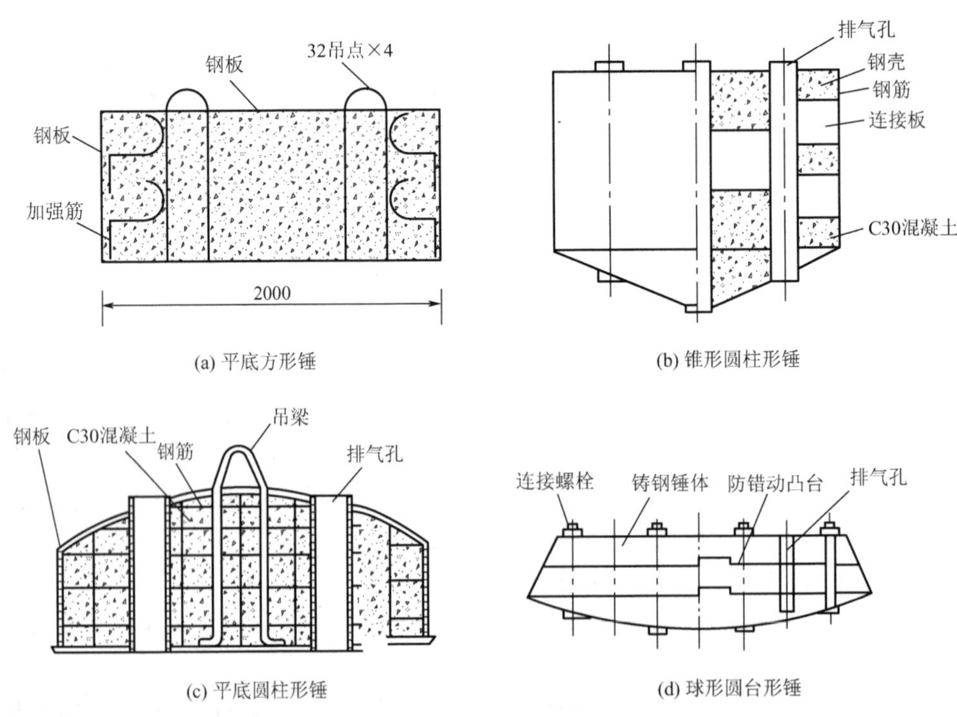

(a) 平底方形锤

(b) 锥形圆柱形锤

(c) 平底圆柱形锤

(d) 球形圆台形锤

图 2.5　夯锤的构造

起重机可采用配置有摩擦式卷扬机的履带式起重机、打桩机、悬臂式桅杆起重机或龙门式起重机等，当采用自动脱钩时，其起重能力应大于夯锤重量的 1.5 倍；当直接用钢丝绳悬吊夯锤时，其起重能力应大于夯锤重量的 3 倍。

重锤夯实地基施工要点如下。

（1）施工前应进行试夯，确定有关技术参数，如夯锤重量、底面直径及落距、最后下沉量及相应的夯击遍数和总下沉量。落距宜大于4m，一般为4～6m。最后下沉量是指最后2击平均每击土面的夯沉量，对黏性土和湿陷性黄土取10～20mm；对砂土取5～10mm；对细颗粒土不宜超过10～20mm。夯击遍数由试验确定，通常取比试夯确定的遍数增加1～2遍，一般为8～12遍。土被夯实的有效影响深度，一般约为重锤直径的1.5倍。

（2）夯实前，槽、坑底面的标高应高出设计标高，预留土层的厚度可为试夯时的总下沉量再加50～100mm；基槽、坑的坡度应适当放缓。

（3）夯实时地基土的含水量应控制在最优含水量范围内，一般相当于土的塑限含水量±12%。现场简易测定方法是：以手捏紧后，松手土不散，易变形而不挤出，抛在地上即呈碎裂为合适。如表层含水量过大，可采取撒干土、碎砖、生石灰粉或换土等措施；如土含水量过低，应适当洒水，加水后待全部渗入土中，一昼夜后方可夯打。

（4）夯实大面积基坑或条形基槽时，应“一夯换一夯”顺序进行，即第一遍按一夯换一夯进行，在一次循环中间同一夯位应连夯两下，下一循环的夯位，应与前一循环错开1/2锤底直径地搭接，如此反复进行，在夯打最后一循环时，可以采用“一夯压半夯”的打法，如图2.6(a)所示。在独立柱基夯打时，可采用先周边后中间或先外后里的跳打法，如图2.6(b)和图2.6(c)所示，以使夯锤底面落下时与土接触严密，各次夯迹之间不互相压叠，而是相切或靠近。因为压叠易使锤底面倾斜，与土接触不严，降低夯实效率。当采用悬臂式桅杆式起重机或龙门式起重机夯实时，可采用图2.6(d)所示的顺序，以提高功效。

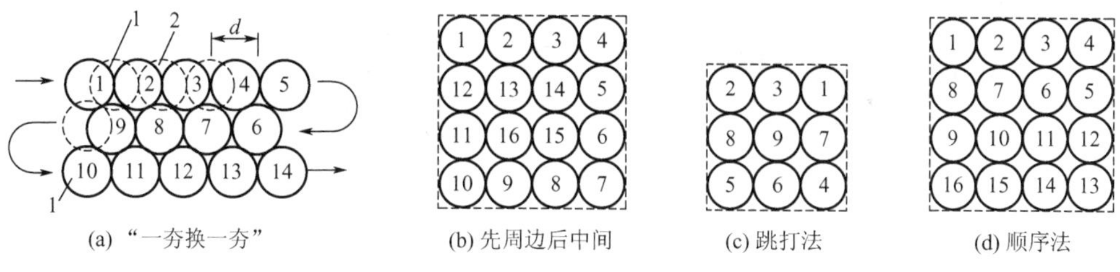

图2.6 重锤夯打顺序

1—夯位；2—重叠夯；*d*—重锤直径

（5）基底标高不同时，应按先深后浅的程序逐层挖土夯实，不宜一次挖成阶梯形，以免夯打时在高低相交处发生坍塌。夯打时要做到落距正确、落锤平稳、夯位准确，基坑的夯实宽度应比基坑每边宽0.2～0.3m。对基槽底面边角不易夯实的部位应适当增大夯实宽度。

（6）重锤夯实填土地基时，应分层进行，每层的虚铺厚度以相当于锤底直径为宜。夯实层数不宜少于2层。夯实完成后，应将基坑（槽）表面修整至设计标高。

（7）重锤夯实在10～15m以外时对建筑物振动影响较小，可不采取防护措施，在10～15m以内时应进行隔振处理，如挖防振沟等。

（8）冬期施工，如土已冻结，应将冻土层挖去或通过烧热法将土层融解。若基坑挖好后不能立即夯实，则应采取防冻措施，如在表面覆盖草垫、锯屑或松土保温。

(9) 夯实结束后，应及时将夯松的表层浮土清除或将浮土在接近最优含水量的状态下重新用1m的落距夯实至设计标高。

(10) 根据经验，当锤重为2.5～3.0t、锤底直径为1.2～1.4m、落距为4.0～4.5m、锤底静压力为20～25MPa时，消除湿陷性土层的厚度为1.2～1.75m，对非自重湿陷性黄土地区，采用重锤夯实表面的效果明显。

2. 强夯法地基

强夯法是用起重机械吊起重8～30t的夯锤，从6～30m高处自由落下，以强大的冲击能量夯击地基土，使土中出现冲击波和冲击应力，迫使土层孔隙压缩，土体局部液化，在夯击点周围产生裂隙，形成良好的排水通道，孔隙水和气体逸出，使土粒重新排列，经时效压密达到固结，从而提高地基承载力，降低其压缩性的一种有效的地基加固方法。

强夯法适用于处理碎石土、砂土、低饱和度的粉土与黏性土、湿陷性黄土、素填土和杂填土等地基，也可用于防止粉土、粉砂的液化及高饱和度的粉土与软塑、流塑的黏性土等地基上对变形控制要求不严的工程。

夯锤常采用钢板作外壳，内部焊接钢骨架后浇筑C30混凝土，如图2.7所示。锥底形状有圆形和方形两种，圆形不易旋转，定位方便，稳定性和重合性好，消耗量少，采用较广。夯锤的锤底尺寸取决于表层土质，对于砂质土和碎石类土，锤底面积一般宜为3～4m²；对于黏性土或淤泥质土等软弱土，不宜小于6m²。锤重一般为8t、10t、12t、16t、25t。夯锤中宜设1～4个直径为250～300mm上下贯通的排气孔，以利空气排出和减小坑底的吸力。

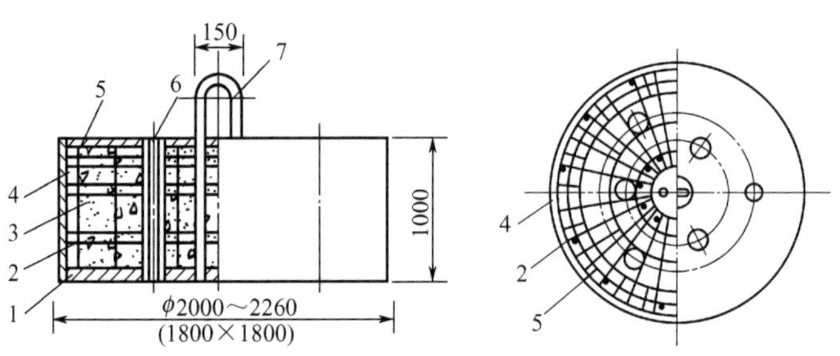

图2.7 混凝土夯锤（圆柱形重12t，方形重8t）

1—30mm厚钢板底板；2—钢筋骨架ϕ14@400；3—C30混凝土；4—18mm厚钢板外壳；5—水平钢筋网片ϕ16@200；6—6×ϕ159钢管；7—ϕ50吊环

起重设备可用15t、20t、25t、30t、50t带有离合摩擦器的履带式起重机。当履带式起重机起重能力不够时，为增大机械设备的起重能力和提升高度，防止落锤时臂杆回弹后仰，也可采用加钢制辅助人字桅杆或龙门架的方法，如图2.8和图2.9所示。

(1) 施工技术参数的确定。强夯施工参数包括有效加固深度、锤重和落距、单位夯击能、夯击点布置及间距、夯点的夯击数与夯击遍数、两遍夯击的间歇时间、加固处理范围等。

① 强夯法的有效加固深度应根据现场试夯或当地经验确定。

② 锤重和落距。锤重（M）和落距（h）是影响夯击能和加固深度的重要因素，直接决定每一击的夯击能。M一般不宜小于8t，h不宜小于6m。

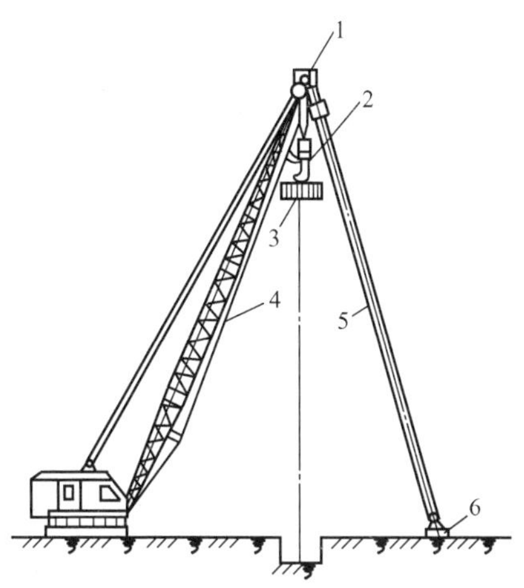

图 2.8 履带式起重机加钢制辅助人字桅杆

1—弯脖接头；2—自动脱钩器；3—夯锤；4—拉绳；5—钢制辅助人字桅杆；6—底座

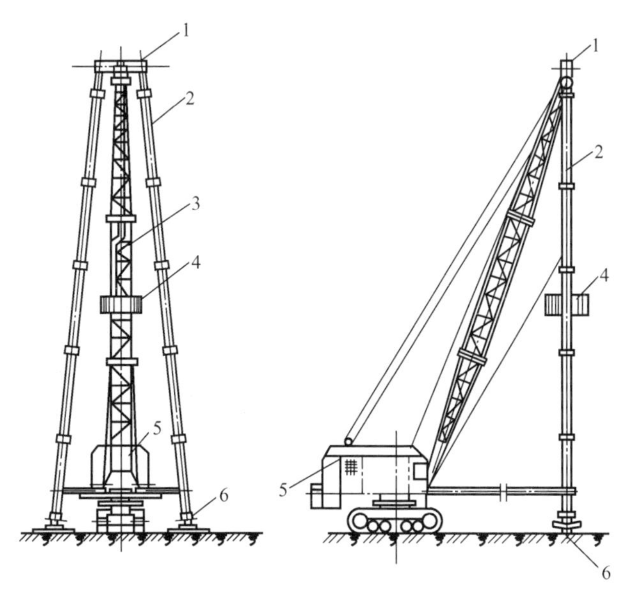

图 2.9 履带式起重机加钢制龙门架

1—龙门架横梁；2—龙门架支杆；3—自动脱钩器；4—夯锤；5—履带式起重机；6—底座

③ 单击夯击能。M 与 h 的乘积称为夯击能，即 $E=Mh$，单位为 kN・m，一般取 600～500kN・m，E 的总和除以加固面积称为单击夯击能，用 EP 表示，单位为 (kN・m)/m^2，即 $EP=\sum E/S$。夯击能过小，加固效果差；夯击能过大，不仅浪费能源、增加费用，而且，对饱和黏性土还会破坏土体结构，形成橡皮土，降低强度。在一般情况下，对于粗颗粒土 EP 可取 1000～3000(kN・m)/m^2；对细颗粒土 EP 可取 1500～4000(kN・m)/m^2。

④ 夯击点的布置及间距。夯击点的布置，对大面积地基一般采用梅花形或正方形网格排列，如图 2.10 所示；对条形基础，夯击点可成行布置；对独立基础，可按柱网设置单夯点。夯击点的间距通常取夯锤直径的 3 倍，一般为 5～15m；一般第一遍夯点的间距宜大，以便夯击能向深部传递。

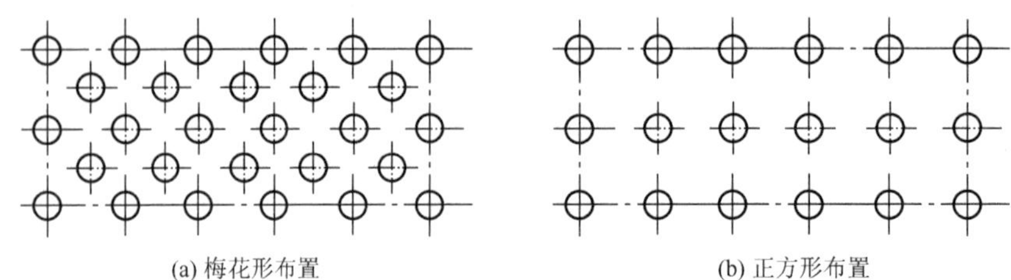

图 2.10　夯击点的布置

⑤ 夯击点的夯击数与夯击遍数。夯击遍数应根据地基土的性质确定，可采用点夯 2～3 遍，对于渗透性较差的细颗粒土，必要时夯击遍数可适当增加。最后再以低能量满夯 2 遍，满夯可采用轻锤或低落距锤多次夯击，锤印应搭接。

⑥ 两遍夯击的间歇时间。两遍夯击之间应有一定的时间间隔，间隔时间取决于土中超静孔隙水压力的消散时间。当缺少实测资料时，可根据地基土的渗透性确定，对于渗透性较差的黏性土地基，间隔时间不应少于 3～4 周；对于渗透性好的地基可连续夯击。

⑦ 加固处理范围。强夯的处理范围应大于建筑物的基础范围，每边超出基础外缘的宽度宜为基底下设计处理深度的 1/2～2/3，并不宜小于 3m。

（2）强夯法施工程序。

① 清理、平整场地。

② 标出第一遍夯点位置、测量场地高程。

③ 起重机械就位。

④ 夯锤对准夯点位置。

⑤ 将夯锤吊到预定高度后脱钩，自由下落进行夯击。

⑥ 往复夯击，按规定的夯击次数及控制标准完成一个夯点的夯击。

⑦ 重复以上工序，完成第一遍全部夯点的夯击。

⑧ 用推土机将夯坑填平，测量场地高程。

⑨ 在规定的间隔时间后，按上述程序完成全部夯击遍数。

⑩ 用低能量满夯将场地表层松土夯实，并测量夯后场地高程。

（3）强夯法的施工要点。

① 强夯施工前，应先平整场地，查明场地范围内的地下构筑物和各种管线的位置及标高等，并采取必要措施，以免因强夯施工而造成破坏。填土前应清除表层腐殖土、草根等。场地整平挖方时，应在强夯范围预留与夯沉量相当的土层。

② 当地下水位较高，夯坑底积水影响施工时，宜采用人工降水或铺填一定厚度的松散材料（一般为 0.5～2.0m 的中砂或砂石垫层）。夯坑内或场地积水应及时排除。

③ 强夯应分段进行，从边缘夯向中央。强夯法的加固顺序是先深后浅，即先加固深层土，再加固中层土，最后加固表层土。最后一遍夯完后，再以低能量满夯一遍。

④ 雨季填土区强夯，应在场地四周设排水沟、截洪沟，防止雨水流入场内；填土应使中间稍高，认真分层回填，分层推平、碾压，并使表面保持 1%～2%的排水坡度。回填土应控制含水量在最优含水量范围内，如低于最优含水量，可钻孔灌水或洒水浸渗。

⑤ 夯击时应按试验和设计确定的强夯参数进行，落锤应保持平稳，夯位应准确。在每一遍夯击后，要用新土或周围的土将夯击坑填平，再进行下一遍夯击。

⑥ 冬季施工时应先清除地表的冻土层后再强夯，夯击次数要适当增加，如有硬壳层，要适当增加夯次或提高夯击功能。

⑦ 做好施工过程中的检测和记录工作，包括检查夯锤重和落距，对夯点放线进行复核，检查夯坑位置，按要求检查每个夯点的夯击次数和每击的夯沉量等，并对各项参数及施工情况进行详细记录，作为质量控制的根据。

2.1.5 挤密桩地基

挤密桩法是用冲击或振动方法，把圆柱形钢质桩管打入原地基，拔出后形成桩孔，然后进行素土、灰土、石灰土、水泥土等物料的回填和夯实，从而达到形成增大直径的桩体，并同原地基一起形成复合地基。其特点在于不取土，挤压原地基成孔；回填物料时，夯实物料进一步扩孔。

灰土、素土等挤密桩法适用于处理地下水位以上的湿陷性黄土、素填土和杂填土等地基，可处理地基的深度为 5～20m。当以消除地基土的湿陷性为主要目的时，宜选用素土挤密桩法。当以提高地基土的承载力或增强其水稳性为主要目的时，宜选用灰土挤密桩法。当地基土的含水量大于 24%、饱和度大于 65%时，不宜选用灰土挤密桩法或素土挤密桩法。

1. 灰土挤密桩地基

灰土挤密桩是利用锤击将钢管打入土中侧向挤密成孔，将管拔出后，在桩孔中分层回填 2∶8 或 3∶7 灰土夯实而成，与桩间土共同组成复合地基以承受上部荷载。

灰土挤密桩与其他地基处理方法比较有以下特点：灰土挤密桩成桩时为横向挤密，可同样达到所要求加密处理后的最大干密度指标，可消除地基土的湿陷性，提高承载力，降低压缩性；与换土垫层相比，不需要大量开挖回填，可节省土方开挖和回填土方工程量，工期可缩短 50%以上；处理深度较大，可达 12～15m；可就地取材，应用廉价材料，降低工程造价 2/3；机具简单，施工方便，工效高。灰土挤密桩适于加固地下水位以上、天然含水量为 12%～25%、厚度为 5～15m 的新填土、杂填土、湿陷性黄土及含水率较大的软弱地基。当地基土含水量大于 23%及其饱和度大于 0.65 时，打管成孔质量不好，且易对邻近已回填的桩体造成破坏，拔管后容易缩颈，遇此情况时不宜采用灰土挤密桩。

灰土强度较高，桩身强度大于周围地基土，可以分担大部分荷载，使桩间土承受的应力减小，而到深度 2～4m 以下则与土桩地基相似。一般情况下，如果为了消除地基湿陷性或提高地基的承载力或水稳性，降低压缩性，宜选用灰土挤密桩。

1）桩的构造和布置

桩的构造和布置如下。

(1) 桩孔直径。桩孔直径根据工程量、挤密效果、施工设备、成孔方法及经济等情况而定，一般选用 300～600mm。

(2) 桩长。桩长根据土质情况、桩处理地基的深度、工程要求和成孔设备等因素确定，一般为 5～15m。

(3) 桩距和排距。桩孔一般按等边三角形布置，其间距和排距由设计确定。

(4) 处理宽度。处理地基的宽度一般大于基础的宽度，由设计确定。

(5) 地基的承载力和压缩模量。灰土挤密桩处理地基的承载力标准值及压缩模量，应由设计通过原位测试或结合当地经验确定。

2）机具设备及材料要求

机具设备及材料要求如下。

(1) 成孔设备。成孔设备一般采用 0.6t 或 1.2t 柴油打桩机或自制锤击式打桩机，也可采用冲击钻机或洛阳铲成孔。

(2) 夯实机具。常用夯实机具有偏心轮夹杆式夯实机和卷扬机提升式夯实机两种，后者在工程中应用较多。夯锤用铸钢制成，重量一般选用 100～300kg，其竖向投影面积的静压力不小于 20kPa。夯锤最大部分的直径应较桩孔直径小 100～150mm，以便填料顺利通过夯锤四周。夯锤形状下端应为抛物线形锥体或尖锥形锥体，上段呈弧形。

(3) 桩孔内的填料。桩孔内的填料应根据工程要求或处理地基的目的确定。在土料、石灰的质量要求、工艺要求、含水量控制等方面同灰土垫层。夯实质量应用压实系数控制，压实系数应不小于 0.97。

3）施工工艺要点

施工工艺要点如下。

(1) 施工前应在现场进行成孔、夯填工艺和挤密效果试验，以确定分层填料厚度、夯击次数和夯实后干密度等要求。

(2) 桩施工时一般应先将基坑挖好，预留 20～30cm 厚的土层，然后在坑内施工灰土桩。桩的成孔方法可根据现场机具条件选用沉管（振动、锤击）法、爆扩法、冲击法或洛阳铲成孔法等。

① 沉管法是用打桩机将与桩孔同直径的钢管打入土中，使土向孔的周围挤密，然后缓慢拔管成孔。桩管顶设桩帽，下端做成锥形（约成 60°角），桩尖可以上下活动，以利空气流动，减少拔管时的阻力，避免坍孔，如图 2.11 所示。成孔后应及时拔出桩管，不应在土中搁置时间过长。成孔施工时，地基土的含水量宜接近最优含水量，当含水量低于 12%时，宜加水增湿至最优含水量。本法简单易行，孔壁光滑平整，挤密效果好，应用最广。但处理深度受桩架限制，一般不宜超过 8m。

② 爆扩法是用钢钎打入土中形成直径为 25～40mm 的孔或用洛阳铲打成直径为 60～80mm 的孔，然后在孔中装入条形炸药卷和 2～3 个雷管，爆扩成直径为 20～45cm 的桩孔。本法工艺简单，但孔径不易控制。

③ 冲击法是使用冲击钻钻孔，将 0.6～3.2t 重的锥形锤头提升 0.5～2.0m 高后落下，反复冲击成孔，用泥浆护壁，直径可达 50～60cm，深度可达 15m 以上，适于处理湿陷性较大的土层。

(3) 桩的施工顺序为先外排后里排，同排内应间隔 1～2 孔进行；对大型工程可分段施工，以免因振动挤压造成相邻孔缩孔或坍孔。成孔后应清底夯实、夯平，夯实次数不应少于 8 击，并应立即夯填灰土。

(4) 桩孔应分层回填夯实，每次回填厚度为 250～400mm，人工夯实时使用重量为 25kg 带长柄的混凝土锤，机械夯实时用偏心轮夹杆或夯实机或卷扬机提升式夯实机，如图 2.12 所示，或链条传动摩擦轮提升连续式夯实机，一般落锤高度不小于 2m，每层夯实不少于 10 击。施打时，逐层以量斗定量向孔内下料，逐层夯实。当采用连续夯实机时，将灰土用铁锹不间断地下料，每下 2 锹夯 2 击，均匀地向桩孔下料、夯实。桩顶应高出设计标高 15cm，挖土时将高出部分铲除。

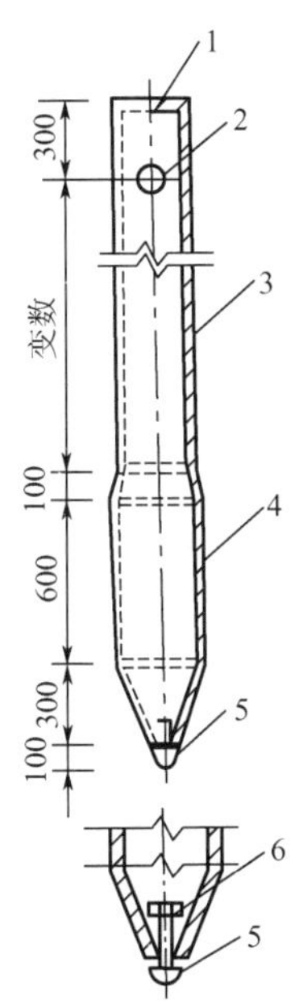

图 2.11 桩管构造

1—10mm 厚封头板（设 ϕ300mm 排气孔）；2—ϕ45mm 管焊于桩管内，穿 M40 螺栓；3—ϕ275mm 无缝钢管；4—ϕ300mm×10mm 无缝钢管；5—活动桩尖；6—重块

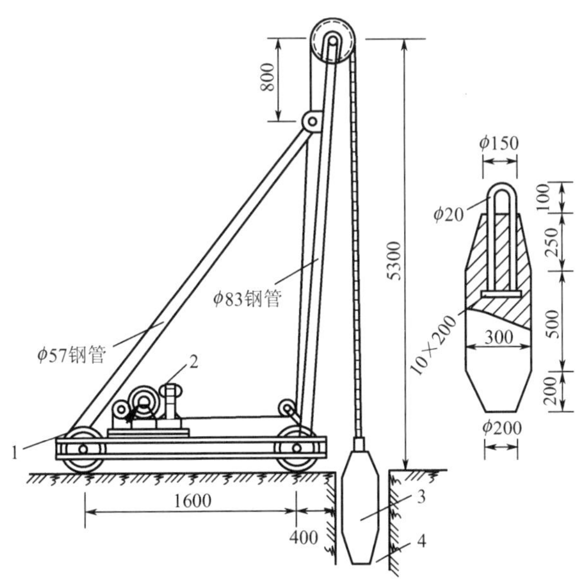

图 2.12 灰土桩夯实机构造（桩直径为 350mm）

1—机架；2—1t 卷扬机；3—铸钢夯锤，重 45kg；4—桩孔

(5) 当孔底出现饱和软弱土层时，可加大成孔间距，以防由于振动而造成已打好的桩孔内挤塞；当孔底有地下水流入时，可采用井点降水后再回填填料或向桩孔内填入一定数量的干砖渣和石灰，经夯实后再分层填入填料。

2. 砂石桩地基

砂桩和砂石桩统称砂石桩，是指用振动、冲击或水冲等方式在软弱地基中成孔后，再将砂或砂卵石（或砾石、碎石）挤压入土孔中，形成大直径的砂或砂卵石（碎石）所构成的密实桩体，它是处理软弱地基的一种常用方法。这种方法经济、简单且有效。对于松砂地基，可通过挤压、振动等作用使地基达到密实，从而增加地基承载力，降低孔隙比，减少建筑物沉降，提高砂基抵抗振动液化的能力；用于处理软黏土地基，可起到置换和排水砂井的作用，加速土的固结，形成置换桩与固结后软黏土的复合地基，可显著提高地基抗剪强度。这种桩施工机具常规，操作工艺简单，可节省水泥、钢材，就地使用廉价地方材料，速度快，工程成本低，故应用较为广泛。砂石桩适用于挤密松散砂土、素填土和杂填土等地基，对建在饱和黏性土地基上主要不以变形控制的工程，也可采用砂石桩做置换处理。

1）机具设备及材料要求

机具设备及材料要求如下。

（1）振动沉管打桩机或锤击沉管打桩机的配套机具有桩管、吊斗、1t 机动翻斗车等。

（2）桩填料用天然级配的中砂、粗砂、砾砂、圆砾、角砾、卵石或碎石等，含泥量不大于 5%，并且不宜含有粒径大于 50mm 的颗粒。

2）施工工艺要点

施工工艺要点如下。

（1）打砂石桩时地基表面会产生松动或隆起，砂石桩的施工标高要比基础底面高 1～2m，以便在开挖基坑时消除表层松土；如基坑底仍不够密实，可辅以人工夯实或机械碾压。

（2）砂石桩的施工顺序，应从外围或两侧向中间进行，如砂石桩间距较大，也可逐排进行，以挤密为主的砂石桩同一排应间隔进行。

（3）砂石桩的成桩工艺有振动成桩法和锤击成桩法两种。

① 振动成桩法。振动成桩法是采用振动沉桩机将与带活瓣桩尖的砂石桩同直径的钢管沉下，往桩管内灌砂石后，边振动边缓慢拔出桩管；或在振动拔管的过程中，每拔 0.5m 高停拔振动 20～30s；或将桩管压下后再拔，以便将落入桩孔内的砂石压实，并可使桩径扩大。振动力以 30～70kN 为宜，不应太大，以防过分扰动土体。拔管速度应控制在 1.0～1.5m/min。打直径为 500～700mm 的砂石桩时通常使用大吨位 KM2－1200A 型振动打桩机，如图 2.13 所示施工，因其振动方向是垂直的，故桩径扩大有限，但该法机械化、自动化水平和生产效率较高（150～200m/d），适用于松散砂土和软黏土。

② 锤击成桩法。锤击成桩法是将带有活瓣桩靴或混凝土桩尖的桩管用锤击沉桩机打入土中，往桩管内灌砂后缓慢拔出，或在拔出的过程中低锤击管，或将桩管压下再拔，砂石从桩管内排入桩孔成桩并使其密实。由于桩管对土有冲击力作用，使得桩周围的土被挤密，并使桩径向外扩展。但拔管不能过快，以免形成中断、缩颈而造成事故。对特别软弱的土层，也可采用二次打入桩管灌砂石工艺，形成扩大砂石桩。如没有锤击沉管机，也可采用蒸汽锤、落锤或柴油打桩机沉桩管，另配一台起重机拔管。本法适用于软弱黏性土。

（4）施工前应进行成桩挤密试验，桩数宜为 7～9 根。振动法应根据沉管和挤密情况，确定填砂石量、提升高度和速度、挤压次数和时间、电机工作电流等，作为控制质量的标准，以保证挤密均匀和桩身的连续性。

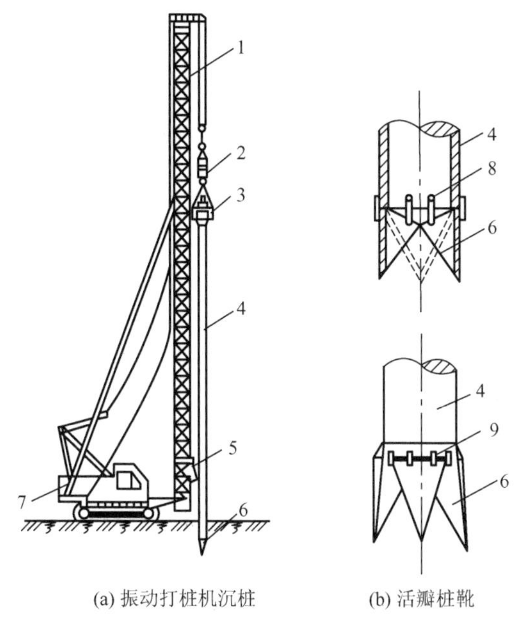

图 2.13 振动打桩机

1—桩机导架；2—减震器；3—振动锤；4—桩管；5—装砂石下料斗；6—活瓣桩尖；7—机座；8—活门开启限位装里；9—锁轴

(5) 灌砂石时应对含水量加以控制。对饱和土层，砂石可采用饱和状态；对非饱和土或杂填土，或能形成直立的桩孔壁的土层，含水量可采用 7%～9%。

(6) 砂石桩应控制填砂石量。砂石桩孔内的填砂石量可按下式计算。

$$S=\frac{A_p l d_s}{1+e}(1+0.01w) \tag{2-1}$$

式中：S——填砂石量（以重量计）；

A_p——砂石桩的截面积，m^2；

l——桩长，m；

d_s——砂石料的相对密度；

e——地基挤密后要求达到的孔隙比；

w——砂石料的含水量，%。

砂桩的灌砂量通常按桩孔的体积和砂在中密状态时的干密度计算（一般取 2 倍桩管入土体积）。砂石桩实际灌砂石量（不包括水重）不得少于设计值的 95%。如发现砂石量不够或砂石桩中断等情况，可在原位进行复打灌砂石。

3. 水泥粉煤灰碎石桩地基

水泥粉煤灰碎石桩（简称 CFG 桩）是在碎石桩的基础上掺入适量石屑、粉煤灰和少量水泥，加水拌和后制成的具有一定强度的桩体。其骨料仍为碎石，用掺入石屑的方法来改善颗粒级配；用掺入粉煤灰的方法来改善混合料的和易性，并利用其活性减少水泥用量；用掺入少量水泥的方法使其具有一定的黏结强度。

CFG 桩适于多层和高层建筑地基，如砂土、粉土、松散填土、粉质黏土、黏土、淤泥质黏土等的处理。

1）机具设备

CFG桩成孔、灌筑一般采用振动式沉管打桩机架（配DZJ90型变矩式振动锤），主要技术参数为：电动机功率90kW；激振力0～747kN；质量6700kg；也可根据现场土质情况和设计要求的桩长、桩径，选用其他类型的振动锤；也可采用履带式起重机、走管式或轨道式打桩机（配有挺杆、桩管），此外还需配置混凝土搅拌机、电动气焊设备、手推车、吊斗等机具。

2）材料要求及配合比

材料要求及配合比如下。

（1）碎石。碎石粒径为20～50mm，松散密度为1.39t/m³，杂质含量小于5%。

（2）石屑。石屑粒径为2.5～10mm，松散密度为1.47t/m³，杂质含量小于5%。

（3）粉煤灰。用Ⅲ级粉煤灰。

（4）水泥。用强度等级为32.5级的普通硅酸盐水泥，要求新鲜无结块。

（5）混合料配合比。混合料配合比根据拟加固场地的土质情况及加固后要求达到的承载力而定。水泥、粉煤灰、碎石混合料的配合比相当于抗压强度为C1.2～C7的低强度等级混凝土，密度大于2.0t/m³。在最佳石屑率（石屑量与碎石和石屑总质量之比）约为25%的情况下，当水与水泥用量之比为1.01～1.47，粉煤灰与水泥重量之比为1.02～1.65时，混凝土的抗压强度为1.42～8.80MPa。

3）施工工艺要点

施工工艺要点如下。

（1）CFG桩施工工艺流程如图2.14所示。

（2）桩施工程序为：桩机就位→沉管至设计深度→停振下料→振动捣实后拔管→留振10s→振动拔管、复打。应考虑隔排隔桩跳打，新打桩与已打桩的间隔时间不应少于7d。

（3）桩机就位须平整、稳固，沉管与地面保持垂直，垂直度偏差不大于1.5%；如带预制混凝土桩尖，则需埋入地面以下300mm。

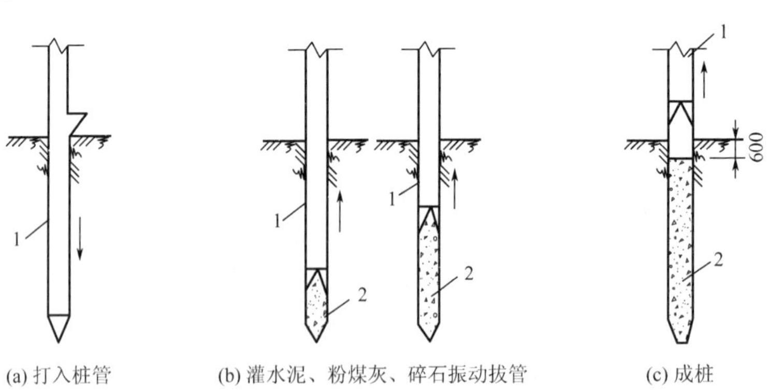

图2.14　CFG桩施工工艺流程

1—桩管；2—水泥、粉煤灰、碎石桩

（4）在沉管过程中用料斗在空中向桩管内投料，待沉管至设计标高后须尽快投料，直至混合料与钢管上部投料口齐平。如上料量不够，可在拔管过程中继续投料，以保证成桩标高、密实度要求。混合料应按设计配合比配制，投入搅拌机加水拌和，搅拌时间不少于2min，加水量由混合料坍落度控制，一般坍落度为30～50mm；成桩后桩顶浮浆厚度一般不超过200mm。

(5) 当混合料加至与钢管投料口齐平后，沉管在原地留振10s左右，即可边振动边拔管，拔管速度控制在1.2～1.5m/min，每提升1.5～2.0m，留振20s。桩管拔出地面，确认成桩符合设计要求后，用粒状材料或黏土封顶。

(6) 桩体经7d达到一定强度后，才可进行基槽开挖；如桩顶离地面1.5m以内，宜用人工开挖；如大于1.5m，下部700mm宜用人工开挖，以避免损坏桩头部分。为使桩与桩间土更好地共同工作，宜在基础下铺一层150～300mm厚的碎石或灰土垫层。

4. 夯实水泥土复合地基

夯实水泥土复合地基是用洛阳铲或螺旋钻机成孔，在孔中分层填入水泥、土混合料，经夯实成桩，与桩间土共同组成复合地基。

夯实水泥土复合地基具有提高地基承载力（50%～100%），降低压缩性；材料易于解决；施工机具设备、工艺简单，施工方便，工效高，地基处理费用低等优点。它适于加固地下水位以上，天然含水量为12%～23%、厚度在10m以内的新填土、杂填土、湿陷性黄土及含水率较大的软弱土地基。

1）机具设备及材料要求

成孔机具采用洛阳铲或螺旋钻机；夯实机具采用偏心轮夹杆式夯实机。当桩径为330mm时，夯锤重量不小于60kg，锤径不大于270mm，落距不小于700mm。

水泥用强度等级为32.5的普通硅酸盐水泥，要求新鲜无结块；土料应用不含垃圾杂物，有机质含量不大于8%的基坑中的黏性土，破碎并过20mm孔筛。水泥土拌和料的配合比为1∶7（体积比）。

2）施工工艺要点

施工工艺要点如下。

(1) 施工前应在现场进行成孔、夯填工艺和挤密效果试验，以确定分层填料厚度、夯击次数和夯实后桩体干密度要求。

(2) 夯实水泥土桩的工艺流程为：场地平整→测量放线→基坑开挖→布置桩位→第一批桩梅花形成孔→水泥、土料拌和→填料并夯实→剩余桩成孔→水泥、土料拌和→填料并夯实→养护→检测→铺设灰土褥垫层。

(3) 按设计顺序定位放线，严格布置桩孔，并记录布桩的根数，以防止遗漏。

(4) 采用人工洛阳铲或螺旋钻机成孔时，按梅花形布置并及时成桩，以避免大面积成孔后再成桩时，由于夯机自重和夯锤的冲击，地表水易灌入孔内而造成塌孔。

(5) 回填拌和料的配合比应用量斗计量准确，拌和均匀；含水量控制应以手握成团，落地散开为宜。

(6) 向孔内填料前，先夯实孔底，采用“二夯一填”的连续成桩工艺。每根桩要求一气呵成，不得中断，防止出现松填或漏填现象。桩身密实度要求成桩1h后，击数不小于30击，用轻便触探检查“检定击数”。

(7) 其他施工工艺要点及注意事项同灰土桩地基有关部分。

5. 振冲地基

振冲地基，又称振冲桩复合地基，是以起重机吊起振冲器，启动潜水电机带动偏心块，使振冲器产生高频振动，同时开动水泵，通过喷嘴喷射高压水成孔，然后分批填以砂石骨料形成一根根桩体，桩体与原地基构成复合地基。振冲地基法是提高地基承载力，减小地基沉降和沉降差的一种快速、经济有效的加固方法。该法具有技术可靠、机具设备简单、操作技术易于掌握、施工简便、省“三材”（钢材、木材、水泥）、加固速度快、地基承载力高等特点。

振冲地基施工要点如下。

（1）施工前应先在现场进行振冲试验，以确定成孔合适的水压、水量、成孔速度、填料方法、达到土体密实时的密实电流值、填料量和留振时间。

（2）振冲前，应按设计图定出冲孔的中心位置并编号。

（3）启动水泵和振冲器，使振冲器以1～2m/min的速度徐徐沉入土中。每沉入0.5～1.0m，宜留振5～10s进行扩孔，待孔内泥浆溢出时再继续沉入。当下沉达到设计深度时，振冲器应在孔底适当停留并减小射水压力，以便排除泥浆进行清孔。如此往复1～2次，使孔内泥浆变稀，排泥清孔1～2min后，将振冲器提出孔口。

（4）成桩的操作过程。成孔后，先将振冲器提出孔口，从孔口往下填料，然后再下降振冲器至填料中进行振密，待密实电流达到规定的数值时将振冲器提出孔口，如此自下而上反复进行直至孔口时，成桩操作即告完成，如图2.15所示。

（5）振冲桩施工时桩顶部约1m范围内的桩体密实度难以保证，一般应予挖除，另做地基，或用振动碾压使之压实。

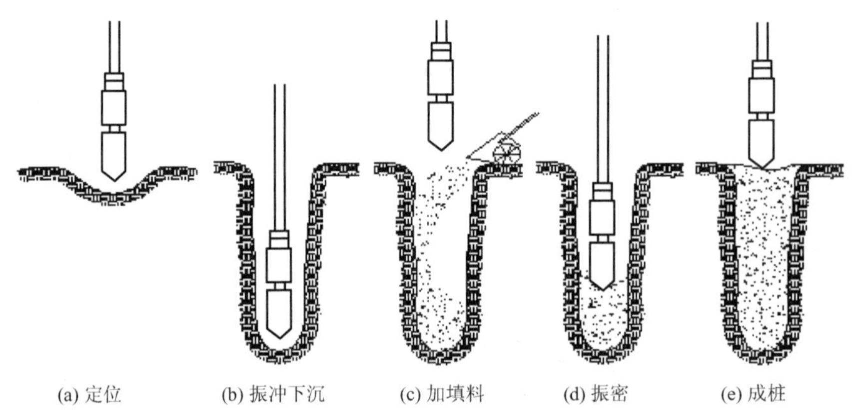

图2.15 振冲法制桩施工工艺

2.1.6 注浆地基

注浆地基有水泥注浆地基和硅化注浆地基两种。

1. 水泥注浆地基

水泥注浆地基是将水泥浆通过压浆泵、灌浆管均匀地注入土体中，以填充、渗透和挤密等方式驱走岩石裂隙中或土颗粒间的水分和气体，并填充其位置，硬化后将岩土胶结成一个整体，形成一个强度大、压缩性低、抗渗性高和稳定性良好的新的岩土体，从而使地基得到加固。水泥注浆地基可以防止或减少渗透和不均匀沉降，在建筑工程中的应用较为广泛。

水泥注浆适用于软黏土、粉土、新近沉积黏性土、砂土提高强度的加固和渗透系数大于2～10cm/s的土层的止水加固，以及已建工程局部松软地基的加固。

水泥注浆地基有以下两种施工方法。

1）高压喷射地基施工

高压喷射注浆法就是利用钻机把带有喷嘴的注浆管钻入（或置入）至土层预定的深度，以 20～40MPa 的压力把浆液或水从喷嘴中喷射出来，形成喷射流冲击破坏土层及预定形状的空间，当能量大、速度快、脉动状的喷射流的动压力大于土层结构强度时，土颗粒便从土层中剥落下来，一部分细粒土随浆液或水冒出地面，其余土颗粒在射流的冲击力、离心力和重力等作用下，与浆液搅拌混合，并按一定的浆土比例和质量大小，有规律地重新排列。这样注入的浆液将冲下的部分土混合凝结成加固体，从而达到加固土体的目的。它具有增大地基强度，提高地基承载力，止水防渗，减少支挡结构物的土压力，防止砂土液化和降低土的含水量等多种功能。

高压喷射注浆法的注浆形式分为旋转喷射注浆（旋喷）、定向喷射注浆（定喷）和在某一角度范围内摆动喷射注浆（摆喷）三种。其中，旋转喷射注浆形成的水泥土加固体呈圆柱状，称旋喷桩。其施工顺序为：开始钻进（a）→钻进结束（b）→高压旋喷开始（c）→边旋转边提升（d）→喷射完毕，桩体形成（e），如图 2.16 所示。

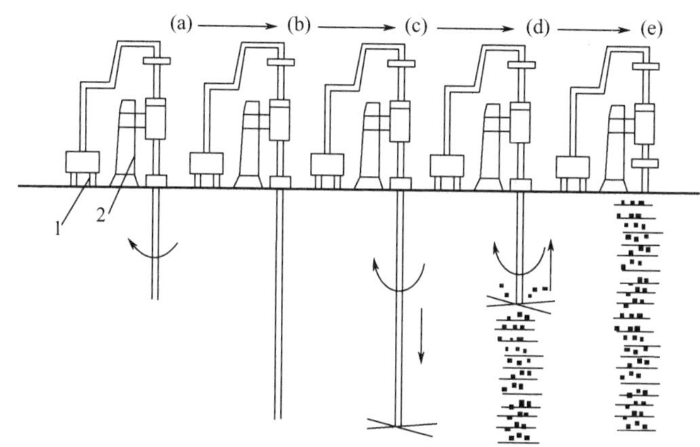

图 2.16 旋喷法的施工顺序

1—超高压力水泵；2—钻机

高压喷射注浆法适用于淤泥、淤泥质土、黏性土、粉土、黄土、砂土、人工填土和碎石等地基。当土中含有较多的大粒径块石、坚硬黏性土、大量植物根茎或过多的有机质时，应根据现场试验结果确定其适用程度。

高压喷射注浆法的施工工艺流程如图 2.17 所示，操作要点如下。

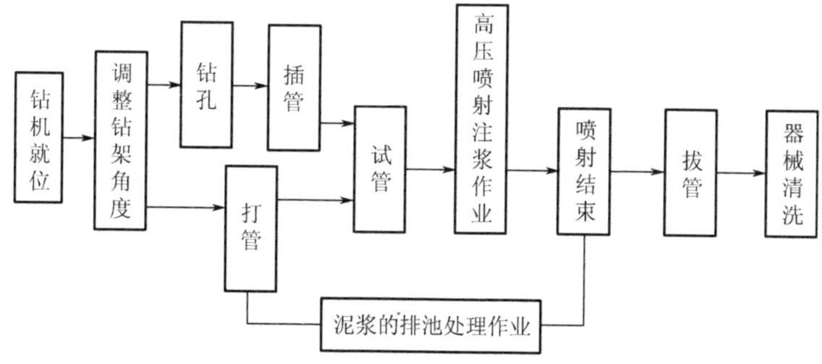

图 2.17 高压喷射注浆法的施工工艺流程

(1) 钻机就位。钻机需平置于牢固坚实的地方，钻杆（注浆管）对准孔位中心，偏差不超过 10cm，打斜管时需按设计调整钻架角度。

(2) 钻孔下管或打管。钻孔的目的是将注浆管顺利置入预定位置，可先钻孔后下管，也可直接打管，在下（打）管过程中，需防止管外泥沙或管内的小块水泥浆堵塞喷嘴。

(3) 试管。当注浆管置入土层预定深度后应用清水试压，若注浆设备和高压管路安全正常，则可搅拌制作水泥浆，开始高压注浆作业。

(4) 高压喷射注浆作业。浆液的材料、种类和配合比要视加固对象而定，在一般情况下，水泥浆的水灰比为 (1∶2)～(1∶1)，若用以改善灌注桩的桩身质量，则应减小水灰比或采用化学浆。高压喷射水泥浆自下而上连续进行，注意检查浆液的初凝时间、注浆流量、风量、压力、旋转和提升速度等参数，应符合设计要求。喷射压力高即射流能量大、加固长度大、效果好，若提升速度和旋转速度适当降低，则加固长度会随之增加，在射浆过程中参数可随土质的不同而改变，若参数一直不变，则容易使浆量增大。

(5) 喷浆结束与拔管。喷浆由下而上至设计高度后，拔出喷浆管，喷浆即告结束。把浆液填入注浆孔中，将多余的清除掉，为了防止浆液凝固时发生收缩，拔管要及时，切不可久留孔中，否则浆液凝固后将不能被拔出。

(6) 器械冲洗。当喷浆结束后，应立即清洗高压泵、输浆管路、注浆管及喷头。

2) 深层搅拌地基施工

深层搅拌法是以水泥作为固化剂的主剂，通过特制的搅拌机械边钻边往软土中喷射浆液或雾状粉体，在地基深处将软土和固化剂（浆液或粉体）强制搅拌，使喷入软土中的固化剂与软土充分拌和在一起，利用固化剂和软土之间产生的一系列物理化学反应形成抗压强度比天然土强度高得多，并具有整体性、水稳定性和一定强度的水泥加固土桩柱体，由若干根这类加固土桩柱体和桩间土构成复合地基，从而达到提高地基承载力和增大变形模量的目的。深层搅拌法是用于加固饱和黏性土地基的一种新技术。

深层搅拌法的施工工艺流程如图 2.18 所示。其施工过程为：定位下沉 (a) →沉入到设计深度 (b) →喷浆搅拌提升 (c) →原位重复搅拌下沉 (d) →重复搅拌提升 (e) →搅拌完毕形成加固体 (f)，如图 2.19 所示。

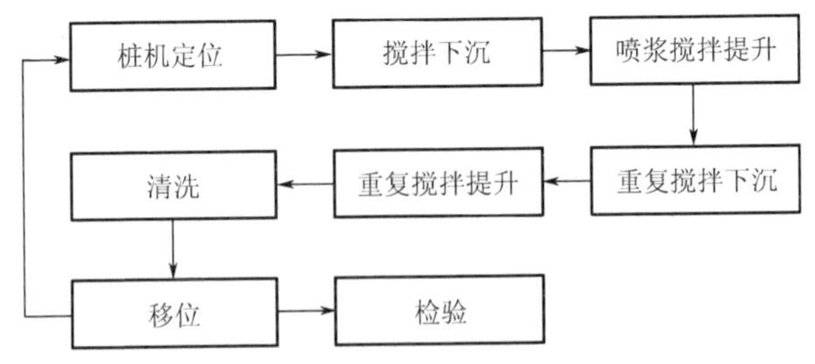

图 2.18　深层搅拌法的施工工艺流程

深层搅拌法的操作要点如下。

(1) 桩机定位。利用起重机或绞车将桩机移动到指定桩位。为保证桩位准确，必须使用定位卡，桩位偏差不大于 50mm，导向架和搅拌轴应与地面垂直，垂直度的偏差不应超过 1.5%。

(2) 搅拌下沉。当冷却水循环正常后，启动搅拌机电机，使搅拌机沿导向架切土搅拌下沉，下沉速度由电机的电流表监控；同时按预定配比拌制水泥浆，并将其倒入集料斗备喷。

(3) 喷浆搅拌提升。搅拌机下沉到设计深度后，开启灰浆泵，使水泥浆连续自动喷入

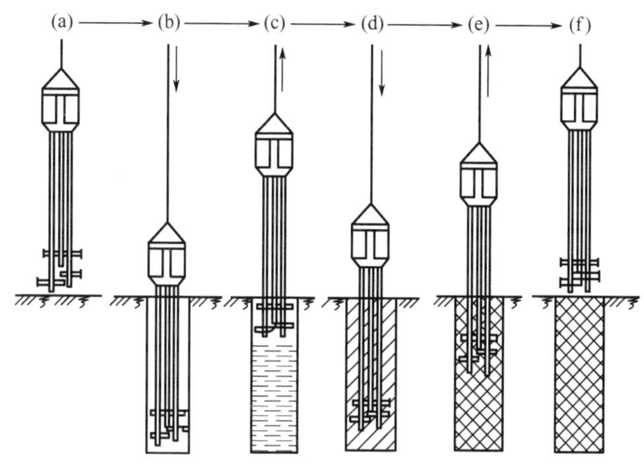

图 2.19 深层搅拌法的施工过程

地基，并保持出口压力为 0.4～0.6MPa，搅拌机边旋转边喷浆边按已确定的速度提升，直至达到设计要求的桩顶标高。搅拌头如被软黏土包裹时，应及时清除。

(4) 重复搅拌下沉。为使土中的水泥浆与土充分搅拌均匀，再次将搅拌机边旋转边沉入土中，直到设计深度。

(5) 重复搅拌提升。将搅拌机边旋转边提升，再次至设计要求的桩顶标高，并上升至地面，制桩完毕。

(6) 清洗。向已排空的集料斗注入适量清水，开启灰浆泵清洗管道，直至基本干净，同时将黏附于搅拌头上的土清洗干净。

(7) 移位。重复上述 (1) ～ (6) 步，进行下根桩的施工。

2. 硅化注浆地基

硅化注浆地基是将以硅酸钠（水玻璃）为主剂的混合溶液（或水玻璃水泥浆）通过注浆管均匀地注入地层，浆液赶走土粒间或岩土裂隙中的水分和空气，并将岩土胶结成一个整体，形成强度较大、防水性能较好的结石体，从而使地基得到加强，本法也称硅化注浆法或硅化法。

(1) 施工前，应先在现场进行灌浆试验，确定各项技术参数。

(2) 灌注溶液的钢管可采用内径为 20～50mm，壁厚大于 5mm 的无缝钢管。它由管尖、有孔管、无孔接长管及管头等组成。管尖做成 25°～30°圆锥体，尾部带有螺纹与有孔管连接；有孔管的长度一般为 0.4～1.0m，每米长度内有 60～80 个直径为 1～3mm 的向外扩大成喇叭形的孔眼，分 4 排交错排列；无孔接长管的长度一般为 1.5～2.0m，两端有螺纹。电极采用直径不小于 22mm 的钢筋或直径为 33mm 的钢管。在通过不加固土层的注浆管和电极表面须涂沥青绝缘，以防电流的损耗和腐蚀。灌浆管网系统包括输送溶液和输送压缩空气的软管、泵、软管与注浆管的连接部分、阀等，其规格应能适应灌注溶液所采用的压力。泵或空气压缩设备应能以 0.2～0.6MPa 的压力向每个灌浆管供应 1～5L/min 的溶液，灌浆管的平面布置如图 2.20 所示。

(3) 设置灌浆管时，借打入法或钻孔法（振动打拔管机、振动钻或三角架穿心锤）沉入土中，保持垂直和距离正确，管子四周孔隙用土填塞夯实。电极可用打入法或先钻孔 2～3m 再打入。

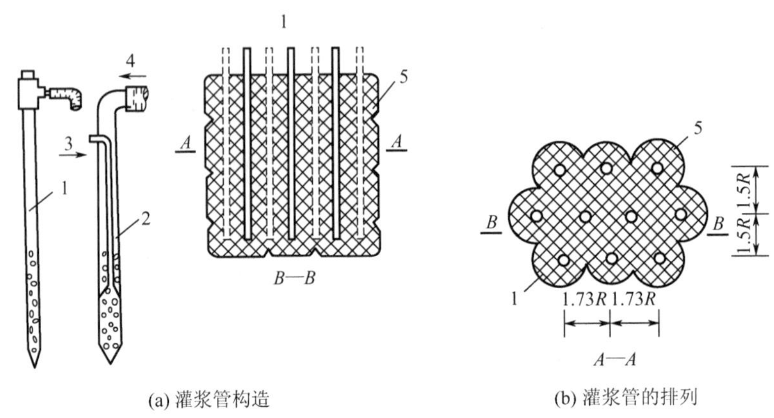

(a) 灌浆管构造　　(b) 灌浆管的排列

图 2.20　压力硅化注浆管排列及构造

1—单液灌浆管；2—双液灌浆管；3—第一种溶液；4—第二种溶液；5—硅化加固区

(4) 硅化加固的土层以上应保留 1m 厚的不加固土层，以防溶液上冒，必要时须夯填素土或打灰土层。

(5) 灌注溶液的压力一般在 0.2～0.4MPa（始）到 0.8～1.0MPa（终）的范围内，采用电动硅化法时，不得超过 0.3MPa（表压）。

(6) 土的加固程序一般自上而下进行，如土的渗透系数随深度而增大，则应自下而上进行。如相邻土层的土质不同，则渗透系数较大的土层应先进行加固。灌注溶液的顺序根据地下水的流速而定，当地下水流速在 1m/d 时，向每个加固层自上而下地灌注水玻璃，然后再自下而上地灌注氯化钙溶液，每层厚度为 0.6～1.0m；当地下水流速为 1～3m/d 时，轮流将水玻璃和氯化钙溶液均匀地注入每个加固层中；当地下水流速大于 3m/d 时，应同时将水玻璃和氯化钙溶液注入，以降低地下水流速，然后再轮流将两种溶液注入每个加固层。采用双液硅化法灌注时，先由单数排的灌浆管压入，然后从双数排的灌浆管压入；采用单液硅化法时，溶液应逐排灌注。

(7) 电动硅化是在灌注溶液的同时通入直流电，电压梯度采用 0.50～0.75V/cm。电源可由直流发电机或直流电焊机供给。灌注溶液与通电工作要连续进行，通电时间最长不超过 36h。为了提高加固的均匀性，可采用每隔一定时间后变换电极改变电流方向的办法。加固地区的地表水，应注意疏干。

(8) 加气硅化工艺与压力单液硅化法基本相同，只在灌浆前先通过灌浆管加气，然后灌浆，再加一次气，即告完成。

(9) 土的硅化完毕，用桩架或三角架借倒链或绞磨将管子和电极拔出，遗留孔洞用 1∶5 水泥砂浆或黏土填实。

2.1.7　预压地基

预压法是在建筑物建造前，对建筑场地进行预压，使土体中的水排出，逐渐固结，地基发生沉降，同时强度逐步提高的方法。预压法适用于处理淤泥质土、淤泥和冲填土等饱和黏性土地基。可使地基的沉降在加载预压期间基本完成或大部分完成，使建筑物在使用期间不致产生过大的沉降和沉降差。同时，可增加地基土的抗剪强度，从而提高地基的承载力和稳定性。真空预压法适用于超软黏性土地基、边坡、码头岸坡等地基稳定性要求较高的工程地基加固，土越软，加固效果越明显。

预压法包括堆载预压法和真空预压法两大类。堆载预压法是以建筑场地上的堆载作为加载系统，在加载预压下使地基的固结沉降基本完成，提高地基土强度的方法。对于持续荷载下体积发生很大的压缩和强度会增长的土，而其又有足够的时间进行压缩时，这种方法特别适用。真空预压法是在需要加固的软黏土地基上覆盖一层不透气的密封膜使之与大气隔绝，用真空泵抽气使膜内保持较高的真空度，在土的孔隙水中产生负的孔隙水压力，孔隙水逐渐被吸出从而达到预压效果。

1. 砂井堆载预压地基

砂井堆载预压地基是在软弱地基中用钢管打孔，灌砂设置砂井作为竖向排水通道，并在砂井顶部设置砂垫层作为水平排水通道，在砂垫层上部压载以增加土中附加应力，使土体中孔隙水较快地通过砂井和砂垫层排出，从而加速土体固结，使地基得到加固。

一般软黏土的结构呈蜂窝状或絮状，在固体颗粒周围充满水，当受到应力作用时，土体中的孔隙水慢慢排出，孔隙因体积变小而发生体积压缩，常称为固结。由于黏土的孔隙率很小，故这一过程是非常缓慢的。一般黏土的渗透系数很小，约为 $10^{-9}\sim10^{-7}$ cm/s，而砂的渗透系数为 $10^{-3}\sim10^{-2}$ cm/s，两者相差很大。因此，当地基黏土层的厚度很大，仅采用堆载预压而不改变黏土层的排水边界条件时，黏土层的固结将十分缓慢，使预压时间变长。当在地基内设置砂井等竖向排水体系时，可缩短排水距离，有效地加速土的固结，如图 2.21 所示。

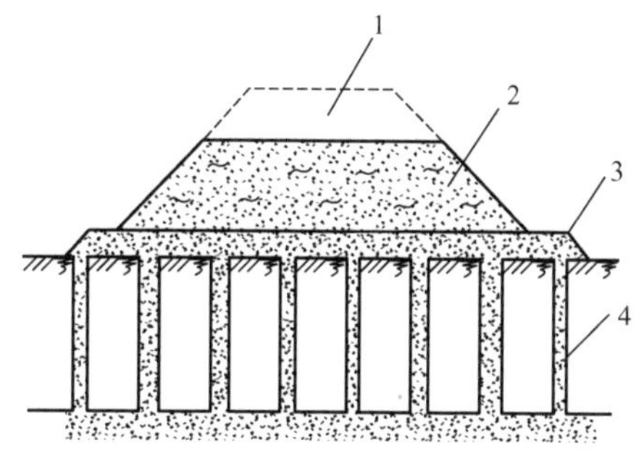

图 2.21 砂井堆载预压地基

1—临时超载填土；2—永久性填土；3—砂垫层；4—砂井

砂井堆载预压可加速饱和软黏土的排水固结，使沉降及早完成和稳定（下沉速度可加快 2.0～2.5 倍），同时可大大提高地基的抗剪强度和承载力，防止基土滑动破坏；而且，施工机具、方法简单，可就地取材，不用“三材”，可缩短施工期限，降低造价。砂井堆载预压适用于透水性低的饱和软弱黏性土加固；用于机场跑道、油罐、冷藏库、水池、水工结构、道路、路堤、堤坝、码头、岸坡等工程的地基处理。对于泥炭等有机沉积地基则不适用。

1）砂井的直径和间距

砂井的直径和间距由黏性土层的固结特性和施工期限确定。一般情况下，当砂井的直径和间距取细而密时，其固结效果较好，常用直径为 300～400mm。井径不宜过大或过小，过大不经济，过小则施工易造成灌砂率不足、缩颈或砂井不连续等质量问题。砂井的间距一般按经验由井径比 $n=d_e/d_w=6\sim10$ 确定（d_e为每个砂井的有效影响范围的直径；

d_w为砂井直径），常用井距为砂井直径的6～9倍，一般不应小于1.5m。

2）砂井的长度

砂井长度的选择与土层分布、地基中附加应力的大小、施工期限和条件等因素有关。当软土层不厚、底部有透水层时，砂井应尽可能穿透软土层；如软土层较厚，但中间有砂层或砂透镜体时，砂井应尽可能打至砂层或透镜体。当黏土层很厚，其中又无透水层时，可按地基的稳定性及建筑物变形要求处理的深度来决定。按稳定性控制的工程，如路堤、土坝、岸坡、堆料场等，砂井深度应通过稳定分析确定，砂井长度应超过最危险滑弧面的深度2m。从沉降角度考虑，砂井长度应穿过主要的压缩层。砂井长度一般为10～20m。

3）砂井的布置和范围

砂井常按等边三角形和正方形布置，如图2.22所示。当砂井为等边三角形布置时，砂井的有效排水范围为正六边形，而正方形排列时则为正方形，如图中虚线所示。假设每个砂井的有效影响面积为圆面积，如砂井距为l，则等效圆（有效影响范围）的直径d_e与l的关系如下。

等边三角形排列时

$$d_e=\sqrt{\frac{2\sqrt{3}}{\pi}}l=1.05l \tag{2-2}$$

正方形排列时

$$d_e=\sqrt{\frac{4}{\pi}}l=1.13l \tag{2-3}$$

由井径比就可算出井距l。因为等边三角形排列较正方形排列紧凑和有效，故较常采用，但理论上两种排列效果相同（当d_e相同时）。砂井的布置范围宜比建筑物基础范围稍大，因为基础以外一定范围内地基中仍然会产生由于建筑物荷载而引起的压应力和剪应力。如能加速基础外地基土的固结，对提高地基的稳定性和减小侧向变形以及由此引起的沉降均有好处。扩大的范围可由基础的轮廓线向外增大2～4m。

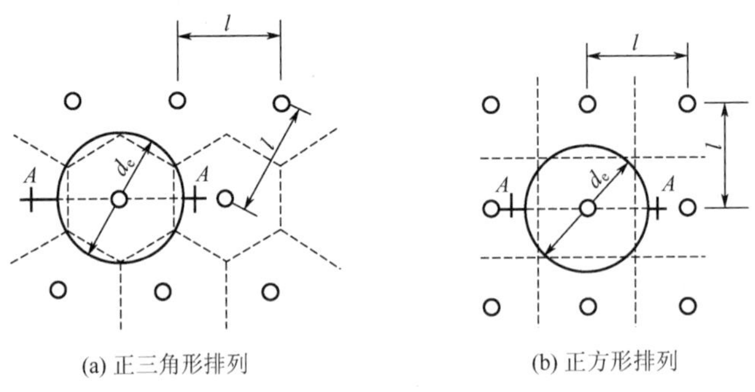

图2.22　砂井平面布置

4）砂井施工

采用锤击法沉桩管，管内砂子也可用吊锤击实，或用空气压缩机向管内通气（气压为0.4～0.5MPa）压实。

打砂井顺序应从外围或两侧向中间进行，如砂井间距较大，则可逐排进行。打砂井后基坑表层会产生松动隆起，应进行压实。

对灌砂井中砂的含水量应加以控制，对饱和水的土层，砂可采用饱和状态；对非饱和土和杂填土，或能形成直立孔的土层，含水量可采用7%～9%。

2. 袋装砂井堆载预压地基

袋装砂井堆载预压地基，是在普通砂井堆载预压基础上改良和发展的一种新方法。

1）袋装砂井的直径和间距

袋装砂井直径根据所承担的排水量和施工工艺要求决定，一般采用7～12cm，间距为1.5～2.0m，井径比为15～25。袋装砂井长度应较砂井孔长度长50cm，使其放入井孔内后可露出地面，以便能埋入排水砂垫层中。

2）袋装砂井的布置

袋装砂井可按三角形或正方形布置，由于袋装砂井直径小、间距小，因此要加固同样多的土所需打设袋装砂井的根数较普通砂井要多，如直径为70mm的袋装砂井按1.2m正方形布置，则每1.44m^2需打设一根；如直径为400mm的普通砂井按1.6m正方形布置，则每2.56m^2需打设一根，前者打设的根数为后者的1.8倍。

3）袋装砂井的施工工艺要点

袋装砂井的施工工艺是先用振动、锤击或静压方式把井管沉入地下，然后向井管中放入预先装好砂料的圆柱形砂袋，最后拔起井管将砂袋填充在孔中形成砂井。也可先将管沉入土中放入袋子（下部装少量砂或吊重），然后依靠振动锤的振动灌满砂，最后拔出套管。

打设机械可采用EHZ-8型袋装砂井打设机，其一次能打设两根砂井；也可采用各种导管式的振动打设机械，如履带臂架式、步履臂架式、轨道门架式、吊机导架式等打设机械。所有钢管的内径宜略大于砂井直径，以减小施工过程中对地基的扰动。

袋装砂井的施工程序是：定位、整理桩尖（活瓣桩尖或预制混凝土桩尖）→沉入导管、将砂袋放入导管→往管内灌水（减少砂袋与管壁的摩擦力）、拔管。

袋装砂井在施工过程中应注意以下几点。

（1）定位要准确，砂井要有较好的垂直度，以确保排水距离与理论计算一致。

（2）袋中装砂宜用风干砂，不宜采用湿砂，避免干燥后，体积减小，造成袋装砂井缩短与排水垫层不搭接等质量事故。

（3）施工时应避免聚丙烯编织袋被太阳曝晒老化。砂袋入口处的导管口应装设滚轮，下放砂袋要仔细，防止砂袋破损漏砂。

（4）施工中要经常检查桩尖与导管口的密封情况，避免管内进泥过多，造成井阻，影响加固深度。

（5）确定袋装砂井施工长度时，应考虑袋内砂体积减小、袋装砂井在井内的弯曲、超深以及伸入水平排水垫层内的长度等因素，防止砂井全部沉入孔内，造成顶部与排水垫层不连接，影响排水效果。

3. 塑料排水带堆载预压地基

塑料排水带堆载预压地基，是先将带状塑料排水带用插板机插入软弱土层中，组成垂直和水平排水体系，然后在地基表面堆载预压（或真空预压），土中孔隙水沿塑料带的沟槽上升溢出地面，从而加速了软弱地基的沉降过程，使地基得到压密加固，如图2.23所示。

1）塑料排水带的性能和规格

塑料排水带由带芯和滤膜组成。带芯是由聚丙烯和聚乙烯塑料加工而成、两面有间隔沟槽的带体，土层中的固结渗流水通过滤膜渗入到沟槽内，并通过沟槽从排水垫层中排

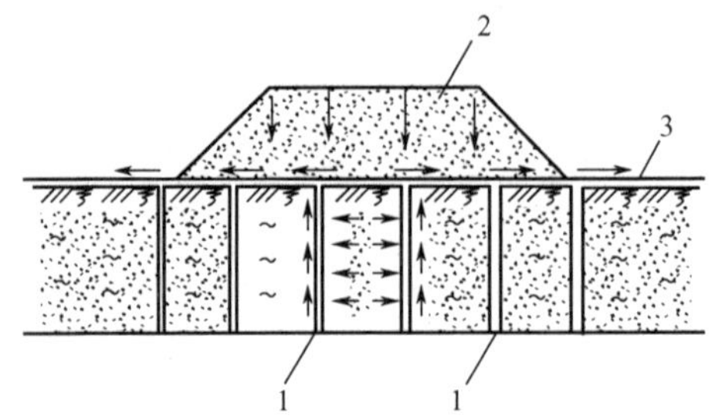

图 2.23　塑料排水带堆载预压地基

1—塑料排水带；2—堆载；3—土工织物

出。根据塑料排水带的结构，要求滤网膜渗透性好，与黏土接触后，其渗透系数不低于中粗砂，排水沟槽输水畅通，不因受土压力作用而减小。塑料排水带的结构因所用材料不同，结构形式也各异，如图 2.24 所示。

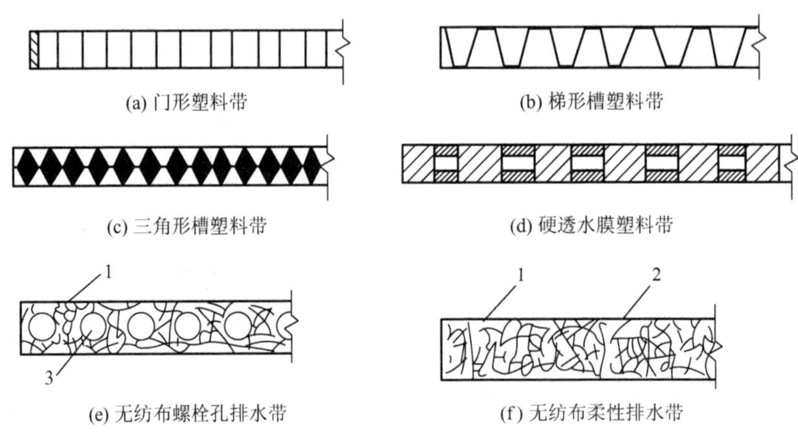

图 2.24　塑料排水带的结构形式

1—滤膜；2—无纺布；3—螺栓排水孔

(1) 带芯。沟槽型排水带，如图 2.24(a)、(b)、(c) 所示，多采用聚丙烯或聚乙烯塑料带芯，聚氯乙烯制作的质较软，延伸率大，在土压作用下易变形，使过水截面减小。多孔型带芯如图 2.24(d)、(e)、(f) 所示，一般用耐腐蚀的涤纶丝无纺布。

(2) 滤膜。滤膜材料一般用耐腐蚀的涤纶衬布，涤纶布不低于 60 号，含胶量不小于 35%，既保证涤纶布泡水后的强度满足要求，又有较好的透水性。

塑料排水带的排水性能主要取决于截面周长，而很少受其截面积的影响。

塑料排水设计时，把塑料排水带换算成相当直径的砂井，根据两种排水体与周围土接触面积相等的原理，换算直径 D，可按下式计算。

$$D=2\alpha(b+\delta)/\pi \tag{2-4}$$

式中：b——塑料排水带宽度，mm；

δ——塑料排水带厚度，mm；

α——换算系数，考虑到塑料排水带截面并非圆形，其渗透系数和砂井也有所不同而采取的换算系数，取 $\alpha=0.75\sim1.0$。

2）施工工艺

塑料排水带施工主要设备为插带机，基本上可与袋装砂井打设机械共用，只需将圆形导管改为矩形导管。IJB－16型步履式插带机的构造如图2.25所示，每次可同时插设塑料排水带两根。

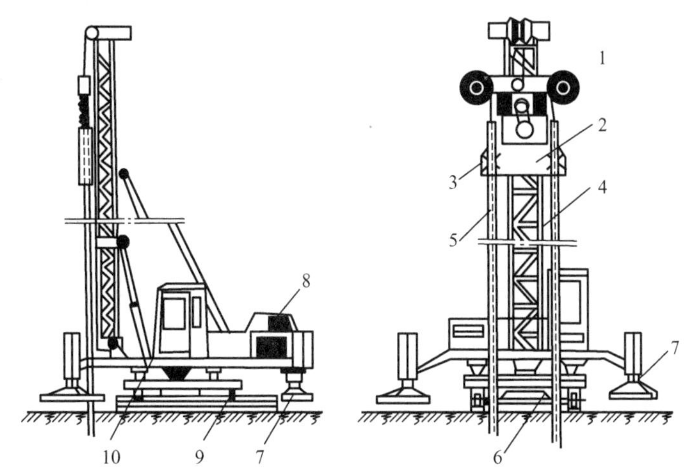

图2.25 IJB－16型步履式插带机的构造

1—塑料带及其卷盘；2—振动锤；3—卡盘；4—导架；5—套杆；6—履靴；7—液压支腿；8—动力设备；9—转盘；10—回转轮

施工时也可用国内常用的打设机械，其振动打设工艺和锤击振动力大小可根据每次打设根数、导管截面大小、入土长度及地基的均匀程度而定。

打设塑料排水带的导管有圆形和矩形两种，其管靴也各异，一般采用桩尖与导管分离设置。桩尖的主要作用是防止打设塑料带时淤泥进入管内，并对塑料带起锚固作用，避免拔出。桩尖的常用形式有圆形、倒梯形和倒梯楔形三种，如图2.26所示。

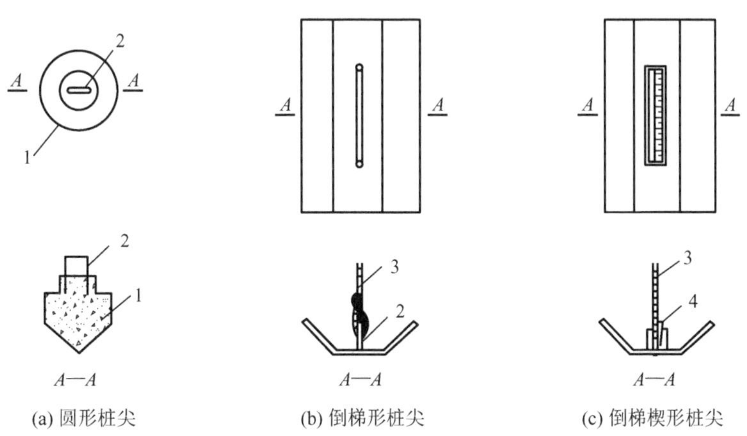

(a) 圆形桩尖　(b) 倒梯形桩尖　(c) 倒梯楔形桩尖

图2.26 桩尖的常用形式

1—混凝土桩尖；2—塑料带固定架；3—塑料带；4—塑料楔

塑料排水带打设程序是：定位→将塑料排水带通过导管从管下端穿出→将塑料带与桩尖连接贴紧管下端并对准桩位→打设桩管插入塑料排水带→拔管、剪断塑料排水带。工艺流程为准备（a)→插设（b)→拔出导管（c)→切断塑料移动插板机（d)，如图 2.27 所示。

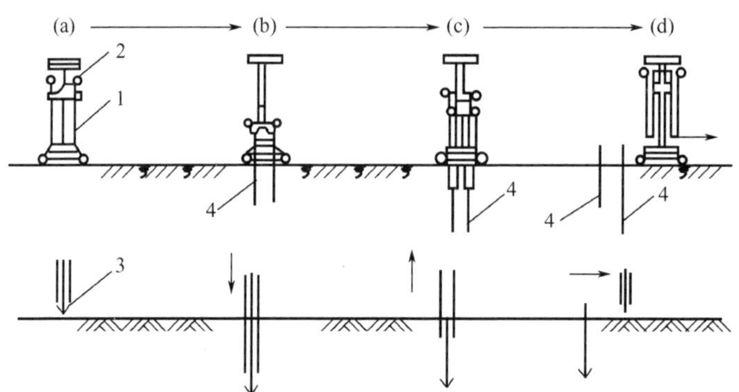

图 2.27　塑料排水带堆载预压法插板施工工艺流程

1—导管；2—塑料带卷筒；3—桩尖；4—塑料带

塑料排水带在施工过程中应注意以下几点。

(1）塑料排水带滤水膜在转盘和打设过程中应避免损坏，防止淤泥进入带芯堵塞输水孔，影响塑料带的排水效果。

(2）塑料排水带与桩尖锚旋要牢固，防止拔管时脱离，将塑料带拔出。打设时严格控制间距和深度，如塑料带拔起超过 2m 以上，则应进行补打。

(3）桩尖平端与导管下端要连接紧密，防止错缝，以免在打设过程中淤泥进入导管，增加对塑料带的阻力，或将塑料带拔出。

(4）塑料带需接长时，为减小带与导管的阻力，应采用在滤水膜内平搭接的连接方法，搭接长度应在 20mm 以上，以保证输水畅通和有足够的搭接强度。

4. 真空预压地基

真空预压法是以大气压力作为预压载荷，它是先在需加固的软土地基表面铺设一层透水砂垫层或砂砾层，再在其上覆盖一层不透气的塑料薄膜或橡胶布，将四周密封好，使其与大气隔绝，在砂垫层内埋设渗水管道，然后与真空泵连通进行抽气，使透水材料保持较高的真空度，在土的孔隙水中产生负的孔隙水压力，将土中孔隙水和空气逐渐吸出，从而使土体固结，如图 2.28 所示。对于渗透系数小的软黏土，为加速孔隙水的排出，也可在加固部位设置砂井、袋装砂井或塑料板等竖向排水系统。

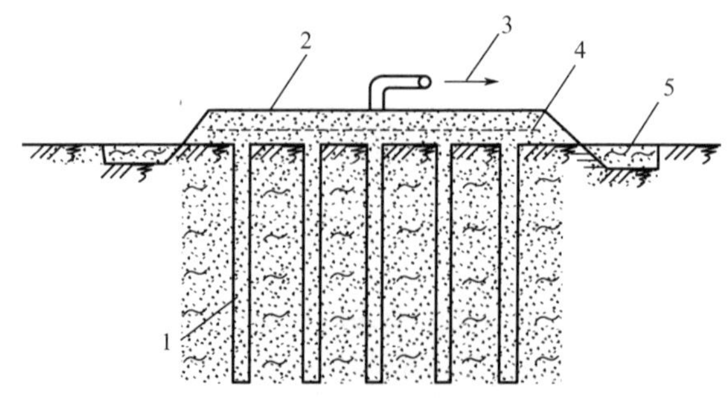

图 2.28　真空预压地基

1—砂井；2—薄膜；3—抽水、气；4—砂垫层；5—黏土

真空预压法适用于饱和均质黏性土及含薄层砂夹层的黏性土，特别适合新淤填土、超软土地基的加固，但不适合在加固范围内有足够水源补给的透水土层，以及无法堆载的倾斜地面和施工场地狭窄的工程进行地基处理。

2.1.8 土工合成材料地基

土工合成材料地基有以下几种。

1. 土工织物地基

土工织物地基又称土工聚合物地基、土工合成材料地基，是在软弱地基中或边坡上埋设土工织物作为加筋，使其共同作用形成弹性复合土体，起到排水、反滤、隔离、加固和补强等方面的作用，以提高土体承载力，减少沉降和增加地基的稳定。图 2.29 所示为土工织物加固地基、边坡的几种应用。

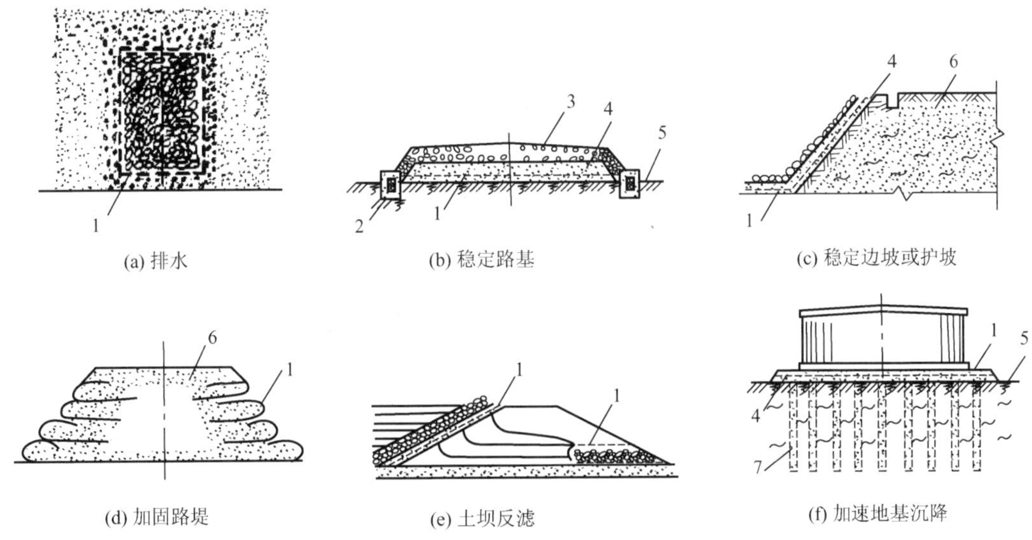

图 2.29 土工织物加固地基、边坡的应用

1—土工织物；2—渗水盲沟；3—道渣；4—砂垫层；5—软土层；6—填土或填料夯实；7—砂井

土工织物是由聚酯纤维（涤纶）、聚丙纤维（腈纶）和聚丙烯纤维（丙纶）等高分子化合物（聚合物）经无纺工艺制成，它是将聚合物原料投入经过熔融挤压喷出纺丝，直接平铺成网，然后用黏合剂黏合（化学方法或湿法）、热压黏合（物理方法或干法）或针刺结合（机械方法）等方法将网联结成布。土工织物产品因制造方法和用途不一，其宽度和重量的规格变化甚大，用于岩土工程的宽度为 2～18m，重量大于或等于 $0.1kg/m^2$，开孔尺寸（等效孔径）为 0.05～0.5mm，导水性不论垂直方向或水平方向，其渗透系数 $k \geqslant 10^{-2}$ cm/s（相当于中、细砂的渗透系数）；抗拉强度为 10～30kN/m（高强度的达 30～100kN/m）。

土工织物适用于加固软弱地基，以加速土的固结，提高土体强度；用于公路、铁路路基作加强层，防止路基翻浆、下沉；用于堤岸边坡，可使结构坡角加大，又能充分压实；作挡土墙后的加固，可代替砂井。此外，还可用于河道和海港岸坡的防冲；水库、渠道的防渗及土石坝、灰坝、尾矿坝与闸基的反滤层和排水层，可取代砂石级配良好的反滤层，达到节约投资、缩短工期、保证安全使用的目的。

2. 加劲土地基

加劲土地基是由填土和填土中布置一定量的带状筋体（或称拉筋）以及直立的墙面板三部分组成的一个整体的复合结构，如图 2.30 所示。这种结构内部存在着墙面土压力、拉筋的拉力、填土与拉筋间的摩擦力等相互作用的内力，并维持相互平衡，从而可保证这个复合结构的内部稳定。同时这一复合体又能抵抗拉筋尾部后面填土所产生的侧压力，使整个复合结构保持稳定。

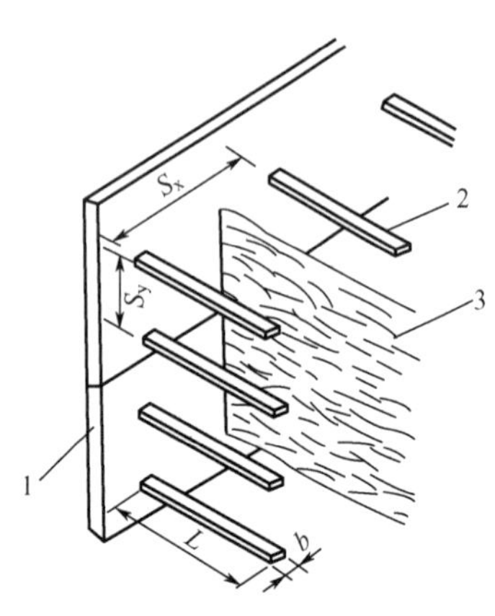

图 2.30 加劲土结构物的剖面

1—面板；2—拉筋；3—填料

松散土在自重作用下堆放就成为具有天然安息角的斜坡面，但若在填土中分层布置埋设一定数量的水平带状拉筋做加筋处理，则拉筋与土层之间由于土的自重而压紧，因而使土和拉筋之间的摩擦充分起作用，在拉筋方向获得和拉筋的抗拉强度相适应的黏聚力，使其成为整体，可阻止土颗粒的移动，其横向变形等于拉筋的伸长变形，一般拉筋的弹性系数比土的变形系数大得多，故侧向变形可忽略不计，因而能使土体保持直立和稳定。

课题 2.2 浅基础施工

任何建筑物都建造在地层上，建筑物的全部荷载均由它下面的地层来承担。受建筑物荷载影响的那一部分地层称为地基；建筑物在地面以下并将上部荷载传递至地基的结构称为基础；在基础上面建造的是上部结构，如图 2.31 所示。基础底面至地面的距离，称为基础的埋置深度。直接支承基础的地层称为持力层，在持力层下方的地层称为下卧层。地基基础是保证建筑物安全和满足使用要求的关键之一。

基础的作用是将建筑物的全部荷载传递给地基。和上部结构一样，基础应具有足够的强度、刚度和耐久性。对于那些开挖基坑后可以直接修筑基础的地基，称为天然地基。那些不能满足要求而需要事先进行人工处理的地基，称为人工地基。地基和基础是建筑物的根基，又属于地下隐蔽工程，故它的勘察、设计和施工质量直接关系到建筑物的安危。在建筑工程事故中，地基基础方面的事故最多，而且地基基础事故一旦发生，补救异常困难。从造价或施工工期上看，基础工程在建筑物中所占比例很大，有的工程可达 30%以上。因此，地基及基础在建筑工程中的重要性是显而易见的。

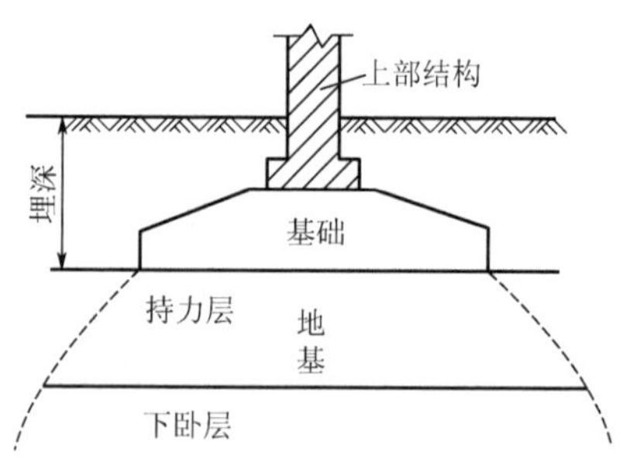

图 2.31 地基及基础

2.2.1 浅基础构造

浅基础一般指基础埋深小于基础宽度或深度不超过 5m 的基础。浅基础根据结构形式可分为无筋扩展基础、扩展基础、柱下条形基础、柱下交叉条形基础、筏形基础、箱形基础等。

1. 无筋扩展基础

无筋扩展基础是由砖、毛石、混凝土或毛石混凝土、灰土和三合土等材料组成的，且不需配置钢筋的墙下条形基础或柱下独立基础，如图 2.32 所示。无筋扩展基础适用于多层民用建筑和轻型厂房。

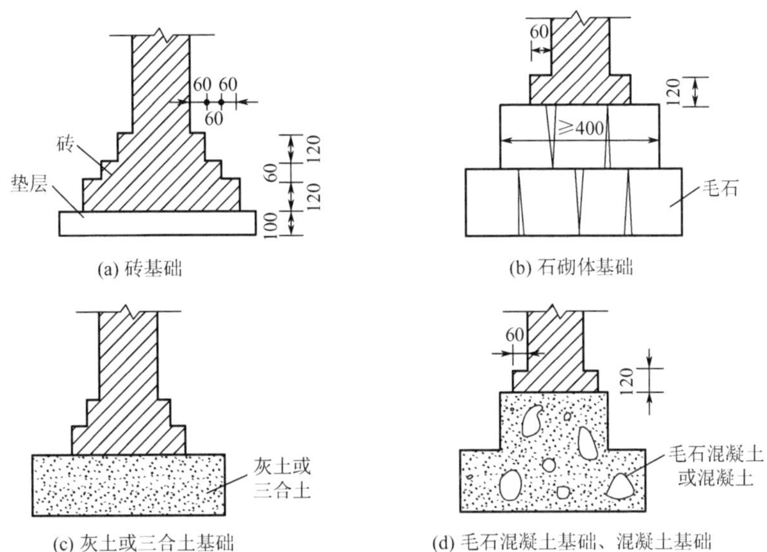

图 2.32　无筋扩展基础

1）砖基础构造

砖基础有条形基础和独立基础，基础下部扩大部分称为大放脚、上部为基础墙。砖基础的大放脚通常采用等高式和间隔式两种，如图 2.33 所示。

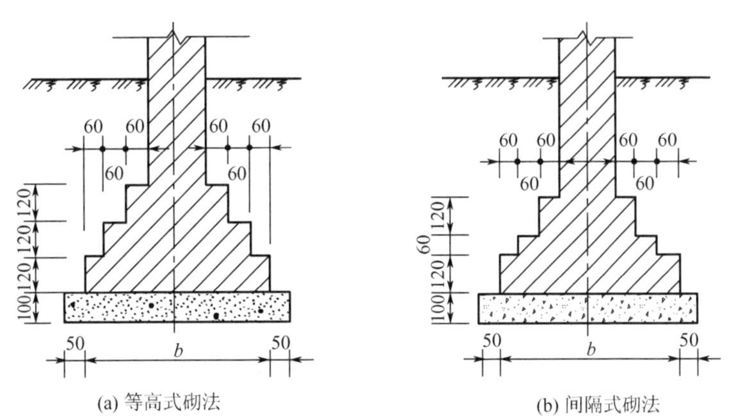

图 2.33　基础大放脚形式

等高式大放脚是两皮一收，两边各收进 1/4 砖长，即高为 120mm，宽为 60mm；间隔式大放脚是两皮一收和一皮一收相间隔，两边各收进 1/4 砖长，即高为 120mm 与 60mm，宽为 60mm。

大放脚一般采用“一顺一丁”的砌法，上、下皮垂直灰缝相互错开 60mm。

在砖基础的转角处和交接处，为错缝需要加砌配砖（3/4 砖、半砖或 1/4 砖）。在这些交接处，纵横墙要隔皮砌通；大放脚的最下一皮及每层的最上一皮应以丁砌为主。

底宽为 2 砖半的等高式砖基础大放脚转角处分皮的砌法，如图 2.34 所示。

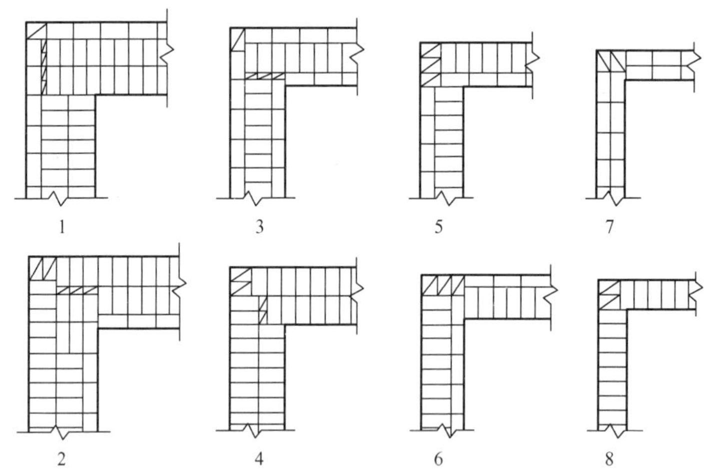

图 2.34　大放脚转角处分皮砌法

1～8—分层砌筑层数

当砖基础底标高不同时，应从低处砌起，并应由高处向低处搭砌，当设计无要求时，搭砌长度不应小于砖基础大放脚的高度，如图 2.35 所示。

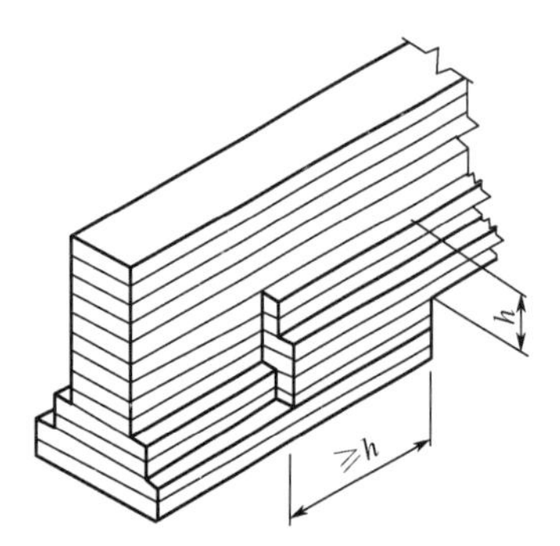

图 2.35　基底标高不同时砖基础的搭砌

砖基础的转角处和交接处应同时砌筑，当不能同时砌筑时，应留置斜槎。

对基础墙的防潮层，当设计无具体要求时，宜用 1∶2 水泥砂浆加适量防水剂铺设，其厚度宜为 20mm。防潮层的位置宜在室内地面标高以下一皮砖处。

2）石砌体基础构造

石砌体基础有以下两种。

（1）毛石基础。毛石基础是用毛石与水泥砂浆或水泥混合砂浆砌成。所用毛石强度等级一般为 MU20 以上，砂浆宜用水泥砂浆，强度等级应不低于 M5。

毛石基础可作墙下条形基础或柱下独立基础。按其断面形式有矩形、阶梯形和梯形。基础的顶面宽度应比墙厚大 200mm，即每边宽出 100mm，每阶高度一般为 300～400mm，并至少砌两皮毛石。上级阶梯的石块应至少压砌下级阶梯的 1/2，相邻阶梯的毛石应相互错缝搭砌，如图 2.36 所示。

毛石基础必须设置拉结石，同皮内每隔 2m 左右设置一块。拉结石的长度，如基础宽度等于或小于 400mm，则应与基础宽度相等；如基础宽度大于 400mm，可用两块拉结石内外搭接，搭接长度不应小于 150mm，且其中一块拉结石的长度不应小于基础宽度的 2/3。

（2）料石基础。砌筑料石基础的第一皮石块应用丁砌层坐浆砌筑，以上各层料石可按一顺一丁进行砌筑。阶梯形料石基础，上级阶梯的料石至少压砌下级阶梯料石的 1/3，如图 2.37所示。

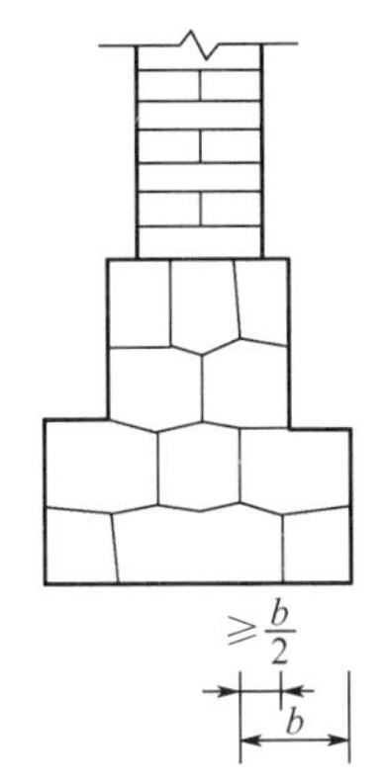
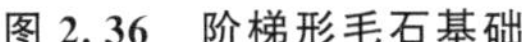

图 2.36 阶梯形毛石基础

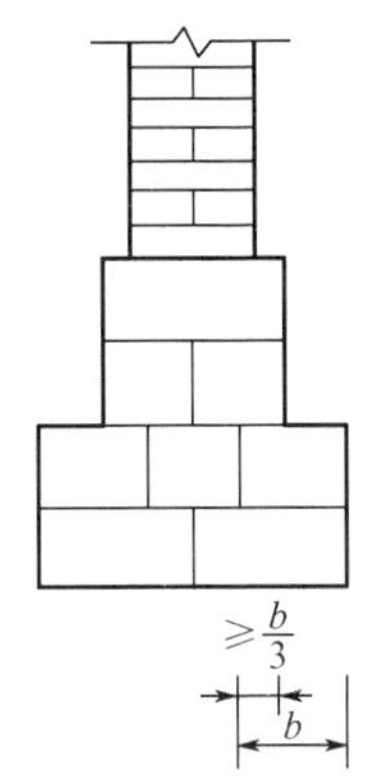

图 2.37 阶梯形料石基础

3）灰土或三合土基础构造

灰土或三合土基础构造如图 2.38 所示。两者构造相似，只是填料不同。灰土基础材料的拌料宜为 3∶7 或 2∶8（体积配合比）。土料宜采用不含松软杂质的粉质黏性土及塑性指数大于 4 的粉土。对土料应过筛，其粒径不得大于 15mm，土中的有机质含量不得大于 5%。

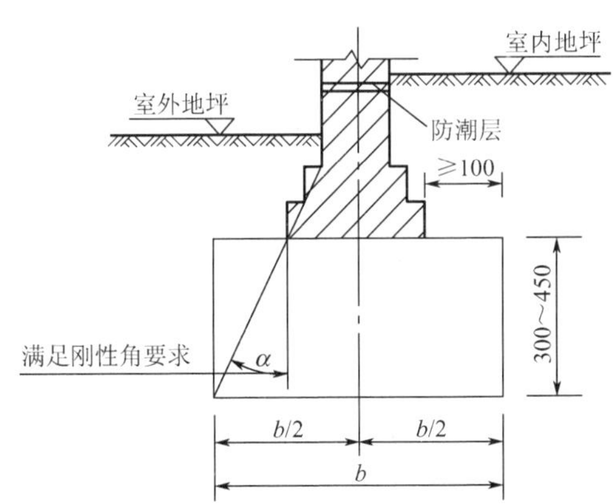

图 2.38 灰土或三合土基础构造

灰土用的熟石灰应在使用前的 1d 将生石灰浇水消解。熟石灰中不得含有未熟化的生石灰块和过多的水分。生石灰消解 3～4d 筛除生石灰块后使用。过筛粒径不得大于 5mm。

三合土基础材料的拌料宜为（1∶2∶4）～（1∶3∶6）（体积配合比），宜采用消石灰、砂、碎砖配置。砂宜采用中、粗砂和泥沙。砖应粉碎，其粒径为 20～60mm。

4）混凝土基础与毛石混凝土基础构造

当荷载较大、地下水位较高时常采用混凝土基础。混凝土基础的强度较高，耐久性、抗冻性、抗渗性、耐腐蚀性都很好。基础的截面形式常采用台阶形，阶梯高度一般不小于 300mm。

毛石混凝土基础与混凝土基础的构造相同，当基础体积较大时，为了节约混凝土的用量，降低造价，可掺入一些毛石，掺入量不宜超过 30%，形成毛石混凝土基础。构造详图如图 2.39 所示。

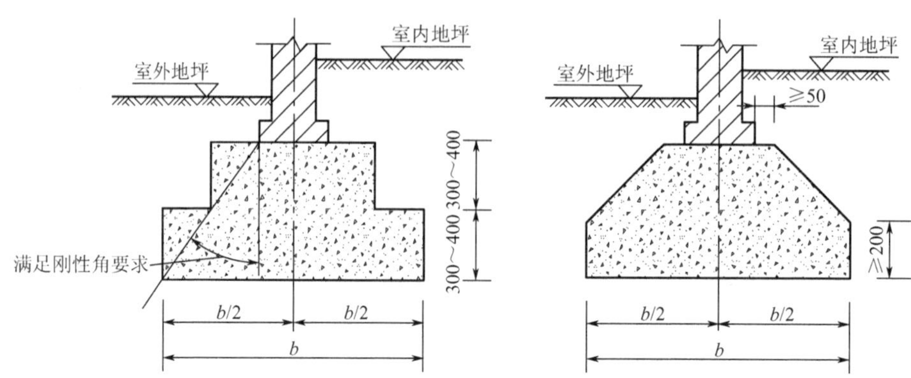

图 2.39　混凝土基础或毛石混凝土基础

2. 扩展基础

用钢筋混凝土建造的基础抗弯能力强，不受刚性角限制，称为扩展基础，如图 2.40 所示。扩展基础将上部结构传来的荷载通过向侧边扩展成一定底面积，使作用在基底的压应力等于或小于地基土的允许承载力，而基础内部的应力应同时满足材料本身的强度要求。扩展基础包括柱下钢筋混凝土独立基础和墙下钢筋混凝土条形基础。

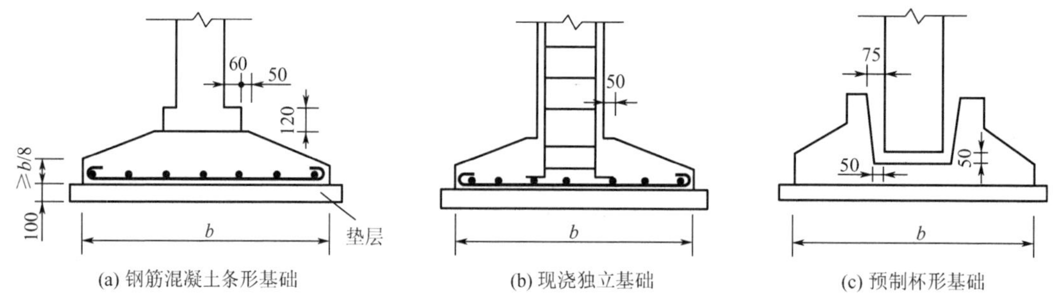

(a) 钢筋混凝土条形基础　　(b) 现浇独立基础　　(c) 预制杯形基础

图 2.40　扩展基础

【参考视频】

1）柱下钢筋混凝土独立基础

柱下钢筋混凝土独立基础有现浇台阶形基础、现浇锥形基础和预制柱的杯口形基础三种，如图 2.41 所示。杯口形基础又可分为单肢杯口形基础和双肢杯口形基础、低杯口形基础和高杯口形基础。轴心受压柱下基础的底面形状为正方形，而偏心受压柱下基础的底面形状为矩形。

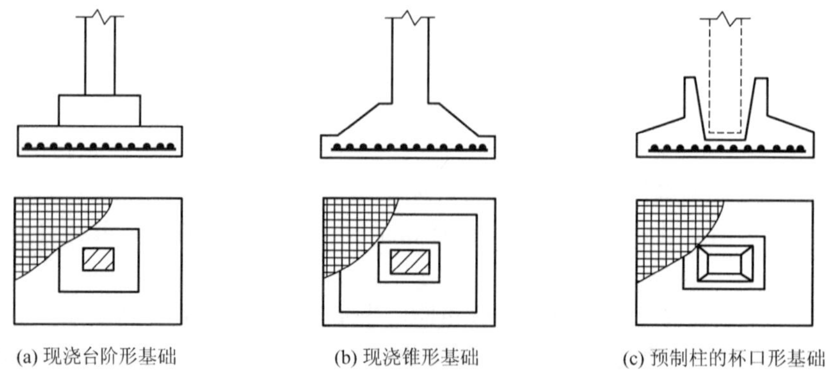

(a) 现浇台阶形基础　　(b) 现浇锥形基础　　(c) 预制柱的杯口形基础

图 2.41　柱下钢筋混凝土独立基础

2）墙下钢筋混凝土条形基础

墙下钢筋混凝土条形基础根据受力条件可分为不带肋和带肋两种，如图 2.42 所示。

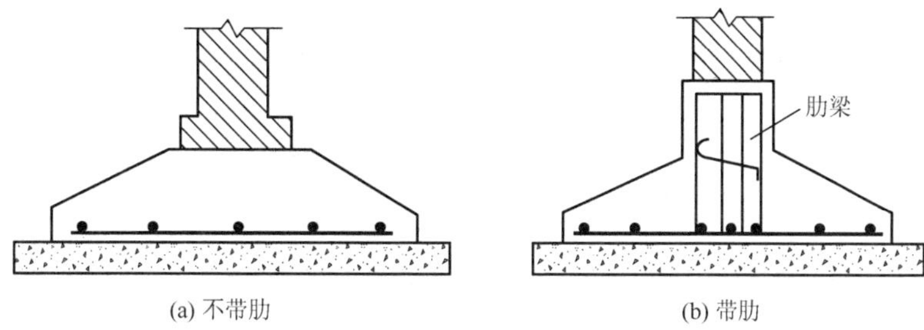

图 2.42　墙下钢筋混凝土条形基础

3. 柱下条形基础与柱下交叉条形基础

1）柱下条形基础

当上部荷载较大，地基承载力较低，独立基础的底面积不能满足设计要求时，可把若干柱子的基础连成一整条，构成柱下条形基础，以扩大基底面积，减小地基反力，并可以通过形成整体刚度来调整可能产生的不均匀沉降。把一个方向的单列柱基连在一起就形成了单向（柱下）条形基础，如图 2.43 所示。

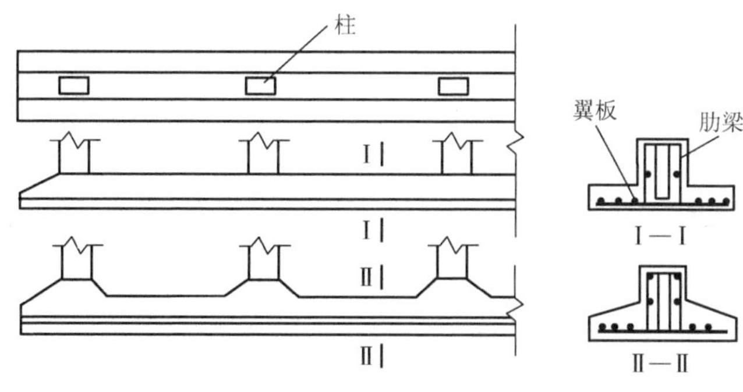

图 2.43　柱下条形基础

2）柱下交叉条形基础

当上部荷载较大，采用单向条形基础仍不能满足承载力要求时，可以把纵、横柱基础连在一起，组成十字交叉条形基础，如图 2.44 所示。

4. 筏形基础

当地基承载力低，而上部结构的荷载又较大，以致十字交叉条形基础仍不能提供足够的底面积来满足地基承载力的要求时，可采用钢筋混凝土满堂板基础，这种平板基础称为筏形基础。

筏形基础具有比十字交叉条形基础更大的整体刚度，有利于调整地基的不均匀沉降，能较好地适应上部结构荷载分布的变化。筏形基础还可满足抗渗要求。

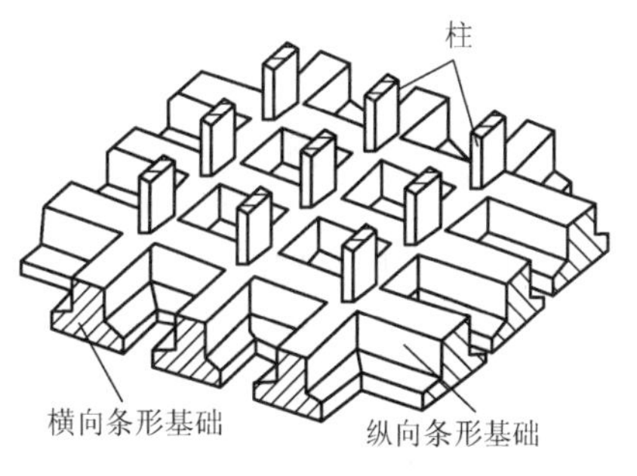

图 2.44　柱下交叉条形基础

筏形基础分为平板式和梁板式。平板式一般采

用等厚度平板，如图 2.45(a) 所示；当柱荷载较大时，可局部加大柱下板厚或设墩基以防止筏板被冲剪破坏，如图 2.45(b) 所示；当柱距较大，柱荷载相差也较大时，宜沿柱轴纵横向设置基础梁，即梁板式基础，如图 2.45(c) 和图 2.45(d) 所示。

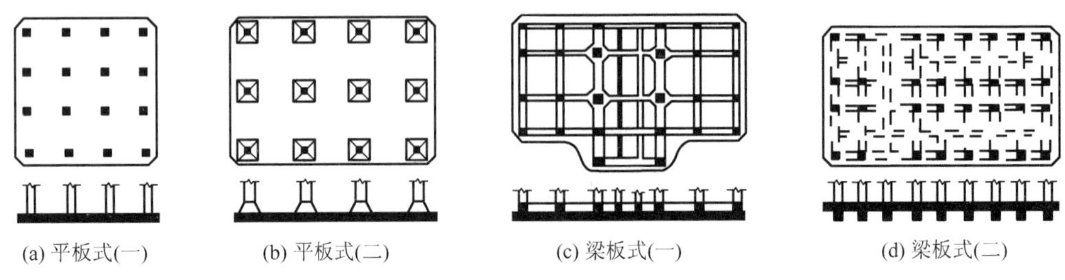
(a) 平板式(一)　(b) 平板式(二)　(c) 梁板式(一)　(d) 梁板式(二)

图 2.45　筏形基础

5. 箱形基础

箱形基础是由现浇的钢筋混凝土底板、顶板和纵横内外隔墙组成，形成一只刚度极大的箱子，故称为箱形基础，如图 2.46(a) 所示。

箱形基础具有比筏形基础更大的抗弯刚度，相对弯曲很小，可视为绝对刚性基础。为了加大底板刚度，可进一步采用“套箱式”箱形基础，如图 2.46(b) 所示。箱形基础埋深较深，基础空腹，从而卸除了基底处原有地基的自重应力，因此，也就大大减小了作用于基础底面的附加应力，减少了建筑物的沉降，这种基础又称为补偿性基础。

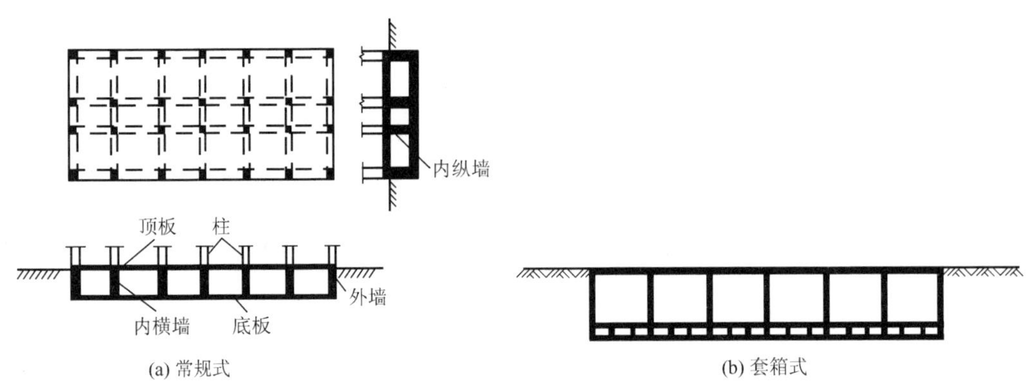

(a) 常规式　(b) 套箱式

图 2.46　箱形基础

2.2.2　浅基础施工

【参考视频】

1. 无筋扩展基础施工

1) 砖基础施工

砖基础施工包括地基验槽、砖基放线、砖浇水、材料见证取样、配制砂浆、排砖撂底、立皮数杆、墙体盘角、立杆挂线、砌砖基础、验收养护等步骤，其工艺流程如图 2.47 所示。

(1) 砌砖基础前，应先将垫层清扫干净，并用水润湿，立好皮数杆，检查防潮层以下砌砖的层数是否相符。

(2) 从相对设立的龙门板上拉上大放脚准线，根据准线交点在垫层面上弹出位置线，即为基础大放脚边线。基础大放脚的组砌法如图 2.48 所示。大放脚转角处要放七分头，七分头应在山墙和檐墙两处分层交替放置，一直砌到实墙。

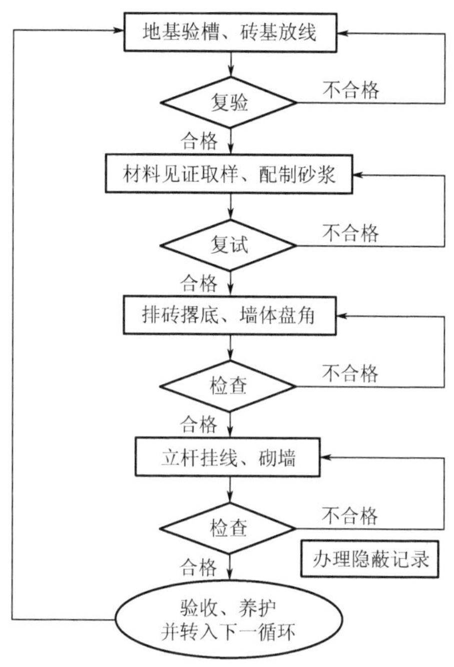

图 2.47 砖基础砌筑的工艺流程

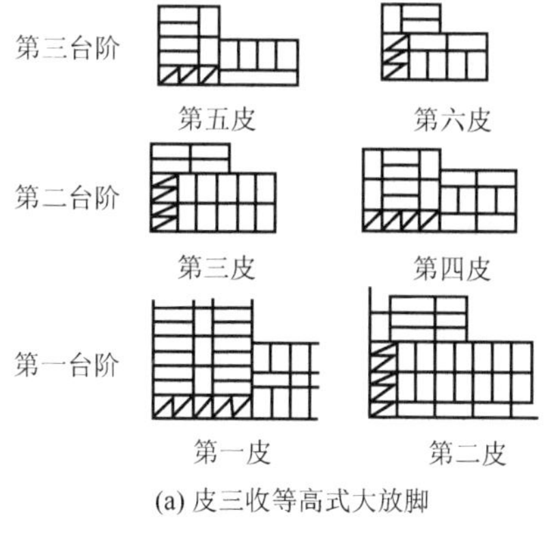

(a) 皮三收等高式大放脚

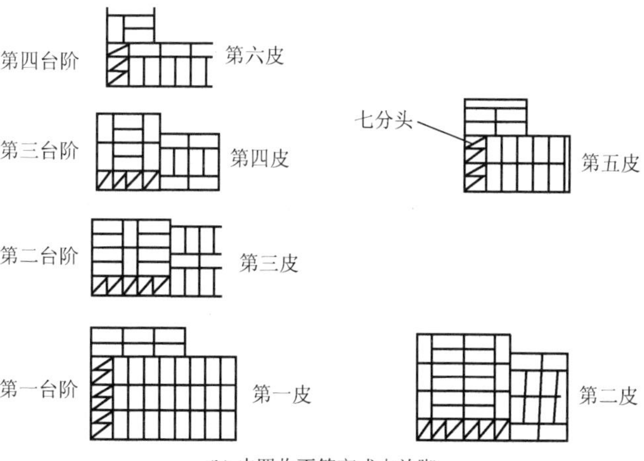

(b) 皮四收不等高式大放脚

图 2.48 基础大放脚的组砌法

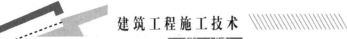

(3) 大放脚一般采用“一顺一丁”的砌筑法，竖缝至少错开1/4砖长。大放脚的最下一皮及各个台阶的上面一皮应以丁砌为主，砌筑时宜采用“三一”砌法，即一铲灰、一块砖、一挤揉。

(4) 开始操作时，在墙转角和内外墙交接处应砌大角，先砌筑4～5皮砖，经水平尺检查无误后进行挂线，砌好撂底砖，再砌以上各皮砖。挂线方法如图2.49所示。

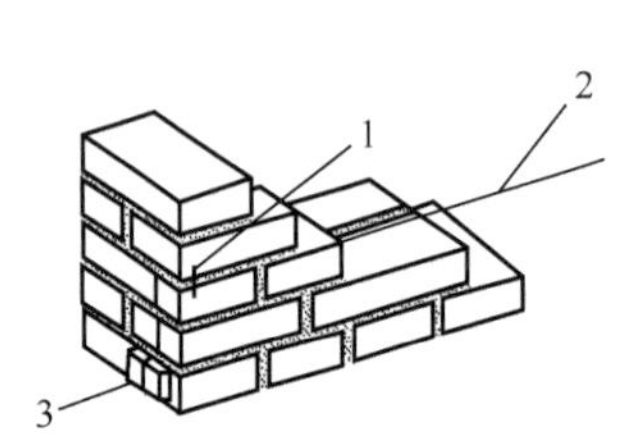

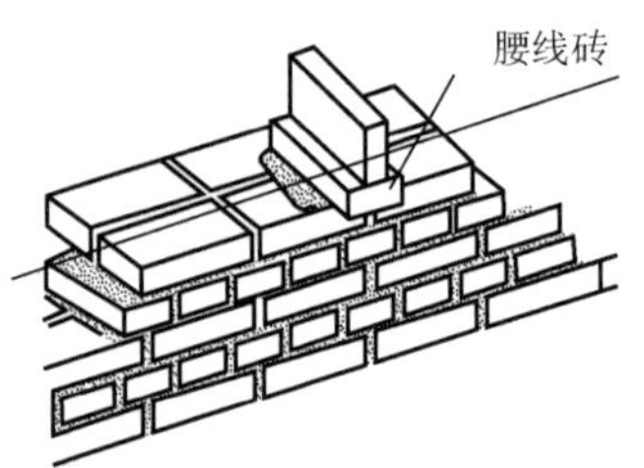

图2.49 挂线方法

1—别线棍；2—准线；3—简易挂线坠

(5) 砌筑时，所有承重墙基础应同时进行。基础接槎必须留斜槎，高低差不得大于1.2m。预留孔洞必须在砌筑时预先留出，位置要准确。暖气沟墙可以在基础砌完后再砌，但基础墙上放暖气沟盖板的出檐砖，必须同时砌筑。

(6) 有高低台的基础底面，应从低处砌起，并按大放脚的底部宽度由高台向低台搭接。如设计无规定时，搭接长度不应小于基础大放脚的高度，如图2.50所示。

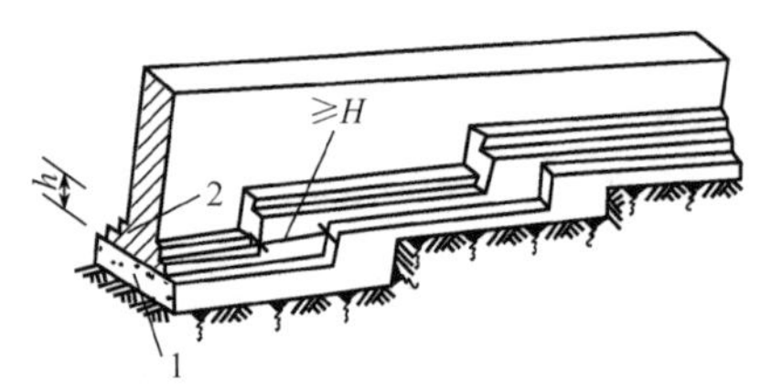

图2.50 大放脚搭接长度做法

1—基础；2—大放脚

(7) 砌完基础大放脚，开始砌实墙部位时，应重新抄平放线，确定墙的中线和边线，再立皮数杆。砌到防潮层时，必须用水平仪找平，并按图纸规定铺设防潮层。如设计未作具体规定，宜用1∶2.5水泥砂浆加适量的防水剂铺设，其厚度一般为20mm。砌完基础经验收后，应及时清理基槽（坑）内的杂物和积水，并在两侧同时填土，分层夯实。

(8) 在砌筑时，要做到上跟线、下跟棱；角砖要平、绷线要紧；上灰要准、铺灰要活；皮数杆要牢固垂直；砂浆饱满，灰缝均匀，横平竖直，上下错缝，内外搭砌，咬槎严密。

(9) 砌筑时，灰缝砂浆要饱满，水平灰缝的厚度宜为10mm，不应小于8mm，也不应大于12mm。每皮砖要挂线，它与皮数杆的偏差值不得超过10mm。

(10) 在基础中预留洞口及预埋管道时，其位置和标高应准确，避免凿打墙洞；管道上部应预留沉降空隙。基础上铺放地沟盖板的出檐砖，应同时砌筑，并应用丁砖砌筑，立缝碰头灰应打严实。

(11) 基础砌至防潮层时，须用水平仪找平，并按设计铺设防水砂浆（掺加水泥重量3%的防水剂）防潮层。

2) 毛石基础施工

毛石基础施工包括地基找平、基墙放线、材料见证取样、配置砂浆、立皮数杆挂线、基底找平、盘角、石块砌筑、勾缝等步骤，其工艺流程如图2.51所示。

(1) 砌筑前应检查基槽（坑）的尺寸、标高、土质，清除杂物，夯平槽（坑）底。

(2) 根据设置的龙门板在槽底放出毛石基础底边线，在基础转角处、交接处立上皮数杆。皮数杆上应标明石块规格及灰缝厚度，砌阶梯形基础还应标明每一台阶的高度。

(3) 砌筑时，应先砌转角处及交接处，然后砌中间部分。毛石基础的灰缝厚度宜为20～30mm，砂浆应饱满。石块间的较大空隙应先用砂浆填塞后，再用碎石块嵌实，不得先嵌石块后填砂浆或干塞石块。

(4) 基础的组砌形式应内外搭砌、上下错缝，拉结石、丁砌石交错设置。毛石墙中的拉结石，每 0.7m^2 墙面不应少于 1 块。

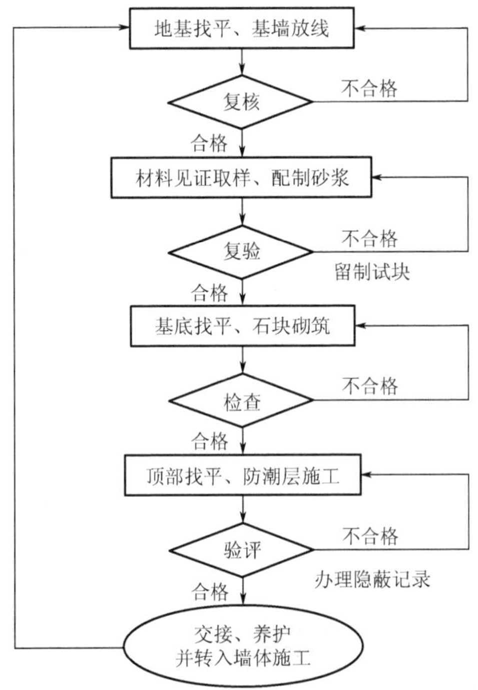

图 2.51 毛石基础砌筑的工艺流程

(5) 砌筑毛石基础时应双面挂线，挂线方法如图 2.52 所示。

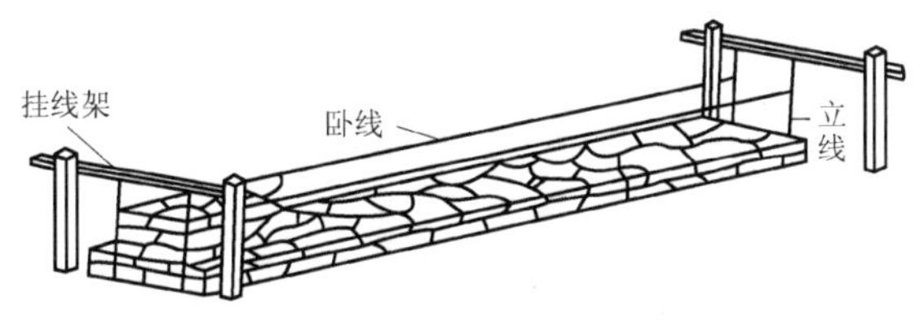

图 2.52 毛石基础的挂线方法

(6) 基础外墙转角处、纵横墙交接处及基础最上一层，应选用较大的平毛石砌筑。每隔 0.7m 须砌一块拉结石，上下两皮拉结石位置应错开，立面形成梅花形。当基础宽度在 400mm 以内时，拉结石的宽度应与基础宽度相等；当基础宽度超过 400mm 时，可用两块拉结石内外搭砌，搭接长度不应小于 150mm，且其中一块长度不应小于基础宽度的 2/3。毛石基础每天的砌筑高度不应超过 1.2m。

(7) 每天应在当天砌完的砌体上铺一层灰浆，表面应粗糙。夏季施工时，对刚砌完的

砌体，应用草袋覆盖养护5～7d，避免风吹、日晒和雨淋。毛石基础全部砌完后，要及时在基础两边均匀分层回填，分层夯实。

3）灰土或三合土基础施工

施工工艺：清理槽底→分层回填灰土并夯实→基础放线→砌筑大放脚、基础墙→回填房芯土→防潮层。

(1）施工前应先验槽，清除松土，如有积水、淤泥应清除晾干，槽底要求平整干净。

(2）拌和灰土时，应根据气温和土料的湿度搅拌均匀。灰土的颜色应一致，含水量宜控制在最优含水量±2%的范围（最优含水量可通过室内击实试验求得，一般为14%～18%）。

(3）填料时应分层回填。其厚度宜为200～300mm，夯实机具可根据工程大小和现场机具条件确定。夯实遍数一般不少于4遍。

(4）灰土上下相邻土层接槎应错开，其间距不应小于500mm。接槎不得在墙角、柱墩等部位，在接槎500mm范围内应增加夯实遍数。

(5）当基础底面标高不同时，土面应挖成阶梯或斜坡搭接，按先深后浅的顺序施工，搭接处应夯压密实。当分层分段铺设时，接头处应做成斜坡或阶梯形搭接，每层错开0.5～1.0m，并应夯压密实。

4）混凝土或毛石混凝土基础施工

施工工艺：基础垫层→基础放线→基础支模→浇筑混凝土→拆模→回填土。

(1）清理槽底、验槽，并做好记录。按设计要求打好垫层。

(2）在基础垫层上放出基础轴线及边线，按线支立预先配制好的模板。模板可采用木模，也可采用钢模。模板支立要求牢固，避免浇筑混凝土时跑浆、变形，如图2.53所示。

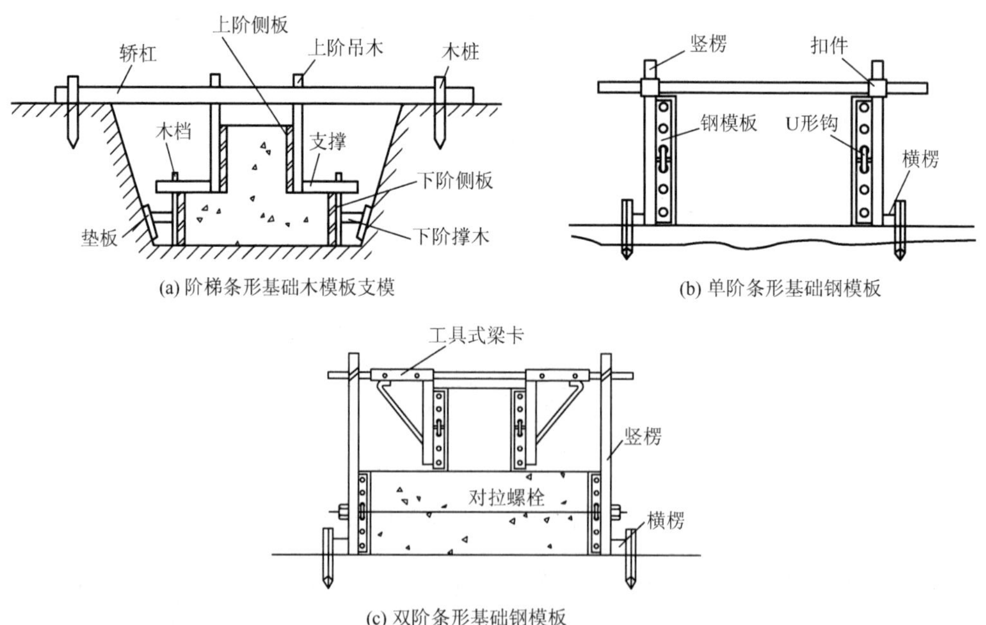

(a) 阶梯条形基础木模板支模

(b) 单阶条形基础钢模板

(c) 双阶条形基础钢模板

图2.53　基础模板

(3）台阶式基础宜按台阶分层浇筑混凝土，每层可先浇筑边角后再浇筑中间。第一层浇筑完成后，可停0.5～1.0h，待下部密实后再浇筑上一层。

(4) 当基础截面为锥形，斜坡较陡时，斜面部分应支模浇筑，并防止模板上浮。斜坡较平缓时，可不支模板，但应将边角部位振捣密实，人工修整斜面。

(5) 混凝土初凝后，外露部分要覆盖并浇水养护，待混凝土达到一定强度后方可拆除模板。

2. 钢筋混凝土基础施工

1) 钢筋混凝土独立基础施工

施工工艺：基础垫层→基础放线→绑扎钢筋→支基础模板→浇筑混凝土→拆模。

(1) 清理槽底、验槽，并做好记录。按设计要求打好垫层。

(2) 在基础垫层上放出基础轴线及边线，绑扎好基础底板钢筋网片。

(3) 按线支立预先配制好的模板。模板既可采用木模［图2.54(a)］，也可采用钢模［图2.54(b)］。先将下阶模板支好，再支好上阶模板，然后支放杯心模板。模板支立要求牢固，避免浇筑混凝土时跑浆、变形。

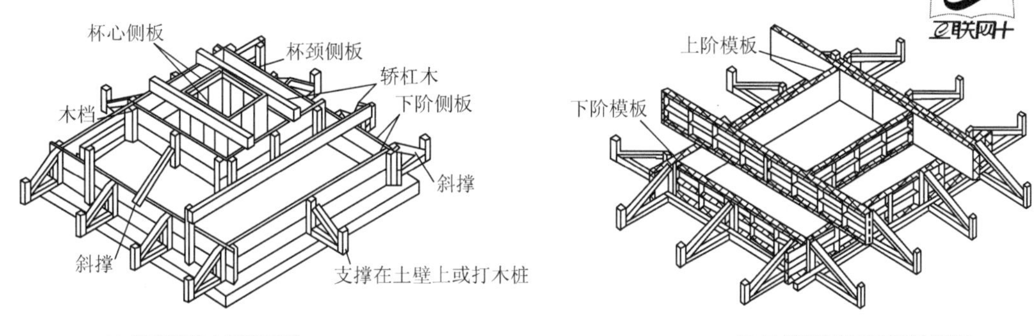

(a) 杯形基础木模板支模　　(b) 阶梯形现浇柱基础钢模板

图2.54　现浇独立钢筋混凝土基础模板

如为现浇柱基础，模板支完后要将插筋按位置固定好，并进行复线检查。现浇混凝土独立基础轴线位置的偏差不宜大于10mm。

(4) 基础在浇筑前，应清除模板内和钢筋上的垃圾、杂物，堵塞模板的缝隙和孔洞，木模板应浇水湿润。

(5) 对阶梯形基础，基础混凝土宜分层连续浇筑完成。每一台阶高度范围内的混凝土可分为一个浇筑层。每浇完一个台阶可停0.5～1.0h，待下层密实后再浇筑上一层。

(6) 对于锥形基础，应注意保证锥体斜面的准确，斜面可随浇筑随支模板，分段支撑加固以防模板上浮。

(7) 对杯形基础，浇筑杯口混凝土时，应防止杯口模板位置移动，应从杯口两侧对称浇捣混凝土。

(8) 在浇筑杯形基础时，如杯心模板采用无底模板，则应控制杯口底部的标高位置，先将杯底混凝土捣实，再采用低流动性混凝土浇筑杯口四周；或杯底混凝土浇筑完后停顿0.5～1.0h，待混凝土密实后再浇筑杯口四周的混凝土。混凝土浇筑完成后，应将杯口底部多余的混凝土掏出，以保证杯底的标高。

(9) 基础浇筑完成后，在混凝土终凝前应将杯口模板取出，并将混凝土内表面凿毛。

(10) 高杯口基础施工时，杯口距基底有一定的距离，可先浇筑基础底板和短柱至杯口底面位置，再安装杯口模板，然后继续浇筑杯口四周的混凝土。

(11) 基础浇筑完毕后，应将裸露的部分覆盖浇水养护。

2) 墙下钢筋混凝土条形基础施工

施工工艺：基础垫层→基础放线→绑扎钢筋→支立模板→浇筑混凝土→拆模。

(1) 清理槽底、验槽，并做好记录。按设计要求打好垫层，垫层的强度等级不宜低于C15。

(2) 在基础垫层上放出基础轴线及边线，绑扎好基础底板和基础梁钢筋，要将柱子插筋按位置固定好，检验钢筋。

(3) 钢筋检验合格后，按线支立预先配制好的模板。模板既可采用木模，也可采用钢模。先将下阶模板支好，再支好上阶模板，模板支立要求牢固，避免浇筑混凝土时跑浆、变形。

(4) 基础在浇筑前，应清除模板内和钢筋上的垃圾、杂物，堵塞模板的缝隙和孔洞，木模板应浇水湿润。

(5) 混凝土的浇筑，高度在2m以内时，可直接将混凝土卸入基槽；当混凝土的浇筑高度超过2m时，应采用漏斗、串筒将混凝土溜入槽内，以免混凝土产生离析分层现象。

(6) 混凝土宜分段分层浇筑，每层厚度宜为200～250mm，每段长度宜为2～3m，各段各层之间应相互搭接，使逐段逐层呈阶梯形推进，振捣要密实不要漏振。

(7) 混凝土要连续浇筑不宜间断，如若间断，其间隔时间不应超过规范规定的时间。

(8) 当需要间歇的时间超过规范规定时，应设置施工缝。再次浇筑应待混凝土强度达到$1.2N/mm^2$以上时方可进行。浇筑前应进行施工缝处理，将施工缝处松动的石子清除，并用水清洗干净，浇一层水泥浆再继续浇筑，接槎部位要振捣密实。

(9) 混凝土浇筑完毕后，应覆盖洒水养护，达到一定强度后，再拆模、检验、分层回填、夯实房芯土。

3) 钢筋混凝土筏形基础施工

施工工艺：基础垫层→基础放线→绑扎钢筋→支立模板→浇筑混凝土→拆模。

(1) 筏形基础为满堂基础，基坑施工的土方量较大，首先做好土方开挖。开挖时注意保证基底持力层不被扰动，当采用机械开挖时，不要挖到基底标高，应保留200mm左右最后人工清槽。

(2) 开槽施工中应做好排水工作，可采用明沟排水。当地下水位较高时，可预先采用人工降水措施，使地下水位降至基底500mm以下，保证基坑在无水的条件下进行开挖和基础施工。

(3) 基坑施工完成后应及时进行验槽。验槽后清理槽底，进行垫层施工。垫层的厚度一般取100mm，混凝土强度等级不低于C15。

(4) 当垫层混凝土达到一定强度后，使用引桩和龙门架在垫层上进行基础放线、绑扎钢筋、支设模板、固定柱或墙的插筋。

(5) 筏形基础在浇筑前，应搭建脚手架以便运送灰料，清除模板内和钢筋上的垃圾、泥土、污物，木模板应浇水湿润。

(6) 混凝土的浇筑方向应平行于次梁的方向。对于平板式筏形基础则应平行于基础的长边方向。筏形基础的混凝土浇筑应连续施工，若不能整体浇筑完成，则应设置竖直施工缝。施工缝的预留位置，当平行于次梁长度方向浇筑时，应在次梁中间1/3跨度范围内。对于平板式筏基的施工缝，可在平行于短边方向的任何位置设置。

(7) 当继续开始浇筑时应进行施工缝处理，将施工缝处活动的石子清除，用水清洗干净，浇撒一层水泥浆，再继续浇筑混凝土。

(8) 对于梁板式筏形基础，梁高出地板部分的混凝土可分层浇筑。每层浇筑厚度不宜大于200mm。

(9) 基础浇筑完毕后，基础表面应覆盖并洒水养护。当混凝土强度达到设计强度的25%以上时即可拆模，待基础验收合格后即可回填土。

3. 大体积混凝土基础施工

大体积混凝土要选用中低热水泥，当掺加粉煤灰或高效缓凝型减水剂时，可以延迟水化热释放速度，降低热峰值；当掺入适量的U型混凝土膨胀剂时，可防止或减少混凝土的收缩开裂，并使混凝土致密化，提高混凝土的抗渗性。在满足混凝土泵送的条件下，尽量选用粒径较大、级配良好的石子；尽量降低砂率，一般宜控制在42%～45%。为了控制混凝土的出机温度和浇筑温度，冬季在不冻结的前提下，宜采用冷骨料、冷水搅拌混凝土；夏季如气温较高时，还应对砂石进行保温，砂石料场应设简易遮阳装置，必要时应向骨料喷冷水。

大体积混凝土的浇筑方法有三种，如图2.55所示。

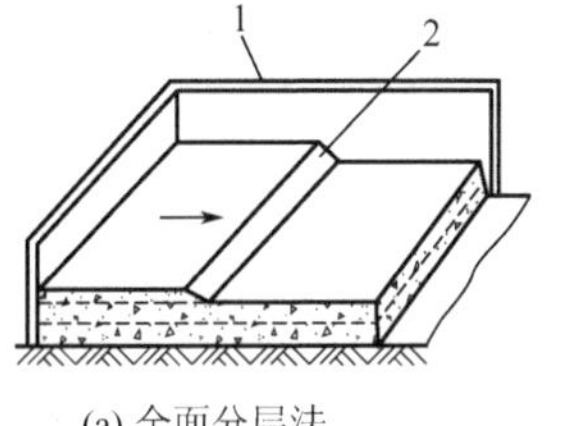

(a) 全面分层法

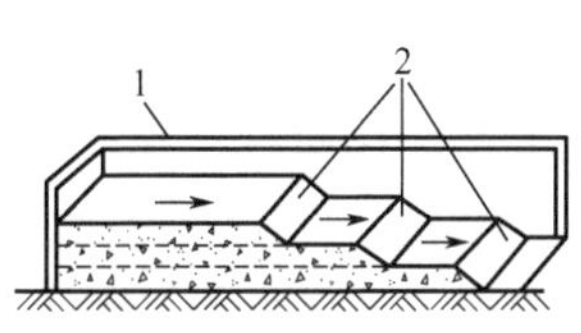

(b) 分段分层法

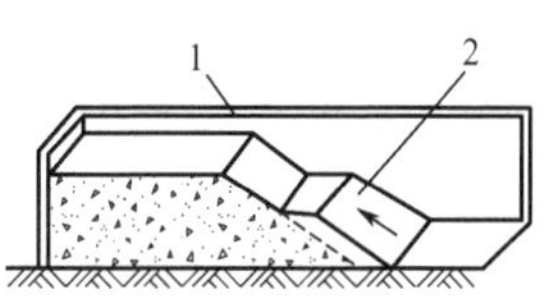

(c) 斜面分层法

图2.55 大体积混凝土的浇筑方法

1—模板；2—浇筑面

(1) 全面分层法。适用于结构面积不大、混凝土拌和、运输能力强时的情况，施工时可将整体结构分为若干层进行浇筑施工，但应保证层间间隔时间尽量缩短，必须在前层混凝土初凝之前将其次层混凝土浇筑完毕，否则层间面应按施工缝的方法处理。对于全面分层浇筑其结构面积应满足下式，即

$$F \leqslant QT/H \tag{2-5}$$

式中：F——结构平面面积，m^2；

H——浇筑混凝土分层厚度，m，一般情况下 $H \leqslant 0.4m$，对于泵送混凝土，$H \leqslant 0.6m$；

Q——每小时浇筑混凝土量，m^3/h；

T——混凝土从开始浇筑至初凝的延续时间（等于混凝土初凝时间减去混凝土的运输时间），h。

(2) 分段分层法。混凝土浇筑时每段浇筑高度应根据结构特点、钢筋的疏密程度决定，一般分层高度为振捣器作用半径的1.25倍，最大不得超过500mm。混凝土浇筑时，要严格控制下灰厚度、混凝土振捣时间。浇筑应分为若干单元，每个浇筑单元的间隔时间不得超过3h。

(3) 斜面分层法。混凝土浇筑采用“分段定点、循序推进、一个坡度、一次到顶”的方法，即自然流淌形成斜坡混凝土的浇筑方法，该方法能较好地适应泵送工艺，提高泵送效率，简化混凝土的泌水处理，保证上下层混凝土不超过初凝时间，一次连续完成。当混凝土大坡面的坡角接近端部模板时，应改变混凝土的浇筑方向，即从顶端往回浇筑。

大体积混凝土浇筑时每浇筑一层混凝土都应及时均匀振捣，保证混凝土的密实性。混凝土振捣采用赶浆法，以保证上下层混凝土接槎部位结合良好，防止漏振，确保混凝土密实。振捣上一层时应插入下层约 50mm，以消除两层之间的接槎。平板振动器移动的间距，应能保证振动器的平板覆盖范围，以振实振动部位的周边。

在混凝土初凝之前的适当时间内进行两次振捣，可以排除混凝土因泌水在粗骨料、水平钢筋下部生成的水分和空隙，提高混凝土与钢筋的握裹力。两次振捣的时间间隔宜控制在 2h 左右。

混凝土应连续浇筑，特殊情况下如需间歇，其间歇时间应尽量缩短，并应在前一层混凝土凝固前将下一层混凝土浇筑完毕。间歇的最长时间，按水泥的品种及混凝土的凝固条件而定，一般超过 2h 就应按“施工缝”处理。

当混凝土的强度不小于 1.5MPa 时，才能浇筑下层混凝土；在继续浇筑混凝土之前，应将施工缝界面处的混凝土表面凿毛，剔除浮动石子，并用清水冲洗干净后，再浇一遍高标号水泥砂浆，然后继续浇筑混凝土且振捣密实，使新老混凝土紧密结合。

采用斜面分层法浇筑混凝土且用泵送时，在浇筑、振捣过程中，上涌的泌水和浮浆将顺坡向集中在坡面下，故应在侧模的适当部位留设排水孔，使大量泌水顺利排出。采取全面分层法时，浇筑每层时都须将泌水逐渐往前赶，在模板处开设排水孔使泌水排出或将泌水排至施工缝处，设水泵将水抽走，至整个层次浇筑完成。

大体积混凝土养护采用保湿法和保温法。保湿法是在混凝土浇筑成型后，用蓄水、洒水或喷水进行养护；保温法是在混凝土成型后，覆盖塑料薄膜和保温材料进行养护或采用薄膜养生液养护。

在混凝土结构内部有代表性的部位布设测温点，测温点应布置在边缘与中间，按十字交叉布置，间距为 3～5m，沿浇筑高度应布置在底部中间和表面，测点距离底板四周边缘要大于 1m。通过测温全面掌握混凝土养护期间其内部的温度分布状况及温度梯度变化情况，以便定量、定性地指导控制降温速率。测温可以采用信息化预埋传感器的先进测温方法，也可以采用埋设测温管、玻璃棒温度计的测温方法。每日测量不少于 4 次（早晨、中午、傍晚、半夜）。

课题 2.3　灌注桩基础施工

混凝土灌注桩是直接在施工现场桩位上成孔，然后在孔内安装钢筋笼，浇筑混凝土成桩。与预制桩相比，灌注桩具有不受地层变化限制、不需要接桩和截桩、节约钢材、振动小、噪声小等特点，但施工工艺复杂，影响质量的因素较多。灌注桩按成孔方法分为泥浆护壁成孔灌注桩、干作业钻孔灌注桩、人工挖孔灌注桩、沉管灌注桩等。近年来出现了夯扩桩、管内泵压桩、变径桩等新工艺，特别是变径桩，是将信息化技术引入到桩基础中。

2.3.1　泥浆护壁成孔灌注桩

泥浆护壁成孔是利用原土自然造浆或人工造浆浆液进行护壁，通过循环泥浆将被钻头切下的土块携带排出孔外成孔，然后安装绑扎好的钢筋笼，用导管法水下灌注混凝土沉桩。此法对无论地下水高或低的土层都适用，但在岩溶发育地区慎用。

1. 施工工艺流程

泥浆护壁成孔灌注桩的施工工艺流程如图 2.56 所示。

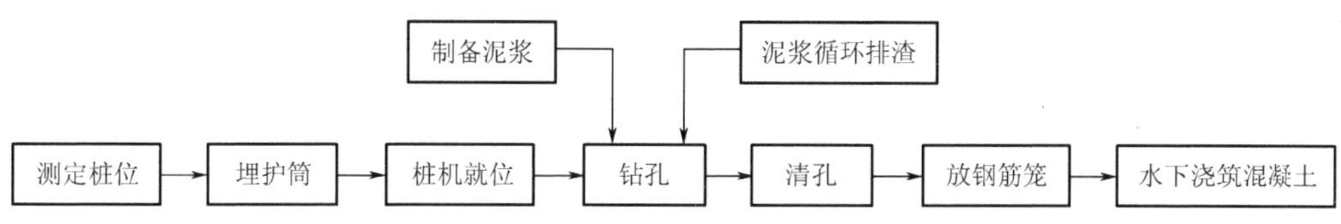

图 2.56 泥浆护壁成孔灌注桩的施工工艺流程

2. 施工准备

1）埋设护筒

护筒具有导正钻具、控制桩位、隔离地面水渗漏、防止孔口坍塌、抬高孔内静压水头和固定钢筋笼等作用，应认真埋设。

护筒是用厚度为 4～8mm 的钢板制成的圆筒，其内径应大于钻头直径 100mm，护筒的长度以 1.5m 为宜，在护筒的上、中、下各加一道加劲筋，顶端焊两个吊环，其中一个吊环供起吊之用，另一个吊环是用于绑扎钢筋笼吊杆，压制钢筋笼的上浮，护筒顶端同时正交刻四道槽，以便挂十字线，以备验护筒、验孔之用。在其上部开设 1 个或 2 个溢浆孔，便于泥浆溢出，进行回收和循环利用。

埋设时，先放出桩位中心点，在护筒外 80～100cm 的过中心点的正交十字线上埋设控制桩，然后在桩位外挖出比护筒大 60cm 的圆坑，深度为 2.0m，在坑底填筑 20cm 厚的黏土，夯实，然后将护筒用钢丝绳对称吊放进孔内，在护筒上找出护筒的圆心（可拉正交十字线），然后通过控制桩放样，找出桩位中心，移动护筒，使护筒的中心与桩位中心重合，同时用水平尺（或吊线坠）校验护筒竖直后，在护筒周围回填含水量适合的黏土，分层夯实，夯填时要防止护筒的偏斜，护筒埋设后，质量员和监理工程师验收护筒中心偏差和孔口标高。当中心偏差符合要求后，可钻机就位开钻。

2）制备泥浆

泥浆的主要作用有：泥浆在桩孔内吸附在孔壁上，将土壁上的孔隙填补密实，避免孔内壁漏水，保证护筒内水压的稳定；泥浆密度大，可加大孔内水压力，可以稳固土壁、防止塌孔；泥浆有一定的黏度，通过循环泥浆可使切削碎的泥石渣屑悬浮起来后被排走，起到携砂、排土的作用；泥浆对钻头有冷却和润滑作用。

（1）制作泥浆时所有的主要材料有以下两个。

① 膨润土。以蒙脱石为主的黏土性矿物。

② 黏土。塑性指数 $I_P>17$、粒径小于 0.05mm 的黏粒含量大于 50%。

（2）泥浆的性能指标。相对密度为 1.1～1.15；黏度为 18～20s；含砂率为 6%；pH 为7～9；胶体率为 95%；失水量为 30mL/30min。

（3）测量项目及要求。

① 钻进开始时，测定一次闸门口泥浆下面 0.5m 处泥浆的性能指标。钻进过程中每隔 2h 测定一次进浆口和出浆口的相对密度、含砂量、pH 等指标。

② 在停钻过程中，每天测一次各闸门出口处 0.5m 处的泥浆的性能指标。

(4) 泥浆的拌制。为了有利于膨润土和羧甲基纤维素完全溶解，应根据泥浆需用量选择膨润土搅拌机，其转速宜大于20r/min。

投放材料时，应先注入规定数量的清水，边搅拌边投放膨润土，待膨润土大致溶解后，均匀地投入羧甲基纤维素，再投入分散剂，最后投入增大密度剂及渗水防止剂。

(5) 泥浆的护壁。

【参考视频】

① 施工期间护筒内的泥浆面应高出地下水位1.0m以上，在受水位涨落影响时，泥浆面应高出最高水位1.5m以上。

② 循环泥浆的要求。注入孔口的泥浆的性能指标：泥浆相对密度应不大于1.10，黏度为18～20s。排出孔口的泥浆的性能指标：泥浆相对密度应不大于1.25，黏度为18～25s。

③ 在清孔过程中，应不断置换泥浆，直至浇筑水下混凝土。

④ 废弃的泥浆、渣应按环境保护的有关规定处理。

3) 钢筋笼的制作

钢筋笼的制作场地应选择在运输和就位都比较方便的场所，在现场内进行制作和加工。钢筋进场后应按钢筋的不同型号、不同直径、不同长度分别进行堆放。

(1) 钢筋骨架的绑扎顺序。

① 主筋调直，在调直平台上进行。

② 骨架成形，在骨架成形架上安放架立筋，按等间距将主筋布置好，用电弧焊将主筋与架立筋固定。

③ 将骨架抬至外箍筋滚动焊接器上，按规定的间距缠绕箍筋，并用电弧焊将箍筋与主筋固定。

(2) 主筋接长。主筋接长可采用对焊、搭接焊、绑条焊的方法。在同一截面内的钢筋接头数不得多于主筋总数的50%，相邻两个接头间的距离不小于主筋直径的35倍，且不小于500mm。主筋、箍筋焊接长度，单面焊为$10d$，双面焊为$5d$。

(3) 钢筋笼保护层。为确保桩混凝土保护层的厚度，应在主筋外侧设钢筋的定位钢筋，同一断面上定位3处，按120°角布置，沿桩长的间距为2m。

(4) 钢筋笼的堆放。堆放钢筋笼时应考虑安装顺序、钢筋笼变形和防止事故发生等因素，堆放不准超过两层。

3. 成孔

桩架安装就位后，挖泥浆槽、沉淀池，接通水电，安装水电设备，制备符合要求的泥浆。用第一节钻杆(每节钻杆长约5m，按钻进深度用钢销连接)的一端接好钻机，另一端接上钢丝绳，吊起潜水钻，对准埋设的护筒，悬离地面，先空钻然后慢慢钻入土中，注入泥浆，待整个潜水钻入土，观察机架是否垂直平稳，检查钻杆是否平直后，再正常钻进。

泥浆护壁成孔灌注桩的成孔方法按成孔机械分类有回转钻机成孔、潜水钻机成孔、冲击钻机成孔、冲抓锥成孔等，其中以回转钻机成孔应用最多。

1) 回转钻机成孔

回转钻机是由动力装置带动钻机回转装置转动，再由其带动带有钻头的钻杆移动，由钻头切削土层。回转钻机适用于地下水位较高的软、硬土层，如淤泥、黏性土、砂土、软质岩层。

回转钻机的钻孔方式根据泥浆循环方式的不同，分为正循环回转钻机成孔和反循环回转钻机成孔。

（1）正循环回转钻机成孔。正循环回转钻机成孔的工艺原理如图2.57所示，由空心钻杆内部通入泥浆或高压水，从钻杆底部喷出，携带钻下的土渣沿孔壁向上流动，由孔口将土渣带出流入泥浆池。

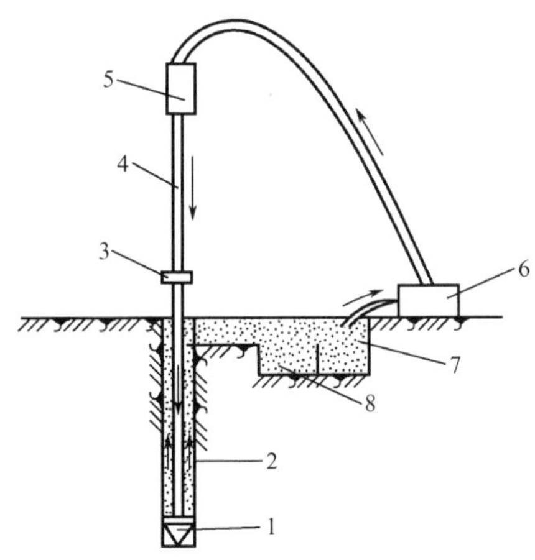

图2.57　正循环回转钻机成孔的工艺原理

1—钻头；2—泥浆循环方向；3—钻机回转装置；4—钻杆；
5—水龙头；6—泥浆泵；7—泥浆池；8—沉淀池

正循环回转钻机成孔的泥浆循环系统有自流回灌式和泵送回灌式两种。泥浆循环系统由泥浆池、沉淀池、循环槽、泥浆泵、除砂器等设施设备组成，并设有排水、清洗、排渣等设施。泥浆池和沉淀池应组合设置。一个泥浆池配置的沉淀池不宜少于两个。泥浆池的容积宜为单个桩孔容积的1.2～1.5倍，每个沉淀池的最小容积不宜小于$6m^3$。

（2）反循环回转钻机成孔。反循环回转钻机成孔的工艺原理如图2.58所示。泥浆带渣流动的方向与正循环回转钻机成孔的情形相反。反循环工艺的泥浆上流速度较快，能携带较大的土渣。

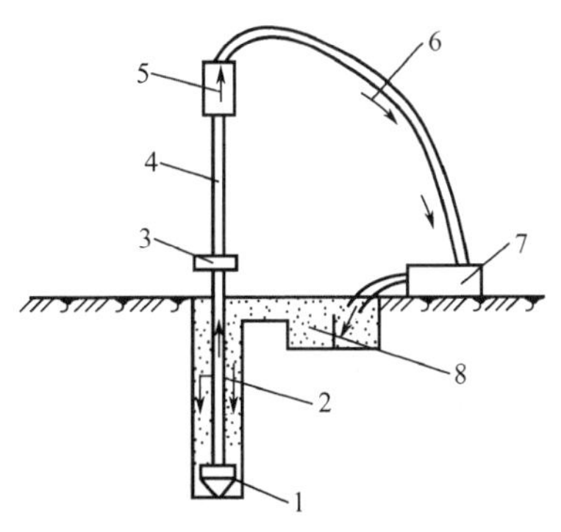

图2.58　反循环回转钻机成孔的工艺原理

1—钻头；2—新泥浆流向；3—钻机回转装置；4—钻杆；5—水龙头；
6—混合液流向；7—砂石泵；8—沉淀池

反循环回转钻机成孔一般采用泵吸反循环钻进。其泥浆循环系统由泥浆池、沉淀池、循环槽、砂石泵、除渣设备等组成，并设有排水、清洗、排废浆等设施。

2）潜水钻机成孔

【参考视频】

潜水钻机成孔的示意图如图 2.59 所示。潜水钻机是一种将动力、变速机构和钻头连在一起加以密封，潜入水中工作的一种体积小而轻的钻机，这种钻机的钻头有多种形式，以适应不同的桩径和不同土层的需要。钻头可带有合金刀齿，靠电动机带动刀齿旋转切削土层或岩层。钻头靠桩架悬吊吊杆定位，钻孔时钻杆不旋转，仅钻头部分将切削下来的泥渣通过泥浆循环排出孔外。钻机桩架轻便，移动灵活，钻进速度快，噪声小，钻孔直径为 500～1500mm，钻孔深度可达 50m，甚至更深。

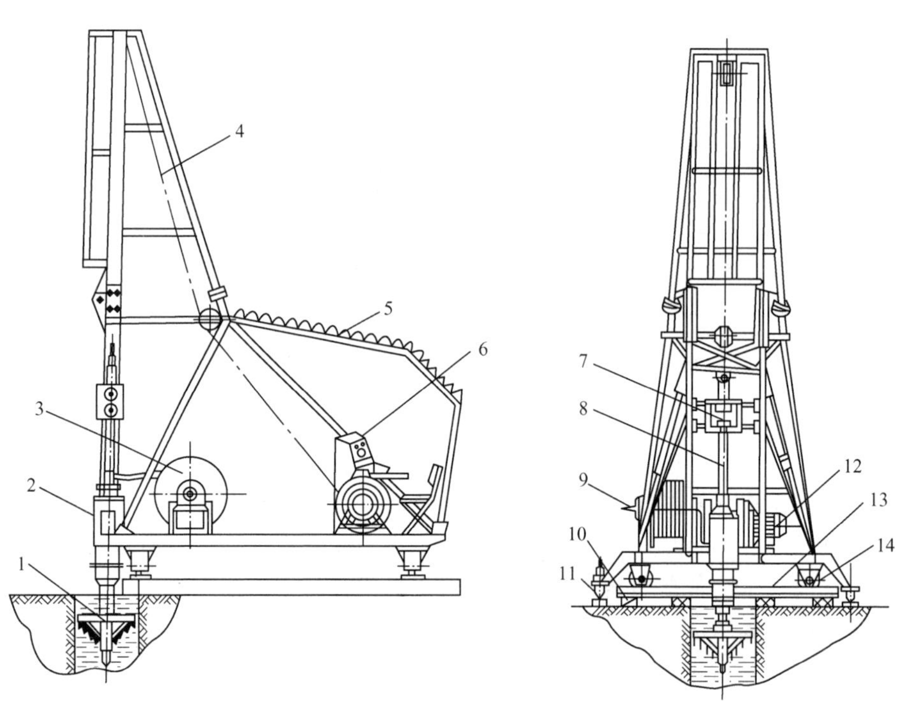

图 2.59　潜水钻机成孔示意图

1—钻头；2—主机；3—电缆和水管卷筒；4—钢丝绳；5—遮阳板；6—配电箱；7—活动导向；8—方钻杆；9—进水口；10—枕木；11—支腿；12—卷扬机；13—轻轨；14—行走车轮

潜水钻机成孔适用于黏性土、淤泥、淤泥质土、砂土等钻进，也可钻入岩层，尤其适用于在地下水位较高的土层中成孔。当钻一般黏性土、淤泥、淤泥质土及砂土时，宜用笼式钻头；穿过不厚的砂夹卵石层或在强风化岩上钻进时，可镶焊硬质合金刀头的笼式钻头；遇孤石或旧基础时，应用带硬质合金齿的筒式钻头。

3）冲击钻机成孔

冲击钻机成孔适用于穿越黏土、杂填土、砂土和碎石土。在季节性冻土、膨胀土、黄土、淤泥和淤泥质土及有少量孤石的土层中也可采用。持力层应为硬黏土、密实砂土、碎石土、软质岩和微风化岩。

冲击钻机通过机架、卷扬机把带刃的重钻头（冲击锤）提升到一定高度，靠自由下落的冲击力切削破碎岩层或冲击土层成孔，如图 2.60 所示。部分碎渣和泥浆挤压进孔壁，大部分碎渣用掏渣筒掏出。此法设备简单、操作方便，对于有孤石的砂卵石岩、坚质岩、岩层均可成孔。

冲击钻头的形式有十字形、工字形、人字形等，一般常用铸钢十字形冲击钻头，如图2.61所示。在钻头锥顶与提升钢丝绳间设有自动转向装置，冲击锤每冲击一次转动一个角度，从而保证桩孔冲成圆孔。当遇有孤石及进入岩层时，锤底刃口应用硬度高、韧性好的钢材予以镶焊或拴接。锤重一般为1.0～1.5t。

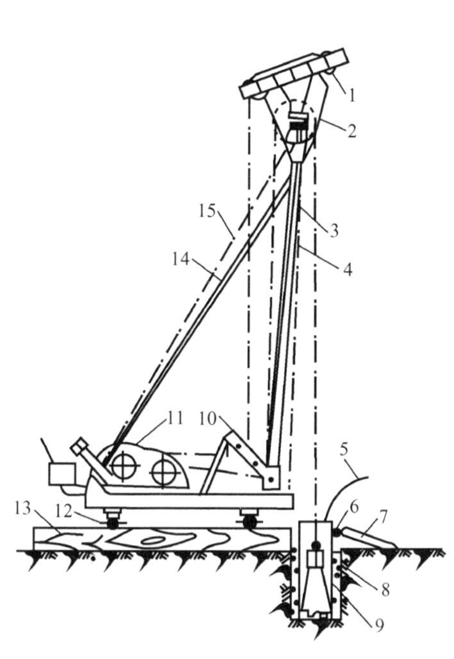

图2.60 冲击钻孔机

1—副滑轮；2—主滑轮；3—主杆；4—前拉索；5—供浆管；6—溢流口；7—泥浆渡槽；8—护筒回填土；9—钻头；10—导向轮；11—双滚筒卷扬机；12—钢管；13—垫木；14—斜撑；15—后拉索

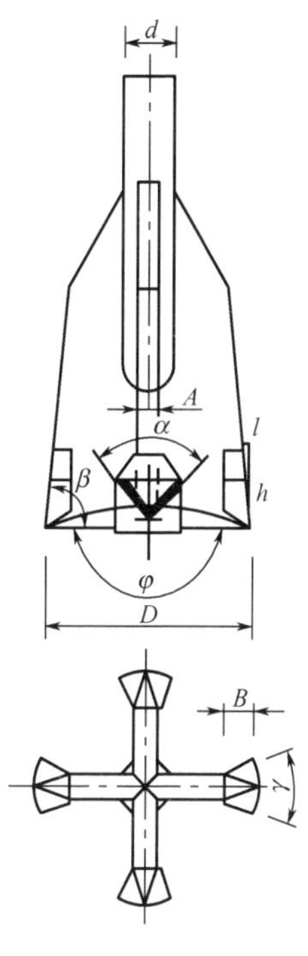

图2.61 铸钢十字形冲击钻头

冲孔前应埋设钢护筒，并准备好护壁材料。若表层为淤泥、细砂等软土，则在筒内加入小块片石、砾石和黏土；若表层为砂砾卵石，则投入小颗粒砂砾石和黏土，以便冲击造浆，并使孔壁挤密实。冲击钻机就位后，校正冲锤中心对准护筒中心，在0.4～0.8m的冲程范围内应低提密冲，并及时加入石块与泥浆护壁，直至护筒下沉3～4m以后，冲程可以提高到1.5～2.0m，转入正常冲击，随时测定并控制泥浆的相对密度。

冲进时，必须准确控制和预估松绳的合适长度，并保证有一定余量，并应经常检查绳索磨损、卡扣松紧、转向装置灵活状态等情况，防止发生空锤断绳或掉锤事故。如果冲孔发生偏斜，则应在回填片石（厚度为300～500mm）后重新冲孔。

4）冲抓锥成孔

冲抓锥锥头上有一重铁块和活动抓片，通过机架和卷扬机将冲抓锥提升到一定高度，下落时松开卷筒刹车，抓片张开，锥头便自由下落冲入土中，然后开动卷扬机提升锥头，这时抓片闭合抓土，如图2.62所示，抓土后冲抓锥整体提升到地面上卸去土渣，依次循环成孔。

冲抓锥成孔的施工过程、护筒安装要求、泥浆护壁循环等与冲击成孔施工相同。

冲抓锥成孔直径为450～600mm，孔深可达10m，冲抓高度宜控制在1.0～1.5m，适用于松软土层（砂土、黏土）中冲孔，但遇到坚硬土层时宜换用冲击钻施工。

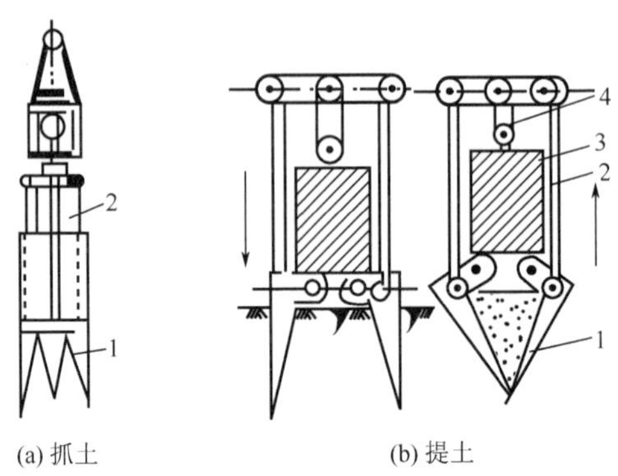

图 2.62　冲抓锥锥头

1—抓土；2—连杆；3—压重；4—滑轮组

4. 清孔

成孔后，必须保证桩孔进入设计持力层深度。当孔达到设计要求后，即进行验孔和清孔。验孔是用探测器检查桩位、直径、深度和孔道情况；清孔即清除孔底沉渣、淤泥浮土，以减少桩基的沉降量，提高承载能力。清孔的方法有以下几种。

1）抽浆法

抽浆清孔比较彻底，适用于各种钻孔方法的摩擦桩、支承桩和嵌岩桩，但孔壁易坍塌的钻孔使用抽浆法清孔时，操作要注意，防止坍孔。

（1）用反循环方法成孔时，泥浆的相对密度一般控制在1.1以下，孔壁不易形成泥皮，钻孔终孔后，只需将钻头稍提起空转，并维持反循环5～15min就可完全清除孔底沉淀土。

（2）正循环成孔，空气吸泥机清孔。空气吸泥机可以把灌注水下混凝土的导管作为吸泥管，气压为0.5MPa，使管内形成强大的高压气流向上涌，同时不断地补足清水，被搅动的泥渣随气流上涌从喷口排出，直至喷出清水为止。对稳定性较差的孔壁应采用泥浆循环法清孔或抽筒排渣，清孔后泥浆的相对密度应控制在1.15～1.25；原土造浆的孔，清孔后泥浆的相对密度应控制在1.1左右，在清孔时，必须及时补充足够的泥浆，并保持浆面稳定。

正循环成孔清孔完毕后，将特别弯管拆除，装上漏斗，即可开始灌注水下混凝土。用反循环钻机成孔时，也可等安好灌浆导管后再用反循环方法清孔，以清除下钢筋笼和灌浆导管过程中沉淀的钻渣。

2）换浆法

采用泥浆泵，通过钻杆以中速向孔底压入相对密度为1.15左右，含砂率小于4%的泥浆，把孔内悬浮钻渣多的泥浆替换出来。对正循环回转钻来说，不需另加机具，且孔内仍为泥浆护壁，不易坍孔。但本法缺点较多：①若有较大泥团掉入孔底将很难清除；②相对密度小的泥浆会从孔底流入孔中，轻重不同的泥浆在孔内会产生对流运动，要花费很长的时间才能降低孔内泥浆的相对密度，清孔所花时间较长；③当泥浆含砂率较高时，不能用清水清孔，以免砂粒沉淀而达不到清孔目的。

3）掏渣法

掏渣法主要针对冲抓法所成的桩孔，采用掏渣筒进行掏渣清孔。

4）用砂浆置换钻渣清孔法

先用抽渣筒尽量清除大颗粒钻渣，然后以活底箱在孔底灌注 0.6m 厚的特殊砂浆（相对密度较小，能浮在拌合混凝土之上）；采用比孔径稍小的搅拌器，慢速搅拌孔底砂浆，使其与孔底残留钻渣混合；吊出搅拌器，插入钢筋笼，灌注水下混凝土；连续灌注的混凝土把混有钻渣并浮在混凝土之上的砂浆一直推到孔口，达到清孔的目的。

5. 钢筋笼吊放

钢筋笼吊放要注意以下几点。

(1) 起吊钢筋笼采用扁担起吊法，起吊点在钢筋笼上部箍筋与主筋连接处，吊点对称。

(2) 钢筋笼设置 3 个起吊点，以保证钢筋笼在起吊时不变形。

(3) 吊放钢筋笼入孔时，实行“一、二、三”的原则，即一人指挥、二人扶钢筋笼、三人搭接，施工时应对准孔位，保持垂直，轻放、慢放入孔，不得左右旋转。若遇阻碍应停止下放，查明原因进行处理。严禁高提猛落和强制下入。

(4) 对于 20m 以下钢筋笼采用整根加工、一次性吊装的方法，20m 以上的钢筋笼分成两节加工，采用孔口焊接的方法；钢筋在同一节内的接头采用帮条焊连接，接头错开 1000mm 和 $35d$（d 为钢筋直径）的较大值。螺旋筋与主筋采用点焊，加劲筋与主筋采用点焊，加劲筋接头采用单面焊 $10d$。

(5) 放钢筋笼时，要求有技术人员在场，以控制钢筋笼的桩顶标高及防止钢筋笼上浮等问题。

(6) 成型钢筋笼在吊放、运输、安装时，应采取防变形措施。

(7) 按编号顺序，逐节垂直吊焊，上下节笼各主筋应对准校正，采用对称施焊，按设计图要求，在加强筋处对称焊接保护层定位钢板，按图纸补加螺旋筋，确认合格后，方可下入。

(8) 钢筋笼安装入孔时，应保持垂直状态，避免碰撞孔壁，徐徐下入。

(9) 钢筋笼按确认长度下入后，应保证笼顶在孔内居中，吊筋均匀受力，牢靠固定。

【参考视频】

6. 水下浇筑混凝土

在灌注桩、地下连续墙等基础工程中，常要直接在水下浇筑混凝土。其方法是将密封连接的钢管（或强度较高的硬质非金属管）作为水下混凝土的灌注通道（导管），其底部以适当的深度埋在灌入的混凝土拌合物内，在一定的落差压力作用下，形成连续密实的混凝土桩身，如图 2.63 所示。

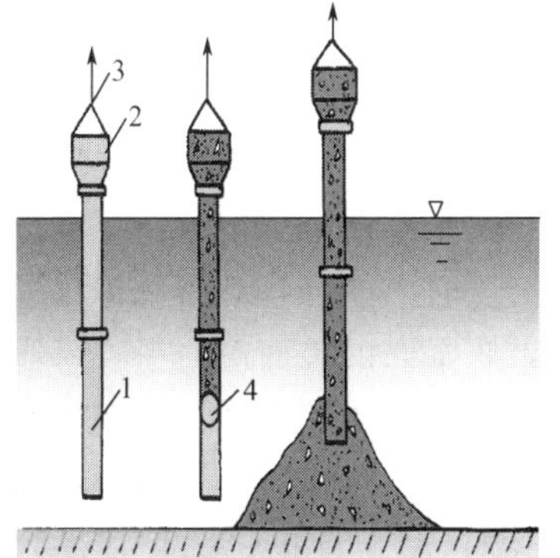

图 2.63　导管法浇筑水下混凝土

1—导管；2—盛料漏斗；
3—提升机具；4—球塞

1）导管灌注的主要机具

导管灌注的主要机具有：向下输送混凝土用的导管；导管进料用的漏斗；储存量大时还应配备储料斗；首批隔离混凝土控制器具，如滑阀、隔水塞和底盖等；升降安装导管、漏斗的设备，如灌注平台等。

(1) 导管。

导管由每段长度为 1.5～2.5m（脚管为 2～3m）、管径为 200～300mm、厚度为 3～6mm 的钢管用法兰盘加止水胶垫用螺栓连接而成。导管要确保连接严密、不漏水。

导管的设计与加工制造应满足下列条件。

① 导管应具有足够的强度和刚度，便于搬运、安装和拆卸。

② 导管的分节长度为3m，最底端一节导管的长度应为4.0～6.0m，为了配合导管柱的长度，上部导管的长度可以是2m、1m、0.5m或0.3m。

③ 导管应具有良好的密封性。导管采用法兰盘连接，用橡胶O形密封圈密封。法兰盘的外径宜比导管外径大100mm左右，法兰盘的厚度宜为12～16mm，在其周围对称设置的连接螺栓孔不少于6个，连接螺栓的直径不小于12mm。

④ 最下端一节导管底部不设法兰盘，宜以钢板套圈在外围加固。

⑤ 为避免提升导管时法兰挂住钢筋笼，可设锥形护罩。

⑥ 每节导管应平直，其定长偏差不得超过管长的0.5%。

⑦ 导管连接部位内径偏差不大于2mm，内壁应光滑平整。

⑧ 将单节导管连接为导管柱时，其轴线偏差不得超过±10mm。

⑨ 导管加工完后，应对其尺寸规格、接头构造和加工质量进行认真检查，并应进行连接、过阀（塞）和充水试验，以保证其密闭性合格和在水下作业时导管不漏水。检验水压一般为0.6～1.0MPa，以不漏水为合格。

（2）盛料漏斗和储料斗。

盛料漏斗位于导管顶端，漏斗上方装有振动设备以防混凝土在导管中阻塞。提升机具用来控制导管的提升与下降，常用的提升机具有卷扬机、电动葫芦、起重机等。

导管顶部应设置漏斗。漏斗的设置高度应适用操作的需要，并应在灌注到最后阶段，特别是灌注接近桩顶部位时，能满足对导管内混凝土柱高度的需要，保证上部桩身的灌注质量。混凝土柱的高度，在桩顶低于桩孔中的水位时，一般应比该水位至少高出2.0m，在桩顶高于桩孔水位时，一般应比桩顶至少高0.5m。

储料斗应有足够的容量以储存混凝土（即初存量），以保证首批灌入的混凝土（即初灌量）能达到要求的埋管深度。

漏斗与储料斗用4～6mm厚的钢板制作，要求不漏浆及挂浆，漏泄顺畅、彻底。

（3）隔水塞、滑阀和底盖。

隔水塞一般采用软木、橡胶、泡沫塑料等制成，其直径比导管内径小15～20mm。例如，混凝土隔水塞宜制成圆柱形，采用3～5mm厚的橡胶垫圈密封，其直径宜比导管内径大5～6mm，混凝土强度不低于C30，如图2.64所示。

隔水塞也可用硬木制成球状塞，在球的直径处钉上橡胶垫圈，表面涂上润滑油脂。此外，隔水塞还可用钢板塞、泡沫塑料和球胆等制成。不管由何种材料制成，隔水塞在灌注混凝土时应能舒畅下落和排出。为保证隔水塞具有良好的隔水性能和能顺利地从导管内排出，隔水塞的表面应光滑，形状尺寸规整。

滑阀采用钢制叶片，下部为密封橡胶垫圈。

底盖既可用混凝土制成，也可用钢制成。

2）水下混凝土灌注

采用导管法浇筑水下混凝土的关键是：一要保证混凝土的供应量大于导管内混凝土必须保持的高度和开始浇筑时导管埋入混凝土堆内必需的埋置深度所要求的混凝土量；二要严格控制导管的提升高度，且只能上下升降，不能左右移动，以避免造成管内发生返水事故。

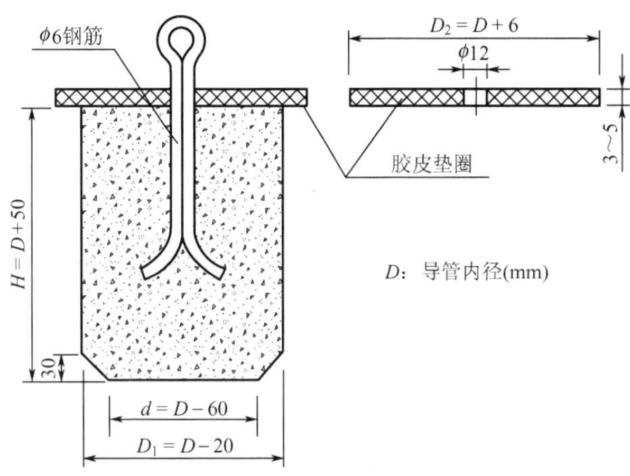

图 2.64　混凝土隔水塞

水下浇筑的混凝土必须具有较强的流动性和黏聚性，能依靠其自重和自身的流动能力来实现摊平和密实，有足够的抵抗泌水和离析的能力，以保证混凝土在堆内扩展过程中不离析，且在一定时间内其原有的流动性不降低。因此，要求水下浇筑混凝土中水泥的用量及砂率宜适当增加，泌水率控制在2%～3%；粗骨料粒径不得大于导管的1/5或钢筋间距的1/4，且不宜超过40mm；坍落度为150～180mm。施工开始时采用低坍落度，正常施工时则用较大的坍落度，且维持坍落度的时间不得少于1h，以便混凝土能在一个较长的时间内靠其自身的流动能力来实现其密实成型。

灌注前应根据桩径、桩长和灌注量，合理选择导管和起吊运输等机具设备的规格、型号。每根导管的作用半径一般不大于3m，所浇混凝土的覆盖面积不宜大于30m^2，当面积过大时，可用多根导管同时浇筑。

导管吊入孔时，应将橡胶圈或胶皮垫安放周整、严密，确保密封良好。导管在桩孔内的位置应保持居中，防止跑管。导管底部距孔底（孔底沉渣面）高度，以能放出隔水塞及首批混凝土为度，一般为300～500mm。导管全部入孔后，计算导管柱总长和导管底部位置，并再次测定孔底沉渣厚度，若超过规定，应再次清孔。

施工顺序为：放钢筋笼→安设导管→使滑阀（或隔水塞）与导管内水面紧贴→灌注首批混凝土→连续不断灌注直至桩顶→拔出护筒。

（1）灌注首批混凝土。在灌注首批混凝土之前最好先配制0.1～0.3m^{3}的水泥砂浆放入滑阀（隔水塞）以上的导管和漏斗中，然后再放入混凝土，确认初灌量备足后，即可剪断铁丝，借助混凝土的重量排出导管内的水，使滑阀（隔水塞）留在孔底，灌入首批混凝土。

首批灌注混凝土的数量应能满足导管埋入混凝土中1.2m以上。首批灌注混凝土数量应按图2.65和式(2-6)计算。

混凝土浇筑应从最深处开始，相邻导管下口的标高差不应超过导管间距的1/20～1/15，并保证混凝土表面均匀上升。

$$V \geqslant \frac{\pi d^2 h_1}{4} + \frac{k\pi D^2 h_2}{4} \tag{2-6}$$

式中：V——混凝土初灌量，m^3；

h_1——导管内混凝土柱与管外泥浆柱平衡所需高度，$h_1=(h-h_2)\ r_w/r_c$，其中，h为桩孔深度，r_w为泥浆密度，r_c为混凝土密度，取2.3×10^3kg/m^3；

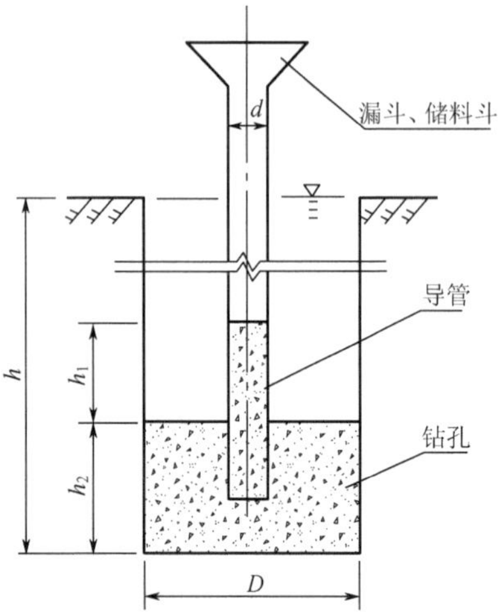

h_2——初灌混凝土下灌后导管外混凝土面的高度，取1.3～1.8m；

d——导管内径，m；

D——桩孔直径，m；

k——充盈系数，取1.3。

图2.65　首批灌注混凝土数量计算例图

（2）连续灌注混凝土。首批混凝土灌注正常后，应连续不断灌注混凝土，严禁中途停工。在灌注过程中，应经常用测锤探测混凝土面的上升高度，并适时提升、逐级拆卸导管，保持导管的合理埋深。探测次数一般不宜少于所适用的导管节数，并应在每次起升导管前，探测一次管内外混凝土面的高度。遇特别情况（局部严重超径、缩径、漏失层位和灌注量特别大时的桩孔等）时应增加探测次数，同时观察返水情况，以正确分析和判定孔内的情况。

在水下灌注混凝土时，应根据实际情况严格控制导管的最小埋深，以保证桩身混凝土的连续均匀，使其不会裹入混凝土上面的浮浆皮和土块等，防止出现断桩现象。对导管的最大埋深，则以能使管内混凝土顺畅流出，便于导管起升和减少灌注提管、拆管的辅助作业时间来确定。最大埋深不宜超过最下端一节导管的长度。灌注接近桩顶部位时，为确保桩顶混凝土质量，漏斗及导管的高度应严格按有关规定执行。

混凝土灌注的上升速度不得小于2m/h。灌注时间必须控制在埋入导管中的混凝土不丧失流动性的时间内，必要时可掺入适量缓凝剂。

（3）桩顶混凝土的浇筑。桩顶的灌注标高按照设计要求，且应高于设计标高1.0m以上，以便清除桩顶部的浮浆渣层。桩顶灌注完毕后，应立即探测桩顶面的实际标高，常用带有标尺的钢杆和装有可开闭的活门钢盒组成的取样器探测取样，以判断桩顶的混凝土面。

2.3.2　振动沉管灌注桩

振动沉管灌注桩是在振动锤竖直方向的往复振动作用下，桩以一定的频率和振幅产生竖向往复振动，减小了桩管与周围土体间的摩擦阻力，当强迫振动频率与土体的自振频率相同时，土体结构因共振而破坏。与此同时，桩管在压力作用下而沉入土中，在达到设计要求深度后，边拔管、边振动、边灌注混凝土、边成桩。

振动冲击沉管灌注桩是利用振动冲击锤在冲击和振动时的共同作用，使桩尖对四周的土层进行挤压，改变土体的结构排列，使周围土层挤密，桩管迅速沉入土中，在达到设计标高后，边拔管、边振动、边灌注混凝土、边成桩。

振动、振动冲击沉管灌注桩的适用范围与锤击沉管灌注桩基本相同，由于其贯穿砂土层的能力较强，因此还适用于稍密碎石土层。振动冲击沉管灌注桩也可用于中密碎石土层和强风化岩层。在饱和淤泥等软弱土层中使用时，必须采取保证质量措施，并经工艺试验成功后才可使用。当地基中存在承压水层时，应谨慎使用。

振动冲击沉管灌注桩具有施工噪声小、不产生废气、沉桩速度快、施工简便、操作安全、结构简单、辅助设备少、质量轻、体积小、对桩头的作用力均匀而使桩头不易损坏等特点。振动冲击沉管灌注桩还可以用来拔桩，适于砂质黏土、砂土、软土地区施工，不宜用于砾石和密实的黏土层。如用于沙砾石和黏土层中，则需配以水冲法辅助施工。

1. 振动沉桩设备

振动沉桩设备是指用振动方法使桩振动而沉入地层的桩工机械。作业时，桩与周围土壤产生振动，使桩面的摩擦阻力减小，桩杆由于自重克服桩面及桩尖的阻力而穿破地层下沉。振动沉桩设备还可以利用共振原理，加强沉桩效果。

振动沉桩机由振动器、夹桩器、传动装置、电动机等组成，如图 2.66 所示。它的主要工作装置是振动冲击锤，如图 2.67 所示，在转轴上有若干块质量和形状相同的偏心块。每对转轴的偏心块对称布置，并由一对相同的齿轮传动，转速相同，转向相反，因此，两轴运转时所产生的扰动力在水平方向相互平衡抵消，防止沉桩机和桩的横向摆动，在垂直方向扰动力相互叠加，形成激振力促使桩身振动。转轴的转速可以调节，因而振动器的激振频率、振幅和振动力也是可调的，以适应各种不同规格的桩和不同性质的地层。振动器的变频有机械、气压、液压或电磁等多种方式。振动器下部是夹桩器，备有各种不同的规格尺寸，以便与各种不同截面的桩相连接，使沉桩机和桩连成一体。夹桩器的操纵有杠杆式、液压式、气压式等。

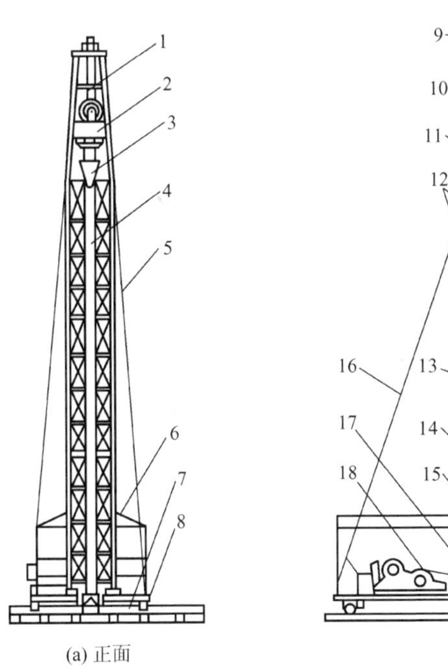

(a) 正面　　(b) 侧面

图 2.66　振动沉桩机

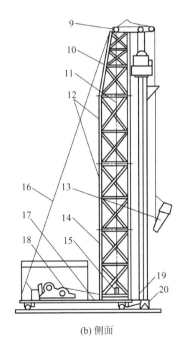

1—滑轮组；2—振动锤；3—漏斗口；4—桩管；5—前拉索；6—遮栅；7—滚筒；8—枕木；9—架顶；10—架身顶段；11—钢丝绳；12—架身中段；13—吊斗；14—架身下段；15—导向滑轮；16—后拉索；17—架底；18—卷扬机；19—加压滑轮；20—活瓣桩尖

2. 振动沉桩工艺

振动沉管施工法一般有单打法、反插法、复打法等。施工方法应根据土质情况和荷载要求分别选用。

单打法即一次拔管法，拔管时每提升 0.5～1.0m，振动 5～10s；再拔管 0.5～1.0m，

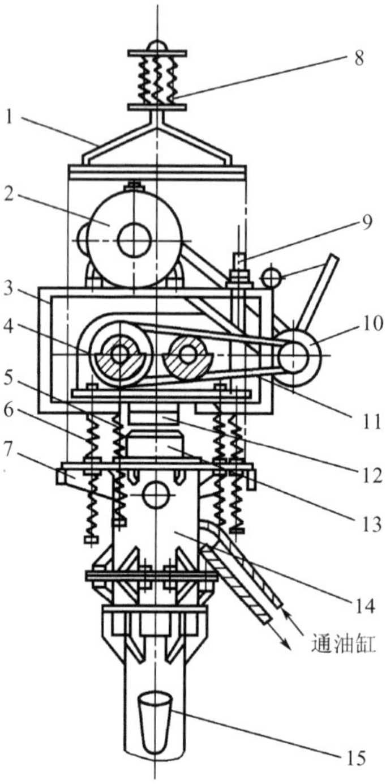

图 2.67　振动冲击锤

1—吊环；2—电动机；3—支架；4—振动箱；5—减振弹簧；6—工作弹簧；7—底座；
8—缓冲架；9—压轮；10—离合器；11—三角传动带；12—上锤钻；
13—下锤钻；14—液压夹头；15—桩管

振动 5～10s，如此反复进行，直至全部拔出为止。该法宜采用预制桩尖，一般情况下振动沉管灌注桩均采用此法，单打法适用于含水量较小的土层。

复打法是在同一桩孔内进行两次单打，即按单打法制成桩后再在混凝土桩内成孔并灌注混凝土。采用此法可扩大桩径，大大提高桩的承载力，适用于软弱饱和土层。

反插法是将套管每提升 0.5m，再下沉 0.3m，反插深度不宜大于活瓣桩尖长度的 2/3，如此反复进行，直至拔离地面。此法也可扩大桩径，提高桩的承载力，适用于软弱饱和土层。

单打法、反插法、复打法的基本施工程序如下。

(1) 桩机就位。将桩管对准预先埋设在桩位上的预制桩尖（采用钢筋混凝土封口桩尖）或将桩管对准桩位中心，把桩尖活瓣合拢（采用活瓣桩尖），然后放松卷扬机钢丝绳，利用桩机和桩管自重，把桩尖竖直压入土中。

(2) 振动沉管。开动振动锤，同时放松滑轮，使桩管逐渐下沉，并开动加压卷扬机，通过加压钢丝绳对钢管加压。当桩管下沉至设计标高后，关停振动器。

(3) 第一次灌注混凝土。利用吊斗向桩管内灌注混凝土。

(4) 边拔管、边振动、边灌注混凝土。当混凝土灌满后即可拔管。用振动沉管灌注桩机械拔管时，应先启动振动打桩机，振动片刻后再开始拔管，并应在测得桩尖活瓣确已张开，或钢筋混凝土桩尖确已脱离，混凝土已从桩管中流出以后，方可继续拔出桩管。拔管速度应控制在 1.5m/min 以内，边拔边振，边向管内继续灌注混凝土，以满足灌注量的要求。每拔起 50cm，即停拔，再振动片刻，如此反复进行，直至将桩管全部拔出。在淤泥层中，为防止缩颈，宜上下反复沉拔。相邻的桩施工时，其间隔时间不得超过水泥的初凝时间，中途停顿时，应将桩管在停顿前先沉入土中。振动冲击沉管灌注桩的拔管速度应在1m/min以内。桩锤上下冲击的次数不得少于70次/min；但在淤泥层和淤泥质软土中，其拔管速度不得大于0.8m/min。拔管时，应使桩锤连续冲击至桩管全部从土中拔出为止。

(5) 安放钢筋笼或插筋，成桩。当桩身配钢筋笼时，第一次混凝土应先灌至笼底标高，然后安放钢筋笼，再灌注混凝土至桩顶标高。

3. 施工时的注意事项

振动沉桩施工时的注意事项如下。

(1) 单打法施工应遵守以下规定。

① 必须严格控制最后30s的电流、电压值，其值按设计要求或根据试桩和当地经验确定。

② 桩管内灌满混凝土后，先振动5～10s，再开始拔管，应边振边拔，每拔0.5～1.0m停拔、振动5～10s，如此反复，直至桩管全部拔出。

③ 在一般土层内，拔管速度宜为1.2～1.5m/min，用活瓣桩尖时宜慢，用预制桩尖时可适当加快，在软弱土层中，宜控制在0.6～0.8m/min。

(2) 反插法施工应遵守以下规定。

① 桩管灌满混凝土之后，先振动再拔管，每次拔管高度为0.5～1.0m，反插深度为0.3～0.5m；在拔管过程中，应分段添加混凝土，保持管内混凝土面始终不低于地表面或高于地下水位1.0～1.5m，拔管速度应小于0.5m/min。

② 在桩尖处的1.5m范围内，宜多次反插，以扩大桩的端部断面。

③ 穿过淤泥夹层时，应当放慢拔管速度，并减小拔管高度和反插深度。在流动性淤泥中不宜使用反插法。

(3) 复打法应遵守以下规定。

① 混凝土的充盈系数不得小于1.0；对于混凝土充盈系数小于1.0的桩，宜全长复打，对可能有断桩和缩颈的桩，应采用局部复打。成桩后的桩身混凝土顶面标高应不低于设计标高500mm。全长复打桩的入土深度宜接近原桩长，局部复打应超过断桩或缩颈区1m以上。

② 全长复打桩施工时应遵守以下规定：第一次灌注混凝土应达到自然地面；应随拔管随清除粘在管壁上和散落在地面上的泥土；前后两次沉管的轴线应重合；复打施工必须在第一次灌注的混凝土初凝之前完成。

2.3.3 干作业钻孔灌注桩

干作业钻孔灌注桩是先用钻机在桩位处钻孔，然后在桩孔内放入钢筋骨架，再灌注混凝土而成的桩。其施工过程如图2.68所示。

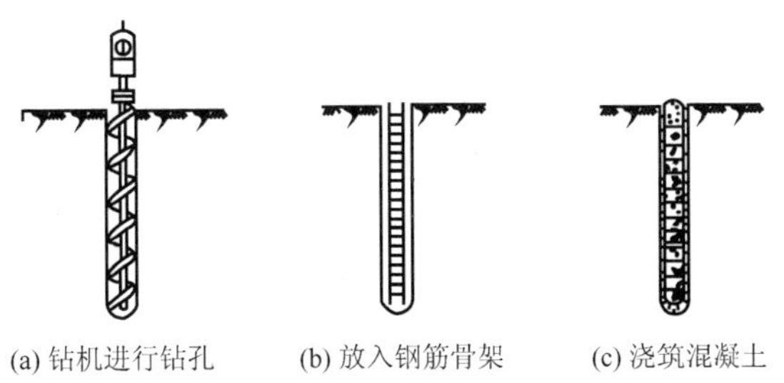

(a) 钻机进行钻孔　(b) 放入钢筋骨架　(c) 浇筑混凝土

图2.68　干作业钻孔灌注桩的施工过程

1. 施工机械

干作业钻孔成孔一般采用螺旋钻机钻孔，如图 2.69 和图 2.70 所示。螺旋钻机根据钻杆形式不同可分为整体式螺旋、装配式长螺旋和短螺旋三种。螺旋钻杆是一种动力旋动钻杆，它是利用钻头的螺旋叶旋转削土，土块由钻头旋转上升而带出孔外。螺旋钻头的外径分别为 400mm、500mm、600mm，钻孔深度相应为 12m、10m、8m。螺旋钻机适用于成孔深度内没有地下水的一般黏土层、砂土及人工填土地基，不适用于有地下水的土层和淤泥质土。

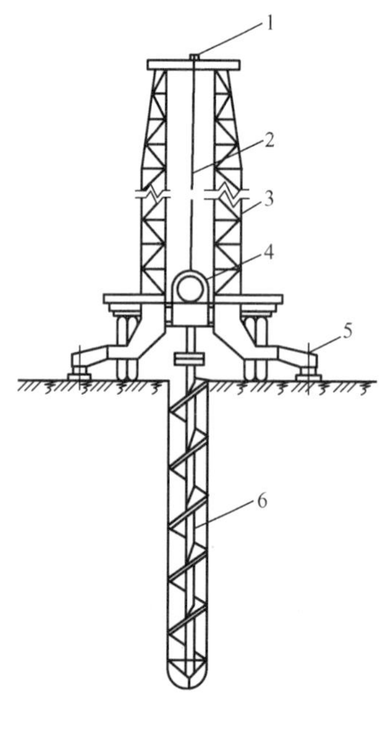

图 2.69　全螺旋钻机

1—导向滑轮；2—钢丝绳；3—龙门导架；
4—动力箱；5—千斤顶支腿；6—螺旋钻杆

图 2.70　液压步履式长螺旋钻机

【参考图文】

2. 施工工艺

干作业钻孔灌注桩的施工步骤为：螺旋钻机就位对中→钻进成孔、排土→钻至预定深度、停钻→起钻，测孔深、孔斜、孔径→清理孔底虚土→钻机移位→安放钢筋笼→安放混凝土溜筒→灌注混凝土成桩→桩头养护。

1）钻孔

钻机就位后，钻杆垂直对准桩位中心，开钻时先慢后快，减少钻杆的摇晃，及时纠正钻孔的偏斜或位移。钻孔时，螺旋刀片旋转削土，削下的土沿整个钻杆螺旋叶片上升而涌出孔外，钻杆可逐节接长直至钻到设计要求规定的深度。在钻孔过程中，若遇到硬物或软岩，应减速慢钻或提起钻头反复钻，穿透后再正常进钻。在砂卵石、卵石或淤泥质土夹层中成孔时，这些土层的土壁不能直立，易造成坍孔，这时钻孔可钻至坍孔部位下 1～2m，用低强度等级的混凝土回填至坍孔 1m 以上，待混凝土初凝后，再钻至设计要求深度，也可用 3∶7 夯实灰土回填代替混凝土进行处理。

2）清孔

钻孔至规定要求深度后，孔底一般都有较厚的虚土，需要进行专门的处理。清孔的目的是将孔内的浮土、虚土取出，减小桩的沉降。常用的方法是采用25～30kg的重锤对孔底虚土进行夯实，或投入低坍落度的素混凝土，再用重锤夯实；或是使钻机在原深处空转清土，然后停止旋转，提钻卸土。

3）钢筋混凝土施工

桩孔钻成并清孔后，先吊放钢筋笼，后浇筑混凝土。

钢筋骨架的主筋、箍筋、直径、根数、间距及主筋保护层均应符合设计规定，应绑扎牢固，防止变形。用导向钢筋将其送入孔内，同时防止泥土杂物掉进孔内。

钢筋骨架就位后，为防止孔壁坍塌，避免雨水冲刷，应及时浇筑混凝土。即使土层较好，没有雨水冲刷，从成孔至混凝土浇筑的时间间隔也不得超过24h。灌注桩的混凝土强度等级不得低于C15，坍落度一般采用80～100mm，混凝土应连续浇筑，分层浇筑、分层捣实，每层厚度为50～60cm。当混凝土浇筑到桩顶时，应适当超过桩顶标高，以保证在凿除浮浆层后，桩顶标高和质量能符合设计要求。

2.3.4 人工挖孔灌注桩

【参考视频】

人工挖孔灌注桩是采用人工挖掘方法成孔，然后放置钢筋笼，浇筑混凝土而成的桩基础，如图2.71所示，施工布置如图2.72所示。

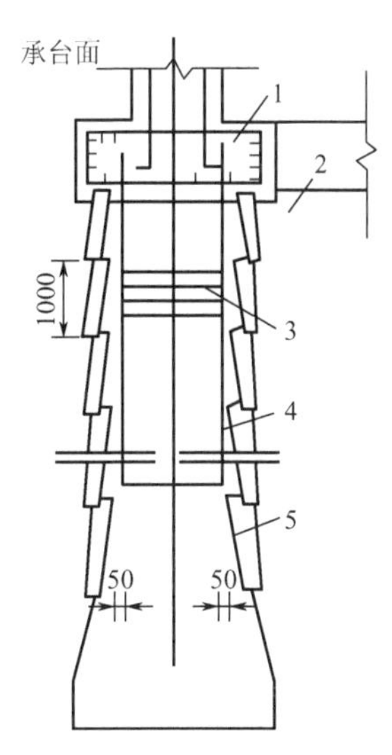

图2.71 人工挖孔灌注桩的构造

1—承台；2—地梁；3—箍筋；4—主筋；5—护壁

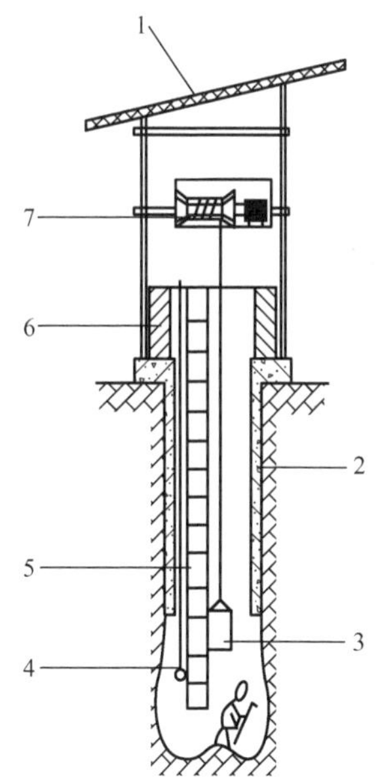

图2.72 人工挖孔桩施工

1—遮雨棚；2—混凝土护壁；3—装土铁桶；4—低压照明灯；5—应急钢爬梯；6—砖砌井圈；7—电动轱辘提升机

1. 施工设备

人工挖孔灌注桩的施工设备一般可根据孔径、孔深和现场具体情况选用，常用的有如下几种。

(1) 电动葫芦（或手摇轱辘）和提土桶，用于材料和弃土的垂直运输及供施工人员上下工作施工使用。

(2) 护壁钢模板。

(3) 潜水泵，用于抽出桩孔中的积水。

(4) 鼓风机、空压机和送风管，用于向桩孔中强制送入新鲜空气。

(5) 镐、锹、土筐等挖运工具，若遇硬土或岩石时，尚需风镐、潜孔钻。

(6) 插捣工具，用于插捣护壁混凝土。

(7) 应急软爬梯，用于施工人员上下。

(8) 安全照明设备、对讲机、电铃等。

2. 施工工艺

施工时，为确保挖土成孔的施工安全，必须考虑预防孔壁坍塌和流砂发生的措施。因此，施工前应根据地质水文资料拟定出合理的护壁措施和降排水方案。护壁方法很多，可以采用现浇混凝土护壁、沉井护壁、喷射混凝土护壁等。

1) 挖土

挖土是人工挖孔的一道主要工序，采用由上向下分段开挖的方法，每施工段的挖土高度取决于孔壁的直立能力，一般取 0.8～1.0m 为一个施工段，开挖井孔直径为设计桩径加混凝土护壁厚度。挖土时应事先编制好防治地下水方案，避免产生渗水、冒水、坍孔，挤偏桩位等不良后果。在挖土过程中遇地下水时，在地下水不多时，可采用桩孔内降水法，用潜水泵将水抽出孔外。若出现流砂现象，则首先应考虑采用缩短护壁分节和抢挖、抢浇筑护壁混凝土的办法，若此法不行，就必须沿孔壁打板桩或用高压泵在孔壁冒水处灌注水玻璃水泥砂浆。当地下水较丰富时，宜采用孔外布井点降水法，即在周围布置管井，在管井内不断抽水使地下水位降至桩孔底以下 1.0～2.0m。

当桩孔挖到设计深度，并检查孔底土质已达到设计要求后，在孔底挖成扩大头。待桩孔全部成型后，用潜水泵抽出孔底的积水，然后立即浇筑混凝土。

2) 护壁

现浇混凝土护壁法施工即分段开挖、分段浇筑混凝土护壁，此法既能防止孔壁坍塌，又能起到防水作用。为防止坍孔和保证操作安全，对直径在 1.2m 以上的桩孔多设混凝土支护，如图 2.73 所示，每节高度为 0.9～1.0m，厚度为 8～15cm，或加配适量直径为 6～10mm 的光圆钢筋，混凝土用 C20 或 C25。护壁制作主要分为支设护壁模板和浇筑护壁混凝土两个步骤。对直径在 1.2m 以下的桩孔，井口砌 1/4 砖或 1/2 砖护圈（高度为 1.2m)，下部遇有不良土体时用半砖护砌。孔口第一节护壁应高出地面 10～20cm，以防止泥水、机具、杂物等掉进孔内。

护壁施工采用工具式活动钢模板（由 4～8 块活动钢模板组合而成）支撑成有锥度的内模。内模支设后，将用角钢和钢板制成的两个半圆形合成的操作平台吊放入桩孔内，置于内模板顶部，以放置料具和浇筑混凝土操作之用。

护壁混凝土的浇筑采用钢筋插实，也可通过敲击模板或用竹竿木棒反复插捣。不得在桩孔水淹没模板的情况下灌注混凝土。若遇土质差的部位，为保证护壁混凝土的密实，应根据土层的渗水情况使用速凝剂，以保证护壁混凝土快速达到设计强度的要求。

护壁混凝土内模拆除宜在 12h 之后进行，当发现护壁有蜂窝、渗水的现象时，应及时补强加以堵塞或导流，防止桩孔外水通过护壁流入桩孔内，以防造成事故。当护壁混凝土强度达到 1MPa（常温下约 24h）时可拆除模板，开挖下段的土方，再支模浇筑护壁混凝土，如此循环，直至挖到设计要求的深度。

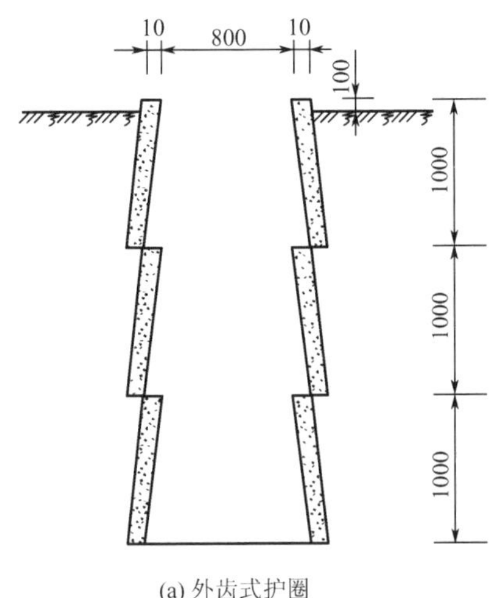

(a) 外齿式护圈

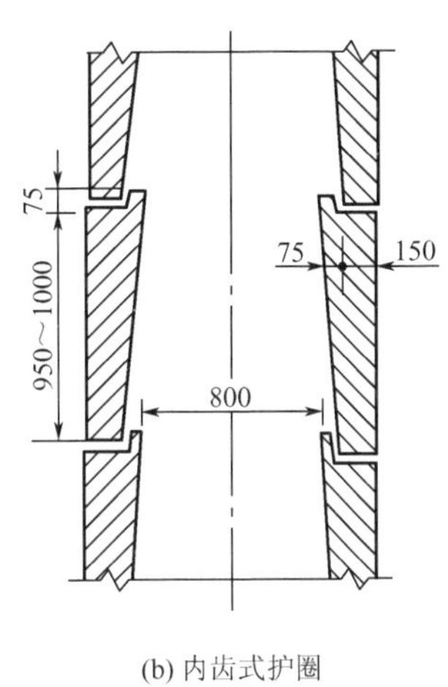

(b) 内齿式护圈

图 2.73 钢筋混凝土护壁形式

3）放置钢筋笼

桩孔挖好并经有关人员验收合格后，即可根据设计要求放置钢筋笼。钢筋笼在放置前，要清除其上的油污、泥土等杂物，防止将杂物带入孔内，并再次测量孔底虚土厚度，按要求清除。

4）浇筑桩身混凝土

钢筋笼吊入验收合格后应立即浇筑桩身混凝土。灌注混凝土时，混凝土必须通过溜槽；当落距超过 3m 时，应采用串桶，串桶末端距孔底高度不宜大于 2m；也可采用导管泵送；混凝土宜采用插入式振捣器振实。当桩孔内渗水量不大时，在抽除孔内积水后，用串筒法浇筑混凝土。如果桩孔内渗水量过大，积水过多不便排干时，则应采用导管法水下浇筑混凝土。

5）照明、通风、排水和防毒检查

照明、通风、排水和防毒检查内容如下。

(1) 在孔内挖土时，应有照明和通风设施。照明采用 12V 低压防水灯。通风设施采用 1.5kW 鼓风机，配以直径为 100mm 的塑料送风管，经常检查，有洞即补，出风口离开挖面 80cm 左右。

(2) 对无流砂威胁但孔内有地下水渗出的情况，应在孔内设坑，用潜水泵抽排。有人在孔内作业时，不得抽水。

(3) 地下水位较高时，应在场地内布置几个降水井（可先将几个桩孔快速掘进作为降水井），用来降低地下水位，保证含水层开挖时无水或水量较小。

(4) 每天开工前检查孔底积水是否已被抽干，试验孔内是否存在有毒、有害气体，保持孔内的通风，准备好防毒面具等。为预防有害气体或缺氧，可对孔内气体进行抽样检测。凡一次检测的有毒含量超过容许值时，应立即停止作业，进行除毒工作。同时需配备鼓风机，确保施工过程中孔内通风良好。

【知识链接】

2.3.5 沉管灌注桩

沉管灌注桩是利用锤击打桩设备或振动沉桩设备，将带有钢筋混凝土的桩尖（或钢板靴）或带有活瓣式桩靴的钢管沉入土中（钢管直径应与桩的设计尺寸一致），形成桩

【参考视频】

孔，然后放入钢筋骨架并浇筑混凝土，随之拔出套管，利用拔管时的振动将混凝土捣实，便形成所需要的灌注桩。利用锤击沉桩设备沉管、拔管所成的桩，称为锤击沉管灌注桩，如图 2.74所示；利用振动器振动沉管、拔管所成的桩，称为振动沉管灌注桩，如图 2.75 所示。

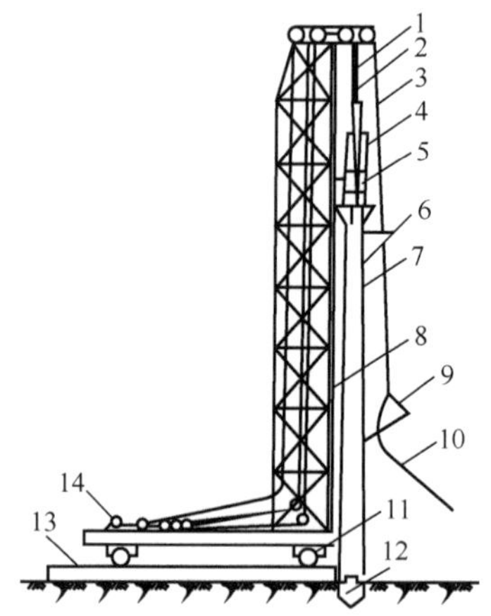

图 2.74　锤击沉管灌注桩

1—桩锤钢丝绳；2—桩管滑轮组；3—吊斗钢丝绳；4—桩锤；5—桩帽；
6—混凝土漏斗；7—桩管；8—桩架；9—混凝土吊斗；10—回绳；11—行驶用钢管；
12—预制桩靴；13—枕木；14—卷扬机

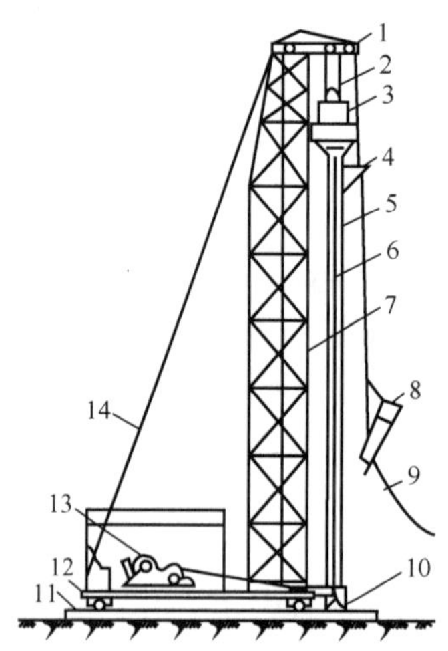

图 2.75　振动沉管灌注桩

1—导向滑轮；2—滑轮组；3—激振器；4—混凝土漏斗；5—桩帽；
6—加压钢丝绳；7—桩管；8—混凝土吊斗；9—回绳；10—活瓣桩靴；11—枕木；
12—行驶用钢管；13—卷扬机；14—缆风绳

沉管灌注桩在施工过程中对土体有挤密和振动影响作用。施工中应结合现场施工条件考虑成孔的顺序，主要有如下几种。

(1) 间隔一个或两个桩位成孔。

(2) 在邻桩混凝土初凝前或终凝后成孔。

(3) 一个承台下桩数在5根以上者，中间的桩先成孔，外围的桩后成孔。

为了提高桩的质量和承载能力，沉管灌注桩常采用单打法、复打法、翻插法等施工工艺。

(1) 单打法(又称一次拔管法)。拔管时，每提升0.5～1.0m，振动5～10s，然后再拔管0.5～1.0m，这样反复进行，直至全部拔出。

(2) 复打法。在同一桩孔内连续进行两次单打，或根据需要进行局部复打。施工时，应保证前后两次沉管轴线重合，并在混凝土初凝之前进行。

(3) 翻插法。钢管每提升0.5m，再下插0.3m，这样反复进行，直至拔出。

施工时注意及时补充套筒内的混凝土，使管内混凝土面保持一定高度并高于地面。

1. 锤击沉管灌注桩

锤击沉管灌注桩适用于一般黏性土、淤泥质土和人工填土地基。其施工过程为：就位(a)→沉套管(b)→初灌混凝土(c)→放置钢筋笼、灌注混凝土(d)→拔管成桩(e)，如图2.76所示。

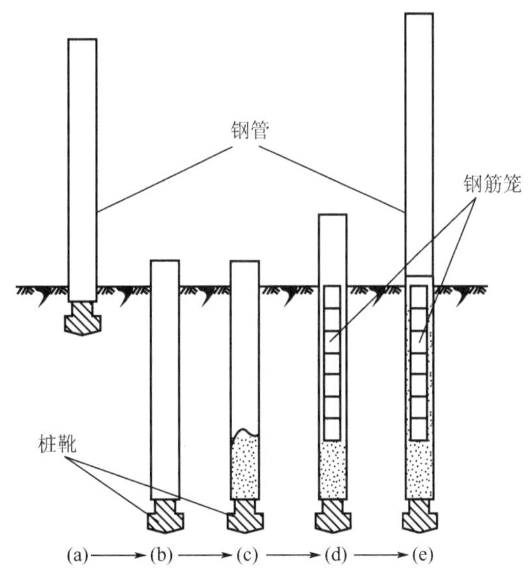

图2.76 锤击沉管灌注桩的施工过程

锤击沉管灌注桩的施工要点如下。

(1) 桩尖与桩管接口处应垫麻(或草绳)垫圈，以防地下水渗入管内和作缓冲层。沉管时先用低锤锤击，观察无偏移后，再开始正常施打。

(2) 拔管前应先锤击或振动套管，在测得混凝土确已流出套管时方可拔管。

(3) 桩管内的混凝土应尽量填满，拔管时要均匀，保持连续密锤轻击，并控制拔管速度，一般土层以不大于1m/min为宜；软弱土层与软硬交界处，应控制在0.8m/min以内为宜。

(4) 在管底未拔到桩顶设计标高前，倒打或轻击不得中断，并注意保持管内的混凝土始终略高于地面，直到全管拔出为止。

(5) 桩的中心距在5倍桩管外径以内或小于2m时，均应跳打施工；中间空出的桩待邻桩混凝土达到设计强度的50%以后，方可施打。

2. 振动沉管灌注桩

振动沉管灌注桩采用激振器或振动冲击沉管，施工过程为：桩机就位（a)→沉管（b)→上料（c)→拔出钢管（d)→在顶部混凝土内插入短钢筋并浇满混凝土（e)，如图 2.77 所示。振动沉管灌注桩宜用于一般黏性土、淤泥质土及人工填土地基，更适用于砂土、稍密及中密的碎石土地基。

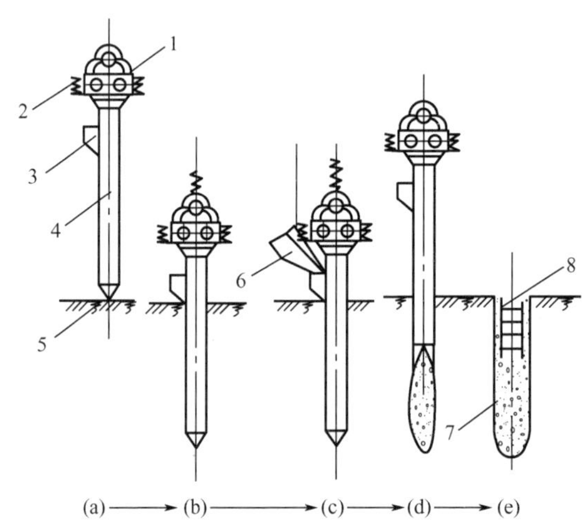

图 2.77　振动套管成孔灌注桩的成桩过程

1—振动锤；2—加压减振弹簧；3—加料口；4—桩管；5—活瓣桩尖；6—上料口；7—混凝土桩；8—短钢筋骨架

振动沉管灌注桩的施工要点如下。

(1) 桩机就位。将桩尖活瓣合拢对准桩位中心，利用振动器及桩管自重把桩尖压入土中。

(2) 沉管。开动振动箱，桩管即在强迫振动下迅速沉入土中。沉管过程中，应经常探测管内有无水或泥浆，如发现水、泥浆较多时，应拔出桩管，用砂回填桩孔后方可重新沉管。

(3) 上料。桩管沉到设计标高后停止振动，放入钢筋笼，再上料斗将混凝土灌入桩管内，一般应灌满桩管或略高于地面。

(4) 拔管。开始拔管时，应先启动振动箱 8～10min，并用吊锥测得桩尖活瓣确已张开，混凝土确已从桩管中流出以后，卷扬机方可开始抽拔桩管，边振边拔。拔管速度应控制在 1.5m/min 以内。

2.3.6　夯扩桩

夯扩桩（夯压成型灌注桩）是在普通沉管灌注桩的基础上加以改进，增加一根内夯管，如图 2.78 所示，使桩端扩大的一种桩型。内夯管的作用是在夯扩工序时，将外管混凝土夯出管外，并在桩端形成扩大头；在施工桩身时利用内管和桩锤的自重将桩身混凝土压实。夯扩桩适用于一般黏性土、淤泥、淤泥质土、黄土、硬黏性土；也可用于有地下水的情况；可在 20 层以下的高层建筑基础中使用。桩端持力层可为可塑至硬塑粉质黏土、粉土或砂土，且具有一定厚度。如果土层较差，没有较理想的桩端持力层时，可采用二次或三次夯扩。

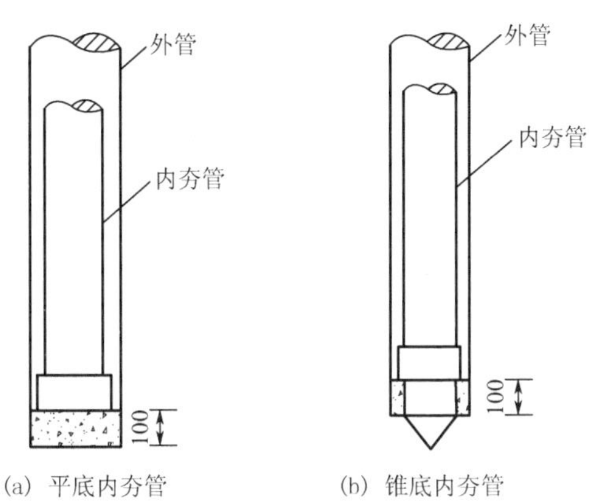

图 2.78 内夯管

1. 施工机械

夯扩桩可采用静压或锤击沉桩机械设备的方式施工。静压法沉桩机械设备由桩架、压梁或液压抱箍、桩帽、卷扬机、钢索滑轮组或液压千斤顶等组成。压桩时，开动卷扬机，通过桩架顶梁逐步将压梁两侧的压桩滑轮组钢索收紧，并通过压梁将整个压桩机的自重和配重施加在桩顶上，把桩逐渐压入土中。

2. 施工工艺

夯扩桩施工时，先在桩位处按要求放置干混凝土，然后将内外管套叠对准桩位，再通过柴油锤将双管打入地基土中至设计要求深度，接着将内夯管拔出，向外管内灌入一定高度（H）的混凝土，然后将内管放入外管内压实灌入的混凝土，再将外管拔起一定高度（h）。通过柴油锤与内夯管夯打管内混凝土，夯打至外管底端深度略小于设计桩底深度处（差值为c）。此过程为一次夯扩，如需第二次夯扩，则重复一次夯扩步骤即可，如图 2.79 所示。

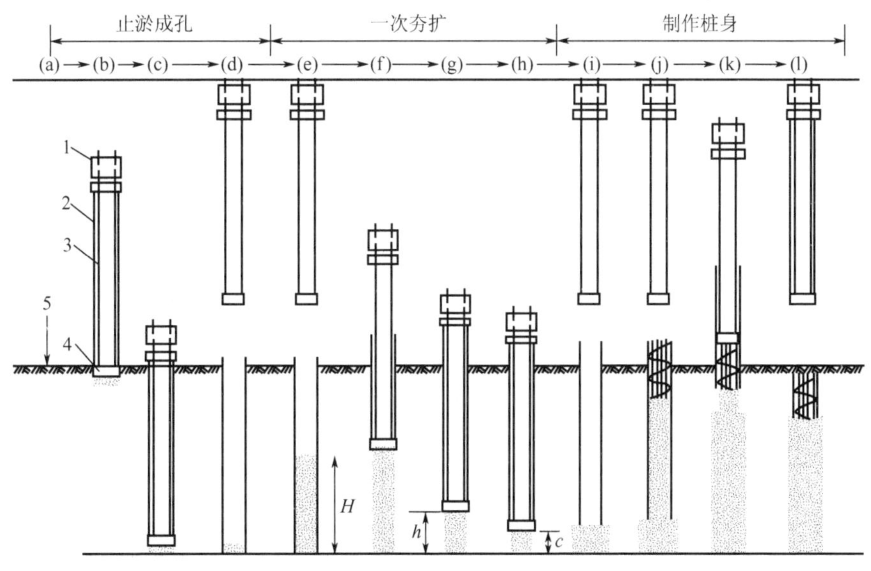

图 2.79 夯扩桩施工

1—柴油锤；2—外管；3—内管；4—内管底板；5—C20 干硬混凝土；$H>h>c$

夯扩桩操作要点如下。

（1）放内外管。在桩心位置上放置钢筋混凝土预制管塞，在预制管塞上放置外管，外管内放置内夯管。

（2）第一次灌注混凝土。静压或锤击外管和内夯管，当其沉入设计深度后把内夯管从外管中抽出，向夯扩部分灌入一定高度的混凝土。

（3）静压或锤击。把内夯管放入外管内，将外管拔起一定高度。静压或锤击内夯管，将外管内的混凝土压出或夯出管外。在静压或锤击作用下，使外管和内夯管同步沉入规定深度。

（4）灌混凝土成桩。把内夯管从外管内拔出，向外管内灌满桩身部分所需的混凝土，然后将顶梁或桩锤和内夯管压在桩身混凝土上，向上拔外管，外管拔出后，混凝土成桩。

夯扩桩施工注意事项如下。

（1）夯扩桩可采用静压或锤击沉管进行夯压、扩底、扩径。内夯管比外管短 100mm，内夯管底端可采用闭口平底或闭口锥底。

（2）沉管过程中，外管封底可采用干硬性混凝土、无水混凝土，经夯击形成阻水、阻泥管塞，其高度一般为 100mm。当不出现由内外管间隙涌水、涌泥的情况时，也可不采取上述封底措施。

（3）桩的长度较大或需配置钢筋笼时，桩身混凝土宜分段灌注，拔管时内夯管和桩锤应施压于外管中的混凝土顶面，边压边拔。

（4）工程施工前宜进行试成桩，应详细记录混凝土的分次灌入量、外管上拔高度、内管夯击次数、双管同步沉入深度，并检查外管的封底情况，有无进水、涌泥等，经核定后作为施工控制依据。

2.3.7 PPG 灌注桩后压浆法

PPG 灌注桩后压浆法是利用预先埋设于桩体内的注浆系统，通过高压注浆泵将高压浆液压入桩底，浆液克服土粒之间的抗渗阻力，不断渗入桩底沉渣及桩底周围土体孔隙中，排走孔隙中的水分，充填于孔隙之中。由于浆液的充填胶结作用，在桩底形成一个扩大头。另外，随着注浆压力及注浆量的增加，一部分浆液克服桩侧摩擦阻力及上覆土压力沿桩土界面不断向上泛浆，高压浆液破坏泥皮，渗入（挤入）桩侧土体，使桩周松动（软化）的土体得到挤密加强。浆液不断向上运动，上覆土压力不断减小，当浆液向上传递的反力大于桩侧摩擦阻力及上覆土压力时，浆液将以管状流溢出地面。因此，控制一定的注浆压力和注浆量，可使桩底土体及桩周土体得到加固，从而有效提高桩端阻力和桩侧阻力，达到大幅度提高承载力的目的。

PPG 灌注桩后压浆法有以下几种类型。

（1）借桩内预设构件进行压浆加固，改善桩侧摩擦和支承情况。使用一根钢管及装在其内部的内管所组成的套管，使后灌浆通过单阀按照不连续的 1m 的间隔进行压浆。

（2）桩端压浆，加固桩端地基。通过压浆管将浆液压入桩端。使用的浆液视地基岩土类型而定，对于密砂层，宜采用渗透性良好、强度高的灌浆材料。灌注桩后压浆法用于灌注桩修补加固时，可利用钻孔抽芯孔分段自下而上向桩身进行后压浆补强。

（3）桩侧压浆，破坏和消除泥皮，填充桩侧间隙，提高桩土黏结力，提高侧摩擦阻力。

PPG 灌注桩后压浆法施工工艺流程为：准备工作→按设计水灰比拌制水泥浆液→水泥浆经过滤至储浆桶（不断搅拌）→注浆泵、加筋软管与桩身压浆管连接→打开排气阀并开泵放气→关闭排气阀先试压清水，待注浆管道通畅后再压注水泥浆液→桩检测。

课题 2.4 预制桩基础施工

预制桩按桩体材料的不同，可分为钢筋混凝土桩和钢桩。其中钢筋混凝土桩应用较多。钢筋混凝土预制桩是在预制构件厂或施工现场预制，用沉桩设备在设计位置上将其沉入土中的。其特点是坚固耐久，不受地下水或潮湿环境影响，能承受较大荷载，施工机械化程度高、进度快，能适应不同土层施工。目前最常用的预制桩是预应力混凝土管桩，它是一种细长的空心等截面预制混凝土构件，是在工厂经先张预应力、离心成型、高压蒸养等工艺生产而成。管桩按桩身混凝土强度等级的不同分为 PC 桩（C60、C70）和 PHC 桩（C80）；按桩身抗裂弯矩的大小分为 A 型、AB 型和 B 型（A 型最大，B 型最小）；外径有 300mm、400mm、500mm、550mm 和 600mm，壁厚为 65～125mm，常用节长为 7～12m，特殊节长为 4～5m。

钢筋混凝土预制桩施工前，应根据施工图设计要求、桩的类型、成孔过程对土的挤压情况、地质探测和试桩等资料制定施工方案。

2.4.1 打桩前的准备工作

1. 施工场地准备

桩基础工程在施工前，应根据工程规模的大小和复杂程度，编制整个分部工程施工组织设计或施工方案。沉桩前，现场准备工作的内容有处理障碍物、平整场地、抄平放线、铺设水电管网、沉桩机械设备的进场和安装，以及桩的供应等。

(1) 处理障碍物。打桩前，宜向城市管理、供水、供电、煤气、电信、房管等有关单位提出申请，认真处理高空、地上和地下的障碍物；对现场周围（一般为 10m 以内）的建筑物、驳岸、地下管线等做全面检查，必要时予以加固或采取隔振措施或拆除，以免打桩中由于振动的影响引起倒塌。

(2) 场地平整。打桩场地必须平整、坚实，必要时宜铺设道路，经压路机碾压密实，场地四周应挖排水沟以利排水。

(3) 抄平放线定桩位。在打桩现场附近设水准点，其位置应不受打桩影响，数量不得少于两个，用以抄平场地和检查桩的入土深度。要根据建筑物的轴线控制桩定出桩基础的每个桩位，可用小木桩标记。正式打桩之前，应对桩基的轴线和桩位复查一次。以免因小木桩挪动、丢失而影响施工。桩位放线允许偏差为 20mm。

(4) 进行打桩试验。施工前应做不少于 2 根桩的打桩工艺试验，用以了解桩的沉入时间、最终沉入度、持力层的强度、桩的承载力及施工过程中可能出现的各种问题和反常情况等，以便检验所选的打桩设备和施工工艺，确定是否符合设计要求。

(5) 确定打桩顺序。打桩顺序直接影响到桩基础的质量和施工速度，应根据桩的密集程度（桩距大小）、桩的规格、桩的长短、桩的设计标高、工作面布置、工期要求等综合考虑。根据桩的密集程度，打桩顺序一般分为逐段打设、自中部向四周打设和由中间向两侧打设三种，如图 2.80 所示。当桩的中心距大于 4 倍桩的边长或直径时，可逐排单向打设，如图 2.80(a) 所示；当桩的中心距不大于 4 倍桩的直径或边长时，应自中部向四周施打 [图 2.80(b)]，或由中间向两侧对称施打 [图 2.80(c)]。

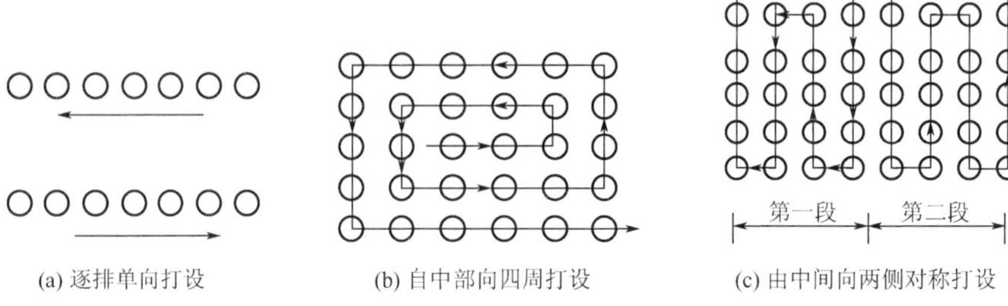

(a) 逐排单向打设
(b) 自中部向四周打设
(c) 由中间向两侧对称打设

图 2.80 打桩顺序

根据基础的设计标高和桩的规格，宜按先深后浅、先大后小、先长后短的顺序进行打桩。

(6) 桩帽、垫衬和送桩设备机具准备。

【参考视频】

2. 桩的制作、运输和堆放

1) 桩的制作

较短的桩多在预制厂生产。较长的桩一般在打桩现场附近或打桩现场就地预制。

桩分节制作时，单节长度应满足桩架的有效高度、制作场地条件、运输与装卸能力的要求，同时应避免桩尖接近硬持力层或桩尖处于硬持力层中接桩，上节桩和下节桩应尽量在同一纵轴线上预制，使上下节钢筋和桩身减小偏差。如在工厂制作，为便于运输，单节长度不宜超过 12m；如在现场预制，单节长度不宜超过 30m。

制桩时，应做好浇筑日期、混凝土强度、外观检查、质量鉴定等记录，以供验收时查用。每根桩上应标明编号、制作日期，如不预埋吊环，则应标明绑扎位置。

实心混凝土方桩现场预制时多采用工具式木模板或钢模板，支在坚实平整的地坪上，模板应平整牢靠、尺寸准确。制作预制桩的方法有并列法、间隔法、重叠法和翻模法等，现场多采用间隔重叠法施工，如图 2.81 所示，一般重叠层数不宜超过四层。施工时，桩与桩、桩与底模之间应涂刷隔离剂，防止黏结。上层桩或邻桩的浇筑须在下层桩或邻桩的混凝土达到设计强度的 30%以后才能进行，浇筑完毕后要加强养护，防止由于混凝土收缩产生裂缝。

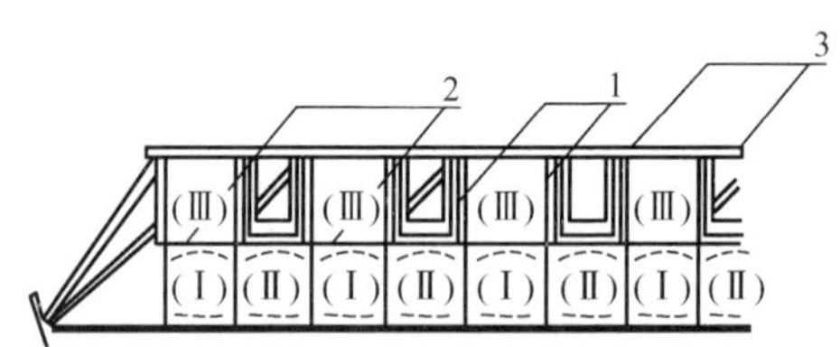

图 2.81 间隔重叠法施工

1—隔离剂或隔离层；2—侧模板；3—卡具；Ⅰ、Ⅱ、Ⅲ—第一、二、三批浇筑桩

钢筋混凝土桩的预制程序为：压实、整平制作场地→场地地坪做三七灰土或浇筑混凝土→支模→绑扎钢筋骨架、安设吊环→浇筑桩混凝土→养护至 30%强度拆模→支间隔端头模板、刷隔离剂、绑扎钢筋→浇筑间隔桩混凝土→同法间隔重叠制作第二层桩→养护至 70%强度起吊→达 100%强度后运输、堆放。

桩的制作场地应平整、坚实，排水通畅，不得产生不均匀沉降，以防桩产生变形。模板可保证桩的几何尺寸准确，使桩面平整、挺直；桩顶面模板应与桩的轴线垂直；桩尖四棱锥面呈正四棱锥体，且桩尖位于桩的轴线上。

桩身配筋与沉桩方法有关，锤击沉桩的纵向钢筋配筋率不宜小于 0.8%，静力压桩不宜小于 0.4%，桩的纵向钢筋直径不宜小于 14mm，当桩截面宽度或直径大于或等于 350mm 时，纵向钢筋不应少于 8 根。钢筋骨架主筋连接时宜采用对焊或电弧焊；主筋接头配置在同一截面内的数量，对于受拉钢筋不得超过 50%；相邻两根主筋接头截面的距离应大于 35 倍的主筋直径，且不小于 500mm。桩顶和桩尖直接受到冲击力易产生很高的局部应力，故应在桩顶设置钢筋网片，一定范围内的箍筋应加密；桩尖一般用钢板或粗钢筋制作，并与钢筋骨架焊牢。

桩的混凝土强度等级应不低于 C30，粗骨料用粒径为 5～40mm 的碎石或卵石，宜用机械搅拌、机械振捣；浇筑过程应严格保证钢筋位置正确，桩尖对准纵轴线，纵向钢筋顶部保护层不宜过厚，钢筋网片的距离应正确，以防锤击时桩顶破坏及桩身混凝土剥落破坏。混凝土浇筑应由桩顶向桩尖方向连续浇筑，一次完成，不得中断，并应防止一端砂浆积聚过多。桩顶与桩尖处不得有蜂窝、麻面和裂缝。浇筑完毕应覆盖、洒水养护不少于 7d。拆模时，混凝土应达到一定的强度，保证不掉角，桩身不缺损。

预制钢筋混凝土桩制作的允许偏差：横截面边长为±5mm；保护层厚度为±5mm，桩顶对角线之差为 10mm；桩顶平面对桩中心线的位移为 10mm；桩身弯曲矢高不大于 0.1%桩长，且不大于 20mm；桩顶平面对桩中心线的倾斜不大于 30mm。桩的表面应平整、密实，掉角的深度不应超过 10mm，且局部蜂窝和掉角的缺损总面积不得超过该桩表面全部面积的 0.5%，且不得过分集中；由于混凝土收缩产生的裂缝，深度不得大于 20mm，宽度不得大于 0.25mm；横向裂缝长度不得超过边长的一半（管桩、多角形桩不得超过直径或对角线的 1/2）。

2）桩的运输

当桩的混凝土强度达到设计强度标准值的 70%后方可起吊，若需提前起吊，则必须采取必要的措施并经强度和抗裂度验算合格后方可进行。桩在起吊搬运时，必须做到平稳提升，避免冲击和振动，吊点应同时受力，保护桩身质量。吊点位置应严格按设计规定进行绑扎。若无吊环，设计又无规定时，绑扎点的数量和位置按桩长而定，应符合起吊弯矩最小（或正负弯矩相等）的原则，如图 2.82 所示。用钢丝绳捆绑桩时应加衬垫，以避免损坏桩身和棱角。

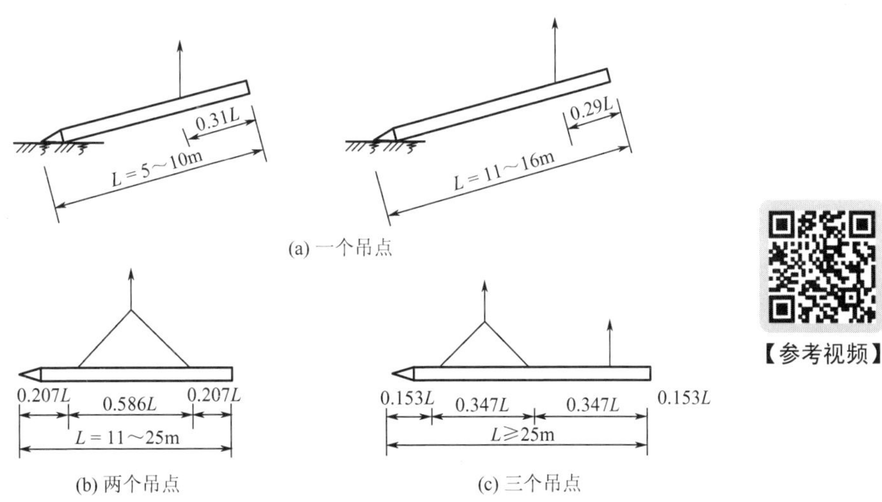

图 2.82 吊点的合理位置

桩运输时的混凝土强度应达到设计强度标准值的100%。桩从制作处运到现场以备打桩时，应根据打桩顺序随打随运，避免二次搬运。对于桩的运输方式，短桩运输可采用载重汽车，现场运距较近时，可直接用起重机吊运，也可采用轻轨平板车运输；长桩运输可采用平板拖车、平台挂车等运输。装载时桩的支承点应按设计吊点位置设置，并垫实、支撑和绑扎牢固，以防止运输中发生晃动或滑动。

3）桩的堆放

桩堆放时，地面必须平整、坚实，垫木间距应根据吊点确定，各层垫木应位于同一垂直线上，最下层垫木应适当加宽，堆放层数不宜超过4层。不同规格的桩，应分别堆放。

2.4.2 锤击沉桩

【参考视频】

1. 打桩设备及选择

打桩所用的机械设备主要由桩锤、桩架及动力装置三部分组成。桩锤是对桩施加冲击力，将桩打入土中的机具；桩架的主要作用是支持桩身和桩锤，并在打桩过程中保持桩的方向不偏移；动力装置一般包括启动桩锤用的动力设施（取决于所选桩锤），如采用蒸汽锤时，则需配蒸汽锅炉、卷扬机等。

1）桩锤

选择桩锤时要注意类型和重量的选择。

(1) 选择桩锤类型。常用的桩锤有落锤、柴油桩锤、单动汽锤、双动汽锤、振动桩锤、液压桩锤等。桩锤的工作原理、适用范围和特点见表2-3。

表2-3 各类桩锤的工作原理、适用范围及特点

桩锤种类	原　　理	适用范围	特　　点
落锤	用绳索或钢丝绳通过吊钩由卷扬机沿桩架导杆提升到一定高度，然后自由下落，利用锤的重力夯击桩顶，使桩沉入土中	(1) 适用于打木桩及细长尺寸的钢筋混凝土预制桩 (2) 在一般土层、黏土和含有砾石的土层均可使用	(1) 构造简单，使用方便，费用低 (2) 冲击力大，可通过调整锤重和落距改变打击能力 (3) 锤击速度慢（每分钟6～20次），效率低，贯入能力低，桩顶部易被打坏
柴油桩锤	以柴油为燃料，以冲击部分的冲击力和燃烧压力为驱动力来推动活塞往返运动，引起锤头跳动夯击桩顶进行打桩	(1) 适于打各种桩 (2) 适用于在一般土层中打桩，不适用于在硬土和松软土中打桩	(1) 质量轻，体积小，打击能量大 (2) 不需外部能量，机动性强，打桩快，桩顶不易被打坏，燃料消耗少 (3) 振动大，噪声高，润滑油飞散，遇硬土或软土时不宜使用
单动汽锤	利用外供蒸汽或压缩空气的压力将冲击体托升至一定高度，配气阀释放出蒸汽，使其自由下落锤击打桩	(1) 适于打各种桩，包括打斜桩和水中打桩 (2) 尤其适于用套管法打灌注桩	(1) 结构简单，落距小，精度高，桩头不易损坏 (2) 打桩速度及冲击力较落锤大，效率较高（每分钟25～30次）

（续）

桩锤种类	原　　理	适用范围	特　　点
双动汽锤	利用蒸汽或压缩空气的压力将锤头上举及下冲，增加夯击能量	（1）适于打各种桩，并可打斜桩和水中打桩 （2）适应各种土层 （3）可用于拔桩	（1）冲击力大，工作效率高（每分钟 100～200 次） （2）设备笨重，移动较困难
振动桩锤	利用锤的高频振动带动桩身振动，使桩身周围的土体产生液化，减小桩侧与土体间的摩擦阻力，将桩沉入或拔出	（1）适于施打一定长度的钢管桩、钢板桩、钢筋混凝土预制桩和灌注桩 （2）适用于亚黏土、黄土和软土，特别适于在砂性土、粉细砂中沉桩，不宜用于岩石、砾石和密实的黏性土层	（1）施工速度快，使用方便，施工费用低，施工无公害污染 （2）结构简单，维修保养方便 （3）不适于打斜桩
液压桩锤	单作用液压锤是冲击块通过液压装置提升到预定的高度后快速释放，冲击块以自由落体方式打击桩体。 双作用锤是冲击块通过液压装置提升到预定高度后，以液压驱使下落，冲击块能获得更大的加速度、更高的冲击速度与冲击能量来打击桩体，每一击贯入度更大	（1）适于打各种桩 （2）适于在一般土层中打桩	（1）施工无烟气污染，噪声较低，打击力峰值小，桩顶不易损坏，可用于水下打桩 （2）结构复杂，保养与维修工作量大，价格高，冲击频率小，作业效率比柴油锤低

常用的柴油桩锤和单缸两冲程柴油机一样，是依靠上活塞的往复运动产生冲击进行沉桩作业的。其工作原理如图 2.83 所示。

① 燃料的供给和压缩开始。上活塞下落撞击燃油泵杠杆，使燃油泵将一定量的柴油喷至下活塞冲击面。当上活塞继续下落经过排气口时，将排气口封闭，开始压缩气缸内的空气。逐渐增加的空气压力将下活塞和桩帽紧密地压在桩头上。

② 冲击和爆炸。上活塞继续下降，克服压缩空气的阻力与下活塞碰撞，即发生冲击，同时将下活塞冲击面上的柴油雾化飞溅至燃烧室内，同时将桩打下。燃烧室内的油雾和高压空气混和后被点燃爆炸，爆炸力继续将桩往下打，同时将上活塞向上弹起构成了一个工作循环。

③ 排气。上活塞被膨胀的气体继续向上推，当最后一道活塞环离开排气口时，气缸内燃烧的高温高压废气立即从排气口排出。

④ 扫气。上活塞继续向上运动，气缸内产生部分真空，外部的新鲜空气通过吸气口

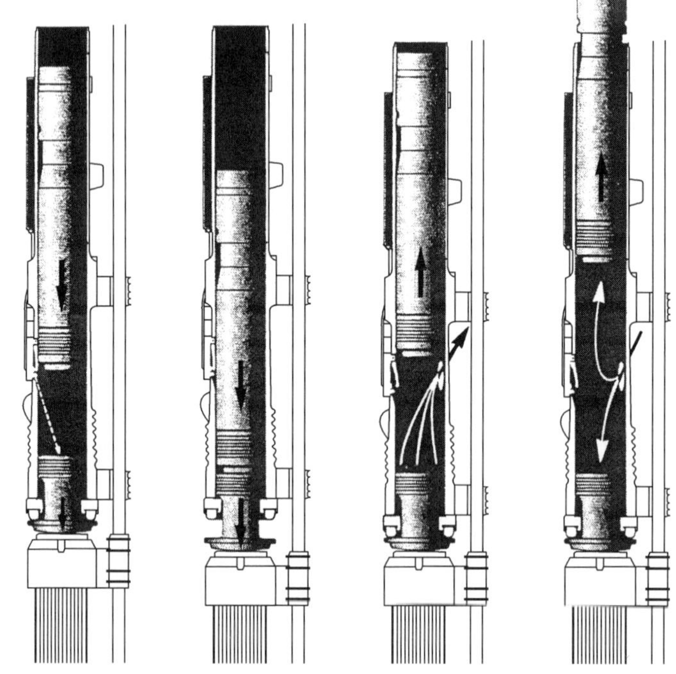

【参考图文】

图 2.83　柴油桩锤的工作原理

进入气缸，并彻底将废气扫出，燃油泵的压油杠杆被释放恢复原位，燃油泵重新吸入柴油。上活塞到达最高点之后，由于自重作用向下降落，迫使气缸内的气体进行搅动，使混合气体部分排出气缸外。

筒式柴油打桩锤的打桩过程是气体压力和冲击力的联合作用。它实现了上活塞对下活塞的一个冲击过程，然后产生一个爆炸力，即二次打桩，这个力虽然比冲击力要小，但它是作用在已经被冲动了的桩上，所以对桩的下沉还是有很大作用的。

(2) 选择桩锤重量。锤击应该有足够的冲击能量，施工中宜选择重锤低击。桩锤过重，所需动力设备过大，会消耗过多的能源，不经济，且易将桩打坏；桩锤过轻，必将增大落距，锤击功很大部分被桩身吸收，使桩身产生回弹，桩不易打入，且锤击次数过多，常常出现桩头被打坏或使混凝土保护层脱落的现象，严重的甚至使桩身断裂。因此，应选择稍重的锤，用重锤低击和重锤快击的方法效果较好。锤重一般根据施工现场情况、机具设备性能、工作方式、工作效率等条件选择。

2) 桩架

桩架的形式有多种，常用的通用桩架（能适应多种桩锤）有两种基本形式：一种是沿轨道行驶的多功能桩架；另一种是安装在履带底盘上的履带式桩架。

多功能桩架由立柱、斜撑、回转工作台、底盘及传动机构组成，如图 2.84 所示。这种桩架的机动性和适应性很强，在水平方向可作 360°回转，立柱可前后倾斜，可适应各种预制桩及灌注桩施工。其缺点是机构庞大，组装拆迁较麻烦。

履带式桩架以履带式起重机为底盘，增加立柱与斜撑用以打桩，如图 2.85 所示。此种桩架具有操作灵活、移动方便、施工效率高等优点，适用于各种预制桩及灌注桩施工。

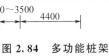

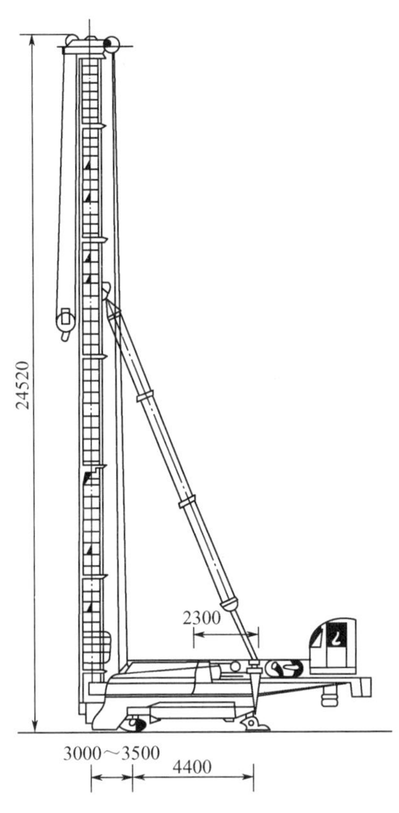

图 2.84 多功能桩架

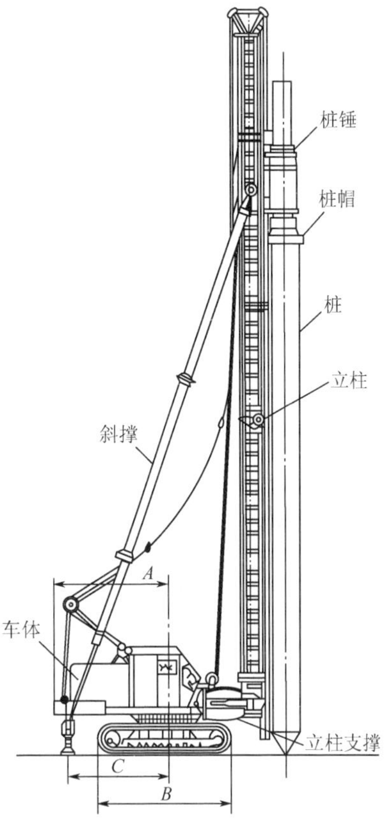

桩锤
桩帽
桩
立柱
斜撑
A
车体
立柱支撑
C
B

图 2.85 履带式桩架

选择桩架时应考虑以下因素。

(1) 桩的材料、桩的截面形状与尺寸、桩的长度和接桩方式。

(2) 桩的种类、数量、桩距及布置方式、施工精度要求。

(3) 施工场地的条件、打桩作业环境、作业空间。

(4) 所选定桩锤的形式、重量和尺寸。

(5) 投入桩架的数量。

(6) 施工进度要求及打桩速率要求。

桩架高度必须适应施工要求，一般可按桩长分节接长，桩架高度应满足以下要求：

桩架高度＝单节桩长＋桩帽高度＋桩锤高度＋滑轮组高度＋起锤位移高度(1～2m)

2. 打桩工艺

1) 打桩顺序

打入的桩对土体有挤压作用，后打入的桩会对打入的桩由于水平推挤而造成偏移和变位，而后打入的桩则会难以达到设计标高或入土深度，造成土体的隆起和挤压。打桩顺序是否合理直接影响到桩基础的质量、施工速度及周围环境，故应根据桩的密集程度、桩径、桩的规格、桩的设计标高、工作面布置、工期要求等综合考虑，合理确定。

当桩距大于或等于4倍桩的边长或桩径时，打桩顺序与土壤的挤压关系不大，采用何种打桩顺序相对灵活。而当桩距小于4倍桩的边长或桩径时，土壤挤压不均匀的现象会很明显，选择打桩顺序尤为重要。

当桩的中心距大于或等于4倍桩的直径时，可采用逐排打桩和自边缘向中间打桩的顺序。逐排打桩时，桩架单向移动，桩的就位与起吊均很方便，故打桩效率较高。但当桩较密集时，逐排打桩会使土体向一个方向挤压，导致土体挤压不均匀，后面的桩不容易打入，最终会引起建筑物的不均匀沉降；而采用自边缘向中间打桩，当桩较密集时，中间部分土体挤压较密实，桩难以打入，而且在打中间桩时，外侧的桩可能因挤压而浮起。因此，这两种打设方法均只适用于桩不太密集时的施工。

当桩较密集时，即桩距小于4倍桩的直径时，一般情况下应采用自中央向边缘打和分段打的方式。采用这两种打桩方式打桩时，土体由中央向两侧或向四周均匀挤压，易于保证施工质量。

此外，根据桩的规格、埋深、长度的不同，在桩较密集时，宜按“先大后小、先深后浅、先长后短”的顺序打设，这样可避免后施工的桩对先施工的桩产生挤压而发生桩位偏斜。当一侧毗邻建筑物时，应由毗邻建筑物处向另一方向打设。

打桩顺序确定后，还需要考虑打桩机是往后“退打”，还是向前“顶打”，以便确定桩的运输和布置堆放。当桩顶头高出地面时，采用往后退打的方法施工；当打桩后桩顶的实际标高在地面以下时，可采用向前顶打的方法施工，只要现场条件许可，宜将桩预先布置在桩位上，以避免场内二次搬运，有利于提高施工速度，降低费用。打桩后留有的桩孔要随时铺平，以便行车和移动打桩机。

2）打桩施工的工艺过程

打桩施工是确保桩基工程质量的重要环节，主要工艺过程如下。

(1) 吊桩就位。打桩机就位后，先将桩锤和桩帽吊起，其高度应超过桩顶，并固定在桩架上，然后吊桩并送至导杆内，垂直对准桩位，在桩的自重和锤重的压力下，缓缓送下插入土中，桩插入时的垂直度偏差不得超过0.5%。桩插入土后即可固定桩帽和桩锤，使桩身、桩帽、桩锤在同一铅垂线上，确保桩能垂直下沉。在桩锤和桩帽之间应加弹性衬垫，如硬木、麻袋、草垫等；桩帽和桩顶周围四边应有5～10mm的间隙，以防损伤桩顶。

【参考视频】

(2) 打桩。打桩开始时，采用短距轻击，一般落距为0.5～0.8m，以保证桩能正常沉入土中。待桩入土一定深度（1～2m）且桩尖不宜产生偏移时，再按要求的落距连续锤击。这样可以保证桩位的准确和桩身的垂直。打桩时宜用重锤低击，这样桩锤对桩头的冲击小，回弹也小，桩头不易损坏，大部分能量都用于克服桩身与土的摩擦阻力和桩尖阻力，桩能较快地沉入土中。用落锤或单动汽锤打桩时，最大落距不宜大于1m。用柴油锤时，应使锤跳动正常。在整个打桩过程中应做好测量和记录工作，遇有贯入度剧变，桩身突然发生倾斜、移位或有严重回弹，以及桩顶或桩身出现严重裂缝或破碎等异常情况时，应暂停打桩，及时研究处理。

(3) 送桩。当桩顶标高低于地面时，借助送桩器将桩顶送入土中的工序称为送桩。送桩时桩与送桩管的纵轴线应在同一直线上，锤击送桩器将桩送入土中，送桩结束，拔出送桩管后，桩孔应及时回填或加盖。如图2.86所示为送桩器构造。

(4) 接桩。钢筋混凝土预制长桩受运输条件和桩架高度的限制，一般分成若干节预制，分节打入，在现场进行接桩。常用的接桩方法有焊接法、法兰接法和硫黄胶泥锚接法等，如图2.87所示。

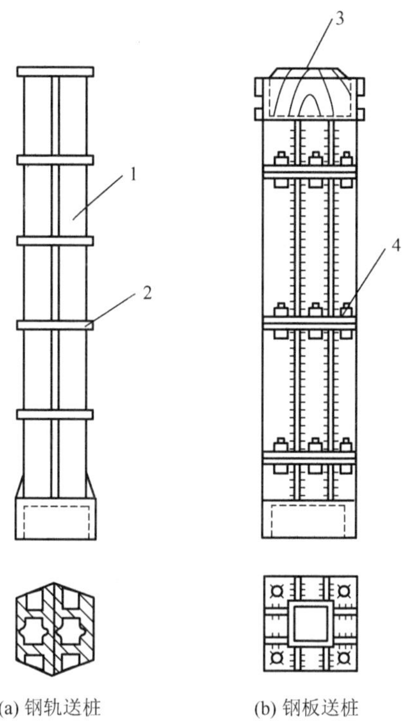

图 2.86　送桩器构造

1—钢轨；2—15mm 厚钢板箍；3—硬木垫；4—连接螺栓

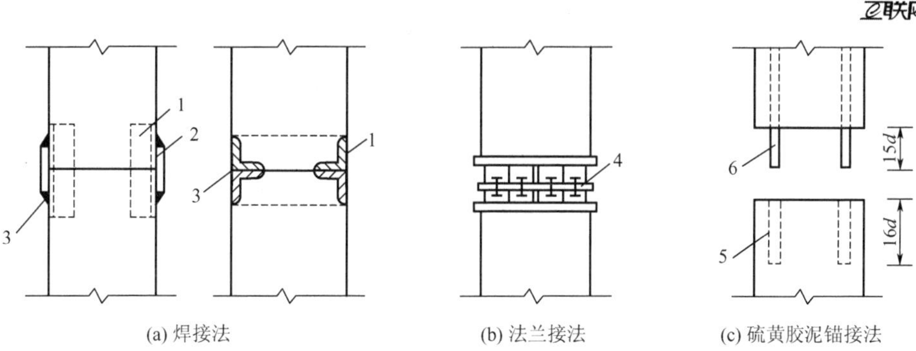

图 2.87　桩的接头形式

1—角钢与主筋焊接；2—钢板；3—焊缝；4—预埋法兰；5—浆锚孔；6—预埋锚筋；d—锚栓直径

① 焊接法接桩。焊接法接桩目前应用最多，其节点构造如图 2.88 所示。接桩时，必须对准下节桩并保证垂直无误后，用点焊将拼接角钢连接固定，再次检查位置正确无误后，进行焊接。施焊时，应两人同时对角对称地进行，以防因节点变形不均匀而引起桩身歪斜，焊缝要连续饱满。接长后，桩中心线的偏差不得大于 10mm，节点弯曲矢高不得大于 0.1%桩长。

② 法兰接法接桩。法兰接桩法是用法兰盘和螺栓连接，其接桩速度快，但耗钢量大，多用于预应力混凝土管桩。

③ 硫黄胶泥锚接法接桩。首先将上节桩对准下节桩，使四根锚筋插入锚筋孔中（直

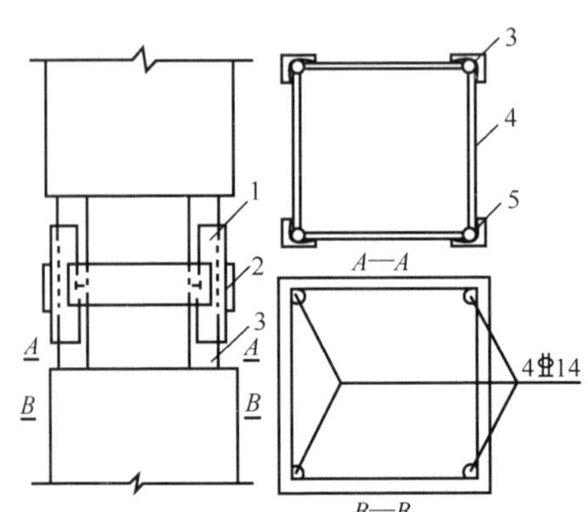

图 2.88　焊接法接桩节点构造

1—角钢与主筋焊接；2—钢板；3—主筋；4—箍筋；5—焊缝

径为锚筋直径的 2.5 倍），下落压梁并套住桩顶，然后将桩和压梁同时上升约 200mm，以 4 根锚筋不脱离锚筋孔为度，如图 2.89 所示。此时，安设好施工夹箍（由 4 块木板，内侧用人造革包裹 40mm 厚的树脂海绵块而成），将溶化的硫黄胶泥注满锚筋孔内和接头平面上，然后将上节桩和压梁同时下落，当硫黄胶泥冷却并拆除施工夹箍后，即可继续加荷施压。

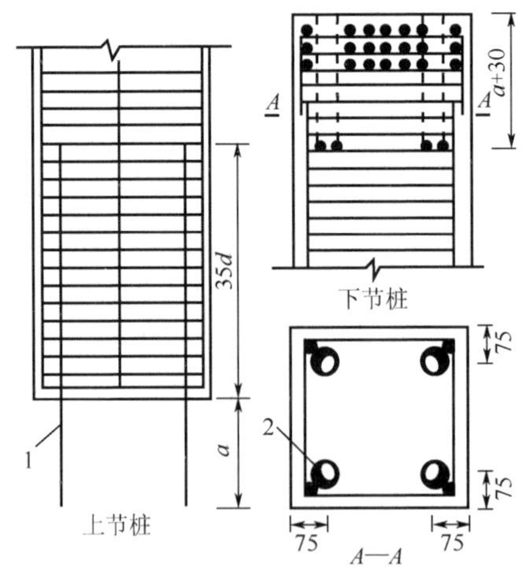

图 2.89　硫黄胶泥锚接法接桩节点构造

1—锚筋；2—锚筋孔

为保证接桩质量，应做到将锚筋刷净并调直；锚筋孔内应有完好螺纹，无积水、杂物和油污；接桩时接点的平面和锚筋孔内应灌满胶泥；灌注时间不得超过 2min；灌注后的停歇时间应符合有关规定。

（5）截桩。当预制钢筋混凝土桩的桩顶露出地面并影响后续桩施工时，应立即截桩头。截桩头前，应测量桩顶标高，将桩头多余部分凿去。截桩一般可采用人工或风动工具（如风镐等）来完成。截桩时不得把桩身混凝土打裂，并保证桩身主筋伸入承台内，其锚固长度必须符合设计规定。一般桩身主筋伸入混凝土承台内的长度：受拉时不少于 25 倍主筋直径；受压时不少于15倍主筋直径。主筋上黏附的混凝土碎块要清除干净。

(6) 打桩质量控制。打桩质量包括两个方面的内容：一是能否满足贯入度或标高的设计要求；二是打入后的偏差是否在施工及验收规范允许范围以内。贯入度是指一阵（每10击为一阵，落锤、柴油桩锤）或者1min（单动汽锤、双动汽锤）桩的入土深度。

为保证打桩的质量，应遵循以下原则：端承桩即桩端达到坚硬土层或岩层，以控制贯入度为主，桩端标高可作参考；摩擦桩即桩端位于一般土层，以控制桩端设计标高为主，贯入度可作参考。打（压）入桩（预制混凝土方桩、先张法预应力管桩、钢桩）的桩位偏差，必须符合规范的规定。打斜桩时，斜桩的倾斜度的允许偏差不得大于倾斜角正切值的15%。

① 打桩停锤的控制原则。为保证打桩质量，应遵循以下停打控制原则。

a. 摩擦桩以控制桩端设计标高为主，贯入度可作为参考。

b. 端承桩以贯入度控制为主，桩端标高可作参考。

c. 贯入度已达到而桩端标高未达到时，应继续锤击3阵，按每阵10击的平均贯入度不大于设计规定的数值加以确认，必要时施工控制贯入度应通过试验与相关单位会商确定。此处的贯入度是指桩最后10击的平均入土深度。

② 打桩允许偏差。桩平面位置的偏差，单排桩不大于100mm，多排桩一般为0.5～1个桩的直径或边长；桩的垂直偏差应控制在0.5%之内；按标高控制的桩，桩顶标高的允许偏差为－50～＋100mm。

③ 承载力检查。施工结束后应对承载力进行检查。桩的静载荷试验根数应不少于总桩数的1%，且不少于3根；当总桩数少于50根时，应不少于2根；当施工区域地质条件单一，又有足够的实际经验时，可根据实际情况由设计人员酌情而定。

(7) 打桩过程控制。打桩时，如果沉桩尚未达到设计标高，而贯入度突然变小，则可能是土层中央有硬土层，或遇到孤石等障碍物，此时应会同设计勘探部门共同研究解决，不能盲目施打。打桩时，若桩顶或桩身出现严重裂缝、破碎等情况时，应立即暂停，分析原因，在采取相应的技术措施后，方可继续施打。

打桩时，除了注意桩顶与桩身由于桩锤冲击被破坏外，还应注意桩身受锤击应力而导致的水平裂缝。在软土中打桩时，桩顶以下1/3桩长范围内常会因反射的应力波使桩身受拉而引起水平裂缝，开裂的地方常出现在易形成应力集中的吊点和蜂窝处，采用重锤低击和较软的桩垫可减小锤击拉应力。

(8) 打桩对周围环境影响的控制。打桩时，邻桩相互挤压导致桩位偏移，产生浮桩，则会影响整个工程质量。在已有建筑群中施工，打桩还会引起已有地下管线、地面交通道路和建筑物的损坏和不安全。为了避免或减小沉桩挤土效应和对邻近建筑物、地下管线等的影响，施打大面积密集桩群时，可采取下列辅助措施。

① 预钻孔沉桩，预钻孔孔径比桩径（或方桩对角线）少50～100mm，深度视桩距和土的密实度、渗透性而定，深度宜为桩长的1/3～1/2，施工时应随钻随打，桩架宜具备钻孔、锤击双重性能。

② 设置袋装砂井或塑料排水板消除部分超孔隙水压力，减少挤土现象。

③ 设置隔离板桩或开挖地面防振沟，消除部分地面振动。

④ 沉桩过程中应加强对邻近建筑物、地下管线等的观测和监护。

2.4.3 静力压桩

静力压桩是在软土地基上，利用静力压桩机或液压压桩机用无振动的静力压力（自重和配重）将预制桩压入土中的一种新工艺。静力压桩已被我国的大中城市较为广泛地采用，与普通的打桩和振动沉桩相比，静力压桩可以消除噪声和振动的公害，故特别适用于医院和有防振要求的部门附近的施工。

静力压桩与打桩相比，由于避免了锤击应力，桩的混凝土强度及其配筋只要满足吊装弯矩和使用期的受力要求就可以，因而桩的断面和配筋可以减小；压桩引起的挤土也少得多，因此，静力压桩是软土地区一种较好的沉桩方法。

1. 静力压桩设备

静力压桩机如图 2.90 和图 2.91 所示，其工作原理是通过安置在压桩机上的卷扬机的牵引，由钢丝绳、滑轮及压梁将整个桩机的自重力（800～1500kN）反压在桩顶上，以克服桩身下沉时与土的摩擦力，迫使预制桩下沉。桩架的高度为 10～40m，压入桩的长度可达 37m，桩断面尺寸为（400mm×400mm）～(500mm×500mm)。

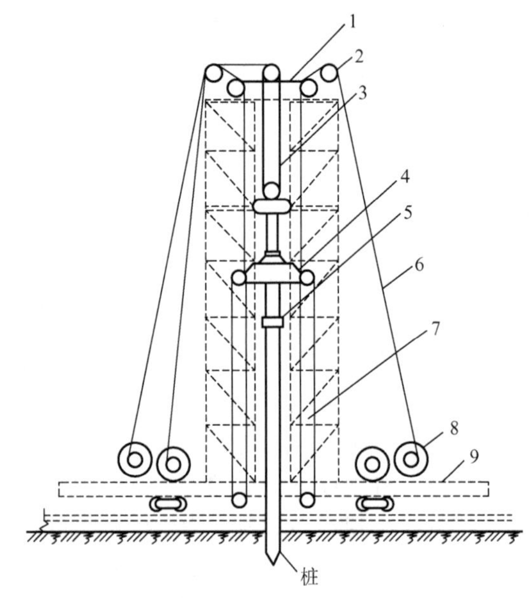

图 2.90 静力压桩机

1—桩架顶梁；2—导向滑轮；3—提升滑轮组；4—压梁；5—桩帽；
6—钢丝绳；7—压桩滑轮组；8—卷扬机；9—底盘

近年来，我国引进的 WYJ-200 型和 WYJ-400 型压桩机，是液压操纵的先进设备。其静压力有 2000kN 和 4000kN 两种，单根制桩长度可达 20m。

2. 压桩工艺

静力压桩适用于软弱土层，压桩机应配足额定的重量，可根据地质条件、试压情况确定修正。若桩在初压时，桩身发生较大幅度的移位、倾斜；在压力过程中桩身突然下沉或倾斜，桩顶混凝土破坏或压桩阻力剧变，则应暂停压桩待研究处理。

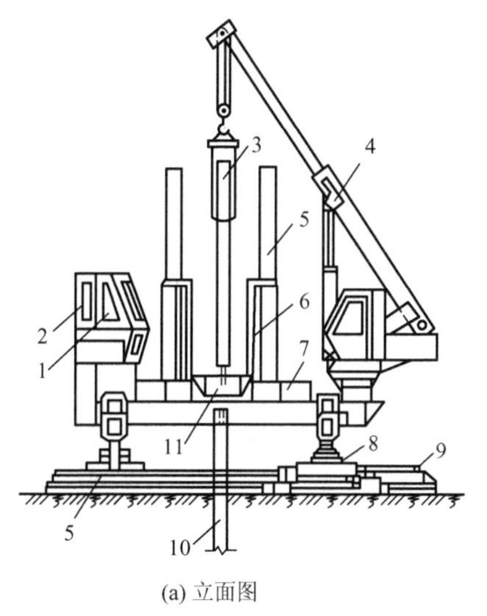

(a) 立面图

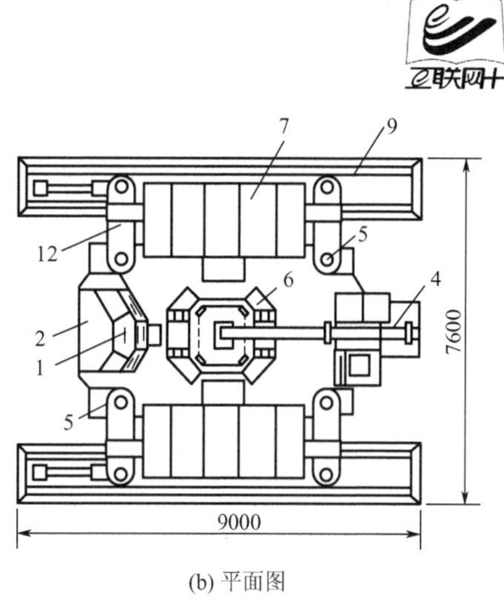

(b) 平面图

图 2.91　全液压式静力压桩机

1—操纵室；2—电控系统；3—吊入上节桩；4—液压起重机；5—液压系统；6—导向架；
7—配重铁块；8—短船行走及回转机构；9—长船行走机构；10—已压入下节桩；
11—夹持与压板装置；12—支腿式底盘结构

压桩施工前应做好定位放样及水平标高的控制，固定测点，各节预制桩均应弹出中心线以利在接桩时便于控制垂直度。静力压桩施工工艺流程如图 2.92 所示。

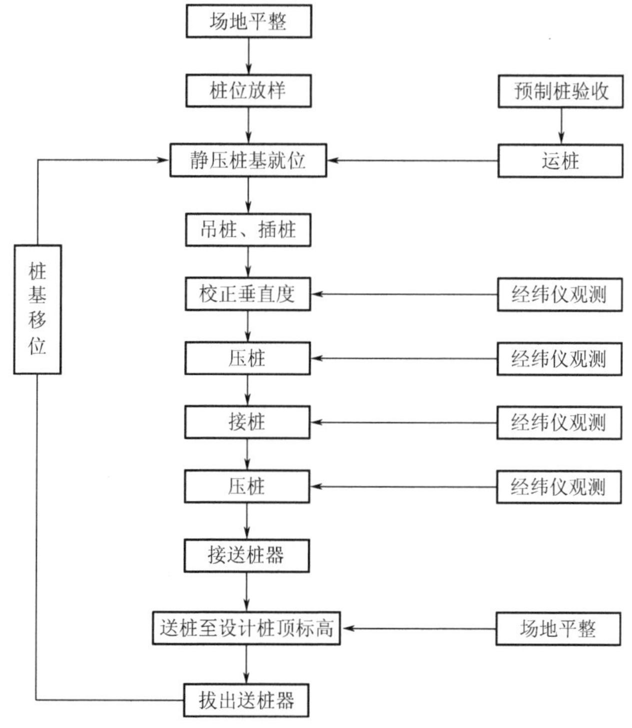

图 2.92　静力压桩施工工艺流程

(1) 测量放线定桩位。

① 根据提供的测量基准点用经纬仪放出各轴线，定出桩位。

② 每根桩施工前均用经纬仪复测，并请监理人员检查验收。

(2) 桩机就位。

① 将压桩机移至桩位处，观察水平仪和挂在压架上的垂球，调平机身。

② 以导桩器中心为准，用垂球对准桩尖圆心，找准桩位。

(3) 吊桩、插桩。驱动夹持油缸，将夹持板放置在适合的高度。启动卷扬机吊起预制桩，再将预制桩（或桩段）吊入夹持梁内，夹持油缸驱动夹持滑块，通过夹持板将预制桩夹紧，然后压桩油缸作伸程动作，使夹持机构在导向桩架内向下运动，带动预制桩挤入土中。微微启动压桩油缸，将预制桩压入土中 0.5～1.0m 后，用两台经纬仪双向调整桩身垂直度。

预制桩插桩时必须校正桩的垂直度，采用两台经纬仪距正在施工的管桩约 20m 处成 90°放置，两台经纬仪的观测结果均符合要求后才能进行压桩。

预制桩在进行吊装、运输与堆放时应注意以下几个方面。

① 预制桩吊装时宜采用两支点法，也可采用勾吊法，吊钩钩于桩两端板处，绳索与桩身水平交角应不大于 45°。

② 预制桩在起吊、装卸、运输过程中，必须做到平稳，轻起轻放，严禁抛掷、碰撞、滚落。

③ 预制桩在运输、堆放时的支点位置距两端均为 0.21L（L 为预制桩长度）。

④ 堆桩场地要平稳坚实，不得产生过大的或不均匀的沉陷。支点垫木的间距应与吊点位置相同，并保持在同一平面上，各层垫木应上下对齐处于同一垂直线上，最下层的垫木应适当加宽。堆放位置和方法应根据打桩位置、吊运方式及打桩顺序等综合考虑。

(4) 压桩。通过定位装置重新调整预制桩的垂直度，然后启动压桩油缸，将桩慢慢压入土中。压桩油缸行程走满，夹持油缸伸程，然后压桩油缸作回程动作，上述运动往复交替，即可实现桩机的压桩工作。压桩时要控制好施压速度。

压桩必须连续进行，若中断时间过长则土体将恢复固结，使压入阻力明显增大，增加了压桩的困难。压桩时应做好记录，特别对压桩读数应记录准确。

压桩过程中，当桩尖碰到夹砂层时，压桩阻力可能会突然增大，甚至因超过压桩能力而使桩机上抬。这时可以最大的压桩力作用在桩顶，采用“停车再开、忽停忽开”的办法使桩缓慢下沉穿过砂层。如果工程中有少量桩确实不能压至设计标高而相差不多时，可以采用截去桩顶的办法。

(5) 接桩。压桩施工，一般情况下都采用“分段压入、逐段接长”的方法。

(6) 继续压桩。继续压桩的操作与压桩相同。

(7) 送桩。当预制桩（顶节桩）压到接近自然地面时，用专用送桩器将桩压送到设计标高，送桩器的断面应平整，器身应垂直，最后标高应用水准仪控制。

送桩结束后，卸出送桩器，回填桩孔。

课题 2.5　冬期和雨期施工

1. 强夯地基

雨季施工时夯坑内或场地积水应及时排除。地下水位埋深较浅地区施工场地宜设纵横向排水沟网，沟网最大间距不宜超过 15m。

冬季施工时，应采取以下措施。

（1）应先将冻土击碎后再行强夯施工。

（2）当最低温度在－15℃以上、冻深在 800mm 以内时，可点夯施工且点夯的能级与击数应适当增加。

（3）冬季点夯处理的地基，满夯应在解冻后进行，满夯能级应适当增加。

（4）强夯施工完成的地基在冬季来临时，应设覆盖层保护，覆盖层厚度不应低于当地标准冻深。

2. 注浆加固地基

冬季施工时，在日平均温度低于 5℃或最低温度低于－3℃的条件下注浆时应采取防浆体冻结措施；夏季施工时，用水温度不得超过 35℃且对浆液注浆管路应采取防晒措施。

3. 水泥粉煤灰碎石桩复合地基

冬季施工时，混合料入孔温度不得低于 5℃，对桩头和桩间土应采取保温措施。

应用案例 2-1

某单层工业厂房杯形基础施工

杯形基础的施工程序是：放线→支下阶模板→安放钢筋网片→支上阶模及杯口模→浇捣混凝土→修整养护等。

放线、支模、绑扎钢筋按通常办法做，浇筑混凝土按下述施工方法进行。

（1）整个杯形基础要一次浇捣完成，不允许留设施工缝。混凝土分层浇灌厚度一般为 25～30cm，每层混凝土要一次卸足，用拉耙、铁锹配合拉平，顺序是先边角后中间。下料时，锹背应向模板，使模板侧面砂浆充足；浇至表面时锹背应向上。

（2）混凝土振捣应用插入式振动器，每一插点振捣时间一般为 20～30s。插点布置宜为行列式。当浇捣到斜坡时，为减少或避免下阶混凝土落入基坑，四周 20cm 范围内可不必摊铺。

（3）为防止台阶交角处出现“吊脚”现象（上阶与下阶混凝土脱空），可采取以下技术措施。

① 在下阶混凝土浇捣下沉 2～3cm 后暂不填平，继续浇捣上阶。先用铁锹沿上阶模底圈做混凝土内、外坡，然后再浇上阶，外坡混凝土在上阶振捣过程中自动摊平，待上阶混凝土浇捣后，再将下阶混凝土齐侧模上口拍实抹平，如图 2.93 所示。

② 捣完下阶后拍平表面，在下阶侧模外先压上 20cm×10cm 的压角混凝土并加以捣实，再继续浇捣上阶，待压角混凝土接近初凝时，将其铲掉重新搅拌利用。

（4）为了保证杯形基础杯口底标高正确，宜先将杯口底混凝土振实，再捣杯口模四周外的混凝土，振捣时间尽可能缩短，并应两侧对称浇捣，以免杯口模挤向一侧或由于混凝土泛起而使杯口模上升。

本工程中的高杯口基础可采用后安装杯口模的方法，即当混凝土浇捣到接近杯口底时，再安装杯口模后继续浇捣。

（5）基础混凝土浇捣完毕后，还要进行铲填、抹光工作。用直尺检验斜坡是否准确，

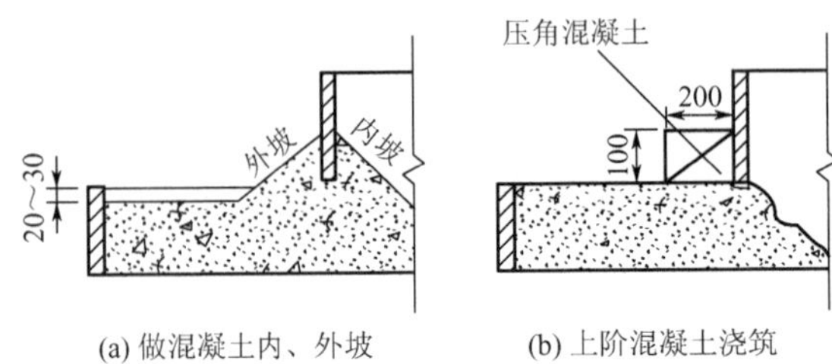

(a) 做混凝土内、外坡　　(b) 上阶混凝土浇筑

图 2.93　杯形基础混凝土施工

坡面如有不平，应加以修整，直到符合要求为止。接着用铁抹子拍抹表面，把凸起的石子拍平，然后由高处向低处加以压光。拍一段，随拍随抹。局部砂浆不足，应随时补浆。

为了提高杯口模的周转率，可在混凝土初凝后终凝前将杯口模拔出。混凝土强度达到设计强度等级的25%时，即可拆除侧模。

(6) 本基础工程采用自然养护方法，严格执行硅酸盐水泥拌制的混凝土的养护洒水规定。

应用案例 2-2

某高层住宅楼桩基工程施工方案

1. 工程概况

某单位住宅楼为12层高层建筑，建筑高度40.4m。住宅采用一梯二户单元布置，每单元设置一部电梯和一个楼梯，底层用作社区用房、活动中心、管理用房等。工程设防烈度为六度，属二类建筑；建筑结构的安全等级为二级；地基基础设计等级为乙级；建筑桩基的安全等级为二级；建筑抗震设防为丙类；剪力墙抗震等级为三级。工程为钢筋混凝土框架-剪力墙结构，场地土类型为Ⅱ类中软场地土，工程基础为桩上承台-地梁基础。桩身及护壁的混凝土强度等级为C25，承台、基础梁混凝土强度等级为C30。

2. 桩基工程施工方案

工程采用现浇混凝土分段护壁的人工挖孔桩的施工方案，施工工艺如下。

(1) 放线定位。按设计图样放线、定位桩。

(2) 开挖土方。采取分段开挖，每段高度取决于土壁保持直立状态的能力，一般以0.8~1.0m为一施工段。

在地下水以下施工时应及时用吊桶将泥水吊出。如遇大量渗水，则在孔底一侧挖集水坑，用高扬程潜水泵排出孔外。

(3) 测量控制。桩位轴线采用在地面设十字控制网、基准点。安装提升设备时，使吊桶的钢丝绳中心与桩孔中心线一致，以作挖土时粗略控制中心线用。

(4) 支设护壁模板。模板高度取决于开挖方施工段的高度，一般为1m，由8块活动木模板组合而成。

(5) 设置操作平台。在模板顶放置操作平台，操作平台可用角钢和钢板制成半圆形，两个合起来即为一个整圆，使用时临时放置混凝土拌合料和灌注护壁混凝土用。

(6) 灌注护壁混凝土。护壁混凝土要注意捣实，因为其起着护壁与防水双重作用，上下护壁间搭接50~75mm。

(7) 拆除模板继续下一段的施工。当护壁混凝土达到一定强度后便可拆除模板，一般在常温情况下约24h可以拆除模板，再开挖下一段土方，然后继续支模板灌注护壁混凝土，如此循环，直到挖到设计要求的深度。

(8) 钢筋笼沉放。钢筋笼就位，对质量1000kg以内的小型钢筋笼，可用带有小卷扬机和活动的小型吊运机具，或用汽车吊运机吊放入孔内就位。

(9) 排除孔底积水，灌注桩身混凝土。灌注混凝土前，应先放置钢筋笼，并再次测量孔内虚土厚度，超过要求时应进行清理。混凝土坍落度为8～10cm。

混凝土灌注可用手推车运输向桩孔内灌注。混凝土上下料一般用串桶，深桩孔用混凝土导管。

混凝土应连续分层灌注，每层灌注高度不超过1.5m。对于直径较小的挖孔桩，距地面6m以下部分应利用混凝土的大坍落度（掺粉煤灰或减水剂）和下冲力使之密实；6m以内的混凝土应分层振捣密实。对于直径较大的挖孔桩应分层振捣密实，第一次灌注到扩底部位的顶面，随即振捣密实；再分层灌注桩身，分层捣实，直至桩顶。当混凝土灌注量大时，可用混凝土泵车和布料杆。在初凝前抹压平整，以避免出现塑性收缩裂缝或环向干缩裂缝。表面浮浆层应凿除，使之与上部承台或底板连接良好。

3. 施工注意事项

本工程的人工挖孔桩是人力挖掘成孔，必须在保证安全的条件下作业。

(1) 施工安全措施。

① 从事挖孔桩作业的工人必须健壮，并且须经健康检查和井下、高空、用电、吊装及简单机械操作等安全作业培训且考核合格后，方可进入现场施工。

② 在施工图会审和桩孔挖掘前，要认真研究钻探资料，分析地质情况，对可能出现管涌、涌水及有害气体等情况应制定有针对性的安全防护措施。如对安全施工存在疑虑，应事前向有关单位提出。

③ 施工现场所有设备、设施、安全装置、工具、配件及个人劳保用品等必须经常进行检查，确保完好和安全使用。

④ 为防止孔壁坍塌，应根据桩径大小和地质条件采取可靠的支护孔壁的施工办法。

⑤ 孔口操作平台应自成稳定体系，防止在护壁下沉时被拉垮。

⑥ 在孔口设水平移动式活动安全盖板，当提土桶提升到离地面约1.8m，推活动盖板关闭孔口，手推车推至盖板上卸土后，再开盖板，放下提土桶装土，以防止土块、操作人员掉入孔内伤人。采用电动葫芦提升提土桶，桩孔四周应设安全栏杆。

⑦ 孔内必须设置应急软爬梯，供人员上下孔使用的电动葫芦、吊笼等应安全可靠并配有自动卡紧保险装置，不得使用麻绳和尼龙绳吊扶或脚踏井壁凸缘上下。电动葫芦宜采用按钮式开关，使用前必须检验其安全性。

⑧ 吊运土方用的绳索、滑轮和盛土容器应完好牢固，起吊时垂直下方严禁站人。

⑨ 施工场地内的一切电源、电路的安装和拆除必须由持证电工操作，电器必须严格接地、接零和使用漏电保护器。各孔用电必须分闸，严禁一闸多用。孔上电缆必须架空2.0m以上，严禁拖地和埋压土中，孔内电缆电线必须有防湿、防潮、防断等保护措施。照明应采用安全矿灯或12V以下的安全灯。

⑩ 护壁要高出承台地基面200mm左右，孔周围要设置安全防护栏杆。

⑪ 施工人员必须戴安全帽，穿绝缘胶鞋。孔内有人时，孔上必须有人监督防护，不

得擅离岗位。

⑫ 当桩孔开挖深度超过 5m 时，每天开工前应进行有毒气体的检测；挖孔时要时刻注意是否有有毒气体；特别是当孔深超过 10m 时要采用必要的通风措施，风量不宜少于 25L/s。

⑬ 挖出的土方应及时运走，机动车不得在桩孔附近通行。

⑭ 加强对孔壁土层涌水情况的观察，发现异常情况，及时采取处理措施。

⑮ 灌注桩身混凝土时，相邻 10m 范围内的挖孔作业应停止，并不得在孔底留人。

⑯ 暂停施工的桩孔，应加盖板封闭孔口，并加 0.8～1m 高的围栏围蔽。

⑰ 现场应设专职安全检查员，在施工前和施工中应进行认真检查；发现问题及时处理，待消除隐患后再行作业；对违章作业有权制止。

(2) 挖孔注意事项。

① 开挖前，应从桩中心位置向四周引出四个桩心控制点，用牢固的木桩标定。当一节桩孔挖好后安装护壁模板时，必须用桩心点来校正模板位置，并应设专人严格校核中心位置及护壁厚度。

② 修筑第一节孔圈护壁应符合下列规定。

a. 孔圈中心线应和桩的轴线重合，其与轴线的偏差不得大于 20mm。

b. 第一节孔圈护壁应比下面的护壁厚 100～150mm，并应高出现场地表面 200mm 左右。

③ 修筑孔圈护壁应遵守下列规定。

a. 护壁厚度、拉接钢筋或配筋强度等级应符合设计要求。

b. 桩孔开挖后应尽快灌注护壁混凝土，且必须当天一次性灌注完毕。

c. 上下护壁间的搭接长度不得少于 50mm。

d. 灌注护壁混凝土时，可用敲击模板用竹竿、木棒等反复插捣。

e. 不得在桩孔水淹没模板的情况下灌注护壁混凝土。

f. 护壁混凝土拌合料中宜掺入早强剂。

g. 护壁模板的拆除，应根据气温等情况而定，一般可在 24h 后进行。

h. 发现护壁有蜂窝、漏水现象应及时加以堵塞或导流，防止孔外水通过护壁流入桩孔内。

i. 同一水平面上的孔圈两正交直径的极差不宜大于 50mm。

④ 多孔桩同时成孔，应采取间隔挖孔方法，以避免相互影响和防止土体滑移。

⑤ 对桩的垂直度和直径，应每段检查，发现偏差，随时纠正，保证位置正确。

⑥ 遇到流动性淤泥或流砂时，可按下列方法进行处理。

a. 减少每节护壁的高度（可取 0.3～0.5m），或采取钢护筒、预制混凝土沉井等作为护壁。待穿过松软层或流砂层后，可按一般方法边挖掘边灌注混凝土护壁。

b. 当采用上述方法仍无法施工时，应迅速用砂回填桩孔到能控制坍孔为止，并会同有关单位共同处理。

c. 开挖流砂严重的桩孔时，应将附近无流砂的桩孔挖深，使其起集水井作用。集水井应选在地下水流的上方。

⑦ 遇到塌孔时，一般可在塌方处用砖砌成外模，配适当钢筋（ϕ6～9mm，间距 150mm）再支钢内模灌注混凝土护壁。

⑧ 当挖孔至桩端持力层岩（土）面时，应及时通知建设、设计单位和质检（监）部门对孔底土进行鉴定。经鉴定符合设计要求后，才能按设计要求进行入岩挖掘或进行扩底端施工。不能简单地以提供的桩长参考数据来终止挖掘。

⑨ 扩底时，为防止扩底部位塌方，可采用间隔挖土扩底措施，留一部分土方作为支撑，待灌注混凝土前挖除。

⑩ 终孔时，应清除护壁污泥、孔底残渣、浮土、杂物和积水，并通知建设单位、设计单位及质检（监）部门对孔底形状、尺寸、土质等进行检验。检验合格后，应迅速封底、安装钢筋笼、灌注混凝土。孔底地质状况应妥善保存备查。

⑪ 工程桩施工前必须进行桩端持力层的“岩基荷载试验”。

⑫ 工程桩的质量检验根据成桩的质量而定。

⑬ 当桩的最小中心距不满足 $2.5d$ 或 $D+1\text{m}$（当 D 大于 2.0m 时），应跳挖施工，且待第一批桩浇灌混凝土并其强度达到 5.0N/mm^2 后，再挖扩相邻桩。

单元小结

当工程结构荷载较大，地基土质又较软弱（强度不足或压缩性大），不能作为天然地基时，可针对不同情况采取加固方法，常用的有地基换填、重锤夯实、强夯地基、灰土挤密桩、振冲地基、深层搅拌及地基压浆等。

浅基础，根据使用材料性能不同可分为无筋扩展基础（刚性基础）和扩展基础（柔性基础）。

无筋扩展基础抗压强度高，而抗拉、抗弯、抗剪性能差。扩展基础一般均为钢筋混凝土基础，按构造形式不同又可分为条形基础（包括墙下条形基础与柱下独立基础）、杯口基础、筏形基础、箱形基础等。

桩按其制作工艺分预制桩和现场灌注桩。

预制桩的常用沉桩方法有锤击法、静压法、振动法和水冲法。

灌注桩是在施工现场的桩位上就地成孔，然后在孔内灌注混凝土或钢筋混凝土而成。根据成孔方法的不同可以分为干作业成孔、泥浆护壁成孔、套管成孔、人工挖孔灌注桩等。

泥浆护壁成孔灌注桩有正循环和反循环两种成孔工艺。正循环成孔是泥浆由钻杆输进，泥浆沿孔壁上升进入泥浆池，经处理后进行循环。反循环成孔是从钻杆内腔抽吸泥浆和钻渣，泥浆经处理后进行循环。

沉管灌注桩是指利用锤击打桩法或振动打桩法，将带有活瓣式桩靴或预制钢筋混凝土桩尖的钢管沉入土中，当桩管打到要求深度后，放入钢筋骨架，然后边浇筑混凝土，边锤击或振动拔管。沉管灌注桩有锤击沉管灌注桩、振动沉管灌注桩和沉管夯扩灌注桩等多种。

人工挖孔桩是指由人力挖掘成孔，放入钢筋笼，最后浇筑混凝土而成的桩。

地下连续墙可作为防渗墙、挡土墙、地下结构的边墙和建筑物的基础，主要施工过程有筑导墙、挖槽、清槽、钢筋笼吊放、混凝土灌注和接头施工等。

箱形基础是由钢筋混凝土底板、顶板、侧墙及一定数量的内隔墙构成封闭的箱体。它的整体性和刚度都比较好，也可以减少基底处原有地基的自重应力。

(1) 19世纪70年代以前，建筑施工使用的大多数是中小型桩；进入19世纪80年代以后，大直径长桩和嵌岩桩的使用越来越多，其直径可达3.0m，长度达100m以上（如黄河某大桥的桩长为104m）。

我国的深桩基础，绝大多数采用泥浆护壁、水下灌注混凝土成桩工艺；国外则多采用钢管护壁。两者相比，前者的设备简单、工效高、造价低，所以更适合我国国情。只要按照工艺要求精心施工，其成桩质量同样可以得到保证。

(2) 近几年来，我国还开发了横断面为十字形或梅花形的异形灌注桩。与传统的圆形断面灌注桩相比，其技术性能更适合某些地下工程的特殊需要。它已成功地应用于北京地铁永安里车站、天津冶金科贸中心大厦及天津紫金花园公寓等工程的地下连续墙施工。

(3) 为了提高灌注桩的承载能力，降低灌注桩的沉降变形，一些工程开展了孔底压浆与超声检测相结合的工艺措施。在天津已推广应用于多项工程的长桩基础工程中，对于50m左右长度的摩擦桩可提高承载力20%～30%；在北京、锦州等地应用于长度为10m左右的摩擦端承桩的桩底加固，可提高单桩承载力80%～100%。

推荐阅读资料

1.《建筑基桩检测技术规范》(JGJ 106—2014)

2.《建筑地基处理技术规范》(JGJ 79—2012)

3.《建筑地基基础工程施工质量验收规范》(GB 50202—2002)

4.《建筑工程施工质量验收统一标准》(GB 50300—2013)

5.《建筑机械使用安全技术规程》(JGJ 33—2012)

6. 建筑施工手册（第五版）编写组. 建筑施工手册[M]. 5版. 北京：中国建筑工业出版社，2012.

习题

一、单选题

1. 下列哪种情况中，无须采用桩基础（　　）。

   A. 高大建筑物，深部土层软弱　　B. 普通低层住宅

   C. 上部荷载较大的工业厂房　　D. 变形和稳定要求严格的特殊建筑物

2. 按桩的受力情况分类，下列说法错误的是（　　）。

   A. 按受力情况桩分为摩擦桩和端承桩

   B. 摩擦桩上的荷载由桩侧摩擦力承受

   C. 端承桩的荷载由桩端阻力承受

   D. 摩擦桩上的荷载由桩侧摩擦力和桩端阻力共同承受

3. 预制桩制作时，上层桩或邻桩的浇筑必须待下层桩的混凝土达到设计强度的（　　）方可进行。

A. 30% B. 50% C. 70% D. 100%

4. 预制混凝土桩混凝土强度达到设计强度的（ ）方可起吊，达到（ ）方可运输和打桩。

A. 70%，90% B. 70%，100% C. 90%，90% D. 90%，100%

5. 用锤击沉桩时，为防止桩受冲击应力过大而损坏，应力要求（ ）。

A. 轻锤重击 B. 轻锤轻击 C. 重锤重击 D. 重锤轻击

6. 大面积高密度打桩不宜采用的打桩顺序是（ ）。

A. 由一侧向单一方向进行 B. 自中间向两个方向对称进行

C. 自中间向四周进行 D. 分区域进行

7. 关于打桩质量控制，下列说法不正确的是（ ）。

A. 桩尖所在土层较硬时，以贯入度控制为主

B. 桩尖所在土层较软时，以贯入度控制为主

C. 桩尖所在土层较硬时，以桩尖设计标高控制为参考

D. 桩尖所在土层较软时，以桩尖设计标高控制为主

8. 下列说法不正确的是（ ）。

A. 静力压桩是利用无振动、无噪声的静压力将桩压入土中，主要用于软弱土层和邻近怕振动的建筑物（构筑物）

B. 振动法在砂土中施工效率较高

C. 水冲法适用于砂土和碎石土，有时对于特别长的预制桩，单靠锤击有一定困难时，也可采用水冲法辅助之

D. 打桩时，为减少对周围环境的影响，可采取适当的措施，如井点降水

9. 下列关于灌注桩的说法不正确的是（ ）。

A. 灌注桩是直接在桩位上就地成孔，然后在孔内灌注混凝土或钢筋混凝土而成

B. 灌注桩能适应地层的变化，无须接桩

C. 灌注桩施工后无须养护即可承受荷载

D. 灌注桩施工时无振动、无挤土和噪声小

10. 干作业成孔灌注桩的适用范围是（ ）。

A. 饱和软黏土

B. 地下水位较低、在成孔深度内无地下水的土质

C. 地下水不含腐蚀性化学成分的土质

D. 适用于任何土质

11. 下列关于泥浆护壁成孔灌注桩的说法不正确的是（ ）。

A. 仅适用于地下水位低的土层

B. 泥浆护壁成孔是用泥浆保护孔壁、防止塌孔和排出土渣而成

C. 多用于含水量高的地区

D. 对不论地下水位高或低的土层皆适用

12. 泥浆护壁成孔灌注桩成孔机械可采用（ ）。

A. 导杆抓斗 B. 高压水泵 C. 冲击钻 D. 导板抓斗

13. 泥浆护壁成孔灌注桩成孔时，泥浆的作用不包括（ ）。

A. 洗渣 B. 冷却 C. 护壁 D. 防止流砂

14. 在沉孔灌注桩施工中若遇砂质土层最宜采用的桩锤是（　　）。

A. 柴油锤　　B. 蒸汽锤　　C. 机械锤　　D. 振动锤

15. 沉孔灌注桩施工在黏性土层施工时，当接近桩底标高时宜采用的施工方法是（　　）。

A. 重锤低击　　B. 重锤高击　　C. 轻锤高击　　D. 轻锤低击

16. 钻孔灌注桩施工过程中若发现泥浆突然漏失，可能的原因是（　　）。

A. 护筒水位过高　　B. 塌孔

C. 钻孔偏斜　　D. 泥浆相对密度太大

二、多选题

1. 灌注桩同预制桩相比，具有的优点是（　　）。

A. 节约钢材　　B. 造价较低　　C. 直径大

D. 深度大　　E. 单桩承载力大

2. 灌注桩按成孔设备和方法不同划分，属于非挤土类桩的是（　　）。

A. 锤击沉管桩　　B. 振动冲击沉管灌注桩

C. 冲孔灌注桩　　D. 挖孔桩　　E. 钻孔灌注桩

3. 振动沉管灌注桩的施工方法有（　　）。

A. 逐排打法　　B. 单打法　　C. 复打法

D. 分段法　　E. 反插法

4. 有关桩的运输和堆放，正确的是（　　）。

A. 短距离时用卷扬机托运

B. 长距离时用汽车托运

C. 桩堆放时垫木与吊带位置应相互错开

D. 堆放层数不应超过四层

E. 不同规格的桩可同垛堆放

5. 在选择桩锤锤重时应考虑的因素是（　　）。

A. 地质条件　　B. 桩的类型与规格

C. 桩的密集程度　　D. 单桩的极限承载力

E. 现场施工条件

6. 打桩质量控制主要包括（　　）。

A. 贯入度控制　　B. 桩尖标高控制

C. 桩锤落距控制　　D. 打桩后的偏差控制

E. 打桩前的位置控制

7. 在静力压桩施工中，常用的接桩方法有（　　）。

A. 螺栓法　　B. 焊接法　　C. 施工缝法

D. 锚板法　　E. 浆锚法

8. 采用静力压桩时，不正确的做法是（　　）。

A. 压桩时，桩锚桩身和送桩的中心线重合

B. 桩尖遇上夹砂层时，可增加配重

C. 接桩中途停顿时，应停在硬土中

D. 初压时，桩身发生较大幅度位移，应继续压桩

E. 摩擦桩压桩，以压桩阻力控制

9. 泥浆护壁成孔灌注桩常用的钻孔机械有（　　）。

A. 螺旋钻机　　B. 冲击钻　　C. 回转站

D. 冲抓钻　　E. 潜水钻

10. 振动沉管机械设备有（　　）。

A. 桩架　　B. 振动桩锤　　C. 钻机

D. 钢桩管　　E. 滑轮组

11. 在泥浆护壁成孔施工中，下列说法正确的是（　　）。

A. 钻机就位时，回转中心对准护筒中心

B. 护筒中心泥浆应高出地下水位 1～1.5m

C. 桩内配筋超过 12m 应分段制作和吊放

D. 每根桩灌注混凝土最终高程应比设计桩顶标高低

E. 清孔应一次进行完毕

12. 在泥浆护壁成孔施工中，泥浆的作用是（　　）。

A. 保护孔壁　　B. 润滑钻头　　C. 降低钻头发热

D. 携渣　　E. 减少钻进阻力

13. 在沉管灌注桩施工中常见的问题有（　　）。

A. 孔壁坍塌　　B. 断桩　　C. 桩身倾斜

D. 缩颈桩　　E. 吊脚桩

14. 人工挖孔灌注桩的施工工艺，下列说法正确的是（　　）。

A. 开孔前，在桩位外设置定位龙门桩

B. 分节开挖土方，每节深度为 2m

C. 浇筑混凝土 12h 后可拆除护壁模板

D. 安装护壁模板时必须用桩中心点校正模板位置

E. 桩孔挖至设计标高后，应立即吊放钢筋笼

15. 下列对静力压桩特点的描述，正确的有（　　）。

A. 无噪声、无振动

B. 与锤击沉桩相比，可节约材料降低成本

C. 压桩时，桩只承受静压力

D. 只可通过试桩得单桩承载力

E. 适合城市中施工

三、简答题

1. 什么是灰土地基？
2. 灰土地基的主要优点和适用范围是什么？
3. 灰土地基施工时，应适当控制含水量，工地的检验方法是什么？
4. 砂和砂石地基的概念和适用范围是什么？
5. 砂和砂石地基对材料的主要要求有哪些？
6. 砂和砂石地基的压实一般可采用什么方法？

7. 施工时，当地下水位较高或在饱和的松软地基上施工时应采取什么措施?
8. 粉煤灰地基铺设时对粉煤灰的含水量有何要求?
9. 粉煤灰地基施工工艺流程如何?
10. 简述毛石基础、料石基础和砖基础的构造。
11. 简述砖砌基础的工艺流程及施工要点。
12. 简述毛石基础的工艺流程及施工要点。
13. 桩基础包括哪几部分? 桩如何进行分类?
14. 各种形式桩基施工环节、施工机械有什么不一样?
15. 钻孔灌注桩成孔施工时，泥浆起什么作用? 正循环与反循环有何区别?
16. 如何确定钢筋混凝土预制桩的打桩顺序?
17. 预制桩和灌注桩各有什么优缺点?
18. 泥浆护壁钻孔灌注桩和干作业成孔灌注桩有什么区别?

单元 3

砌体工程施工

教学目标

了解脚手架的分类、选型、构造组成、搭设及拆除的基本要求；熟悉常用外脚手架的构造，主要组成杆件及搭设要点，里脚手架的形式、构造；了解常用垂直运输设备的特点及使用；掌握砌筑砂浆的材料要求、制备要求及其质量验收；掌握砖砌体、小型砌块砌体、填充墙砌体的施工工艺、质量要求和安全的技术措施；了解冬期和雨期砌体施工的基本要求；熟悉冬期和雨期砌体施工采取的措施及其施工注意事项。

教学要求

能力目标	知识要点	权重
掌握脚手架的基本构造及其搭设与拆除注意事项	不同外脚手架的构造组成、搭设与拆除；里脚手架的构造及应用	20%
了解常用垂直运输设备的特点及应用	不同垂直运输设备的组成和使用特点	10%
熟悉砌筑砂浆的材料要求和制备要求	砂浆各组分的要求、制备、强度及质量检验	15%
掌握砌筑工程的施工工艺	砖砌体、小型砌块砌体、填充墙砌体工程的材料准备、施工工艺、质量要求及其检验	40%
熟悉冬期和雨期砌体施工采取的措施	冬期和雨期砌体施工的基本要求、措施、施工注意事项	15%

引 例

某六层砖混结构，建筑面积为1513m^2，基础为钢筋混凝土条形基础，砖墙承重，基础墙及底层墙用MU10普通黏土砖，二层及二层以上用MU10多孔黏土砖，内隔墙为三孔砖；楼板为现浇钢筋混凝土楼板，板厚120mm。

思考：(1) 该建筑施工该选择何种垂直运输设备和脚手架形式？

(2) 墙体的施工步骤及工艺如何？如何保证其施工质量？

知 识 点

砌体工程是指用砂浆将砖、石及各种类型砌块胶结成整体的施工工艺。砖石砌体在我国有悠久的历史，它取材容易，造价低，施工简单，目前在建筑施工中仍占有相当大的相对密度。其缺点是自重大，主要以手工操作为主，劳动强度高，生产效率低，且烧结黏土砖占用大量农田，消耗土地资源较多，因而采用新型墙体材料，是砌体改革的一个方向。

砌体工程是一个综合的施工过程，它包括脚手架搭设、材料运输和墙体砌筑等。

课题 3.1 常用施工机具

3.1.1 常用的砌筑机具

砌筑房屋时，常用的砌筑工具主要有瓦刀、斗车、砖笼、料斗、灰斗、灰桶、大铲、灰板、摊灰尺、溜子、抿子、刨锛、钢凿、手锤等。

1. 瓦刀

瓦刀又称泥刀、砖刀，分为片刀和条刀两种（图3.1）。片刀叶片较宽，重量较大，是我国北方地区打砖用工具。条刀叶片较窄，重量较轻，是我国南方地区砌筑各种砖墙的主要工具。

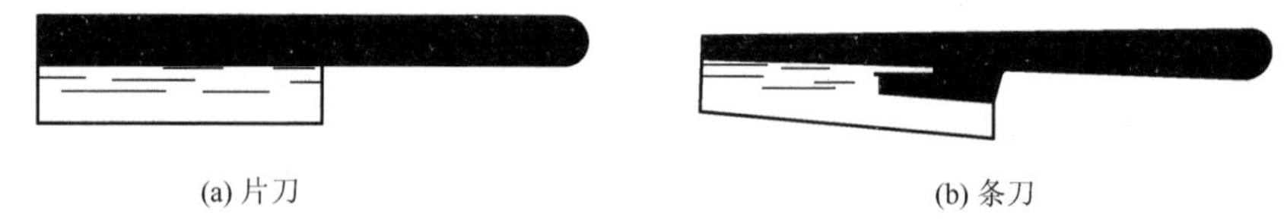

(a) 片刀　　(b) 条刀

图3.1 瓦刀

2. 斗车

斗车的轮轴小于900mm，容量约0.12m^3，用于运输砂浆和其他散装材料（图3.2）。

3. 砖笼

采用塔吊施工时，砖笼是用来吊运砖块的工具（图3.3）。

4. 料斗

料斗是采用塔吊施工时用来吊运砂浆的工具，料斗按工作时的状态又分立式料斗和卧式料斗（图3.4）。

5. 灰斗

灰斗又称灰盆，用1～2mm厚的黑铁皮或塑料制成［图3.5(a)］，用于存放砂浆。

6. 灰桶

灰桶又称泥桶，分铁制、橡胶制和塑料制三种，供短距离传递砂浆及临时储存砂浆用［图 3.5(b)］。

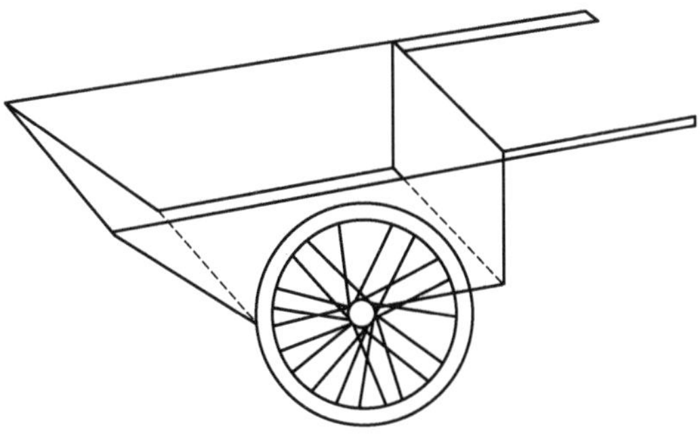

图 3.2　斗车

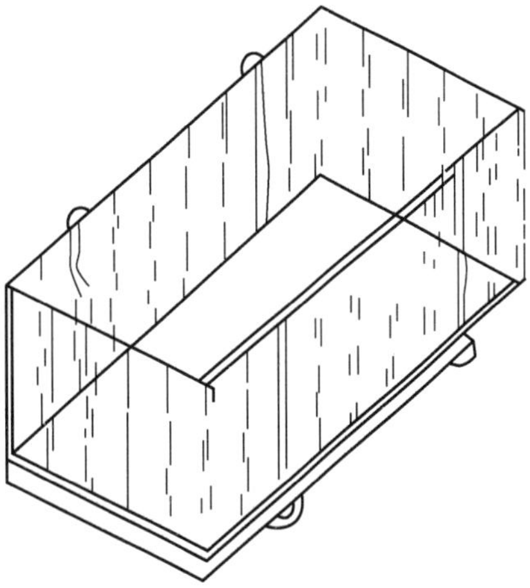

图 3.3　砖笼

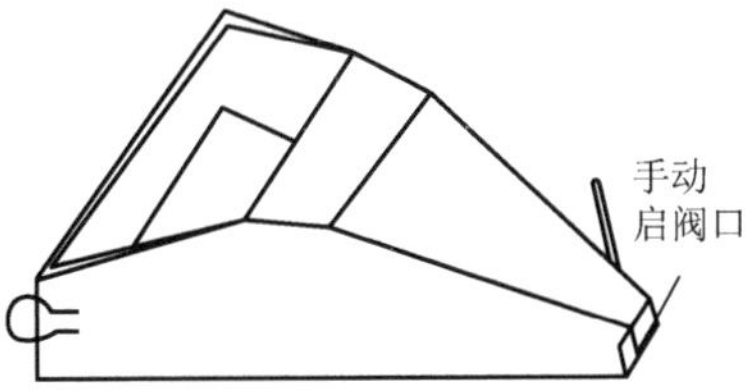

手动启阀口

图 3.4　卧式料斗

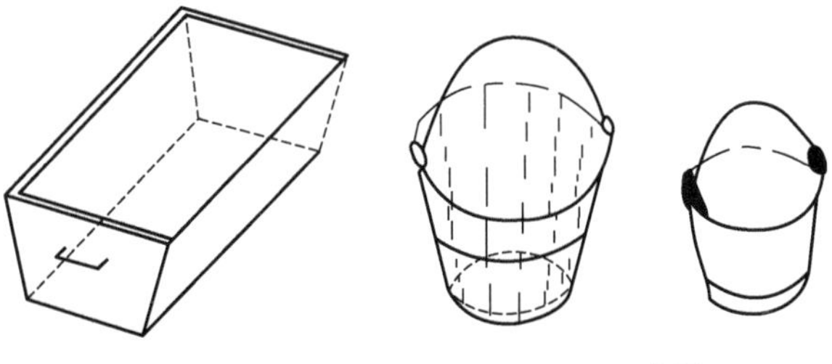

(b) 灰斗

(b) 灰桶

图 3.5　灰斗和灰桶

7. 大铲

大铲是用于铲灰、铺灰和刮浆的工具，也可以在操作中用它随时调和砂浆。大铲以桃形居多，也有长三角形大铲、长方形大铲和鸳鸯大铲。它是实施“三一”（一铲灰、一块砖、一揉挤）砌筑法的关键工具，如图 3.6 和图 3.7 所示。

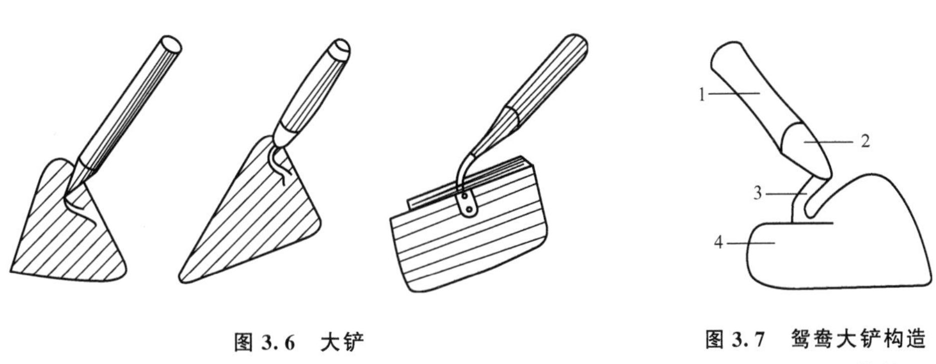

图 3.6　大铲

图 3.7　鸳鸯大铲构造

1—铲把；2—铲箍；3—铲程；4—铲板

8. 灰板

灰板又叫托灰板，在勾缝时用其承托砂浆。灰板用不易变形的木材制成，如图 3.8 所示。

9. 摊灰尺

摊灰尺用于控制灰缝及摊铺砂浆。它用不易变形的木材制成，如图 3.9 所示。

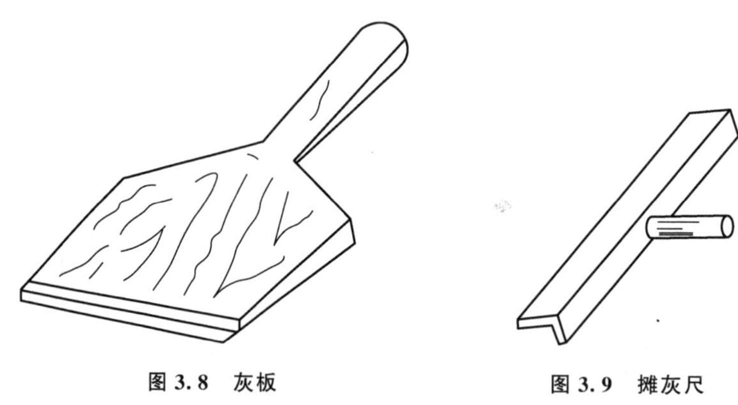

图 3.8 灰板　　图 3.9 摊灰尺

10. 溜子

溜子又叫灰匙、勾缝刀，一般以 ϕ8mm 钢筋打扁制成，并装上木柄（图 3.10），通常用于清水墙勾缝。用 0.5～1mm 厚的薄钢板制成的较宽的溜子，则用于毛石墙的勾缝。

11. 抿子

抿子用于石墙抹缝、勾缝。多用 0.8～1mm 厚钢板制成，并装上木柄，如图 3.11 所示。

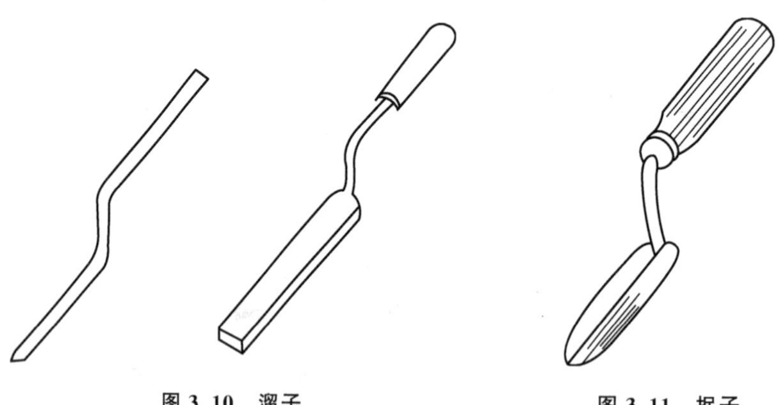

图 3.10 溜子　　图 3.11 抿子

12. 刨锛

刨锛用以打砍砖块，也可当作小锤与大铲配合使用，如图 3.12 所示。

13. 钢凿

钢凿又称錾子，与手锤配合，用于开凿石料、异形砖等。其直径为 20～28mm，长 150～250mm，端部有尖、扁两种，如图 3.13 所示。

14. 手锤

手锤俗称小榔头，用于敲凿石料和开凿异形砖，如图 3.14 所示。

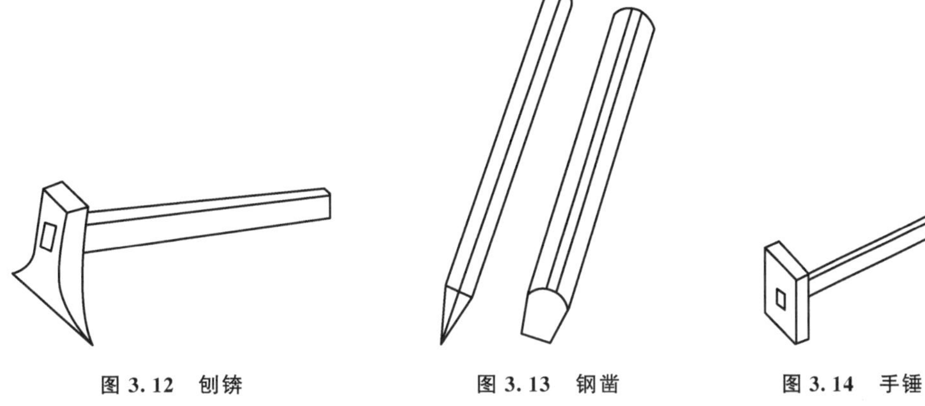

图 3.12 刨锛　　图 3.13 钢凿　　图 3.14 手锤

3.1.2 常用的备料工具

砌筑时的备料工具主要有砖夹、筛子、锹（铲）等。

1. 砖夹

砖夹是施工单位自制的夹砖工具，一般可用 ϕ16mm 钢筋锻造，一次可以夹起 4 块标准砖，用于装卸砖块。砖夹形状如图 3.15 所示。

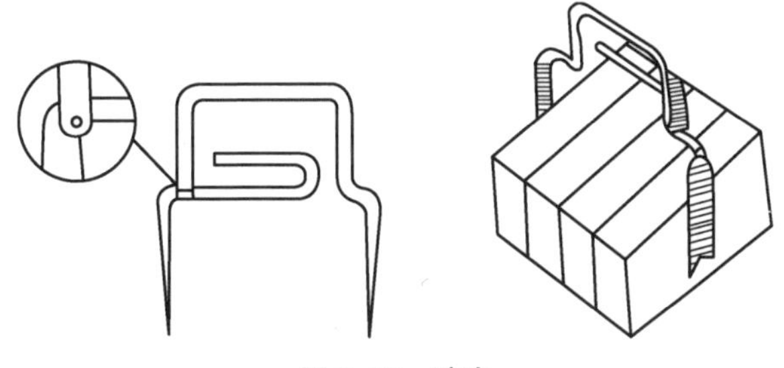

图 3.15 砖夹

2. 筛子

筛子用于筛砂。常用筛孔尺寸有 4mm、6mm、8mm 等几种，有手筛、立筛、小方筛三种，如图 3.16 所示。

3. 锹、铲等工具

人工拌制砂浆用的各类锹、铲等工具，如图 3.17～图 3.21 所示。

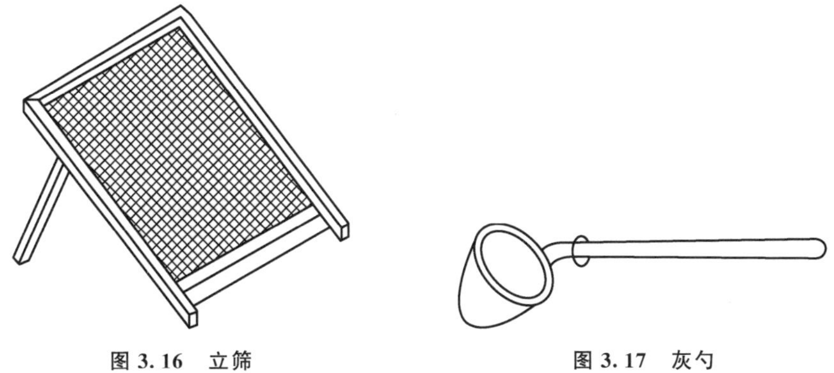

图 3.16 立筛　　图 3.17 灰勺

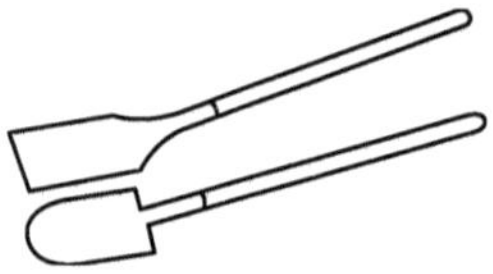

图 3.18　铁锹

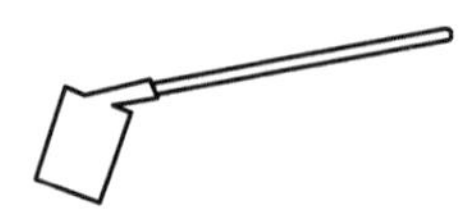

图 3.19　灰镐

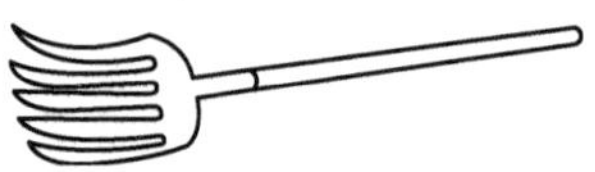

图 3.20　灰叉子

图 3.21　灰耙子

3.1.3　常用的检测工具

砌筑时的检测工具主要有钢卷尺、靠尺、托线板、水平尺、塞尺、线锤、百格网、方尺、皮数杆等。

1. 钢卷尺

钢卷尺有 2m、3m、5m、30m、50m 等几种规格，用于量测轴线、墙体和其他构件尺寸（图 3.22）。

2. 靠尺

靠尺的长度为 2～4m，由平直的铝合金或木枋制成，用于检查墙体、构件的平整度（图 3.23）。

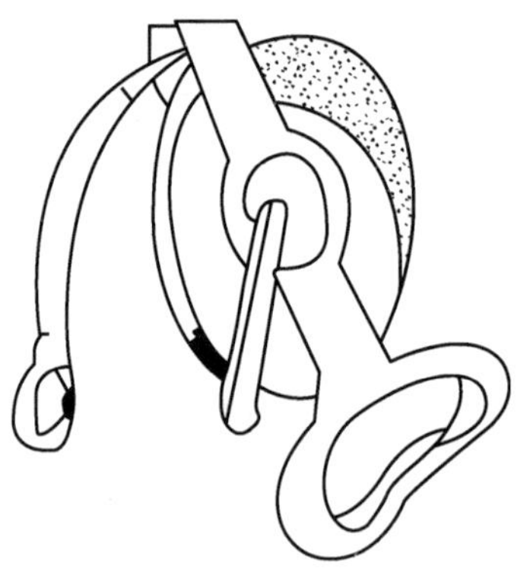

图 3.22　钢卷尺

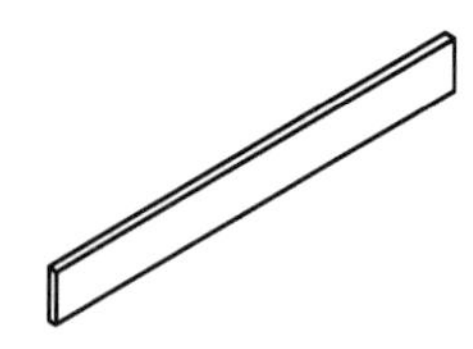

图 3.23　靠尺

3. 托线板

托线板又称靠尺板，用铝合金或木材制成，长度为 1.2～1.5m，用于检查墙面垂直度和平整度（图 3.24）。

4. 水平尺

水平尺用铁或铝合金制作，中间镶嵌玻璃水准管，用于检测砌体水平偏差（图 3.25）。

5. 塞尺

塞尺与靠尺或托线板配合使用，用于测定墙、柱平整度的数值偏差。塞尺上每一格表示 1mm（图 3.26）。

6. 线锤

线锤又称垂球，与托线板配合使用，用于吊挂墙体、构件垂直度（图3.27）。

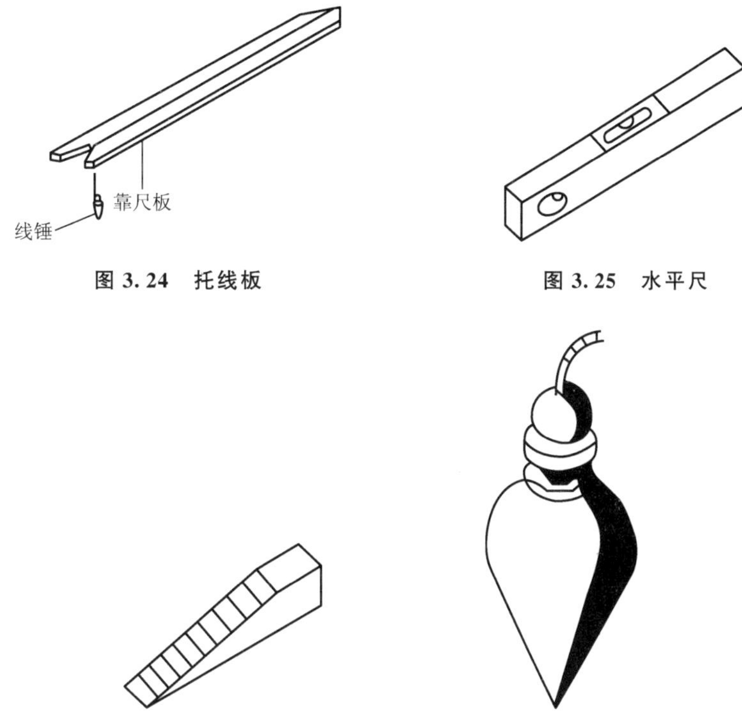

图3.24 托线板

图3.25 水平尺

图3.26 塞尺

图3.27 线锤

7. 百格网

百格网用铁丝编制锡焊而成，也可在有机玻璃上划格而成，用于检测墙体水平灰缝砂浆饱满度（图3.28）。

8. 方尺

方尺是用铝合金或木材制成的直角尺，边长为200mm，分阴角尺和阳角尺两种。铝合金方尺将阴角尺与阳角尺合为一体，使用更为方便。方尺用于检测墙体转角及柱的方正度（图3.29）。

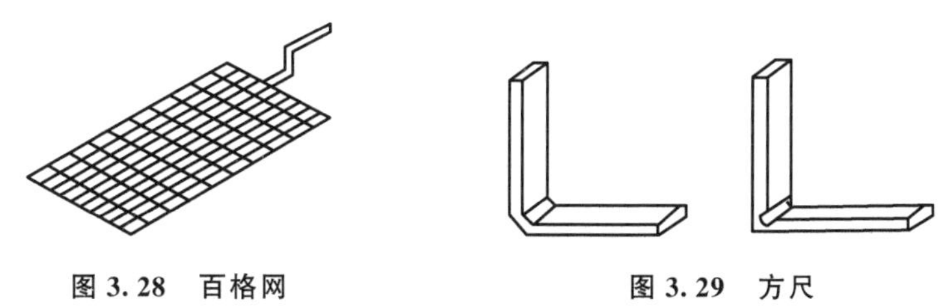

图3.28 百格网

图3.29 方尺

9. 皮数杆

皮数杆用于控制墙体砌筑时的竖向尺寸，分基础皮数杆和墙身皮数杆两种。

墙身皮数杆一般用5cm×7cm的木枋制作，长3.2～3.6m，上面划有砖的层数、灰缝厚度和门窗、过梁、圈梁、楼板的安装高度，以及楼层的高度（图3.30）。

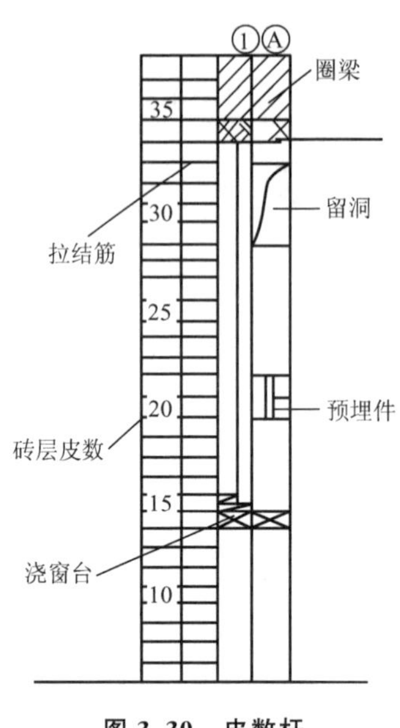

图 3.30　皮数杆

3.1.4　砂浆搅拌机械

砂浆搅拌机是砌筑工程中的常用机械，用来制备砌筑和抹灰用砂浆（图 3.31）。常用规格有 0.2m^{3}和 0.325m^{3}两种，台班产量为 18～26m^3。按生产状态可分为周期作用和连续作用两种基本类型；按安装方式可分为固定式和移动式两种；按出料方式可分为倾翻出料式和活门出料式两类。

图 3.31　砂浆搅拌机

1—水管；2—上料操作手柄；3—出料操作手柄；4—上料斗；5—变速箱；6—搅拌斗；7—出料口

3.1.5　垂直运输设施

垂直运输设施是指在建筑施工中担负垂直输送材料和人员上下的机械设备和设施。砌筑工程中的垂直运输量很大，不仅要运输大量的砖（或砌块）、砂浆，而且还要运输脚手架、脚手板及各种预制构件，因而合理安排垂直运输直接影响到砌筑工程的施工速度和工程成本。

目前砌筑工程中常用的垂直运输设施有塔式起重机、井架、龙门架、施工电梯和灰浆泵等。

1. 塔式起重机

塔式起重机（图 3.32）具有提升、回转、水平运输等功能，不仅是重要的吊装设备，也是重要的垂直运输设备，尤其在吊运长、大、重的物料时有明显的优势，故在可能条件下宜优先选用。

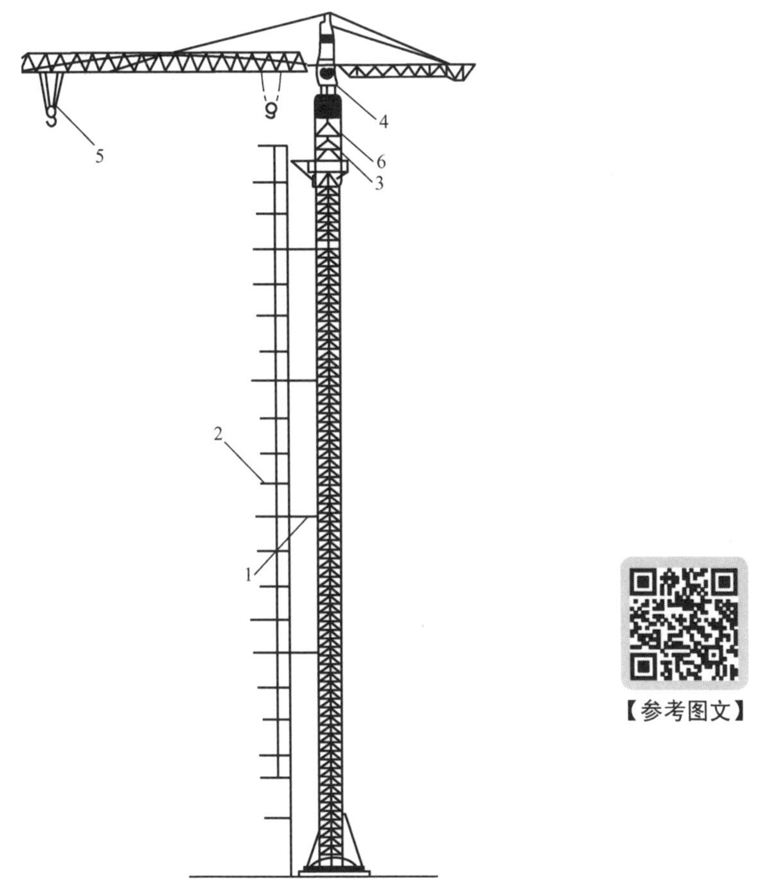

【参考图文】

图 3.32　塔式起重机

1—撑杆；2—建筑物；3—标准节；4—操纵室；5—起重小车；6—顶升套架

2. 井架

井架（图 3.33）是施工中较常用的垂直运输设施。它的稳定性好、运输量大，除用型钢或钢管加工的定型井架之外，还可用脚手架材料搭设而成。井架多为单孔井架，但也可构成两孔或多孔井架。井架通常带一个起重臂和吊盘。起重臂起重能力为 5～10kN，在其外伸工作范围内也可作小距离的水平运输。吊盘起重量为 10～15kN，可放置运料的手推车或其他散装材料。在实际操作中，需设缆风绳保持井架的稳定。

3. 龙门架

龙门架是由两根三角形截面或矩形截面的立柱及横梁组成的门式架（图 3.34）。在龙门架上设滑轮、导轨、吊盘、缆风绳等，用来进行材料、机具和小型预制构件的垂直运输。龙门架构造简单，制作容易，用材少，装拆方便，但刚度和稳定性较差，一般适用于中小型工程。在实际操作中，需设缆风绳保持龙门架的稳定。

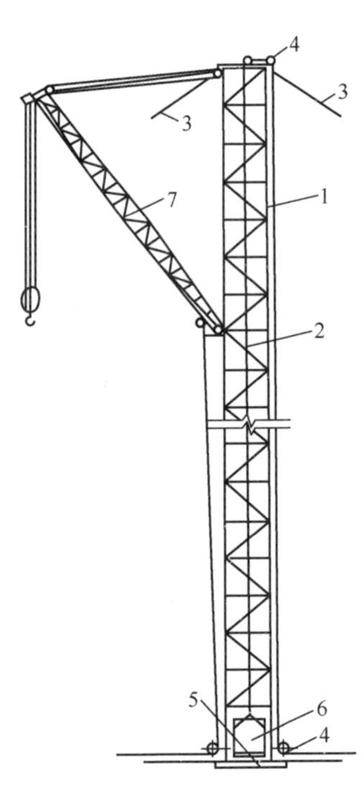

图 3.33 井架

1—井架；2—钢丝绳；3—缆风绳；4—滑轮；5—垫梁；6—吊盘；7—辅助吊壁

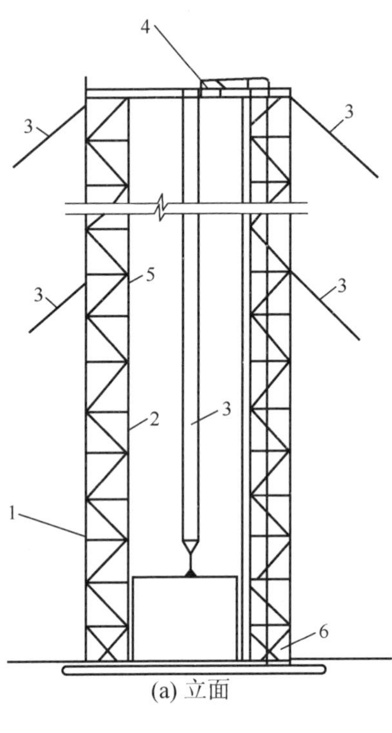

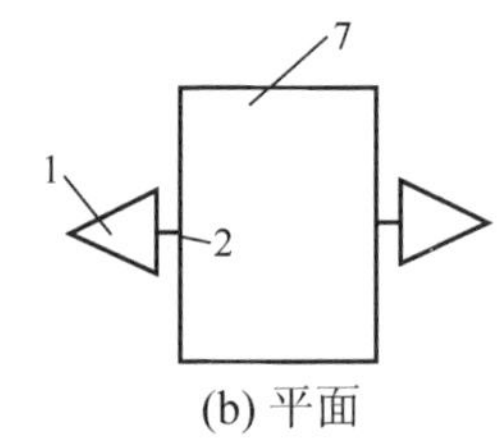

图 3.34 龙门架

1—立杆；2—导轨；3—缆风绳；4—天轮；5—缆风绳；6—地轮；7—吊盘停车安全装置

4. 施工电梯

目前，在高层建筑施工中，常采用人货两用的建筑施工电梯。它的吊笼装在井架外侧，沿齿条式轨道升降，附着在外墙或其他建筑物结构上，可载重货物 1.0～1.2t，也可容纳 12～15 人。其高度随着建筑物主体结构施工而接高，可达 100m（图 3.35）。它特别适用于高层建筑，也可用于高大建筑、多层厂房和一般楼房施工中的垂直运输。

5. 灰浆泵

灰浆泵是一种可以在垂直和水平两个方向连续输送灰浆的机械，目前常用的有活塞式、挤压式两种。活塞式灰浆泵按其结构又分为直接作用式和隔膜式两类。

【知识链接】

砌块墙的施工特点是砌块数量多，吊次相应也多，但砌块的重量不很大，通常采用的吊装方案有两种：一是塔式起重机进行砌块、砂浆的运输以及楼板等构件的吊装，由台灵

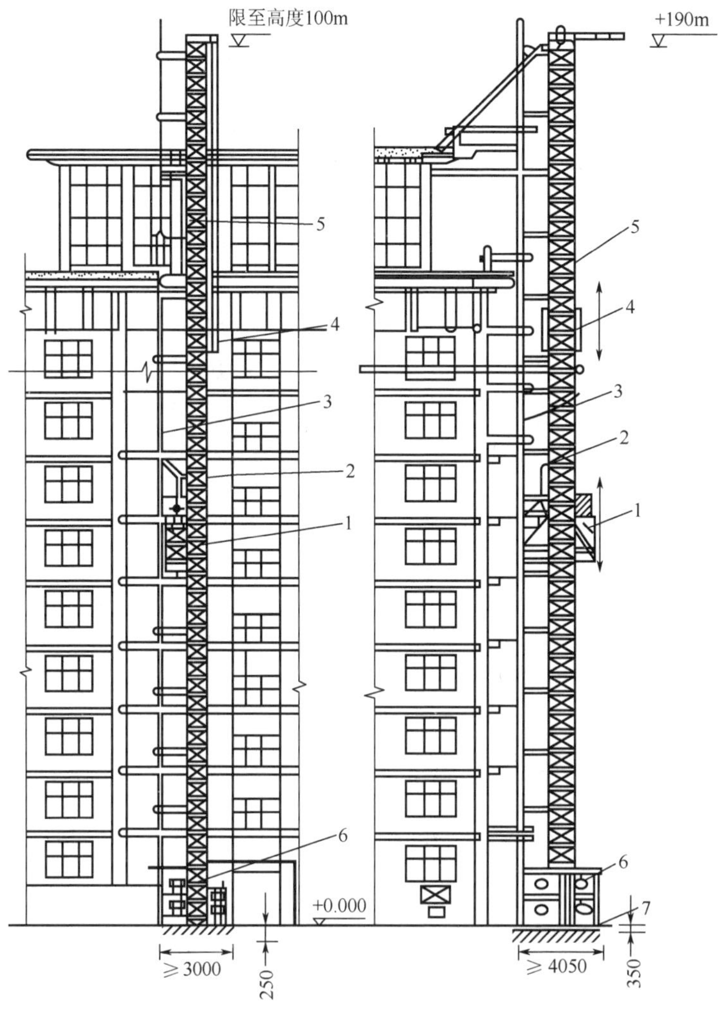

图 3.35 施工电梯

1—吊笼；2—小吊杆；3—架设安装杆；4—平衡安装杆；5—导航架；6—底笼；7—混凝土基础

架吊装砌块，台灵架在楼层上的转移由塔式起重机来完成；二是以井架进行材料的垂直运输，杠杆车进行楼板吊装，所有预制构件及材料的水平运输则用砌块车和手推车完成，台灵架负责砌块的吊装。砌块吊装如图 3.36 所示。

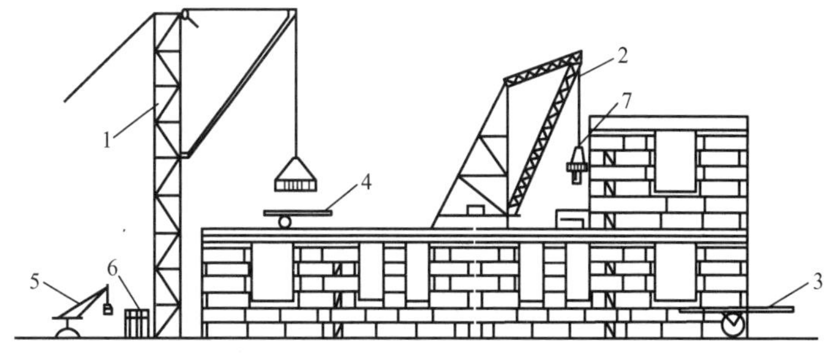

图 3.36 砌块吊装示意

1—井架；2—台灵架；3—转臂式起车机；4—砌块车；5—转臂式起重机；6—砌块；7—砌块夹

课题 3.2 砌筑脚手架

脚手架要求宽度满足工人操作、材料堆放及运输的要求，结构简单，坚固稳定，装拆方便，能多次周转使用。脚手架的宽度一般为 1.5～2m，一步架高为 1.2～1.4m。

3.2.1 脚手架的类型

脚手架是砌筑过程中堆放材料和工人进行操作的临时设施。

脚手架按其搭设位置分为外脚手架和里脚手架两大类；按其所用材料分为木脚手架、竹脚手架和金属脚手架；按其结构形式分为多立杆式脚手架、碗扣式脚手架、门型脚手架、方塔式脚手架、附着式升降脚手架及悬吊式脚手架等。

3.2.2 脚手架的构造

1. 外脚手架的构造

外脚手架是指搭设在外墙外面的脚手架。其主要结构形式有钢管扣件式、碗扣式、门型和悬吊式等。

1）钢管扣件式脚手架

钢管扣件式脚手架目前应用最广泛，其周转次数多，摊销费用低，装拆方便，搭设高度大，适应建筑物平、立面的变化。

钢管扣件式脚手架主要由钢管和扣件组成，主要杆件有剪刀撑、连墙杆、脚手板和底座等。

（1）钢管。钢管一般用Ø48.3mm×3.6mm 的电焊钢管，用于立杆、大横杆和斜杆的钢管长为 4～6.5m，小横杆长为 2.1～2.3m。钢管扣件式脚手架的基本形式有双排式和单排式两种，其构造如图 3.37 所示。

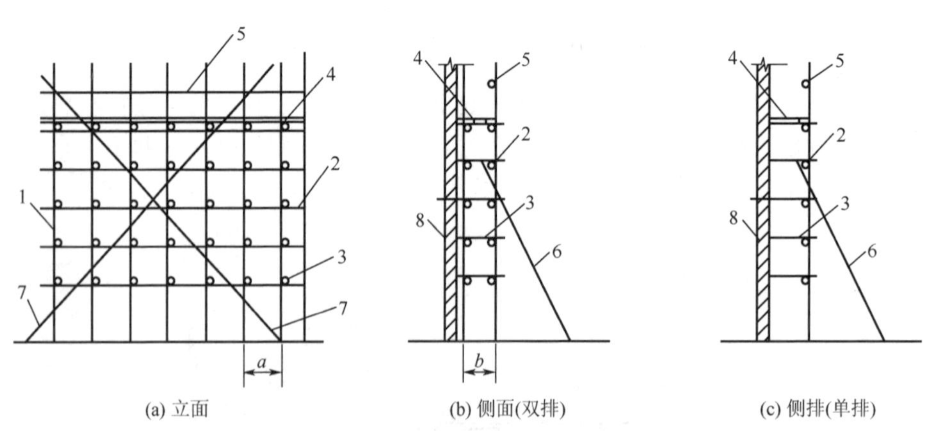

图 3.37 钢管扣件式脚手架

1—立杆；2—大横杆；3—小横杆；4—脚手板；5—栏杆；6—抛撑；7—斜撑（剪刀撑）；8—墙体

（2）扣件。扣件用于钢管之间的连接，基本形式有三种，如图 3.38 所示。其中，对接扣件用于两根钢管的对接连接；旋转扣件用于两根钢管呈任意角度交叉的连接；直角扣

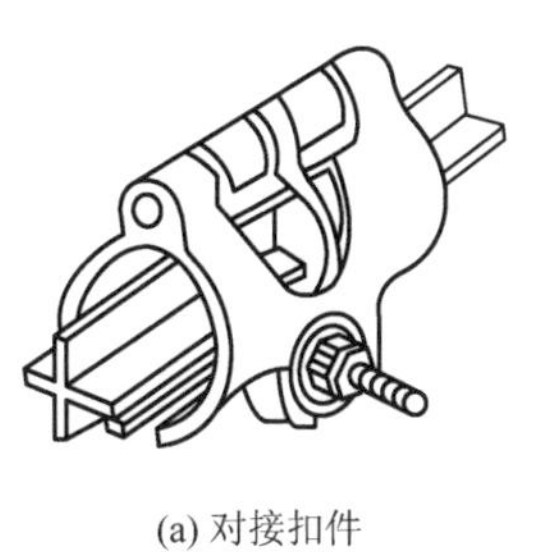
(a) 对接扣件

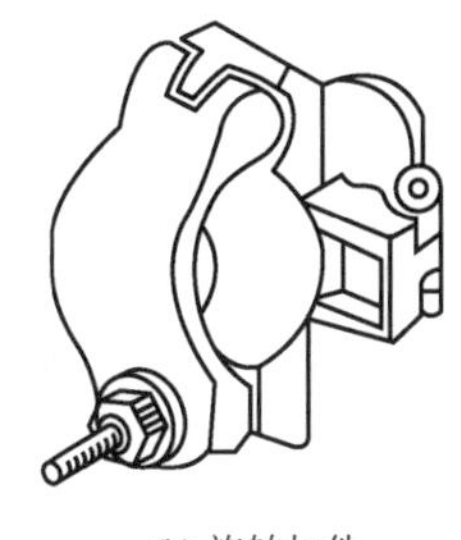
(b) 旋转扣件

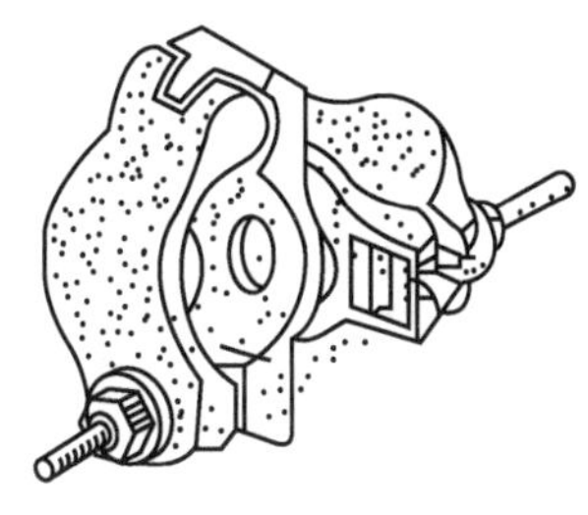
(c) 直角扣件

图 3.38 扣件形式

件用于两根钢管呈垂直交叉的连接。

(3) 剪刀撑。剪刀撑设置在脚手架两端的双跨内和中间每隔 30m 净距的双跨内，仅在架子外侧与地面呈 45°布置，如图 3.37 所示。

(4) 连墙杆。连墙杆每 3 步 5 跨设置一根，其作用不仅可防止架子外倾，同时能增加立杆的纵向刚度，如图 3.39 所示。

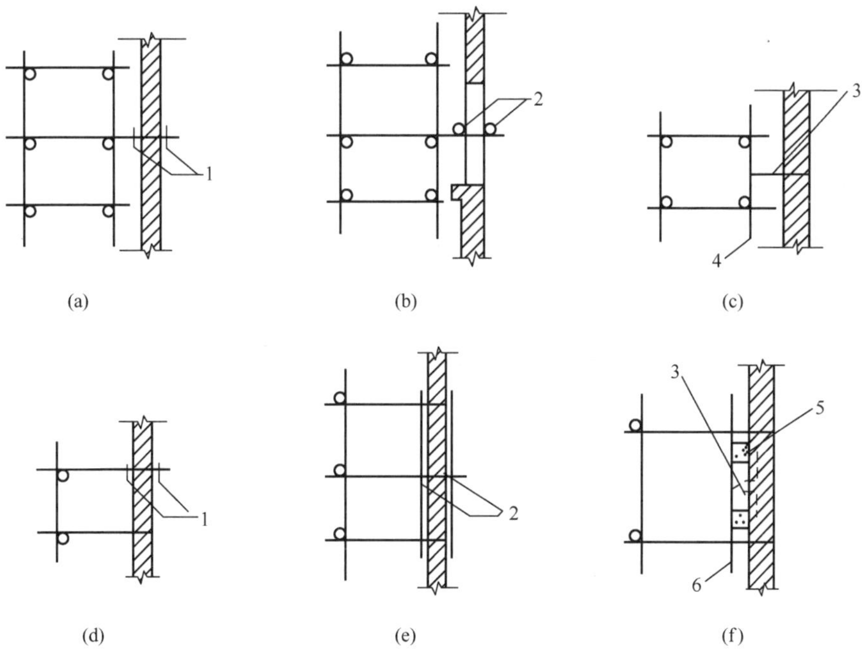

图 3.39 连墙杆的做法

1—两只扣件；2—两根钢管；3—拉结钢丝；4—立杆；5—木楔；6—短管

(5) 脚手板。脚手板根据采用的材料不同，可分为薄钢脚手板、木脚手板和竹脚手板等。薄钢脚手板一般用厚度为 1.5～2mm 的钢板压制而成，长度为 2～4m，宽度为 250mm，表面应有防滑措施。木脚手板一般采用厚度不小于 50mm 的杉木板或松木板，长度为 3～6m，宽度为 200～250mm。竹脚手板又分为竹片并列脚手板和钢竹脚手板两种。脚手板的材质应符合规定，且脚手板不得有超过允许的变形和缺陷。

(6) 底座。钢管扣件式脚手架的底座用于承受脚手架立柱传递下来的荷载，底座一般采用厚8mm，边长150～200mm的钢板作底板，上焊150mm高的钢管。底座形式有内插式和外套式两种，如图3.40所示，内插式的外径D_1比立杆内径小2mm，外套式的内径D_2比立杆外径大2mm。

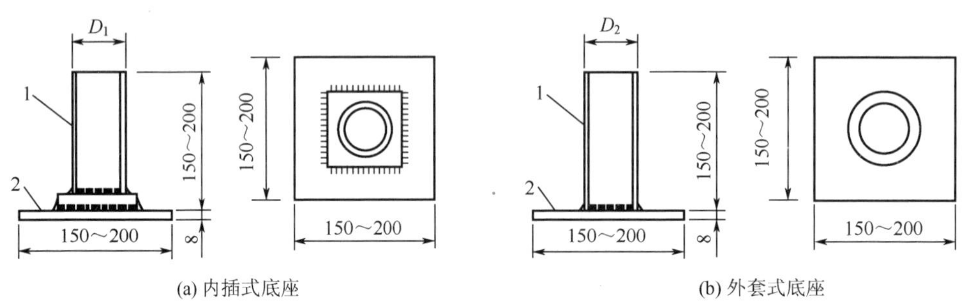

(a) 内插式底座　　(b) 外套式底座

图3.40　扣件式钢管脚手架底座

1—承插钢管；2—钢板底座

2）钢管碗扣式脚手架

钢管碗扣式脚手架立杆与水平杆靠特制的碗扣接头连接（图3.41）。碗扣分上碗扣和下碗扣，下碗扣焊在钢管上，上碗扣对应地套在钢管上，其销槽对准焊在钢管上的限位销即能上下滑动。连接时，只需将横杆接头插入下碗扣内，将上碗扣沿限位销扣下，并顺时针旋转，靠上碗扣螺旋面使之与限位销顶紧，从而将横杆与立杆牢固地连在一起，形成框架结构。碗扣式接头可同时连接4根横杆，横杆可相互垂直也可组成其他角度，因而可以搭设各种形式的脚手架，特别适合于搭设扇形表面及高层建筑施工和装修施工两用外脚手架，还可作为模板的支撑。脚手架立杆碗扣节点应按6m模数设置。立杆上应设有接长用套管及连接销孔。

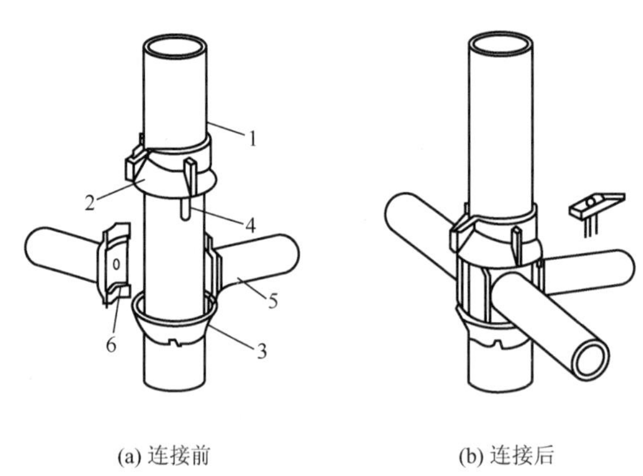

(a) 连接前　　(b) 连接后

图3.41　碗扣接头

1—立杆；2—上碗扣；3—下碗扣；4—限位销；5—横杆；6—横杆接头

3）门型脚手架

门型脚手架又称多功能门型脚手架，是目前国际上应用最普遍的脚手架之一。作为高层建筑施工的脚手架及各种支撑物件，它具有安全、经济、架设拆除效率高等特点。

门型脚手架由门式框架、剪刀撑和水平梁架或脚手板构成基本单元，如图3.42(a)所示。将基本单元连接起来即构成整片脚手架，如图 3.42(b) 所示。门型脚手架的主要部件，如图 3.43 所示。

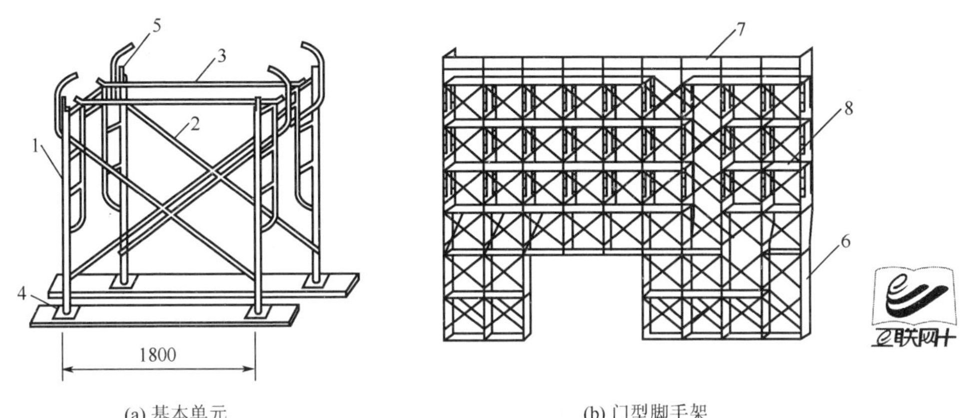

(a) 基本单元　　(b) 门型脚手架

图 3.42　门型脚手架

1—门式框架；2—剪刀撑；3—水平梁架；4—螺旋基脚；5—连接器；6—梯子；7—栏杆；8—脚手板

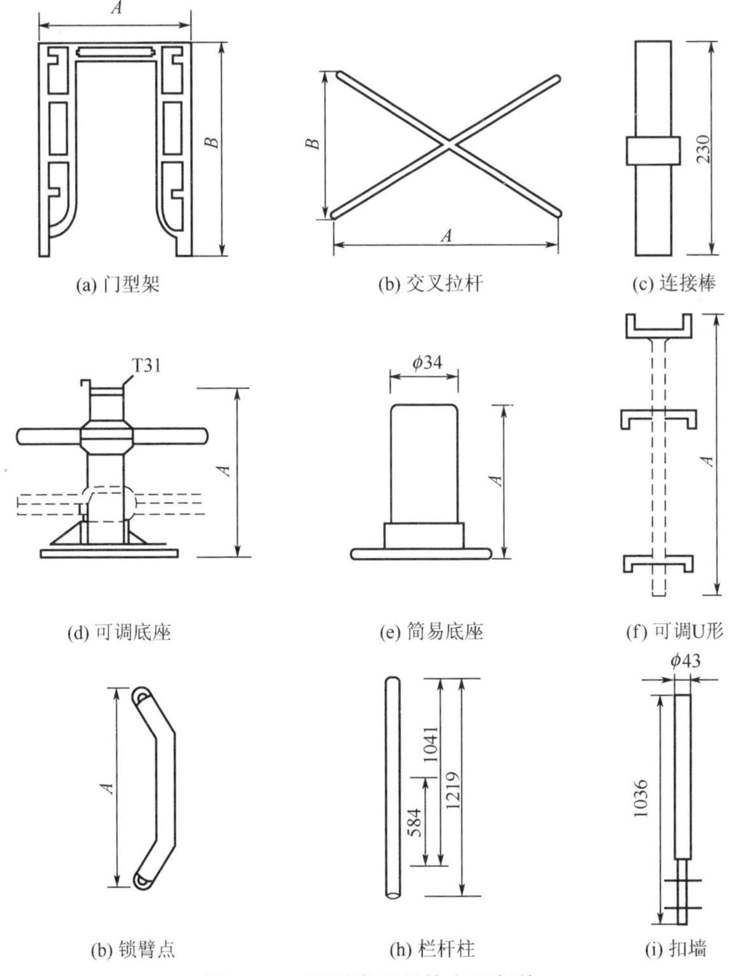

(a) 门型架　(b) 交叉拉杆　(c) 连接棒

(d) 可调底座　(e) 简易底座　(f) 可调U形

(b) 锁臂点　(h) 栏杆柱　(i) 扣墙

图 3.43　门型脚手架的主要部件

4）悬吊脚手架

悬吊脚手架是利用吊索悬吊吊架或吊篮进行砌筑或装饰工程操作的一种脚手架。其悬吊方法是在主体结构上设置支承点。其主要组成部分为吊架（包括桁架式工作台和吊篮）、支承设施（包括支承挑梁和挑架）、吊索（包括钢丝绳、铁链、钢筋）及升降装置等。

图 3.44 所示为采用屋顶悬挑或屋顶挑梁的悬吊方法。屋顶上设置挑架或挑梁必须稳定，要使稳定力矩为倾覆力矩的 3 倍。采用动力驱动时，其稳定力矩应为倾覆力矩的 4 倍。固定方法必须牢固可靠，所有挑架、挑梁、吊架、吊篮和吊索均须进行计算，须有防止发生断绳和防止滑动的安全措施。

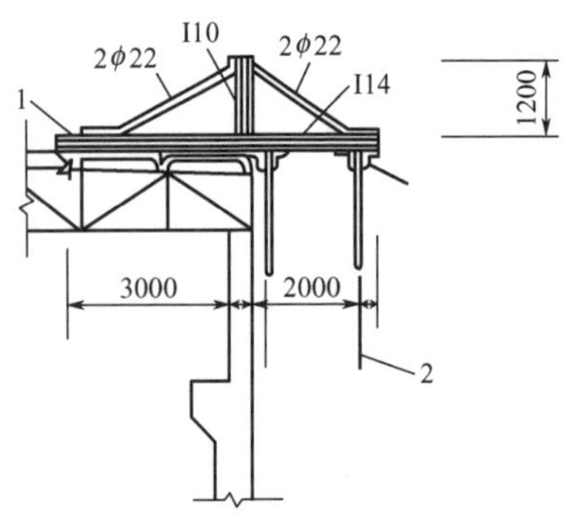

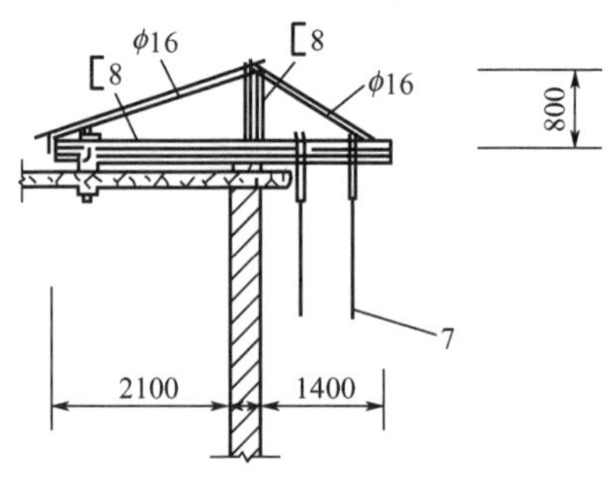

(a) 屋顶悬挑

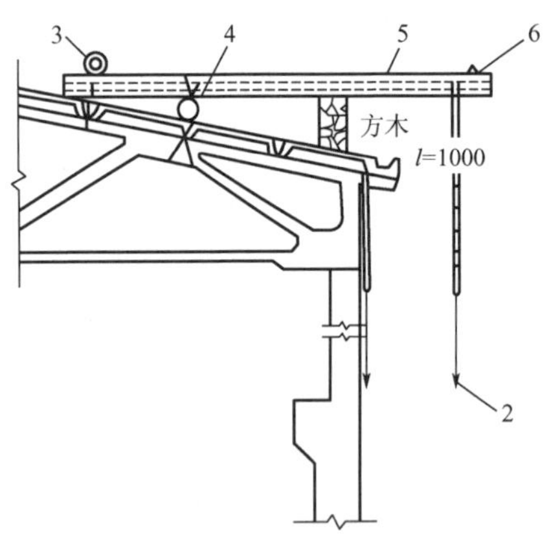

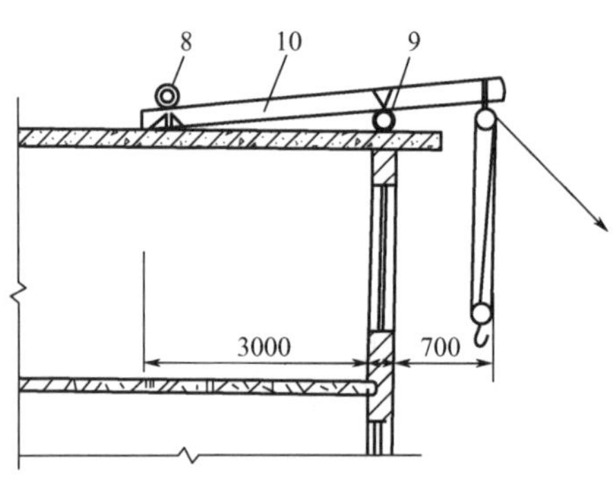

(b) 屋顶挑梁

图 3.44　悬吊脚手架的悬吊方法

1—U 形固定环；2—下挂桁架式工作台；3—杉木捆在屋面吊钩上；4—ϕ33mm 钢管与屋架捆牢；5—ϕ150mm 钢管挑梁；6—50mm×5mm 挡铁；7—下挂吊篮；8—压木；9—垫木；10—ϕ16mm 圆木挑梁

2. 里脚手架的构造

里脚手架常用于楼层上砌砖、内粉刷等工程施工。由于使用过程中不断转移施工地点，装拆比较频繁，故其结构形式和尺寸应力求轻便灵活和装拆方便。

里脚手架的形式很多，按其构造分为折叠式、支柱式、马凳式，如图 3.45 所示。

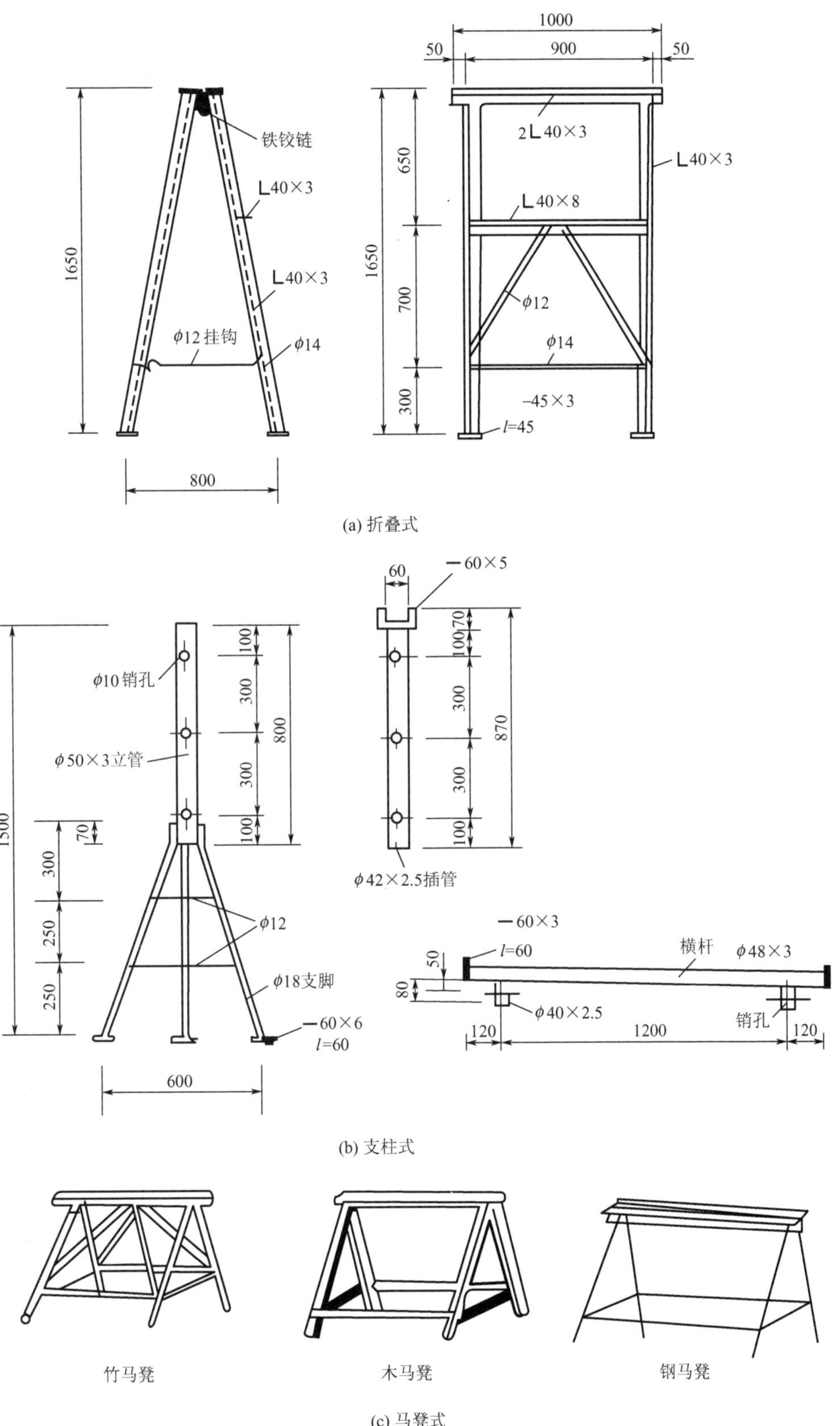

(a) 折叠式

(b) 支柱式

(c) 马凳式

图 3.45 里脚手架

3. 木脚手架的构造

脚手架多为钢铁制造，也有少部分地区继续使用木质的脚手架，其构造如下。

1）杉篙

以扒皮杉篙和其他坚韧的圆木为标准。标准的立杆、顺水杆、斜撑杆、剪刀撑杆的杆长为4～10m，小头有效直径不得小于8cm。不得使用杨木、柳木、桦木、椴木、油松和有腐朽、枯节、劈裂缺陷的木杆。

2）绑扎材料

木脚手架节点处绑扎应采用8号镀锌铁丝，某些受力不大的脚手架，也可使用10号镀锌铁丝。无镀锌铁丝时，也可用直径4mm的钢丝代替，但使用前应进行回火处理。铁丝不得作为钢管脚手架的绑扎材料。

3）木质排木

长度以2～3m为标准，其小头有效直径不得小于9cm。

4）木质脚手板

脚手板可采用钢、木材料两种，每块重量不宜大于30kg。木脚手板应采用杉木或松木制作，长度为2～6m，厚5cm，宽23～25cm。不得使用腐朽、有裂缝、有斜纹及大横透节的板材。两端应设直径为4mm的镀锌钢丝箍两道。

3.2.3 脚手架的搭设

1. 施工准备

施工准备内容如下。

(1) 脚手架施工前必须制定施工设计或专项方案，保证其技术可靠和使用安全。经技术审查批准后方可实施。

(2) 脚手架搭设前工程技术负责人应按脚手架施工设计或专项方案的要求对搭设和使用人员进行技术交底。

(3) 对进入现场的脚手架构配件，使用前应对其质量进行复检。

(4) 构配件应按品种、规格分类放置在堆料区内或码放在专用架上，清点好数量备用。脚手架堆放场地排水应畅通，不得有积水。

(5) 连墙杆如采用预埋方式，应提前与设计者协商，并保证预埋件在混凝土浇筑前埋入。

(6) 脚手架搭设场地必须平整、坚实、排水措施得当。

2. 地基与基础处理

地基与基础处理的内容如下。

(1) 脚手架地基基础必须按施工设计进行施工，按地基承载力要求进行验收。

(2) 地基高低差较大时，可利用立杆0.6m节点位差调节。

(3) 土壤地基上的立杆必须采用可调底座。

(4) 脚手架基础经验收合格后，应按施工设计或专项方案的要求放线定位。

3. 脚手架搭设

脚手架搭设内容如下。

(1) 底座和垫板应准确地放置在定位线上；垫板宜采用长度不少于2跨，厚度不小于50mm的木垫板；底座的轴心线应与地面垂直。

(2) 脚手架搭设应按立杆、横杆、斜杆、连墙杆的顺序逐层搭设，每次上升高度不大于3m。底层水平框架的纵向直线度应不大于$L/200$；横杆间水平度应不大于$L/400$。

(3) 脚手架的搭设应分阶段进行，第一阶段的撂底高度一般为6m，搭设后必须经检查验收后方可正式投入使用。

(4) 脚手架的搭设应与建筑物的施工同步上升，每次搭设高度必须高于即将施工楼层1.5m。

(5) 脚手架全高的垂直度偏差应小于$L/500$；最大允许偏差应小于100mm。

(6) 脚手架内外侧加挑梁时，挑梁范围内只允许承受人行荷载，严禁堆放物料。

(7) 连墙杆必须随架子高度上升及时在规定位置处设置，严禁任意拆除。

(8) 作业层设置应符合下列要求。

① 必须满铺脚手板，外侧应设挡脚板及护身栏杆。

② 护身栏杆可用横杆在立杆的0.6m和1.2m的碗扣接头处搭设两道。

③ 作业层下的水平安全网应按安全技术规范的规定设置。

(9) 采用钢管扣件做加固件、连墙件、斜撑时，应符合《建筑施工扣件式钢管脚手架安全技术规范》(JGJ 130—2011) 的有关规定。

(10) 脚手架搭设到顶时，应组织技术、安全、施工人员对整个架体结构进行全面的检查和验收，及时解决存在的结构缺陷。

4. 脚手架拆除

脚手架拆除内容如下。

(1) 应全面检查脚手架的连接、支撑体系等是否符合构造要求，经按技术管理程序批准后方可实施拆除作业。

(2) 脚手架拆除前现场工程技术人员应对在岗操作工人进行有针对性的安全技术交底。

(3) 脚手架拆除时必须划出安全区，设置警戒标志，派专人看管。

(4) 拆除前应清理脚手架上的器具及多余的材料和杂物。

(5) 拆除作业应从顶层开始，逐层向下进行，严禁上下层同时拆除。

(6) 连墙杆必须拆到该层时方可拆除，严禁提前拆除。

(7) 拆除的构配件应成捆用起重设备吊运或人工传递到地面，严禁抛掷。

(8) 脚手架采取分段、分立面拆除时，必须事先确定分界处的技术处理方案。

(9) 拆除的构配件应分类堆放，以便于运输、维护和保管。

5. 模板支撑架的搭设与拆除

模板支撑架的搭设与拆除内容如下。

(1) 模板支撑架搭设应与模板施工相配合，利用可调底座或可调托撑调整底模标高。

(2) 按施工方案弹线定位，放置可调底座后分别按先立杆后横杆再斜杆的搭设顺序进行。

(3) 建筑楼板多层连续施工时，应保证上下层支撑立杆在同一轴线上。

(4) 搭设在楼板、挑台上时，应对楼板或挑台等结构承载力进行验算。

(5) 模板支撑架拆除应符合《混凝土结构工程施工质量验收规范》(GB 50204—2015) 中混凝土强度的有关规定。

课题 3.3 砌筑材料的准备

砌体工程所用的材料应有产品的合格证书和产品性能检测报告。块材、水泥、钢筋、外加剂等应有材料主要性能的进场复验报告。严禁使用国家明令淘汰的材料。

3.3.1 砂浆的制备及要求

【参考视频】

砂浆应按试配调整后确定的配合比进行计量配料，并采用机械拌和，其拌和时间自投料完算起，水泥砂浆和水泥混合砂浆不得少于 2min；水泥粉煤灰砂浆和掺用外加剂的砂浆不得少于 3min；掺用有机塑化剂的砂浆为 3～5min。拌成后的砂浆，其稠度应符合规范的规定；分层度不应大于 30mm；颜色一致。砂浆拌成后应盛入贮灰器中，如砂浆出现泌水现象，应在砌筑前再次拌和。

砂浆应随拌随用。水泥砂浆和水泥混合砂浆必须分别在拌成后 3h 和 4h 内使用完毕；如施工期间最高气温超过 30℃，必须分别在拌成后 2h 和 3h 内使用完毕。

3.3.2 石材的准备

石砌体指用乱毛石、平毛石砌成的砌体。乱毛石指形状不规则的石块，平毛石指形状不规则，但有两个平面大致平行的石块（图 3.46 和图 3.47）。

图 3.46 乱毛石外形

图 3.47 平毛石外形

石砌体采用的石材应质地坚实，无风化剥落和裂纹。用于清水墙、柱表面的石材，尚应色泽均匀。石材表面的泥垢、水锈等杂质，砌筑前应清除干净。

石材的强度等级应符合设计要求。

3.3.3 砖的准备

【参考视频】

1. 普通实心砖

规格为 240mm×115mm×53mm 的无孔或孔洞率小于 15%的砖称为普通砖。普通砖尺寸如图 3.48 所示。

普通砖有经过焙烧的黏土砖（称为烧结普通砖）、页岩砖、粉煤灰砖、煤矸石砖和不经过焙烧的粉煤灰砖、炉渣砖、灰砂砖等。

烧结普通砖是指以黏土、页岩、煤矸石或粉煤灰为主要原料经过焙烧而成的实心或孔洞率不大于规定值且外形尺寸符合规定的砖，分为烧结黏土砖、烧结页岩砖、烧结煤矸石砖、烧结粉煤灰砖等，其质量特征如下。

(1) 砖的外形为直角六面体，其标准尺寸为长 240mm、宽 115mm、高 53mm，其尺

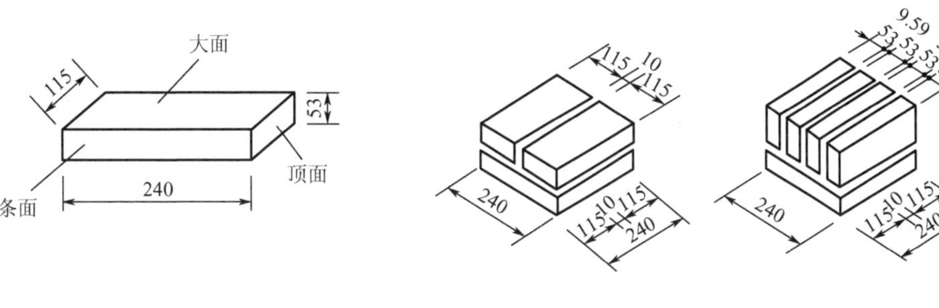

(a) 普通砖的尺寸

(b) 普通砖组合尺寸关系

图 3.48 普通砖的尺寸

寸偏差不应超过标准规定。因此，在砌筑使用时，包括灰缝（10mm）在内，4块砖长、8块砖宽、16块砖厚都为1m，512块砖可砌1m³砌体。

（2）砖的抗压强度分为MU30、MU25、MU20、MU15、MU10五个强度等级。

（3）强度和抗风化性能合格的烧结普通砖，根据尺寸偏差、外观质量、泛霜和石灰爆裂分为优等品（A）、一等品（B）、合格品（C）三个质量等级。

（4）砖的外形应该平整、方正。外观无明显的弯曲、缺棱、掉角、裂缝等缺陷，敲击时发出清脆的金属声，色泽均匀一致。

2. 烧结多孔砖

烧结多孔砖是指以黏土、页岩、煤矸石、粉煤灰为主要原料，经焙烧而成的多孔砖（图3.49）。孔洞率不小于25%、孔的尺寸小而数量多、主要用于承重部位的砖简称多孔砖。烧结多孔砖按主要原料分为黏土多孔砖、页岩多孔砖、煤矸石多孔砖和粉煤灰多孔砖。

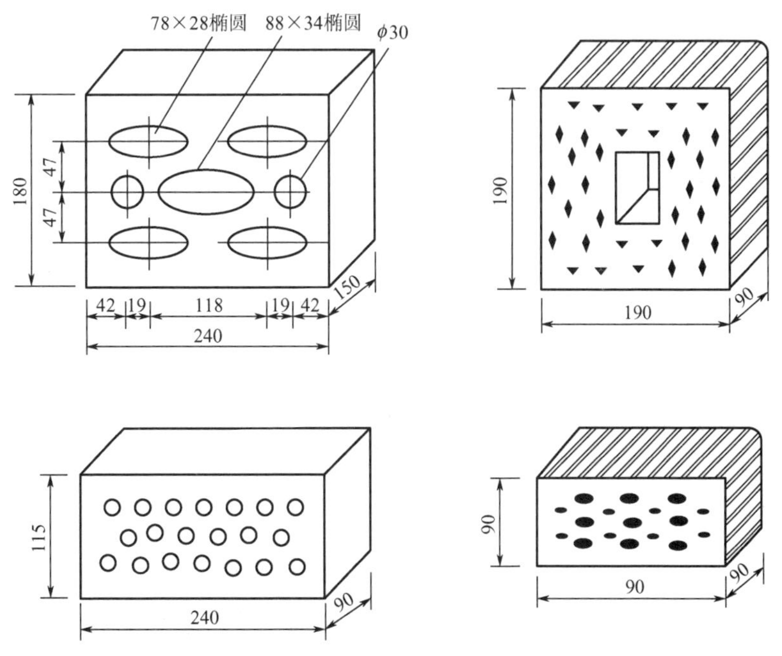

图 3.49 烧结多孔砖

烧结多孔砖的质量要求如下。

(1) 砖的外形为直角六面体，其长度、宽度、高度尺寸应符合下列要求：290mm、240mm、190mm、180mm、175mm、140mm、115mm、90mm。

砖孔形状有矩形孔、椭圆孔、圆孔等多种。孔洞要求：孔径≤22mm、孔数多、孔洞方向平行于承压方向。

(2) 根据抗压强度分为MU30、MU25、MU20、MU15、MU10五个强度等级。

(3) 强度和抗风化性能合格的砖，根据尺寸偏差、外观质量、孔形及孔洞排列、泛霜和石灰爆裂分为优等品(A)、一等品(B)、合格品(C)三个质量等级。

3.3.4 砌块的准备

1. 混凝土小型空心砌块

普通混凝土小型空心砌块以水泥、砂、碎石或卵石、水等预制而成。

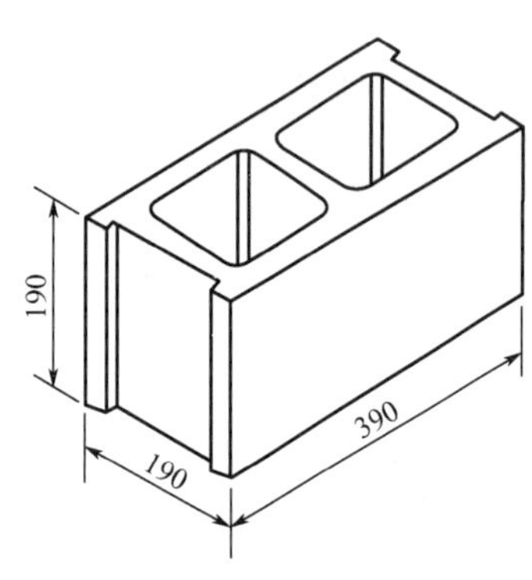

图3.50 混凝土空心砌块

普通混凝土小型空心砌块主规格尺寸为390mm×190mm×190mm，有两个方形孔，最小外壁厚应不小于30mm，最小肋厚应不小于25mm，空心率应不小于25%，如图3.50所示。

普通混凝土小型空心砌块按其强度，分为MU5、MU7.5、MU10、MU15、MU20五个强度等级。

普通混凝土小型空心砌块按其尺寸允许偏差、外观质量，分为优等品、一等品、合格品。

2. 轻骨料混凝土小型空心砌块

轻骨料混凝土小型空心砌块以水泥、轻骨料、砂、水等为原料预制而成。砌块主规格尺寸为390mm×190mm×190mm。按其孔的排数有单排孔、双排孔、三排孔和四排孔四类，如图3.51所示。

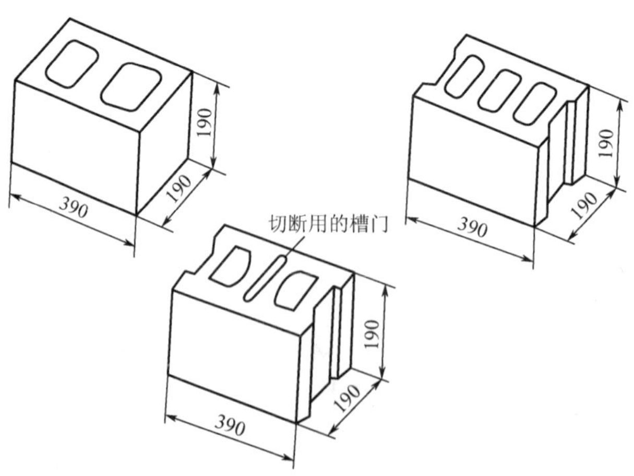

图3.51 轻骨料混凝土小型空心砌块

轻骨料混凝土小型空心砌块按其密度(kg/m^3)，分为500、600、700、800、900、1000、1200、1400八个密度等级；按尺寸偏差、外观质量，分为优等品、一等品和合格品。

3. 粉煤灰小型空心砌块

粉煤灰小型空心砌块是以粉煤灰、水泥及各种骨料加水拌和制成的砌块。其中粉煤灰用量不应低于原材料重量的10%，生产过程中也可加入适量的外加剂调节砌块的性能。

粉煤灰小型空心砌块具有轻质高强、保温隔热、抗震性能好的特点，可用于框架结构的填充墙等结构部位。粉煤灰小型空心砌块按抗压强度，分为 MU2.5、MU3.5、MU5.0、MU7.5 和 MU15 五个强度等级。

粉煤灰小型空心砌块按孔的排数，分为单排孔、双排孔、三排孔和四排孔四种类型。其主规格尺寸为 390mm×190mm×190mm，其他规格尺寸可由供需双方协商确定。根据尺寸允许偏差、外观质量、碳化系数、强度等级，分为优等品、一等品和合格品三个等级。

4. 粉煤灰实心砌块

粉煤灰实心砌块是以粉煤灰、石灰、石膏和骨料等为原料，加水搅拌、振动成型、蒸汽养护而制成的。粉煤灰实心砌块的主要规格尺寸为 880mm×380mm×240mm、880mm×430mm×240mm。砌块端面留灌浆槽，如图 3.52 所示。粉煤灰砌块按其抗压强度分为 MU10、MU13 两个强度等级。

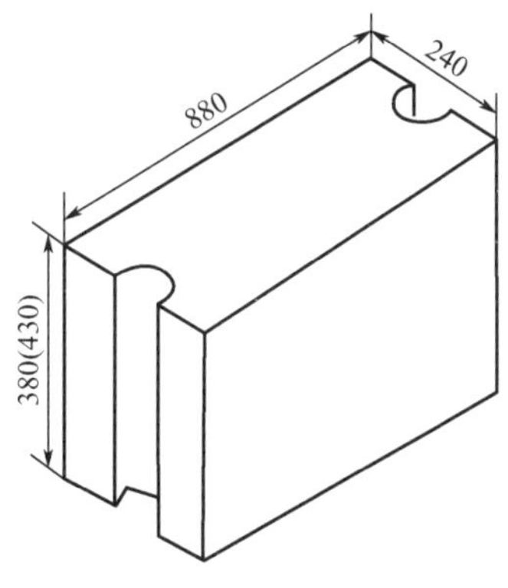

图 3.52 粉煤灰实心砌块

粉煤灰实心砌块按其外观质量、尺寸偏差和干缩性能分为一等品和合格品两个等级。

课题 3.4 砌体结构施工方法

3.4.1 砖、石基础的砌筑

1. 石砌基础的砌筑

石砌基础的砌筑步骤如下。

1） 基槽的准备

砌筑基础前，应校核放线尺寸。基槽或基础垫层已完成验收，并办完隐检手续。

2） 立线杆和拉准线

在基槽两端的转角处，每端各立两根木杆，再横钉一木杆连接，在立杆上标出各大放脚的标高。在横杆上钉上中心线钉及基础边线钉，根据基础宽度拉好立线，如图 3.53 所示。然后在边线和阴阳角（内、外角）处先砌两层较方整的石块，以此固定准线。砌阶梯形毛石基础时，应将横杆上的立线按各阶梯宽度向中间移动，移到退台所需要的宽度，再拉水平准线。

还有一种拉线方法是：砌矩形或梯形断面的基础时，按照设计尺寸用 50mm×50mm 的小木条钉成基础断面形状（样架），立于基槽两端，在样架上注明标高，两端样架相应标高用准线连接，作为砌筑的依据，如图 3.54 所示。立线控制基础宽窄，水平线控制每层高度及平整。砌筑时应采用双面挂线，每次起线高度为大放脚以上 800mm 为宜。

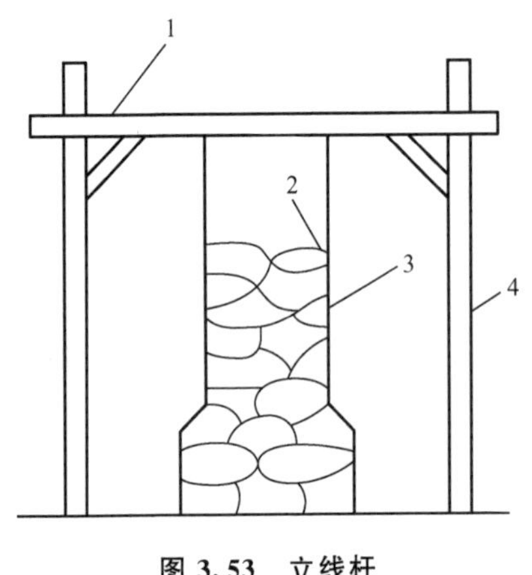

图 3.53　立线杆

1—横杆；2—准线；3—立线；4—立杆

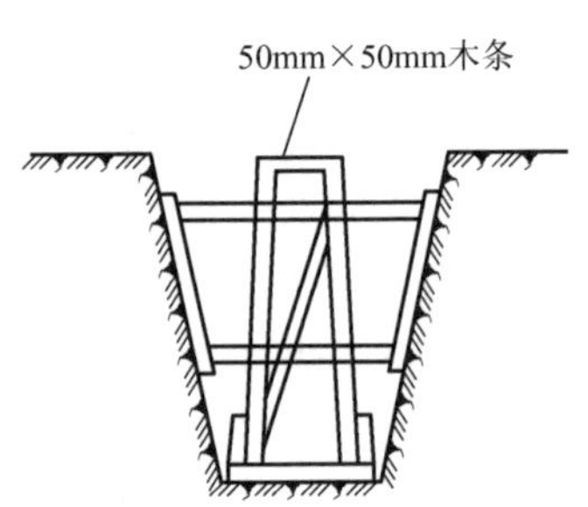

图 3.54　样架断面

3）砌筑

石砌基础的砌筑要点如下。

（1）砌第一皮毛石时，应选用有较大平面的石块，先在基坑底铺设砂浆，再将毛石砌上，并使毛石的大面向下。

（2）砌第一皮毛石时，应分皮卧砌，并应上下错缝、内外搭砌，不得采用先砌外面石块后中间填心的砌筑方法。石块间较大的空隙应先填塞砂浆，后用碎石嵌实，不得采用先摆碎石后塞砂浆或干填碎石的方法。

（3）砌筑第二皮及以上各皮时，应采用坐浆法分层卧砌，砌石时首先铺好砂浆，砂浆不必铺满，可随砌随铺，在角石和面石处，坐浆略厚些，石块砌上去将砂浆挤压成要求的灰缝厚度。

（4）砌石时应根据空隙大小、槎口形状选用合适的石料先试砌试摆一下，尽量使缝隙减少，接触紧密。但石块之间不能直接接触形成干缝，同时也应避免石块之间形成空隙。

（5）砌石时，大、中、小毛石应搭配使用，以免将大块都砌在一侧，而另一侧全用小块，造成两侧不均匀，使墙面不平衡而倾斜。

（6）砌石时，先砌里外两面，长短搭砌，后填砌中间部分，但不允许将石块侧立砌成立斗石，也不允许先把里外皮砌成长向两行（牛槽状）。

（7）毛石基础每 $0.7m^2$ 且每皮毛石内间距不大于 2m 设置一块拉结石，上下两皮拉结石的位置应错开，立面砌成梅花形。拉结石宽度：如基础宽度等于或小于 400mm，拉结石宽度应与基础宽度相等；若基础宽度大于 400mm，可用两块拉结石内外搭接，搭接长度不应小于 150mm，且其中一块长度不应小于基础宽度的 2/3。

(8) 阶梯形毛石基础，上阶的石块应至少压砌下阶石块的1/2，如图3.55所示；相邻阶梯毛石应相互错缝搭接。

(9) 毛石基础最上一皮，宜选用较大的平毛石砌筑。转角处、交接处和洞口处应选用较大的平毛石砌筑。

(10) 有高低台的毛石基础，应从低处砌起，并由高台向低台搭接，搭接长度不小于基础高度。

(11) 毛石基础转角处和交接处应同时砌起，如不能同时砌起又必须留槎时，应留成斜槎，斜槎长度应不小于斜槎高度，斜槎面上毛石不应找平，继续砌时应将斜槎面清理干净，浇水湿润。

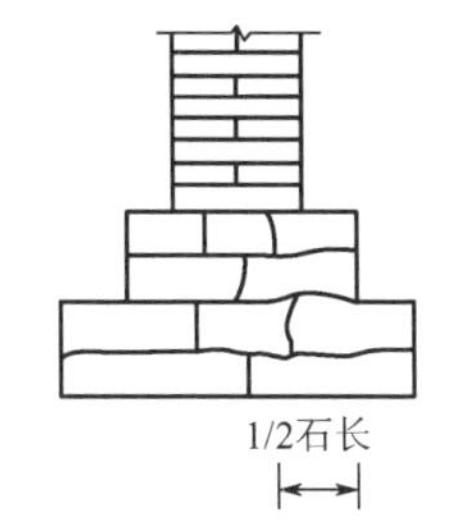

图3.55 阶梯形毛石基础砌法

2. 砖砌基础的砌筑

1) 作业条件

砖砌基础的砌筑作业条件如下。

(1) 基槽条件同石砌基础基槽要求。

(2) 置龙门板或龙门桩，标出建筑物的主要轴线，标出基础及墙身轴线与标高，并弹出基础轴线和边线；立好皮数杆（间距为15～20m，转角处均应设立），办完预检手续。

(3) 根据皮数杆最下面一层砖的标高，拉线检查基础垫层、表面标高是否合适，如第一层砖的水平灰缝大于20mm时，应用细石混凝土找平，不得用砂浆或在砂浆中掺细砖或碎石处理。

(4) 常温施工时，砌砖前1d应将砖浇水湿润，砖以水浸入表面下10～20mm为宜；雨天作业不得使用含水率为饱和状态的砖。

(5) 砌筑部位的灰渣、杂物应清除干净，基层浇水湿润。

(6) 砂浆配合比应在实验室根据实际材料确定。准备好砂浆试模，按试验确定的砂浆配合比拌制砂浆，并搅拌均匀。

(7) 基槽安全防护已完成，无积水，并通过了质检员的验收。

(8) 脚手架应随砌随搭设；运输通道应通畅，各类机具准备就绪。

2) 砌筑顺序

砖砌基础的砌筑顺序如下。

(1) 基底标高不同时，应从低处砌起，并应由高处向低处搭砌。当设计无要求时，搭接长度不应小于基础扩大部分的高度。

(2) 基础的转角处和交接处应同时砌筑。当不能同时砌筑时，应按规定留槎、接槎。

3) 砖基础砌筑

砖基础砌筑的要点如下。

(1) 基础弹线。在基槽四角各相对龙门板的轴线标钉上拴上白线挂紧，沿白线挂线锤，找出白线在垫层面上的投影点，把各投影点连接起来，即基础的轴线。按基础图所示尺寸，用钢尺向两侧量出各道基础底部大放脚的边线，在垫层上弹上墨线。如果基础下没有垫层，无法弹线，可将中线或基础边线用大钉子钉在槽沟边或基底上，以便挂线。

(2) 设置基础皮数杆。基础皮数杆的位置，应设在基础转角处（图3.56）、内外墙基础交接处及高低踏步处。基础皮数杆上应标明大放脚的皮数、退台、基础的底标高与顶标高以及防潮层的位置等。如果相差不大，可在大放脚砌筑过程中逐皮调整，灰缝可适当加厚或减薄（俗称提灰缝或杀灰缝），但要注意在调整中防止砖错层。

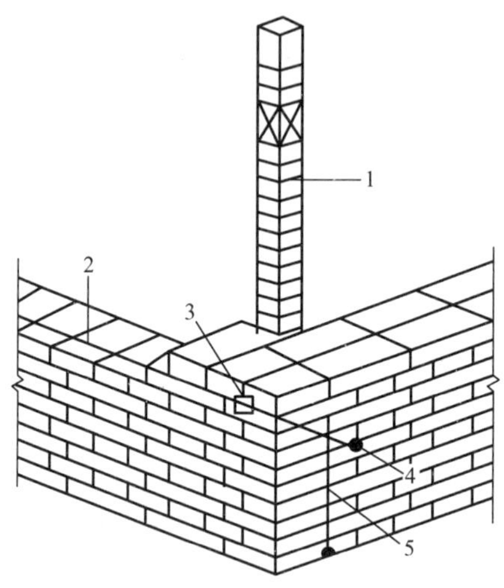

图 3.56　皮数杆

1—皮数杆；2—准线；3—竹片；4—圆铁钉；5—挂线

（3）排砖撂底。砌筑基础大放脚时，可根据垫层上弹好的基础线按“退台压丁”的方法先进行摆砖撂底。具体方法是，根据基底尺寸边线和已确定的组砌方式及不同的砂浆，用砖在基底的一段长度上干摆一层，摆砖时应考虑竖缝的宽度，按“退台压丁”的原则进行，上下皮砖错缝达 1/4 砖长，在转角处用“七分头”来调整搭接，避免立缝重缝。摆完后应经复核无误才能正式砌筑。为了砌筑时有规律可循，必须先在转角处将角盘起，再以两端转角为标准拉准线，按准线逐皮砌筑。当大放脚退台到实墙后，再按墙的组砌方法砌筑。排砖撂底工作的好坏，影响到整个基础的砌筑质量，必须严肃认真地做好。

常见排砖撂底方法，有“六皮三收”等高式大放脚（图 3.57）和“六皮四收”间隔式大放脚（图 3.58）两种。

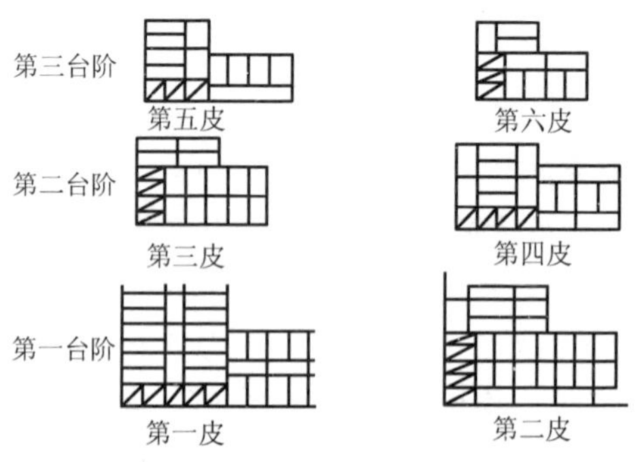

图 3.57　“六皮三收”等高式大放脚

（4）盘角挂线。盘角即在房屋的转角、大角处立皮数杆砌好墙角。每次盘角高度不得超过五皮砖，并需用线锤检查垂直度和用皮数检查其标高有无偏差。如有偏差时，应在砌筑大放脚的操作过程中逐皮进行调整（俗称提灰缝或杀灰缝）。在调整中，应防止砖错层，即要避免“螺丝墙”情况。

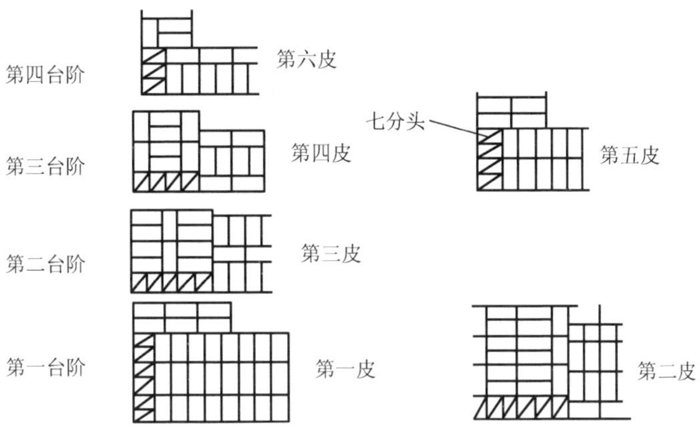

图 3.58 “六皮四收”间隔式大放脚

(5) 砌筑砖基础。

① 基础大放脚每次收台阶必须用尺量准尺寸，其中部的砌筑应以大角处准线为依据，不能用目测或用砖块比量，以免出现误差。在收台阶完成后和砌基础墙之前，应利用龙门板的“中心钉”拉线检查墙身中心线，并用红铅笔将“中”字画在基础墙侧面，以便随时检查复核。

② 内外墙的砖基础均应同时砌筑。如因特殊原因不能同时砌筑时，应留设斜槎（踏步槎），斜槎长度不应小于斜槎的高度。基础底标高不同时，应由低处砌起，并由高处向低处搭接；如设计无具体要求时，其搭接长度不应小于大放脚的高度（图 3.59）。

③ 在基础墙的顶部、首层室内地面（±0.000）以下一皮砖 60mm 处，应设置防潮层。如设计无具体要求，防潮层宜采用 1∶2.5 的水泥砂浆加适量的防水剂经机械搅拌均匀后铺设，其厚度为 20mm。抗震设防地区的建筑物严禁使用防水卷材作基础墙顶部的水平防潮层。

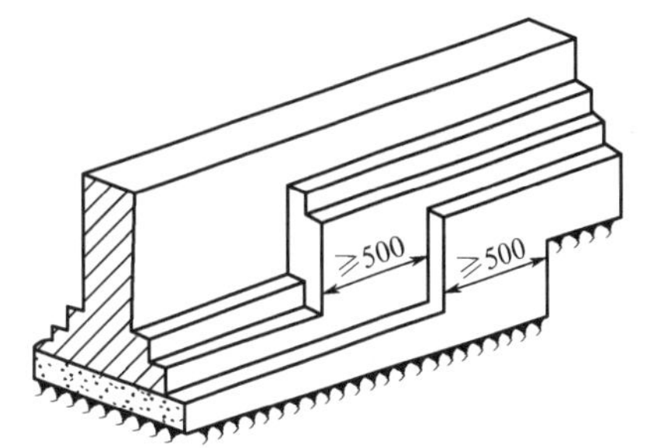

图 3.59 砖基础高低接头处砌法

建筑物首层室内地面以下部分的结构为建筑物的基础，但为了施工方便，砖基础一般均只做到防潮层。

④ 基础大放脚的最下一皮砖、每个大放脚台阶的上表层砖，均应采用横放丁砌砖所占比例最多的排砖法砌筑，此时不必考虑外立面上下“一顺一丁”相间隔的要求，以便增强基础大放脚的抗剪强度。基础防潮层下的顶皮砖也应采用丁砌为主的排砖法。

⑤ 砖基础水平灰缝和竖缝宽度应控制在 8～12mm 之间，水平灰缝的砂浆饱满度不得小于 80%。砖基础中的洞口、管道、沟槽和预埋件等，砌筑时应留出或预埋，宽度超过 300mm 的洞口应设置过梁。

⑥ 基底宽度为二砖半的大放脚转角处的组砌方法如图 3.60 所示。

⑦ 基础转角处组砌的特点是：穿过交接处的直通墙基础应采用一皮砌通与一皮从交接处断开相间隔的组砌形式；转角处的非直通墙的基础与交接处也应采用一皮搭接与一皮断开相间隔的组砌形式，并在其端头加七分头砖（3/4 砖长，实长应为 177～178mm）。

⑧ 砖基础的转角处和交接处应同时砌筑，当不能同时砌筑时，应留置斜槎。

第一皮

第三皮

第二皮

第四皮

第五皮

第七皮

第六皮

第八皮

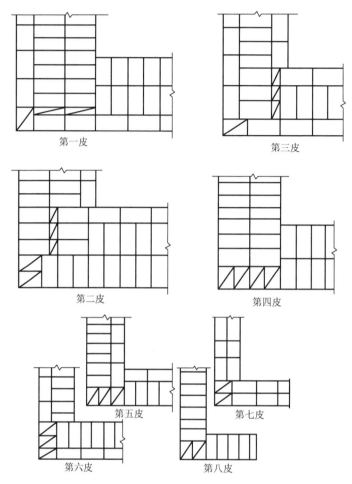

图 3.60　二砖半大放脚转角砌法

3.4.2　砖墙的砌筑

1. 砖的加工、摆放

砌筑砖墙时根据需要打砍加工的砖，按其尺寸不同可分为“七分头”“半砖”“二寸头”“二寸条”，如图 3.61 所示。

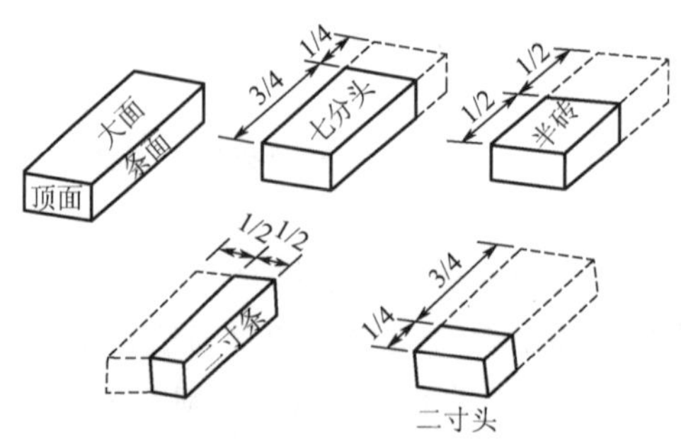

图 3.61　打砍砖

砌入墙内的砖，由于摆放位置不同，可分为卧砖（也称顺砖或眠砖）、陡砖（也称侧砖）、立砖及顶砖，如图 3.62 所示。

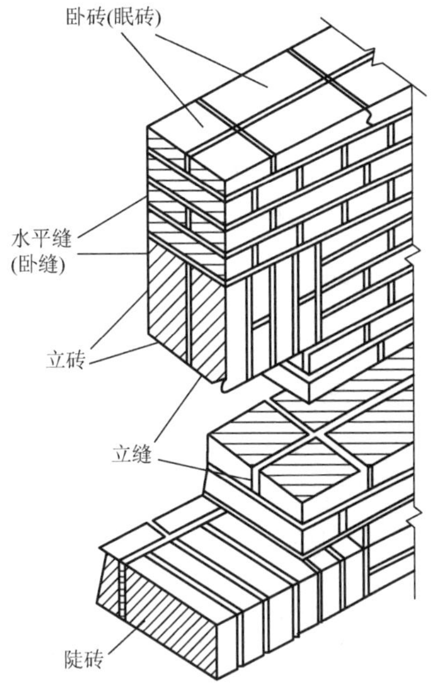

图 3.62　卧砖、陡砖、立砖

砖与砖之间的缝统称灰缝。水平方向的灰缝叫水平缝或卧缝；垂直方向的灰缝叫立缝（也称头缝）。

2. 砖墙的组砌形式

1）砖砌体的组砌原则

砖砌体的组砌要求上下错缝、内外搭接，以保证砌体的整体性和稳定性。同时组砌要有规律，少砍砖，以提高砌筑效率，节约材料。组砌方式必须遵循下面三个原则。

（1）砌体必须错缝。砖砌体是由一块一块的砖，利用砂浆作为填缝和黏结材料，组砌成墙体和柱子。为避免砌体出现连续的垂直通缝，保证砌体的整体强度，必须上下错缝、内外搭砌，并要求砖块最少应错缝 1/4 砖长，且不小于 60mm。在墙体两端采用“七分头”“二寸条”来调整错缝，如图 3.63 所示。

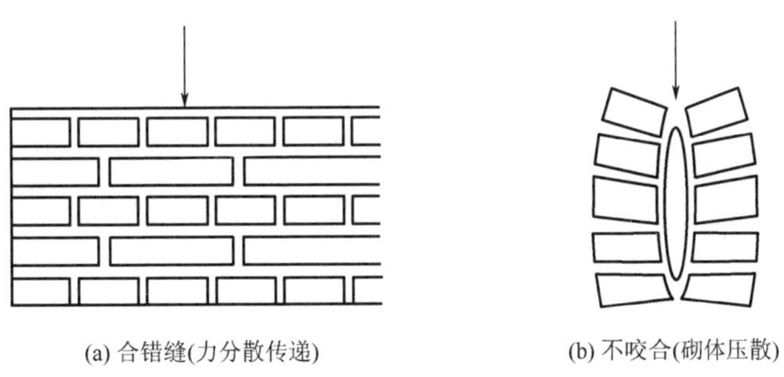

图 3.63　砖砌体错缝

【参考视频】

(2) 墙体连接必须有整体性。为了使建筑物的纵横墙相连搭接成一整体，增强其抗震能力，要求墙的转角和连接处要尽量同时砌筑；如不能同时砌筑，必须先在墙上留出接槎（俗称留槎），后砌的墙体要镶入接槎内（俗称咬槎）。砖墙接槎的砌筑方法合理与否、质量好坏，对建筑物的整体性影响很大。正常的接槎按规范规定采用两种形式：一种是斜槎，俗称“退槎”或“踏步槎”，方法是在墙体连接处将待接砌墙的槎口砌成台阶形式，其高度一般不大于1.2m，长度不少于高度的2/3；另一种是直槎，俗称“马牙槎”，是每隔一皮砌出墙外1/4砖，作为接槎之用，每隔500mm高度加2ϕ6mm拉结钢筋，每边伸入墙内不宜小于500mm。斜槎的做法如图3.64所示，直槎的做法如图3.65所示。

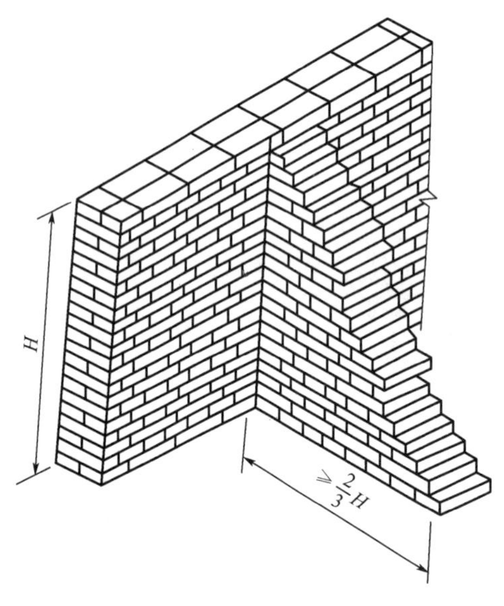

图3.64 斜槎

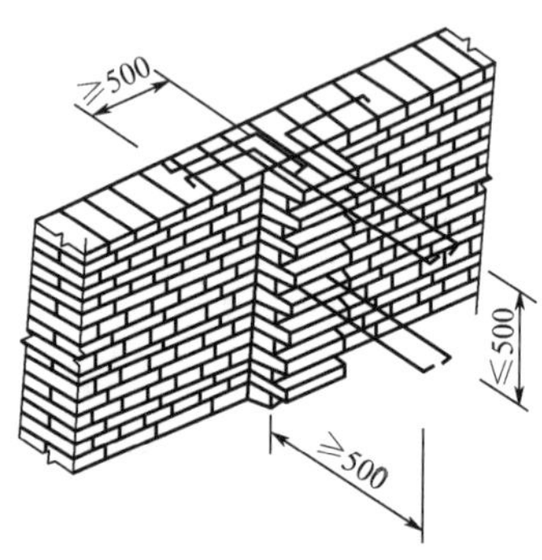

图3.65 直槎

(3) 控制水平灰缝厚度。砌体水平灰缝规定厚度为8～12mm，一般为10mm。如果水平灰缝太厚，会使砌体的压缩变形过大，砌上去的砖会发生滑移，对墙体的稳定性不利；水平灰缝太薄则不能保证砂浆的饱满度和均匀性，会对墙体的黏结、整体性产生不利影响。

砌筑时，在墙体两端和中部架设皮数杆、拉通线来控制水平灰缝厚度。同时要求砂浆的饱满程度应不低于80%。

【参考视频】

2) 烧结普通砖墙常用的组砌形式

烧结普通砖砌筑实心墙时常用的组砌形式一般采用：一顺一丁、梅花丁、三顺一丁、两平一侧、全顺、全丁等。

(1) 一顺一丁（又叫满丁满条法）。这种砌法第一皮排顺砖，第二皮排丁砖，间隔砌筑，其操作方便，施工效率高，又能保证搭接错缝，是一种常见的排砖形式（图3.66）。一顺一丁法根据墙面形式不同又分为“十字缝”和“骑马缝”两种。两者的区别仅在于顺砌时条砖是否对齐。

(2) 梅花丁。梅花丁是一面墙的每一皮均采用丁砖与顺砖左右间隔砌成，每一块丁砖均在上下两块顺砖长度的中心，上下皮砖竖缝相错1/4砖长（图3.67）。该砌法灰缝整齐，外表美观，结构的整体性好，但砌筑效率低，适合砌筑一砖或一砖半的清水墙。当砖的规格偏差较大时，采用梅花丁砌法有利于减少墙面的不整齐性。

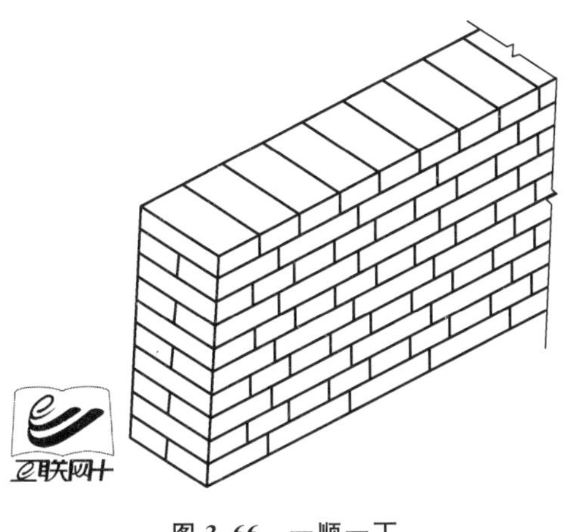

图 3.66 一顺一丁

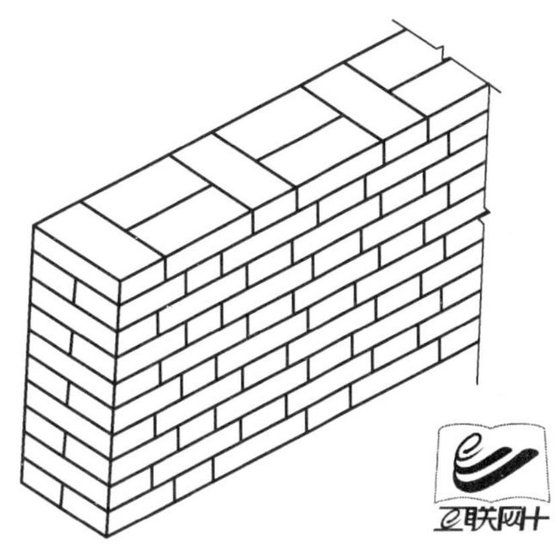

图 3.67 梅花丁

(3) 三顺一丁。三顺一丁是一面墙的连续三皮全部采用顺砖与一皮全部采用丁砖上下间隔砌成，上下相邻两皮顺砖砖间的竖缝相互错开 1/2 砖长（125mm），上下皮顺砖与丁砖间竖缝相互错开 1/4 砖长（图 3.68）。该砌法因砌顺砖较多，所以砌筑速度快，但因丁砖拉结较少，结构的整体性较差，在实际工程中应用较少，适合于砌筑一砖墙和一砖半墙(此时墙的另一面为一顺三丁)。

(4) 两平一侧。两平一侧是指一面墙的连续两皮平砌砖与一皮侧立砌的顺砖上下间隔砌成。当墙厚为 3/4 砖时，平砌砖为顺砖，上下皮平砌顺砖的竖缝相互错开 1/2 砖长，上下皮平砌顺砖与侧砌顺砖的竖缝相错 1/2 砖长；当墙厚为 5/4 砖时，只上下皮平砌丁砖，与平砌顺砖或侧砌顺砖的竖缝相错 1/4 砖长，其余与墙厚为 3/4 砖的相同（图 3.69）。两平一侧砌法只适用于 3/4 砖和 5/4 砖墙。

图 3.68 三顺一丁

图 3.69 两平一侧

(5) 全顺。全顺是指一面墙的各皮砖均为顺砖，上下皮竖缝错开 1/2 砖长（图 3.70）。此砌法仅适用于半砖墙。

(6) 全丁。全丁是指一面墙的各皮砖均为丁砖，上下皮竖缝错开 1/4 砖长，适用于砌筑一砖、一砖半、二砖的圆弧形墙、烟囱筒身和圆井圈等（图 3.71）。

3) 多孔砖常用的组砌形式

多孔砖中代号 M（240mm×240mm×53mm）的多孔砖的组砌形式只有全顺，每皮均为顺砖，其抓孔平行于墙面，上下皮竖缝相互错开 1/2 砖长，如图 3.72 所示。

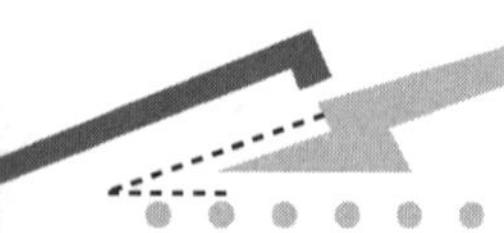

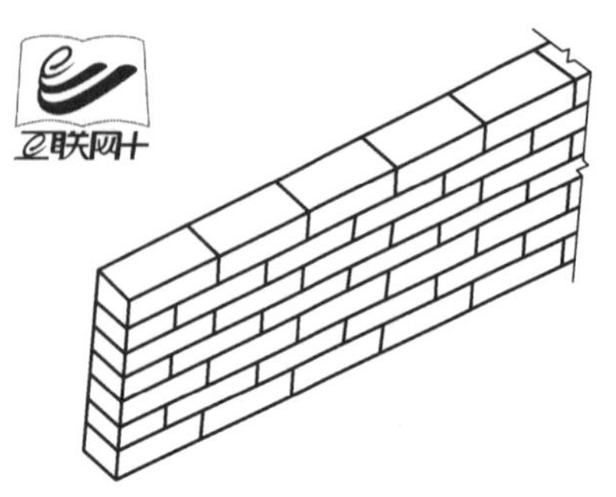

图 3.70　全顺

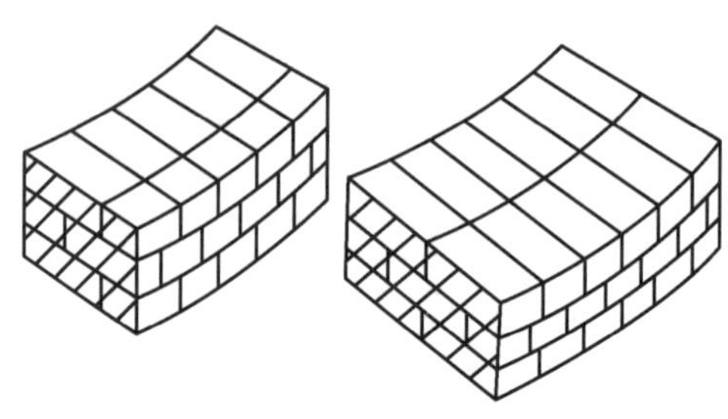

图 3.71　全丁

代号 P（240mm×115mm×90mm）的多孔砖有一顺一丁及梅花丁两种组砌形式，一顺一丁是一皮顺砖与一皮丁砖相隔砌成，上下皮竖缝相互错开 1/4 砖长；梅花丁是每皮中顺砖与丁砖相隔，丁砖坐中于顺砖，上下皮竖缝相互错开 1/4 砖长，如图 3.73 所示。

图 3.72　代号 M 多孔砖砌筑形式

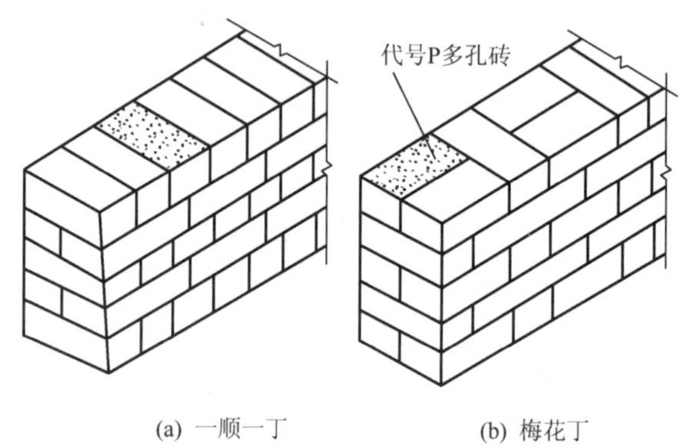

图 3.73　代号 P 多孔砖砌筑形式

4）空斗墙的组砌形式

空斗墙是指墙的全部或大部分采用侧立丁砖和侧立顺砖砌筑而成，在墙中由侧立丁砖、顺砖围成许多个空斗，所有侧砌斗砖均用整砖。空斗墙的组砌方法有以下几种（图 3.74）。

(1) 无眠空斗：全部由侧立丁砖和侧立顺砖砌成的斗砖层构成，无平卧丁砌的眠砖层。空斗墙中的侧立丁砖也可以改成每次只砌一块侧立丁砖。

(2) 一眠一斗：由一皮平卧的眠砖层和一皮侧砌的斗砖层上下间隔砌成。

(3) 一眠二斗：由一皮眠砖层和二皮连续的斗砖层相间砌成。

(4) 一眠三斗：由一皮眠砖层和三皮连续的斗砖层相间砌成。

无论采用哪一种组砌方法，空斗墙中每一皮斗砖层每隔一块侧砌顺砖必须侧砌一块或两块丁砖，相邻两皮砖之间均不得有连通的竖缝。

空斗墙一般用水泥混合砂浆或石灰砂浆砌筑。在有眠空斗墙中，眠砖层与丁砖层接触处以及丁砖层与眠砖层接触处，除两端外，其余部分不应填塞砂浆。空斗墙的水平灰缝厚度和竖向灰缝宽度一般为 10mm，且不应小于 8mm，也不应大于 12mm。空斗墙中留置的洞口，必须在砌筑时留出，严禁砌完后再行打凿。

空斗墙在下列部位应用眠砖或丁砖砌成实心砌体：墙的转角处和交接处；室内地坪以下的全部砌体；室内地坪以上和楼板面上要求砌三皮实心砖；三层房屋外墙底层的窗台标

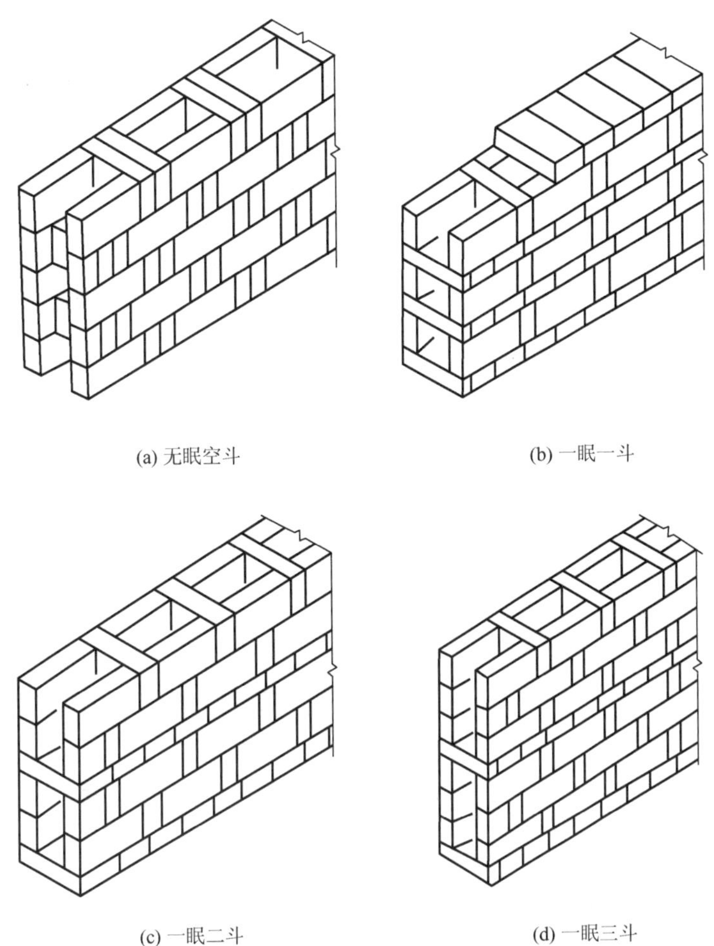

图 3.74 空斗墙组砌形式

高以下部分；楼板、圈梁、搁栅和檩条等支撑面下 2～4 皮砖的通长部分，且砂浆的强度等级不低于 M2.5；梁和屋架支撑处按设计要求的部分；壁柱和洞口的两侧 240mm 范围内；楼梯间的墙、防火墙、挑檐、烟道和管道较多的墙及预埋件处；做框架填充墙时，与框架拉结筋的连接宽度内；屋檐和山墙压顶下的二皮砖部分。

3. 砖墙转角及交接处搭接形式

1) 砖砌体在转角处的组砌形式

在砖墙的转角处，为了使各皮间竖缝相互错开，必须在外角处砌七分头砖。当采用一顺一丁组砌时，七分头的顺面方向依次砌顺砖，丁面方向依次砌丁砖。图 3.75 所示是一顺一丁砌一砖墙转角，图 3.76 所示是一顺一丁砌一砖半墙转角。

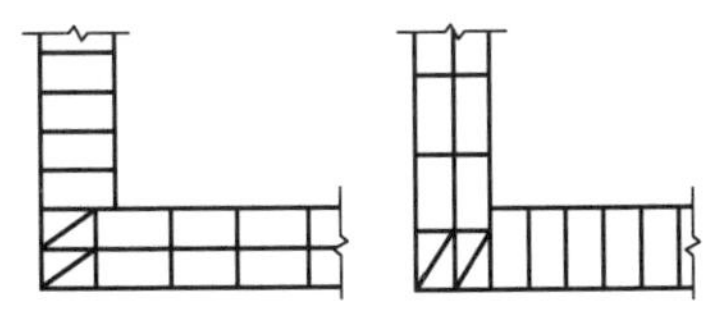

图 3.75 一砖墙转角（一顺一丁）

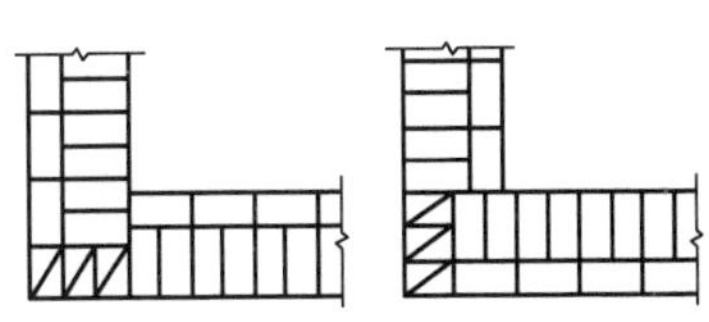

图 3.76 一砖半墙转角（一顺一丁）

当采用梅花丁组砌时，在外角仅砌一块七分头砖，七分头砖的顺面相邻砌丁砖，丁面相邻砌顺砖。图 3.77 所示是梅花丁砌一砖墙转角，图 3.78 所示是梅花丁砌一砖半墙转角。

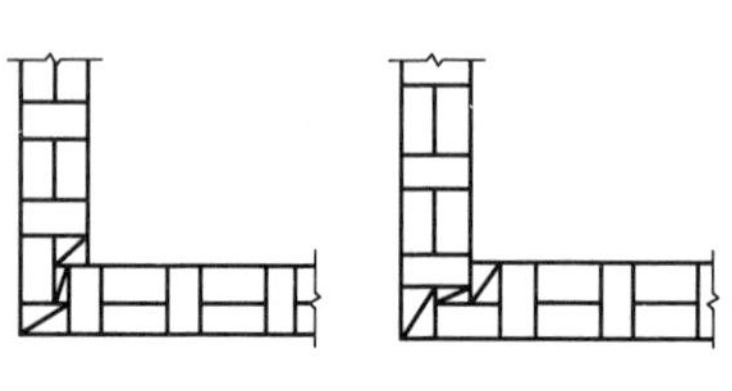

图 3.77　一砖墙转角（梅花丁）

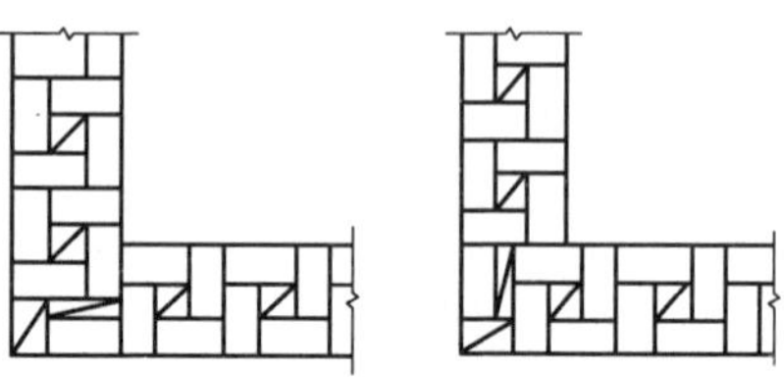

图 3.78　一砖半墙转角（梅花丁）

2）砖砌体在交接处的组砌方法

在砖墙的丁字交接处，应分皮相互砌通，内角相交处竖缝应错开 1/4 砖长，并在横墙端头处加砌七分头砖。图 3.79 所示是一顺一丁砌一砖墙丁字交接处，图 3.80 所示是一顺一丁砌一砖半墙丁字交接处。

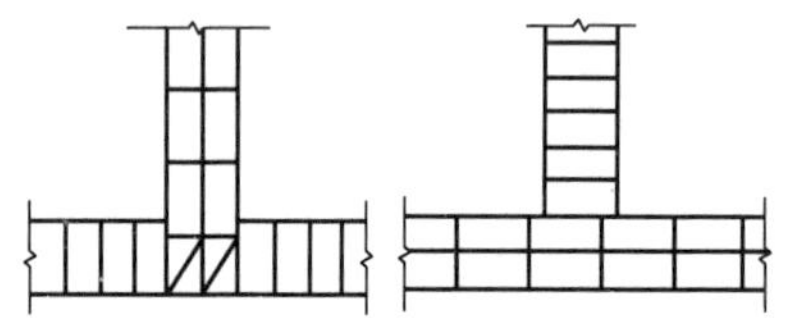

图 3.79　一砖墙丁字交接处（一顺一丁）

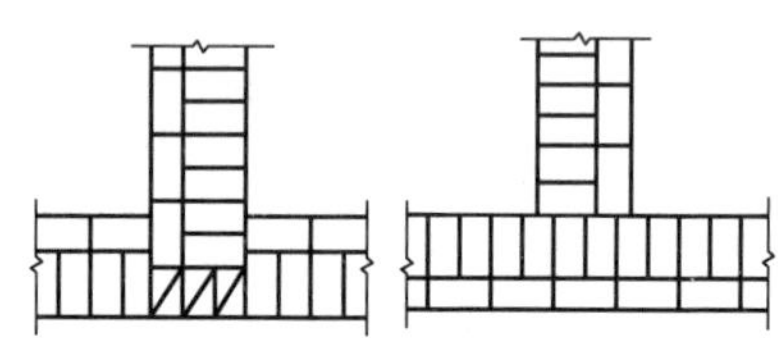

图 3.80　一砖半墙丁字交接处（一顺一丁）

在砖墙的十字交接处，应分皮相互砌通，交角处的竖缝相互错开 1/4 砖长。图 3.81 所示是一顺一丁一砖墙十字交接处，图 3.82 所示是一顺一丁一砖半墙十字交接处。

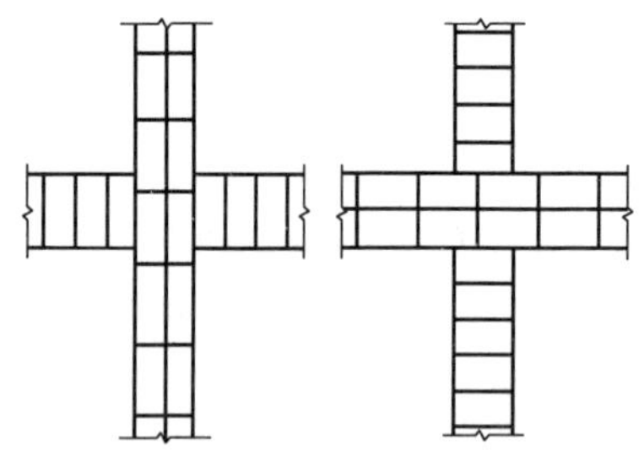

图 3.81　一砖墙十字交接处（一顺一丁）

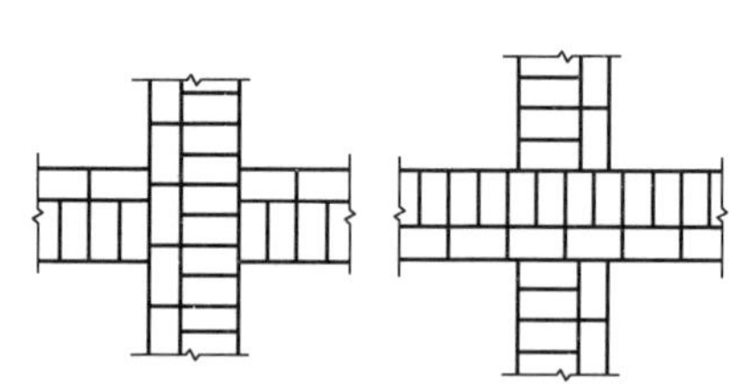

图 3.82　一砖半墙十字交接处（一顺一丁）

4. 砖墙砌筑的工艺流程

砖墙砌筑的工艺流程如下。

1）找平并弹墙身线

砌墙之前，应将基础防潮层或楼面上的灰砂泥土、杂物等清除干净，并用水泥砂浆或豆石混凝土找平，使各段砖墙底部标高符合设计要求；找平时，需使上下两层围墙之间不致出现明显的接缝。随后开始弹墙身线。

弹线的方法：根据基础四角各相对龙门板，在轴线标钉上拴上白线挂紧，拉出纵横墙的中心线或边线，投到基础顶面上，用墨斗将墙身线弹到墙基上，内间隔墙如没有龙门板，可自围墙轴线相交处作为起点，用钢尺量出各内墙的轴线位置和墙身宽度；根据图样画出门、窗洞口位置线。墙基线弹好后，按图样要求复核建筑物长度、宽度、各轴线间尺寸。经复核无误后，即可作为底层墙砌筑的标准。

2）排砖撂底

在砌砖前，要根据已确定的砖墙组砌方式进行排砖撂底，使砖的垒砌合乎错缝搭接要求，确定砌筑所需块数，以保证墙身砌筑竖缝均匀适度，尽可能做到少砍砖。排砖时应根据进场砖的实际长度尺寸的平均值来确定竖缝的大小。

3）盘角

砌砖前应先盘角，每次盘角不要超过五层，新盘的大角要及时进行吊、靠。如有偏差，要及时修整。盘角时要仔细对照皮数杆的砖层和标高，控制好灰缝大小，使水平灰缝均匀一致。大角盘好后再复查一次，平整度和垂直度完全符合要求后，再挂线砌墙。

4）挂线

砌筑一砖半墙必须双面挂线，如果长墙几个人均使用一根通线，中间应设几个支线点，小线要拉紧，每层砖都要穿线看平，使水平缝均匀一致，平直通顺，挂线时要把高出的障碍物去掉，中间塌腰的地方要垫一块砖，俗称腰线砖，如图3.83所示。垫腰线砖应注意准线不能向上拱起。经检查平直无误后即可砌砖。

每砌完一皮砖后，由两端把大角的人逐皮往上起线。

此外还有一种挂线法，不用坠砖而将准线挂在两侧墙的立线上，俗称挂立线，一般用于砌中间墙。将立线的上下两端拴在钉入纵墙水平缝的钉子上并拉紧，如图3.84所示。根据挂好的立线拉水平准线，水平准线的两端要由立线的里侧往外拴，两端拴的水平缝线要同纵墙缝一致，不得错层。

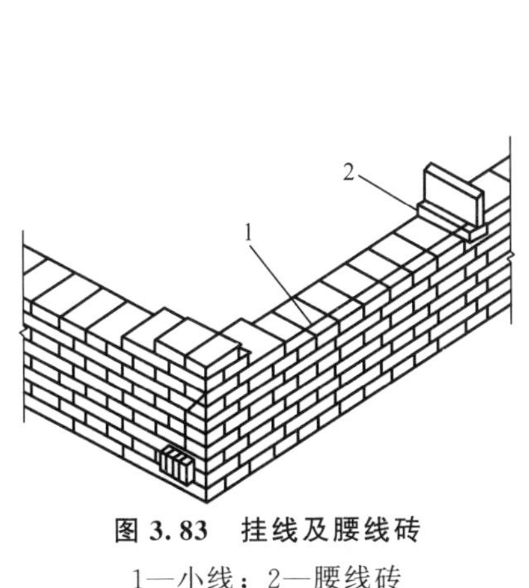

图3.83　挂线及腰线砖

1—小线；2—腰线砖

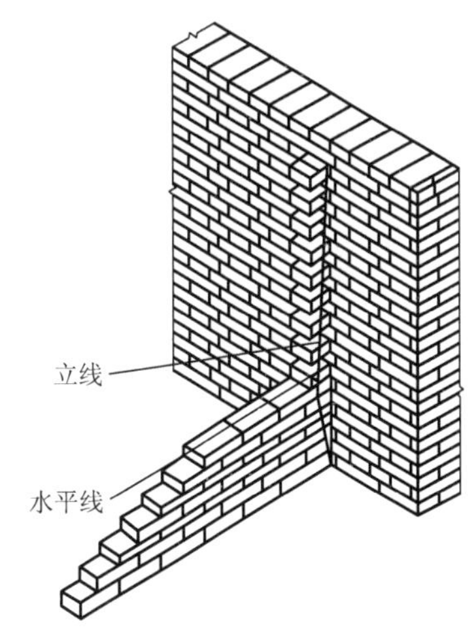

图3.84　挂立线

5）墙体砌砖

墙体砌砖要点如下。

(1) 砌砖宜采用一铁锹灰、一块砖、一揉挤的“三一”砌砖法，即满铺、满挤操作法。砌砖时砖要放平。“里手高，墙面就要张；里手低，墙面就要背”。

(2) 砌砖一定要跟线，“上跟线，下跟棱，左右相邻要对平”。

(3) 水平灰缝厚度和竖向灰缝宽度一般为 10mm，但不应小于 8mm，也不应大于 12mm。

(4) 为保证清水墙面主缝垂直，不“游丁走缝”，当砌完一步架高时，宜每隔 2m 水平间距，在丁砖立棱位置弹两道垂直立线，可以分段控制“游丁走缝”。

(5) 在操作过程中，要认真进行自检，如出现偏差，应随时纠正，严禁事后砸墙。

(6) 清水墙不允许有三分头，不得在上部任意变化、乱缝。

(7) 砌筑砂浆应随搅拌随使用，一般水泥砂浆必须在 3h 内用完，水泥混合砂浆必须在 4h 内用完，不得使用过夜砂浆。

(8) 砌清水墙应随砌随划缝，划缝深度为 8～10mm，深浅一致，墙面清扫干净。混水墙应随砌随将舌头灰刮尽。

(9) 围墙转角处应同时砌筑。如不能同时砌筑，则交接处必须留斜槎，槎子长度不应小于墙体高度的 2/3，槎子必须平直、通顺。

5. *砖砌体的砌筑方法*

我国广大建筑工人在长期的操作实践中，积累了丰富的砌筑经验，并总结出各种不同的操作方法。这里介绍目前常用的几种操作方法。

1) 瓦刀披灰法

瓦刀披灰法又称满刀灰法或带刀灰法，是指在砌砖时，先用瓦刀将砂浆抹在砖黏结面上和砖的灰缝处，然后将砖用力按在墙上，如图 3.85 所示。该法是一种常见的砌筑方法，适用于砌空斗墙、1/4 砖墙、平拱、弧拱、窗台、花墙、炉灶等。但其要求稠度大、黏性好的砂浆与之配合，也可使用黏土砂浆和白灰砂浆。

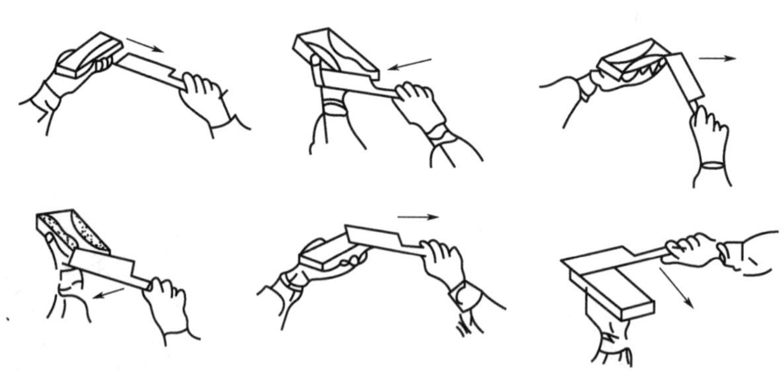

图 3.85 瓦刀披灰法

瓦刀披灰法操作时右手拿瓦刀，左手拿砖，先用瓦刀把砂浆正手刮在砖的侧面，然后反手将砂浆抹满砖的大面，并在另一侧刮上砂浆。要刮布均匀，中间不要留空隙，四周可以厚一些，中间薄些。与墙上已砌好的砖接触的头缝（即碰头灰）也要刮上砂浆。砖块刮好砂浆后，放在墙上，挤压至与准线平齐。如有挤出墙面的砂浆，须用瓦刀刮下填于竖缝内。

用瓦刀披灰法砌筑，能做到刮浆均匀、灰缝饱满，有利于初学砖瓦工者的手法锻炼。此法历来被列为砌筑基本工训练之一。但其工效低，劳动强度大。

【参考视频】

2)“三一”砌砖法

“三一”砌砖法的基本操作是“一铲灰、一块砖、一揉挤”，基本步骤如下。

（1）步法。操作时人应顺墙体斜站，左脚在前，离墙约 15cm，右脚在后，距墙及左脚跟 30～40cm。砌筑方向是由前往后退着走，这样操作可以随时检查已砌好的砖是否平直。砌完 3～4 块砖后，左脚后退一大步（70～80cm），右脚后退半步，人斜对墙面可砌约 50cm，砌完后左脚后退半步，右脚后退一步，恢复到开始砌砖时的位置，如图 3.86 所示。

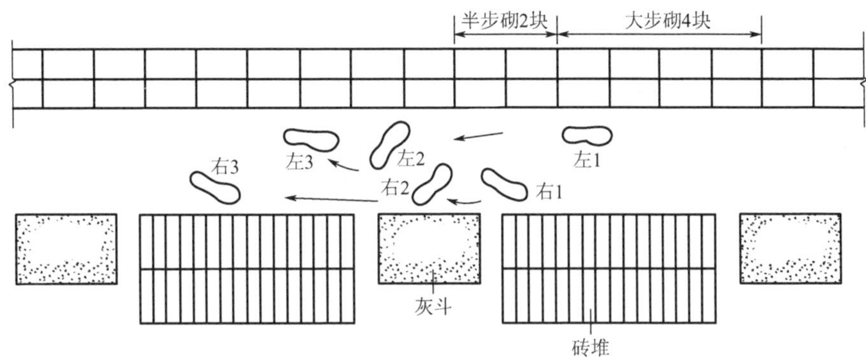

图 3.86 “三一”砌砖法步法

（2）铲灰取砖。铲灰时应先用铲底摊平砂浆表面（以便于掌握吃灰量），然后用手腕横向转动来铲灰，减少手臂动作，取灰量要根据灰缝厚度决定，以满足一块砖的需要量为准。取砖时应随拿砖随挑选好下一块砖。左手拿砖，右手拿砂浆，同时拿起来，以减少弯腰次数，争取砌筑时间。

（3）铺灰。将砂浆铺在砖面上的动作称为铺灰，其可分为甩、溜、丢、扣等几种。

砌顺砖时，当墙砌得不高且距操作处较远时，一般采用溜灰方法铺灰；当墙砌得较高且近身砌筑时，常用扣灰方法铺灰；此外，还可采用甩灰方法铺灰，如图 3.87 所示。

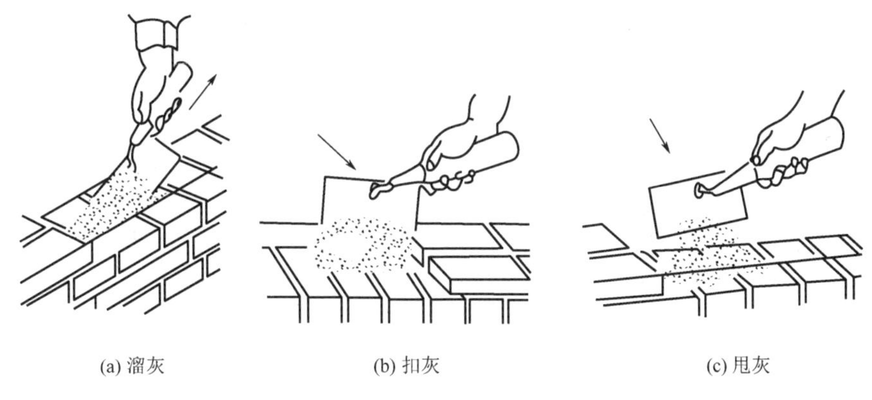

(a) 溜灰　　(b) 扣灰　　(c) 甩灰

图 3.87 砌顺砖铺灰

砌丁砖时，当墙砌得较高且近身砌筑时，常用丢灰方法铺灰；在其他情况下，还经常用扣灰方法铺灰，如图 3.88 所示。

不论采用哪一种铺灰动作，都要求铺出的灰条要近似砖的外形，长度比一块砖稍长 1～2cm、宽 8～9cm，灰条距墙外面 2cm，并与前一块砖的灰条相接。

（4）揉挤。左手拿砖，在离已砌好的前砖 3～4cm 处开始平放推挤，并用手轻揉。在揉砖时，眼要上边看线，下边看墙皮，左手中指随即同时伸下，摸一下上下砖棱是否齐平。砌好一块砖后，随即用铲将挤出的砂浆刮回，放在竖缝中或随手投入灰斗中。揉砖的

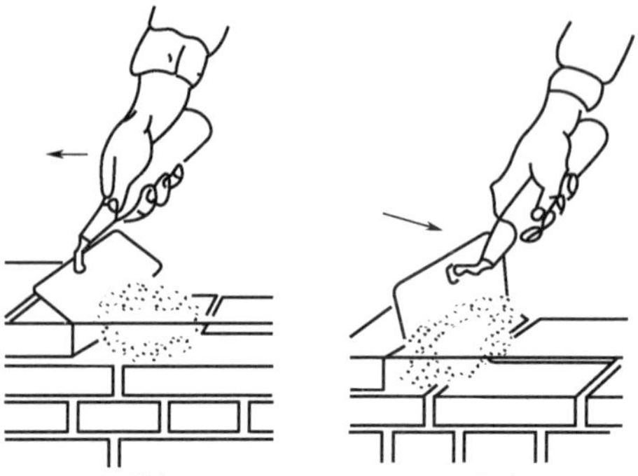

(a) 丢灰　　(b) 扣灰

图 3.88　砌丁砖铺灰

目的是使砂浆饱满。铺在砖上的砂浆如果较薄，揉的劲要小些；砂浆较厚时，揉的劲要稍大一些。并且根据已铺砂浆的位置要前后揉或左右揉，总之以揉到下齐砖棱上齐线为宜，要做到平开、轻放、轻揉，如图 3.89 所示。

图 3.89　揉砖

“三一”砌砖法的优点是：由于铺出来的砂浆面积相当于一块砖的大小，并且随即揉砖，因此灰缝容易饱满，黏结力强，能保证砌筑质量；挤砌时随手刮去挤出的砂浆，使墙保持清洁。其缺点是：一般是个人操作，操作时取砖、铲灰、铺灰、转身、弯腰等烦琐动作较多，影响砌筑效率，因而可用两铲灰砌三块砖或三铲灰砌四块砖的办法来提高效率。

“三一”砌砖法适合于砌窗间墙、砖柱、砖垛、烟囱等较短的部位。

3）坐浆砌砖

坐浆砌砖法又称摊灰尺砌砖法，是指在砌砖时，先在墙上铺 50cm 左右的砂浆，用摊灰尺找平，然后在已铺设好的砂浆上砌砖，如图 3.90 所示。该法适用于砌门窗洞较多的砖墙或砖柱。

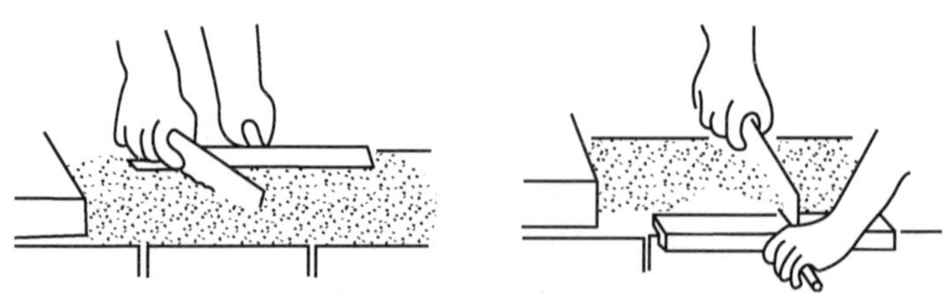

图 3.90　坐浆砌砖法

（1）操作要点。

操作时人站立的位置以距墙面10～15cm为宜，左脚在前，右脚在后，人斜对墙面，随着砌筑前进方向退着走，每退一步可砌3～4块顺砖长。

通常使用瓦刀，操作时用灰勺和大铲舀砂浆，均匀地倒在墙上，然后左手拿摊尺刮平。抵砖时左手拿砖，右手用瓦刀在砖的头缝处打上砂浆，随即砌上砖并压实。砌完一段铺灰长度后，将瓦刀放在最后砌完的砖上，转身再舀砂浆，如此逐段铺砌。每次砂浆摊铺长度应看气温高低、砂浆种类及砂浆稠度而定，每次砂浆摊铺长度不宜超过75cm（气温在30℃以上时，不超过50cm）。

（2）注意事项。

在砌筑时应注意，砖块头缝的砂浆需另外用瓦刀抹上去，不允许在铺平的砂浆上刮取，以免影响水平灰缝的饱满程度。摊灰尺铺灰砌筑时，当砌一砖墙时，可一人自行铺灰砌筑；墙较厚时可组成二人小组，一人铺灰，一人砌墙，分工协作，密切配合，这样会提高工效。

采用这种方法，因摊灰尺厚度同灰缝一样为10mm，故灰缝厚度能够控制，便于保证砌体任一水平缝平直。又由于铺灰时摊灰尺靠墙阻挡砂浆流到墙面，所以墙面清洁美观，砂浆耗损少。但是由于砖只能摆砌，不能挤砌，同时铺好的砂浆容易失水变稠变硬，因此黏结力较差。

4）铺灰挤砌法

铺灰挤砌法是采用一定的铺灰工具，如铺灰器等，先在墙上用铺灰器铺一段砂浆，然后用砖紧压砂浆层，推挤砌于墙上的方法。铺灰挤砌法分为单手挤浆法和双手挤浆法两种。

（1）单手挤浆法。用铺灰器铺灰，操作者应沿砌筑方向退着走。砌顺砖时，左手拿砖，距前面的砖块5～6cm处将砖放下，砖稍稍蹭灰面，沿水平方向向前推挤，把砖前灰浆推起作为立缝处砂浆（俗称挤头缝），如图3.91所示，并用瓦刀将水平灰缝挤出墙面的灰浆刮清，甩填于立缝内。

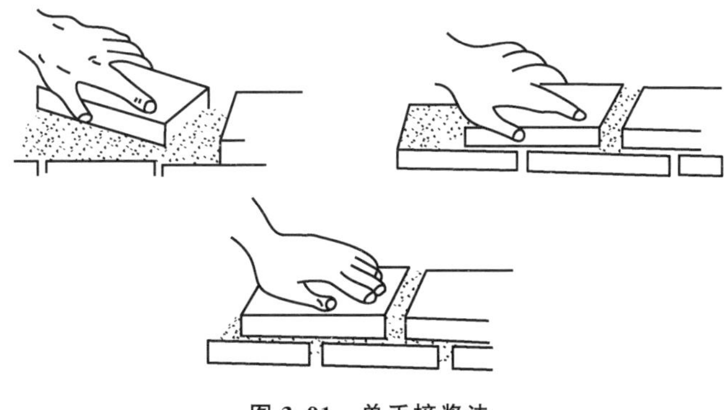

图3.91 单手挤浆法

砌丁砖时，将砖擦灰面放下后，用手掌横向往前挤，挤浆的砖口要略倾斜，用手掌横向前挤，到将接近一指缝时，砖块略向上翘，以便带起灰浆挤入立缝内，将砖压至与准线平齐为止，并将内外挤出的灰浆刮清，甩填于立缝内。

当砌墙的内侧顺砖时，应将砖由外向里靠，水平向前挤推，这样立缝处砂浆容易饱满，同时用瓦刀将反面墙水平缝挤出的砂浆刮起，甩填于挤砌的立缝内。

挤浆砌筑时，手掌要用力，使砖与砂浆密切结合。

(2) 双手挤浆法。双手挤浆法操作时，使靠墙的一只脚脚尖稍偏向墙边，另一只脚向斜前方踏出 40cm 左右（随着砌砖动作灵活移动），使两脚很自然地站成“T”形。身体离墙约 7cm，胸部略向外倾斜。这样，便于操作者转身拿砖、挤砖和看棱角。

拿砖时，靠墙的一只手先拿，另一只手跟着上去，也可双手同时取砖；两眼要迅速查看砖的边角，将棱角整齐的一边先砌在墙的外侧；取砖和选砖几乎同时进行。为此操作必须熟练，无论是砌丁砖还是顺砖，靠墙的一只手先挤，另一只手迅速跟着挤砌（图 3.92）。其他操作方法与单手挤浆法相同。

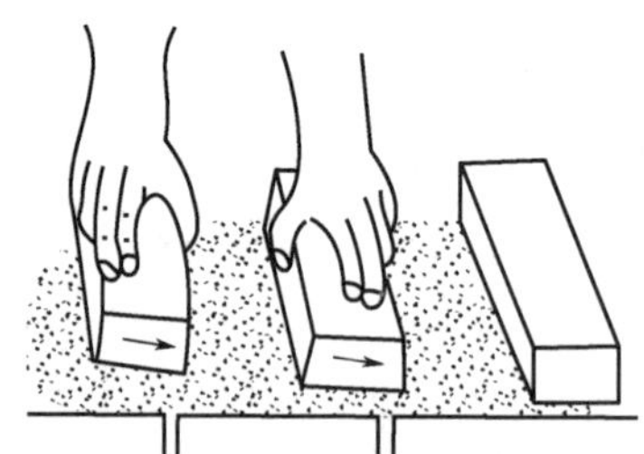
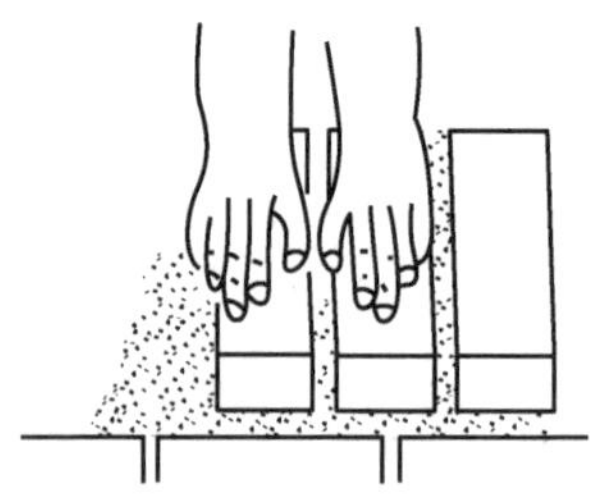

图 3.92　双手挤浆法

如砌丁砖，当手上拿的砖与墙上原砌的砖相距 5～6cm 时（如砌顺砖，距离约 13cm 时），把砖的一头（或一侧）抬起约 4cm，将砖插入砂浆中，随即将砖放平，手掌不要用力挤压，只需依靠砖的倾斜自坠力压住砂浆，平推前进。若竖缝过大，可用手掌稍加压力，将灰缝压实至 1cm 为止。然后看准砖面，如有不平，用手掌加压，使砖块平整。由于顺砖长，因而要特别注意砖块“下齐边棱上平线”，以防墙面产生凹进凸出和高低不平现象。

双手挤浆法，在操作时减少了每块砖都要转身、铲灰、弯腰、铺灰等动作，可大大减轻劳动强度，并且还可组成两人或三人小组，铺灰、砌砖分工协作，密切结合，提高工效。此外，由于挤浆时平推平挤，使灰缝饱满，充分保证墙体质量。但要注意，如砂浆保水性能不好时，砖湿润又不合要求，操作不熟练，推挤动作稍慢，往往会出现砂浆干硬，造成砌体黏结不良。因此在砌筑时要求快铺快砌，挤浆时严格掌握平推平挤，避免前低后高，以免把砂浆挤成沟槽使灰浆不饱满。

【参考视频】

5)“快速”砌筑法

“快速”砌筑法就是把砌筑工砌砖的动作过程归纳为两种步法、三种弯腰姿势、八种铺灰手法、一种挤浆动作，叫作“快速砌砖动作规范”，简称“快速”砌筑法。

(1) 两种步法。砌砖时采用“拉槽取法”，操作者背向砌砖前进方向退步砌筑。开始砌筑时，人斜站成丁字步，左足在前、右足在后，后腿紧靠灰斗。这种站立方法稳定有力，可以适应砌筑部位的远近高低变化，只要把身体的重心在前后之间变换，就可以完成砌筑任务。

后腿靠近灰斗以后，右手自然下垂，就可以方便地在灰斗中取灰。右足绕足跟稍微转动一下，又可以方便地取到砖块。

砌到近身以后，左足后撤半步，右足稍稍移动即成为并列步，操作者基本上面对墙身，又可完成 50cm 长的砖墙砌筑。在并列步时，靠两足的稍稍旋转来完成取灰和取砖的动作。

一段砌体全部砌完后，左足后撤半步，右足后撤一步，第二次站成丁字步，再继续重复前面的动作。每一次步法的循环，可以完成 1.5m 的墙体砌筑，所以要求操作面上灰斗的排放间距也是 1.5m。这一点与“三一”砌筑法是一样的。

（2）三种弯腰姿势。

① 侧身弯腰。当操作者站成丁字步的姿势铲灰和取砖时，应采取侧身弯腰的动作，利用后腿微弯、斜肩和侧身弯腰来降低身体的高度，以达到铲灰和取砖的目的。侧身弯腰时动作时间短，腰部只承担轻度的负荷。在完成铲灰取砖后，可借助伸直后腿和转身的动作，使身体重心移向前腿而转换成正弯腰（砌低矮墙身时）。

② 丁字步正弯腰。当操作者站成丁字步，并砌筑离身体较远的矮墙身时，应采用丁字步正弯腰的动作。

③ 并列步正弯腰。丁字步正弯腰时重心在前腿，当砌到近身砖墙并改换成并列步砌筑时操作者就可采取并列步正弯腰的动作。

三种弯腰姿势的动作分解如图 3.93 所示。

图 3.93　三种弯腰姿势的动作分解图

（3）八种铺灰手法。

① 砌条砖时的三种手法。

a. 甩法。甩法是“三一”砌筑法中的基本手法，适用于砌离身体部位低而远的墙体。铲取砂浆要求呈均匀的条状，当大铲提到砌筑位置时，将铲面转 90°，使手心向上，同时将灰顺砖面中心甩出，使砂浆呈条状均匀落下，甩灰的动作分解如图 3.94 所示。

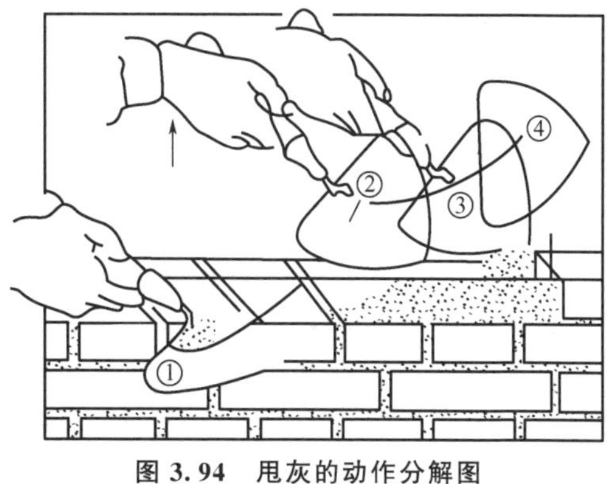

图 3.94　甩灰的动作分解图

b. 扣法。扣法适用于砌近身和较高部位的墙体，人站成并列步。铲灰时以后腿足跟为轴心转向灰斗，转过身来反铲扣出灰条，铲面的运动路线与甩法正好相反，也可以说是一种反甩法，尤其在砌低矮的近身墙时更是如此。扣灰时手心向下，利用手臂的前推力扣落砂浆，其动作形式如图 3.95 所示。

c. 泼法。泼法适用于砌近身部位及身体后部的墙体，用大铲铲取扁平状的灰条，提到砌筑面上，将铲面翻转，手柄在前，平行向前推泼出灰条，其手法如图 3.96 所示。

图 3.95 扣灰的动作分解图

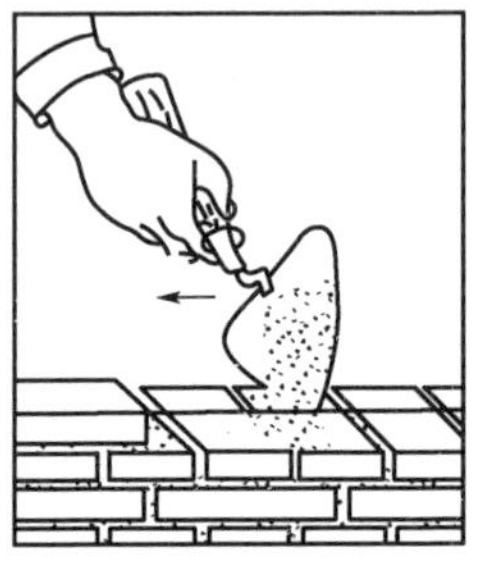

图 3.96 泼灰的动作分解图

② 砌丁砖时的三种手法。

a. 砌里丁砖的溜法。溜法适用于砌一砖半墙的里丁砖，铲取的灰条要求呈扁平状，前部略厚，铺灰时将手臂伸过准线，使大铲边与墙边取平，采用抽铲落灰的办法，如图 3.97 所示。

b. 砌丁砖的扣法。铲灰条时要求做到前部略低，扣到砖面上后，灰条外口稍厚，其动作如图 3.98 所示。

图 3.97 砌里丁砖的溜法

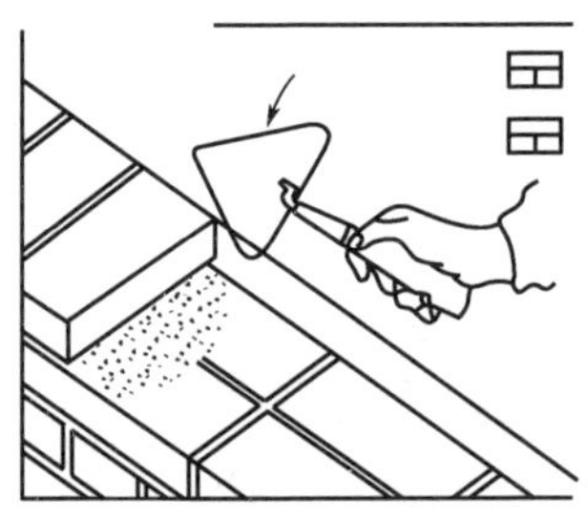

图 3.98 砌丁砖的扣法

c. 砌外丁砖的泼法。当砌三七墙外丁砖时可采用泼法，即大铲铲取扁平状的灰条，泼灰时落点向里移一点，可以避免反面刮浆的动作。砌离身体较远的砖可以平拉反泼，砌近身处的砖采用正泼，其手法如图 3.99 所示。

(a) 平拉反泼

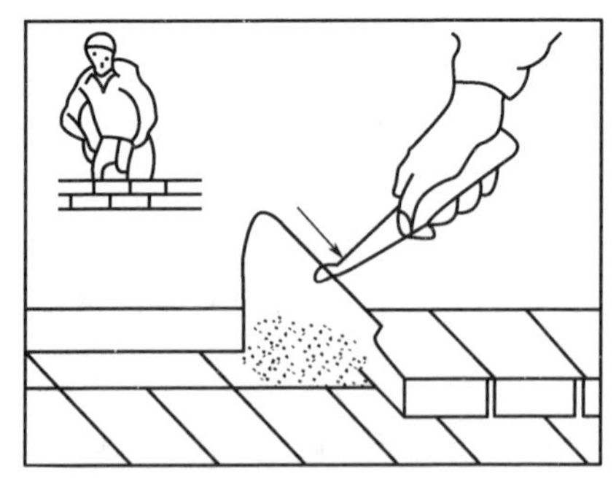

(b) 正泼

图 3.99 砌外丁砖的泼法

③ 砌角砖时的溜法。砌角砖时，用大铲铲取扁平状的灰条，提送到墙角部位并与墙边取齐，然后抽铲落灰。采用这一手法可减少落地灰，如图 3.100 所示。

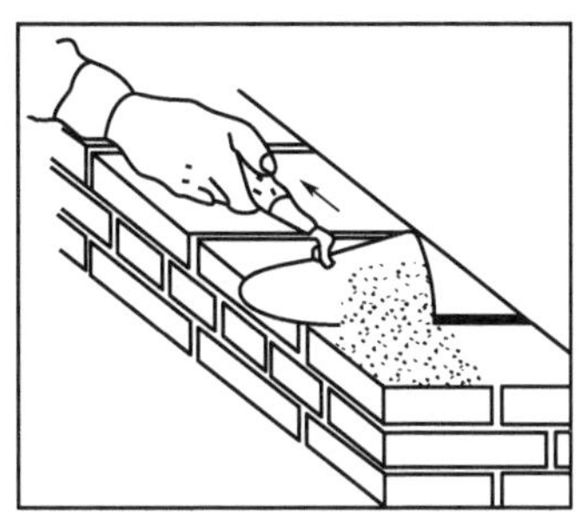

图 3.100 砌角砖的溜法

④ 一带二铺灰法。由于砌丁砖时，竖缝的挤浆面积比条砖大一倍，外口砂浆不易挤严，可以先在灰斗处将丁砖的碰头灰打上，再铲取砂浆转身铺灰砌筑，这样做就多了一次打灰动作。一带二铺灰法是将这两个动作合并起来，利用在砌筑面上铺灰时，将砖的丁头伸入落灰处接打碰头灰。这种做法铺灰后要摊一下砂浆，才可摆砖挤浆，在步法上也要做相应变换，其手法如图 3.101 所示。

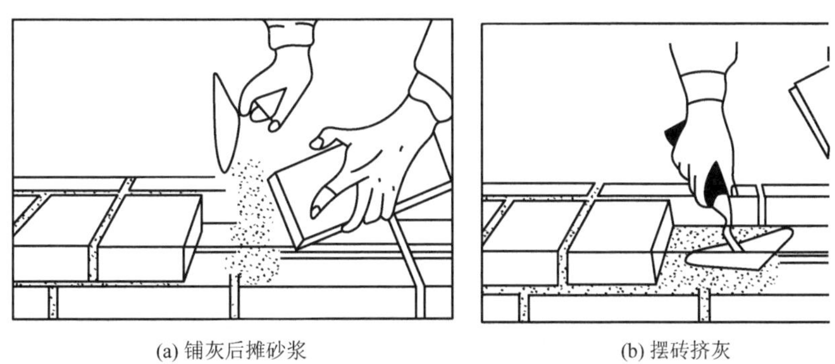

(a) 铺灰后摊砂浆　　(b) 摆砖挤灰

图 3.101 一带二铺灰动作（适用于砌外丁砖）

(4) 一种挤浆动作。挤浆时应将砖落在灰条 2/3 的长度或宽度处，将超过灰缝厚度的那部分砂浆挤入竖缝内。如果铺灰过厚，可用揉搓的办法将过多的砂浆挤出。

在挤浆和揉搓时，大铲应及时接刮从灰缝中挤出的余浆并甩入竖缝内，当竖缝严实时也可甩入灰斗中。如果是砌清水墙，可以用铲尖稍稍伸入平缝中刮浆，这样不仅刮了浆，而且减少了勾缝的工作量、节约了材料，挤浆和刮余浆的动作如图 3.102 所示。

(5) 实施“快速”砌筑法必须具备的条件。

① 工具准备。大铲是铲取灰浆的工具，砌筑时，要求大铲铲起的灰浆刚好能砌一块砖，再通过各种手法的配合才能达到预期的效果。铲面呈三角形，铲边弧线平缓，铲柄角度合适的大铲才便于使用。

② 材料准备。砖必须浇水达到合适的程度，即砖的里层吸够一定水分，表面阴干。一般可提前 1～2d 浇水，停半天后使用。吸水合适的砖，可以保持砂浆的稠度，使挤浆顺利进行。砂子一定要过筛，不然在挤浆时会因为有粗颗粒而造成挤浆困难。除了砂浆的配合比和稠度必须符合要求外，砂浆的保水性也很重要，离析的砂浆很难进行挤浆操作。

③ 操作面的要求。同“三一”砌筑法。

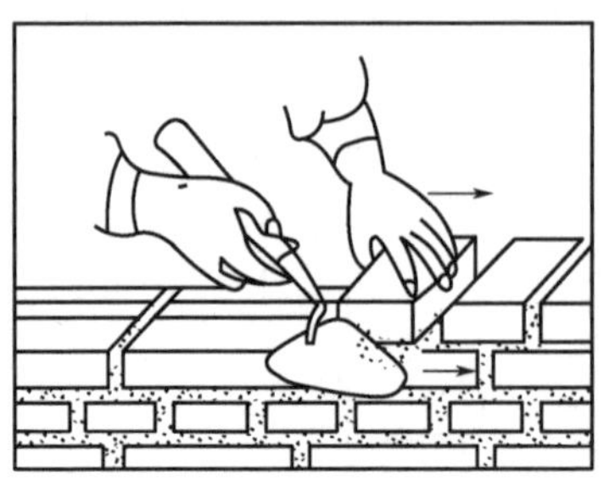

(a) 挤浆刮余浆同时砌丁砖

(b) 砌外条砖刮余浆

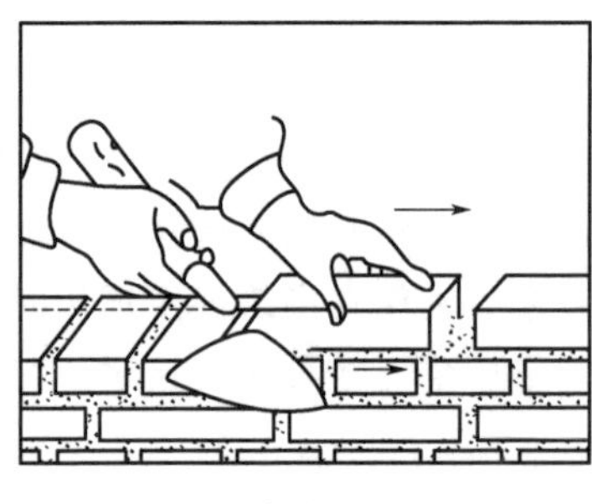

(c) 砌条砖刮余浆

(d) 将余浆甩入碰头缝内

图 3.102 挤浆和刮余浆的动作

3.4.3 砌块墙的砌筑

1. *砌块墙的组砌形式*

砌块墙（包括混凝土空心砌块墙体和粉煤灰实心砌块墙体）的立面组砌形式仅有全顺一种，上下竖向相互错开 190mm；双排小砌块墙横向竖缝也应相互错开 190mm，如图 3.103 和图 3.104 所示。下文以混凝土空心砌块墙体为例讲述砌块墙体的砌筑。

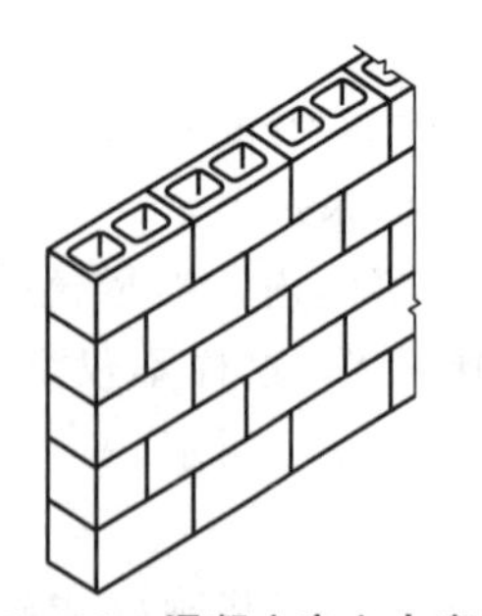

图 3.103 混凝土空心小砌块墙体的立面组砌形式

2. *组砌方法*

混凝土空心小砌块墙宜采用铺灰反砌法进行砌筑。先用大铲或瓦刀在墙顶上摊铺砂浆，铺灰长度不宜超过 800mm，再在已砌砌块的端面上刮砂浆，双手端起小砌块，使其底面向上，摆放在砂浆层上，并与前一块挤紧，使上下砌块的孔洞对准，挤出的砂浆随手刮去。若使用一端有凹槽的砌块，应将有凹槽的一端接着平头的一端砌筑。

3. *混凝土空心砌块墙体的砌筑*

混凝土空心砌块只能用于地面以上墙体的砌筑，而不能用于墙体基础的砌筑。

在砌筑工艺上，混凝土小型空心砌块砌筑与传统的砖混建筑没有大的差别，都是手工砌筑，对建筑设计的适应能力也很强，砌块砌体可以取代砖石结构中的砖砌体。砌块是用混凝土制作的一种空心、薄壁的硅酸盐制品，它作为墙体材料，不但具有混凝土材料的特性，而且其形状、构造等与黏土砖也有较大的差别，砌筑时要按其特点给予重视和注意。

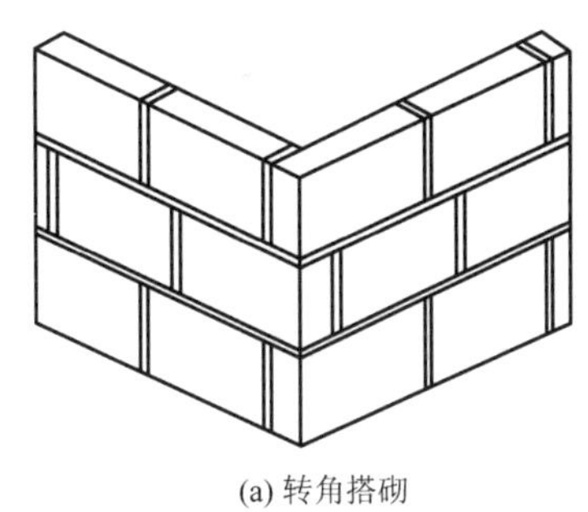
(a) 转角搭砌

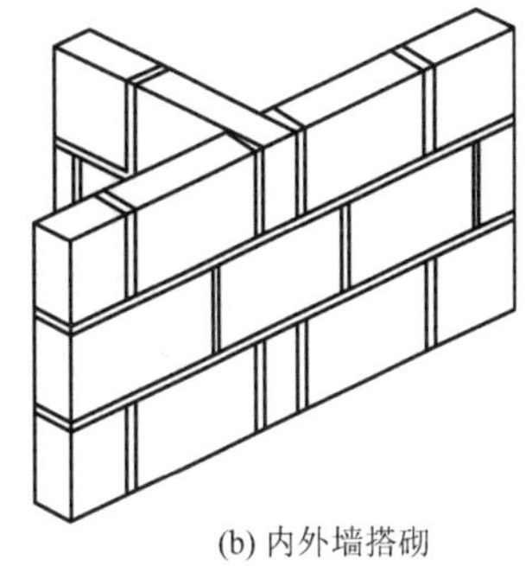
(b) 内外墙搭砌

图3.104 粉煤灰实心小砌块墙体的立面组砌形式

1）施工准备

施工准备的要点如下。

（1）运到现场的小砌块，应分规格、分等级堆放，堆放场地必须平整，并做好排水。小砌块的堆放高度不宜超过1.6m。

（2）对于砌筑承重墙的小砌块应进行挑选，剔出断裂小砌块或壁肋中有竖向凹形裂缝的小砌块。

（3）龄期不足28d及潮湿的小砌块不得进行砌筑。

（4）普通混凝土小砌块不宜浇水。当天气干燥炎热时，可在砌块上稍加喷水润湿；轻骨料混凝土小砌块可洒水，但不宜过多。

（5）清除小砌块表面污物和芯柱用小砌块孔洞底部的毛边。

（6）砌筑底层墙体前，应对基础进行检查。清除防潮层顶面上的污物。

（7）根据砌块尺寸和灰缝厚度计算皮数，制作皮数杆。皮数杆立在建筑物四角或楼梯间转角处，皮数杆间距不宜超过15m。

（8）准备好所需的拉结钢筋或钢筋网片。

（9）根据小砌块搭接需要，准备一定数量的辅助规格的小砌块。

（10）砌筑砂浆必须搅拌均匀，随拌随用。

2）砌块排列

砌块排列要点如下。

（1）砌块排列时，必须根据砌块尺寸、垂直灰缝的宽度和水平灰缝的厚度计算砌块砌筑皮数和排数，以保证砌体的尺寸；砌块排列应按设计要求，从基础面开始排列，尽可能采用主规格和大规格砌块，以提高台班产量。

（2）外墙转角处和纵横墙交接处，砌块应分皮咬槎，交错搭砌，以增加房屋的刚度和整体性。

（3）砌块墙与后砌隔墙交接处，应沿墙高每隔400mm在水平灰缝内设置不少于2ϕ4、横筋间距不大于200mm的焊接钢筋网片，钢筋网片伸入后砌隔墙内不应小于600mm（图3.105）。

（4）砌块排列应对孔错缝搭砌，搭砌长度不应小于90mm，如果搭接错缝长度满足不了规定的要求，应采取压砌钢筋网片或设置拉结筋等措施，具体构造按设计规定。

（5）对设计规定或施工所需要的孔洞口、管道、沟槽和预埋件等，应在砌筑时预留或预埋，不得在砌筑好的墙体上打洞、凿槽。

（6）砌体的垂直缝应与门窗洞口的侧边线相互错开，不得同缝，错开间距应大于150mm，且不得采用砖镶砌。

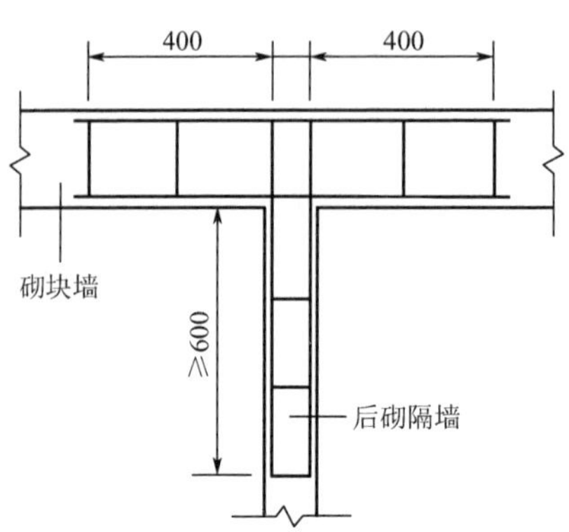

图3.105　砌块墙与后砌隔墙交接处钢筋网片

(7) 砌体水平灰缝厚度和垂直灰缝宽度一般为 10mm，但不应大于 12mm，也不应小于 8mm。

(8) 在楼地面砌筑一皮砌块时，应在芯柱位置侧面预留孔洞。为便于施工操作，预留孔洞的开口一般应朝向室内，以便清理杂物、绑扎和固定钢筋。

(9) 设有芯柱的 T 形接头砌块第一皮至第六皮排列平面如图 3.106 所示。第七皮开始又重复第一皮至第六皮的排列，但不用开口砌块，其排列立面如图 3.107 所示。设有芯柱的 L 形接头第一皮砌块排列平面如图 3.108 所示。

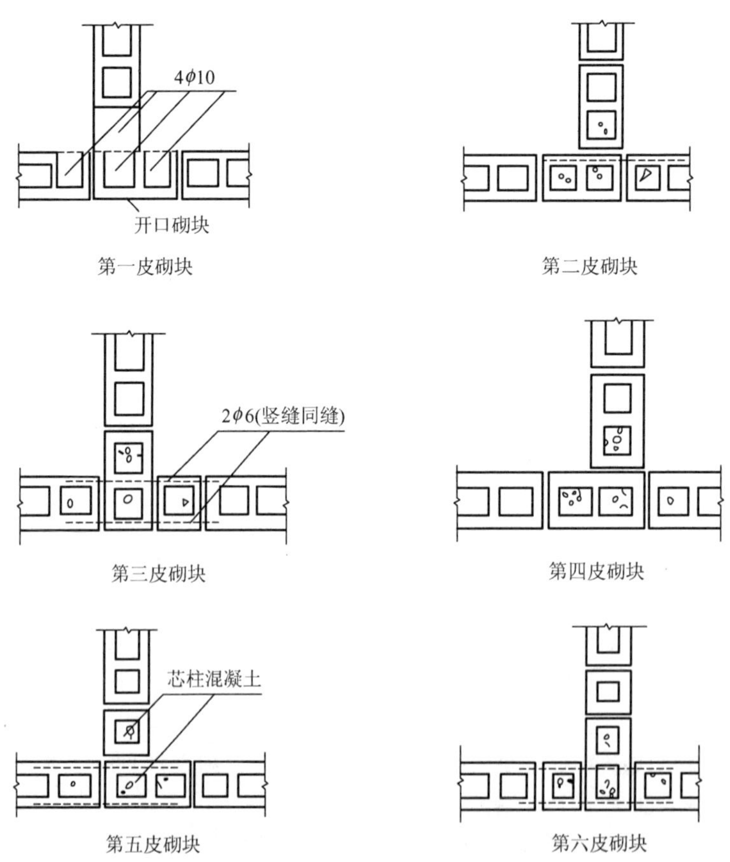

图 3.106　T 形芯柱接头砌块排列平面

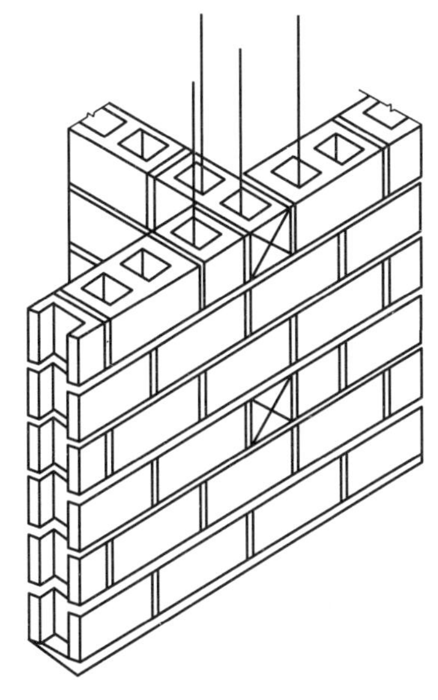

图 3.107 T形芯柱接头砌块排列立面

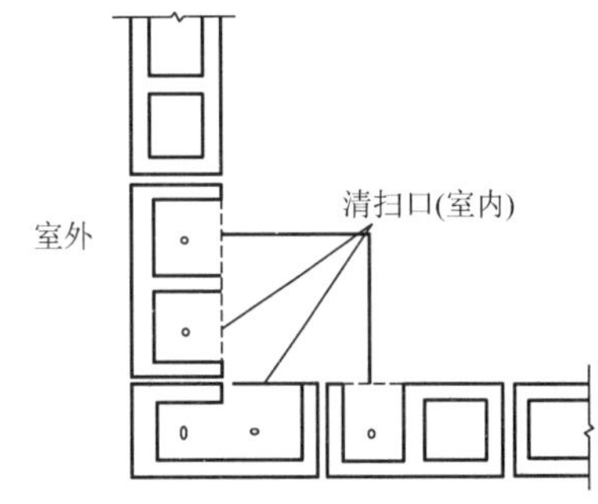

图 3.108 L形芯柱接头第一皮砌块排列平面

3）砌筑

砌筑时的要点如下。

(1) 砌块砌筑应从转角或定位处开始，内外墙同时砌筑，纵横墙交错搭接。外墙转角处应使小砌块隔皮露端面；T形交接处应使横墙小砌块隔皮露端面，纵墙在交接处改砌两块辅助规格小砌块（尺寸为290mm×190mm×190mm，一头开口），所有露端面用水泥砂浆抹平，如图3.109所示。

(2) 砌块应对孔错缝搭砌。上下皮小砌块竖向灰缝相互错开190mm。个别情况无法对孔砌筑时，普通混凝土小砌块错缝长度不应小于90mm，轻骨料混凝土小砌块错缝长度不应小于120mm；当不能保证此规定时，应在水平灰缝中设置2ϕ4钢筋网片，钢筋网片每端均应超过该垂直灰缝，其长度不得小于300mm，如图3.110所示。

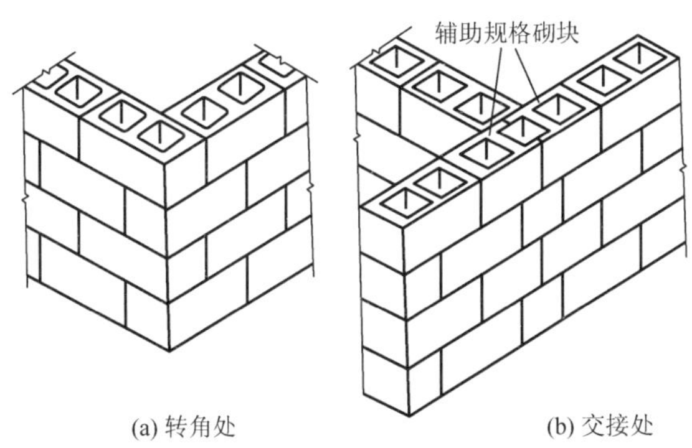

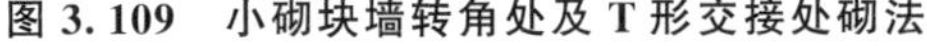

图 3.109 小砌块墙转角处及T形交接处砌法

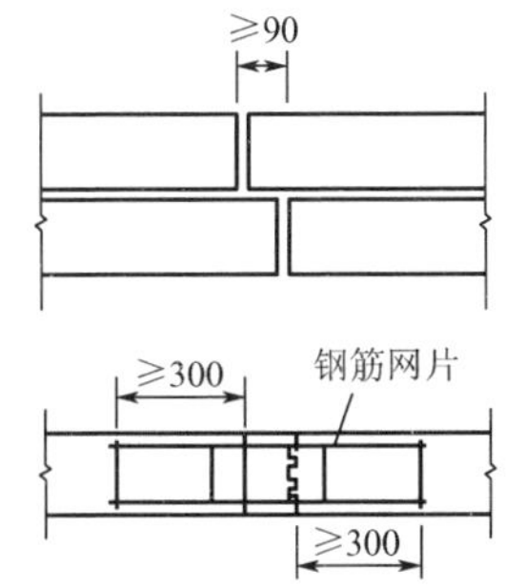

图 3.110 水平灰缝中的拉结筋

(3) 砌块应逐块铺砌，采用满铺、满挤法。灰缝中的拉结筋应做到横平竖直，全部灰缝均应填满砂浆。水平灰缝宜用坐浆满铺法。垂直缝可先在砌块端头铺满砂浆（即将砌块铺浆的端面朝上，依次紧密排列)，然后将砌块上墙挤压至要求的尺寸；也可在砌好的砌块端头刮满砂浆，然后将砌块上墙进行挤压，直至所需尺寸。

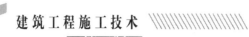

(4) 砌块砌筑一定要跟线，“上跟线，下跟棱，左右相邻要对平”。同时应随时进行检查，做到随砌随查随纠正，以免返工。

(5) 每当砌完一块，应随后进行灰缝的勾缝(原浆勾缝)，勾缝深度一般为 3～5mm。

(6) 外墙转角处严禁留直槎，宜从两个方向同时砌筑。墙体临时间断处应砌成斜槎，斜槎长度不应小于高度的 2/3。如留斜槎有困难，除外墙转角处及抗震设防地区，墙体临时间断处不应留直槎外，可从墙面伸出 200mm 砌成阴阳槎，并沿墙高每三皮砌块(600mm)设拉结钢筋或钢筋网片，拉结钢筋用两根直径 6mm 的钢筋；钢筋网片用 $\phi4$ 的冷拔钢丝。埋入长度从留槎处算起，每边均不小于 600mm，如图 3.111 所示。

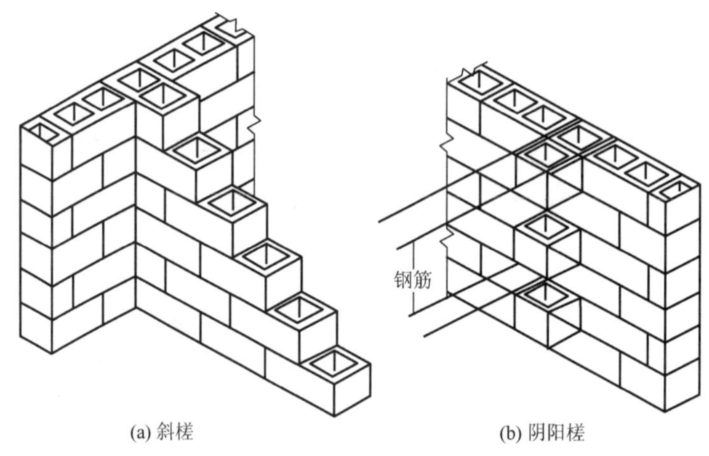

(a) 斜槎　　(b) 阴阳槎

图 3.111　小砌块砌体的斜槎和阴阳槎

(7) 小砌块用于框架填充墙时，应与框架中预埋的拉结钢筋连接。当填充墙砌至顶面最后一皮时，与上部结构相接处宜用实心小砌块(或在砌块孔洞中填 C15 混凝土)斜砌挤紧。

对设计规定的洞口、管道、沟槽和预埋件等，应在砌筑时预留或预埋，严禁在砌好的墙体上打凿。在小砌块墙体中不得留水平沟槽。

(8) 砌块墙体内不宜留脚手眼，如必须留设时，可用 190mm×190mm×190mm 小砌块侧砌，利用其孔洞作脚手眼，墙体完工后用 C15 混凝土填实。但在墙体下列部位不得留设脚手眼：

① 过梁上部，与过梁成 60°角的三角形及过梁跨度 1/2 范围内；

② 宽度不大于 800mm 的窗间墙；

③ 梁和梁垫下及其左右各 500mm 的范围内；

④ 门窗洞口两侧 200mm 内，墙体交接处 400mm 范围内；

⑤ 设计规定不允许设脚手眼的部位。

(9) 安装预制梁、板时，必须坐浆垫平，不得干铺。当设置滑动层时，应按设计要求处理。板缝应按设计要求填实。

砌体中设置的圈梁应符合设计要求，圈梁应连续地设置在同一水平上，并形成闭合状，且应与楼板(屋面板)在同一水平面上，或紧靠楼板底(屋面板底)设置；当不能在同一水平面上闭合时，应增设附加圈梁，其搭接长度应不小于圈梁距离的两倍，同时也不得小于1m；当采用槽形砌块制作组合圈梁时，槽形砌块应采用强度等级不低于M10的砂浆砌筑。

(10) 对于墙体表面的平整度和垂直度、灰缝的均匀程度及砂浆饱满程度等，应随时检查并校正所发现的偏差。在砌完每一楼层以后，应校核墙体的轴线尺寸和标高，在允许范围内的轴线和标高的偏差，可在楼板面上予以校正。

3.4.4 圈梁及过梁的施工

过梁是砌块墙的重要构件之一。当砌块墙中遇门窗洞口时，应设置过梁。它既起连系梁的作用，又是一种调节砌块。当层高与砌块高出现差异时，可利用过梁尺寸的变化进行调节，从而使其他砌块的通用性更大。

【参考视频】

多层砌体建筑应设置圈梁，以增强房屋的整体性。砌块墙的圈梁常和过梁统一考虑，有现浇和预制两种。现浇圈梁整体性强，对加固墙身较为有利，但施工支模复杂，实际工程中可采用U形预制砌块来代替模板，在槽内配置钢筋后浇筑混凝土而成（图3.112）。预制圈梁则是将圈梁分段预制，现场拼接。预制时，梁端伸出钢筋，拼接时将两端钢筋扎结后在结点现浇混凝土。

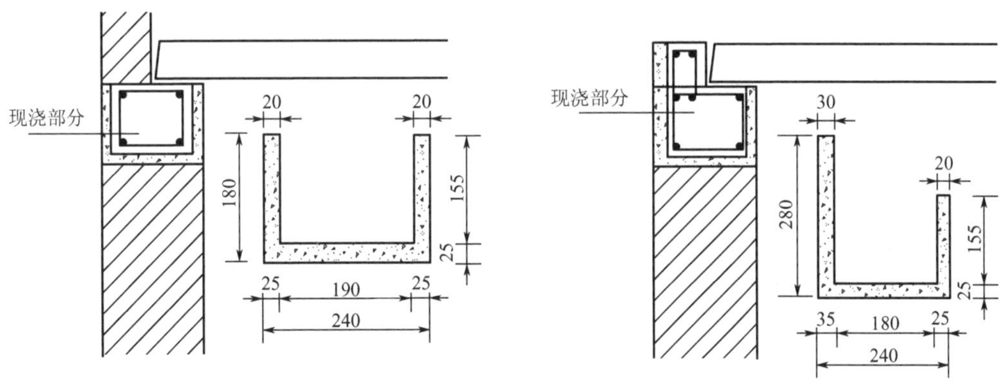

图3.112 砌块现浇圈梁

【参考视频】

3.4.5 砖柱、扶壁柱、构造柱、芯柱的施工

1. 砖柱的施工

砖柱一般分为矩形、圆形、正多角形和异形等几种。矩形砖柱分为独立柱和附墙柱两类；圆形砖柱和正多角形砖柱一般为独立砖柱；异形砖柱较少，现在通常由钢筋混凝土柱代替。普通矩形砖柱截面尺寸不应小于240mm×365mm。

(1) 240mm×365mm砖柱组砌，只用整砖左右转换叠砌，但砖柱中间始终存在一道长130mm的垂直通缝，一定程度上削弱了砖柱的整体性，这是一道无法避免的竖向通缝；如要承受较大荷载时应每隔数皮砖在水平灰缝中放置钢筋网片。图3.113所示是240mm×365mm砖柱的分皮砌法。

(2) 365mm×365mm砖柱有两种组砌方法。一种是每皮中采用三块整砖与两块配砖组砌，但砖柱中间有两条长130mm的竖向通缝；另一种是每皮中均用配砖砌筑，如配砖

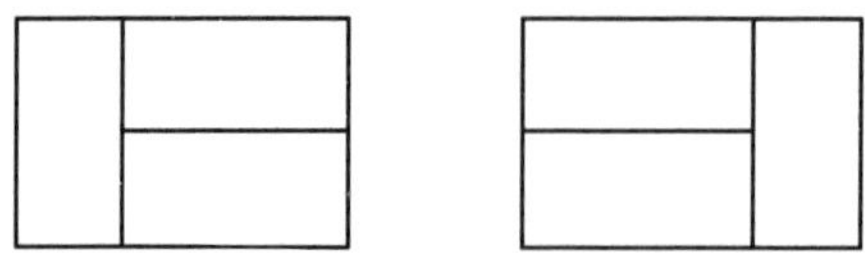

图 3.113　240mm×365mm 砖柱分皮砌法

用整砖砍成，则费工费料。图 3.114 所示是 365mm×365mm 砖柱的两种组砌方法。

（3）365mm×490mm 砖柱有三种组砌方法。第一种砌法是隔皮用 4 块配砖，其他都用整砖，但砖柱中间有两道长 250mm 的竖向通缝。第二种砌法是每皮中用 4 块整砖、两块配砖与一块半砖组砌，但砖柱中间有三道长 130mm 的竖向通缝。第三种砌法是隔皮用一块整砖和一块半砖，其他都用配砖，平均每两皮砖用 7 块配砖，如配砖用整砖砍成，则费工费料。图 3.115 所示是 365mm×490mm 砖柱的三种分皮砌法。

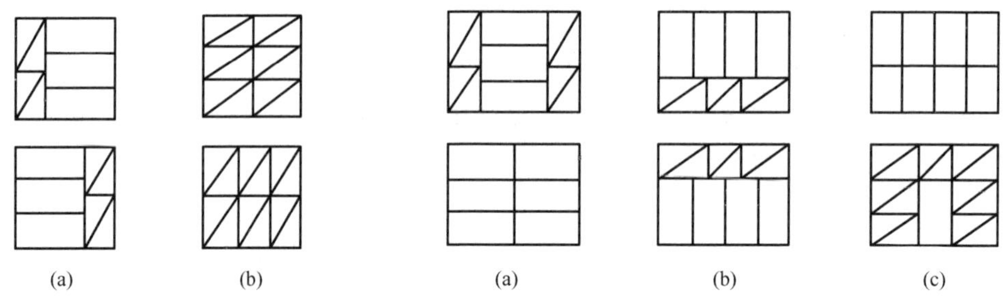

图 3.114　365mm×365mm 砖柱分皮砌法　　图 3.115　365mm×490mm 砖柱分皮砌法

（4）490mm×490mm 砖柱有三种组砌方法。第一种砌法是两皮全部用整砖与两皮整砖、配砖、1/4 砖（各 4 块）轮流叠砌，砖柱中间有一定数量的通缝，但每隔一两皮便进行拉结，使之有效地避免竖向通缝的产生。第二种砌法是全部由整砖叠砌，砖柱中间每隔三皮竖向通缝才有一皮砖进行拉结。第三种砌法是每皮均用 8 块配砖与两块整砖砌筑，无任何内外通缝，但配砖太多，如配砖用整砖砍成，则费工费料。图 3.116 所示是 490mm×490mm 砖柱分皮砌法。

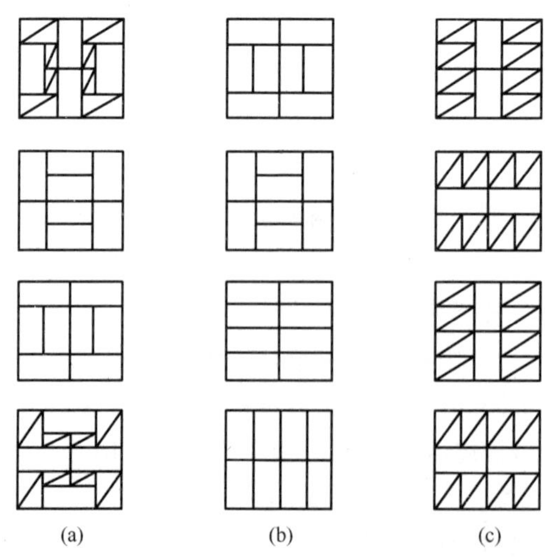

图 3.116　490mm×490mm 砖柱分皮砌法

（5）365mm×615mm 砖柱组砌，一般可采用如图 3.117 所示的分皮砌法，每皮中都要有整砖与配砖，隔皮还要用半砖，半砖每砌一皮后，与相邻丁砖交换一下位置。

（6）490mm×615mm 砖柱组砌，一般可采用图 3.118 所示的分皮砌法。砖柱中间存在两条长 60mm 的竖向通缝。

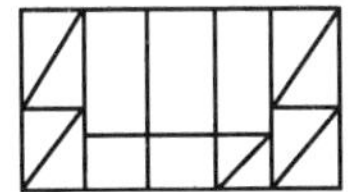
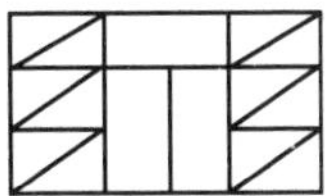

图 3.117　365mm×615mm 砖柱分皮砌法

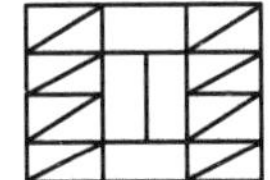
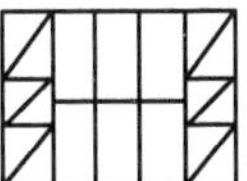

图 3.118　490mm×615mm 砖柱分皮砌法

2. 扶壁柱的施工

扶壁柱也称作砖垛，其砌筑方法要根据墙厚不同及垛的大小而定，无论哪种砌法都应使垛与墙身逐皮搭接砌，不可分离砌筑，搭接长度至少为 1/2 砖长。垛根据错缝需要，可加砌七分头砖或半砖。砖垛截面尺寸不应小于 125mm×240mm。

砖垛施工时，应使墙与垛同时砌，不能先砌墙后砌垛或先砌垛后砌墙。

（1）125mm×240mm 砖垛组砌，一般可采用如图 3.119 所示的分皮砌法，砖垛的丁砖隔皮伸入砖墙内 1/2 砖长。

（2）125mm×365mm 砖垛组砌，一般可采用如图 3.120 所示的分皮砌法，砖垛的丁砖隔皮伸入砖墙内 1/2 砖长，隔皮要用两块配砖及一块半砖。

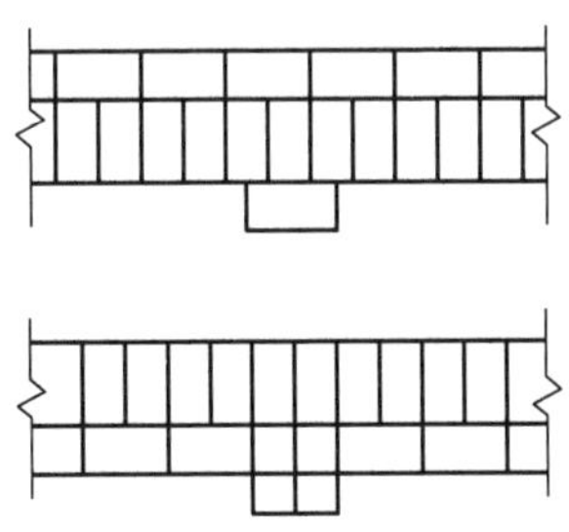

图 3.119　125mm×240mm 砖垛分皮砌法

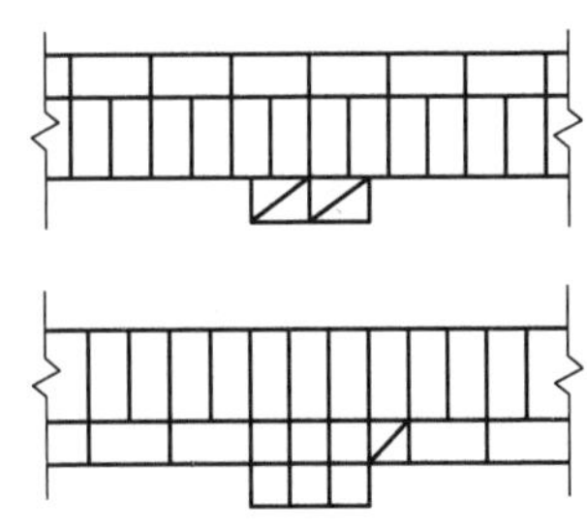

图 3.120　125mm×365mm 砖垛分皮砌法

（3）125mm×490mm 砖垛组砌，一般采用如图 3.121 所示的分皮砌法，砖垛丁砖隔皮伸入砖墙内 1/2 砖长，隔皮要用两块配砖及一块半砖。

（4）240mm×240mm 砖垛组砌，一般采用如图 3.122 所示的分皮砌法，砖垛丁砖隔皮伸入砖墙内 1/2 砖长，不用配砖。

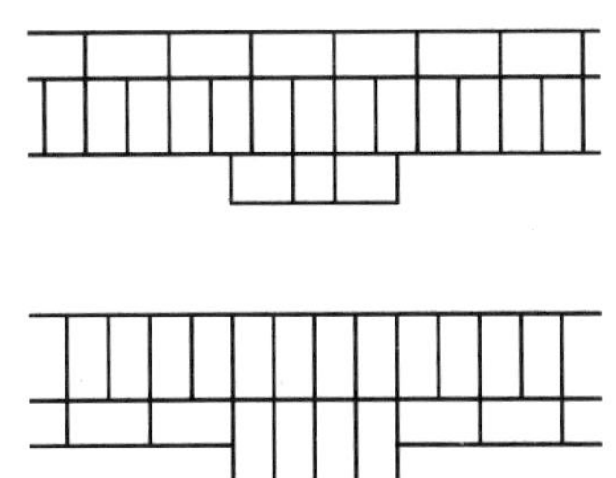

图 3.121　125mm×490mm 砖垛分皮砌法

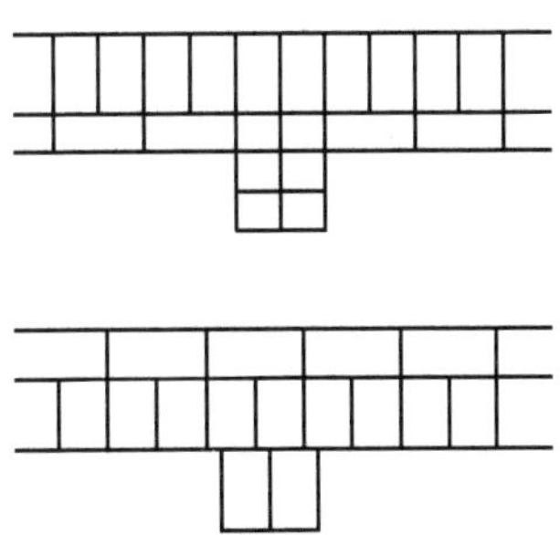

图 3.122　240mm×240mm 砖垛分皮砌法

（5）240mm×365mm 砖垛组砌，一般采用如图 3.123 所示的分皮砌法，砖垛丁砖隔皮伸入砖墙内 1/2 砖长，隔皮要用两块配砖。砖垛内有两道长 120mm 的竖向通缝。

（6）240mm×490mm 砖垛组砌，一般采用如图 3.124 所示的分皮砌法，砖垛丁砖隔皮伸入砖墙内 1/2 砖长，隔皮要用两块配砖及一块半砖。砖垛内有三道长 120mm 的竖向通缝。

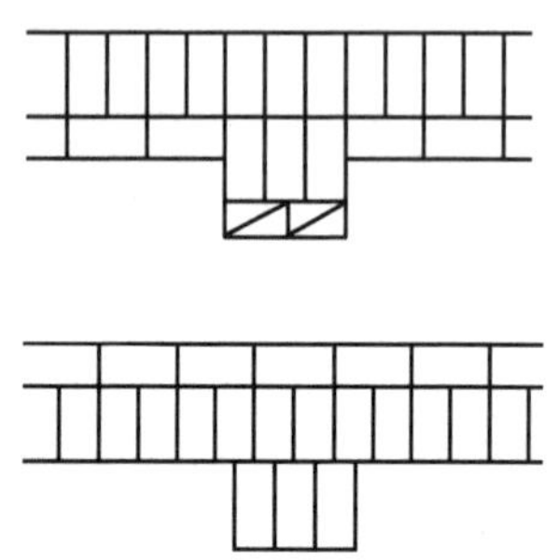

图 3.123　240mm×365mm 砖垛分皮砌法

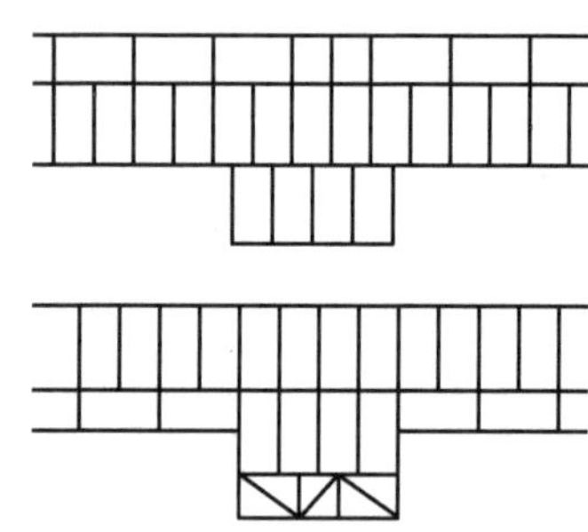

图 3.124　240mm×490mm 砖垛分皮砌法

3. 构造柱的施工

【参考视频】

砖墙与构造柱相接处，砖墙应砌成马牙槎，从每层柱脚开始，先退后进；每个马牙槎沿高度方向的尺寸不宜超过 300mm（或 5 皮砖高）；每个马牙槎退进应不小于 60mm（图 3.125）。

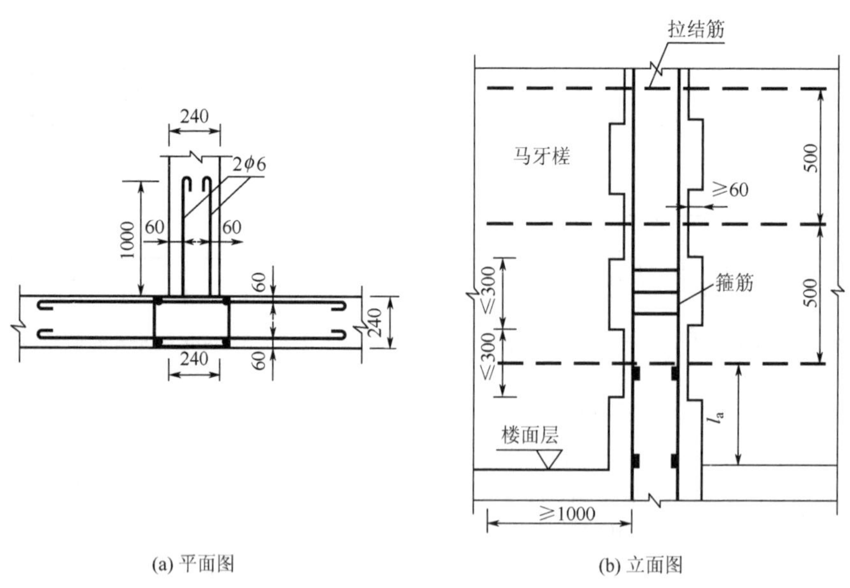

(a) 平面图　(b) 立面图

图 3.125　拉结筋布置及马牙槎

构造柱必须与圈梁连接。其根部可与基础圈梁连接，无基础圈梁时，可增设厚度不小于 120mm 的混凝土底脚，深度从室外地平以下不应小于 500mm。

钢筋混凝土构造柱的施工顺序为：绑扎钢筋、砌砖墙、支模板、浇筑混凝土。必须在该层构造柱混凝土浇筑完毕后，才能进行上一层的施工。

构造柱的竖向受力钢筋伸入基础圈梁或混凝土底脚内的锚固长度，以及绑扎搭接长度，均不应小于 35 倍钢筋直径，接头区段内的箍筋间距不应大于 200mm。钢筋混凝土保护层厚度一般为 20mm。

砌砖墙时，每楼层马牙槎应先退后进，以保证构造柱脚为大断面。当马牙槎齿深为120mm 时，其上口可采用第一皮先进 60mm，往上再进 120mm 的方法，以保证浇筑混凝土时上角密实。

构造柱的模板，必须与所在砖墙面严密贴紧，以防漏浆。在浇筑混凝土前，应将砖墙和模板浇水湿润，并将模板内的砂浆残块、砖渣等杂物清理干净。

浇筑构造柱的混凝土坍落度一般以 50～70mm 为宜。浇筑时宜采用插入式振动器，分层捣实，但振捣棒应避免直接触碰钢筋和砖墙，严禁通过砖墙传振，以免砖墙变形和灰缝开裂。

4. 芯柱的施工

在芯柱部位，每层楼的第一皮砌块，应采用开口小砌块或 U 形小砌块，以形成清理口。

浇筑混凝土前，从清理口掏出砌块孔洞内的杂物，并用水冲洗孔洞内壁，将积水排出，用混凝土预制块封闭清理口。

芯柱混凝土应在砌完一个楼层高度后连续浇筑，并宜与圈梁同时浇筑，或在圈梁下留置施工缝。而且，砌筑砂浆强度应大于 1MPa 后，方可浇筑芯柱混凝土。

为保证混凝土密实，混凝土内宜掺入流动性的外加剂，其坍落度不应小于 70mm，振捣混凝土宜用软轴插入式振捣器，分层捣实。

应事先计算每个芯柱的混凝土用量，按计算用量浇筑混凝土。

课题 3.5　新型墙体板材工程

新型墙体材料是指除黏土实心砖之外的各种新材料及新制品，主要包括：黏土空心砖、各种非黏土砖和利废制品、加气混凝土砌块及各类轻质板材和复合板材。新型墙体材料以节能、节地、利废、工业化程度高、施工工期短和改善建筑功能为主要特点，今后需大力发展各种轻质板材和混凝土砌块，开发承重复合墙体材料。

3.5.1　新型墙体板材

新型墙体板材主要有以下几种。

1. 轻质板材

轻质板材是以无机胶凝材料为主要基体材料组分，采用各种工艺预制而成的长度与宽度远大于厚度、板材体积密度或面密度与普通混凝土制品相比相对较低的建筑制品。

2. 复合墙板

复合墙板是用两种或两种以上具有完全不同性能的材料，经过一定的工艺过程制造而成的建筑预制品。例如，依据建筑节能的需要，采用高效保温材料与墙体结构材料进行复合，可满足墙体的受力、围护、保温等多种功能；对于有隔声功能需要的建筑，采用高效吸音材料与墙体结构材料进行复合，可满足墙体的受力、围护、隔声等多种功能。复合墙板有复合外墙板和复合内墙板之分，复合外墙板一般为整开间板或条式板，复合内墙板一般为条式板。按照其组成材料的不同，复合墙板可分为如图 3.126 所示形式。

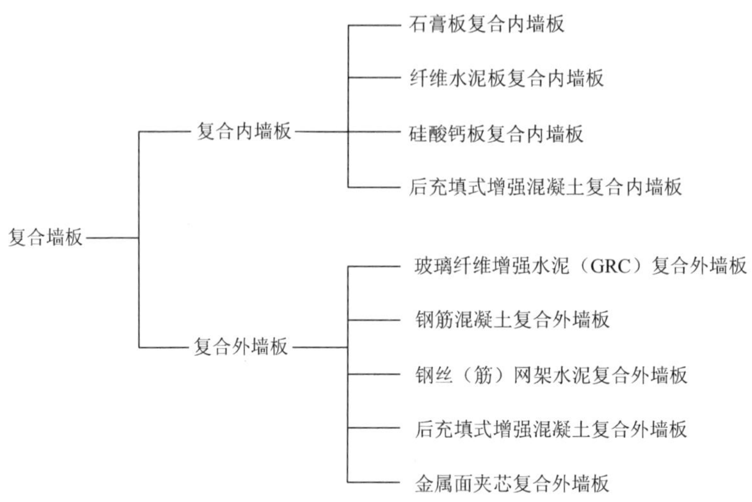

图 3.126　常见的复合墙板

3. 复合墙体

复合墙体是用两种或两种以上具有完全不同功能的材料，经过不同工艺复合而成的具备多种使用功能的建筑物立面围护结构，称为复合墙体。一般可将承受外力作用的结构材料与具有保温隔热或隔声作用的功能材料组合在一起形成复合墙体，充分发挥各种材料的优势，达到既能满足多功能要求又经济合理的目的。复合墙体可分为复合外墙和复合内墙。

复合墙体的构造方法有现场一次复合方法、现场二次复合方法与工厂预制现场安装方法。

（1）现场一次复合方法为：用绝热材料作为永久件模板，在施工现场支撑固定后，浇筑混凝土主体结构或砌筑主体结构，绝热材料可置于外墙外侧，如图 3.127 所示，也可置于外墙内侧，或者将两层绝热材料支撑固定，在两绝热层之间浇筑混凝土结构材料。

（2）现场二次复合方法为：在已有的砌筑墙体上或混凝土墙体上，将预制保温板材安装在墙体外侧（图 3.128）或墙体内侧，或者是在现场将保温层固定在结构墙体上，然后作饰面层；或者是直接在结构墙体上涂抹保温料浆。

（3）工厂预制现场安装方法为：按照墙体的结构与保温要求，在工厂预制复合墙板，然后运至现场进行固定安装。

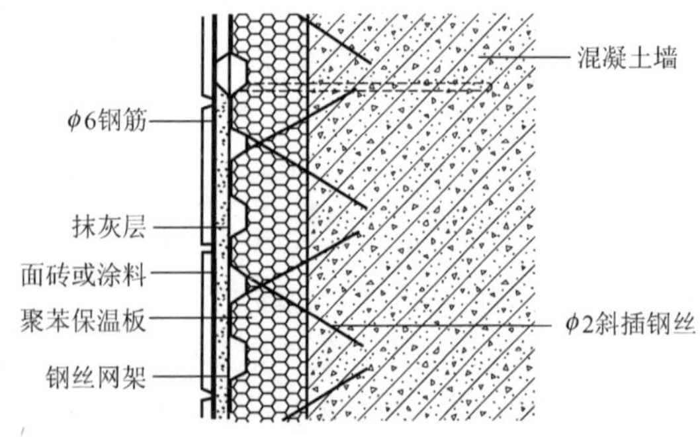

图 3.127　全现浇混凝土外墙外保温墙体构造

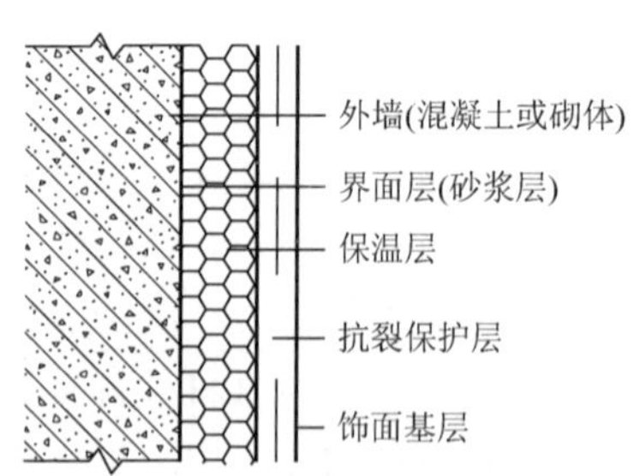

图 3.128　保温浆料外墙外保温墙体构造

3.5.2 玻璃纤维增强水泥（GRC）墙板施工

玻璃纤维增强水泥（Glass Fiber Reinforced Cement，GRC）墙板以耐碱玻璃纤维为增强材料，以低碱度高强水泥砂浆为胶结材料，以轻质无机复合材料为骨料（膨胀珍珠岩、膨胀蛭石和聚苯乙烯泡沫塑料板等），执行国家标准《玻璃纤维增强水泥轻质多孔隔墙条板》（GB/T 19631—2005）。GRC具有构件薄、耐伸缩性高、抗冲击性能好、碱度低、自由膨胀率小、防裂性能可靠、质量稳定、防潮、保温、隔声、环保节能、施工速度快、易于操作等特点，近年来已被广泛应用。GRC墙板主要安装在建筑物非承重部位，其构造如图3.129所示。

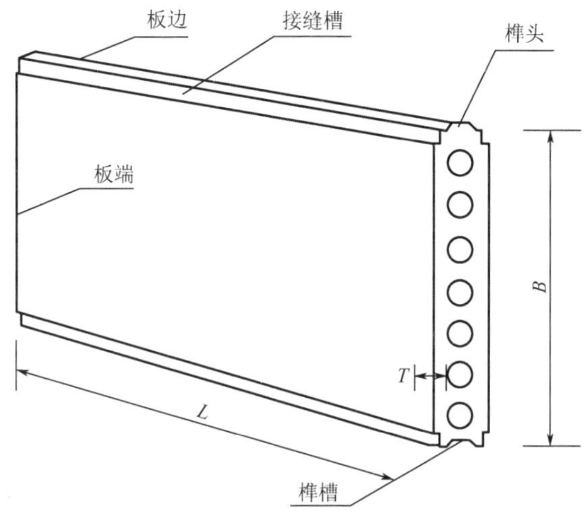

图3.129 GRC墙板构造示意图

1. GRC墙板的连接方式

GRC墙板的连接方式可分为以下几种类型。

1）GRC墙板之间的连接

GRC墙板的竖向两侧分别为倒八字形和正八字形企口，在安装时，将两块板的侧面正八字形企口和倒八字形企口处分别涂刷胶液和胶泥，然后将两块板拼接在一起，接缝表面处先刷一遍胶液、抹一道胶泥，然后粘贴玻璃纤维网格布加强。常用的连接方式有一字形连接、T形连接、L形连接、十字形连接，如图3.130所示。

2）GRC板与梁底面及顶棚面之间的连接

GRC板与梁底面及顶棚面之间的连接采用胶泥加U形钢板卡固定，U形钢板卡采用60mm长、2mm厚的钢板制成，钢板卡采用4mm膨胀螺栓固定在结构梁板处，墙板与梁板交接的阴角处采用涂抹胶液和胶泥一道，表面贴玻璃纤维网格布加强，如图3.131所示。

3）GRC板与墙体之间的连接

GRC板与砖墙或砌块墙之间的连接采用胶液和胶泥固定，连接之前在砖墙或砌块墙与GRC板接触处均匀涂抹胶液和胶泥，阴角处涂抹胶液和胶泥一道，表面贴玻璃纤维网格布加强，如图3.132所示。

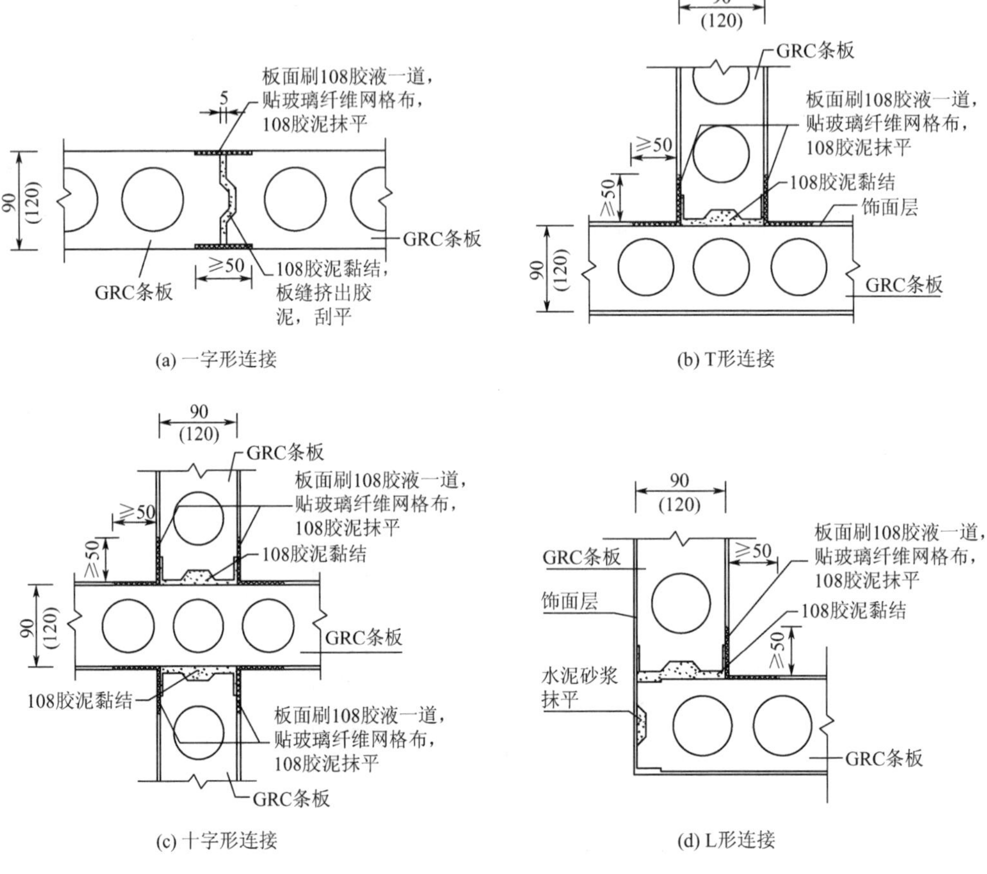

图 3.130　GRC 墙板之间的连接

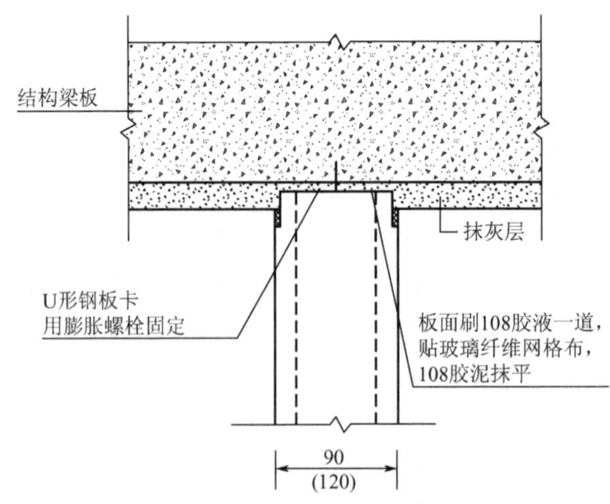

图 3.131　GRC 板与梁板连接示意图

2. GRC 墙板的施工工艺

GRC 墙板的施工工艺如下。

(1) 施工准备。做好 GRC 墙板施工的技术、材料、人员和施工机具的准备。按照施

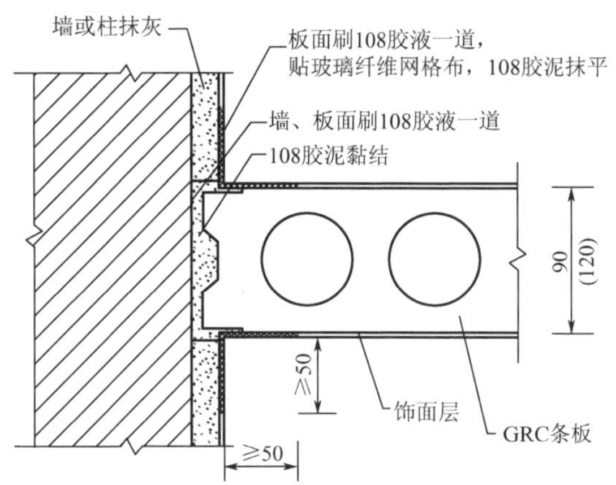

图 3.132 GRC 板与墙体连接示意图

工平面图及结构图绘制墙板安装排板图。一般按照图纸及实际尺寸进行排板计算，GRC 板的长度按楼层净高尺寸减去 20～30mm 截取。墙板安装排板图应包括墙体的安装尺寸，预留孔洞、预埋件（盒）和暗管等具体位置及特殊部位的技术处理。

若 GRC 隔墙高度超过 3m 时，需错缝搭接，但是不宜超过 6m 高，补板最小长度不宜小于 500mm，接板次数不超过一次；若隔墙长度超过 12m 时，应增设大于板厚的钢筋混凝土构造柱，或角钢做增强处理，以保证墙体的稳定性。

(2) 清理施工作业面。将待安装 GRC 墙板的部位（墙板与顶板、墙面及地面）清理干净，将顶棚、墙面及柱面处凸出的砂浆块或混凝土等杂物剔除干净，最后清理地面；同时检查楼地面的平整度，对高低凹陷处大于 40mm 的部位应进行找平。

(3) 隔墙板定位、弹线。在地面、墙面及顶面根据设计位置，弹好隔墙边线及门窗洞边线，并按板宽分档。

(4) 配板、安装 U 形钢板卡。根据墙板安装排板图要求核对所选用墙板类型、规格和数量。在排板后，在梁底及天棚的墨线内安装 U 形钢板卡，以固定板的上口。

(5) 胶结材料的配制。GRC 墙板之间、板与主体结构之间的接缝处用胶液和胶泥固定，在接缝外侧加一层玻璃纤维网格布增强。胶粘剂要随配随用，配制的胶粘剂应在 30min 内用完。

(6) 安装墙板。墙板安装顺序应从与墙的结合处开始，依次顺序安装（当有门洞时，应从门洞处两端依次进行）。在结构墙面、顶面、板的顶面及侧面（相拼合面）满刮胶粘剂，按弹线位置安装就位，用木楔顶住板底，再用手平推隔板，使板缝冒浆（缝宽不得大于 5mm），一个人用撬棍在板底部向上顶，另一人打木楔，使墙板挤紧顶实。在推挤时，应注意墙板的垂直度及平整度，并及时用线锤和靠尺校正。

将板顶及侧面挤出的胶泥用刮刀刮平，以安装好的第一块板为基准，按第一块板的安装方法，开始安装整墙墙板。当墙板全面校正固定后，在板下填塞 1∶2 水泥浆或细石混凝土。安装 7d 后，墙体底部砂浆强度达到 1.5MPa，方可抽取木楔，并用砂浆填充木楔孔，填平墙板面。

(7) 板缝处理。已黏结良好的所有墙体的各种竖向拼缝，以及与其他墙、柱、板的连接处均应粘贴玻璃纤维网处理，再涂抹胶浆找平。安装好的墙体加强养护，在养护期内严禁敲凿，避免墙体受振动而出现开裂现象。

课题 3.6　冬期和雨期施工

3.6.1　冬期施工措施

1. 冬期施工的基本要求

冬期施工的基本要求如下。

(1) 对材料的基本要求。

① 在砌筑前，砖和砌块应清除表面污物、冰霜等，遭水浸冻后冻结的材料不得使用。

② 砂浆宜优先采用普通硅酸盐水泥拌制，冬期砌筑不得使用无水泥拌制的砂浆。

③ 石灰膏应保温防冻，如遭受冻结，应待融化后，方可使用。

④ 拌制砂浆所用的砂，不得含有冰块和直径大于 1cm 的冻结块和冰块。

⑤ 拌和砂浆时，水温不得超过 80℃，砂的温度不得超过 40℃。

⑥ 冬期砌筑砂浆的稠度，宜比常温施工时适量增加，可通过增加石灰膏的办法来解决。

(2) 当有供气条件时，可将蒸汽直接通入水箱，也可用铁桶等烧水；砂子可用蒸汽排管、火炕加热，也可将蒸汽管插入砂内直接加热。

(3) 冬期搅拌砂浆的时间应适当延长，一般要比常温期增加 0.5～1 倍。

(4) 冬期应采取一系列措施来减少砂浆在搅拌、运输、存放过程中的热量损失，如在暖棚内搅拌、缩短砂浆运输时间、砂浆存储在保温灰槽中等。砂浆使用温度不应低于 5℃。

(5) 严禁使用已经遭受冻结的砂浆，不准以热水掺入冻结砂浆内重新搅拌使用，也不宜在砌筑时向砂浆内掺水使用。

(6) 砌筑宜优先采用“三一”砌砖法操作，并采用一顺一丁法或梅花丁法的砌筑方式。

(7) 砖砌体的水平和垂直灰缝的平均厚度不可大于 10mm，个别灰缝的厚度也不可小于 8mm，施工时应经常检查灰缝的厚度和均匀性。

(8) 普通砖、多孔砖和空心砖在气温高于 0℃条件下砌筑时，应浇水湿润，在气温低于或等于 0℃条件下砌筑时，可不浇水，但必须增大砂浆稠度。

(9) 冬期施工中，每日砌筑后，应在砌体表面覆盖草袋等保温材料。

(10) 冬期砌筑工程要加强质量控制。在施工现场留置的砂浆试块，除按常温要求外，尚应增设不小于两组与砌体同条件养护试块，分别用于检验各龄期强度和转入常温 28d 的砂浆强度。

2. 砌体冬期施工方法

砌体工程的冬期施工方法，有外加剂法、暖棚法和冻结法等。由于掺外加剂的砂浆在负温条件下强度可以持续增长，砌体不会发生沉降变形，并且工艺简单，因此砌体工程的冬期施工应以外加剂为主。对保温、装饰或急需使用的工程可采用暖棚法或冻结法。

1) 外加剂法

外加剂法是砌筑砂浆内掺入一定数量的抗冻化学剂，来降低水溶液的冰点，以保证砂浆中有液态水存在，使水化反应在一定负温下不间断进行，使砂浆在负温下强度能够继续缓慢增长。同时，由于降低了砂浆中水的冰点，砖石砌体的表面不会立即结冰而只是形成冰膜，故砂浆和砖石砌体能较好地黏结。砂浆中的抗冻化学剂，目前主要是氯化钠和氯化钙，其他还有亚硝酸钠、碳酸钾和硝酸钙等，故又常称为掺盐砂浆法。

由于氯盐砂浆吸湿性大，使结构保温性能和绝缘性能下降，并有析盐现象等，因此下列工程不允许采用掺盐砂浆法施工。

(1) 对装饰有特殊要求的建筑物。

(2) 使用湿度大于80%的建筑物。

(3) 接近高压电路的建筑物（如变电所、发电站等）。

(4) 配筋、钢埋件无可靠的防腐处理措施的砌体。

(5) 经常处于地下水位变化范围内以及水下未设防水层的结构。

对于这一类不能使用氯盐砂浆的砌体，可选择亚硝酸钠、碳酸钾和硝酸钙等盐类作为砌体冬期施工的抗冻剂。砂浆中的氯盐掺量，应满足规范要求。

盐类的掺法是先将盐类溶解于水，然后投入搅拌。对砌筑承重结构的砂浆强度等级应按常温施工时提高一级。拌和砂浆前要对原材料加热，且应优先加热水。当满足不了温度时，再进行砂的加热。当拌和水的温度超过60℃时，拌制时的投料顺序是：水和砂先拌，然后再投放水泥。

由于氯盐对钢筋有腐蚀作用，用掺盐砂浆砌筑配筋砖砌体时，钢筋可以采用涂樟丹或涂刷沥青漆或涂刷防锈涂料等措施来防止钢筋锈蚀。

2) 暖棚法

暖棚法是利用简易结构和廉价的保温材料，将需要砌筑的砌体和工作面临时封闭起来，棚内加热，使之在正温条件下砌筑和养护。暖棚法费用高，热效低，因此宜少采用，一般仅在地下工程、基础工程及量小又急需使用的工程中采用。

暖棚的加热，可优先采用热风装置，如用天然气、焦炭炉等，必须注意安全防火。

用暖棚法施工时，砖石和砂浆在砌筑时的温度均不得低于5℃，且距所砌结构底面0.5m处的气温也不得低于5℃。

确定暖棚的热耗时，宜考虑维护结构的热耗损失、基础吸收的热量（在砌筑基础时和其他地下结构时），以及在暖棚内加热或预热材料的热量损耗。

砌体在暖棚内的养护时间，根据暖棚内的温度，应满足规范要求。

3) 冻结法

冻结法是将拌和水预先加热，其他材料在拌和前应保持正温，不掺用任何抗冻化学试剂，拌和的砂浆，允许在砌筑砌体后遭受冻结。受冻的砂浆可以获得较大的冻结强度，而且冻结的强度随气温降低而增高。但当气温升高而砌体解冻时，砂浆强度仍然等于冻结前的强度。当气温转入正温后，水泥水化作用又重新进行，砂浆强度可以继续增长。

因为冻结法允许砂浆在砌筑后遭受冻结，且在解冻后其强度仍可继续增长，所以对有保温、绝缘、装饰等特殊要求的工程和受力配筋砌体以及不受地震区条件限制的其他工程，均可采用冻结法施工。

冻结法施工的砂浆，经冻结、融化和硬化3个阶段后，砂浆强度、砂浆与砖石砌体间的黏结力都有不同程度的降低。砌体在融化阶段，由于砂浆强度接近于零，将会增加砌体的变形和沉降。所以对下列结构不宜选用：空斗墙、毛石墙、承受侧压力的砌体、在解冻期间可能受到振动或动荷载的砌体、在解冻期间不允许发生沉降的砌体（如筒拱支座）。

冻结法施工注意事项。

(1) 冻结法的砂浆使用温度不应低于 10℃，当日最低气温高于或等于－25℃时，对砌筑承重砌体的砂浆强度等级应按常温施工时提高一级，当日最低气温低于－25℃时，则应提高两级。砂浆强度等级不得低于 M5.0，重要结构的砂浆强度等级不得低于 M7.5。

(2) 冻结法宜采用水平分段施工，墙体应在同一个施工段的范围内，砌筑到一个施工层的高度，不得间断。每日砌筑高度及临时间断处均不得大于 1.2m。

(3) 留置在砌体中的洞口和沟槽等宜在解冻前填砌完毕。

(4) 跨度大于 0.7m 的过梁，应采用预制构件；跨度较大的梁、悬挑结构，在砌体解冻前应在下面设临时支撑，当砌体强度达到设计值的 80%时，方可拆除支撑。

(5) 门窗框上部应留 3～5mm 的空隙，作为解冻后预留沉降量。

(6) 在楼板水平面上，墙的拐角处、交接处和交叉处设置不小于 2ϕ6 的拉结筋，并伸入相邻墙内的长度不得小于 1m，在拉结筋末端应设置弯钩。

(7) 在解冻期间，应会同设计单位经常对砌体进行观测和检查，如发现裂缝、不均匀下沉等现象时，应分析原因并立即采取加固措施。

(8) 在解冻期进行观测时，应特别注意多层房屋下层的柱和窗间墙、梁端支撑处、墙交接处等地方。此外，还必须观测砌体沉降的大小、方向和均匀性，砌体灰缝内砂浆的硬化情况。一般需观测 15d 左右。

(9) 解冻时除对正在施工的工程进行强度验算外，还要对已完成的工程进行强度验算。

3.6.2 雨期施工措施

雨期施工的措施主要有以下几项。

(1) 降水量大的地区在雨期到来之际，施工现场、道路及设施必须做好有组织的排水；施工现场临时设施、库房要做好防雨排水的准备。

(2) 现场的临时道路必要时要加固、加高路基，路面在雨期加铺炉渣、砂砾或其他防滑材料；准备足够的防水、防汛材料（如草袋、油毡雨布等）和器材工具等。

(3) 砖在雨期必须集中堆放，不宜浇水；砌墙时要求干湿砖块合理搭配；砖湿度较大时不可上墙；每日砌筑的高度不宜超过 1.2m。

(4) 雨期遇大雨必须停止施工，并在砖墙顶面铺设一层干砖，以免大雨冲刷砂浆；雨后，受冲刷的新砌墙体应翻砌上面的两皮砖。

(5) 稳定性较差的窗间墙、山尖墙，砌筑到一定高度应在砌体顶部加水平支撑，以防阵风袭击，维护墙体整体性。

(6) 雨水浸泡会引起脚手架底座下陷而倾斜，雨后施工要经常检查，发现问题及时处理、加固。

(7) 砌体施工时，内外墙要尽量同时砌筑，并注意转角及丁字墙间的搭接；遇台风时，应在与风向相反的方向加临时支撑，以保持墙体的稳定。

(8) 雨后继续施工，须复核已完工砌体的垂直度和标高。

应用案例3-1

1. 编制依据

(1) 施工图样。

(2) 施工组织设计。

(3)《建筑地基基础工程施工质量验收规范》(GB 50202—2002)。

(4)《建筑工程施工质量验收统一标准》(GB 50300—2013)。

(5)《砌体结构工程施工质量验收规范》(GB 50203—2011)。

(6)《民用建筑工程室内环境污染控制规范(2013版)》(GB 50325—2010)。

(7)《建筑物抗震构造详图(砖墙楼房)》(04G329—3)。

(8)《砖墙结构构造(烧结多孔砖与普通砖、蒸压砖)》(04G612)。

2. 工程概况

本工程位于某开发区。

(1) 建筑概况见表3-1。

表3-1 建筑概况

建筑面积	91000m²	地下室占地面积	12200m²
檐口高度	13.853～14.400m	建筑总高	15.6m
地下层数	一层(夹层高1.5m，1.8m)	地上层数	4.5
地上标准层高	2.9m	非标准层高	2.8m
地下层高	住宅地下室4.8m，车库3.7m	±0.000标高(相对于绝对高程)	31.35～33.60m

(2) 结构概况见表3-2。

表3-2 结构概况

序号	项目		内容
1	结构形式	基础结构形式	筏板基础、混凝土独立基础、混凝土条基
		主体结构形式	砖混
2	基础部分内墙		烧结页岩实心砖MU15，水泥砂浆M10
3	主体部分内、外墙		KP1型多孔砖MU10，混合砂浆M10
4	工程设防烈度		8度
5	结构断面尺寸	外墙厚度	240mm
		内墙厚度	240mm

(3) 施工工期：一年。

(4) 砌体质量控制等级：B级。

3. 施工准备

1) 材料要求

(1) 砖：烧结页岩砖和KP1型多孔砖必须有出厂合格证，进场后经复试合格方可用于工程。烧结页岩实心砖 MU15；KP1 型多孔砖 MU10。砖边角应整齐，色泽要均匀。

(2) 水泥：使用袋装 PO32.5 水泥，必须有出厂合格证，到场后经复试合格才能使用。

(3) 砂：中砂。含泥量不超过 5%，使用前过筛。

(4) 白灰膏：使用成品白灰膏，白灰膏熟化时间不少于 7d，严禁使用脱水硬化的石灰膏。

2) 主要器具要求

350L 搅拌机、手推车、灰斗、磅秤、龙门架、瓦刀、线坠、小白线、卷尺、皮数杆、砖夹子、扫帚等。

3) 施工条件

(1) 烧结页岩砖和多孔砖经复试合格。

(2) 弹好墙身线、轴线及门洞口线，并经验收合格符合图样的尺寸要求。

(3) 按标高立好皮数杆，间距 10～20m，转角处必须设置。

(4) 砂浆已由实验室完成试配，且出具施工配合比；准备好试模。

(5) 砂浆搅拌站计量设备安装完毕，已经具备拌灰条件。

4. 施工工艺

1) 烧结页岩砖砌筑基础

(1) 施工部位：±0.00 以下的基础部分，宽度为 240mm。

(2) 施工顺序，如图 3.133 所示。

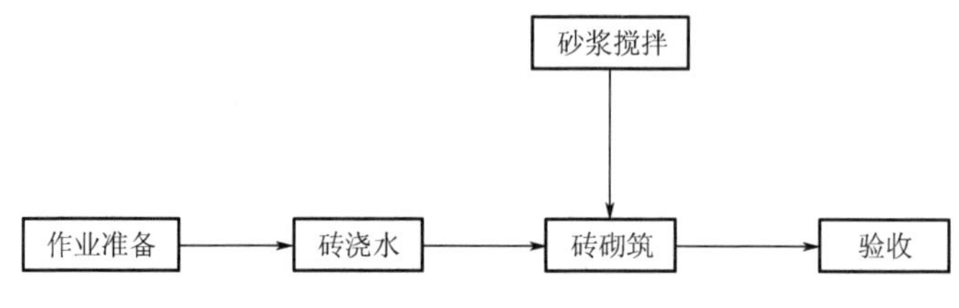

图 3.133　施工顺序

(3) 砖浇水：烧结页岩砖必须在砌筑前 1d 浇水湿润，水浸入砖四边 1.5cm，不得用干砖上墙，雨期施工时不得使用含水率达到饱和状态的砖。

(4) 砂浆搅拌：砂浆配合比用重量比，用 350L 搅拌机拌制，搅拌时间不少于 1.5min。

(5) 砌筑砖基础。

① 组砌方法：一顺一丁，“三一”砌砖法。

② 在浇筑好的混凝土条基上弹好轴线、边线，排砖撂底。砂浆的稠度控制在 60～80mm。

③ 选砖：要求烧结页岩砖的棱角应整齐，无弯曲、裂纹，颜色均匀，规格基本一致，敲击时声音响亮。

④ 挂线：砌筑时应采用外手挂线，线要绷紧，如果墙身长时，中间应设几个支线点。每层砖都要穿线看平，使水平缝均匀一致，平直贯通。

⑤ 砌砖：砌砖墙采用一铲灰、一块砖、一挤揉的“三一”砌砖法；砌筑时砖要放平，要跟线，水平灰缝和竖直灰缝的宽度控制在8～12mm；在操作过程中，一定要加强自检，如出现偏差，应随时纠正，严禁事后砸墙；砌筑水泥砂浆应随搅拌随使用，在3h内使用完毕，不得使用过夜砂浆；随砌墙随把舌头灰刮净。

⑥ 构造柱处的节点做法：在砌砖前，先根据设计图样要求将构造柱的位置进行弹线，并把构造柱的插筋处理顺直，砌砖墙时在与构造柱的连接处砌成马牙槎，每一个马牙槎沿高度方向的尺寸为30cm。砖墙与构造柱之间沿墙高每50cm设置2ϕ6水平拉结筋连接，每边伸入墙内不小于1000mm。

⑦ 砌筑砂浆试块留置：基础和主体砌筑砂浆试块留置按照每一楼层且不大于250m^3砌体留置一组的原则留置。

2）KP1型多孔砖砌筑墙体

（1）材料要求：KP1型多孔砖MU10，砌筑砂浆M10混合砂浆。砖的边角要整齐，色泽要均匀。混合砂浆的稠度控制在60～80mm。

（2）施工工艺如图3.134所示。

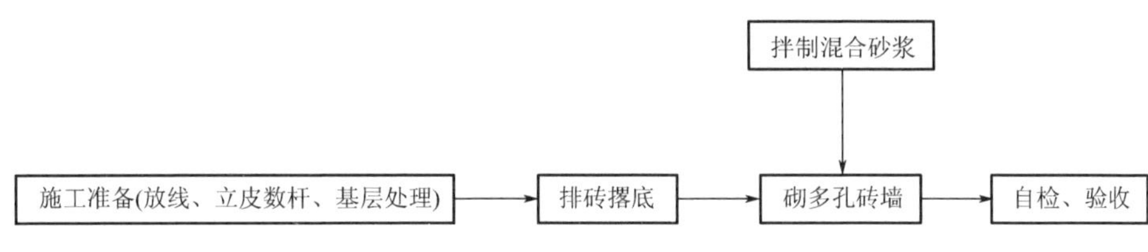

图3.134　施工工艺

（3）墙体砌筑前，先将基础墙和楼层表面清扫干净，并洒水湿润。

（4）多孔砖在运输和装卸过程中，严禁倾倒和抛掷。经验收的砖，堆放整齐且堆置高度不得超过2m。

（5）构造柱与墙体的连接处砌成马牙槎，沿墙高500mm设2ϕ6的拉结筋，每边伸入墙内的长度不小于1000mm。

（6）砖须提前1～2d浇水湿润，水浸入砖四边1.5cm，不得用干砖上墙，雨期施工时不得使用含水率达到饱和状态的砖。

（7）砌体采用一顺一丁的砌筑形式，上下错缝，内外搭砌。砌体灰缝应横平竖直，水平灰缝和竖向灰缝的宽度控制在8～12mm。

（8）砌筑砂浆应随拌随用，水泥混合砂浆必须在拌后4h内使用完毕；如施工期间最高温度超过30℃，必须在拌后3h内使用完毕。砂浆拌和后和使用时，均应盛入灰槽内。如砂浆出现泌水现象，应在砌筑前在灰槽内二次拌和。

（9）砌体灰缝填满砂浆。水平灰缝的砂浆饱满度不得低于80%。

（10）砌体采用“三一”砌砖法砌筑。砌筑砌体时，多孔砖的孔洞垂直于受压面，并在砌筑前试摆。

（11）临时间断处的高度差，不得超过一步脚手架的高度。接槎时，必须将接槎处的表面清理干净，浇水湿润，填实砂浆，保持灰缝平直。浇灌构造柱混凝土前，必须将砖砌体和模板浇水湿润，并将模内的落地灰、砖碴等清除干净。

(12) 雨天施工时，砂浆的稠度适当减小，每日的砌筑高度不超过1.2m。收工时，砌体的顶面应覆盖。

(13) 楼层单元之间的施工洞(900mm×2000mm)安放预制过梁，洞口两侧预埋墙体拉结筋，拉结筋设置方法：沿墙高每隔500mm设2ϕ6(L=1000mm)拉结筋，伸入墙体尺寸为500mm。

5. 质量验收

1) 主控项目

(1) 砖和砂浆的强度等级必须符合设计要求。

(2) 砌体水平灰缝的砂浆饱满度不得少于80%。

(3) 砖砌体的位置及垂直的允许偏差见表3-3。

表3-3 砖砌体的位置及垂直的允许偏差

<table>
<tr><th>项　次</th><th colspan="3">项　目</th><th>允许偏差/mm</th><th>检验方法</th></tr>
<tr><td>1</td><td colspan="3">轴线位置偏移</td><td>10</td><td>用经纬仪和尺检查</td></tr>
<tr><td rowspan="3">2</td><td rowspan="3">垂直度</td><td colspan="2">每层</td><td>5</td><td>用2m托线板检查</td></tr>
<tr><td rowspan="2">全高</td><td>≤10m</td><td>10</td><td rowspan="2">用经纬仪、吊线和尺检查</td></tr>
<tr><td>>10m</td><td>20</td></tr>
</table>

(4) 配筋砌体钢筋的品种、规格和数量应符合设计要求。

(5) 构造柱混凝土的强度等级应符合设计要求。

(6) 构造柱与墙体的连接处须砌成马牙槎，马牙槎应先退后进，预留的拉结钢筋位置正确，施工中不得任意弯折。

(7) 构造柱位置及垂直度允许偏差见表3-4。

表3-4 构造柱位置及垂直度允许偏差

<table>
<tr><th>项　次</th><th colspan="3">项　目</th><th>允许偏差/mm</th><th>检验方法</th></tr>
<tr><td>1</td><td colspan="3">柱中心线位置</td><td>10</td><td>用经纬仪和尺检查</td></tr>
<tr><td>2</td><td colspan="3">柱层间错位</td><td>8</td><td>用经纬仪和尺检查</td></tr>
<tr><td rowspan="3">3</td><td rowspan="3">柱垂直度</td><td colspan="2">每层</td><td>10</td><td>用2m托线板检查</td></tr>
<tr><td rowspan="2">全高</td><td>≤10m</td><td>15</td><td rowspan="2">用经纬仪、吊线和尺检查</td></tr>
<tr><td>>10m</td><td>20</td></tr>
</table>

2) 一般项目

(1) 砖砌体组砌方法须正确，上下错缝，内外搭砌，砖柱不得采用包心砌法。

(2) 砖砌体的灰缝须横平竖直，厚薄均匀。水平灰缝厚度为10mm，但不得大于12mm。

(3) 砖砌体一般尺寸允许偏差见表3-5。

表3-5 砖砌体一般尺寸允许偏差

项次	项目	允许偏差/mm	检验方法	抽检数量
1	基础顶面和楼面标高	±15	用水准仪和钢尺检查	不应少于5处
2	墙、柱表面平整度	8	用2m靠尺和楔形塞尺检查	有代表性自然间总量的10%，但不少于3间，每间不少于2处
3	门窗洞口高、宽（后塞口）	±5	用尺检查	检验总量的10%，且不少于5处
4	外墙上下窗口偏移	20	以底层窗口为准，用经纬仪或吊线检查	检验总量的10%，且不少于5处
5	水平灰缝平直度	10	拉10m线和尺检查	有代表性自然间总量的10%，但不少于3间，每间不少于2处

(4) 设置在砌体水平灰缝内的钢筋，应居中置于灰缝中。

6. 应注意的质量问题

(1) 砂浆配合比不准。水泥和砂要每一车都过磅秤，水的计量要准确，搅拌时间要达到规定的要求。

(2) 墙面不平。主体砖墙须双面挂线，舌头灰要随砌随刮平。

(3) 水平灰缝不平。盘角时灰缝要掌握均匀，每层砖都要与皮数杆对平，通线要绷紧穿平。砌筑时要左右照顾，避免接槎处接得高低不平。

(4) 皮数杆不平。抄平放线时，要细致认真；钉皮数杆的木杆要牢固，防止碰撞松动。皮数杆立完后，要复验，确保皮数杆标高一致。

(5) 埋入砌体中的拉结筋位置不准。须随时注意正在砌的皮数，保证按皮数杆标明的位置放拉结筋，其外露部分在施工中不得任意弯折，并保证其长度符合设计要求。

(6) 留槎不符合要求。砌体的转角和交接处须同时砌筑，否则应砌成斜槎。

(7) 砌体临时间断处的高度差过大。一般不超过一步架的高度。

7. 安全措施

(1) 在砌筑基础时，严禁攀跳基坑，应搭设上下的梯子。不得向下猛倒砂浆和投掷物料。

(2) 砌筑使用的脚手架在没验收前，不得使用。验收后不得随意拆改或移动。不准在刚砌好的墙上行走。

(3) 挂线用的重物必须绑扎牢固。作业环境中的碎料、落地灰、杂物、工具集中下运，做到日产日清、自产自清、活完料净场清。

8. 成品保护措施

(1) 雨期施工时，在堆放的砖垛和刚砌筑好的墙上，应用塑料布覆盖，以防雨后砖的含水率过大和冲刷砂浆。

(2) 多孔砖在运输和装卸过程中，严禁倾倒和抛掷。验收合格的砖，应分类码放，且高度不超过 2m。

(3) 刚砌筑好的墙体严禁碰撞，推砂浆时应注意小车与墙的距离。门口两侧 1m 高的范围内对墙应加以保护。

(4) 施工时，各个工种应相互配合。墙中的预埋件、暖卫、电气管线应注意保护，不能任意拆改和损坏。各种预埋的管线均应在砌筑前完成，严禁在刚砌筑好的墙上划沟、剔槽。

(5) 砌块在搬运过程中，轻拿轻放，计算好各房间的用量，分别码放整齐。

(6) 拆除脚手架时不要碰坏已砌墙体和门窗角。

(7) 落地砂浆应及时清理，以免与地面黏结，影响下道工序的正常施工。

单元小结

砌筑工程是一个综合的施工过程，它包括脚手架的搭设、垂直运输设备的选用、砂浆等材料的准备、墙体的砌筑，以及冬期和雨期施工采取的相应的措施。

砌筑施工时，墙体超过可砌高度，必须搭设脚手架。常用的外脚手架主要有扣件式钢管脚手架、碗扣式钢管脚手架、门式钢管脚手架，要了解其基本的构造组成，重点掌握保证其强度、刚度和稳定性方面的具体搭设与拆除方面的要求。常用的里脚手架主要有折叠式、支柱式和门架式，了解其基本构造并会应用。

砌筑工程中常用的垂直运输设备有塔式起重机、井字架、龙门架、建筑施工电梯等，了解其基本构造并会应用。

砌筑砂浆一般采用水泥砂浆、混合砂浆和石灰砂浆，了解其不同的适用范围。掌握砂浆基本组成材料如水泥、砂、水、外加剂等的基本要求，掌握其制备过程中应注意的问题，其强度和质量检验方面的要求、方法。

墙体的砌筑主要分为砖墙砌筑和砌块砌筑两大类。砖砌体施工通常包括抄平、放线、摆砖样、立皮数杆、挂线、砌筑、清理和勾缝等工序，其质量要求横平竖直、灰浆饱满、上下错缝和接槎可靠。砌块砌筑主要包括铺灰、砌块就位、校正、勾缝、灌竖缝和镶砖等工序，质量要求与砖墙砌筑基本类似。在墙体的砌筑中，需要从构造角度考虑来设置构造柱，掌握构造柱的构造（截面尺寸、马牙槎、拉结筋、箍筋等）要求，及其施工工艺和施工要点。

砌体在冬期和雨期施工时应采取相应的加强措施。在冬期施工时，常采取的措施有外加剂法、暖棚法和冻结法等，掌握其不同的适用范围、施工要点及质量要求。

推荐阅读资料

1. 《建筑工程施工质量验收统一标准》(GB 50300—2013)
2. 《砌体结构工程施工质量验收规范》(GB 50203—2011)
3. 《建筑施工高处作业安全技术规范》(JGJ 80—1991)
4. 《建筑施工安全检查标准》(JGJ 59—2011)

5.《施工现场临时用电安全技术规范(附条文说明)》(JGJ 46—2005)

6.《龙门架及井架物料提升机安全技术规范》(JGJ 88—2010)

7.《建筑施工附着升降脚手架安全技术规程》(DGJ 08—19905—1999)

8.《中华人民共和国工程建设标准强制性条文（房屋建筑部分)》

9.《建筑施工扣件式钢管脚手架安全技术规范》(JGJ 130—2011)

10.《外墙外保温工程技术规程》(JGJ 144—2004)

习题

一、单选题

1. 某砖墙高度为 2.5m，在常温的晴好天气时，最短允许（　　）砌完。

A. 1d　　B. 2d　　C. 3d　　D. 5d

2. 砌砖墙留直槎时，需加拉结筋，对抗震设防烈度为 6 度、7 度的地区，拉结筋每边埋入墙内的长度不应小于（　　）。

A. 50mm　　B. 500mm　　C. 700mm　　D. 1000mm

3. 下列关于砌筑砂浆强度的说法中，（　　）是不正确的。

A. 砂浆的强度是用将所取试件经 28d 标准养护后，测得的抗剪强度值来评定的

B. 砌筑砂浆的强度常分为 6 个等级

C. 每 $250m^3$ 砌体、每种类型的强度等级的砂浆、每台搅拌机应至少抽检一次

D. 同盘砂浆只做一组试样就可以了

4. 关于砂浆稠度的选择，以下说法正确的是（　　）。

A. 砌筑粗糙多孔且吸水能力较大块料，应使用稠度较小的砂浆

B. 在干热条件下施工时，应增加砂浆稠度

C. 雨期施工应增加砂浆稠度

D. 冬期施工块料不浇水时，应降低砂浆的稠度

5. 为了避免砌体施工时可能出现的高度偏差，最有效的措施是（　　）。

A. 准确绘制和正确树立皮数杆　　B. 挂线砌筑

C. 采用“三一”砌法　　D. 提高砂浆和易性

6. 砖体墙不得在（　　）的部位留脚手眼。

A. 宽度大于 1m 的窗间墙　　B. 梁垫下 1000mm 范围内

C. 距门窗洞口两侧 200mm　　D. 距砖墙转角 450mm

7. 每层承重墙的最上一皮砖，在梁或梁垫的下面，应用（　　）砌筑。

A. 一顺一丁　　B. 丁砖　　C. 三顺一丁　　D. 顺砖

8. 隔墙或填充墙的顶面与上层结构的交接处，宜（　　）。

A. 用砖斜砌顶紧　　B. 用砂浆塞紧　　C. 用预埋筋拉结　　D. 用现浇混凝土连接

9. 在冬期施工中，拌和砂浆用水的温度不得超过（　　）。

A. 30℃　　B. 5℃　　C. 50℃　　D. 80℃

10. 砌体墙与柱应沿高度方向每（　　）设 2ϕ6 钢筋。

A. 300mm　　B. 三皮砖　　C. 五皮砖　　D. 500mm

二、多选题

1. 对砌筑砂浆的技术要求主要包含（　　）等几个方面。
   A. 流动性　　B. 保水性　　C. 强度
   D. 坍落度　　E. 黏结力
2. 砖墙砌筑时，在（　　）处不得留槎。
   A. 洞口　　B. 转角　　C. 墙体中间
   D. 纵横墙交接　　E. 隔墙与主墙交接
3. 对设有构造柱的抗震多层砖房，下列做法中正确的有（　　）。
   A. 构造柱拆模后再砌墙
   B. 墙与柱沿高度方向每500mm设一道拉结筋，每边伸入墙内应不少于1m
   C. 构造柱应与圈梁连接
   D. 与构造柱连接处的砖墙应砌成马牙槎，每一马牙槎沿高度方向的尺寸不得小于500mm
   E. 马牙槎从每层柱脚开始，应先进后退
4. 预防墙面灰缝不平直、游丁走缝的措施是（　　）。
   A. 砌前先撂底（摆砖样）
   B. 设好皮数杆
   C. 挂线砌筑
   D. 每砌一步架，顺墙面向上弹引一定数量的立线
   E. 采用“三一”砌法
5. 为了避免砌块墙体开裂，预防措施包括（　　）。
   A. 清除砌块表面脱模剂及粉尘
   B. 采用和易性好的砂浆
   C. 控制铺灰长度和灰缝厚度
   D. 设置芯柱、圈梁、伸缩缝
   E. 砌块出池后立即砌筑

三、简答题

1. 砌筑用脚手架的作用及基本要求是什么？
2. 砌筑用外脚手架的类型有哪些？在搭设和拆除时应注意哪些问题？
3. 脚手架的支撑体系包括哪些？如何设置？
4. 常用里脚手架有哪些类型？其特点怎样？
5. 脚手架的安全防护措施有哪些内容？
6. 多立杆式扣件钢管脚手架扣件的基本形式有哪几种？
7. 搭设多立杆式脚手架为什么设置连墙件？
8. 搭设多立杆式脚手架为什么设置剪刀撑？
9. 砌筑工程中的垂直运输机械主要有哪些？设置时要满足哪些基本要求？
10. 砌筑用砂浆有哪些种类？各适用于什么场合？

11. 砂浆制备和使用有哪些要求？砂浆强度检验如何规定？
12. 砖墙砌体主要有哪几种砌筑形式？各有何特点？
13. 砖墙砌筑的施工工艺是什么？
14. 什么是皮数杆？皮数杆有何作用？如何布置？
15. 何为“三一”砌砖法？其优点是什么？
16. 砖砌体工程质量有哪些要求？
17. 构造柱的构造有哪些要求？
18. 框架填充墙的施工有哪些要点？
19. 冬期砌体工程施工有哪些方法？各有何要求？
20. 掺盐砂浆法施工中应注意哪些问题？
21. 冻结法施工中应注意哪些问题？
22. 砌体工程雨期施工的措施有哪些？

单元4

钢筋混凝土结构工程施工

教学目标

掌握模板工程、钢筋工程、混凝土工程的施工工艺、方法；了解模板的种类、构造和安装；了解钢筋的种类、性能及验收要求；熟悉钢筋混凝土工程的施工过程、施工工艺；熟悉冬期和雨期施工措施和施工安全措施。

教学要求

能力目标	知识要点	权重
了解模板的作用、分类，熟悉模板的构造，熟悉模板安装和拆除的方法	模板及其支架的分类及要求，模板的构造要求，模板安装、拆除的要求和方法	25%
掌握钢筋验收与贮存的要求和方法，掌握钢筋的配料计算、钢筋配料与钢筋代换方法，掌握钢筋加工、连接、绑扎和安装的要求和方法	钢筋的验收与配料，钢筋内场加工，钢筋的绑扎、安装与接头的连接	25%
掌握混凝土的运输和浇筑方法，掌握混凝土养护与拆模的要求和方法	混凝土的制备、运输与浇筑	25%
掌握预制混凝土构件制作工艺	混凝土构件预制	5%
掌握先张法、后张法预应力混凝土施工工艺	预应力混凝土工程	10%
掌握吊装机具的类型、要求，了解单层工业厂房和多层装配式框架结构的安装工艺	混凝土结构吊装	10%

引 例

某工程地上 26 层，地下 1 层，建筑总面积 31800m^2。檐高 90.2m，制高点 97.3m，建筑物层高地下室 5m，1、3 层 5m，2 层 4.5m，4 层 3.8m，且此处设一管道转换层，层高 2.2m，5～16 层层高 3.2m，17～25 层 3.4m，26 层 4.2m，室内外高差 600mm。本工程为核心筒体-外全现浇框架结构、桩基础，采用 6 度抗震设防，抗震等级为 3 级。本工程采用钻孔桩基础，直径 800mm，设计桩长 20m，承台及桩身混凝土强度等级为 C30，筏板有两种，水池及泵房筏板厚 1.00m，主体筏板厚 2.00m，基础底标高分别为－6.4m 和－7.4m。主楼及裙楼基础垫层强度等级为 C15，基础筏板强度等级为 C30，裙楼基础 1、2 层柱强度等级为 C30，裙楼其他部分强度等级为 C25。主楼各部位混凝土强度等级为：5 层以下墙、柱强度等级为 C40，5～15 层墙柱强度等级为 C35，16～18 层墙、柱强度等级为 C30，19～23 层墙、柱强度等级为 C25，24 层以上墙柱强度等级为 C20；9 层以下梁板强度等级为 C30，10～20 层梁板强度等级为 C25，21～25 层梁板强度等级为 C20；机房屋顶水池强度等级为 C25；地下室底板及外墙、水池、水箱采用级配密实的防水混凝土，抗渗等级为 S6；围护结构构造柱及圈梁用强度等级为 C20 混凝土。

思考：(1) 钢筋如何施工？

(2) 各部位模板采用什么方式？如何施工？

(3) 各部位混凝土如何入仓？

知 识 点

钢筋混凝土工程包括现浇钢筋混凝土结构施工、装配式钢筋混凝土工程、预应力混凝土工程等，由模板工程、钢筋工程和混凝土工程等多个单项工程组成。模板工程主要介绍了定型组合钢模板、木模板和胶合板模板等的基本构造组成和特点；基础、梁、板、柱、墙等一般结构模板的构造与安装方法。钢筋工程主要介绍了 HPB300 级、HRB400 级热轧钢筋的特点，钢筋进场后的验收内容与方法，钢筋冷拉原理，钢筋加工及各种连接方法；钢筋的冷拉计算、钢筋的配料计算、钢筋的代换原则及计算、钢筋的绑扎安装要求与质量要求。混凝土工程主要介绍了施工过程中混凝土的制备、运输、浇筑、振捣和养护，以及各个施工过程的相互联系和影响；预应力混凝土工程先张法和后张法的施工原理与施工工艺、施工方法和要求，以及夹具和锚具的性能、选用、验收要求，张拉机械的性能和适用范围等；单层工业厂房及多层装配式房屋结构吊装安装工艺。

课题 4.1 模 板 施 工

4.1.1 模板构造

模板与其支撑体系组成模板系统。模板系统是一个临时架设的结构体系，其中模板是新浇混凝土成型的模具，它与混凝土直接接触，使混凝土构件具有所要求的形状、尺寸和表面质量；支撑体系是指支撑模板承受模板、构件及施工中各种荷载，并使模板保持所要求的空间位置的临时结构。

1. 模板的分类

1）按模板形状分类

【参考视频】

按模板形状分有平面模板和曲面模板。平面模板又称为侧面模板，主要用于支承结构物的垂直面。曲面模板用于某些形状特殊的部位。

2）按模板材料分类

按模板材料分有钢模板、木模板、胶合板、混凝土预制模板、塑料模板、橡胶模板等。

3）按模板受力条件分类

按模板受力条件分有承重模板和侧面模板。承重模板主要承受混凝土重量和施工中的垂直荷载；侧面模板主要承受新浇混凝土的侧压力。侧面模板按其支承受力方式，又分为简支模板、悬臂模板和半悬臂模板。

4）按模板使用特点分类

按模板使用特点分有固定式、拆移式、移动式和滑动式。固定式用于形状特殊的部位，不能重复使用，后三种模板都能重复使用，或连续使用在形状一致的部位。但其使用方式有所不同：拆移式模板需要拆散移动；移动式模板的车架装有行走轮，可沿专用轨道使模板整体移动；滑动式模板是以千斤顶或卷扬机为动力，可在混凝土连续浇筑的过程中，使模板面紧贴混凝土面滑动。

2. 定型组合钢模板

定型组合钢模板包括钢模板、连接件、支承件 3 部分。其中，钢模板包括平面钢模板和拐角钢模板；连接件有 U 形卡、L 形插销、钩头螺栓、紧固螺栓、蝶形扣件等；支承件有圆钢管、薄壁矩形钢管、内卷边槽钢、单管伸缩支撑等。

1）钢模板的规格和型号

钢模板包括平面模板、阳角模板、阴角模板和连接角模，如图 4.1 所示。单块钢模板由面板、边框和加劲肋焊接而成。面板厚 2.3mm 或 2.5mm，边框和加劲肋上面按一定距离（如 150mm）钻孔，可利用 U 形卡和 L 形插销等拼装成大块模板。

钢模板的宽度以 50mm 进级，长度以 150mm 进级，其规格和型号已做到标准化、系列化。例如，型号为 P3015 的钢模板，P 表示平面模板，3015 表示宽×长为 300mm×500mm；又如型号为 Y1015 的钢模板，Y 表示阳角模板，1015 表示宽×长为 100mm×1500mm。若拼装时出现不足模数的空隙时，用镶嵌木条补缺，用钉子或螺栓将木条与板块边框上的孔洞连接。

2）连接件

连接件有以下几种。

（1）U 形卡。它用于钢模板之间的连接与锁定，使钢模板拼装密合。U 形卡安装间距一般不大于 300mm，即每隔一孔卡插一个，安装方向一顺一倒相互交错，如图 4.2 所示。

（2）L 形插销。它插入模板两端边框的插销孔内，用于增强钢模板纵向拼接的刚度和保证接头处板面平整，如图 4.3 所示。

（3）钩头螺栓。用于钢模板与内、外钢楞之间的连接固定，使之成为整体，安装间距一般不大于 600mm，长度应与采用的钢楞尺寸相适应。

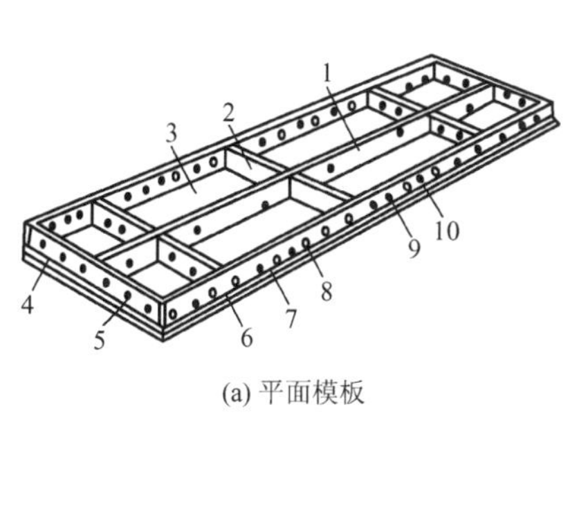

(a) 平面模板

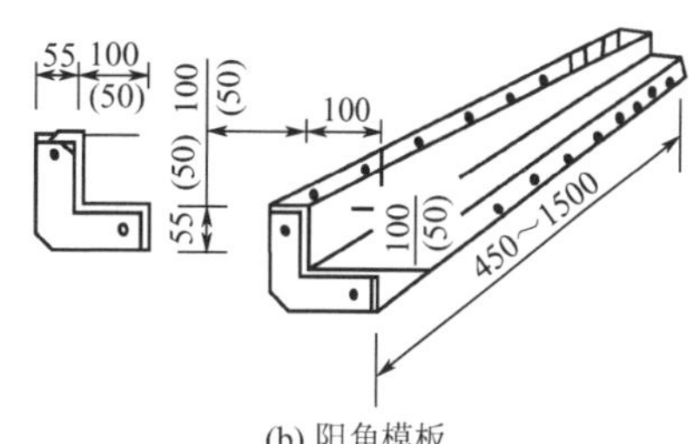

(b) 阳角模板

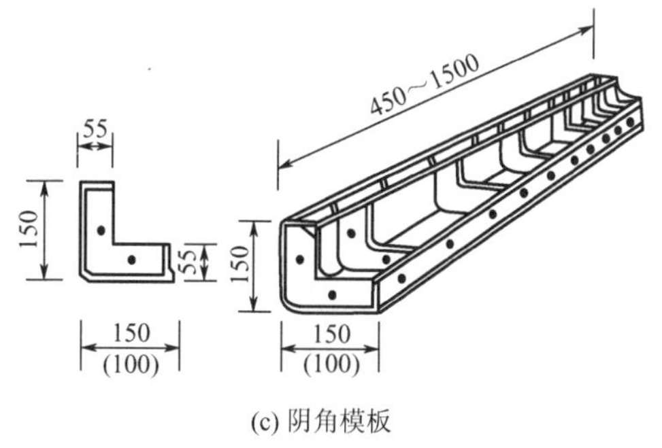

(c) 阴角模板

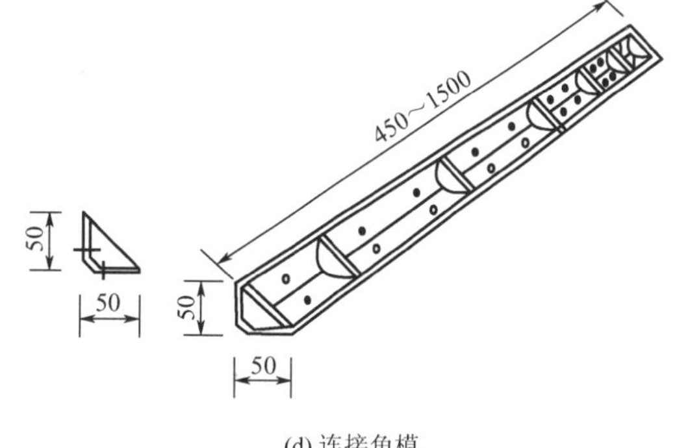

(d) 连接角模

图 4.1 钢模板类型图

1—中纵肋；2—中横肋；3—面板；4—横肋；5—插销孔；
6—纵肋；7—凸棱；8—凸鼓；9—U 形卡孔；10—钉子孔

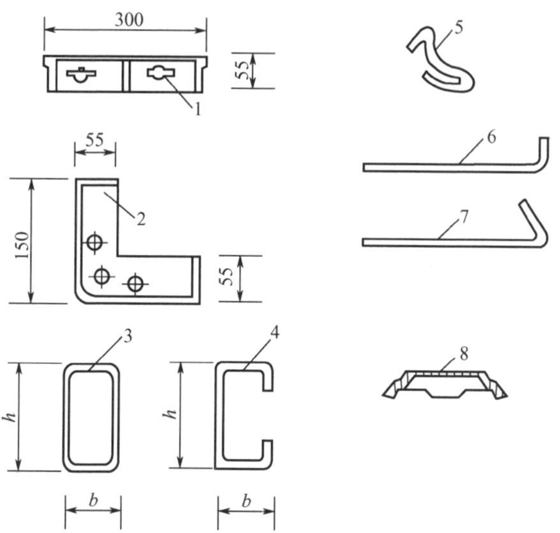

图 4.2 定型组合钢模板系列

1—平面钢模板；2—拐角钢模板；3—薄壁矩形钢管；
4—内卷边槽钢；5—U 形卡；6—L 形插销；7—钩头螺栓；8—蝶形扣件

（4）对拉螺栓。用来保持模板与模板之间的设计厚度并承受混凝土侧压力及水平荷载，使模板不致变形。

(5) 紧固螺栓。用于紧固钢模板内外钢楞，增强组合模板的整体刚度，长度与采用的钢楞尺寸相适应。

(6) 扣件。用于将钢模板与钢楞紧固，与其他的配件一起将钢模板拼装成整体。按钢楞的不同形状尺寸，分别采用碟形扣件和“3”形扣件，其规格分为大、小两种。

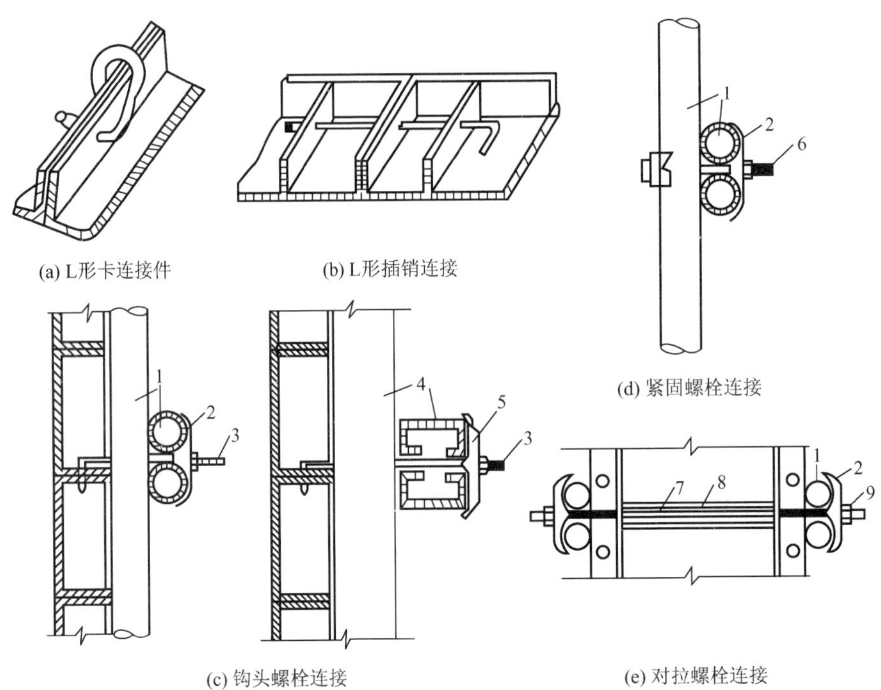

图 4.3 钢模板连接件

1—圆钢管钢楞；2—“3”形扣件；3—钩头螺栓；4—内卷边槽钢楞；5—蝶形扣件；6—紧固螺栓；7—对拉螺栓；8—塑料套管；9—螺母

3) 支承件

配件的支承件包括钢楞、柱箍、梁卡具、圈梁卡、钢管架、斜撑、组合支柱、钢管脚手支架、平面可调桁架和曲面可变桁架等，如图 4.4～图 4.7 所示。

4) 组合钢模板配板原则

配板设计和支承系统的设计应遵守以下几个原则。

(1) 要保证构件的形状尺寸及相互位置的正确。

(2) 要使模板具有足够的强度、刚度和稳定性，能够承受新浇混凝土的重量和侧压力，以及各种施工荷载。

(3) 力求构造简单，装拆方便，不妨碍钢筋绑扎，保证混凝土浇筑时不漏浆。柱、梁、墙、板的各种模板面的交接部分，应采用连接简便、结构牢固的专用模板。

(4) 配制的模板，应优先选用通用、大块模板，使其种类和块数最小，木模镶拼量最少。设置对拉螺栓的模板，为了减少钢模板的钻孔损耗，可在螺栓部位改用 55mm×100mm 刨光方木代替，或应使钻孔的模板能多次周转使用。

(5) 相邻钢模板的边肋，都应用 U 形卡插卡牢固，U 形卡的间距不应大于 300mm，端头接缝上的卡孔，也应插上 U 形卡或 L 形插销。

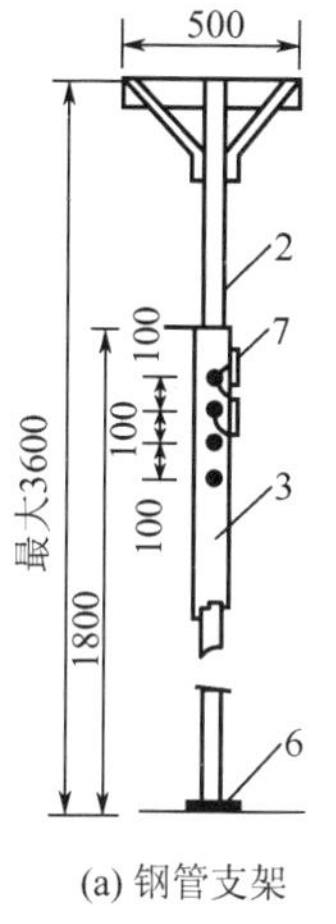

(a) 钢管支架

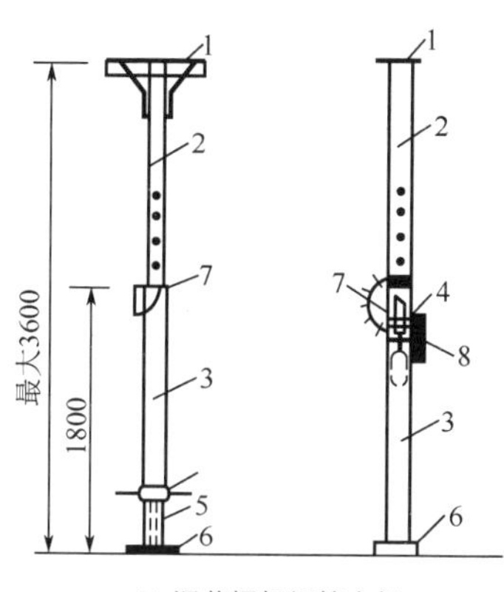

(b) 调节螺杆钢管支架

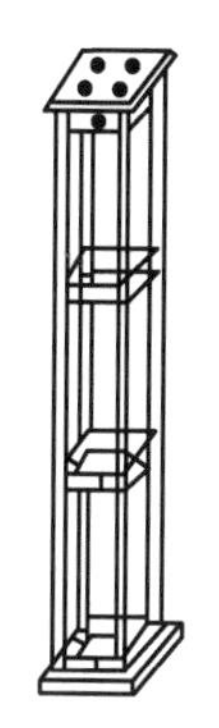

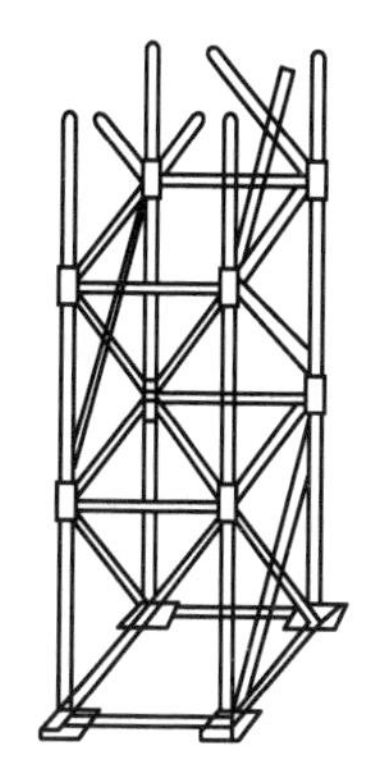

(c) 组合钢支架和钢管井架

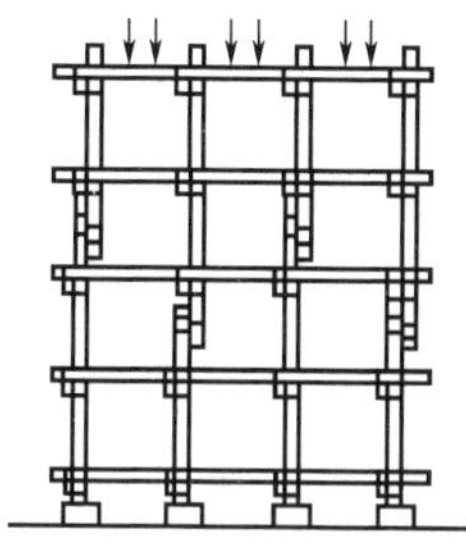

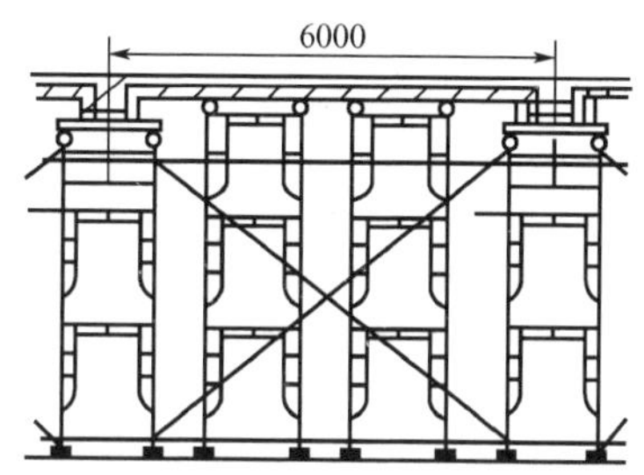

(d) 扣件式钢管和门形脚手架支架

图 4.4 钢支架

1—顶板；2—插管；3—套管；4—转盘；5—螺杆；6—底板；7—插销；8—转动手柄

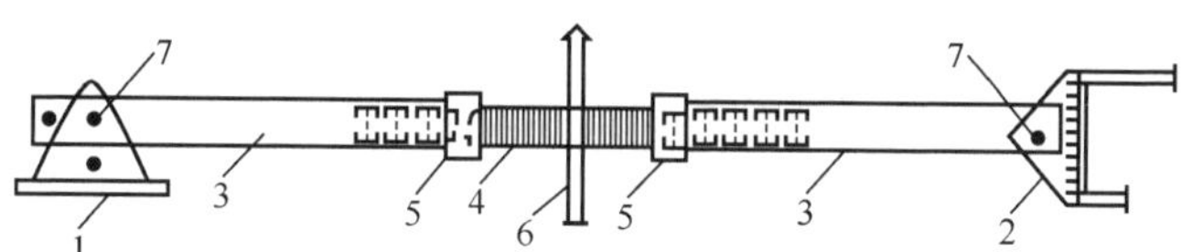

图 4.5 斜撑

1—底座；2—顶撑；3—钢管斜撑；4—花篮螺栓；5—螺母；6—旋杆；7—销钉

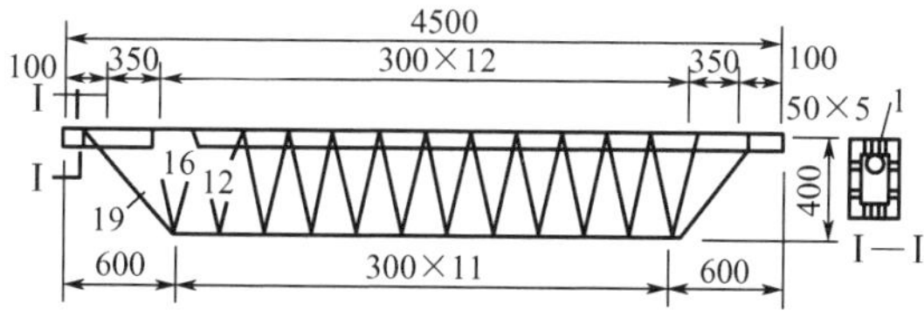

(a) 整榀式

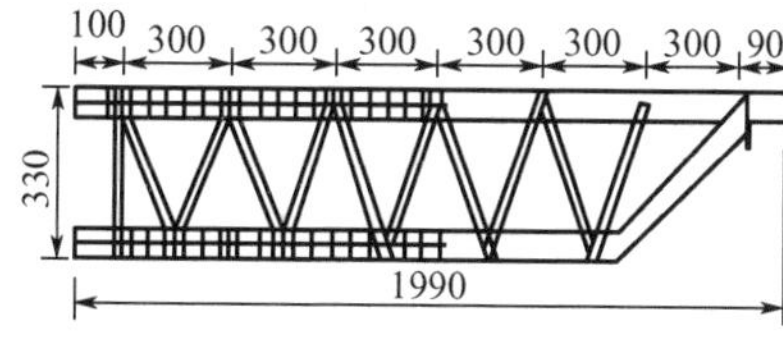

(b) 组合式

图 4.6 钢桁架

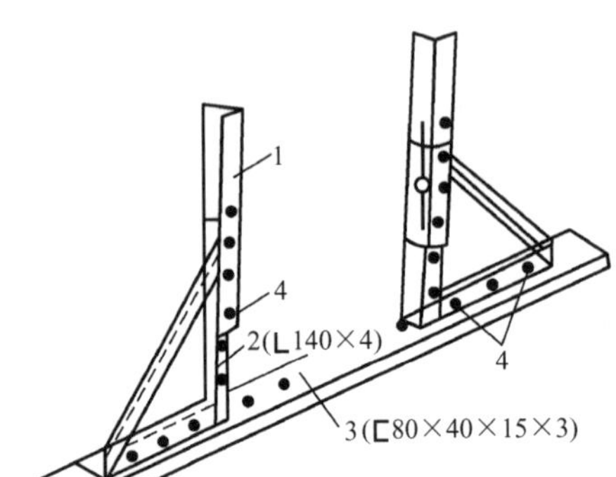

图 4.7　梁卡具

1—调节杆；2—三角架；3—底座；4—螺栓

(6) 模板长向拼接宜采用错开布置，以增加模板的整体刚度。

(7) 模板的支撑系统应根据模板的荷载和部件的刚度进行布置，具体方法如下。

① 内钢楞应与钢模板的长度方向相垂直，直接承受钢模板传递的荷载；外钢楞应与内钢楞互相垂直，承受内钢楞传来的荷载，用以加强钢模板结构的整体刚度，其规格不得小于内钢楞。

② 内钢楞悬挑部分的端部挠度应与跨中挠度大致相同，悬挑长度不宜大于 400mm，支柱应着力在外钢楞上。

③ 一般的柱、梁模板，宜采用柱箍和梁卡具作支撑件，断面较大的柱、梁，宜用对拉螺栓和钢楞及拉杆。

④ 模板端缝齐平布置时，一般每块钢模板应有两处钢楞支撑。错开布置时，其间距可不受端缝位置的限制。

⑤ 在同一工程中，可多次使用的预组装模板，宜采用模板与支撑系统连成整体的模架。

⑥ 支承系统应经过设计计算，保证具有足够的强度和稳定性。当支柱或其节间的长细比大于 110 时，应按临界荷载进行核算，安全系数可取 3～3.5。

⑦ 对于连续形式或排架形式的支柱，应适当配置水平撑与剪刀撑，以保证其稳定性。

(8) 模板的配板设计应绘制配板图，标出钢模板的位置、规格、型号和数量。预组装大模板，应标绘出其分界线。预埋件和预留孔洞的位置，应在配板图上标明，并注明固定方法。

5) 用定型钢模板组合成各类构件模板

用定型钢模板组合成各类构件模板如图 4.8～图 4.13 所示。

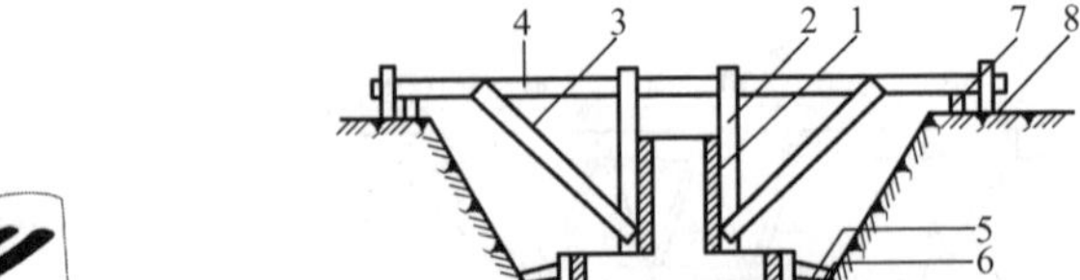

图 4.8　条形基础钢模板

1—上阶侧板；2—上阶吊木；3—上阶斜撑；4—轿杠；5—下阶斜撑；6—水平撑；7—垫板；8—桩

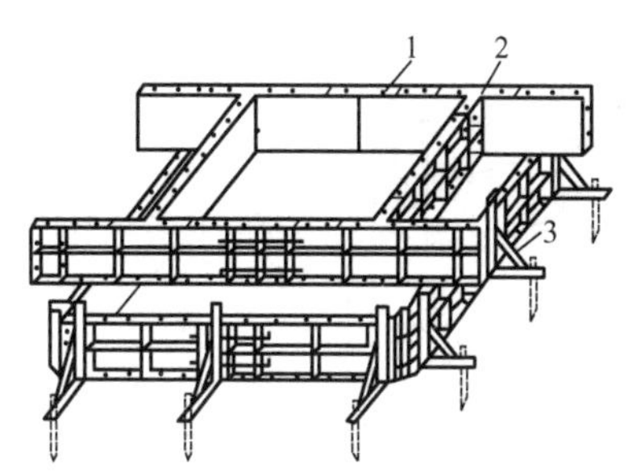

图 4.9　阶梯形基础钢模板

1—扁铁连接件；2—T 形连接件；3—角钢三角撑

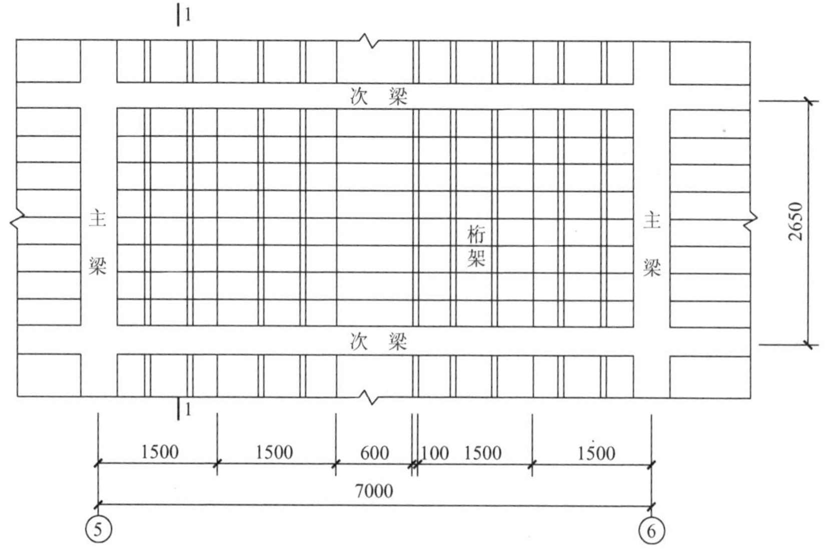

图 4.10　交梁楼面的钢模板组合

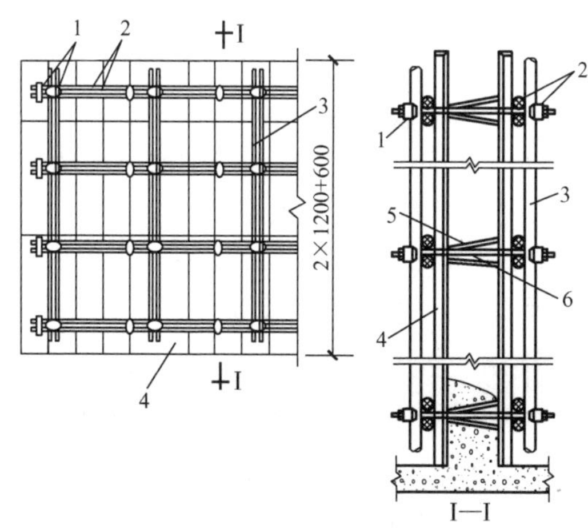

图 4.11　墙体钢模板组合

1—“3”形扣件；2—侧楞；3—钢模板；4—套管；5—对拉螺栓；6—撑杆

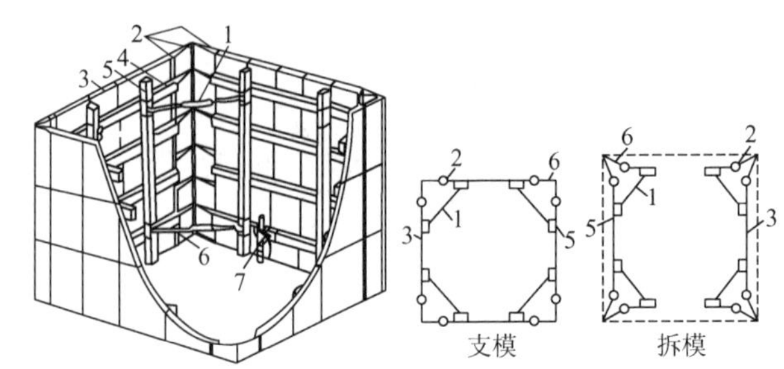

图 4.12　电梯井可装拆钢模板

1—脱模器；2—铰链；3—大模板；4—模肋；5—竖肋；6—角模；7—支腿

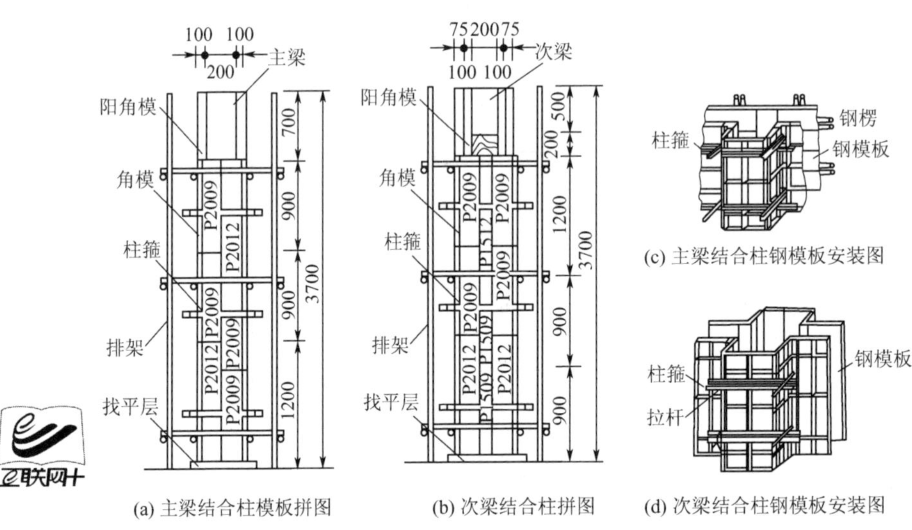

图 4.13　柱的钢模板组合

3. 木模板

木模板的木材主要采用松木和杉木，其含水率不宜过低，以免干裂，材质不宜低于三等材。

【参考视频】

木模板的基本元件是拼板，它由板条和拼条（木档）组成，如图 4.14 所示。板条厚 25～50mm，宽度不宜超过 200mm，以保证在干缩时，缝隙均匀，浇水后缝隙要严密且板条不翘曲，但梁底板的板条宽度不受限制，以免漏浆。拼条截面尺寸为 25mm×35mm～50m×50mm，拼条间距根据施工荷载大小及板条的厚度而定，一般取 400～500mm。图 4.15 和图 4.16 所示分别为阶梯形基础模板和楼梯模板。

4. 胶合板模板

【参考视频】

模板用的胶合板通常由 5、7、9、11 层等奇数层单板经热压固化而胶合成形，一般采用竹胶模板。相邻层的纹理方向相互垂直，通常最外层表板的纹理方向和胶合板板面的长向平行，因此，整张胶合板的长向为强方向，短向为弱方向，使用时必须加以注意。模板用木胶合板的幅面尺寸，一般宽度为 1200mm 左右，长度为 2400mm 左右，厚为 12～18mm。胶合板模板适用于高层建筑中的水平模板、剪力墙、垂直墙板。

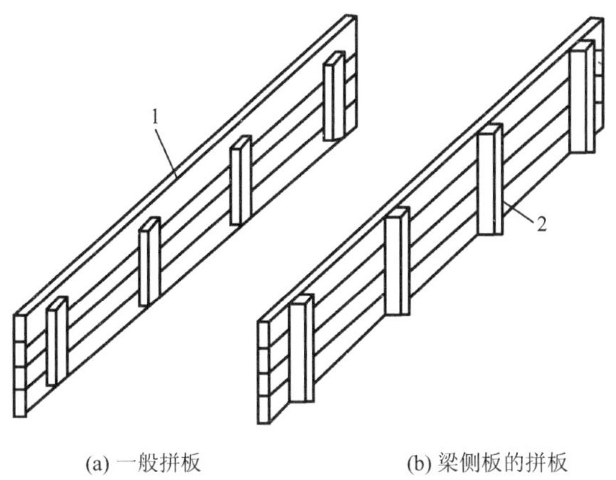

图 4.14 拼板的构造

1—板条；2—拼条

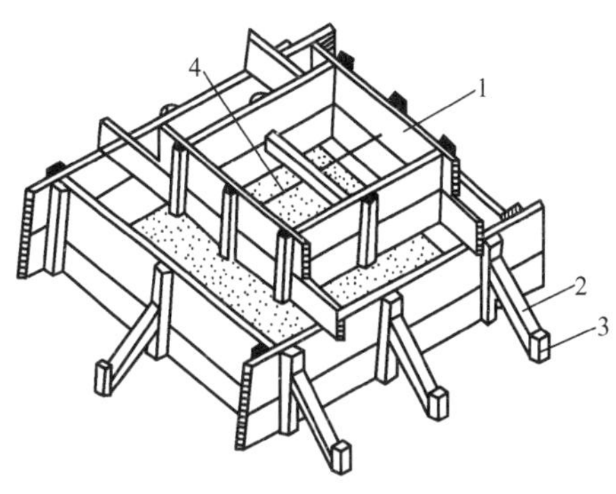

图 4.15 阶梯形基础模板

1—拼板；2—斜撑；3—木桩；4—铁丝

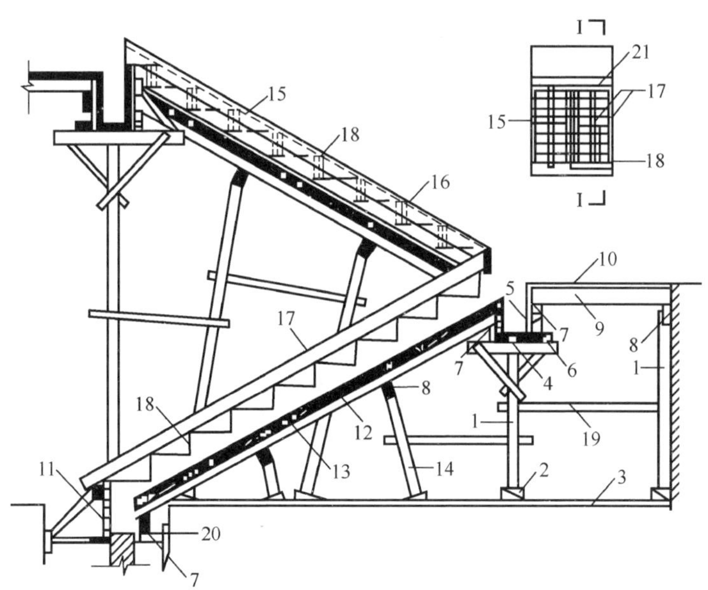

图 4.16 楼梯模板

1—支柱（顶撑）；2—木楔；3—垫板；4—平台梁底板；5—侧板；6—夹板；7—托木；8—杠木；9—木楞；10—平台底板；11—梯基侧板；12—斜木楞；13—楼梯底板；14—斜向顶撑；15—外帮板；16—横挡木；17—反三角板；18—踏步侧板；19—拉杆；20—木桩

胶合板用作楼板模板时，常规的支模方法是用Ø48.3mm×3.6mm 脚手钢管搭设排架，排架上铺放间距为 400mm 左右的 50mm×100mm 或 60mm×80mm 木方（俗称 68 方木），作为面板下的楞木。木胶合板常用厚度为 12mm、18mm，木方的间距随胶合板厚度作调整。这种支模方法简单易行，现已在施工现场大面积采用。

胶合板用作墙模板时，常规的支模方法是胶合板面板外侧的内楞用 50mm×100mm 或 60mm×80mm 木方，外楞用Ø48.3mm×3.6mm 脚手钢管，内外模用“3”形扣件及穿墙螺栓拉结。

5. 滑动模板

【参考视频】

滑动模板（简称滑模），是在混凝土连续浇筑过程中，可使模板面紧贴混凝土面滑动的模板。采用滑模施工要比常规施工节约木材（包括模板和脚手板等）70%左右，节约劳动力30%～50%，缩短施工周期30%～50%，而且滑模施工的结构整体性好，抗震效果明显，适用于高层或超高层抗震建筑物和高耸构筑物施工。

1）滑模系统的组成

滑模系统主要由以下几部分组成。

（1）模板系统，包括提升架、围圈、模板及加固、连接配件。

（2）施工平台系统，包括工作平台、外圈走道、内外吊脚手架。

（3）提升系统，包括千斤顶、油管、分油器、针形阀、控制台、支承杆及测量控制装置。滑模系统构造如图4.17所示。

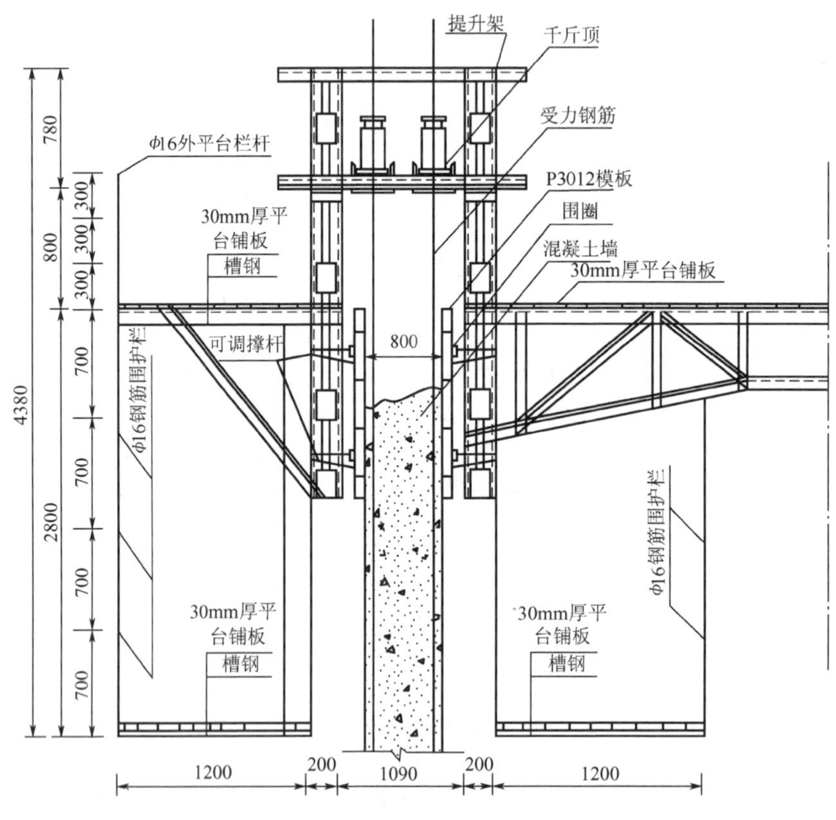

图4.17 滑模系统构造

2）主要部件及作用

滑模系统中主要部件及作用如下。

（1）提升架。提升架是整个滑模系统的主要受力部分。各项荷载集中传至提升架，最后通过装设在提升架上的千斤顶传至支承杆上。提升架由横梁、立柱、牛腿及外挑架组成。各部分尺寸及杆件断面应通盘考虑经计算确定。

（2）围圈。围圈是模板系统的横向连接部分，将模板按工程平面形状组合为整体。围圈是受力部件，它既承受混凝土侧压力产生的水平推力，又承受模板的重力、滑动时产生的摩擦阻力等竖向力。在有些滑模系统的设计中，也将施工平台支撑在围圈上。围圈架设在提升架的牛腿上，各种荷载将最终传至提升架上。围圈一般用型钢制作。

(3) 模板。模板是混凝土成型的模具，要求其板面平整，尺寸准确，刚度适中。模板高度一般为90～120cm，宽度为50cm，但根据需要也可加工成小于50cm的异形模板。模板通常用钢材制作，也有用其他材料制作的，如钢木组合模板是用硬质塑料板或玻璃钢等材料作为面板的有机材料复合模板。

(4) 施工平台与吊脚手架。施工平台是滑模施工中各工种的作业面及材料、工具的存放场所。施工平台应视建筑物的平面形状、开门大小、操作要求及荷载情况设计，必须有可靠的强度及必要的刚度，确保施工安全，防止平台变形导致模板倾斜。如果跨度较大时，在平台下应设置承托桁架。

吊脚手架用于对已滑出的混凝土结构进行处理或修补，要求沿结构内外两侧周围布置。吊脚手架的高度一般为1.8m，可以设双层或3层。吊脚手架要有可靠的安全设备及防护设施。

(5) 提升设备。提升设备由液压千斤顶、液压控制台、油路及支承杆组成。支承杆可用直径为25mm的光圆钢筋做支承杆，每根支承杆长度以3.5～5m为宜。支承杆的接头可用螺栓连接或现场用小坡口焊接连接。若回收重复使用，则需要在提升架横梁下附设支承杆套管。如有条件并经设计部门同意，则该支承杆钢筋可以直接打在混凝土中以代替部分结构配筋，可利用50%～60%。

6. 爬升模板

爬升模板是在混凝土墙体浇筑完毕后，利用提升装置将模板自行提升到上一个楼层来浇筑上一层墙体的垂直移动式模板。爬升模板采用整片式大平模，模板由面板及肋组成，不需要支撑系统；提升设备采用电动螺杆提升机、液压千斤顶或导链。

爬升模板是将大模板工艺和滑升模板工艺相结合，既保持了大模板施工墙面平整的优点又保持了滑模利用自身设备使模板向上提升的优点，墙体模板能自行爬升而不依赖塔式起重机。爬升模板适用于高层建筑墙体、电梯井壁、管道间混凝土施工。

爬升模板由钢模板、提升架和提升装置3部分组成，如图4.18所示。

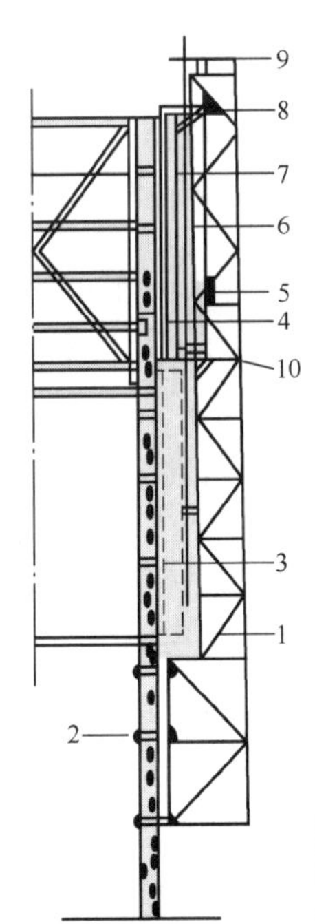

图4.18 爬升模板

1—爬架；2—螺栓；3—预留爬架孔；4—爬模；5—爬架千斤顶；6—爬模千斤顶；7—爬杆；8—模板挑横梁；9—爬架挑横梁；10—脱模千斤顶

【参考视频】

7. 台模

台模是浇筑钢筋混凝土楼板的一种大型工具式模板。在施工中可以整体脱模和转运，利用起重机从浇筑完的楼板下吊出，转移至上一楼层，中途不再落地，所以也称“飞模”。台模按其支架结构类型分为立柱式台模、桁架式台模、悬架式台模等。

台模适用于小开间、小进深的现浇楼板，单座台模面板的面积小至$2m^2$，大至$60m^2$以上。台模整体性好，混凝土表面容易平整、施工进度快。

台模由台面、支架（支柱）、支腿、调节装置、行走轮等组成。台面是直接接触混凝土的部件，表面应平整光滑，具有较高的强度和刚度。目前台模中常用的面板有钢板、胶合板、铝合金板、工程塑料板及木板等，如图 4.19 所示。

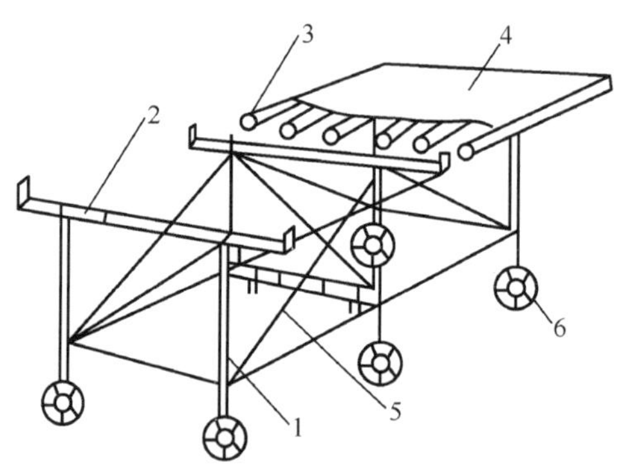

图 4.19　台模

1—支腿；2—可伸缩的横梁；3—檩条；4—面板；5—斜撑；6—滚轮

8. 隧道模

隧道模是将楼板和墙体一次支模的一种工具式模板，相当于将台模和大模板组合起来，如图 4.20 所示。隧道模有断面呈Ⅱ字形的整体式隧道模和断面呈 Γ 形的双拼式隧道模两种。整体式隧道模自重大、移动困难，目前已很少应用；双拼式隧道模应用较广泛，特别在内浇外挂和内浇外砌的高层和多层建筑中应用较多。

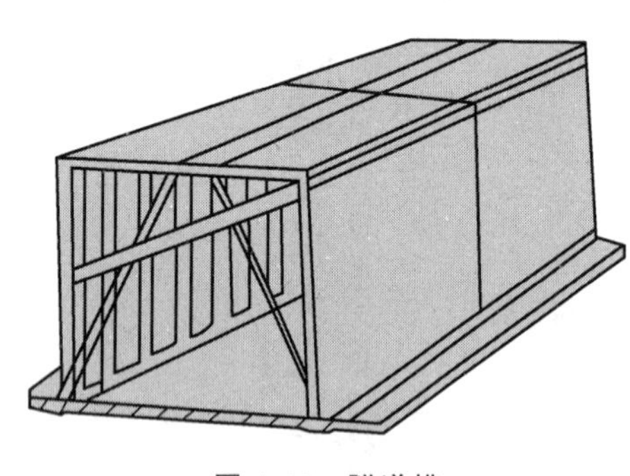

图 4.20　隧道模

双拼式隧道模由两个半隧道模和一道独立的插入模板组成。在两个半隧道模之间加一道独立的模板，用其宽度的变化使隧道模适应于不同的开间；在不拆除中间模板的情况下，半隧道模可提早拆除，增加周转次数。半隧道模的竖向墙模板和水平楼板模板间用斜撑连接。在半隧道模下部设行走装置，在模板长方向沿墙模板设两个行走轮，模板就位后，用两个千斤顶将模板顶起，使行走轮离开楼板，施工荷载全部由千斤顶承担。脱模时，松动两个千斤顶，半隧道模在自重作用下，下降脱模，行走轮落到楼板上。将吊架从半隧道模的一端插入墙模板与斜撑之间，吊钩慢慢起钩，将半隧道模托起，托挂在吊架上，吊到上一楼层。

4.1.2　模板施工

【参考视频】

1. 模板安装

安装模板之前，应事先熟悉设计图样，掌握建筑物结构的形状尺寸，并根据现场条件，初步考虑好立模及支撑的程序，以及与钢筋绑扎、混凝土浇捣等工序的配合，尽量避免工种之间的相互干扰。

模板的安装包括放样、立模、支撑加固、吊正找平、尺寸校核、堵设缝隙及清仓去污等工序。在安装过程中，应注意下述事项。

(1) 模板竖立后，须切实校正位置和尺寸，垂直方向用垂球校对，水平长度用钢尺丈量两次以上，务必使模板的尺寸符合设计标准。

(2) 模板各结合点与支撑必须坚固紧密，牢固可靠，尤其是采用振捣器捣固的结构部位更应注意，以免在浇捣过程中发生裂缝、鼓肚等不良情况。但为了增加模板的周转次数，减少模板拆模损耗，模板结构的安装应力求简便，尽量少用圆钉，多用螺栓、木楔、拉条等进行加固联结。

(3) 凡属承重的梁板结构，跨度大于4m以上时，由于地基的沉陷和支撑结构的压缩变形，跨中应预留起拱高度。

(4) 为避免拆模时建筑物受到冲击或振动，安装模板时，撑柱下端应设置硬木楔形垫块，所用支撑不得直接支承于地面，应安装在坚实的桩基或垫板上，使撑木有足够的支承面积，以免沉陷变形。

【参考视频】

(5) 模板安装完毕后，最好立即浇筑混凝土，以防日晒雨淋导致模板变形。为了保证混凝土表面光滑和便于拆卸，宜在模板表面涂抹肥皂水或润滑油。夏季或在气候干燥情况下，为防止模板干缩裂缝漏浆，在浇筑混凝土之前，需洒水养护。如发现模板因干燥产生裂缝，应事先用木条或油灰填塞衬补。

(6) 安装边墙、柱等模板时，在浇筑混凝土以前，应将模板内的木屑、刨片、泥块等杂物清除干净，并仔细检查各联结点及接头处的螺栓、拉条、木楔等有无松动、滑脱现象。在浇筑混凝土过程中，木工、钢筋、混凝土、架子等工种均应有专人“看仓”，以便发现问题随时加固修理。

(7) 模板安装的偏差，应符合相关规定。

2. 模板拆除

不承重的侧模板在混凝土强度能保证混凝土表面和棱角不因拆模而受损害时方可拆模。一般此时混凝土的强度应达到2.5MPa以上；承重模板应在混凝土达到所要求的强度以后方能拆除，见表4-1。

表4-1 承重模板拆除时的混凝土强度要求

构件类型	构件跨度/m	达到设计混凝土立方体抗压强度标准值的百分率/(%)
板	≤2	≥50
	>2，≤8	≥75
	>8	≥100
梁、拱、壳	≤8	≥75
	>8	≥100
悬臂构件	—	≥100

模板拆除工作应注意以下事项。

(1) 模板拆除工作应遵守一定的方法与步骤。拆模时要按照模板各结合点构造情况，逐块松卸。首先去掉扒钉、螺栓等连接铁件，然后用撬杠将模板松动或用木楔插入模板与混凝土接触面的缝隙中，使模板与混凝土面逐渐分离。拆模时，禁止用重锤直接敲击模板，以免使建筑物受到强烈振动或将模板毁坏。

(2) 拆卸拱形模板时，应先将支柱下的木楔缓慢放松，使拱架徐徐下降，避免新拱因模板突然大幅度下沉而担负全部自重，并应从跨中点向两端同时对称拆卸。拆卸跨度较大的拱模时，需从拱顶中部分段分期向两端对称拆卸。

(3) 高空拆卸模板时，不得将模板自高处摔下，而应用绳索吊卸，以防砸坏模板或发生事故。

(4) 当模板拆卸完毕后，应将附着在板面上的混凝土砂浆洗凿干净，损坏部分需加以修整，板上的圆钉应及时拔除（部分可以回收使用)，以免刺脚伤人。卸下的螺栓应与螺母、垫圈等拧在一起，并加黄油防锈。扒钉、铁丝等物均应收捡归仓，不得丢失。所有模板应按规格分放，妥加保管，以备下次立模周转使用。

(5) 对于大体积混凝土，为了防止拆模后混凝土表面温度骤然下降而产生表面裂缝，应考虑外界温度的变化而确定拆模时间，并应避免早、晚或夜间拆模。

4.1.3 模板设计简介

常用定型模板在其适用范围内一般无须进行设计或验算。而对一些特殊结构、新型体系模板或超出适用范围的一般模板，则应进行设计或验算。由于模板为一临时性系统，因此对钢模板及其支架的设计，其设计荷载值可乘以系数 0.85 予以折减；对木模板及其支架系统设计，其设计荷载值可乘以系数 0.9 予以折减；对冷弯薄壁型钢不予折减。

作用在模板系统上的荷载分为永久荷载和可变荷载。永久荷载包括模板与支架的自重、新浇混凝土自重及对模板侧面的压力、钢筋自重等。可变荷载包括施工人员及施工设备荷载、振捣混凝土时产生的荷载、倾倒混凝土时产生的荷载。计算模板及其支架时，应根据构件的特点及模板的用途进行荷载组合。各项荷载标准值按下列规定确定。

1. 模板及其支架自重标准值

可根据模板设计图纸或类似工程的实际支模情况予以计算荷载，对肋形楼板或无梁楼板的荷载可参考表 4-2。

表 4-2 楼板模板自重标准值　　单位：N/mm^2

模板构件名称	木模板	定型组合钢模板	钢框胶合板模板
平面模板及小楞的自重	300	500	400
楼板模板的自重（其中包括梁模板）	500	750	600
楼板模板及其支架的自重（楼层高度为 4m 以下）	750	1100	950

2. 新浇混凝土自重标准值

新浇混凝土的自重标准值，普通混凝土可采用24kN/m^2，其他混凝土应根据实际湿密度确定。

3. 钢筋自重标准值

钢筋自重标准值要根据工程图纸确定。一般梁板结构每立方钢筋混凝土的钢筋重量：楼板为1.1kN，梁为1.5kN。

4. 施工人员及施工设备荷载标准值

施工人员及施工设备荷载标准值按下列原则计算。

（1）计算模板及直接支承模板的小楞时，均布荷载为2.5kN/m^2，并应另以集中荷载2.5kN再进行验算，比较两者所得弯矩值取大者。

（2）计算直接支承小楞结构构件时，其均布荷载可取1.5kN/m^2。

（3）计算支架立柱及其他支承结构构件时，均布荷载取1.0kN/m^2。

对大型浇筑设备（上料平台、混凝土泵等）按实际情况计算；混凝土堆集料高度超过100mm以上时按实际高度计算；模板单块宽度小于150mm时，集中荷载可分布在相邻的两块板上。

5. 振捣混凝土时产生的荷载标准值

振捣混凝土时产生的荷载标准值：对水平面模板为2.0kN/m^2；对垂直面模板为4.0kN/m^2。

6. 新浇混凝土对模板的侧压力标准值

影响新浇混凝土对模板侧压力的因素主要有混凝土材料种类、温度、浇筑速度、振捣方式、凝结速度等。此外还与混凝土坍落度大小、构件厚度等有关。

当采用内部振捣器振捣，新浇筑的普通混凝土作用于模板的最大侧压力，可按式(4-1)和式(4-2)计算，并取较小值。

$$F=0.22\gamma_c t_0 \beta_1 \beta_2 V^{\frac{1}{2}} \tag{4-1}$$

$$F=\gamma_c H \tag{4-2}$$

式中：F——新浇混凝土的最大侧压力，kN/m^2；

γ_c——混凝土的重力密度，kN/m^3；

t_0——新浇混凝土的初凝时间，h，可按实测确定，当缺乏资料时，可采用$t_0=200/(T+15)$计算（T为混凝土的温度）；

V——混凝土的浇筑速度，m/h；

H——混凝土侧压力计算位置处至新浇混凝土顶面的总高度，m；

β_1——外加剂影响修正系数，不掺外加剂取1.0，掺入具有缓凝作用的外加剂时取1.2；

β_2——混凝土坍落度影响修正系数，坍落度小于3cm时取0.85，5～9cm时取1.0，11～15cm时取1.15。

7. 倾倒混凝土时产生的荷载标准值

倾倒混凝土时对垂直面模板产生的水平荷载标准值见表4-3。

表 4-3　倾倒混凝土时对垂直面模板产生的水平荷载标准值

向模板中供料的方法	水平荷载/(kN/m^2)
用溜槽、串筒或导管输出	2
用容量小于 $0.2m^3$ 的运输器具倾倒	2
用容量小于 $0.2 \sim 0.8m^3$ 的运输器具倾倒	4
用容量大于 $0.8m^3$ 的运输器具倾倒	6

8. 风荷载标准值

对风压较大地区及受风荷载作用易倾倒的模板，须考虑风荷载作用下的抗倾倒稳定性。其标准值计算公式为

$$W_k = 0.8\beta_z\mu_s\mu_z w_0 \tag{4-3}$$

式中：W_k——风荷载标准值，kN/m^2；

β_z——高度 z 处的风振系数；

μ_s——风荷载体型系数；

μ_z——风压高度变化系数；

w_0——基本风压，kN/m^2。

β_z、μ_s、μ_z、w_0 的取值均按《建筑结构荷载规范》(GB 50009—2012) 的规定采用。

计算模板及其支架的荷载设计值时，应采用上述各项荷载标准值乘以相应的分项系数求得，荷载分项系数取值见表 4-4。

表 4-4　荷载分项系数 γ_i 的取值

项　　次	荷载类别	γ_i
1	模板及支架自重	1.2
2	新浇混凝土自重	
3	钢筋自重	
4	施工人员及施工设备荷载	1.4
5	振捣混凝土时产生的荷载	
6	新浇混凝土对模板侧面的压力	1.2
7	倾倒混凝土时产生的荷载	1.4
8	风荷载	1.4

计算模板及支架时的荷载效应组合见表 4-5。

表 4-5　计算模板及支架的荷载效应组合

构件模板组成	参与组合的荷载项	
	计算承载能力	验算刚度
平板和薄壳的模板及其支架	1，2，3，4	1，2，3
梁和拱模板的底板及其支架	1，2，3，5	1，2，3
梁、拱、柱（边长≤300mm)、墙（厚≤100mm）的侧面模板	5，6	6
厚大结构、柱（边长>300mm)、墙（厚>100mm）的侧面模板	6，7	6

为了便于计算，模板结构设计计算时可做适当简化，即所有荷载可假定为均匀荷载。单元宽度面板、内楞、外楞、小楞、大楞、桁架均可视为梁，支撑跨度等于或多于两跨的可视为连续梁，并视实际情况可分别简化为简支梁、悬臂梁、两跨或三跨连续梁。

当验算模板及其支架的刚度时，其变形值不得超过下列数值。

(1) 结构表面外露的模板，其变形值为模板构件跨度的1/400。

(2) 结构表面隐蔽的模板，其变形值为模板构件跨度的1/250。

(3) 支架压缩变形值或弹性挠度，为相应结构自由跨度的1/1000。当验算模板及其支架在风荷载作用下的抗倾倒稳定性时，抗倾倒系数不应小于1.15。

模板系统的设计包括选型、选材、荷载计算、拟定制作安装和拆除方案、绘制模板图等。

课题4.2 钢筋施工

4.2.1 钢筋的验收与配料

【参考视频】

1. 钢筋的验收与贮存

1) 钢筋的验收

钢筋进场应具有出厂证明书或试验报告单，每捆（盘）钢筋应有标牌，同时应按有关标准和规定进行外观检查和分批做力学性能试验。钢筋在使用时，如发现脆断、焊接性能不良或机械性能显著不正常等，应进行钢筋化学成分检验。

2) 钢筋的贮存

钢筋进场后，必须严格按批分等级、牌号、直径、长度挂牌存放，不得混淆。钢筋应尽量堆入仓库或料棚内。条件不具备时，应选择地势较高，土质坚硬的场地存放。堆放时，钢筋下部应垫高，离地至少20cm高，以防钢筋锈蚀。在堆场周围应挖排水沟，以利排水。

2. 钢筋的配料

1) 钢筋下料长度

钢筋的下料长度主要有以下几项。

(1) 钢筋长度。施工图（钢筋图）中所指的钢筋长度是钢筋外缘至外缘之间的长度，即外包尺寸。

(2) 混凝土保护层厚度。混凝土保护层厚度是指受力钢筋外缘至混凝土表面的距离，其作用是保护钢筋在混凝土中不被锈蚀。混凝土的保护层厚度，一般用水泥砂浆垫块或塑料卡垫在钢筋与模板之间来控制。塑料卡的形状有塑料垫块和塑料环圈两种。塑料垫块用于水平构件，塑料环圈用于垂直构件。

(3) 钢筋接头增加值。由于直条钢筋的供货长度一般为6～10m，而有的钢筋混凝土结构的尺寸很大，需要对钢筋进行接长。钢筋接头增加值见表4-6～表4-8。

(4) 弯曲量度差值。钢筋有弯曲时，在弯曲处的内侧发生收缩，而外侧却出现延伸，而中心线则保持原有尺寸。钢筋长度的度量方法是指外包尺寸，因此钢筋弯曲后，存在一个量度差值，在计算下料长度时必须加以扣除。根据理论推理和实践经验，钢筋的弯曲量度差值见表 4-9。

表 4-6　纵向受拉钢筋的最小搭接长度

钢筋类型		混凝土强度等级			
		C15	C20～C25	C30～C35	≥C40
光圆钢筋	HPB300	45*d*	35*d*	30*d*	25*d*
带肋钢筋	HRB400、RRB400	—	55*d*	40*d*	35*d*

注：1. 两根直径不同钢筋的搭接长度，以较细钢筋直径计算。*d* 为钢筋直径，后同。

2. 本表适用于纵向受拉钢筋的绑扎搭接接头面积百分率不大于 25%。当纵向受拉钢筋搭接接头面积百分率大于 25%，但不大于 50%时，其最小搭接长度应按表中的数值乘以系数 1.2 取用；当接头面积百分率大于 50%时，应按表中的数值乘以系数 1.35 取用。

3. 当符合下列条件时，纵向受拉钢筋的最小搭接长度应根据上述要求确定后，按下列规定进行修正。

(1) 当带肋钢筋的直径大于 25mm 时，其最小搭接长度应按相应数值乘以系数 1.1 取用。

(2) 对环氧树脂涂层的带肋钢筋；其最小搭接长度应按相应数值乘以 1.25 使用。

(3) 当在混凝土凝固过程中受力钢筋易受扰动时（如滑模施工），其最小搭接长度应按相应数值乘以系数 1.1 取用。

(4) 对末端采用机械锚固措施的带肋钢筋，其最小搭接长度可按相应数值乘以系数 0.7 取用。

(5) 当带肋钢筋的混凝土保护层厚度大于搭接钢筋直径的 3 倍且配有箍筋时，其最小搭接长度可按相应数值乘以系数 0.8 取用。

(6) 对有抗震设防要求的结构构件，其受力钢筋的最小搭接长度对一、二级抗震等级应按相应数值乘以系数 1.05 采用；对三级抗震等级应按相应数值乘以系数 1.05 采用。在任何情况下，受拉钢筋的搭接长度不应小于 300mm。

4. 纵向压力钢筋搭接时，其最小搭接长度应根据上述规定确定相应数值后，乘以系数的 0.7 取用，在任何情况下，受压钢筋的搭接长度不应小于 200mm。

表 4-7　钢筋对焊长度损失值　　单位：mm

钢筋直径	＜16	16～25	＞25
损失值	20	25	30

表 4-8　钢筋搭接焊最小搭接长度

焊接类型	HPB300	HRB400
双面焊	4*d*	5*d*
单面焊	8*d*	10*d*

表 4-9　钢筋弯曲量度差值

钢筋弯起角度	30°	45°	60°	90°	135°
钢筋弯曲调整值	0.35*d*	0.54*d*	0.85*d*	1.75*d*	2.5*d*

(5) 钢筋弯钩增加值。弯钩形式最常用的有半圆弯钩、直弯钩和斜弯钩。受力钢筋的弯钩和弯折应符合下列要求。

① HPB300 钢筋末端应做 180°弯钩，其弯弧内直径不应小于钢筋直径的 2.5 倍，弯钩的弯后平直部分长度不应小于钢筋直径的 3 倍。

② 当设计要求钢筋末端需做 135°弯钩时，HRB400 钢筋的弯弧内直径不应小于钢筋直径的 4 倍，弯钩的弯后平直部分长度应符合设计要求。

③ 钢筋做不大于 90°的弯折时，弯折处的弯弧内直径不应小于钢筋直径的 5 倍，见表 4－10。

表 4－10 钢筋弯钩增加

弯钩类型		弯钩		
		180°	135°	90°
增加长度	HPB300	6.25d	4.9d	3.5d

注：HPB300 光圆钢筋弯曲直径按 2.5d 计。

④除焊接封闭环式箍筋外，箍筋的末端应做弯钩，弯钩形式应符合设计要求，当无具体要求时，应符合下列要求。

a. 箍筋弯钩的弯弧内直径除应满足上述要求外，尚应不小于受力钢筋直径。

b. 箍筋弯钩的弯折角度：对一般结构不应小于 90°；对于有抗震等要求的结构应为 135°。

c. 箍筋弯后平直部分长度：对一般结构不宜小于箍筋直径的 5 倍；对于有抗震要求的结构，不应小于箍筋直径的 10 倍。

为了箍筋计算方便，一般将箍筋的弯钩增加长度、弯折减少长度两项合并成一箍筋调整值，见表 4－11。计算时将箍筋外包尺寸或内皮尺寸加上箍筋调整值即为箍筋下料长度。

表 4－11 箍筋调整值

箍筋量度方法	箍筋直径/mm			
	4～5	6	8	10～12
量外包尺寸	40	50	60	70
量内皮尺寸	80	100	120	150～170

(6) 钢筋下料长度计算公式。

直筋下料长度＝构件长度＋搭接长度－保护层厚度＋弯钩增加长度

弯起筋下料长度＝直段长度＋斜段长度＋搭接长度－弯折减少长度＋弯钩增加长度

箍筋下料长度＝直段长度＋弯钩增加长度－弯折减少长度

＝箍筋周长＋箍筋调整值

2) 钢筋配料

钢筋配料是钢筋加工中的一项重要工作，合理地配料能使钢筋得到最大限度的利用，并使钢筋的安装和绑扎工作简单化。钢筋配料是依据钢筋表合理安排同规格、同品种的下料，使钢筋的出厂规格长度能够得以充分利用，或库存各种规格和长度的钢筋得以充分利用。

(1) 归整相同规格和材质的钢筋。下料长度计算完毕后，把相同规格和材质的钢筋进行归整和组合，同时根据现有钢筋的长度和能够及时采购到的钢筋的长度进行合理的组合加工。

(2) 合理利用钢筋的接头位置。对有接头的配料，在满足构件中接头的对焊或搭接长度，接头错开的前提下，必须根据钢筋原材料的长度来考虑接头的布置。要充分考虑原材料被截下来的一段长度的合理使用，如果能够使一根钢筋正好分成几段钢筋的下料长度，则是最佳方案。但这往往难以做到，所以在配料时，要尽量地使被截下的一段能够长一些，这样才不致使余料成为废料，使钢筋能得到充分利用。

(3) 钢筋配料应注意的事项。配料计算时，要考虑钢筋的形状和尺寸在满足设计要求的前提下，要有利于加工安装，并且要考虑施工需要的附加钢筋。例如，板双层钢筋中保证上层钢筋位置的撑脚、墩墙双层钢筋中固定钢筋间距的撑铁、柱钢筋骨架增加四面斜撑等。

根据钢筋下料长度计算结果和配料选择后，汇总编制钢筋配料单。在钢筋配料单中必须反映出工程部位、构件名称、钢筋编号、钢筋简图及尺寸、钢筋直径、钢号、数量、下料长度、钢筋重量等。列入加工计划的钢筋配料单，将每一编号的钢筋制作一块料牌作为钢筋加工的依据，并在安装中作为区别各工程部位、构件和各种编号钢筋的标志。钢筋配料单和料牌应严格校核，必须准确无误，以免返工浪费。钢筋料牌如图 4.21 所示。

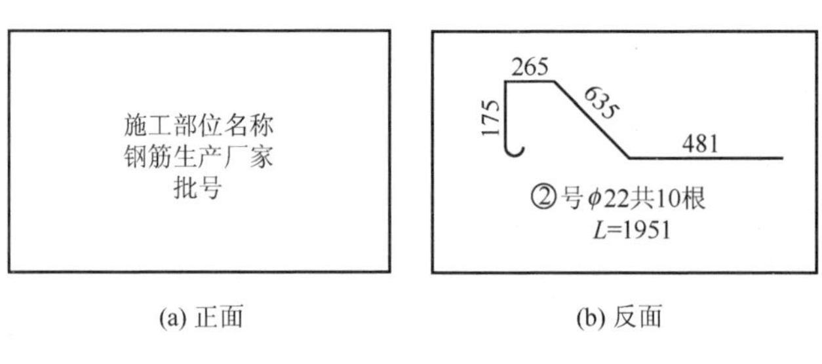

图 4.21 钢筋料牌

应用案例 4-1

某教学楼第一层楼的 KL1，共计 5 根梁，如图 4.22 所示，KL1 钢筋布置如图 4.23 所示。梁混凝土保护层厚度为 25mm，抗震等级为三级，混凝土强度级别为 C30，柱截面尺寸为 500mm×500mm，请对其进行钢筋下料计算，并填写钢筋配料单。

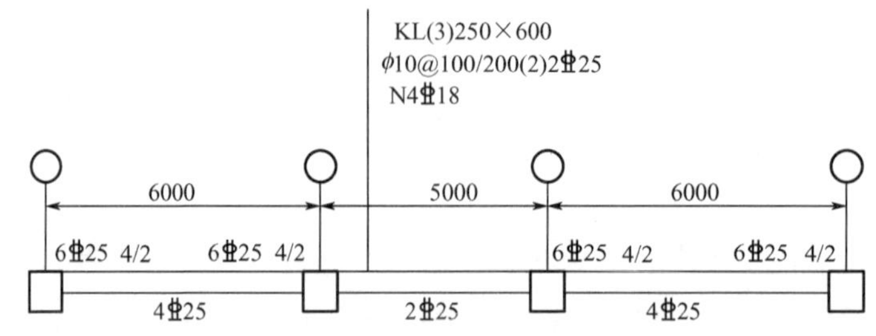

图 4.22 教学楼第一层楼的 KL1 配筋图

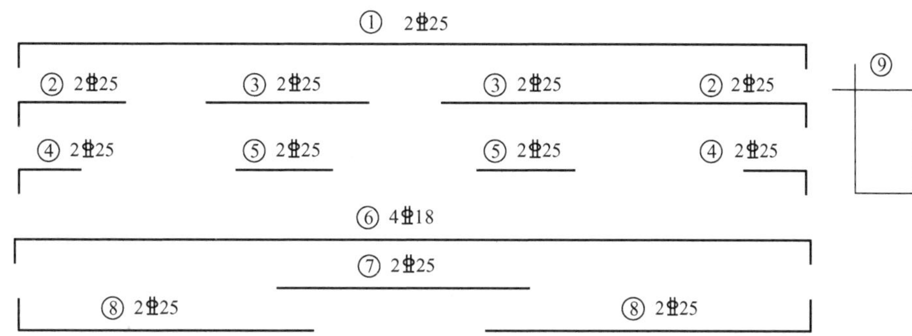

图 4.23 KL1 钢筋布置示意图

(1) 依据《混凝土结构施工图平面整体表示方法制图规则和构造详图（现浇混凝土框架、剪刀墙、梁、板)》(11G101—1) 图集，查得有关计算数据如下。

C30 混凝土，三级抗震，普通钢筋（$d \leqslant 25\text{mm}$）时，$l_{aE}=31d$。

① 钢筋在端支座的锚固。

纵筋弯锚或直锚判断：因为（支座宽 25～500mm）≤锚固长度（31×18mm＝558mm)，所以钢筋在端支座均需弯锚（注：这里考察的是直径 18mm 的受扭钢筋，直径 25mm 的钢筋必然也需要弯锚）。弯锚部分长度如下。

当直径＝25mm 时，$0.4l_{aE}=0.4\times31\times25\text{mm}=310\text{mm}$，$15d=15\times25\text{mm}=375\text{mm}$；

当直径＝18mm 时，$0.4l_{aE}=0.4\times31\times18\text{mm}=223\text{mm}$，$15d=15\times18\text{mm}=270\text{mm}$。

注意：$0.4l_{aE}$表示钢筋弯锚时进入柱中水平段的锚固长度值，$15d$ 表示在柱中竖直段钢筋的锚固长度值。

② 钢筋在中间支座的锚固（仅⑦、⑧钢筋）。

因为，$l_{aE}=31\times25\text{mm}=775\text{mm}$；$0.5h_c+5d=0.5\times500\text{mm}+5\times25\text{mm}=375\ (\text{mm})$，所以，⑦、⑧钢筋在中间支座处的锚固长度取较大值 775mm。

(2) 量度差（纵向钢筋的弯折角度为 90°，依据平法图集构造要求，框架主筋的弯曲半径 $R=4d$)。

⌀25mm 钢筋量度差为 $2.931d=2.931\times25\text{mm}=73\text{mm}$；

⌀18mm 钢筋量度差为 $2.931d=2.931\times18\text{mm}=53\text{mm}$。

(3) 各编号钢筋下料长度计算如下。

①号筋下料长度＝梁全长－左端柱宽－右端柱宽＋$2\times0.4l_{aE}+2\times15d-2\times$量度差值

$=(6000+5000+6000)\text{mm}-500\text{mm}-500\text{mm}+2\times310\text{mm}+2\times375\text{mm}-2\times73\text{mm}$

$=17224\text{mm}$

②号筋下料长度＝$L_{n1}/3+0.4l_{aE}+15d-$量度差值

$=(6000-500)\text{mm}/3+310\text{mm}+375\text{mm}-73\text{mm}=2445\text{mm}$

③号筋下料长度＝$2\times L_{n,max}\ (L_{n1}、L_{n2})/3+$中间柱宽

$=2\times(6000-500)\text{mm}/3+500\text{mm}=4167\text{mm}$

式中：$L_{n,max}$——支座左右两跨净跨较大值；

L_{n1}——支座左跨净跨值；

L_{n2}——支座右跨净跨值。

④号筋下料长度$=L_{n1}/4+0.4l_{aE}+15d-$量度差值

$=(6000-500)\text{mm}/4+310\text{mm}+375\text{mm}-73\text{mm}=2060\text{mm}$

⑤号筋下料长度$=2\times L_{n,max}(L_{n1}$、$L_{n2})/4+$中间柱宽

$=2\times(6000-500)\text{mm}/4+500\text{mm}=3250\text{mm}$

⑥号筋下料长度=梁全长－左端柱宽－右端柱宽$+2\times0.4l_{aE}+2\times15d-2\times$量度差值

$=(6000+5000+6000)\text{mm}-500\text{mm}-500\text{mm}+2\times223\text{mm}+2\times270\text{mm}-2\times53\text{mm}=16880\text{mm}$

⑦号筋下料长度=端支座锚固值$+L_{n2}+$中间支座锚固值

$=775\text{mm}+(5000-500)\text{mm}+775\text{mm}=6050\text{mm}$

⑧号筋下料长度$=L_{n1}+0.4l_{aE}+15d+$中间支座锚固值－量度差值

$=(6000-500)\text{mm}+310\text{mm}+375\text{mm}+775\text{mm}-73\text{mm}=6887\text{mm}$

⑨号筋下料长度=2×梁高+2×梁宽－8×保护层厚度+28.27×箍筋直径

$=2\times600\text{mm}+2\times250\text{mm}-8\times25\text{mm}+28.272\times10\text{mm}=2083\text{mm}$

(4) 箍筋数量计算如下。

加密区长度为900mm (取1.5h与500mm的大值，则1.5×600mm=900mm>500mm)；

每个加密区箍筋数量=(900－50)/100+1=10个；

边跨非加密区箍筋数量=(6000－500－900－900)/200－1=18个；

中跨非加密区箍筋数量=(5000－500－900－900)/200－1=13个；

每根梁箍筋总数量=10×6+18×2+13=109个。

编制钢筋配料表见表4-12。

表4-12　钢筋配料表

构件	钢筋	简　　图	直径/mm	钢筋级别	下料长度/mm	单位根数	合计根数	质量/kg
KL1梁共5根	①		25	Φ	17224	2	10	490.0
	②		25	Φ	2445	4	20	188.3
	③		25	Φ	4167	4	20	321.0
	④		25	Φ	2060	4	20	158.7
	⑤		25	Φ	3250	4	20	250.3
	⑥		18	Φ	16880	4	20	584.4
	⑦		25	Φ	6050	2	10	233.0
	⑧		25	Φ	6887	8	40	106.1
	⑨		10	Φ	2083	109	545	700.0

3）钢筋代换

钢筋的级别、钢号和直径应按设计要求采用，若施工中缺乏设计图中所要求的钢筋，在征得设计单位的同意并办理设计变更文件后，可按下述原则进行代换。

（1）当构件按强度控制时，可按强度相等的原则代换，称为“等强代换”。如设计中所用钢筋强度为 f_{y1}，钢筋总面积 A_{s1}；代换后钢筋强度为 f_{y2}，钢筋总面积为 A_{s2}，应使代换前后钢筋的总强度相等，即

$$A_{s2} f_{y2} > f_{y1} A_{s1}$$
$$A_{s2} \geqslant (f_{y1}/f_{y2}) \cdot A_{s1}$$

（2）当构件按最小配筋率配筋时，可按钢筋面积相等的原则进行代换，称为“等面积代换”。

4.2.2 钢筋内场加工

【参考视频】

1. 钢筋冷拉和冷拔

1）钢筋冷拉

钢筋冷拉是指在常温下，以超过钢筋屈服强度的拉应力拉伸钢筋，使钢筋产生塑性变形，以提高强度，节约钢材。冷拉时，钢筋被拉直，表面锈渣自动剥落，因此冷拉不但可提高强度，而且还可以同时完成调直、除锈工作。

钢筋的冷拉可采用控制应力和控制冷拉率两种方法。采用控制应力方法冷拉钢筋时，其冷拉控制应力及最大冷拉率，应符合规范规定；钢筋冷拉采用控制冷拉率方法时，冷拉率必须由试验确定。钢筋冷拉采用控制应力法能够保证冷拉钢筋的质量，用作预应力筋的冷拉钢筋宜用控制应力法。控制冷拉率法的优点是设备简单，但当材质不均匀，冷拉率波动大时，不易保证冷拉应力，为此可采用逐根取样法。不能分清炉批的热轧钢筋，不应采用控制冷拉率法。

钢筋冷拉设备由拉力设备、承力结构、测量装置和钢筋夹具等组成。拉力设备主要为卷扬机和滑轮组，如图 4.24 所示，它们应根据所需的最大拉力确定。

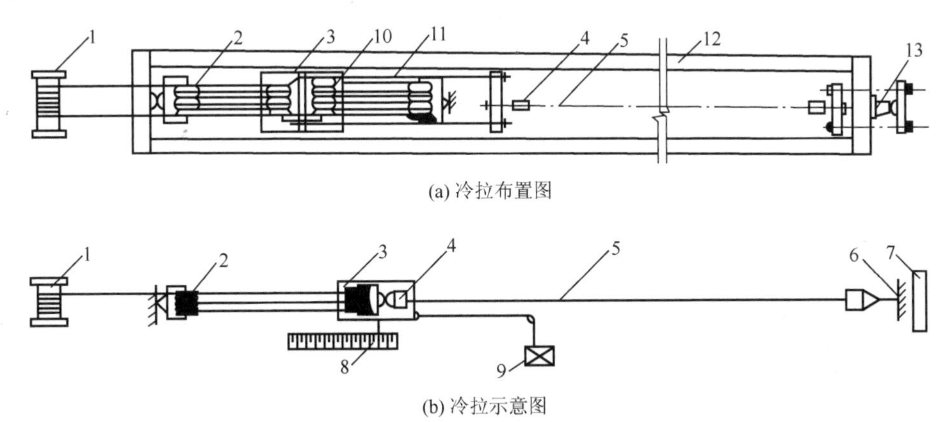

图 4.24 冷拉设备

1—卷扬机；2—滑轮机；3—冷拉小车；4—夹具；5—被冷拉的钢筋；6—地锚；7—防护壁；8—标尺；9—回程荷重架；10—回程滑轮组；11—传力架；12—槽式台座；13—液压千斤顶

2) 钢筋冷拔

冷拔是使ф6～8的HPB300级钢筋通过钨合金拔丝模孔进行强力拉拔，使钢筋产生塑性变形，其轴向被拉伸、径向被压缩，内部晶格变形，因而其抗拉强度提高（提高50%～90%），塑性降低，并呈硬钢特性，如图4.25所示。

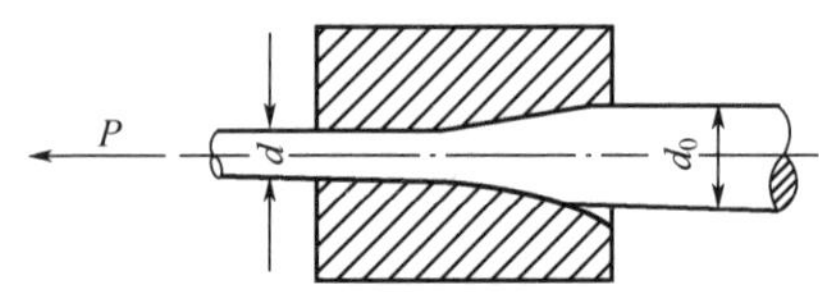

图4.25 钢筋冷拔

2. 钢筋除锈

钢筋由于保管不善或存放时间过久，就会受潮生锈。在生锈初期，钢筋表面呈黄褐色，称水锈或色锈，这种水锈除在焊点附近必须清除外，一般可不处理；但是当钢筋锈蚀进一步发展，钢筋表面已形成一层锈皮，受锤击或碰撞可见其剥落时，这种铁锈已不能很好地和混凝土黏结，会影响钢筋和混凝土的握裹力，并且在混凝土中会继续发展，需要清除。

【参考视频】

3. 钢筋调直

钢筋在使用前必须经过调直，否则会影响钢筋的受力情况，甚至会使混凝土提前产生裂缝，如未调直直接下料，则会影响钢筋的下料长度，并影响后续工序的质量。

钢筋的机械调直可用钢筋调直机、弯筋机、卷扬机等调直。钢筋调直机用于圆钢筋的调直和切断，并可清除其表面的氧化皮和污迹。目前常用的钢筋调直机有GT16/4、GT3/8、GT6S/12、GT10/16。此外还有一种数控钢筋调直切断机，利用光电管进行调直、输送、切断、除锈等功能的自动控制。

1) 钢筋调直机

钢筋调直机的技术性能见表4-13。GT3/8型钢筋调直机外形如图4.26所示。

表4-13 钢筋调直机技术性能

机械型号	钢筋直径/mm	调直速度/(m/min)	断料长度/mm	电机功率/kW	外形尺寸/mm 长×宽×高	机重/kg
GT3/8	3～8	40、65	300～6500	9.25	1854×741×1400	1280
GT6/12	6～12	36、54、72	300～6500	12.6	1770×535×1457	1230

注：表中所列的钢筋调直机断料长度误差均≤3mm。

2) 数控钢筋调直切断机

数控钢筋调直切断机是在原有调直机的基础上应用电子控制仪，准确控制钢筋断料长度，并自动计数。该机的工作原理如图4.27所示。在该机摩擦轮（周长100mm）的同轴上装有一个穿孔光电盘（分为100等份），光电盘的一侧装有一只小灯泡，另一侧装有一只光电管。当钢筋通过摩擦轮带动光电盘时，灯泡光线通过每个小孔照射光电管，就被光电管接收而产生脉冲信号（每次信号为钢筋长1mm），控制仪长度部位数字上立即示出相

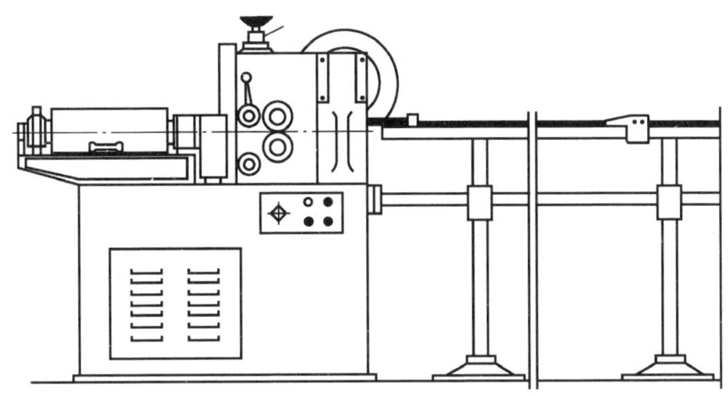

图 4.26 GT3/8 型钢筋调直机

应读数。当信号积累到给定数字（钢筋调直到所指定长度）时，控制仪立即发出指令，使切断装置切断钢丝。与此同时长度部位数字回到零，根数部位数字示出根数，这样连续作业，当根数信号积累至给定数字时，即自动切断电源，停止运转。

钢筋数控调直切断机已在有些构件厂采用，断料精度高（偏差仅 1～2mm），并实现了钢筋调直切断自动化。采用此机时，要求钢筋表面光洁，截面均匀，以免钢筋移动时速度不匀，影响切断长度的精确性。

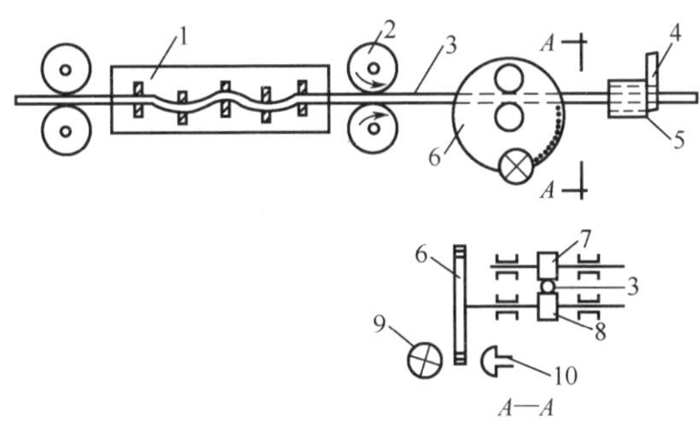

图 4.27 数控钢筋调直切断机工作简图

1—调直装置；2—牵引轮；3—钢筋；4—上刀口；5—下刀口；
6—光电盘；7—压轮；8—摩擦轮；9—灯泡；10—光电管

4. 钢筋切断

【参考图文】

钢筋的切断有人工剪断、机械切断、氧气切割 3 种方法。直径大于 40mm 的钢筋一般用氧气切割。

钢筋切断机用来把钢筋原材料或已调直的钢筋切断，其主要类型有机械式、液压式和手持式钢筋切断机等。机械式钢筋切断机有偏心轴立式、凸轮式和曲柄连杆式等形式，如图 4.28 和图 4.29 所示。

5. 钢筋弯曲成型

【参考视频】

钢筋弯曲成型是将已切断、配好的钢筋弯曲成所规定的形状尺寸，是钢筋加工的一道主要工序。钢筋弯曲成型要求加工的钢筋形状正确，平面上没有翘曲不平的现象，便于绑扎安装。

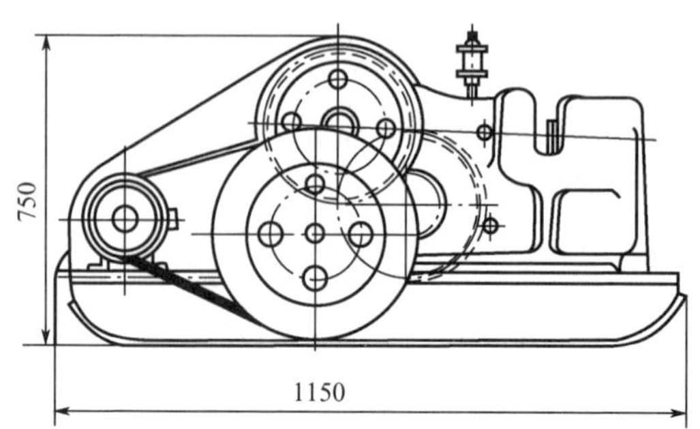

图 4.28　GQ40 型钢筋切断机

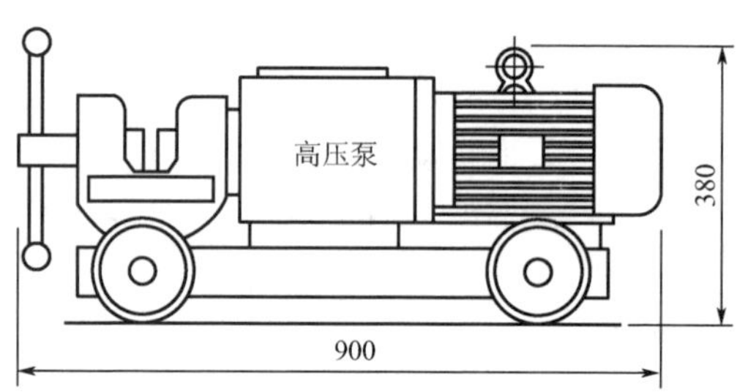

图 4.29　DYQ32B 电动液压切断机

1）钢筋弯钩和弯折的有关规定

钢筋弯钩和弯折的规定要按受力钢筋和箍筋分别讨论。

（1）受力钢筋。其弯钩和弯折应符合下列规定。

① HPB300 级钢筋末端应做 180°弯钩，其弯弧内直径不应小于钢筋直径的 2.5 倍，弯钩的弯后平直部分长度不应小于钢筋直径的 3 倍。

② 当设计要求钢筋末端需做 135°弯钩时，如图 4.30 所示，HRB400 级钢筋的弯弧内直径 D 不应小于钢筋直径的 4 倍，弯钩的弯后平直部分长度应符合设计要求。

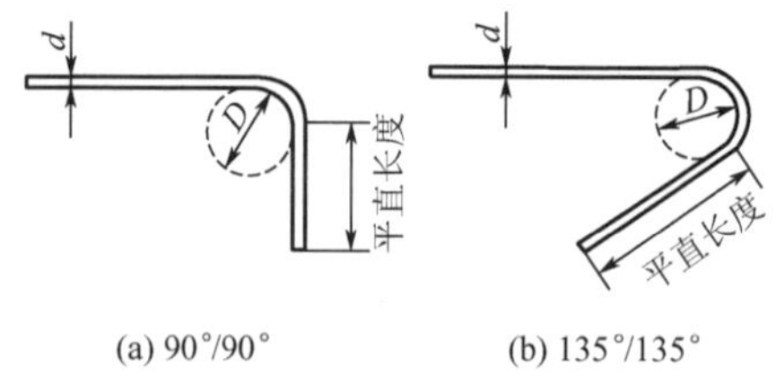

图 4.30　受力钢筋弯折

③ 钢筋做不大于 90°的弯折时，弯折处的弯弧内直径不应小于钢筋直径的 5 倍。

（2）箍筋。除焊接封闭环式箍筋外，箍筋的末端应做弯钩。弯钩形式应符合设计要求；当设计无具体要求时，应符合下列规定。

① 箍筋弯钩的弯弧内直径除应满足上述要求外，尚应不小于受力钢筋的直径。

② 箍筋弯钩的弯折角度：对一般结构，不应小于 90°；对有抗震等要求的结构应为 135°，如图 4.31 所示。

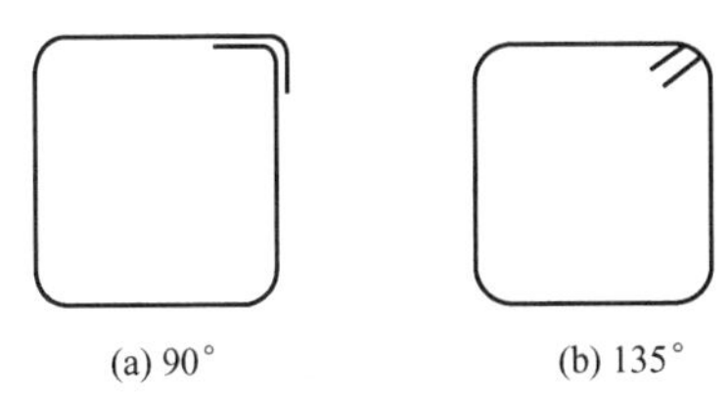

图 4.31 箍筋示意

③ 箍筋弯后的平直部分长度：对一般结构，不宜小于箍筋直径的 5 倍；对有抗震等要求的结构，不应小于箍筋直径的 10 倍。

2）钢筋弯曲设备

钢筋弯曲成型有手工和机械弯曲成型两种方法。其中，机械弯曲的设备有机械钢筋弯曲机、液压钢筋弯曲机和钢筋弯箍机等几种形式。机械钢筋弯曲机按工作原理又可分为齿轮式及蜗轮蜗杆式钢筋弯曲机两种。

比较常见的钢筋弯曲设备是四头弯筋机，如图 4.32 所示，四头弯筋机是由一台电动机通过三级变速带动圆盘，再通过圆盘上的偏心铰带动连杆与齿条，使 4 个工作盘转动。每个工作盘上装有芯轴与成型轴，工作盘不停地往复运动，且转动角度一定（事先可调整）。该机可弯曲直径 4～12mm 的钢筋，弯曲角度在 0°～180°范围内变动。该机主要是用来弯制箍筋；其工效比手工操作高约 7 倍，加工质量稳定，弯折角度偏差小。

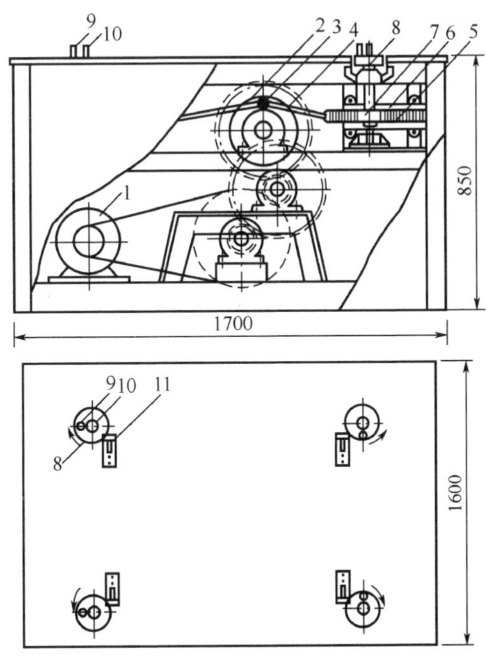

图 4.32 四头弯筋机

1—电动机；2—偏心圆盘；3—偏心铰；4—连杆；5—齿条；
6—滑道；7—正齿轮；8—工作盘；9—成型轴；10—芯轴；11—挡铁

3）弯曲成型工艺

弯曲成型工艺如下。

(1) 画线。钢筋弯曲前，对形状复杂的钢筋（如弯起钢筋），根据钢筋料牌上标明的尺寸，用石笔将各弯曲点位置画出。画线时应注意以下几点。

① 根据不同的弯曲角度扣除弯曲调整值，其扣法是从相邻两段长度中各扣一半。

② 钢筋端部带半圆弯钩时，该段长度画线时增加 0.5d（d 为钢筋直径）。

③ 画线工作宜从钢筋中线开始向两边进行；两边不对称的钢筋，也可从钢筋一端开始画线，如画到另一端有出入时，则应重新调整。

应用案例 4-2

某工程有一根直径 20mm 的弯起钢筋，其所需的形状和尺寸如图 4.33 所示，画线方法如下。

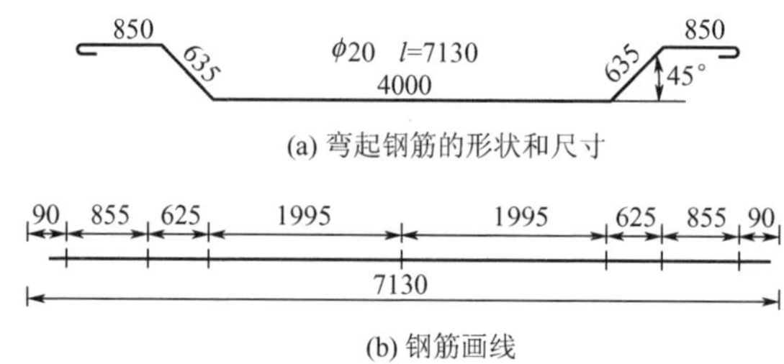

图 4.33 弯起钢筋的画线

第一步，在钢筋中心线上画第一道线。

第二步，取中段 4000mm/2－0.5d/2＝1995mm，画第二道线。

第三步，取斜段 635mm－2×0.5d/2＝625mm，画第三道线。

第四步，取直段 850mm－0.5d/2＋0.5d＝855mm，画第四道线。

上述画线方法仅供参考。第一根钢筋成型后应与设计尺寸校对一遍，完全符合后再成批生产。

(2) 钢筋弯曲成型。钢筋在弯曲机上成型时（图 4.34），芯轴直径应是钢筋直径的 2.5～5.0 倍，成型轴宜加偏心轴套，以便适应不同直径的钢筋弯曲需要。弯曲细钢筋时，为了使弯弧一侧的钢筋保持平直，挡铁轴宜做成可变挡架或固定挡架（加铁板调整）。

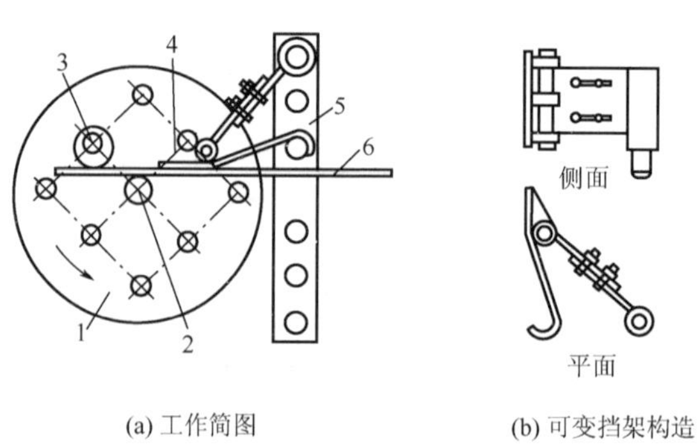

图 4.34 钢筋弯曲成型

1—工作盘；2—芯轴；3—成型轴；4—可变挡架；5—插座；6—钢筋

钢筋弯曲点线和芯轴的关系，如图 4.35 所示。由于成型轴和芯轴在同时转动，就会带动钢筋向前滑移。因此，钢筋弯 90°时，弯曲点线约与芯轴内边缘齐；弯 180°时，弯曲点线距芯轴内边缘为 1.0～1.5d（钢筋硬时取大值）。

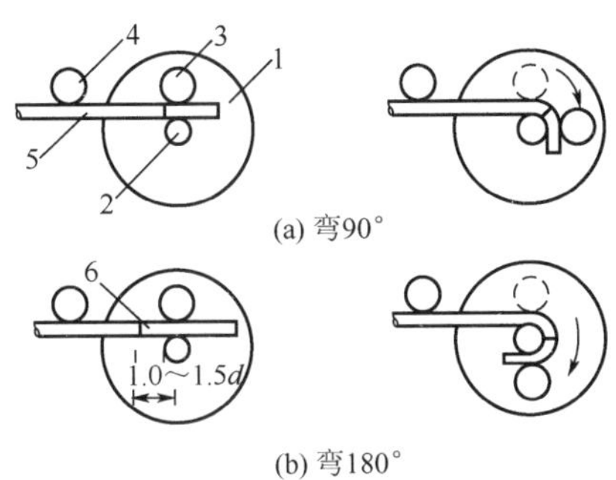

图 4.35 弯曲点线与芯轴关系

1—工作盘；2—芯轴；3—成型轴；4—固定挡铁；5—钢筋；6—弯曲点线

4.2.3 钢筋接头的连接

钢筋接头的连接有焊接和机械连接两类。常用的钢筋焊接设备有电阻焊接机、电弧焊接机、气压焊接机及电渣压力焊接机等。钢筋机械连接方法主要有钢筋套筒挤压连接、锥螺纹套筒连接等。

1. 钢筋焊接

钢筋焊接采用焊接代替绑扎，可改善结构受力性能，提高工效，节约钢材，降低成本。结构的某些部位，如轴心受拉和小偏心受拉构件中的钢筋接头应焊接。普通混凝土中直径大于 22mm 的钢筋、直径大于 25mm 的 HRB400 级钢筋，均宜采用焊接接头。

钢筋的焊接，主要有闪光对焊、电弧焊、电渣压力焊和电阻点焊等方法。钢筋与钢板的 T 形连接，宜采用埋弧压力焊或电弧焊。钢筋焊接的接头形式、焊接工艺和质量验收，应符合相关规定。焊接方法及适用范围见表 4-14。

钢筋的焊接质量与钢材的可焊性、焊接工艺有关。在相同的焊接工艺条件下，能获得良好焊接质量的钢材，称其在这种条件下的可焊性好，相反则称其在这种工艺条件下的可焊性差。钢筋的可焊性与其含碳及含合金元素的数量有关。含碳、锰数量增加，则可焊性差；加入适量的钛，可改善焊接性能。焊接参数和操作水平也影响焊接质量，即使可焊性差的钢材，若焊接工艺适宜，也可获得良好的焊接质量。

表 4-14 焊接方法及适用范围

项次	焊接方法	接头形式	适用范围	
			钢筋级别	直径/mm
1	电阻点焊		HPB300 级 冷拔低碳钢丝	6～14 3～5
2	闪光对焊		HRB400 级	10～40

（续）

项次	焊接方法			接头形式	适用范围	
					钢筋级别	直径/mm
3	电弧焊	帮条焊	双面焊	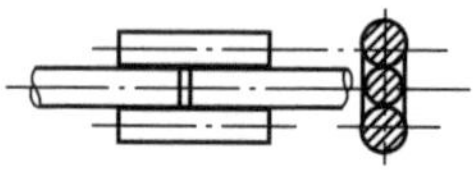	HPB300 级 HRB400 级	10～40
			单面焊	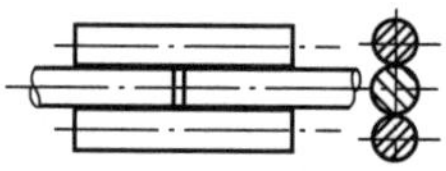	HPB300 级 HRB400 级	10～40
		搭接焊	双面焊	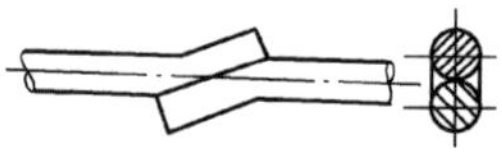	HPB300 级	10～40
			单面焊	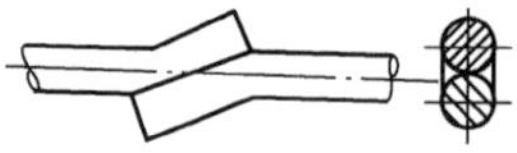	HPB300 级	10～40
		熔槽帮条焊		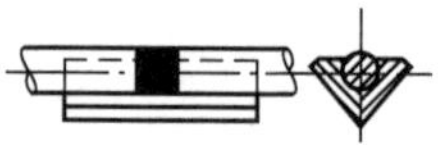	HPB300 级 HRB400 级	25～40
		坡口焊	平焊	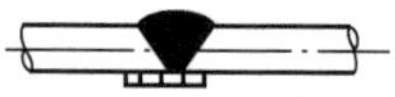	HPB300 级 HRB400 级	18～40
			立焊		HPB300 级 HRB400 级	18～40
		钢筋与钢板搭接接焊			HPB300 级	8～40
		预埋件 T 形接头电弧焊	贴角焊	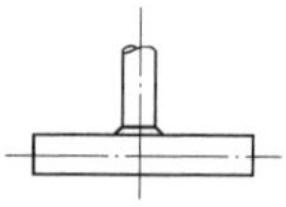	HPB300 级	6～16
			穿孔塞焊	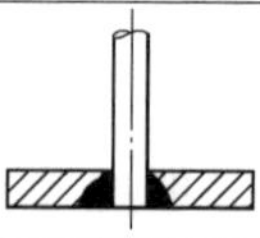	HPB300 级	≥18
4	电渣压力焊				HPB300 级	14～40
5	预埋 T 形接头埋弧压力焊			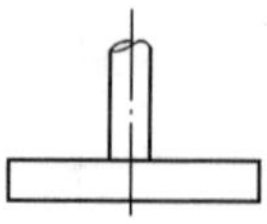	HPB300 级	6～20

【参考视频】

1）电阻点焊

电阻点焊主要用于焊接钢筋网片、钢筋骨架等（适用于直径 6～14mm 的 HPB300 级钢筋和直径 3～5mm 的冷拔低碳钢丝），它生产效率高，节约材料，应用广泛。

电阻点焊的工作原理如图 4.36 所示，将已除锈的钢筋交叉点放在点焊机的两电极间，使钢筋通电发热至一定温度后，加压使焊点金属焊合。常用的点焊机有单点点焊机、多点点焊机和悬挂式点焊机，施工现场还可采用手提式点焊机。电阻点焊的主要工艺参数有：电流强度、通电时间和电极压力。一般均宜采用电流强度大、通电时间短的参数，电极压力则根据钢筋级别和直径选择。

电阻点焊的焊点应进行外观检查和强度试验，热轧钢筋的焊点应进行抗剪试验。冷处理钢筋除进行抗剪试验外，还应进行抗拉试验。

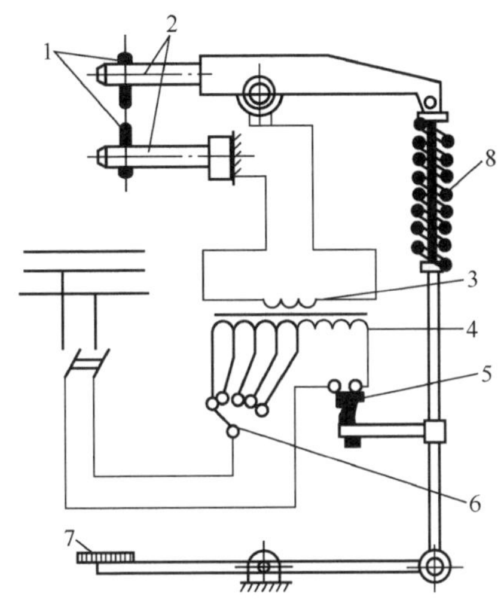

图 4.36　点焊机工作原理

1—电极；2—电极臂；3—变压器的次级绕组；4—变压器的初级绕组；5—断路器；6—变压器的调节开关；7—脚踏板；8—压紧机构

点焊时，将表面清理好的钢筋叠合在一起，放在两个电极之间预压夹紧，使两根钢筋交接点紧密接触。当踏下脚踏板时，带动压紧机构使上电极压紧钢筋，同时断路器也接通电路，电流经变压器次级绕组引到电极，接触点处在极短的时间内产生大量的电阻热，使钢筋加热到熔化状态，在压力作用下两根钢筋交叉焊接在一起。当放松脚踏板时，电极松开，断路器随着杠杆下降，断开电路，点焊结束。

2）闪光对焊

【参考视频】

闪光对焊广泛用于钢筋接长及预应力钢筋与螺丝端杆的焊接。热轧钢筋的焊接宜优先采用闪光对焊，条件不可能时才用电弧焊。

如图 4.37 所示，钢筋闪光对焊是利用对焊机使两段钢筋接触，通过低电压的强电流，待钢筋被加热到一定温度变软后，进行轴向加压顶锻，形成对焊接头。钢筋闪光对焊焊接工艺应根据具体情况选择：钢筋直径较小，可采用连续闪光焊；钢筋直径较大，端面比较平整，宜采用预热闪光焊；端面不够平整，宜采用闪光—预热—闪光焊。

(1) 连续闪光焊。这种焊接工艺过程是将待焊钢筋夹紧在电极钳口上以后，闭合电源，使两钢筋端面轻微接触。由于钢筋端部不平，开始只有一点或数点接触，接触面小而电流密度和接触电阻很大，接触点很快熔化并产生金属蒸气飞溅，形成闪光现象。闪光一开始，即缓慢移动钢筋，形成连续闪光过程，同时接头也被加热。待接头烧平、闪去杂质和氧化膜、白热熔化时，随即施加轴向压力迅速进行顶锻，使两根钢筋焊牢。

(2) 预热闪光焊。施焊时先闭合电源然后使两钢筋端面交替地接触和分开。这时钢筋端面间隙中即发出断续的闪光，形成预热过程。当钢筋达到预热温度后进入闪光阶段，随后顶锻而成。

(3) 闪光—预热—闪光焊。这种焊接工艺是在预热闪光焊前加一次闪光过程。目的是使不平整的钢筋端面烧融平整，使预热均匀，然后按预热闪光焊操作。

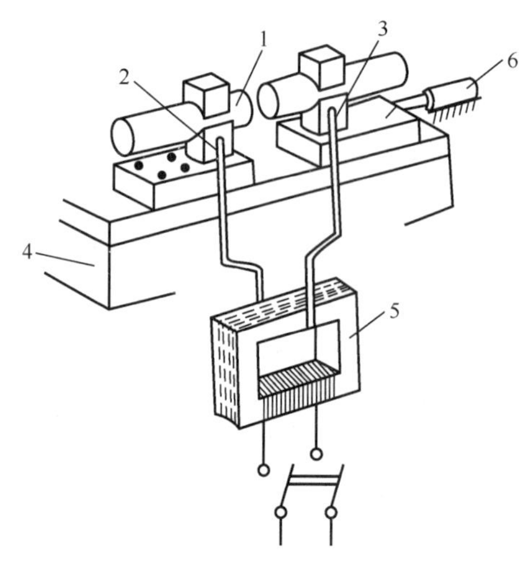

图 4.37 钢筋闪光对焊原理

1—焊接的钢筋；2—固定电极；3—可动电极；4—机座；5—变压器；6—手动顶压机构

焊接大直径的钢筋（直径 25mm 以上），多采用预热闪光焊与闪光—预热—闪光焊。

采用连续闪光焊时，应合理选择调伸长度、烧化留量、顶锻留量及变压器级数等；采用闪光—预热—闪光焊时，除上述参数外，还应注意一次烧化留量、二次烧化留量、预热留量和预热时间等参数。焊接不同直径的钢筋时，其截面比值不宜超过 1.5。焊接参数按大直径的钢筋选择。负温下焊接时，由于冷却快，易产生冷脆现象，内应力也大。为此，负温下焊接应减小温度梯度和冷却速度。

钢筋闪光对焊后，除对接头进行外观检查（无裂纹和烧伤、接头弯折不大于 4°，接头轴线偏移不大于 l/10 的钢筋直径，也不大于 2mm）外，还应按相关规定进行抗拉强度和冷弯试验。

3) 电弧焊

【参考视频】

电弧焊是以焊条作为一极，钢筋为另一极，利用焊接电流通过产生的电弧热进行焊接的一种熔焊方法。电弧焊具有设备简单、操作灵活、成本低等特点，且焊接性能好，但工作条件差、效率低，适用于构件厂内和施工现场焊接碳素钢、低合金结构钢、不锈钢、耐热钢，以及对铸铁的补焊，可在各种条件下进行各种位置的焊接。

电弧焊是利用弧焊机使焊条与焊件之间产生高温电弧，使焊条和电弧燃烧范围内的焊件熔化，待其凝固，便形成焊缝或接头。钢筋电弧焊可分搭接焊、帮条焊、坡口焊和熔槽帮条焊 4 种接头形式。这里简单介绍一下帮条焊、搭接焊和坡口焊，熔槽帮条焊可查阅相关资料。

(1) 帮条焊接头，适用于焊接直径 10～40mm 的各级热轧钢筋，如图 4.38(a) 所示。帮条宜采用与主筋同级别、同直径的钢筋制作，帮条长度见表 4－15。如帮条级别与主筋相同时，帮条的直径可比主筋直径小一个规格，如帮条直径与主筋相同时，帮条钢筋的级别可比主筋低一个级别。

表 4－15 钢筋帮条长度

钢筋级别	焊接形式	帮条长度 d
HPB300	单面焊	$>8d$
	双面焊	$>4d$

(2) 搭接焊接头，只适用于焊接直径 10～40mm 的 HPB300 级钢筋。焊接时，宜采用双面焊，如图 4.38(b) 所示，不能进行双面焊时，也可采用单面焊，搭接长度应与帮条长度相同。

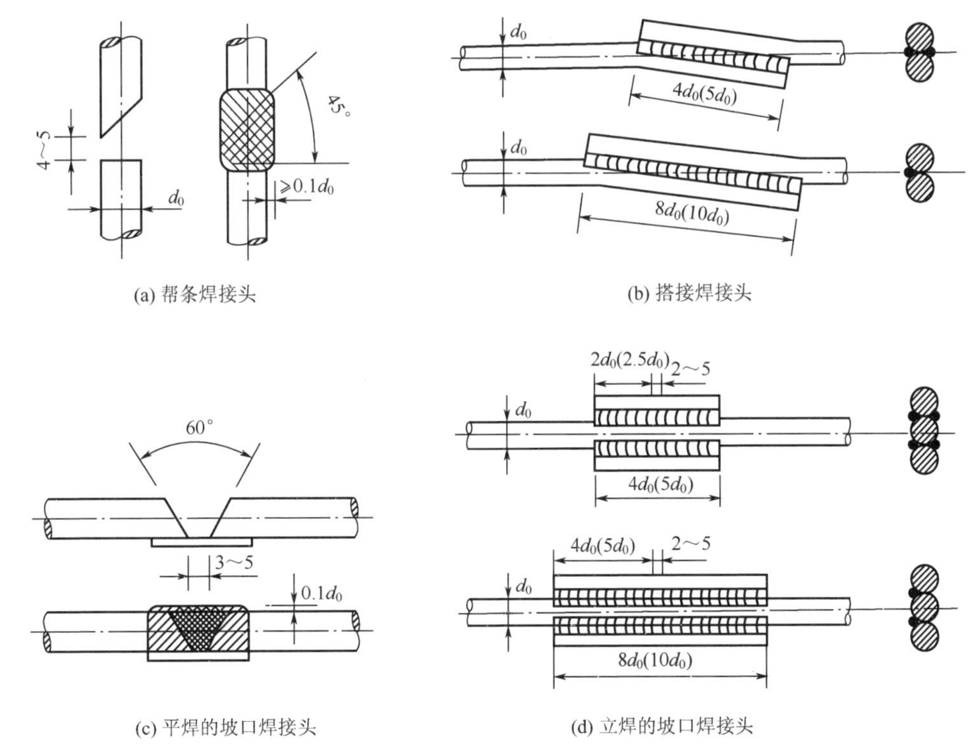

图 4.38 钢筋电弧焊的接头形式 (单位：mm)

钢筋帮条焊接头或搭接焊接头的焊缝厚度 h 应不小于 0.3 倍钢筋直径；焊缝宽度 b 不小于 0.7 倍钢筋直径，焊缝尺寸如图 4.39 所示。

(3) 坡口焊接头，有平焊和立焊两种。这种接头比上两种接头节约钢材，适用于在现场焊接装配整体式构件接头中直径为 18～400mm 的各级热轧钢筋。钢筋坡口平焊时，V 形坡口角度为 60°，如图 4.38(c) 所示；坡口立焊时，坡口角度为 45°，如图 4.38(d) 所示。钢垫

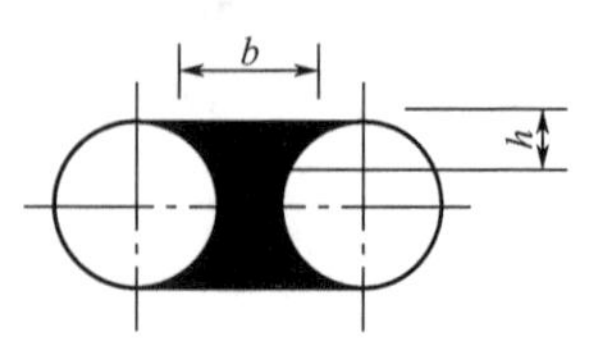

图 4.39 焊缝尺寸示意图

b—焊接宽度；h—焊缝厚度

板长为 40～60mm，平焊时，钢垫板宽度为钢筋直径加 10mm；立焊时，其宽度等于钢筋直径。钢筋根部间隙，平焊时为 4～6mm，立焊时为 3～5mm，最大间隙均不宜超过 10mm。

焊接电流的大小应根据钢筋直径和焊条的直径进行选择。

帮条焊、搭接焊和坡口焊的焊接接头，除应进行外观质量检查外，也需抽样做拉力试验。如对焊接质量有怀疑或发现异常情况，还应进行非破损方式(X 射线、γ 射线、超声波探伤等）检验。

电弧焊又分手弧焊、埋弧压力焊等。

(1) 手弧焊。手弧焊是利用手工操纵焊条进行焊接的一种电弧焊。手弧焊用的焊机有交流弧焊机（焊接变压器)、直流弧焊机（焊接发电机）等。手弧焊用的焊机是一台额定电流 500A 以下的弧焊电源——交流变压器或直流发电机；辅助设备有焊钳、焊接电缆、面罩、敲渣锤、钢丝刷和焊条保温筒等。

(2) 埋弧压力焊。埋弧压力焊是将钢筋与钢板安放成 T 形，利用焊接电流通过时在焊剂层下产生电弧，形成熔池，再加压完成焊接的一种压焊方法。其具有生产效率高、质量好等优点，适用于各种预埋件、T 形接头、钢筋与钢板的焊接。埋弧压力焊适用于热轧直径 6～25mm HPB300 级钢筋的焊接，钢板为普通碳素钢，厚度为 6～20mm。

如图 4.40 所示，埋弧压力焊机主要由焊接电源（BX2-500、AX1-500)、焊接机构和控制系统（控制箱）3 部分组成。其工作绕组（副绕组）分别接入活动电极（钢筋夹头）及固定电极（电磁吸铁盘）。焊机结构采用摇臂式，摇臂固定在立柱上，可作左右回转活动；摇臂本身可作前后移动，以使焊接时能取得所需要的工作位置。摇臂末端装有可上下移动的工作头，其下端是用导电材料制成的偏心夹头，夹头接工作绕组，成活动电极。工作平台上装有平面型电磁吸铁盘，拟焊钢板放置其上，接通电源，能被吸住而固定不动。

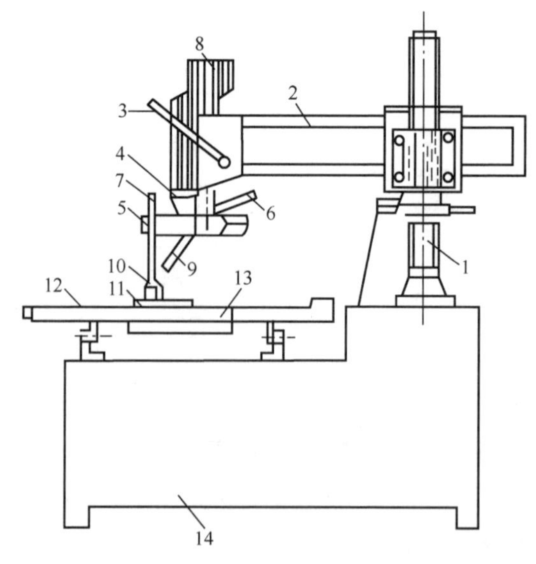

图 4.40 埋弧压力焊机

1—立柱；2—摇臂；3—压柄；4—工作头；5—钢筋夹头；6—手柄；7—钢筋；8—焊剂料箱；9—焊剂漏口；10—铁圈；11—预埋钢板；12—工作平台；13—焊剂储斗；14—机座

在埋弧压力焊时，钢筋与钢板之间引燃电弧之后，由于电弧作用使局部用材及部分焊剂熔化和蒸发，蒸发气体形成了一个空腔，空腔被熔化的焊剂所形成的熔渣包围，焊接电弧就在这个空腔内燃烧，在焊接电弧热的作用下，熔化的钢筋端部和钢板金属形成焊接熔池。待钢筋整个截面均匀加热到一定温度，将钢筋向下顶压，随即切断焊接电源，冷却凝固后即形成焊接接头。

4）气压焊

气压焊是利用氧气和乙炔，按一定的比例混合燃烧的火焰，将被焊钢筋两端加热，使其达到热塑状态，经施加适当压力，使其接合的固相焊接法。钢筋气压焊适用于14～40mm的热轧钢筋，也能进行不同直径钢筋间的焊接，还可用于钢轨焊接。被焊材料有碳素钢、低合金钢、不锈钢和耐热合金等。钢筋气压焊设备轻便，可进行水平、垂直、倾斜等全方位的焊接，具有节省钢材、施工费用低廉等优点。

钢筋气压焊接设备由供气装置（氧气瓶、溶解乙炔瓶等）、多嘴环管加热器、加压器（油泵、顶压油缸等）、焊接夹具及压接器等组成，如图4.41和图4.42所示。

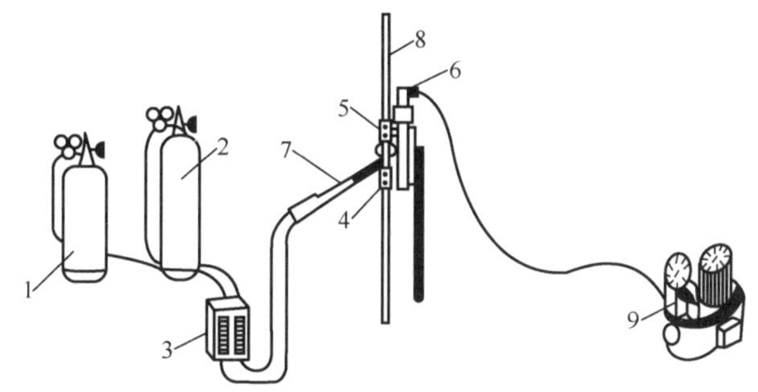

图4.41 气压焊接设备示意图

1—乙炔；2—氧气；3—流量计；4—固定卡具；5—活动卡具；6—压节器；7—加热器与焊炬；8—被焊接的钢筋；9—电动油泵

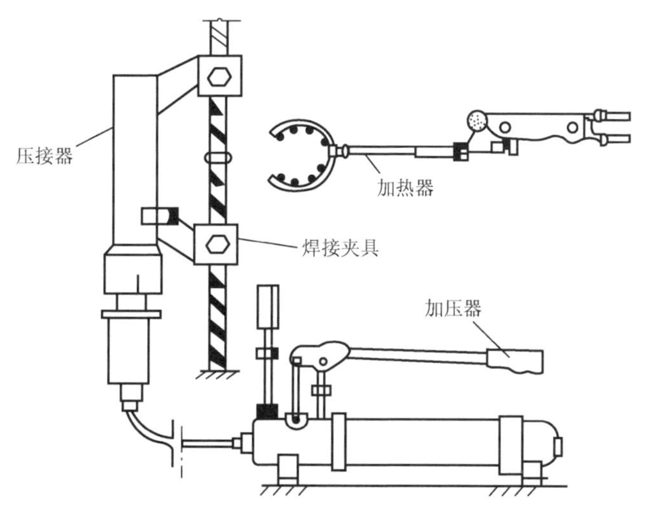

图4.42 钢筋气压焊接机

钢筋气压焊接属于热压焊。在焊接加热过程中，加热温度为钢材熔点的0.8～0.9倍，钢材未呈熔化液态，且加热时间较短，钢筋的热输入量较少，所以不会出现钢筋材质劣化倾向。

加压系统中的压力源为电动油泵（或手动油泵），使加压顶锻时压力平稳。压接器是气压焊的主要设备之一，要求它能准确、方便地将两根钢筋固定在同一轴线上，并将油泵产生的压力均匀地传递给钢筋以达到焊接的目的。施工时压接器需反复装拆，要求它质量轻、构造简单和装拆方便。

气压焊接的钢筋要用砂轮切割机断料，不能用钢筋切断机切断，要求端面与钢筋轴线垂直。焊接前应打磨钢筋端面，清除氧化层和污物，使之现出金属光泽，并立即喷涂一薄层焊接活化剂保护端面不再被氧化。

钢筋加热前先对钢筋施以30～40MPa的初始压力，使钢筋端面贴合。当加热到缝隙密合后，上下摆动加热器，适当增大钢筋加热范围，促使钢筋端面金属原子互相渗透也便于加压顶锻。加压顶锻的压应力为34～40MPa，使焊接部位产生塑性变形。直径小于22mm的钢筋可以一次顶锻成型，大直径钢筋可以进行二次顶锻。

气压焊的接头，应按规定的方法检查外观质量和进行拉力试验。

【参考视频】

5）电渣压力焊

现浇钢筋混凝土框架结构中竖向钢筋的连接，宜采用自动或手工电渣压力焊进行焊接。与电弧焊比较，它工效高、节约钢材、成本低，在高层建筑施工中应用广泛。

电渣压力焊是将两根钢筋安放成竖向对接形式，利用焊接电流通过两钢筋端面间隙在焊剂层下形成电弧过程和电渣过程，产生电弧热和电阻热熔化钢筋，然后加压完成的一种焊接方法。钢筋电渣压力焊机操作方便、效率高，适用于竖向或斜向受力钢筋的连接，钢筋级别为HPB300级，直径为14～40mm。电渣压力焊设备包括电源、控制箱、焊接夹具、焊剂盒。自动电渣压力焊的设备还包括控制系统及操作箱。焊接夹具如图4.43所示，焊接夹具应具有一定刚度，要求坚固、灵巧、上下钳口同心，上下钢筋的轴线应尽量一致。焊接时，先将钢筋端部约120mm范围内的钢筋除尽，将夹具夹牢在下部钢筋上，并将上部钢筋扶直夹牢于活动电极中，上下钢筋间放一小块导电剂（或钢丝小球），装上药盒，装满焊药，接通电路，用手柄使电弧引燃（引弧）。然后稳弧一定时间使之形成渣池并使钢筋熔化（稳弧），随着钢筋的熔化，用手柄将上部钢筋缓缓下送。稳弧时间的长短视电流、电压和钢筋直径而定。当稳弧达到规定时间后，在断电的同时用手柄进行加压顶锻以排除夹渣气泡，形成接头。待冷却一定时间后拆除药盒，回收焊药，拆除夹具，清除焊渣。引弧、稳弧、顶锻这3个过程应连续进行。

电渣压力焊的接头，应按规范规定的方法检查外观质量和进行拉力试验。

2. 钢筋机械连接

【参考视频】

钢筋机械连接常采用挤压连接和螺纹连接两种形式，是近年来大直径钢筋现场连接的主要方法。

1）钢筋挤压连接

钢筋挤压连接也称钢筋套筒冷压连接。它是将需连接的变形钢筋插入特制钢套筒内，利用液压驱动的挤压机进行径向或轴向挤压，使钢套筒产生塑性变形紧紧咬住变形钢筋实现连接，如图4.44所示。它适用于竖向、横向及其他方向的较大直径变形钢筋的连接。与焊接相比，它具有节省电能、不受钢筋可焊性能的影响、不受气候影响、无明火、施工简便和接头可靠度高等特点。

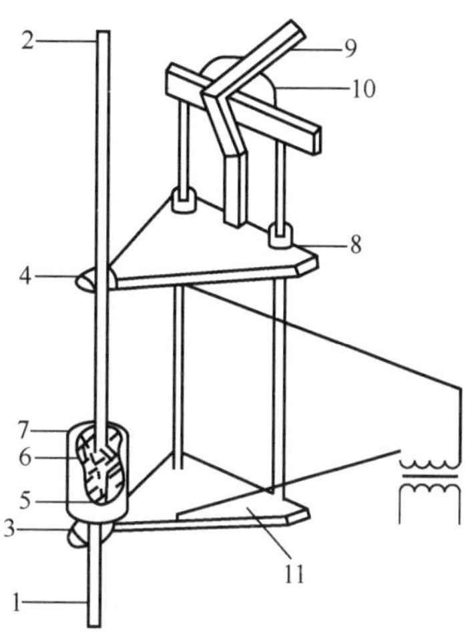

图 4.43　焊接夹具构造示意图

1，2—钢筋；3—固定电极；4—活动电极；5—药盒；6—导电剂；7—焊药；8—滑动架；9—手柄；10—支架；11—固定架

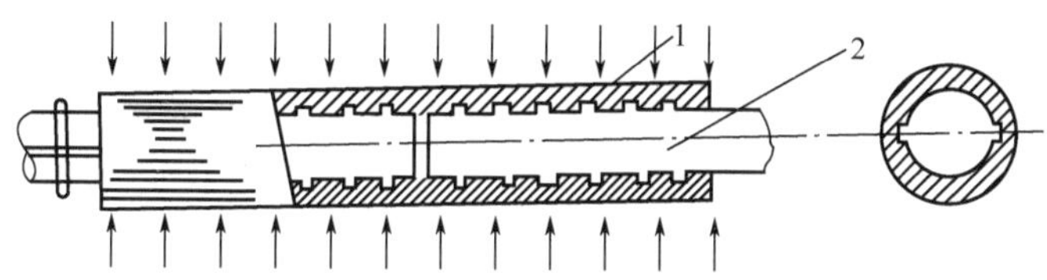

图 4.44　钢筋径向挤压连接原理图

1—钢套筒；2—被连接的钢筋

(1) 钢筋径向挤压套筒连接。钢筋径向挤压套筒连接是沿套筒直径方向从套筒中间依次向两端挤压套筒，使之产生冷塑性变形，把插在套管里的两根钢筋紧紧咬合成一体，如图 4.45 所示。它适用于带肋钢筋的连接。

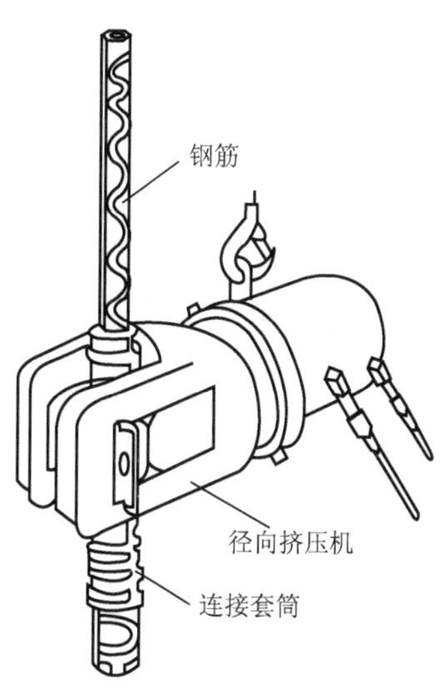

图 4.45　径向挤压套筒连接

(2) 钢筋轴向挤压套筒连接。钢筋轴向挤压套筒连接是沿钢筋轴线冷挤压金属套筒，把插入套筒里的两根待连接热轧带肋钢筋紧固连成一体，如图 4.46 所示。它适用于连接直径为 20～32mm 的竖向、斜向和水平钢筋。

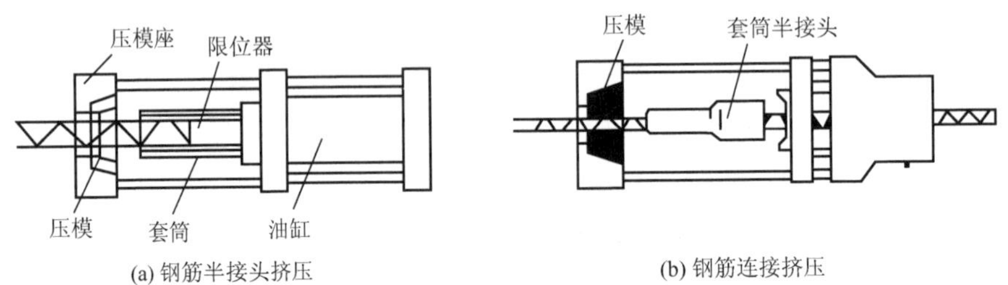

图 4.46 轴向挤压套筒连接

套筒的材料和几何尺寸应符合接头规格的技术要求，并应有出厂合格证。套筒的标准屈服承载力和极限承载力应比钢筋大 10%以上，套筒的保护层厚度不宜小于 15mm，净距不宜小于 25mm，当所用套筒外径相同时，钢筋直径相差不宜大于两个级差。

冷挤压接头的外观检查应符合以下要求。

① 钢筋连接端花纹要完好无损，不能打磨花纹；连接处不能有油污、水泥等杂物。

② 钢筋端头离套筒中线不应超过 10mm。

③ 压痕间距宜为 1～6mm，挤压后的套筒接头长度为套筒原长度的 1.10～1.15 倍，挤压后套筒接头外径，用量规测量应能通过 (量规不能从挤压套筒接头外径通过的，可更换挤压模重新挤压一次)，压痕处最小外径为套筒原外径的 0.85～0.90 倍。

④ 挤压接头处不能有裂纹、接头弯折角度不得大于 4°。

2) 钢筋螺纹连接

钢筋的螺纹连接有以下两种情况。

(1) 锥形螺纹钢筋连接。锥形螺纹钢筋连接是将两根待接钢筋的端部和套筒预先加工成锥形螺纹，然后用手和力矩扳手将两根钢筋端部旋入套筒形成机械式钢筋接头，如图 4.47 所示。它能在施工现场连接 ϕ16～40 的同径或异径的竖向、水平或任何倾角的钢筋，不受钢筋有无花纹及含量的限制。当连接异径钢筋时，所连接钢筋直径之差不应超过 9mm。

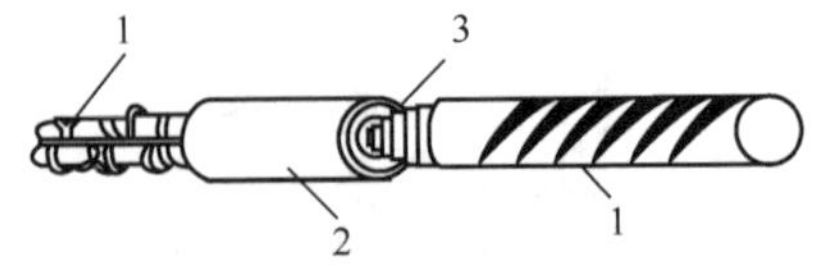

图 4.47 锥形螺纹钢筋接头

1—钢筋；2—套筒；3—锥螺纹

连接时，在对螺纹检查无油污和损伤后，先用手旋入钢筋，然后用力矩扳手紧固至规定的扭矩即完成连接，如图 4.48 所示。

锥形螺纹加工套筒的抗拉强度必须大于钢筋的抗拉强度。在进行钢筋连接时，先取下钢筋连接端的塑料保护帽，检查螺纹牙形是否完好无损、清洁，钢筋规格与连接规格是否

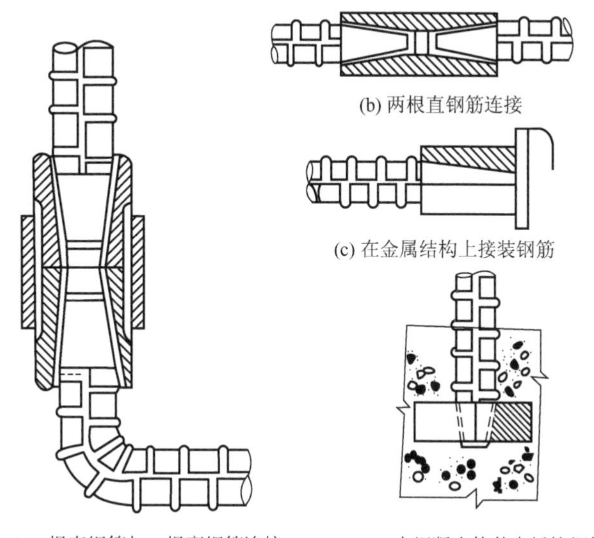

(b) 两根直钢筋连接
(c) 在金属结构上接装钢筋
(a) 一根直钢筋与一根弯钢筋连接
(d) 在混凝土构件中插接钢筋

图 4.48 锥形螺纹钢筋连接示意图

一致；确认无误后把拧上连接套一头的钢筋拧到被连接钢筋上，并用力矩扳手按规定的力矩值拧紧钢筋接头，当听到扳手发出“咔嗒”声时，表明钢筋接头已拧紧，做好标记，以防钢筋接头漏拧。钢筋接头连接方法如图 4.49 所示，钢筋拧紧的力矩值见表 4-16。

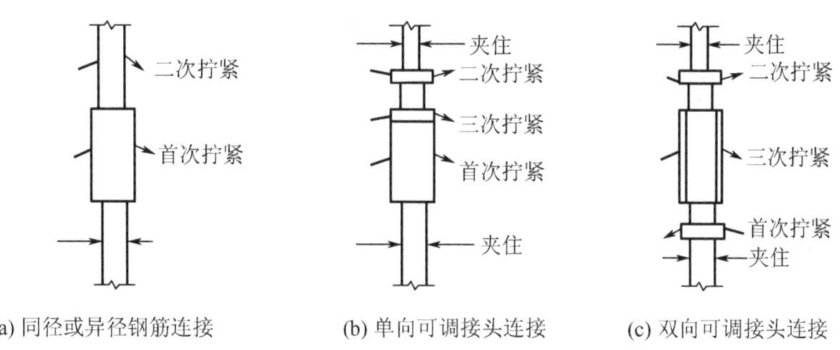

图 4.49 钢筋接头连接方法

表 4-16 钢筋接头拧紧力矩值

钢筋直径/mm	16	18	20	22	25～28	32	36	40
拧紧力矩值/(N·m)	118	145	177	216	275	314	343	343

(2) 直螺纹钢筋连接。直螺纹钢筋连接是通过滚轮将钢筋端头部分压圆并一次性滚出螺纹，然后与套筒通过螺纹连接形成的钢筋机械接头。

【参考视频】

直螺纹钢筋连接工艺流程为：确定滚丝机位置→钢筋调直、切割机下料→丝头加工→丝头质量检查（套丝帽保护）→用机械扳手进行套筒与丝头连接→接头连接后质量检查→钢筋直螺纹接头送检。

钢筋丝头加工步骤如下。

① 按钢筋规格调整试棒并调整好滚丝头内孔最小尺寸。

② 按钢筋规格更换涨刀环，并按规定的丝头加工尺寸调整好剥肋直径尺寸。

③ 调整剥肋挡块及滚压行程开关位置，保证剥肋及滚压螺纹的长度符合丝头加工尺寸的规定。

④ 钢筋丝头长度的确定，确定原则：以钢筋连接套筒长度的一半为钢筋螺纹长度，由于钢筋的开始端和结束端存在不完整螺纹，初步确定钢筋螺纹的有效长度。钢筋螺纹的加工参数见表 4－17。钢筋丝头长度的允许偏差为 0～2P（P 为螺距），施工中一般按 0～1P 控制。

表 4－17　钢筋螺纹的加工参数

钢筋直径/mm	有效螺纹数量/扣	有效螺纹长度/mm	螺距/mm
18	9	27.5	2.5
20	10	30	2.5
22	11	32.5	2.5
25	11	35	3.0
28	11	40	3.0
32	13	45	3.0

钢筋连接时用扳手或管钳对钢筋接头拧紧，只要达到力矩扳手调定的力矩值即可。套筒的连接参数见表 4－18。

表 4－18　套筒的连接参数

钢筋直径/mm	≤16	18～20	22～25	28～32	36～40
拧紧扭矩/(N·m)	100	160	230	320	360

4.2.4　钢筋的绑扎与安装

【参考视频】

钢筋加工后，就可以进行绑扎、安装。钢筋绑扎、安装前，应先熟悉图样，核对钢筋配料单和钢筋加工牌，研究与有关工种的配合，确定施工方法。

钢筋的接长、钢筋骨架或钢筋网的成型应优先采用焊接或机械连接，如果不能采用焊接（如缺乏电焊机或焊机功率不够）或骨架过大过重不便于运输安装时，可采用绑扎的方法。钢筋绑扎一般采用 20～22 号铁丝，铁丝过硬时，可经退火处理。绑扎时应注意钢筋位置是否准确，绑扎是否牢固，搭接长度及绑扎点位置是否符合规范要求。板和墙的钢筋网，除靠近外围两行钢筋的相交点全部扎牢外，中间部分的相交点可相隔交错扎牢，但必须保证受力钢筋不位移。双向受力的钢筋，须全部扎牢；梁和柱的箍筋，除设计有特殊要求时，应与受力钢筋垂直设置。箍筋弯钩叠合处，应沿受力钢筋方向错开设置；柱中的竖向钢筋搭接时，角部钢筋的弯钩应与模板成 45°（多边形柱为模板内角的平分角，圆形柱应与模板切线垂直）；弯钩与模板的角度最小不得小于 15°。

当受力钢筋采用机械连接接头或焊接接头时，设置在同一构件内的接头宜相互错开。同一构件中相邻纵向受力钢筋的绑扎搭接接头宜相互错开。钢筋搭接处，应在中心和两端用铁丝扎牢。在受拉区域内，HPB300 级钢筋绑扎接头的末端应做弯钩。绑扎搭接接头中钢筋的横向净距不应小于钢筋直径，且不应小于 25mm；钢筋绑扎搭接接头连接区段的长度为 1.3L_i（L_i为搭接长度），凡搭接接头中点位于该连接区段长度内的搭接接头均属于同一连接区段。同一连接区段内，纵向钢筋搭接接头面积百分率为该区段内有搭接接头的纵向受力钢筋截面面积与全部纵向受力钢筋截面面积的比值；同一连接区段内，纵向受拉钢筋搭接接头面积百分率应符合规范要求。

钢筋绑扎搭接长度按下列规定确定。

(1) 纵向受力钢筋绑扎搭接接头面积百分率不大于 25%时，其最小搭接长度应符合表 4-19 的规定。

表 4-19　纵向受拉钢筋的最小搭接长度

钢筋类型		混凝土强度等级			
		C15	C20～C25	C30～C35	≥C40
光圆钢筋	HPB300	45d	35d	30d	25d
带肋钢筋	HRB400	—	55d	40d	35d

注：两根直径不同钢筋的搭接长度，以较细钢筋的直径计算。

(2) 当纵向受拉钢筋搭接接头面积百分率大于 25%，但不大于 50%时，其最小搭接长度应按表 4-19 中的数值乘以系数 1.2 取用；当接头面积百分率大于 50%时，应按表 4-19 中的数值乘以系数 1.35 取用。

(3) 纵向受拉钢筋的最小搭接长度根据前述要求确定后，在下列情况时还应进行修正。

① 带肋钢筋的直径大于 25mm 时，其最小搭接长度应按相应数值乘以系数 1.1 取用。

② 对环氧树脂涂层的带肋钢筋，其最小搭接长度应按相应数值乘以系数 1.25 取用。

③ 当在混凝土凝固过程中受力钢筋易受扰动时（如滑模施工），其最小搭接长度应按相应数值乘以系数 1.1 取用。

④ 对末端采用机械锚固措施的带肋钢筋，其最小搭接长度可按相应数值乘以系数 0.7 取用。

⑤ 当带肋钢筋的混凝土保护层厚度大于搭接钢筋直径的 3 倍且配有箍筋时，其最小搭接长度可按相应数值乘以系数 0.8 取用。

⑥ 对有抗震设防要求的结构构件，其受力钢筋的最小搭接长度对一、二级抗震等级应按相应数值乘以系数 1.15 采用。

⑦ 对三级抗震等级应按相应数值乘以系数 1.05 采用。

(4) 纵向受压钢筋搭接时，其最小搭接长度应根据上面的规定确定相应数值后，乘以系数 0.7 取用。

(5) 在任何情况下，受拉钢筋的搭接长度不应小于 300mm，受压钢筋的搭接长度不应小于 200mm。梁、柱类构件的纵向受力钢筋在搭接长度范围内，应按设计要求配置箍筋。

钢筋安装或现场绑扎应与模板安装相配合。柱钢筋现场绑扎时，一般在模板安装前进行；柱钢筋采用预制安装时，可先安装钢筋骨架，然后安装柱模板，或先安装三面模板，待钢筋骨架安装后，再钉第四面模板。梁的钢筋一般在梁横板安装后，再安装或绑扎；断面高度较大（大于 600mm），或跨度较大、钢筋较密的大梁，可留一面

【参考视频】

侧模，待钢筋安装或绑扎完后再钉。楼板钢筋绑扎应在楼板模板安装后进行，并应按设计先画线，然后摆料、绑扎。

钢筋保护层应按设计或规范的要求来确定。工地常用预制水泥垫块垫在钢筋与模板之间，以控制保护层厚度。垫块应布置成梅花形，其相互间距不大于 1m。上下双层钢筋之间的尺寸，可通过绑扎短钢筋或设置撑脚来控制。

课题 4.3　混凝土施工

4.3.1　混凝土制备

混凝土制备应采用符合质量要求的原材料，按规定的配合比配料，混合料应拌和均匀，以保证结构设计所规定的混凝土强度等级，满足设计提出的特殊要求（如抗冻、抗渗等）和施工和易性要求，并应符合节约水泥、减轻劳动强度等原则。

1. 混凝土施工配料

1）混凝土配制强度

混凝土配制强度应按式(4－4）计算，即

$$f_{cu,o} \geqslant f_{cu,k} + 1.645\sigma \tag{4-4}$$

式中：$f_{cu,o}$——混凝土配制强度，MPa；

$f_{cu,k}$——混凝土立方体抗压强度标准值，MPa；

σ——混凝土强度标准差，MPa。

混凝土强度标准差宜根据同类混凝土统计资料按式(4－5）计算确定，即

$$\sigma = \sqrt{\frac{\sum_{n-1}^{n} f_{cu,i}^2 - n f_{cu,n}^2}{n-1}} \tag{4-5}$$

式中：$f_{cu,i}$——统计周期内同一品种混凝土第 i 组试件的强度值，N/mm^2；

$f_{cu,n}$——统计周期内同一品种混凝土 n 组强度的平均值，N/mm^2；

n——统计周期内同一品种混凝土试件的总组数，$n \geqslant 25$。

当混凝土强度等级为 C20 和 C25，且强度标准差计算值小于 2.5MPa 时，计算配制强度用的标准差应取不小于 2.5MPa；当混凝土强度等级等于或大于 C30，且强度标准差计算值小于 3.0MPa 时，计算配制强度用的标准差应取不小于 3.0MPa。

对预拌混凝土厂和预制混凝土构件厂，其统计周期可取为一个月；对现场拌制混凝土的施工单位，其统计周期可根据实际情况确定，但不宜超过 3 个月。

施工单位如无近期混凝土强度统计资料时，σ 可根据混凝土设计强度等级取值；当混凝土设计强度不大于 C20 时，取 $4N/mm^2$；当强度为 C25～C40 时，取 $5N/mm^2$；当强度不小于 C45 时，取 $5N/mm^2$。

2）混凝土施工配合比及施工配料

混凝土的配合比是在实验室根据混凝土的配制强度经过试配和调整而确定的，称为实验室配合比。实验室配合比所用砂、石都是不含水分的。而施工现场砂、石都有一定的含水率，且含水率大小随气温等条件不断变化。为保证混凝土的质量，施工中应按砂、石实际含水率对原配合比进行修正。根据现场砂、石含水率调整后的配合比称为施工配合比。

设实验室配合比：水泥∶砂∶石=1∶x∶y，水灰比 W/C，现场砂、石含水率分别为 W_x、W_y，则施工配合比：水泥∶砂∶石=1∶x（$1+W_x$）∶y（$1+W_y$），水灰比 W/C 不变，但加水量应扣除砂、石中的含水量。

施工配料是确定每拌一次需用的各种原材料量，它根据施工配合比和搅拌机的出料容量计算。

应用案例 4-3

某工程混凝土实验室配合比为 1∶2.4∶4.3，水灰比 $W/C=0.55$，每立方米混凝土水泥用量为 280kg，现场砂、石含水率分别为 2%、1%，求施工配合比。若采用 350L 搅拌机，求每拌一次材料用量。

水泥∶砂∶石为

$$1:x(1+W_x):y(1+W_y)=1:2.4(1+0.02):4.3(1+0.01)=1:2.448:4.343$$

用 350L 搅拌机，每拌一次材料用量（施工配料）如下。

水泥：280kg×0.35=98kg

砂：98kg×2.448=239.9kg

石：98kg×4.343=425.6kg

水：98kg×0.55−98kg×2.448×0.02−98kg×4.343×0.01=44.9kg

2. 混凝土搅拌机

1）搅拌机的选择

混凝土搅拌是将各种组成材料拌制成质地均匀、颜色一致、具备一定流动性的混凝土拌合物。如混凝土搅拌得不均匀就不能获得密实的混凝土，影响混凝土的质量，所以搅拌是混凝土施工工艺中很重要的一道工序。由于人工搅拌混凝土质量差，消耗水泥多，而且劳动强度大，所以只有在工程量很小时才用人工搅拌，一般均采用机械搅拌。混凝土搅拌机有自落式和强制式两类，见表 4-20。

表 4-20 混凝土搅拌机类型

自落式			强制式			
鼓筒式	双锥式		立轴式			卧轴式（单轴、双轴）
	反转出料	倾翻出料	涡桨式	行星式		
				定盘式	盘转式	
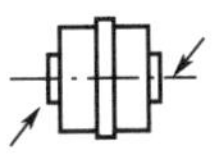	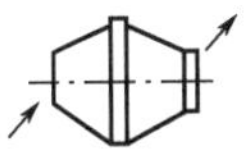	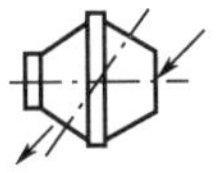		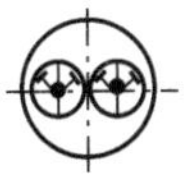	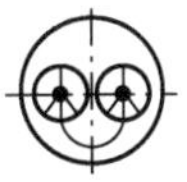	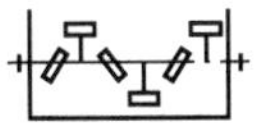

（1）自落式混凝土搅拌机。自落式混凝土搅拌机是通过筒身旋转，带动搅拌叶片将物料提高，在重力作用下物料自由坠下，反复进行，互相穿插、翻拌、混合使混凝土各组分搅拌均匀的。其有以下两种形式。

① 锥形反转出料搅拌机。锥形反转出料搅拌机是中小型建筑工程常用的一种搅拌机，正转搅拌，反转出料。由于搅拌叶片呈正、反向交叉布置，拌合料一方面被提升后靠自落进行搅拌，另一方面又被迫沿轴向作左右窜动，搅拌作用强烈。

锥形反转出料搅拌机外形如图 4.50(a) 所示。它主要由上料装置、搅拌筒、传动机构、配水系统和电气控制系统等组成。

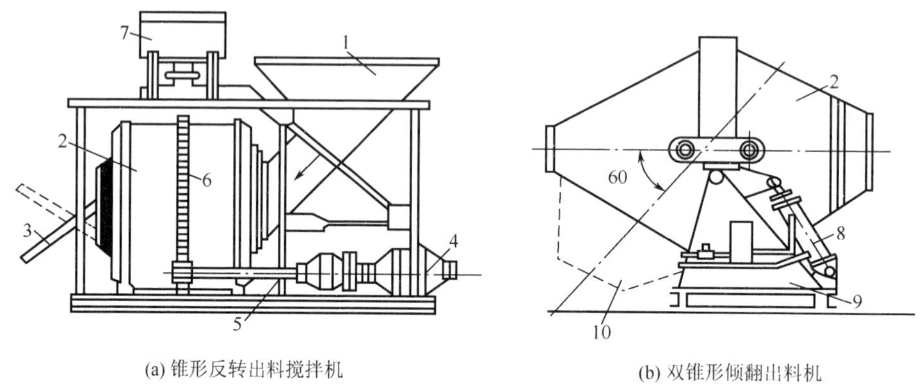

(a) 锥形反转出料搅拌机　　(b) 双锥形倾翻出料机

图 4.50　自落式混凝土搅拌机

1—装料机；2—搅拌筒；3—卸料槽；4—电动机；5—传动轴；
6—齿圈；7—量水器；8—气顶；9—机座；10—卸料位置

② 双锥形倾翻出料搅拌机。双锥形倾翻出料搅拌机进出料在同一口，出料时由气动倾翻装置使搅拌筒下旋 50°～60°，即可将物料卸出，如图 4.50(b) 所示。双锥形倾翻出料搅拌机卸料迅速，拌筒容积利用系数高，拌合物的提升速度低，物料在拌筒内靠滚动自落而搅拌均匀，能耗低，磨损小，能搅拌大粒径骨料混凝土。其主要用于大体积混凝土工程。

(2) 强制式混凝土搅拌机。强制式混凝土搅拌机一般筒身固定，搅拌机片旋转，对物料施加剪切、挤压、翻滚、滑动、混合，使混凝土各组分搅拌均匀。其有以下几种形式。

① 涡桨强制式搅拌机。涡桨强制式搅拌机是在圆盘搅拌筒中装一根回转轴，轴上装有拌和铲和刮板，随轴一同旋转，如图 4.51 所示。它用旋转着的叶片，将装在搅拌筒内的物料强行搅拌，使之均匀。涡桨强制式搅拌机由动力传动系统、上料和卸料装置、搅拌系统、操纵机构和机架等组成。

② 单卧轴强制式混凝土搅拌机。单卧轴强制式混凝土搅拌机的搅拌轴上装有两组叶片，两组推料方向相反，使物料既有圆周方向运动，也有轴向运动，因而能形成强烈的物料对流，使混合料能在较短的时间内搅拌均匀。它由搅拌系统、进料系统、卸料系统和供水系统等组成。

③ 双卧轴强制式混凝土搅拌机。双卧轴强制式混凝土搅拌机，如图 4.52 所示。它有两根搅拌轴，轴上布置有不同角度的搅拌叶片，工作时两轴按相反的方向同步相对旋转。由于两根轴上的搅拌铲布置位置不同，螺旋线方向相反，于是被搅拌的物料在筒内既有上下翻滚的动作，也有轴向运动，从而增强了混合料运动的剧烈程度，因此搅拌效果更好。双卧轴强制式混凝土搅拌机为固定式，其结构基本与单卧式相似。它由搅拌系统、进料系统、卸料系统和供水系统等组成。

我国规定混凝土搅拌机以其出料容量 (m^3)×1000 标定规格，常见的混凝土搅拌机的系列为 50、150、250、350、500、750、1000、1500 和 3000。

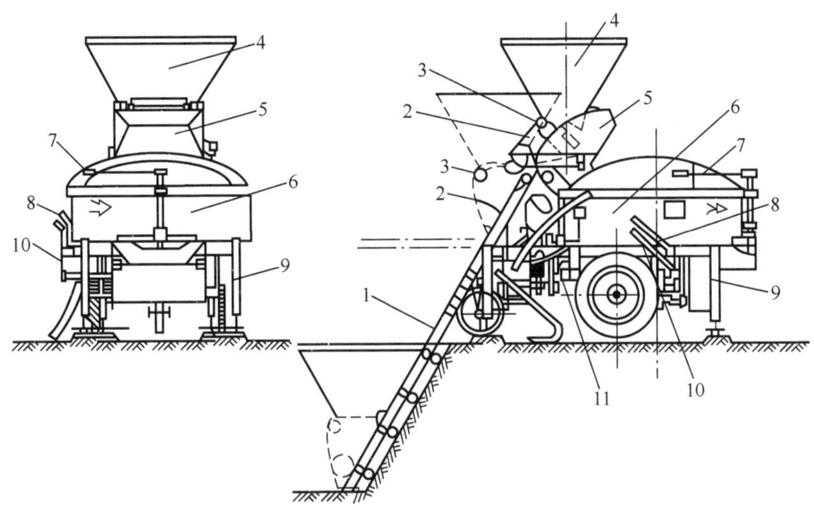

图 4.51 涡桨强制式混凝土搅拌机

1—上料轨道；2—上料斗底座；3—铰链轴；4—上料斗；5—进料承口；
6—搅拌筒；7—卸料手柄；8—料斗下降手柄；9—撑脚；10—上料手柄；11—给水手柄

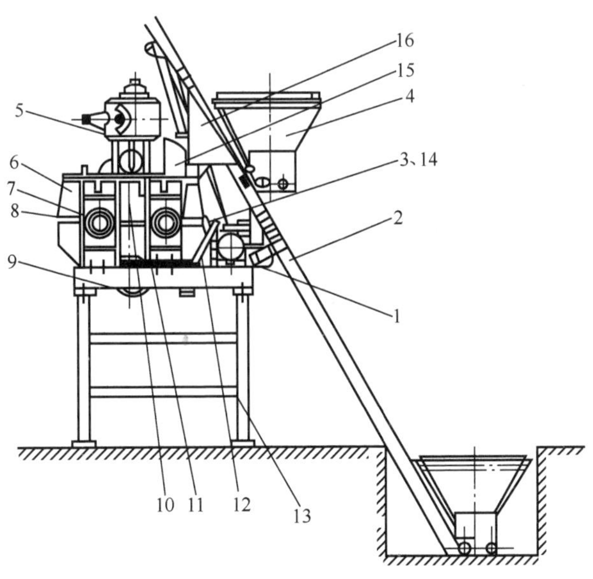

图 4.52 双卧轴强制式混凝土搅拌机

1—上料传动装置；2—上料架；3—搅拌驱动装置；4—料斗；
5—水箱；6—搅拌筒；7—搅拌装置；8—供油器；9—卸料装置；10—三通阀；
11—操纵杆；12—水泵；13—支撑架；14—罩盖；15—受料斗；16—电气箱

选择搅拌机时，要根据工程量大小，混凝土的坍落度、骨料尺寸等而定，既要满足技术上的要求，也要考虑经济效果和节约能源。

2）搅拌制度的确定

为了获得质量优良的混凝土拌合物，除正确选择搅拌机外，还必须正确确定搅拌制度，即搅拌时间、投料顺序和进料容量等。

(1) 搅拌时间。搅拌时间是影响混凝土质量及搅拌机生产率的重要因素之一，时间过短，拌和不均匀，会降低混凝土的强度及和易性；时间过长，不仅会影响搅拌机的生产率，而且会使混凝土和易性降低或产生分层离析现象。搅拌时间与搅拌机的类型、鼓筒尺寸、骨料的品种和粒径以及混凝土的坍落度等有关，混凝土搅拌的最短时间（即自全部材料装入搅拌筒中起到卸料止）见表 4－22。

表 4－22　混凝土搅拌的最短时间

混凝土坍落度/mm	搅拌机	搅拌机出料容量/L		
		<250	250～500	>500
≤30	自落式	90s	120s	150s
	强制式	60s	90s	120s
>30	自落式	90s	90s	120s
	强制式	60s	60s	90s

注：掺有外加剂时，搅拌时间应适当延长。

【参考视频】

(2) 投料顺序：投料顺序应从提高搅拌质量，减少叶片、衬板的磨损，减少拌合物在搅拌筒内壁的黏结，减少水泥飞扬改善工作条件等方面综合考虑确定。常用方法有以下几种。

① 一次投料法。即在上料斗中先装石子，再加水泥和砂，然后一次投入搅拌机。在搅拌筒内先加水或在料斗提升进料的同时加水，这种上料顺序使水泥夹在石子和砂中间，上料时不致飞扬，又不致粘住斗底，且水泥和砂先进入搅拌筒形成水泥砂浆，可缩短包裹石子的时间。

② 二次投料法。它又分为预拌水泥砂浆法和预拌水泥净浆法。预拌水泥砂浆法是先将水泥、砂和水加入搅拌筒内进行充分搅拌，成为均匀的水泥砂浆，再投入石子搅拌成均匀的混凝土。预拌水泥净浆法是将水泥和水充分搅拌成均匀的水泥净浆后，再加入砂和石子搅拌成混凝土。二次投料法搅拌的混凝土与一次投料法相比较，混凝土强度可提高约15%，在强度相同的情况下，可节约水泥 15%～20%。

③ 水泥裹砂法。此法又称为 SEC 法。采用这种方法拌制的混凝土称为 SEC 混凝土，也称作造壳混凝土。其搅拌程序是先加一定量的水，将砂表面的含水量调节到某一规定的数值后，再将石子加入与湿砂拌匀，然后将全部水泥投入，与润湿后的砂、石拌和，使水泥在砂、石表面形成一层低水灰比的水泥浆壳（此过程称为“成壳”），最后将剩余的水和外加剂加入，搅拌成混凝土。采用 SEC 法制备的混凝土与一次投料法比较，强度可提高20%～30%，混凝土不易产生离析现象，泌水少，工作性能好。

(3) 进料容量（干料容量）。进料容量为搅拌前各种材料体积的累积。进料容量与搅拌机搅拌筒的几何容量有一定的比例关系，一般情况下为 0.22～0.4。如任意超载（进料容量超过 10%），就会使材料在搅拌筒内无充分的空间进行拌和，从而影响混凝土拌合物的均匀性；如装料过少，则又不能充分发挥搅拌机的效率。进料容量可根据搅拌机的出料容量按混凝土的施工配合比计算。

使用搅拌机时，应注意安全。在搅拌筒正常转动之后，才能装料入筒。在运转时，不得将头、手或工具伸入筒内。在因故（如停电）停机时，要立即设法将筒内的混凝土取出，以免凝结。在搅拌工作结束时，也应立即清洗搅拌筒内外。叶片磨损面积如超过10%，就应按原样修补或更换。

（4）拌和机的生产率。混凝土搅拌机的装料体积，是指每搅拌一次，装入搅拌筒内的各种松散体积之和。搅拌机的出料系数，是出料体积与装料体积之比，为0.6～0.7。

每台搅拌机的生产率 P 可按式(4－6）计算，即

$$P=NV=k_t\frac{3600V}{t_1+t_2+t_3+t_4} \tag{4-6}$$

式中：P——单台搅拌机生产率，m^3/h；

V——搅拌机出料容量，m^3；

N——每小时搅拌罐数；

t_1——装料时间，自动化配料为10～15s，半自动化配料为15～20s；

t_2——搅拌时间；

t_3——卸料时间，倾翻卸料为15s，非倾翻卸料为25～30s；

t_4——必要的技术间隙时间，对双锥式为3～5s；

k_t——时间利用系数，视施工条件而定。

3）混凝土搅拌机的使用

混凝土搅拌机在使用时应注意以下几点。

（1）搅拌机使用前的检查。搅拌机使用前应按照“十字作业法”（清洁、润滑、调整、紧固、防腐）的要求检查离合器、制动器、钢丝绳等各个系统和部位，检查是否机件齐全、机构灵活、运转正常，并按规定位置加注润滑油脂；检查电源电压，电压升降幅度不得超过搅拌电气设备规定的5%；随后进行空转检查，检查搅拌机旋转方向是否与机身箭头一致，空车运转是否达到要求值；检查供水系统的水压、水量是否满足要求。在确认以上情况正常后，搅拌筒内加清水搅拌3min然后将水放出，方可投料搅拌。

（2）开盘操作。在完成上述检查工作后，即可进行开盘搅拌，为了不改变混凝土设计配合比，补偿黏附在筒壁、叶片上的砂浆，第一盘应减少石子约30%，或多加水泥、砂各15%。

（3）正常运转。

① 投料顺序，普通混凝土一般采用一次投料法或二次投料法。一次投料法是按砂(石子)—水泥—石子（砂）的次序投料，并在搅拌的同时加入全部拌和用水进行搅拌；二次投料法是先将石子投入搅拌筒并加入部分拌和用水进行搅拌，清除前一盘拌合料黏附在筒壁上的残余，然后再将砂、水泥及剩余的拌和用水投入搅拌筒内继续拌和。

② 搅拌时间，混凝土搅拌质量直接和搅拌时间有关，搅拌时间应满足要求。

③ 搅拌质量检查，混凝土拌合物的搅拌质量应经常检查，混凝土拌合物颜色应均匀一致，无明显的砂粒、砂团及水泥团，石子完全被砂浆所包裹。

（4）停机。每班作业后应对搅拌机进行全面清洗，并在搅拌筒内放入清水及石子运转10～15min后放出，再用竹扫帚洗刷外壁。搅拌筒内不得有积水，以免筒壁及叶片生锈，如遇冰冻季节应放尽水箱及水泵中的存水，以防冻裂。

每天工作完毕后，搅拌机料斗应放至最低位置，不准悬于半空。电源必须切断，锁好电闸箱，保证各机构处于空位。

3. 混凝土搅拌站

在混凝土施工工地，通常把骨料堆场、水泥仓库、配料装置、搅拌机及运输设备等，比较集中地布置，组成混凝土搅拌站，或采用成套的混凝土工厂（搅拌楼）来制备混凝土。一些城市建立混凝土集中搅拌站，供应半径为15～20km。

搅拌站根据其组成部分在竖向布置方式的不同分为单阶式和双阶式。在单阶式混凝土搅拌站中，原材料一次提升后经过储料斗，然后靠自重下落进入称量和搅拌工序。这种工艺流程，原材料从一道工序到下一道工序的时间短，效率高，自动化程度高，搅拌站占地面积小，适用于产量大的固定式大型混凝土搅拌站，如图4.53所示。

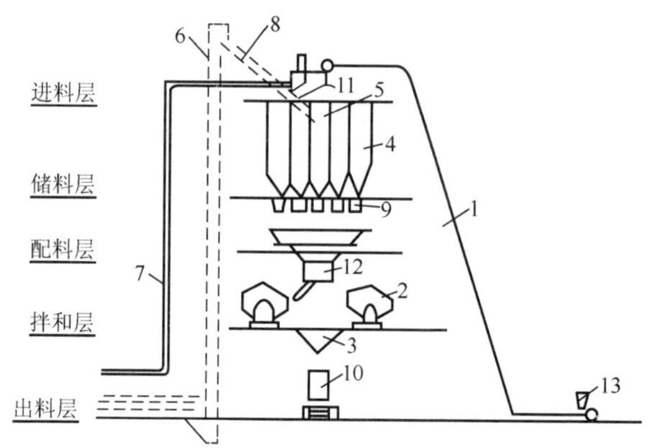

图4.53　混凝土搅拌楼布置示意图（单阶式）

1—传送带；2—水箱及量水器；3—出料斗；4—骨料仓；5—水泥仓；6—斗式提升机输送水泥；7—螺旋机输送水泥；8—风送水泥管道；9—储料斗；10—混凝土吊罐；11—回转漏斗；12—回转喂料器；13—进料斗

在双阶式混凝土搅拌站中，原材料经第一次提升后经过贮料斗，下落经称量配料后，再经过第二次提升进入搅拌机，如图4.54所示。

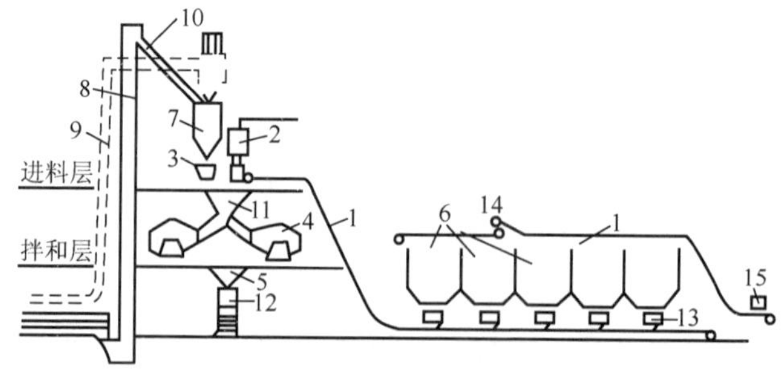

图4.54　混凝土搅拌楼布置示意图（双阶式）

1—传送带；2—水箱及量水器；3—水泥料斗及磅秤；4—拌和机；5—出料斗；6—骨料仓；7—水泥仓；8—斗式提升机输送水泥；9—螺旋机输送水泥；10—风送水泥管道；11—集料斗；12—混凝土吊罐；13—配料器；14—回转漏斗；15—回转喂料器

4.3.2 混凝土运输

【参考视频】

混凝土运输也是整个混凝土施工中的一个重要环节，对工程质量和施工进度影响较大。由于混凝土料拌和后不能久存，而且在运输过程中对外界的影响敏感，运输方法不当或疏忽大意，都会降低混凝土质量，甚至造成废品。因此要解决好混凝土搅拌、浇筑、水平运输和垂直运输之间的协调配合问题，还必须采取适当的措施，保证运输混凝土的质量。

1. 混凝土拌合物运输的要求

运输过程中，应保持混凝土的均匀性，避免产生分层离析现象，混凝土运至浇筑地点，应符合浇筑时所规定的坍落度（表4-22）；混凝土应以最少的中转次数、最短的时间，从搅拌地点运至浇筑地点，保证混凝土从搅拌机卸出后到与浇筑完毕的延续时间不超过相关规定（表4-23）；运输工作应保证混凝土的浇筑工作连续进行；运送混凝土的容器应严密，其内壁应平整光洁，不吸水，不漏浆，黏附的混凝土残渣应经常清除。

表4-22　混凝土浇筑时的坍落度

项　次	结构种类	坍落度/mm
1	基础或地面等的垫层、无配筋的厚大结构（挡土墙、基础或厚大的块体）或钢筋稀疏的结构	10～30
2	板、梁和大型及中型截面的柱子等	30～50
3	配筋密列的结构（薄壁、斗仓、筒仓、细柱等）	50～70
4	配筋特密的结构	70～90

注：1. 本表是指采用机械振捣的坍落度，采用人工捣实时可适当增大。
2. 需要配置大坍落度混凝土时，应掺用外加剂。
3. 曲面或斜面结构的混凝土，其坍落度值，应根据实际需要另行选定。
4. 轻骨料混凝土的坍落度，宜比表中数值减少10～20mm。
5. 自密实混凝土的坍落度另行规定。

表4-23　混凝土从搅拌机中卸出后到浇筑完毕的延续时间

混凝土强度等级	混凝土从搅拌机中卸出后到浇筑完毕的延续时间	
	≤25℃	>25℃
C30及C30以下	120min	90min
C30以上	90min	60min

注：1. 掺外加剂或采用快硬水泥拌制混凝土时，应按试验确定。
2. 轻骨料混凝土的运输、浇筑时间应适当缩短。

2. 混凝土运输方式

混凝土运输工作分为地面运输、垂直运输和楼面运输三个阶段，其中楼面运输就是将混凝土从起重设备处运至浇筑现场，此处不再介绍，只讲解前两个阶段。

1）水平运输

混凝土的水平运输又称为供料运输。常用的运输方式有人工、机动翻斗车、混凝土搅拌运输车、自卸汽车、混凝土泵、传送带、机车等，应根据工程规模、施工场地宽窄和设备供应情况选用。

(1) 人工运输。人工运输混凝土常使用手推车、架子车和窄轨斗车等。

用手推车和架子车时，要求运输道路路面平整，随时清扫干净，防止混凝土在运输过程中受到强烈振动。道路的纵坡，一般要求水平，局部不宜大于15%，一次爬高不宜超过2～3m，运输距离不宜超过200m。

用窄轨斗车运输混凝土时，窄轨（轨距610mm）车道的转弯半径以不小于10m为宜。轨道尽量为水平，局部纵坡不宜超过4%，尽可能铺设双线；以便轻、重车道分开。如为单线要设避车岔道。容量为0.60m^{3}的斗车一般用人力推运，局部地段可用卷扬机牵引。

(2) 机动翻斗车。机动翻斗车是混凝土工程中使用较多的水平运输机械。它轻便灵活、转弯半径小、速度快且能自动卸料，适用于短途运输混凝土或砂石料。

(3) 混凝土搅拌运输车，如图4.55所示。混凝土搅拌运输车是运送混凝土的专用设备。它的特点是在运量大、运距远的情况下，能保证混凝土的质量均匀，一般用于混凝土制备点（商品混凝土站）与浇筑点距离较远时使用。它的运送方式有两种：一是在10km范围内作短距离运送时，只作运输工具使用，即将搅拌好的混凝土接送至浇筑点，在运输途中为防止混凝土分离，让搅拌筒只作低速搅动，使混凝土拌合物不致分离、凝结；二是在运距超过10km时，搅拌运输两者兼用，即先在混凝土搅拌站将干料——砂、石、水泥按配比装入搅拌筒内，并将水注入配水箱，开始只作干料运送，然后在到达距使用点10～15min路程时，启动搅拌筒旋转，并向搅拌筒内注入定量的水，这样在运输途中边运输边搅拌成混凝土拌合物，送至浇筑点卸出。

2）垂直运输

混凝土的垂直运输，目前多用塔式起重机、井架，也可采用混凝土泵。

(1) 塔式起重机。塔式起重机又称塔机或塔吊，是在门架上装置高达数十米的钢塔，用于增加起重高度。其起重臂多是水平的，起重小车（带有吊钩）可沿起重臂水平移动，用以改变起重幅度，如图4.56所示。塔机可靠近建筑物布置，沿着轨道移动，利用起重小车变幅，所以控制范围是一个长方形的空间。塔式起重机运输的优点是地面运输、垂直运输和楼面运输都可以采用。混凝土在地面由水平运输工具或搅拌机直接卸入吊斗吊起运至浇筑部位进行浇筑。

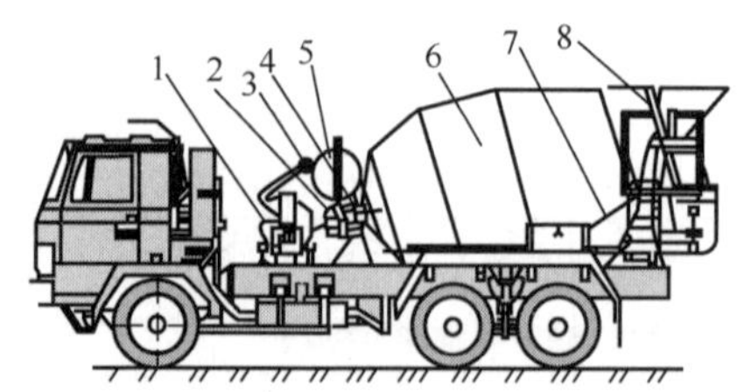

图4.55 混凝土搅拌运输车

1—泵连接组件；2—减速机总成；3—液压系统；4—机架；5—供水系统；6—搅拌筒；7—操纵系统；8—进出料装置

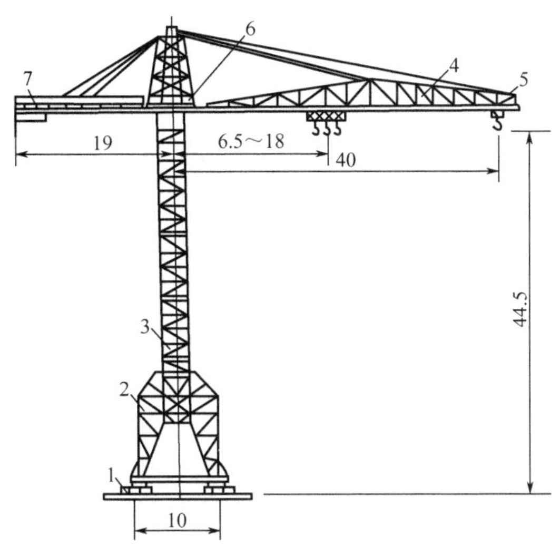

【知识链接】

图4.56 10/25t塔式起重机（单位：m）

1—车轮；2—门架；3—塔身；4—起重臂；5—起重小车；6—回转塔架；7—平衡重

(2) 井架运输。混凝土的垂直运送，除采用塔式起重机之外，还可使用井架。混凝土在地面用双轮手推车运至井架的升降平台上，然后井架将双轮手推车提升到楼层上，再将手推车沿铺在楼面上的跳板推到浇筑地点。另外，井架可以兼运其他材料，利用率较高。由于在浇筑混凝土时，楼面上已立好模板，扎好钢筋，因此需铺设手推车行走用的跳板。为了避免压坏钢筋，跳板可用马凳垫起。手推车的运输道路应形成回路，避免交叉和运输堵塞。

(3) 混凝土泵运输。混凝土泵是一种有效的混凝土运输工具，它以泵为动力，沿管道输送混凝土，可以同时完成水平和垂直运输，将混凝土直接运送至浇筑地点。混凝土泵根据驱动方式分为柱塞式混凝土泵和挤压式混凝土泵。

柱塞式混凝土泵根据传动机构不同，又分为机械传动和液压传动两种，液压柱塞式混凝土泵的工作原理图如图4.57所示。它主要由料斗、液压缸和柱塞、混凝土缸、分配阀、Y形输送管、冲洗设备、液压系统和动力系统等组成。柱塞泵工作时，搅拌机卸出的或由混凝土搅拌运输车卸出的混凝土倒入料斗后，吸入端分配阀移开，排出端分配阀关闭，柱塞在液压作用下，带动柱塞左移，混凝土在自重及真空力作用下，进入混凝土缸内。然后移开混凝土被压入管道，将混凝土输送到浇筑地点。单缸混凝土泵的出料是脉冲式的，所以一般混凝土泵有两个混凝土缸并列交替进料和出料，通过Y形输料管，送入同一管道使出料较为稳定。

还可将混凝土泵装在车上，车上装有可以伸缩的“布料杆”，管道装在杆内，末端是一段软管，可将混凝土直接送到浇筑地点，如图4.58所示。这种泵车布料范围广、机动性好、移动方便，适用于多层框架结构施工。

【参考图文】

不同型号的混凝土泵，其排量不同，水平运距和垂直运距也不同。常见的多为混凝土排量为30～90m^3/h，水平运距为200～500m，垂直运距为50～100m的混凝土泵。混凝土泵宜与混凝土搅拌运输车配套使用，且应使混凝土搅拌站的供应能力和混凝土搅拌车的运输能力大于混凝土泵的输送能力，以保证混凝土泵能连续工作。

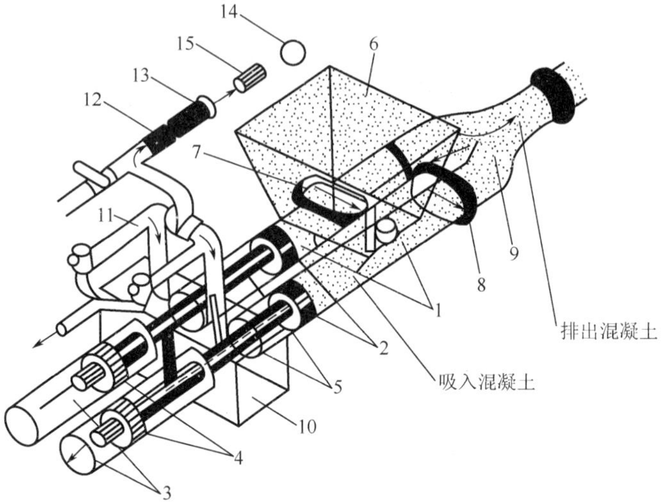

图 4.57　液压柱塞式混凝土泵工作原理图

1—混凝土缸；2—混凝土活塞；3—液压缸；4—液压活塞；5—活塞杆；6—料斗；7—吸入端水平片阀；8—排出端竖直片阀；9—Y 形输送管；10—水箱；11—水洗装置换向阀；12—水洗用高压软管；13—水洗法兰；14—海绵球；15—清洗活塞

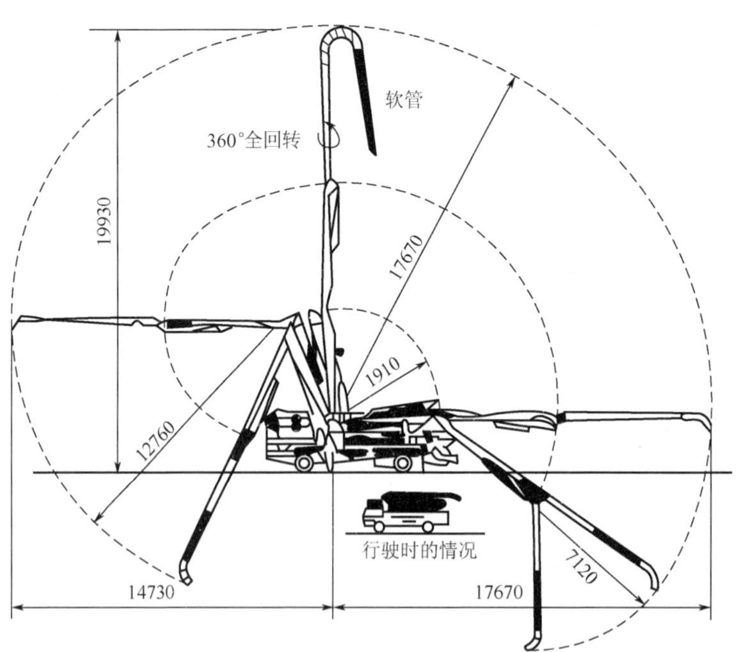

图 4.58　三折叠式布料车浇筑范围（单位：mm）

混凝土泵在输送混凝土前，管道应先用水泥浆或砂浆润滑。泵送时要连续工作，如中断时间过长，混凝土将出现分层离析现象，应将管道内混凝土清除，以免堵塞，泵送完毕要立即将管道冲洗干净。

3. 混凝土辅助运输设备

运输混凝土的辅助设备有吊罐、集料斗、溜槽、溜管等，主要用于混凝土装料、卸料和转运入仓，对于保证混凝土质量和运输工作顺利进行起着相当大的作用。

（1）溜槽与振动溜槽。溜槽为钢制槽子（钢模），可从传送带、自卸汽车、斗车等受料，将混凝土转送入仓。其坡度可由试验确定，常采用 45°左右。当卸料高度过大时，可采用振动溜槽。振动溜槽装有振动器，单节长 4～6m，拼装总长可达 30m，其输送坡度由于振动器的作用可放缓至 15°～20°。采用溜槽时，应在溜槽末端加设 1～2 节溜管或挡板（图 4.59），以防止混凝土料在下滑过程中分离。利用溜槽转运入仓，是大型机械设备难以控制部位的有效入仓手段。

（2）溜管与振动溜管。溜管（溜筒）由多节铁皮管串挂而成。每节长 0.8～1m，上大下小，相邻管节铰挂在一起，可以拖动，如图 4.60 所示。采用溜管卸料可起到缓冲消能作用，以防止混凝土料分离和破碎。

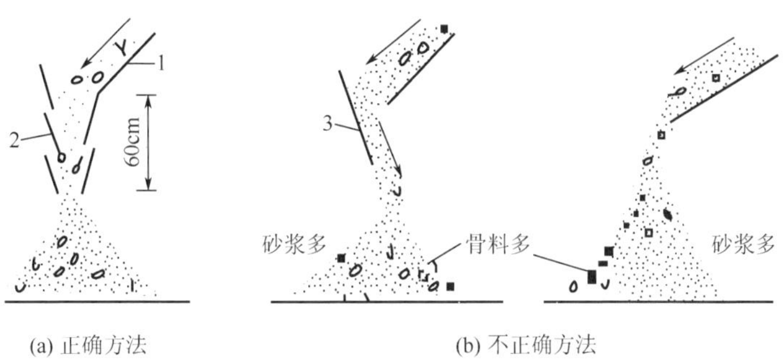

(a) 正确方法　　(b) 不正确方法

图 4.59　溜槽卸料

1—溜槽；2—溜管；3—挡板

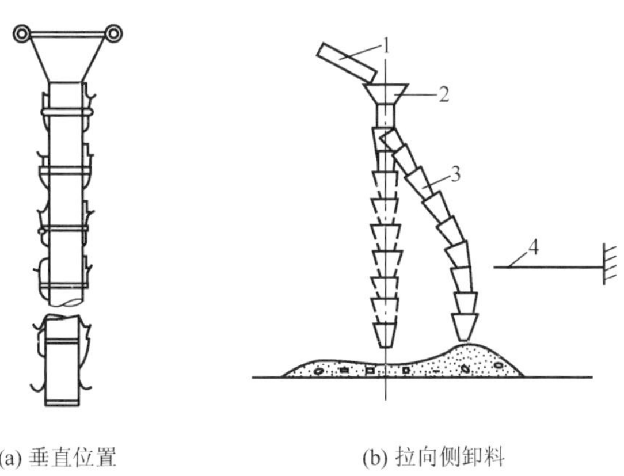

(a) 垂直位置　　(b) 拉向侧卸料

图 4.60　溜管卸料

1—运料工具；2—受料斗；3—溜管；4—拉索

溜管卸料时，其出口离浇筑面的高差应不大于 1.5m，并利用拉索拖动均匀卸料，但应使溜管出口段约 2m 长与浇筑面保持垂直，以避免混凝土料分离。随着混凝土浇筑面的上升，可逐节拆卸溜管下端的管节。

溜管卸料多用于断面小、钢筋密的浇筑部位，其卸料半径为1～1.5m，卸料高度不大于10m。

振动溜管与普通溜管相似，但每隔4～8m的距离装有一个振动器，以防止混凝土料中途堵塞，其卸料高度可达10～20m。

(3) 吊罐，其示意图如图4.61所示，多与塔式起重机配合使用。

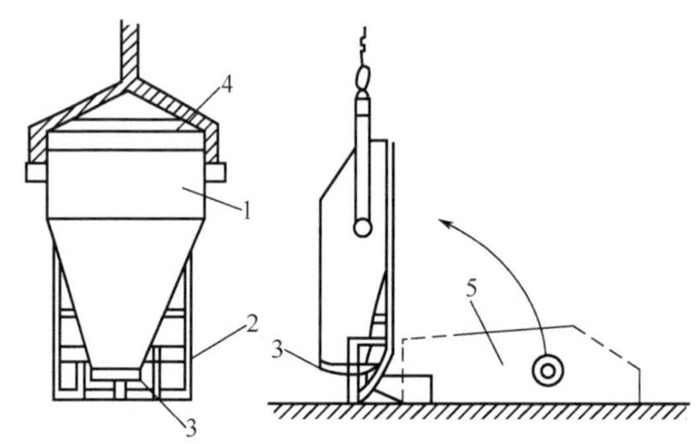

图4.61 混凝土吊罐

1—装料斗；2—滑架；3—斗门；4—吊梁；5—平卧状态

4.3.3 混凝土浇筑

混凝土浇筑要保证混凝土的均匀性和密实性，要保证结构的整体性、尺寸准确，以及钢筋、预埋件的位置正确，拆模后混凝土表面要平整、光洁。

【参考视频】

1. 浇筑要求

混凝土的浇筑要求如下。

1) 防止离析

浇筑混凝土时，混凝土拌合物由料斗、漏斗、混凝土输送管、运输车内卸出时，如自由倾落高度过大，由于粗骨料在重力作用下，克服黏聚力后的下落动能大，下落速度比砂浆快，因而可能形成混凝土离析。为此，混凝土自高处倾落的自由高度不应超过2m，在竖向结构中限制自由倾落高度不宜超过3m，否则应沿串筒、斜槽、溜管等下料。

2) 正确留置施工缝

混凝土结构大多要求整体浇筑。如因技术或组织上的原因不能连续浇筑，且停顿时间有可能超过混凝土的初凝时间时，应事先确定在适当位置留置施工缝。由于混凝土的抗拉强度约为其抗压强度的1/10，因而施工缝是结构中的薄弱环节，宜留在结构剪力较小的部位，同时要方便施工。

(1) 施工缝的留设位置。施工缝设置的原则，一般宜留在结构受力（剪力）较小且便于施工的部位；柱子的施工缝宜留在基础与柱子交接处的水平面上、梁的下面或吊车梁牛腿的下面、吊车梁的上面、无梁楼盖柱帽的下面，如图4.62所示；高度大于1m的钢筋混凝土梁的水平施工缝，应留在楼板底面下20～30mm处，当板下有梁托时，应留在梁托下部；单向平板的施工缝，可留在平行于短边的任何位置处；对于有主次梁的楼板结构，宜顺着次梁方向浇筑，施工缝应留在次梁跨度的中间1/3范围内，如图4.63所示。

(2) 施工缝的处理。施工缝处继续浇筑混凝土时，应待混凝土的抗压强度不小于1.2MPa方可进行；施工缝浇筑混凝土之前，应除去施工缝表面的水泥薄膜、松动石子和软弱的混凝土层，处理方法有风砂枪喷毛、高压水冲毛、风镐凿毛或人工凿毛，并加以充分湿润和冲洗干净，不得有积水；浇筑时，施工缝处宜先铺水泥浆（水泥：水＝1：0.4），或与混凝土成分相同的水泥砂浆一层，厚度为30～50mm，以保证接缝的质量；浇筑过程中，施工缝应细致捣实，使其紧密结合。

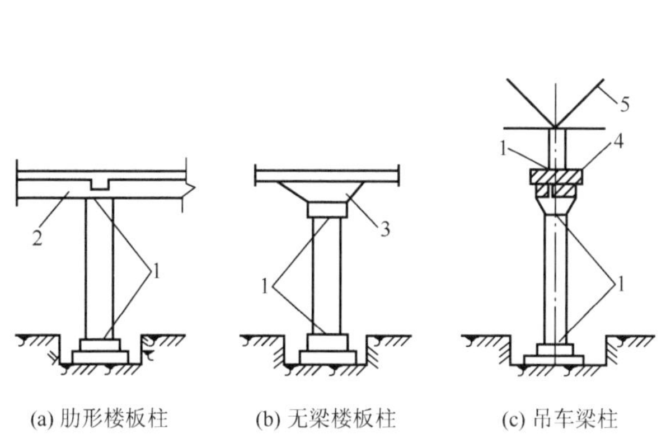

图4.62 柱子施工缝的位置

1—施工缝；2—梁；3—柱帽；4—吊车梁；5—屋架

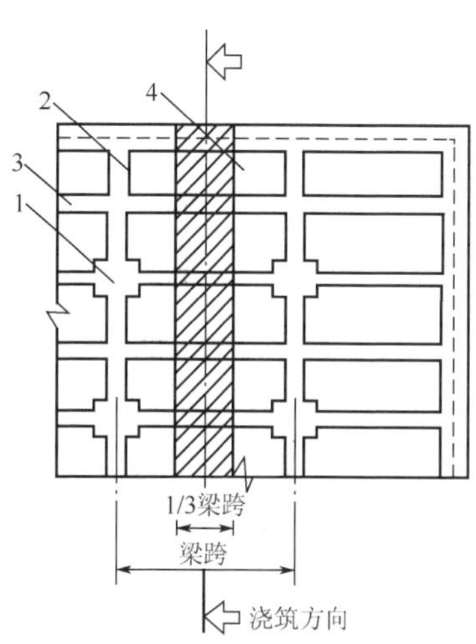

图4.63 有梁板的施工缝位置

1—柱；2—主梁；3—次梁；4—板

2. 浇筑方法

【参考视频】

多层钢筋混凝土框架结构在浇筑时，首先要划分施工层和施工段，施工层一般按结构层划分，而每一施工层如何划分施工段，则要考虑工序数量、技术要求、结构特点等。要做到木工在第一施工层安装完模板，准备转移到第二施工层的第一施工段上时，该施工段所浇筑的混凝土强度应达到允许工人在其上操作的强度（1.2MPa）。

混凝土浇筑前应做好必要的准备工作，如模板、钢筋和预埋管线的检查和清理，以及隐蔽工程的验收；浇筑用脚手架、走道的搭设和安全检查；根据试验室下达的混凝土配合比通知单准备和检查原材料；做好施工用具的准备等。

浇筑柱时，施工段内的每排柱应由外向内对称地依次浇筑，不要由一端向一端推进，预防柱子模板因湿胀造成受推倾斜使误差积累难以纠正。截面在400mm×400mm以内或有交叉箍筋的柱子，应在柱子模板侧面开孔用斜溜槽分段浇筑，每段高度不超过2m。截面在400mm×400mm以上且无交叉箍筋的柱子，如柱高不超过4.0m，可从柱顶浇筑；如用轻骨料混凝土从柱顶浇筑，则柱高不得超过3.5m。柱子开始浇筑时，底部应先浇筑一层厚50～100mm与所浇筑混凝土成分相同的水泥砂浆。浇筑完毕，如柱顶处有较大厚度的砂浆层，则应加以处理。柱子浇筑后，应间隔1～1.5h，待所浇混凝土拌合物初步沉实后，再筑浇上面的梁、板结构。

梁和板一般应同时浇筑，顺次梁方向从一端开始向前推进。只有当梁高大于1m时才允许将梁单独浇筑，此时的施工缝留在楼板板面下20～30mm处。梁底侧面注意振实，振动器不要直接触及钢筋和预埋件。楼板混凝土的虚铺厚度应略大于板厚，用表面振动器或内部振动器振实，用铁插尺检查混凝土厚度，振捣完后用长的木抹子抹平。

为保证捣实质量，混凝土应分层浇筑，每层厚度见表4-24。

表 4-24 混凝土浇筑层的厚度

<table>
<tr><th>项次</th><th colspan="2">捣实混凝土的方法</th><th>浇筑层厚度/mm</th></tr>
<tr><td>1</td><td colspan="2">插入式振动</td><td>振动器作用部分长度的 1.25 倍</td></tr>
<tr><td>2</td><td colspan="2">表面振动</td><td>200</td></tr>
<tr><td rowspan="3">3</td><td rowspan="3">人工捣实</td><td>在基础或无筋混凝土和配筋稀疏的结构中</td><td>250</td></tr>
<tr><td>在梁、墙、板、柱结构中</td><td>200</td></tr>
<tr><td>在配筋密集的结构中</td><td>150</td></tr>
<tr><td rowspan="2">4</td><td rowspan="2">轻骨料混凝土</td><td>插入式振动</td><td>300</td></tr>
<tr><td>表面振动（振动时需加荷）</td><td>200</td></tr>
</table>

浇筑叠合式受弯构件时，应按设计要求确定是否设置支撑，且叠合面应根据设计要求预留凸凹差（当无要求时，凸凹差为 6mm），形成延期粗糙面。

3. 混凝土密实成型

混凝土浇入模板以后是较疏松的，里面含有很多气泡，而混凝土的强度、抗冻性、抗渗性及耐久性等，都与混凝土的密实程度有关。可以采用人工或机械捣实混凝土使混凝土密实。人工捣实是用人力的冲击来使混凝土密实成型，只有在缺乏机械、工程量不大或机械不便工作的部位采用。

【参考视频】

混凝土振捣主要采用振捣器进行，振捣器能产生小振幅、高频率的振动，使混凝土在其振动的作用下，内摩擦力和黏结力大大降低，使干稠的混凝土获得了流动性，在重力的作用下骨料互相滑动而紧密排列，空隙由砂浆所填满，空气被排出，从而使混凝土密实，并填满模板内部空间，且与钢筋紧密结合。

1）混凝土振捣器

混凝土振捣器的类型，按振捣方式的不同，分为插入式、外部式、表面式和振动台等，如图 4.64 所示。其中，外部式振捣器只适用于柱、墙等结构尺寸小且钢筋密的构件；表面式振捣器只适用于薄层混凝土的捣实（如渠道衬砌、道路、薄板等）；振动台多用于实验室。

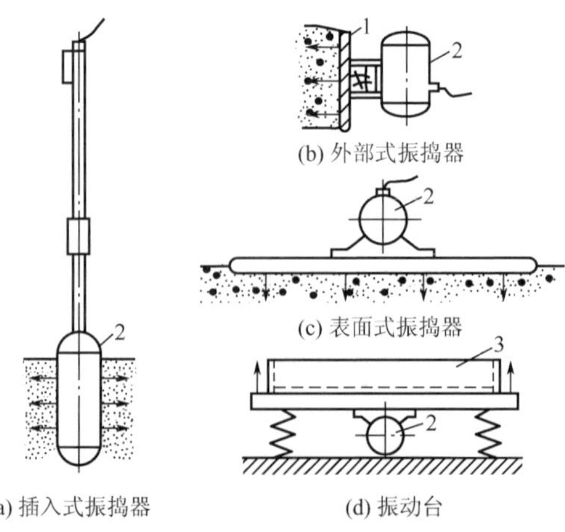

图 4.64 混凝土振捣器

1—模板；2—电动机；3—构件

(1) 插入式振捣器。根据使用的动力不同，插入式振捣器有电动式、风动式和内燃机式三类。其中，内燃机式仅用于无电源的场合；风动式因其能耗较大、不经济，同时风压和负载变化时会使振动频率显著改变，因而影响混凝土振捣密实质量，逐渐被淘汰。因此一般工程均采用电动式振捣器。电动插入式振捣器又分为三种类型，见表4-25。

表4-25 电动插入式振捣器

序号	名称	构造	适用范围
1	串励式振捣器	串励式电机拖动，直径18～50mm	小型构件
2	软轴振捣器	有偏心式、外滚道行星式、内滚道行星式，振捣棒直径25～100mm	除薄板以外的各种混凝土工程
3	硬轴振捣器	直联式，振捣棒直径80～133mm	大体积混凝土

① 电动软轴插入式振捣器，如图4.65所示。它的电动机和机械增速器（齿轮机构）安装在底盘上，通过软轴（由钢丝股制成）带动振动棒内的偏心轴高速旋转而产生振动。这种偏心轴式软轴振捣器，由于偏心轴旋转的振动频率受到制造上的限制，故振动频率不高，一般多应用在钢筋密集、结构单薄的部位。

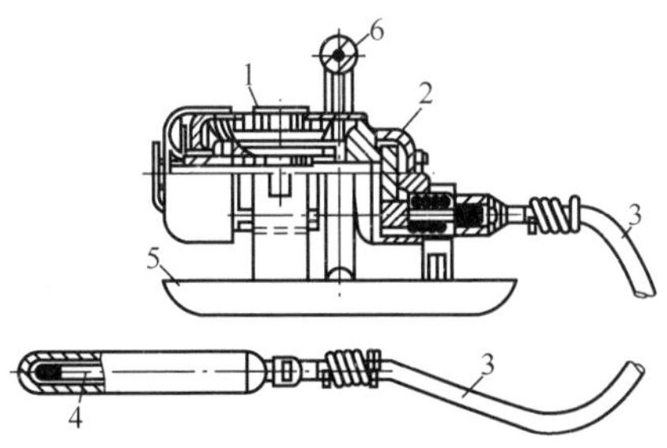

图4.65 电动软轴插入式振动器

1—电动机；2—机械增速器；3—软轴；4—振动棒；5—底盘；6—手柄

② 电动硬轴插入式振捣器。该振捣器的电动机装在振动棒内部，直接与偏心块振动机构相连，如图4.66所示，同时采用低压变频装置代替机械增速器，以保证工人安全操作和提高振捣器的振动频率。

电动硬轴插入式振捣器构造比较简单，使用方便，其振动影响半径大（35～60cm），振捣效果好，故在大体积混凝土浇筑中应用最普遍。常见型号有国产HZ6P-800、HZ6X-30型，电动机电压为30～42V。

(2) 外部式振捣器。外部式振捣器包括附着式、平板（梁）式及振动台三种类型。其中，平板（梁）式振捣器有两种形式：一种是在上述附着式振捣器底座上用螺栓紧固一块木板或钢板（梁），通过附着式振捣器所产生的激振力传递给振板，迫使振板振动而振实混凝土，如图4.67所示；另一种是定型的平板（梁）式振捣器，振板为钢制槽形（梁形）振板，上有把手，便于边振捣、边拖行，更适用于大面积的振捣作业。

(3) 振动台。混凝土振动台，又称台式振捣器。其机架一般支撑在弹簧上，机架下装有激振器，机架上安置成型制品的钢模板，模板内装有混凝土拌合物。在激振器的作用下，机架连同模板及混合料一起振动，使混凝土拌合物密实成型。

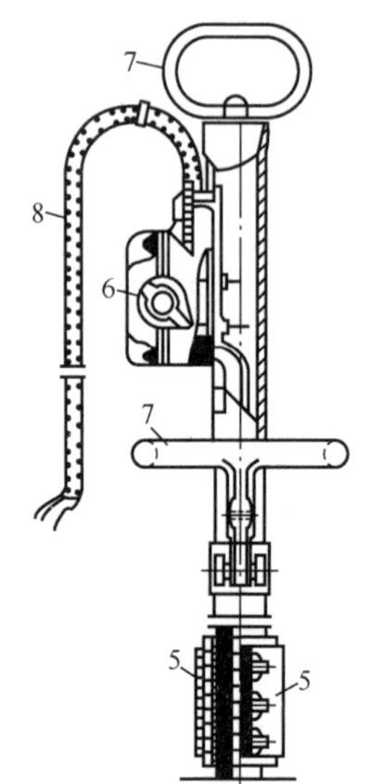

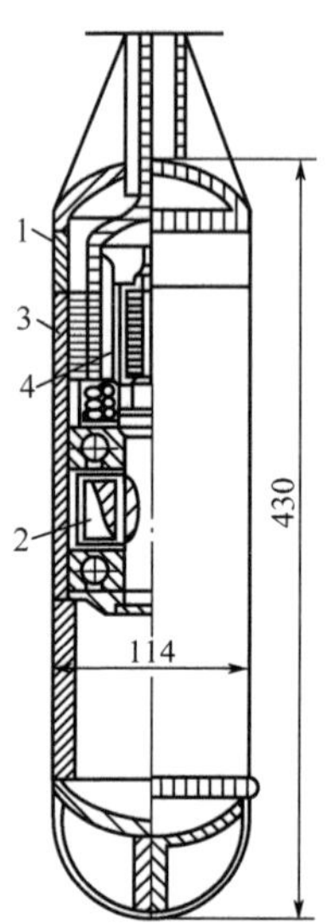

图 4.66　电动硬轴插入式振捣器

1—振动棒外壳；2—偏心块；3—电动机定子；4—电动机转子；
5—橡皮弹性连接器；6—电路开关；7—把手；8—外接电源

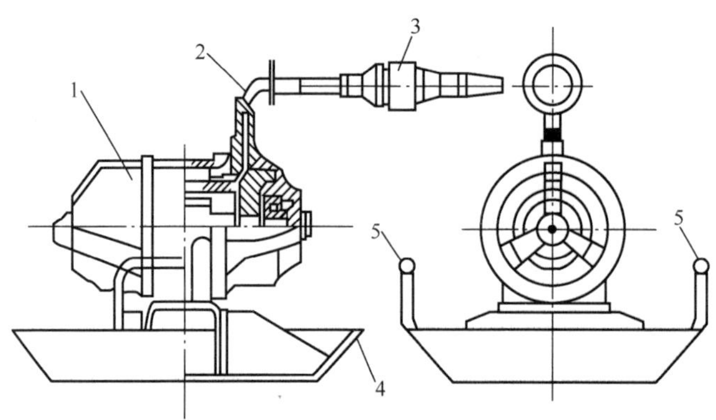

图 4.67　槽形平板式振捣器

1—振动电动机；2—电缆；3—电缆接头；4—钢制槽形振板；5—手柄

【参考视频】

2）振捣器的使用与振实判断

下面分别对插入式、外部式振捣器、振动台的使用及振实判断进行说明。

(1) 插入式振捣器。用插入式振捣器振捣混凝土，应按一定顺序和间距，逐点插入进行振捣。每个插点振捣时间一般需要 20～30s，实际操作时的振实标准是：混凝土表面不再显著下沉，不出现气泡，并在表面出现一层薄而均匀的水泥浆。如振捣时间不够，则达不到要求；过振则骨料下沉、砂浆上翻，产生离析。

振捣器的有效振动范围，用振动作用半径 R 表示。R 值的大小与混凝土坍落度和振捣器性能有关，可经试验确定，一般为 30～50cm。

为了避免漏振，插入点之间的距离不能过大。要求相邻插点间距不应大于其影响半径的1.5～1.75倍，如图4.68所示。在布置振捣器插点位置时，还应注意不要碰到钢筋和模板。但离模板的距离也不要大于20～30cm，以免因漏振使混凝土表面出现蜂窝、麻面。

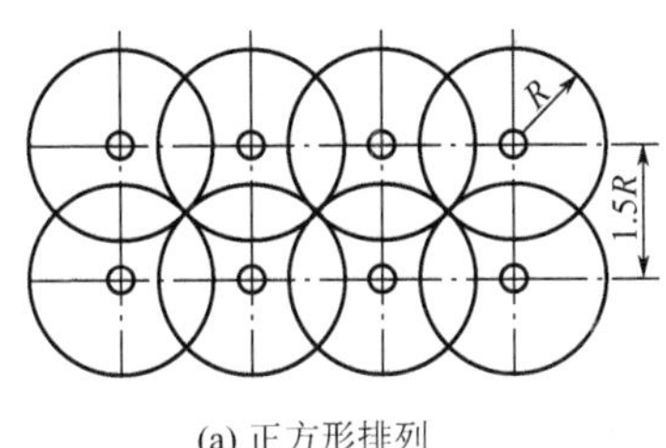

(a) 正方形排列

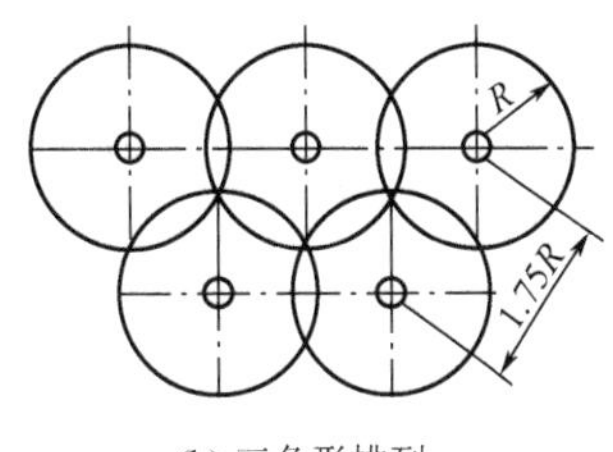

(b) 三角形排列

图4.68 振捣器插入点排列示意图

在每个插点进行振捣时，振捣器要垂直插入，快插慢拔，并插入下层混凝土5～10cm，以保证上、下层混凝土结合。

(2) 外部式振捣器。以常见的附着式振捣器为例，附着式振捣器安装时应保证转轴水平或垂直，如图4.69所示。在一个模板上安装多台附着式振捣器同时进行作业时，各振捣器频率必须保持一致，相对安装的振捣器的位置应错开。振捣器所装置的构件模板，要坚固牢靠，构件的面积应与振捣器的额定振动板面积相适应。

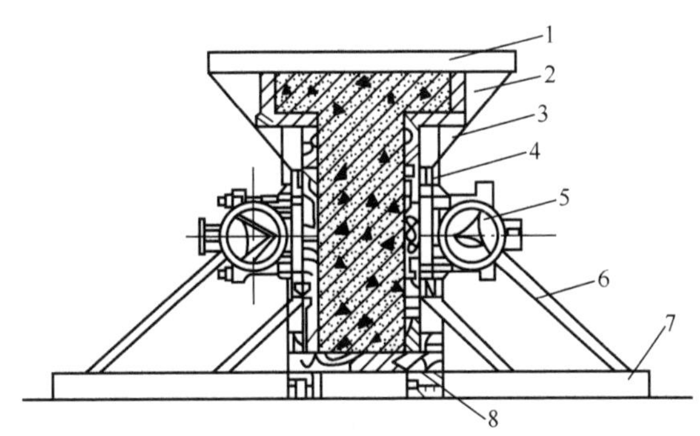

图4.69 附着式振捣器的安装

1—模板面；2—模板；3—角撑；4—夹木枋；5—附着式振动器；
6—斜撑；7—底横枋；8—纵向底枋

(3) 振动台。其是一种强力振动成型机械装置，必须安装在牢固的基础上，地脚螺栓应有足够的强度并拧紧。在振捣作业中，必须安置牢固可靠的模板锁紧夹具，以保证模板和混凝土与台面一起振动。

4. 混凝土的养护与拆模

1) 混凝土的养护

混凝土浇筑完毕后，在一个相当长的时间内，应保持其适当的温度和足够的湿度，形成混凝土良好的硬化条件，这就是混凝土的养护工作。混凝土表面水分不断蒸发，如不设法防止水分损失，水化作用未能充分进行，混凝土的强度将受到影响，还可能产生干缩裂缝。因此混凝土养护的目的，一是创造有利条件，使水泥充分水化，加速混凝土的硬化；

二是防止混凝土成型后因曝晒、风吹、干燥等自然因素影响，出现不正常的收缩、裂缝等现象。

混凝土的养护方法分为自然养护和热养护两类，见表 4－26。养护时间取决于当地气温、水泥品种和结构物的重要性。

表 4－26 混凝土的养护

类别	名 称	说 明
自然养护	洒水（喷雾）养护	在混凝土面不断洒水（喷雾），保持其表面湿润
	覆盖浇水养护	在混凝土面覆盖湿麻袋、草袋、湿砂、锯末等，不断洒水保持其表面湿润
	围水养护	四周围成土埂，将水蓄在混凝土表面
	铺膜养护	在混凝土表面铺上薄膜，阻止水分蒸发
	喷膜养护	在混凝土表面喷上薄膜，阻止水分蒸发
热养护	蒸汽养护	利用热蒸汽对混凝土进行湿热养护
	热水（热油）养护	将水或油加热，将构件搁置在其上养护
	电热养护	对模板加热或微波加热养护
	太阳能养护	利用各种罩、窑、集热箱等封闭装置对构件进行养护

2）混凝土的拆模

模板拆除日期取决于混凝土的强度、模板的用途、结构的性质及混凝土硬化时的气温。不承重的侧模，在混凝土强度能保证其表面棱角不因拆除模板而受损坏时，即可拆除。承重模板，如梁、板等底模，应待混凝土达到规定强度后，方可拆除。结构的类型跨度不同，其拆模强度不同，底模拆除时对混凝土强度要求，见表 4－1。

已拆除承重模板的结构，应在混凝土达到规定的强度等级后，才允许承受全部设计荷载。拆模后应由监理（建设）单位、施工单位对混凝土的外观质量和尺寸偏差进行检查，并做好记录。如发现缺陷，应进行修补。对面积小、数量不多的蜂窝或露石的混凝土，应先用钢丝刷或压力水洗刷基层，然后用（1∶2）～（1∶2.5）的水泥砂浆抹平；对较大面积的蜂窝、露石、露筋情况应按其全部深度凿去薄弱的混凝土层，然后用钢丝刷或压力水冲刷，再用比原混凝土强度等级高一个级别的细骨料混凝土填塞，并仔细捣实。对影响结构性能的缺陷，应与设计单位研究处理。

4.3.4 混凝土的质量检查与缺陷防治

【参考视频】

1. 混凝土的质量检查

混凝土的质量检查内容如下。

（1）施工过程中的质量检查，即在混凝土制备和浇筑过程中对原材料的质量、配合比、坍落度等的检查，每一工作班至少检查两次，如遇特殊情况还应及时进行抽查。混凝土的搅拌时间应随时检查。

（2）混凝土养护后的质量检查，主要指混凝土的立方体抗压强度检查。混凝土的抗压强度应以标准立方体试件（边长150mm）的检测结果为准，即在标准条件下：温度（20±3）℃和相对湿度90%以上的湿润环境，养护28d后测得的具有95%保证率的抗压强度。

（3）结构混凝土的强度等级必须符合设计要求。

（4）现浇混凝土结构的允许偏差，应符合规范规定；当有专门规定时，尚应符合相应的规定。

（5）混凝土表面外观质量要求：不应有蜂窝、麻面、孔洞、露筋、缝隙及夹层、缺棱掉角和裂缝等。

2. 现浇混凝土结构的质量缺陷及产生原因

1）现浇混凝土结构的外观质量缺陷的确定

现浇混凝土结构的外观质量缺陷，应由监理（建设）单位、施工单位等各方根据其对结构性能和使用功能影响的严重程度，按规范确定。

2）现浇混凝土质量缺陷产生的原因

现浇混凝土质量缺陷产生的原因主要有以下几种。

（1）蜂窝。可能原因是：混凝土配合比不准确，浆少而石子多，或搅拌不均造成砂浆与石子分离，或浇筑方法不当，或振捣不足，或模板严重漏浆等。

（2）麻面。可能原因是：模板表面粗糙不光滑、模板湿润不够、接缝不严密、振捣时发生漏浆等。

（3）露筋。可能原因是：浇筑时垫块位移、漏放或钢筋紧贴模板，或者因混凝土保护层处漏振或振捣不密实而造成露筋。

（4）孔洞。可能原因是：混凝土结构内存在空隙，砂浆严重分离，石子成堆，砂与水泥分离。另外，有泥块等杂物掺入也会形成孔洞。

（5）缝隙和薄夹层。可能原因是：混凝土内部处理不当的施工缝、温度缝和收缩缝，以及混凝土内有外来杂物而造成的夹层。

（6）裂缝。可能原因是：构件制作时受到剧烈振动，混凝土浇筑后模板变形或沉陷，混凝土表面水分蒸发过快，养护不及时等，以及构件堆放、运输、吊装时位置不当或受到碰撞。

3）产生混凝土强度不足的原因

产生混凝土强度不足的原因可能有以下几个。

（1）配合比设计方面有时不能及时测定水泥的实际活性，影响了混凝土配合比设计的正确性。另外，套用混凝土配合比时选用不当及外加剂用量控制不准等，分离或浇筑方法不当，或振捣不足，以及模板严重漏浆，都有可能导致混凝土强度不足。

（2）搅拌方面任意增加用水量，配合比称料不准，搅拌时颠倒加料顺序及搅拌时间过短等造成搅拌不均匀，导致混凝土强度降低。

（3）现场浇捣方面主要是施工中振捣不实，以及发现混凝土有离析现象时，未能及时采取有效措施来纠正。

（4）养护方面主要是不按规定的方法、时间对混凝土进行妥善的养护，以致造成混凝土强度降低。

3. 混凝土质量缺陷的防治与处理

混凝土质量缺陷的防治与处理方法如下。

(1) 表面抹浆修补。对数量不多的小蜂窝、麻面、露筋、露石的混凝土表面，主要是保护钢筋和混凝土不受侵蚀，可用（1∶2）～（1∶2.5）水泥砂浆抹面修整。

(2) 细石混凝土填补。当蜂窝比较严重或露筋较深时，应取掉不密实的混凝土，用清水洗净并充分湿润后，再用比原强度等级高一级的细石混凝土填补并仔细捣实。

(3) 水泥灌浆与化学灌浆。对于宽度大于 0.5mm 的裂缝，宜采用水泥灌浆；对于宽度小于 0.5mm 的裂缝，宜采用化学灌浆。

课题 4.4　预应力混凝土工程施工

4.4.1　先张法预应力混凝土施工

【参考图文】

先张法是在浇筑混凝土之前张拉钢筋（钢丝）产生预应力，一般用于预制梁、板等构件。预应力混凝土板生产工艺流程如图 4.70 所示。先张法一般用于预制构件厂生产定型的中小型构件，如楼板、屋面板、檩条及吊车梁等。

先张法生产时，可采用台座法和机组流水法。采用台座法时，预应力筋的张拉、锚固，混凝土的浇筑、养护及预应力筋放松等均在台座上进行；预应力筋放松前，其拉力由台座承受。采用机组流水法时，构件连同钢模通过固定的机组，按流水方式完成（张拉、锚固、混凝土浇筑和养护）每一生产过程；预应力筋放松前，其拉力由钢模承受。

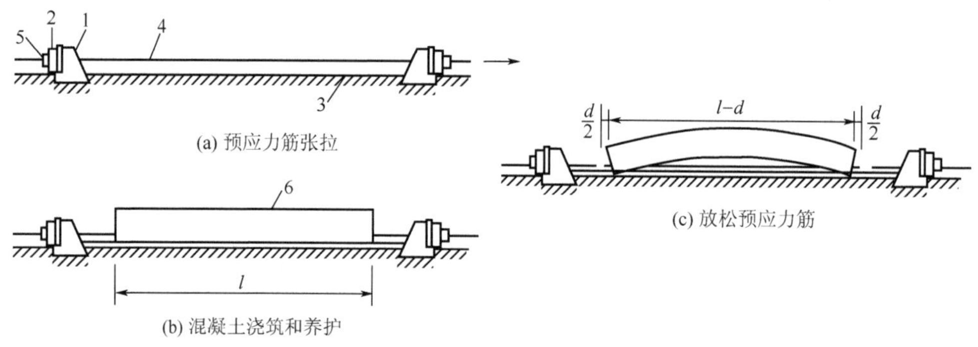

图 4.70　先张法生产预应力混凝土板

1—台座；2—横梁；3—台面；4—预应力筋；5—夹具；6—构件

1. 先张法施工准备

1) 台座

台座由台面、横梁和承力结构等组成，是先张法生产的主要设备。预应力筋的张拉、锚固，混凝土的浇筑、振捣和养护，以及预应力筋的放张等全部施工过程都是在台座上完成的；预应力筋放松前，台座承受全部预应力筋的拉力。因此，台座应有足够的强度、刚度和稳定性。台座一般采用墩式台座和槽式台座。

槽式台座由端柱、传力柱、横梁和台面组成，如图 4.71 所示。槽式台座既可承受拉力，又可作蒸汽养护槽，适用于张拉吨位较高的大型构件，如屋架、吊车梁等。槽式台座需进行强度和稳定性计算。端柱和传力柱的强度按钢筋混凝土结构偏心受压构件计算。槽式台座端柱抗倾覆力矩由端柱、横梁自重力矩及部分张拉力矩组成。

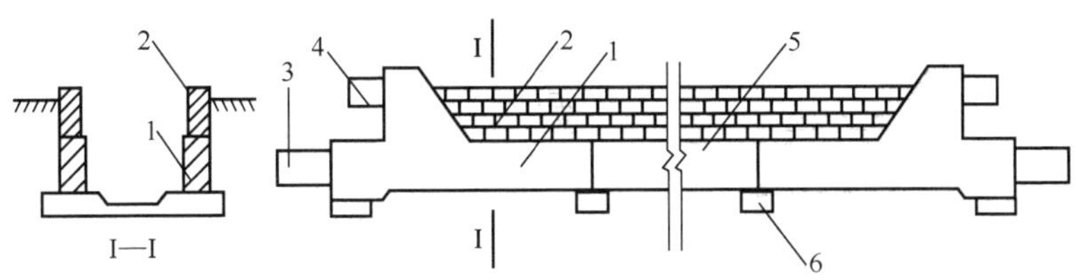

图 4.71 槽式台座

1—钢筋混凝土端柱；2—砖墙；3—下横梁；4—上横梁；5—传力柱；6—柱垫

2）夹具

夹具是先张法构件施工时保持预应力筋拉力，并将其固定在张拉台座（或设备）上的临时性锚固装置，按其工作用途不同分为锚固夹具和张拉夹具。

(1) 钢丝锚固夹具分为锥形夹具（图 4.72）和镦头夹具（图 4.73）。

钢筋锚固夹具常用圆套筒三片式夹具，由套筒和夹片组成，如图 4.74 所示。

(2) 张拉夹具是夹持住预应力筋后，与张拉机械连接起来进行预应力筋张拉的机具。常用的张拉夹具有月牙形夹具、偏心式夹具、楔形夹具等，如图 4.75 所示，适用于张拉钢丝和直径 16mm 以下的钢筋。

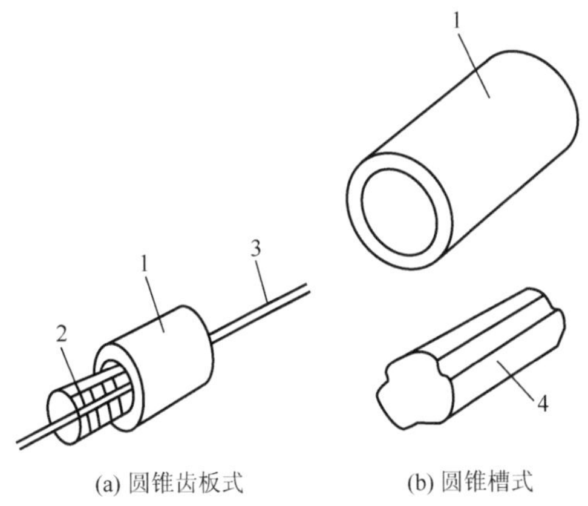

图 4.72 钢质锥形夹具

1—套筒；2—齿板；3—钢丝；4—锥塞

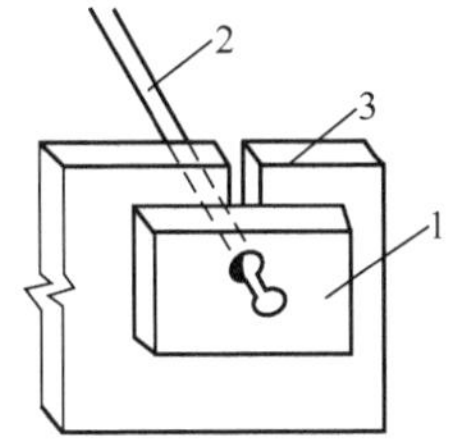

图 4.73 镦头夹具

1—垫片；2—镦头钢丝；3—承力板

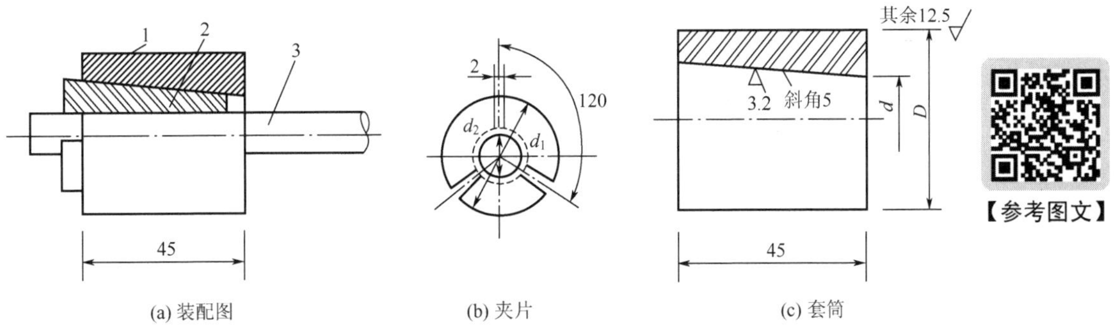

图 4.74 圆套筒三片式夹具

1—套筒；2—夹片；3—预应力钢筋

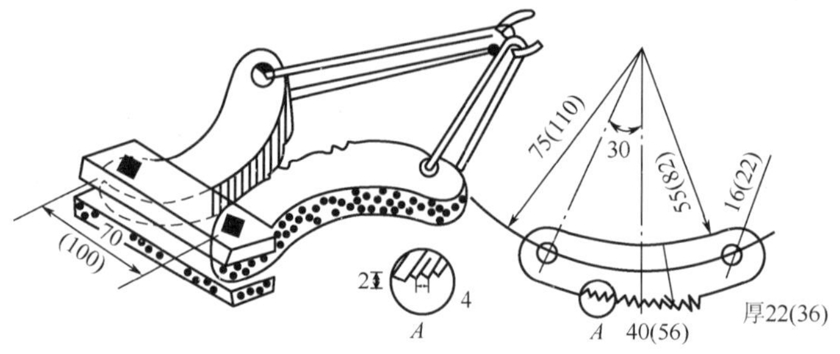

(a) 月牙形夹具

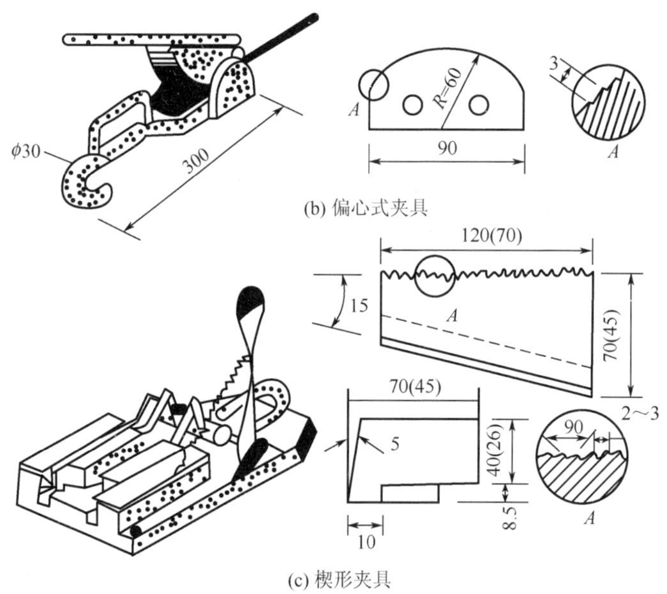

(b) 偏心式夹具

(c) 楔形夹具

图 4.75 张拉夹具

3）张拉设备

张拉设备的张拉力应不小于预应力筋张拉力的 1.5 倍；张拉设备的张拉行程不小于预应力筋伸长值的 1.1～1.3 倍。

【参考图文】

钢丝张拉分单根张拉和成组张拉。用钢模以机组流水法或传送带法生产构件时，常采用成组钢丝张拉。在台座上生产构件一般采用单根钢丝张拉，可采用电动卷扬机、电动螺杆张拉机进行张拉。

钢筋张拉设备一般采用千斤顶，张拉时，高压油泵启动，从后油嘴进油，前油嘴回油，被偏心夹具夹紧的钢筋随液压缸的伸出而被拉伸。

2. 先张法施工工艺

先张法施工工艺如下。

1）张拉控制应力和张拉程序

张拉控制应力是指在张拉预应力筋时所达到的规定应力，应按设计规定采用。控制应力的数值直接影响预应力的效果。

施工中预应力筋需要超张拉时，可比设计要求提高 3%～5%，但其最大张拉控制应力不得超过规定。

张拉程序可按下列之一进行：

$$0 \rightarrow 105\%\sigma_{con} \xrightarrow{\text{持荷 2min}} \sigma_{con} \tag{4-7}$$

或

$$0 \rightarrow 103\%\sigma_{con} \tag{4-8}$$

式中：σ_{con}——预应力筋的张拉控制应力。

为了减少应力松弛损失，预应力钢筋宜采用式(4-7)。

预应力钢丝张拉工作量大时，宜采用式(4-8)。

张拉设备应配套校验，以确定张拉力与仪表读数的关系曲线，保证张拉力的准确，每半年校验一次。设备出现反常现象或检修后应重新校验。张拉设备宜定岗负责，专人专用。

2）预应力筋（丝）的铺设

长线台座面（或胎模）在铺放钢丝前，应清扫并涂刷隔离剂。隔离剂一般选用皂角水溶性隔离剂，具有易干燥、污染钢筋易清除的特点。涂刷应均匀，不得漏涂，待其干燥后，铺设预应力筋，一端用夹具锚固在台座横梁的定位承力板上，另一端卡在台座张拉端的承力板上待张拉。在生产过程中，应防止雨水或养护水冲刷掉台面隔离剂。

3. 预应力筋的张拉

1）张拉前的准备

核查预应力筋的品种、级别、规格、数量（排数、根数）是否符合设计要求；预应力筋的外观质量应全数检查，预应力筋应展开平顺，没有弯折，表面无裂纹、小刺、机械损伤、氧化铁皮和油污等；张拉设备应完好，测力装置校核准确；横梁、定位承力板应贴合及严密稳固；预应力筋张拉后，对设计位置的偏差不得大于5mm，也不得大于构件截面最短边长的4%；在浇筑混凝土前发生断裂或滑脱的预应力筋必须予以更换；张拉、锚固预应力筋应专人操作，实行岗位责任制，并做好预应力筋张拉记录；在已张拉钢筋（丝）上进行绑扎钢筋、安装预埋铁件、支撑安装模板等操作时，要防止踩踏、敲击或碰撞钢筋（丝）。

2）混凝土的浇筑与养护

为了减少混凝土的收缩和徐变引起的预应力损失，在确定混凝土配合比时，应优先选用干缩性小的水泥，采用低水灰比，控制水泥用量，对骨料采取良好的级配等技术措施。预应力筋张拉、绑扎、预埋铁件安装及立模工作完成后，应立即浇筑混凝土，每条生产线应一次连续浇筑完成。采用机械振捣密实时，要避免碰撞钢筋（丝）。混凝土未达到一定强度前，不允许碰撞或踩踏钢筋（丝）。预应力混凝土可采用自然养护或湿热养护，自然养护不得少于14d。干硬性混凝土浇筑完毕后，应立即覆盖进行养护。当预应力混凝土采用湿热养护时，要尽量减少由于温度升高而引起的预应力损失。为了减少温差造成的应力损失，采用湿热养护时，在混凝土未达到一定强度前，温差不要太大，一般不超过20℃。

4. 预应力筋放张

1）放张顺序

预应力筋放张时，应缓慢放松锚固装置，使各根预应力筋缓慢放松；预应力筋放张顺序应符合设计要求，当设计未规定时，要求承受轴心预应力构件的所有预应力筋应同时放张；承受偏心预压力构件，应先同时放张预压力较小区域的预应力筋，再同时放张预压力较大区域的预应力筋。长线台座生产的钢弦构件，剪断钢筋（丝）宜从台座中部开始；叠层生产的预应力构件，宜按自上而下的顺序进行放松；板类构件放松时，应从两边逐渐向中心进行。

2）放张方法

对于中小型预应力混凝土构件，预应力筋的放张宜从生产线中间处开始，以减少回弹量且有利于脱模；对于构件，应从外向内对称、交错逐根放张，以免构件扭转、端部开裂或钢丝断裂。放张单根预应力筋，一般采用千斤顶放张，构件预应力筋较多时，整批同时放张可采用砂箱、楔块等放松装置。

4.4.2 后张法预应力混凝土施工

【参考视频】

后张法是在混凝土浇筑的过程中，预留孔道，待混凝土构件达到设计强度后，在孔道内穿主要受力钢筋，张拉锚固建立预应力，并在孔道内进行压力灌浆，用水泥浆包裹保护预应力钢筋。后张法主要用于制作大型吊车梁、屋架及用于提高闸墩的承载能力。其工艺流程如图 4.76 所示。

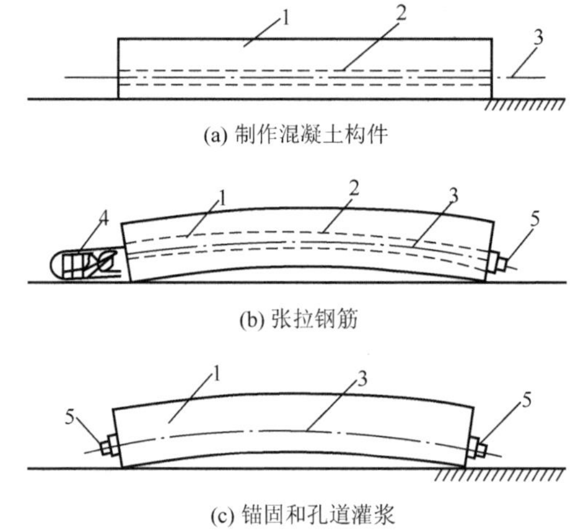

图 4.76 后张法预应力混凝土生产示意图

1—混凝土构件；2—预留孔道；3—预应力筋；4—千斤顶；5—锚具

1. 预应力筋锚具和张拉机具

1）单根粗钢筋锚具

单根粗钢筋的预应力筋，如果采用一端张拉，则在张拉端用螺丝端杆锚具，固定端用帮条锚具或镦头锚具；如果采用两端张拉，则两端均用螺丝端杆锚具。螺丝端杆锚具如图 4.77 所示。镦头锚具由镦头和垫板组成。

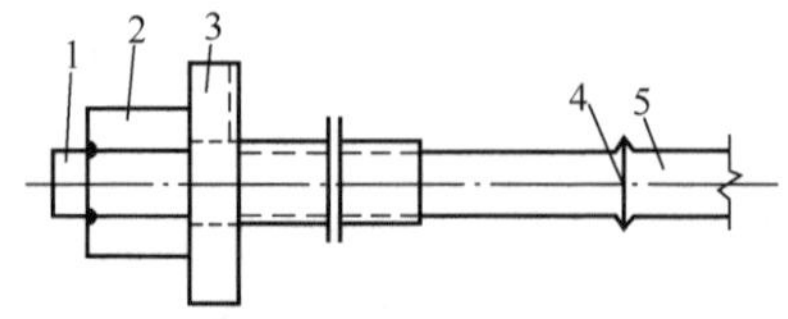

图 4.77 螺丝端杆锚具

1—端杆；2—螺母；3—垫板；4—焊接接头；5—钢筋

2）张拉设备

与螺丝端杆锚具配套的张拉设备为拉杆式千斤顶，常用的有 YL20 型、YL60 型油压千斤顶。YL60 型千斤顶是一种通用型的拉杆式液压千斤顶，适用于张拉采用螺丝端杆锚具的粗钢筋、锥形螺杆锚具的钢丝束及镦头锚具的钢筋束。

单根粗钢筋预应力筋的制作，包括配料、对焊、冷拉等工序。预应力筋的下料长度应通过计算确定，计算时要考虑结构构件的孔道长度、锚具厚度、千斤顶长度、焊接接头或镦头的预留量、冷拉伸长值、弹性回缩值等。如图 4.78 所示，两端用螺丝端杆锚具的预应力筋的下料长度计算公式为

$$L=\frac{l_1+2(l_2-l_3)}{1+\gamma-\delta}+n\Delta \tag{4-9}$$

式中：L——预应力筋钢筋部分的下料长度，mm；

l_1——构件孔道长度，mm；

l_2——螺丝端杆外露长度，一般取 120～150mm；

l_3——螺丝端杆锚具长度，mm；

γ——预应力筋的冷拉率（由试验确定）；

δ——预应力筋的冷拉弹性回缩率（一般为 0.4%～0.6%）；

n——对焊接头数量；

Δ——每个对焊接头的压缩量（可取一倍预应力筋直径），mm。

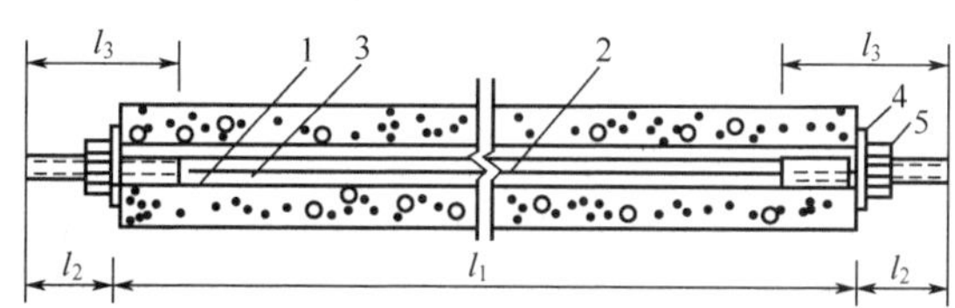

图 4.78 粗钢筋下料长度计算示意图

1—螺丝端杆；2—预应力钢筋；3—对焊接头；4—垫板；5—螺母

3）钢筋束、钢绞线锚具

钢筋束、钢绞线采用的锚具有 JM 型、XM 型、QM 型和镦头锚具。JM 型锚具由锚环与夹片组成。

钢筋束所用钢筋是圆盘状供应的，不需要对焊接头。钢筋束或钢绞线束预应力筋的制作包括开盘冷拉、下料、编束等工序。预应力钢筋束下料应在冷拉后进行。当采用镦头锚具时，则应增加镦头工序。

当采用 JM 型或 XM 型锚具，用穿心式千斤顶张拉时，钢筋束和钢丝束的下料长度应等于构件孔道长度加上两端为张拉、锚固所需的外露长度。

4）钢丝束锚具

钢丝束用做预应力筋时，是由几根到几十根直径 3～5mm 的平行碳素钢丝组成的。其固定端采用钢丝束镦头锚具，张拉端采用锥形螺杆锚具，如图 4.79 所示。锥形螺杆锚具用于锚固 14、16、20、24 或 28 根直径为 5mm 的碳素钢丝。

锥形螺杆锚具、钢丝束镦头锚具宜采用拉杆式千斤顶（YL60 型）或穿心式千斤顶（YC60 型）张拉锚固。

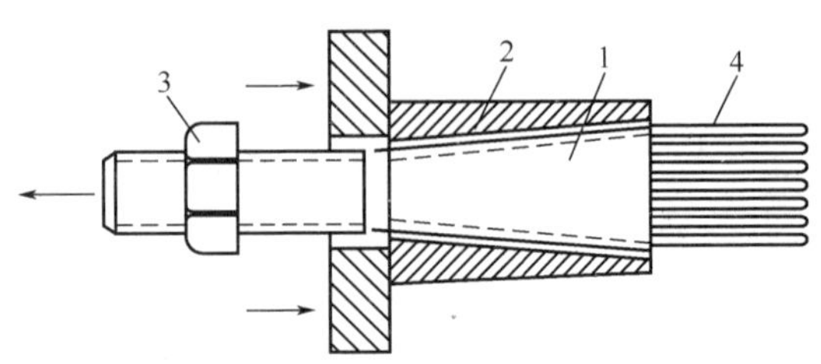

图 4.79　锥形螺杆锚具

1—螺杆锚具；2—套筒；3—螺帽；4—预应力钢丝束

钢丝束制作一般需经调直、下料、编束和安装锚具等工序。当用钢质锥形锚具、XM型锚具时，钢丝束的制作和下料长度计算基本上与预应力钢筋束相同。用钢丝束镦头锚具锚固钢丝束时，其下料长度力求精确。采用镦头锚具时，将内圈和外圈钢丝分别用铁丝按次序编排成片，然后将内圈放在外圈内绑扎成钢丝束。

2. 后张法施工工艺

后张法施工工艺与预应力施工有关的是孔道留设、预应力筋张拉和孔道灌浆部分。

1）孔道留设

构件中留设孔道主要为穿预应力钢筋（束）及张拉锚固后灌浆用。孔道留设要求：孔道直径应保证预应力筋（束）能顺利穿过；孔道应按设计要求的位置、尺寸埋设准确、牢固，浇筑混凝土时不应出现移位和变形；在设计规定位置上留设灌浆孔；在曲线孔道的曲线波峰部位应设置排气兼泌水管，必要时可在最低点设置排水管；灌浆孔及泌水管的孔径应能保证浆液畅通。

【参考视频】

预留孔道形状有直线、曲线和折线形，孔道留设方法有钢管抽芯法、胶管抽芯法和预埋管法等。

2）预应力筋张拉

预应力筋的张拉控制应力应符合设计要求，施工时预应力筋若需超张拉，可比设计要求提高3%～5%。

将成束的预应力筋一头对齐，按顺序编号套在穿束器上。预应力筋张拉顺序应按设计规定进行；如设计无规定时。应分批分阶段对称进行。屋架下弦杆预应力筋张拉顺序，如图4.80所示。吊车梁预应力筋采用两台千斤顶的张拉顺序，对配有多根不对称预应力筋的构件，应采用分批分阶段对称张拉，如图4.81所示。平卧重叠浇筑的预应力混凝土构件，张拉预应力筋的顺序是先上后下，逐层进行。

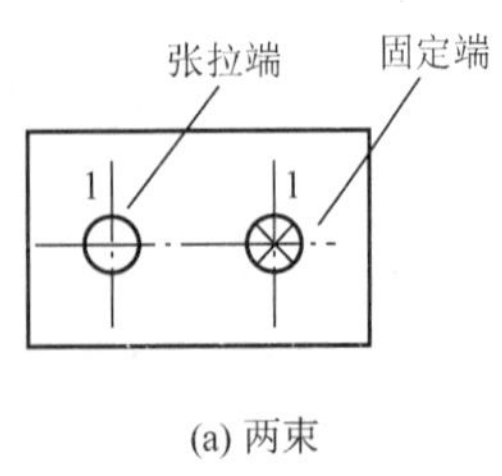

(a) 两束

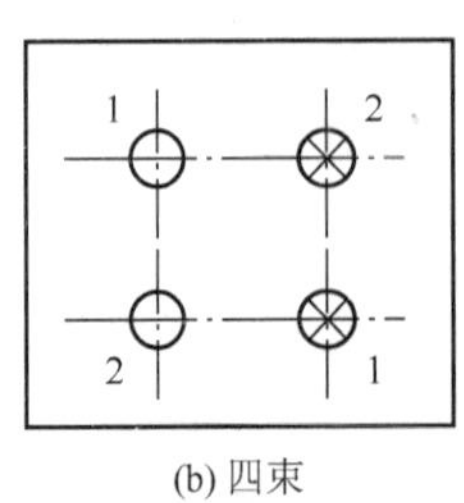

(b) 四束

图 4.80　屋架下弦杆预应力筋张拉顺序

1，2—预应力筋的分批张拉顺序

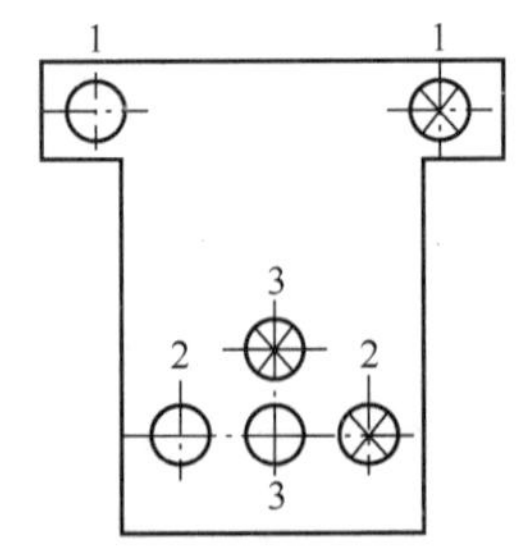

图 4.81　吊车梁预应力筋的张拉顺序

1，2，3—预应力筋的分批张拉顺序

预应力筋的张拉程序，主要根据构件类型、张锚体系、松弛损失取值等因素来确定。用超张拉方法减少预应力筋的松弛损失时，预应力筋的张拉程序宜为

$$0 \rightarrow 105\%\sigma_{con} \xrightarrow{\text{持荷 min}} \sigma_{con} \tag{4-10}$$

如果预应力筋张拉吨位不大，根数很多，而设计中又要求采取超张拉以减少应力松弛损失时，其张拉程序可为

$$0 \rightarrow 103\%\sigma_{con} \tag{4-11}$$

对于曲线预应力筋和长度大于 24m 的直线预应力筋，应采用两端同时张拉的方法；长度等于或小于 24m 的直线预应力筋，可一端张拉，但张拉端宜分别设置在构件两端。对预埋波纹管孔道曲线预应力筋和长度大于 30m 的直线预应力筋宜在两端张拉，长度等于或小于 30m 的直线预应力筋可在一端张拉。安装张拉设备时，对于直线预应力筋，应使张拉力的作用线与孔道中心线重合；对于曲线预应力筋，应使张拉力的作用线与孔道中心线末端的切线方向重合。

3）孔道灌浆

预应力筋张拉后，应立即用灰浆泵将水泥浆压灌到预应力孔道中去。灌浆用水泥浆应有足够的黏结力，且应有较大的流动性、较小的干缩性和泌水性。灌浆前，用压力水冲洗和湿润孔道。灌浆顺序应先下后上，以免上层孔道漏浆把下层孔道堵塞。灌浆工作应缓慢均匀连续进行，不得中断。

4.4.3 无黏结预应力混凝土施工

无黏结预应力混凝土是将无黏结预应力筋同普通钢筋一样铺设在结构模板设计位置上，用 20～22 号铁丝与非预应力钢丝绑扎牢靠后浇筑混凝土；待混凝土达到设计强度后，对无黏结预应力筋进行张拉和锚固，借助于构件两端锚具传递预压应力。

1）无黏结预应力筋

无黏结预应力筋是由 7 根 5mm 高强钢丝组成的钢丝束或扭结成的钢绞线，通过专门设备涂覆涂料层和包裹外包层构成的。涂料层一般采用防腐沥青。无黏结预应力混凝土中，锚具必须具有可靠的锚固能力，要求不低于无黏结预应力筋抗拉强度的 95%。

2）无黏结预应力筋的铺放与定位

铺设双向配筋的无黏结预应力筋时，应先铺设标高低的钢丝束，再铺设标高较高的钢丝束，以避免两个方向钢丝束相互穿插。无黏结预应力筋应在绑扎完底筋以后进行铺放，且铺放在电线管下面。

无黏结预应力筋常用钢丝束镦头锚具和钢绞线夹片式锚具。无黏结钢丝束镦头锚具张拉端钢丝束从外包层抽拉出来，穿过锚杯孔眼镦粗头。无黏结钢绞线夹片式锚具常采用 XM 型锚具，其固定端采用压花成型埋置在设计部位，待混凝土强度等级达到设计强度后，方能形成可靠的黏结式锚头。

混凝土强度达到设计强度时才能进行张拉，张拉程序采用 $0 \rightarrow 103\%\sigma_{con}$。锚具外包浇筑钢筋混凝土圈梁。

4.4.4 电热法施工工艺

电热法是利用钢筋热胀冷缩原理来张拉预应力筋的一种施工方法。电热法适用于冷拉 HRB400、RRB400 级钢筋或钢丝配筋的先张法、后张法和模外张拉构件。

课题 4.5 装配式钢筋混凝土工程施工

4.5.1 预制混凝土构件施工

1. 预制混凝土构件制作工艺

预制混凝土构件的制作过程包括模板的制作与安装，钢筋的制作与安装，混凝土的制备与运输，构件的浇筑振捣和养护、脱模与堆放等。

根据生产过程中组织构件成型和养护的不同特点，预制构件制作工艺可分为台座法、机组流水法和传送带法三种。

(1) 台座法。台座是表面光滑平整的混凝土地坪、胎模或混凝土槽。构件的成型、养护、脱模等生产过程都在台座上进行。

(2) 机组流水法。机组流水法是在车间内，根据生产工艺的要求将整个车间划分为几个工段，每个工段皆配备相应的工人和机具设备，构件的成型、养护、脱模等生产过程分别在有关的工段循序完成。

(3) 传送带法。模板在一条呈封闭环形的传送带上移动，各个生产过程都是在沿传送带循序分布的各个工作区中进行。

2. 预制混凝土构件模板

现场就地制作预制混凝土构件常用的模板有胎模、重叠支模、水平拉模等。预制厂制作预制构件常用的模板有固定式胎模、拉模、折页式钢模等。

(1) 胎模。胎模是指用砖或混凝土材料筑成构件外形的底模，它通常用木模作为边模，多用于生产预制梁、柱、槽形板及大型屋面板等构件，如图 4.82 所示。

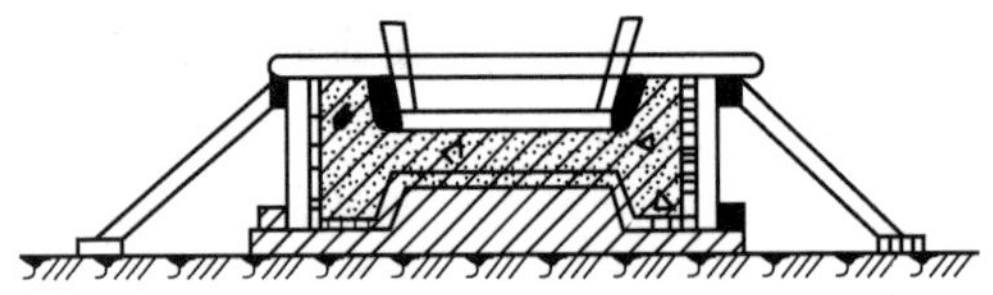

(a) 工字形柱砖胎模

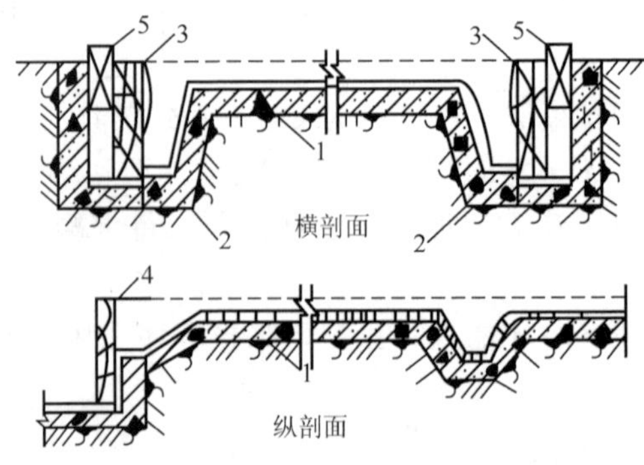

(b) 大型屋面板混凝土胎模

图 4.82 胎模

1—胎模；2—65mm×5mm 方木；3—侧模；4—端模；5—木楔

(2) 重叠支模。重叠支模如图 4.83(a) 所示，即利用先预制好的构件作底模，沿构件两侧安装侧模板后再制作同类构件。对于矩形、梯形柱和梁以及预制桩，还可以采用间隔重叠法施工，以节省侧模板，如图 4.83(b) 所示。

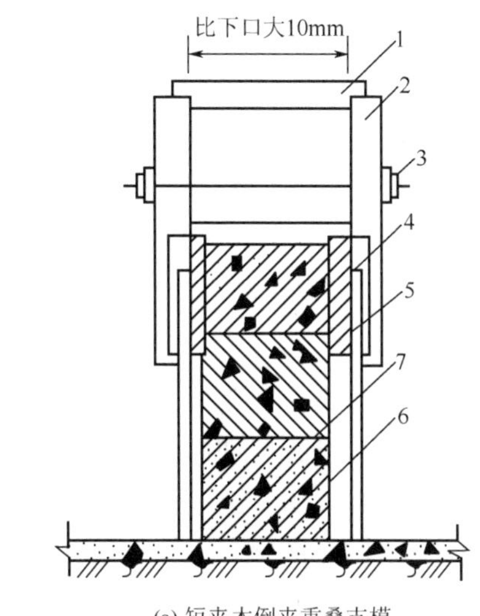

(a) 短夹木倒夹重叠支模

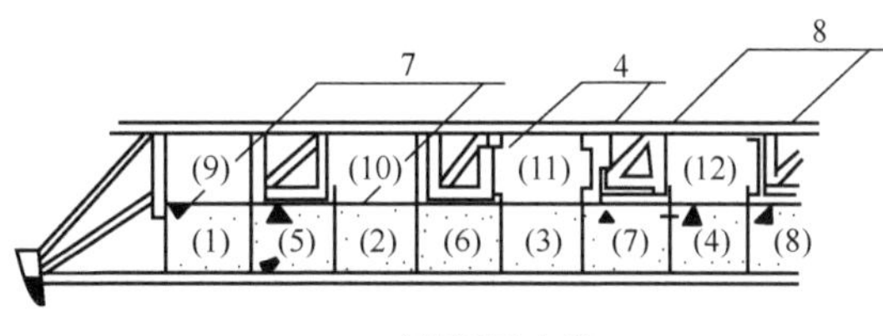

(b) 间隔重叠支模

图 4.83　重叠支模

1—临时撑头；2—短夹木；3—M12 螺栓；4—侧模；5—支脚；6—已捣构件；
7—隔离剂或隔离层；8—卡具

(3) 水平拉模。水平拉模由钢制外框架、内框架侧模与芯管、前后端头板、振动器、卷扬机抽芯装置等部分组成。内框架侧模、芯管和前端头板组装为一个整体，可整体抽芯和脱膜。

3. 预制混凝土构件的成型

预制混凝土构件常用的成型方法有振动法、挤压法、离心法等。

(1) 振动法。用台座法制作构件，使用插入式振动器和表面振动器振捣。加压的方法分为静态加压法和动态加压法。前者用一压板加压，后者是在压板上加设振动器加压。

(2) 挤压法。用挤压法连续生产预制混凝土构件有两种切断方法：一种是在混凝土达到可以放松预应力筋的强度时，用钢筋混凝土切割机整体切断；另一种是在混凝土初凝前用灰铲手工操作或用气割法、水冲法把混凝土切断。

(3) 离心法。离心法是将装有混凝土的模板放在离心机上，使模板以一定转速绕自身的纵轴旋转，模板内的混凝土由于离心力作用而远离纵轴，均匀分布于模板内壁，并将混凝土中的部分水分挤出，使混凝土密实。

4. 预制混凝土构件的养护

预制混凝土构件的养护方法有自然养护、蒸汽养护、热拌混凝土热模养护、太阳能养护、远红外线养护等。

自然养护成本低，简单易行，但养护时间长，模板周转率低，占用场地大，我国南方地区的台座法生产多用自然养护。

蒸汽养护可缩短养护时间，模板周转率相应提高，占用场地大大减少。蒸汽养护是将构件放置在有饱和蒸汽或蒸汽与空气混合物的养护室（或窑）内，在较高温度和湿度的环境中进行养护，以加速混凝土的硬化，使之在较短的时间内达到规定的强度标准值。

5. 预制混凝土构件的成品堆放

混凝土强度达到设计强度后方可起吊。先用撬棍将构件轻轻撬松脱离底模，然后起吊归堆。构件的移运方法和支撑位置，应符合构件的受力情况，防止损伤。构件堆放应符合下列要求。

(1) 堆放场地应平整夯实，并有排水措施。

(2) 构件应按吊装顺序，以刚度较大的方向堆放稳定。

(3) 重叠堆放的构件，标志应向外，堆垛高度应按构件强度、地面承载力、垫木强度及堆垛的稳定性确定，各层垫木的位置，应在同一垂直线上。

6. 预制混凝土构件的质量检验

预制混凝土构件，其外观质量、尺寸偏差及结构性能应符合标准图或设计的要求。

预制构件的外观不宜有一般缺陷，对已经出现的一般缺陷，应按技术处理方案进行处理，并重新检查验收。抽样数量为全数检查。

预制构件的尺寸偏差应符合有关规定。抽样数量：同一工作班生产的同类型构件，应抽查5%且不少于3件。预制构件与结构之间的连接应符合设计要求。

预制构件应进行结构性能检验。应按批对生产的构件进行抽检，同一工艺正常生产的不超过1000件且不超过3个月的同类型产品为一批。检验内容包括：钢筋混凝土构件和允许出现裂缝的预应力混凝土构件进行承载力、挠度和裂缝宽度检验；不允许出现裂缝的预应力混凝土构件进行承载力、挠度和抗裂检验；预应力混凝土构件中的非预应力杆件按钢筋混凝土构件的要求进行检验。

4.5.2 混凝土结构吊装

1. 吊装机具

1) 吊索具

吊索具有以下几种。

(1) 绳索。常用绳索有白棕绳、尼龙绳、钢丝绳。前两者适用于起重量不大的吊装工程或作辅助性绳索，后者强度高、韧性好、耐磨，广泛应用于吊装工程中。

① 白棕绳。白棕绳是用麻纤维经机械加工制成的。白棕绳的强度只有钢丝绳的10%左右，由于强度低，耐久性差，且易磨损，特别是在受潮后其强度会降低50%，因此仅用

于手动提升的小型构件（1000kg 以下）或作吊装临时牵引控制定位绳。捆绑构件时应用柔软垫片包角保护，以防被构件边角磨损。

② 钢丝绳。吊装用钢丝绳多用 6 股钢丝束和 1 根浸油麻绳芯组成，其中绳芯用以增加钢丝绳的挠性和弹性，绳芯中的油脂能润滑钢丝绳和防止钢丝生锈。一般分为 6×19、6×37、6×61 等几种，6×37 表示钢丝绳由 6 股钢丝束组成，每股含 37 根钢丝，其余类推。每股钢丝束所含的钢丝数越多其直径越小，则越柔软，但不耐磨损。6×19 的钢丝绳较硬，宜用于不受弯曲或可能遭到磨损的地方，如作缆风绳和拉索；6×37 和 6×61 的钢丝绳较柔软，可用作穿滑轮组的起重绳和制作捆物体用的千斤绳。

当钢丝绳磨损起刺，在任一截面中检查断丝数达到总丝数的 1/6 时，则该钢丝绳应做报废处理。经燃烧、通电等发生过高温的钢丝绳，强度削减很大，不宜再用作起重吊装。

使用钢丝绳时应注意：捆绑有棱角的构件，应用木板或草袋等衬垫，避免钢丝绳磨损；起吊前应检查绳扣是否牢固，起吊时如发现打结，要随时捋顺，以免钢丝产生永久性扭弯变形；定期对钢丝绳加润滑油，以减少磨损；存放在仓库里的钢丝绳应成圈排列，避免重叠堆放，库中应保持干燥，防止受潮锈蚀。

(2) 滑车及滑车组。滑车又名滑轮或葫芦，分定滑车和动滑车。定滑车安装在固定位置，只起改变绳索方向的作用；动滑车安装在运动的轴上，其吊钩与重物同时变位，起省力作用。定滑车和动滑车联合工作而成为滑车组，普遍用于起重机构中。

(3) 链条滑车。链条滑车又称神仙葫芦、倒链、手动葫芦或差动葫芦，由钢链、蜗杆或齿轮传动装置组成，装有自锁装置，能保持所吊物体不会自动下落，工作安全，适用于吊装构件，起重量有 1t、2t、3t、5t、7t 及 10t 等，如图 4.84 所示。

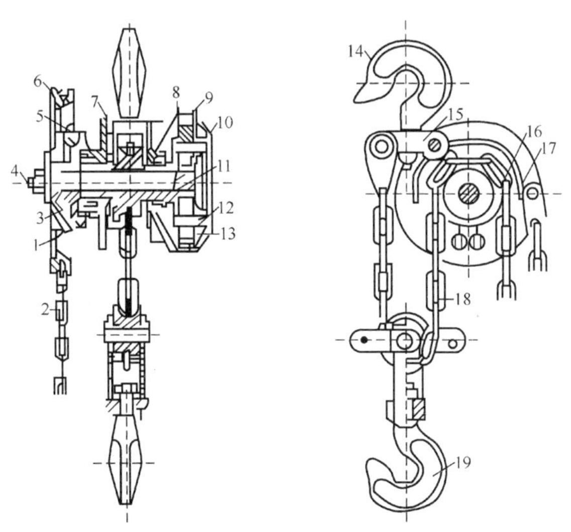

图 4.84 齿轮式链条滑车

1—摩擦垫圈；2—手链；3—圆盘；4—链轮轴；5—棘轮圈；6—牵引链轮；7—夹板；8—传动轮；9—齿圈；10—驱动装置；11—齿轮；12—轴心；13—行星齿轮；14—挂钩；15—横梁；16—起重星轮；17—保险簧；18—链条；19—吊钩

(4) 吊具。在吊装工程中最常用的吊具有吊钩、卸甲、绳卡、绳圈（鸭舌、马眼）等。为便于吊装各种构件，尽量使各种构件受力均匀和保持完好，可自制一些特制吊具，如吊梁（钢扁担）、蝴蝶铰、钢桁架、钢拉杆、钢吊轴等，如图 4.85 所示。这些吊具都要进行力学验算和试吊。

(5) 卷扬机。卷扬机有手摇式和电动式两种，一般常用电动式，电动卷扬机是电动机通过齿轮的传动变速机构来驱动卷筒，并设有磁吸式或手动的制动装置。卷扬机按拽引速度可分快速和慢速两种。快速卷扬机一般拽引速度为 30～50m/min，多用于混凝土、钢筋等的吊运；慢速卷扬机拽引速度为 7～15m/min，主要用于设备安装作业。

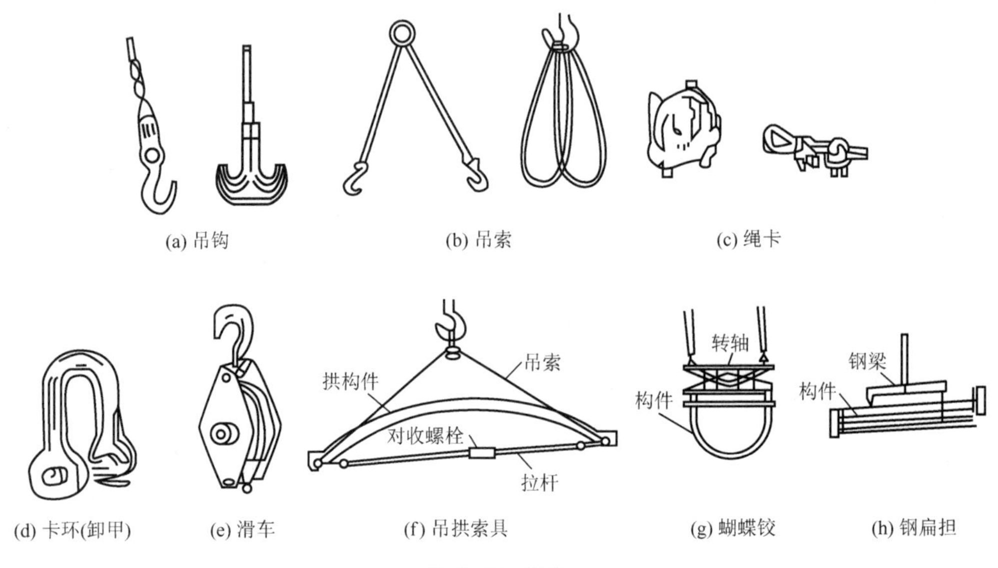

图 4.85　吊具

卷扬机与支撑面的安装定位，应平整牢固；卷扬机卷筒与导向滑轮中心线应对中。卷筒轴心线与滑轮轴心线的距离：光卷筒不应小于卷筒长的 20 倍；有槽卷筒不应小于卷筒长的 15 倍；钢丝绳应从卷筒下方卷入，卷扬机工作前，应检查钢丝绳、离合器、制动器、棘轮棘爪等，可靠无异常后方可开始吊运；重物长时间悬吊时，应用棘爪支住；吊运中突然停电时，应立即断开总电源，手柄扳回零位，并将重物放下，对无离合器手控制动的，应监护现场，防止意外事故发生。

(6) 锚碇。锚碇又称地锚或地龙，用来固定卷扬机、绞盘、缆风等，为起重机构稳定系统中的重要组部分。

2) 起重机械

结构吊装中常用的起重机械有自行杆式（履带式、汽车式或轮胎式）、塔式和桅杆式起重机三大类型。前两类已在前面做了介绍，桅杆式起重机是在缺少其他机械的情况下因地制宜，根据施工现场地形、构件形式和重量等条件自制简易的起重机构。

(1) 履带式起重机。履带式起重机是一种具有履带行走装置的全回转起重机，它利用两条面积较大的履带着地行走，由行走装置、回转机构、机身及起重臂等部分组成，如图 4.86 所示。

(2) 汽车式起重机。汽车式起重机是自行式全回转起重机，起重机构安装在汽车的通用或专用底盘上，如图 4.87 所示。

(3) 轮胎式起重机。轮胎式起重机是把起重机构安装在由加重型轮胎和轮轴组成的特制底盘上的一种全回转式起重机，如图 4.88 所示。

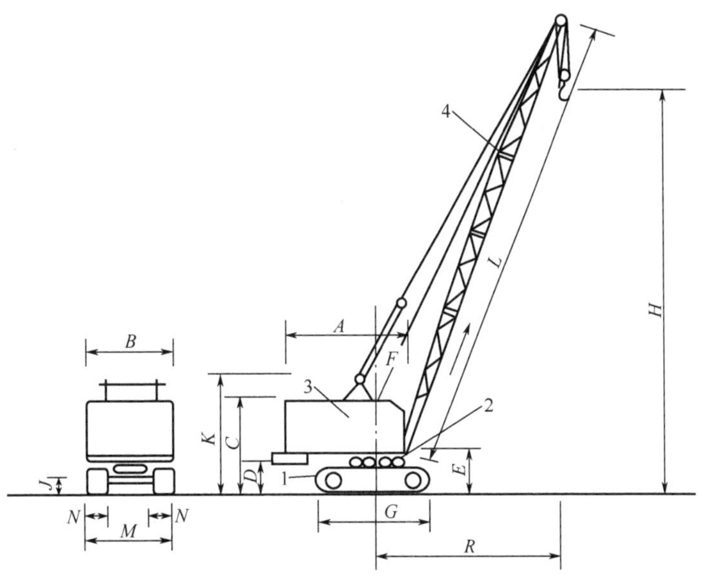

图 4.86 履带式起重机

1—行走装置；2—回转机构；3—机身；4—起重臂

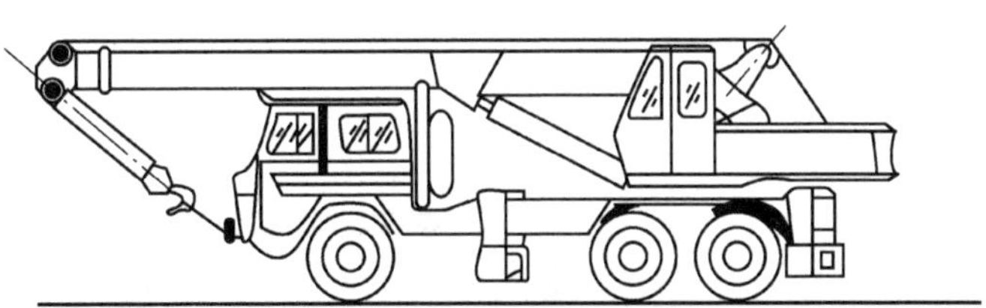

图 4.87 汽车式起重机

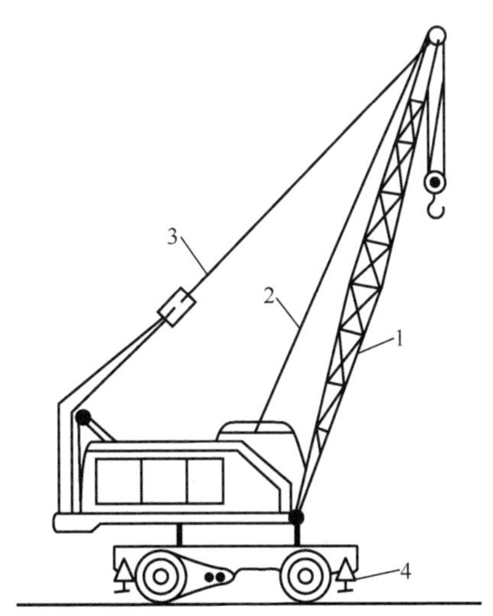

图 4.88 轮胎式起重机

1—起重杆；2—起重索；3—变幅索；4—支腿

(4) 塔式起重机。塔式起重机有一般式塔式起重机、附着式自升塔式起重机、爬升式塔式起重机等形式。

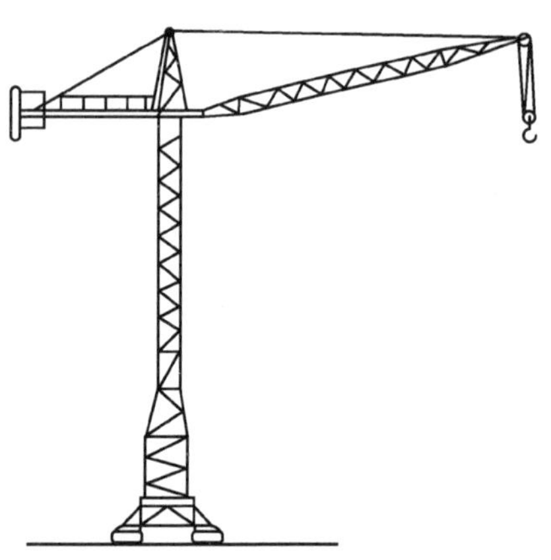
图 4.89　QT1-6 型塔式起重机

QT1-6 型塔式起重机为上回转动臂变幅式塔式起重机，适用于结构吊装及材料装卸工作，如图 4.89 所示。QT-60/80 型塔式起重机为上回转动臂变幅式塔式起重机，适于较高建筑的结构吊装。自升式塔式起重机的型号较多，如 QTZ50、QTZ60、QTZ100、QTZ120 等。

QT4-10 型多功能（可附着、可固定、可行走、可爬升）自升塔式起重机，是一种上旋转、小车变幅自升式塔式起重机，随着建筑物的增高，它可利用液压顶升系统而逐步自行接高塔身。自升塔式起重机的液压顶升系统主要包括顶升套架、长行程液压千斤顶、支撑座、顶升横梁、引渡小车、引渡轨道及定位销等。液压千斤顶的缸体装在塔式起重机上部结构的底端支撑座上，活塞杆通过顶升横梁支撑在塔身顶部。

爬升式塔式起重机特点是：塔身短，起升高度大而且不占建筑物的外围空间；但司机作业时看不到起吊过程，全靠信号指挥，施工完成后拆塔工作处于高空作业等。爬升式塔式起重机如图 4.90 所示，其主要型号有 QT5-4/40 型、QT5-4/60 型、QT3-4 型等。

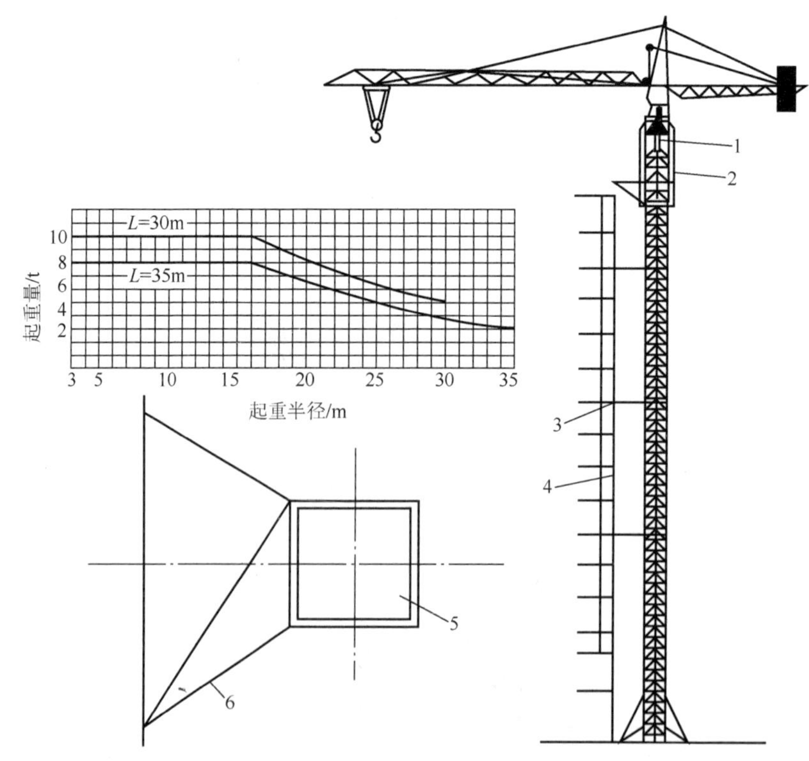

图 4.90　爬升式塔式起重机

1—液压千斤顶；2—顶升套架；3—锚固装置；4—建筑物；5—塔身；6—附着杆

(5) 桅杆式起重机。建筑工程中常用的桅杆式起重机有独脚拔杆、人字拔杆、悬臂拔杆和牵缆式桅杆起重机等(图 4.91)。桅杆式起重机制作简单，装拆方便，起重量较大，受地形限制小，能用于其他起重机械不能安装的一些特殊工程和设备；但这类机械的服务半径小，移动困难，需要较多的缆风绳。

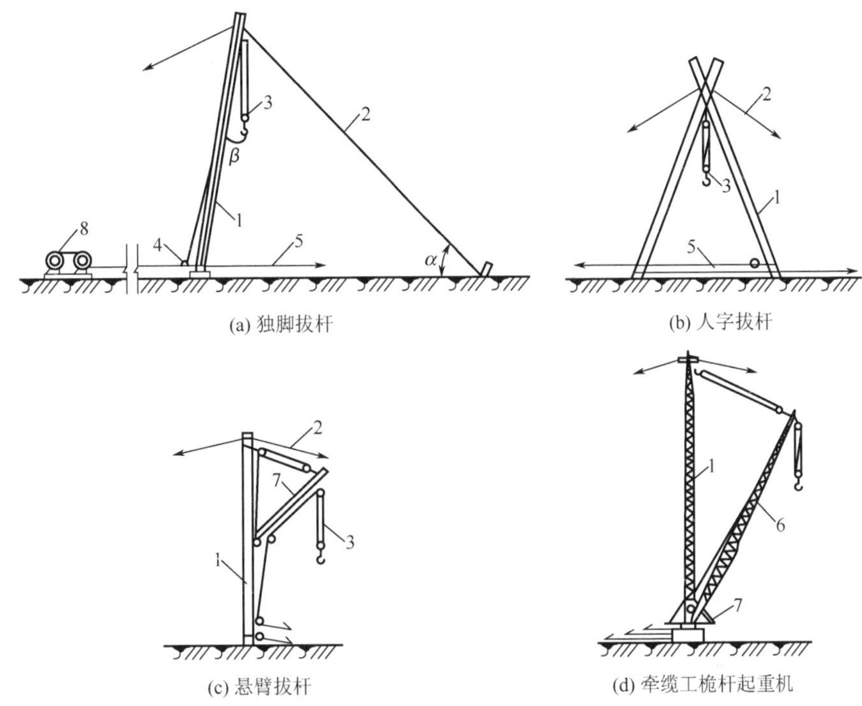

图 4.91 桅杆式起重机

1—拔杆；2—缆风绳；3—起重滑轮组；4—导向装置；5—拉索；6—起重臂；7—回转盘；8—卷扬机

2. 单层工业厂房结构安装

【参考视频】

1) 准备工作

准备工作主要有场地清理，道路修筑，基础准备，构件运输、排放，构件拼装加固、检查清理、弹线、编号，以及机械、机具的准备工作等。

(1) 构件的检查与清理。

① 检查构件的型号与数量。

② 检查构件的截面尺寸。

③ 检查构件的外观质量(变形、缺陷、损伤等)。

④ 检查构件的混凝土强度。

⑤ 检查预埋件、预留孔的位置及质量等，并做相应的清理工作。

(2) 构件的弹线与编号。

① 柱子要在 3 个面上弹出安装中心线，如图 4.92 所示，所弹中心线的位置应与柱基杯口面上的安装中心线相吻合。此外，在柱顶与牛腿面上还要弹出屋架及吊车梁的安装中心线。

② 屋架上弦顶面应弹出几何中心线，并从跨度中央向两端分别弹出天窗架、屋面板

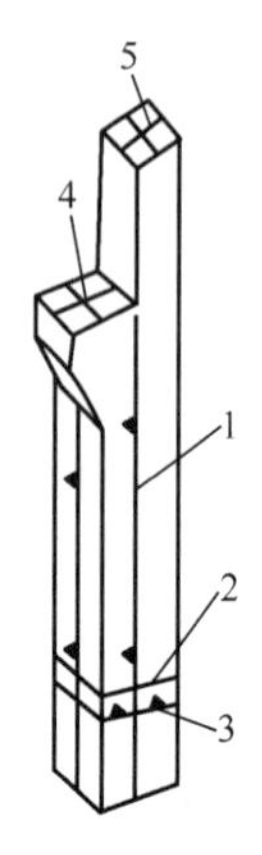

图 4.92　柱子弹线

1—柱子中心线；
2—地坪标高线；3—基础顶面线；
4—吊车梁对位线；5—柱顶中心线

的安装位置线，在屋架的两个端头，弹出屋架的纵横安装中心线。

③ 在梁的两端及顶面弹出安装中心线。在弹线的同时，应按图样对构件进行编号，号码要写在明显部位。不易辨别上下左右的构件，应在构件上标明记号，以免安装时将方向搞错。

(3) 混凝土杯形基础的准备工作。检查杯口的尺寸，再在基础顶面弹出十字交叉的安装中心线，用红油漆画上三角形标志。为保证柱子安装之后牛腿面的标高符合设计要求，可在杯内壁测设一水平线，如图 4.93 所示，并对杯底标高进行一次抄平与调整，以使柱子安装后其牛腿面标高能符合设计要求，如图 4.94 所示。柱基调整时先用尺测出杯底实际标高 H_1（小柱测中间一点，大柱测四个角点）。牛腿面设计标高 H_2与杯底实际标高的差，就是柱脚底面至牛腿面应有的长度 l_1，再与柱实际长度 l_2 相比（其差值就是制作误差），即可算出杯底标高调整值 ΔH，结合柱脚底面平整程度，用水泥砂浆或细石混凝土将杯底垫至所需高度。标高允许偏差为±10mm。

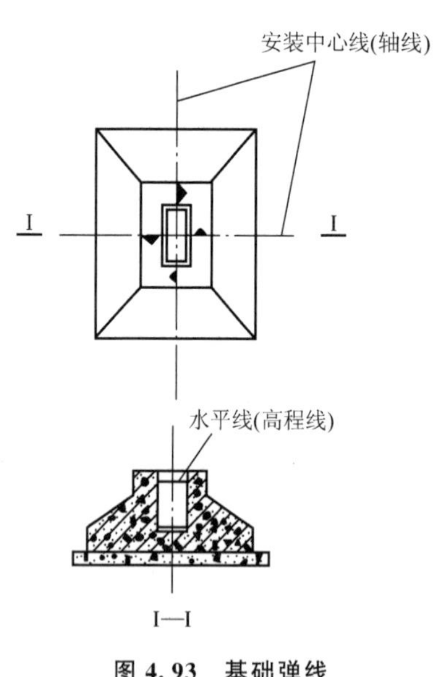

图 4.93　基础弹线

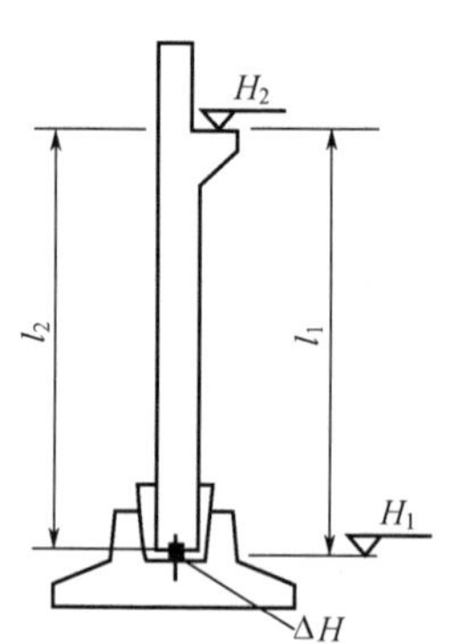

图 4.94　柱基抄平与调整

(4) 构件运输。一些质量不大而数量较多的定型构件，如屋面板、连系梁、轻型吊车梁等，宜在预制厂预制，再用汽车将构件运至施工现场。起吊运输时，必须保证构件的强度符合要求，吊点位置符合设计规定；构件支垫的位置要正确，数量要适当，每一构件的支垫数量一般不超过 2 个支撑处，且上下层支垫应在同一垂线上。运输过程中，要确保构件不倾倒、不损坏、不变形。构件的运输顺序、堆放位置应按施工组织设计的要求和规定进行，以免增加构件的二次搬运。

2) 构件的吊装工艺

装配式单层工业厂房的结构安装构件有柱子、吊车梁、基础梁、连系梁、屋架、天窗架、屋面板及支撑等。构件的吊装工艺包括绑扎、吊升、对位、临时固定、校正、最后固定等工序。

(1) 柱子吊装，分为以下几个步骤。

① 绑扎。柱的绑扎方法、绑扎位置和绑扎点数，应根据柱的形状、长度、截面、配筋、起吊方法和起重机性能等确定。常用的绑扎方法是一点绑扎斜吊法［图 4.95(a)］、一点绑扎直吊法［图 4.95(b)］、两点绑扎斜吊法、两点绑扎直吊法。

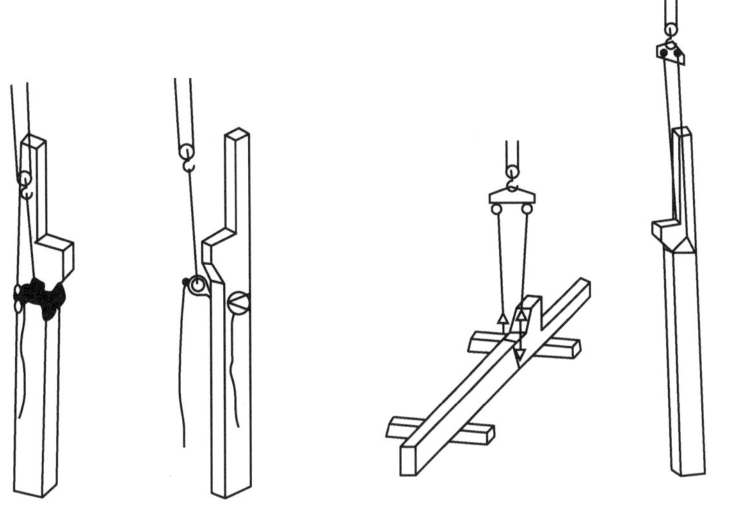
(a) 一点绑扎斜吊法　(b) 一点绑扎直吊法

图 4.95　柱子一点绑扎法

【参考图文】

② 吊升。柱子的吊升方法，应根据柱子的重量、长度、起重机的性能和现场条件而定。单机吊装时，一般有旋转法和滑行法两种。

③ 就位和固定。柱的就位与临时固定的方法是当柱脚插入杯口后，并不立即降至杯底，而是停在离杯底 30～50mm 处。此时，用 8 只楔块从柱的四边放入杯口，并用撬棍撬动柱脚，使柱的吊装准线对准杯口上的准线，并使柱基本保持垂直。对位后，将 8 只楔块略加打紧，放松吊钩，让柱靠自重下沉至杯底，如准线位置符合要求，立即用大锤将楔块打紧，将柱临时固定。然后起重机即可完全放钩，拆除绑扎索具。

柱的位置经过检查校正后，应立即进行最后固定。方法是在柱脚与杯口的空隙中灌注细石混凝土，所用混凝土的强度等级可比原构件混凝土强度等级高一级。混凝土的浇筑分两次进行。第一次浇筑混凝土至楔块下端，当混凝土强度达到 25%设计强度时，即可拔去楔块，将杯口浇满混凝土并捣实。

(2) 吊车梁安装。吊车梁的安装必须在柱子杯口浇筑的混凝土强度达到 70%以后进行。吊车梁一般基本保持水平吊装，当就位后要校正标高、平面位置和垂直度。吊车梁的标高如果误差不大，可在吊装轨道时，在吊车梁上面用水泥砂浆找平。平面位置，可根据吊车梁的定位轴线拉钢丝通线，用撬棍分别拨正。吊车梁的垂直度则可在梁的两端支撑面上用斜垫铁纠正。吊车梁校正之后，应立即按设计图样用电焊最后固定。

(3) 屋架安装。屋架多在施工现场平卧浇筑，在屋架吊装前应当将屋架扶直、就位。钢筋混凝土屋架的侧面刚度较差，扶直时极易扭曲，造成屋架损伤，必须特别注意。扶直

屋架时起重机的吊钩应对准屋架中心，吊索应左右对称，吊索与水平面的夹角不小于45°。

屋架起吊后应基本保持平衡，吊至柱顶后，应使屋架的端头轴线与柱顶轴线重合，然后落位并加以临时固定。

第一榀屋架的临时固定必须十分可靠，因为它是单片结构，且第二榀屋架的临时固定还要以第一榀屋架作为支撑。第一榀屋架的临时固定，一般是用4根缆风绳从两边把屋架拉牢，如图4.96所示。其他各榀屋架可用工具式支撑固定在前面一榀屋架上，待屋架校正、固定，并安装了若干大型屋面板后才能将支撑取下。

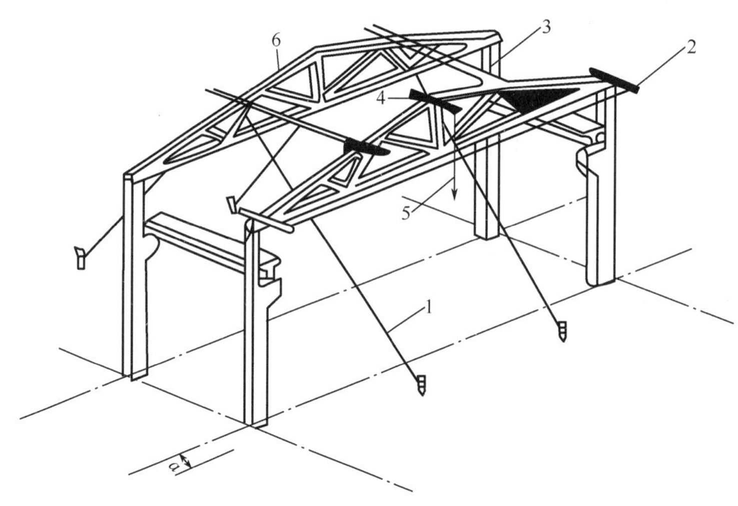

图4.96 屋架的临时固定

1—缆风绳；2、3—挂线木尺；4—屋架校正器；5—线锤；6—屋架

【参考视频】

(4) 屋面板的安装。屋面板一般埋有吊环，起吊时应使4根吊索拉力相等，使屋面板保持水平。屋面板安装时，应自两边檐口左右对称地逐块铺向屋脊，避免屋架只承受半边荷载。屋面板就位后，应立即进行电焊固定。

3. 多层装配式框架结构安装

【参考图文】

多层装配式框架结构可分为全装配式框架结构和装配整体式框架结构。

全装配式框架结构是指柱、梁、板等均由装配式构件组成的结构，按其主要传力方向的特点可分为横向承重框架结构和纵向承重框架结构两种。

装配整体式框架结构又称半装配框架体系，其主要特点是柱子现浇，梁、板等预制。装配整体式框架的施工有以下三种方案。

(1) 先现浇每层柱，拆模后再安装预制梁、板，逐层施工。

(2) 先支柱模和安装预制梁，浇筑柱子混凝土及梁柱节点处的混凝土，然后安装预制楼板。

(3) 先支柱模，安装预制梁和预制板后浇筑柱子混凝土及梁柱节点和梁板节点的混凝土。

多层装配式框架结构安装应注意以下几点。

1) 起重机械的选择

装配式框架结构吊装时，起重机械的选择要根据建筑物的结构形式、高度（构件最大安装高度)、构件质量及吊装工程量等条件决定。

多层装配式框架结构吊装机械常采用塔式起重机、履带式起重机、汽车式起重机、轮胎式起重机等。

5 层以下的房屋结构可采用 W1－100 型履带式起重机或 Q2－32 型汽车式起重机吊装，通常跨内开行。

一些重型厂房（如电厂）宜采用 15～40t 的塔式起重机吊装，高层装配式框架结构宜采用附着式、爬升式塔式起重机吊装。塔式起重机的型号主要根据建筑物的高度及平面尺寸、构件的质量以及现有设备条件来确定。

目前，10 层以下的民用建筑结构安装通常采用 QT1－6 型轨道式塔式起重机。

2）起重机的平面布置

起重机的平面布置方案主要根据房屋形状及平面尺寸、现场环境条件、选用的塔式起重机性能及构件质量等因素来确定。

一般情况下，起重机布置在建筑物外侧，有单侧布置及双侧（或环形）布置两种方案，如图 4.97 所示。房屋宽度较小，构件也较轻时，塔式起重机可单侧布置。房屋宽度较大或构件较重时，单侧布置起重力矩不能满足最远的构件的吊装要求，起重机可双侧布置。其布置方式有跨内单行布置及跨内环形布置两种，如图 4.98 所示。

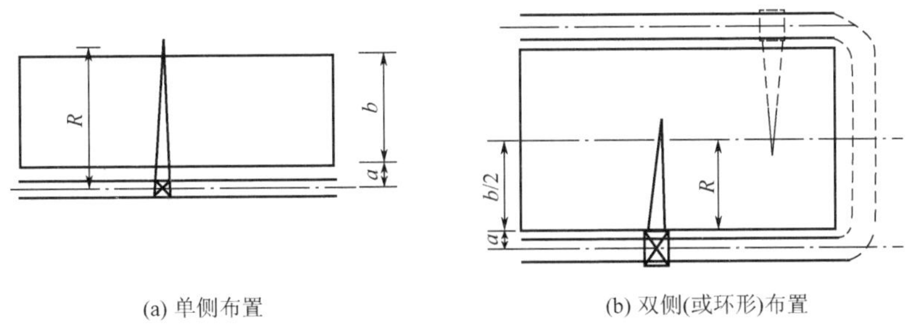

(a) 单侧布置　　(b) 双侧(或环形)布置

图 4.97　塔式起重机在建筑物外侧布置

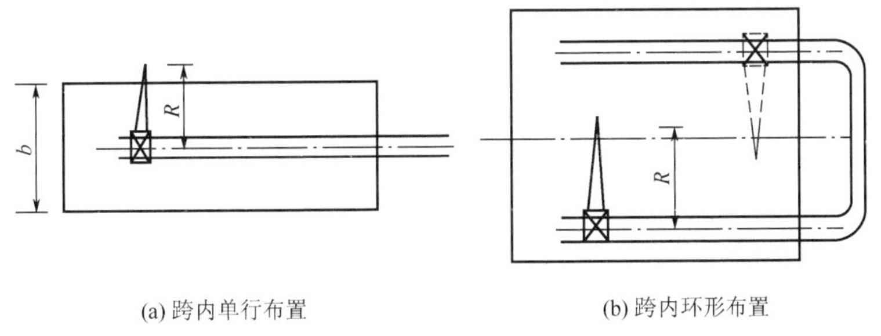

(a) 跨内单行布置　　(b) 跨内环形布置

图 4.98　塔式起重机在跨内布置

3）结构吊装方法

常用的结构吊装方法有分件吊装法和综合吊装法。

分件吊装法是起重机每开行一次吊装一种或两种构件，如先吊装柱，再吊装梁，最后吊装板。分件吊装法又分为分层分段流水作业及分层大流水作业两种。

采用综合吊装法吊装构件时，一般以一个节间或几个节间为一个施工段，以房屋的全高为一个施工层来组织各工序的施工，起重机把一个施工段的所有构件按设计要求安装至房屋的全高后，再转入下一施工段施工。

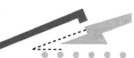

4）构件吊装工艺

多层装配式框架结构的结构形式有梁板式结构和无梁楼盖结构两类。其中，梁板式结构是由柱、主梁、次梁、楼板组成。主梁（框架梁）沿房屋横向布置，与柱组成框架；次梁（纵梁）沿房屋纵向布置，在施工时起纵向稳定作用。多层装配式框架结构柱一般为方形或矩形截面。柱的吊装分为以下几个步骤。

（1）绑扎。普通单根柱（长 10m 以内）采用一点绑扎直吊法；十字形柱绑扎时，要使柱起吊后保持垂直；T 形柱的绑扎方法与十字形柱基本相同。

（2）起吊。柱的起吊方法与单层工业厂房柱吊装相同，一般采用旋转法。

（3）柱的临时固定及校正。上节柱吊装在下节柱的柱头上时，视柱的质量不同，采用不同的临时固定和校正方法。

（4）柱接头施工。柱接头的形式如图 4.99 所示，有榫式接头、插入式接头和浆锚式接头三种。

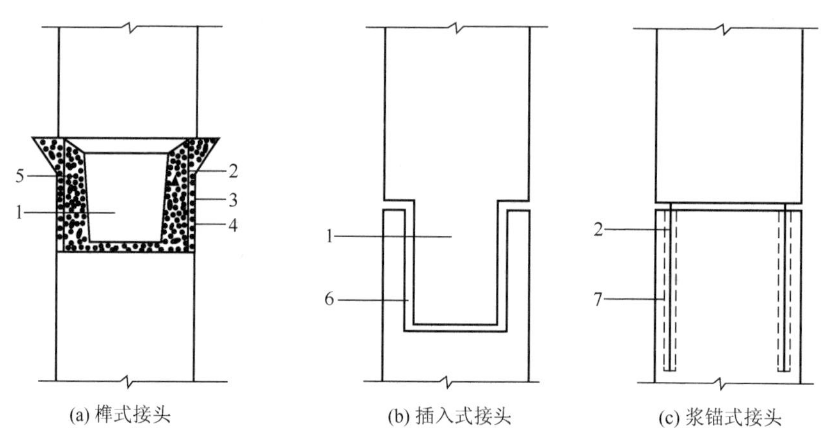

图 4.99　柱接头形式

1—榫头；2—上柱外伸钢筋；3—剖口焊；4—下柱外伸钢筋；
5—后浇接头混凝土；6—下柱杯口；7—下柱预留孔

榫式接头是上柱和下柱外露的受力钢筋用剖口焊焊接，配置一定数量的箍筋，最后浇灌接头混凝土后形成整体；插入式接头是将上柱做成榫头，下柱顶部做成杯口，上柱插入杯口后用水泥砂浆灌注填实；浆锚式接头是将上柱伸出的钢筋插入下柱的预留孔中，然后用浇筑柱子混凝土所用水泥配制 1∶1 水泥砂浆，或用 42.5MPa 水泥配制不低于 M30 的水泥砂浆灌缝锚固上柱钢筋形成整体。

梁柱接头的做法很多，常用的有明牛腿式刚性接头（图 4.100）、齿槽式梁柱接头、浇筑整体式梁柱接头、钢筋混凝土暗牛腿梁柱接头、型钢暗牛腿梁柱接头等。

5）预制构件的平面布置

多层装配式框架结构的柱子较重，一般在施工现场预制。相对于塔式起重机的轨道，柱子预制阶段的平面布置有平行布置、垂直布置、斜向布置等几种方式。其布置原则与单层工业厂房构件的布置原则基本相同。

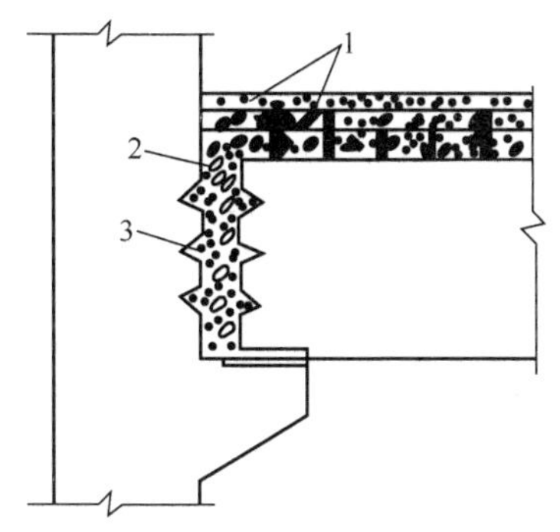

图 4.100 明牛腿式刚性接头

1—剖口焊；2—后浇细石混凝土；3—齿槽

课题 4.6 钢筋与钢筋混凝土工程的冬期和雨期施工

4.6.1 钢筋与钢筋混凝土工程的冬期施工

1. 钢筋工程

由于在负温条件下钢筋的力学性能会发生变化，即屈服点和抗拉强度增加，而伸长率及抗冲击韧性降低，脆性增加，称为冷脆性。

焊接应尽量在室内进行，对焊接工作间应采暖，使焊接接头温度不会突然下降。若在负温时闪光对焊，宜选用预热闪光焊或闪光—预热—闪光焊接的工艺。要求焊接时调伸增加 10%～20%，以利增大加热范围；变压器级数应降低 1～2 级；闪光前可将钢筋多次接触，使钢筋温度上升；烧化过程中期的速度应适当减慢；预热时的接触压力适当提高，预热间歇时间适当增长。电弧焊接，应先从接头中部引弧，再向两端运弧；焊缝可采用分层控温施焊；焊接时电流应略微增大，焊接速度适当减慢。所有焊接接头，焊完后可放在炉灰渣中让其缓慢降温，不得立即拿到室外降温。在室外的焊接，则必须使环境温度不低于－20℃，同时应有挡风、防雨雪的措施；焊后的接头严禁立刻碰到冰雪。室外竖向钢筋气压焊，要增长预热时间，压接后要小火恢复降温加热 2～3min，使接头慢慢由红变成暗灰色。

室外竖向电渣压力焊，要适当调整焊接参数，如应根据钢筋直径和环境温度选择电流大小，与常温下相比应适当增加电流，并应适当加大通电时间。焊接后，接头的药盒要比常温时延长 2min 左右再拆，接头处的焊渣壳，应延长 5min 后再去渣，施工时应进行检查观察并按规定进行取样送检。

2. 混凝土工程

新浇混凝土在养护初期若遭受冻结，当气温恢复到正温后，即使正温养护到一定龄期，也不能达到其设计强度，这就是混凝土的早期冻害。混凝土的早期冻害是由于混凝土内部的水结冰所致。

混凝土允许受冻而不致使其各项性能遭到损害的最低强度称为混凝土的受冻临界强度。我国现行规范规定，冬期浇筑的混凝土抗压强度，在受冻前，硅酸盐水泥或变通硅酸盐水泥配制的混凝土不得低于其设计强度标准值的30%；矿渣水泥配制的混凝土不得低于其设计强度标准值的40%。掺防冻剂的混凝土，温度降低到防冻剂规定温度以下时，混凝土的强度不得低于3.5N/mm^2。

防止混凝土早期冻害的措施有下面两项。

(1) 早期增强，主要提高混凝土早期强度，使其尽快达到混凝土受冻临界强度。

(2) 改善混凝土内部结构，如增加混凝土的密实度、掺用外加剂等。

在一般情况下，混凝土冬期施工要求正温浇筑、正温养护。对原材料的加热，以及混凝土的搅拌、运输、浇筑和养护进行热工计算，并据此施工。混凝土冬期施工的工艺要求如下。

(1) 对材料和材料加热的要求如下。

① 冬期施工中配制混凝土用的水泥，应优先选用活性高、水化热量大的硅酸盐水泥和普通硅酸盐水泥，不宜用火山灰质硅酸盐水泥和粉煤灰硅酸盐水泥。蒸汽养护时用的水泥品种应经试验确定。水泥的强度等级不应低于42.5级，最小水泥用量不宜少于300kg/m，水灰比不应大于0.6。水泥不得直接加热，使用前1～2d运入暖棚存放，暖棚温度宜在5℃以上。因为水的比热是砂、石骨料的5倍左右，所以冬期拌制混凝土时应先采用加热水的方法，但加热温度不得超过有关规定。

② 骨料要求提前清洗和储备，做到骨料清洁，无冻块和冰雪。冬期骨料所用储备场地应选择地势较高不积水的地方。冬期施工拌制混凝土的砂、石温度要符合热工计算需要的温度。骨料加热的方法有将骨料放在铁板上面，底下燃烧直接加热；或者通过蒸汽管、电热线加热等。但不得用火焰直接加热骨料。加热的方法可因地制宜，但以蒸汽加热法为宜。其优点是加热温度均匀，热效率高；缺点是骨料中的含水量增加。

③ 原材料不论用何种方法加热，在设计加热设备时，必须先求出每天的最大用料量和要求达到的温度，根据原材料的初温和比热，求出需要的总热量。同时考虑加热过程中的热量的损失，有了要求的总热量，就可以决定采用热源的种类、规模和数量。

④ 钢筋冷拉可在负温下进行，但温度不得低于－20℃。如采用控制应力方法时，冷拉控制应力较常温下提高30N/mm^2；采用冷拉率控制方法时，冷拉率与常温相同。钢筋的焊接可在室内进行。如必须在室外焊接，其最低温度不低于－20℃，且应有防雪和防风措施。钢焊接的接头严禁立即碰到冰雪，避免造成冷脆现象。

(2) 混凝土的搅拌、运输和浇筑的要求如下。

① 混凝土不宜露天搅拌，应尽量搭设暖棚，优先选用大容量的搅拌机，以减少混凝土的热量损失。搅拌前，用热水或蒸汽冲洗搅拌机。混凝土的拌和时间比常温规定时间延长50%。由于水泥和80℃左右的水搅拌会发生骤凝现象，所以材料投放时，应先将水和砂石投入搅拌，然后加入水泥。若能保证热水不和水泥直接接触，水可以加热到100℃。

② 混凝土的运输时间和距离应保证混凝土不离析、不丧失塑性。采取的措施主要为减少运输时间和距离；使用大容积的运输工具并加以适当的保温。

③ 混凝土在浇筑前，应清除模板和钢筋上的积雪和污垢，尽量加快混凝土的浇筑速度，防止热量散失过多。混凝土拌合物的出机温度不宜低于10℃，入模温度不得低于5℃。采用加热养护时，混凝土养护前的温度不低于2℃。

④ 在施工操作上要加强混凝土的振捣，尽可能提高混凝土的密实程度。冬期振捣混凝土要采用机械振捣，振捣时间应比常温时有所增加。

⑤ 加热养护整体式结构时，施工缝的位置应设置在温度应力较小处。加热温度超过40℃时，由于温度高，势必在结构内部产生温度应力。因此，在施工之前应征求设计单位的意见，在跨内适当设置施工缝。留施工缝处，在水泥终凝后立即用3～5个大气压的气流吹除结合面的水泥膜、污水和松动石子。继续浇筑时，为使新旧混凝土牢固结合，不产生裂缝，要对旧混凝土表面进行加热，使其温度和新浇筑混凝土入模温度相同。

⑥ 为了保证新浇筑混凝土与钢筋的可靠黏结，当气温在－15℃以下时，直径大于25mm的钢筋和预埋件，可喷热风加热至5℃，并清除钢筋上的污土和锈渣。

⑦ 冬期不得在强冻胀性地基上浇筑混凝土。这种土冻胀变形大，如果地基土遭冻，必然引起混凝土的冻害及变形。在弱冻胀性地基上浇筑时，地基上应进行保温，以免遭冻。

混凝土冬期施工常用的施工方法有蓄热法、外加剂和早强水泥法、外部加热法以及综合蓄热法。在选择施工方法时，要根据工程特点，首先保证混凝土尽快达到临界强度，避免遭受冻害；其次，承重结构的混凝土要迅速达到出模强度，保证模板周转。

a. 蓄热法。蓄热法就是利用对混凝土组成材料（水、砂、石）预加的热量和水泥水化热，再加以适当的覆盖保温，从而保证混凝土能够在正温下达到规范要求的临界强度。

用蓄热法施工时，最好使用活性高、水化热大的硅酸盐水泥和普通硅酸盐水泥。当室外最低温度不低于－15℃时，地面以下工程或表面系数（结构冷却的表面积与其全部结构之比）不大于$15m^{-1}$的结构，应优先采用蓄热法养护。蓄热法适用于气温不太寒冷的地区或是初冬和冬末季节。当混凝土拆模时所需强度较小，或室外温度高、风力小，或水泥强度等级高、水泥发热量大时，也可优先考虑蓄热法。

由于蓄热法施工简单，冬期施工费用低廉，较易保证质量，所以在实际操作中应用广泛，但是需注意蓄热法施工前应进行热工计算。

b. 综合蓄热法。综合蓄热法是在蓄热保温的基础上，充分利用水泥的水化热和掺加相应的外加剂或者进行短时加热等综合措施，创造加速混凝土硬化的条件，使混凝土的浇筑温度降低到冰点温度之前尽快达到受冻前的临界强度。

综合蓄热法一般分为低蓄热养护和高蓄热养护两种。低蓄热养护过程主要以使用早强水泥或掺加负温外加剂等冷操作方法为主，使混凝土在缓慢冷却至冰点前达到允许受冻的临界强度。这两种方法的选择取决于施工和气温条件。一般日平均气温不低于－15℃、表面系数为6～12且选用高效保温材料时，宜采用低蓄热养护；当日平均气温低于－15℃、表面系数大于13时，宜采用短时加热的高蓄热养护。

c. 掺外加剂和早强水泥法。掺外加剂法是指在冬期施工的混凝土中加入一定剂量的外加剂，以降低混凝土中的液相冰点，保证水泥在负温环境下能继续水化，从而使混凝土在负温下能达到抗冻害的临界强度。掺外加剂法常与蓄热法一起应用，以充分利用混凝土的初始热量及水泥在水化过程中所释放出来的热量，加快混凝土强度的增长。

4.6.2 钢筋与钢筋混凝土工程的雨期施工

钢筋与钢筋混凝土工程的雨期施工应注意以下事项。

(1) 模板隔离层在涂刷前要及时掌握天气预报，以防隔离层被雨水冲掉。

(2) 遇到大雨应停止浇筑混凝土，已浇部位应加以覆盖。现浇混凝土应根据结构情况，多考虑几道施工缝的留设位置。

(3) 雨期施工时，应加强对混凝土粗细骨料含水量的测定，及时调整用水量。

(4) 大面积的混凝土浇筑前，要了解2～3d的天气预报，尽量避开大雨。混凝土浇筑现场要预备大量防雨材料，以备浇筑时突然遇雨能及时进行覆盖。

(5) 模板支撑下回填要夯实，并加好垫板，雨后及时检查有无下沉。

(6) 构件堆放地点要平整坚实，周围要做好排水工作，严禁构件堆放区积水、浸泡，防止泥土沾到预埋件上。

(7) 塔式起重机路基，必须高出自然地面15cm，严禁雨水浸泡路基。

(8) 雨后吊装时，要先做试吊，将构件吊至1m左右，往返上下数次稳定后再进行吊装工作。

应用案例 4-4

模板工程施工组织方案

1. 工程概况

本工程为新建工程，位于光明路，分为1号、2号楼，地下一层，上部11层跃12层，框架结构，檐口高度41.2～42.6m。地下室高3.6m，底层层高5.8m，其余均为3m。

模板：采用1830mm×915mm×18mm胶合板，松木散板25mm厚。

立柱（支撑）：采用Ø48.3mm×3.6mm钢顶柱。

方木楞：大木楞为80mm×80mm，小木楞为60mm×40.5mm，拟采用3套模板进行周转使用。

2. 模板安装的一般要求

模板安装的一般要求如下。

(1) 安装模板时，高度在2m及其以上时，应遵守高处作业安全技术规范的有关规定。

(2) 具有足够的强度、刚度和稳定性，能可靠地承受浇捣混凝土的重量和侧压力及施工中所产生的荷载。

(3) 构造简单，装拆方便，并便于钢筋的绑扎、安装和混凝土的浇筑及养护等工艺要求。

(4) 模板接缝应严密，不得漏浆。

(5) 遇有恶劣天气，如降雨、大雾及六级以上大风时，应停止露天的高处作业。雨停止后，应及时清除模架及地面上的积水。

(6) 楼层高度超过4m及其以上的建筑物安装模板时，外脚手架应随同搭设，并满铺脚踏板、张挂安全网和防护栏杆。在临街及交通要道地区，应设警示牌，并设专人监护，严防伤及行人。

(7) 施工人员上下班应走安全通道，严禁攀登模板、支撑杆件等上下，也不得在墙顶独立梁或在其模板上行走。

(8) 模板的预留孔洞等处，应加盖或设防护栏杆，防止操作人员或物体坠落伤人。

(9) 不得将模板或支撑件支搭在门框上，也不得将脚手板支搭在模板或支撑件上，应将模板及支撑件与脚手架分开。

(10) 在高处支模时，脚手架或工作台上临时堆放的模板不宜超过3层，所堆放和施工操作人员的总荷载，不得超过脚手架或工作台的规定荷载值。

3. 模板安装

1）基础工程模板安装

基础工程模板安装内容如下。

(1) 地面以下支模，应先检查土壁的稳定情况，遇有裂纹及塌方危险时，应采取安全防范措施后，方准作业。

(2) 基槽（坑）离上口边缘1m内不得堆放模板及支撑件。同时上下人时要互相呼应，运下的模板及支撑件严禁立放在基槽（坑）土壁上。

(3) 在地面上支立柱时应垫通长的木板，斜向支撑土壁应加垫板，每层主柱不多于一个接头，并上下错开，夹板应牢固。

(4) 绑扎钢筋、浇筑混凝土等不得站立在模板上操作。

(5) 支模后放置时间较长者，浇筑混凝土前应进行复查，并及时处理开裂、变形等不良情况。

2）柱模板安装

柱模板安装内容如下。

(1) 柱模板的下端应有空位的基础和防止模板位移的固定措施。

(2) 模板及其支撑等的排列布置应按设计图进行，柱箍或紧固木楞的规格、间距应按模板设计来计算确定。

(3) 安装预拼装大块模板，应同时安设临时支撑支稳，严禁将大片模板系于柱子钢筋上，待四周侧板全部就位后，应随时进行校正，按规定设柱箍或紧固木楞，安设支撑永久固定。

(4) 安装预拼装整体柱模时，应边就位边校正边安设支撑。支撑与地面的倾角不能小于60°。

3）独立梁和整体楼层结构模板安装

独立梁和整体楼层结构模板安装内容如下。

(1) 安装独立梁模板应设操作层或搭设脚手架，严禁操作人员在独立梁底模或柱模支架上操作或上下通行。

(2) 楼上下层模板的支柱，应安装在同一垂直中心线上，在已拆模板的楼面上支模时，必须验算该楼层结构的承载能力。

(3) 模板的支柱间距，纵横向应按模板设计计算书进行布置。

(4) 模板的主柱应选用整料，若不能满足要求时，支柱的接头不宜超过2个（包括2个），对接的支撑要用三面固定。

(5) 底层模板的支撑，宜先做好地面的垫层再支模，在原地上支模时，应整平夯实，做好排水措施。

(6) 在混凝土楼面上支模时，支柱下端垫木板，并加设一对木楔用铁钉钉牢固。

4）其他工程模板安装

其他工程模板安装内容如下。

(1) 安装圈梁、阳台、雨篷及挑檐等模板时，其支撑应自成系统，应采用斜撑固定在内端的柱模或梁模上。悬挑结构模板的支柱，上下必须保持在一条竖直的中心线上。

(2) 安装悬挑结构模板应搭设脚手架或悬挑工作台，并设防护栏杆和安全网。在危险部位作业时，操作人员应系好安全带，作业处的下方不得有人通行和停留。

4. 模板拆除

模板拆除时，混凝土的强度必须达到一定的要求，如果混凝土没达到规定的强度要提前拆模时，必须经过计算（多留混凝土试块，拆模前混凝土试块经试压）确认其强度能够拆模，才能拆除。

1）拆模的顺序和方法

应按照模板支撑设计书的规定进行，或采取先支的后拆、后支的先拆、先拆非承重模板、后拆承重模板的方法，严格遵守从上而下的原则进行拆除。

2）基础模板拆除

基础模板拆除内容如下。

(1) 拆模板时应将拆下的木楞、模板等，随拆随派人运到离基础较远的地方（指定地点）进行堆放，以免基坑附近地面受压造成坑壁塌方。

(2) 拆除的模料上的铁钉应及时拔干净，以防扎伤人员。

3）现浇楼板模板拆除

现浇楼板模板拆除内容如下。

(1) 现浇楼板或框架结构的模板拆除顺序：柱箍→柱侧模→柱底模→混凝土板支撑构件（梁楞）→平板模→梁侧模→梁底支撑系统→梁底模。

(2) 拆除模板时，要站在安全的地方。

(3) 拆除模板时，严禁用撬棍或铁锤乱砸，对拆下的大块胶合板要有人接应拿稳，应妥善传递放至地面，严禁抛掷。

(4) 拆下的支架、模板应及时拔钉，按规格堆放整齐，工程完成（模板工程）应用吊篮降落（严禁将模料从高处抛掷），到指定地点堆放，并安排车运到公司仓库存放。

(5) 拆除跨度较大的梁下支柱时，应先从跨中开始，分别向两端拆除。

(6) 对活动部件必须一次拆除，拆完后方可停歇，如中途停止，必须将转动部分固定牢靠，以免发生事故。

(7) 水平拉撑，应先拆除上拉撑，最后拆除后一道水平拉撑。

4）现浇柱子模板拆除

现浇柱子模板拆除内容如下。

(1) 拆除要从上到下，模板及支撑不得向地面抛掷。

(2) 应轻轻撬动模板，严禁锤击，并应随拆随放置到指定地点。

5）多层楼板模板支柱拆除

当上层楼正灌注混凝土时，应待下层楼板的混凝土浇筑完毕7d后才能拆除下层楼板支柱（但混凝土强度必须达到设计要求）。

拆除完的模板严禁堆在外脚手架上。

单元小结

本单元包括钢筋混凝土模板、钢筋、混凝土施工、预应力混凝土工程施工、装配式钢筋混凝土工程施工、钢筋混凝土工程的冬期和雨期施工等方面内容。

钢筋混凝土模板、钢筋、混凝土施工内容包括：模板的作用、分类、组成、构造及安装要求，模板设计与模板拆除，施工质量检查验收；钢筋验收与存放，常用钢筋加工机械，钢筋连接方法与规定，钢筋配料与代换计算，钢筋的加工、绑扎与安装，施工质量检查验收方法；混凝土制备、运输、浇筑、养护、施工质量的验收与评定方法，混凝土结构工程的质量问题及防治措施，施工的安全技术。

预应力混凝土施工主要介绍了预应力混凝土的分类、特点，预应力筋的种类及特性。关于先张法，重点介绍了张拉设备、台座、夹具和张拉工艺；关于后张法，重点介绍了张拉设备、锚具、预应力筋的制作及张拉工艺；无黏结预应力筋的制作、铺放、张拉等内容。无黏结预应力混凝土是近几年发展的新技术，并广泛应用于高层建筑和较大跨度施工中。

装配式钢筋混凝土工程施工包括预制混凝土构件施工和结构安装工程施工。预制混凝土构件施工主要介绍了预制混凝土构件施工的模板、成型方法、养护方法；结构安装工程施工主要介绍了卷扬机、钢丝绳、锚碇等的规格和使用注意事项；应熟悉各种起重机械的特点、工作性能与适用性，掌握柱、梁、板等几种基本构件的吊装工艺和结构安装方案。结构各类构件的吊装工艺一般均包括绑扎、吊升、临时固定、校正和最后固定几个步骤，但不同的构件具体的工艺也有所不同，主要是构件的几何形状、起吊安装高度、固定方式等都有区别，因此，应熟悉不同的构件的吊装方法。结构安装工程的特点：构件重，操作面小，高空作业多，机械化程度高，可多工程上下交叉作业等。但是，如果措施不当，也极易发生安全事故。因此，在组织施工时，要重视这些特点，采取相应的安全措施。

推荐阅读资料

1.《建筑工程施工质量验收统一标准》(GB 50300—2013)
2.《混凝土结构工程施工质量验收规范》(GB 50204—2015)
3.《钢框胶合板模板技术规程》(JGJ 96—2011)
4.《建筑工程冬期施工规程》(JGJ/T 104—2011)
5.《钢筋机械连接技术规程》(JGJ 107—2010)
6.《混凝土质量控制标准》(GB 50164—2011)
7.《组合钢模板技术规范》(GB 50214—2013)
8.《建筑施工高处作业安全技术规程》(JGJ 80—1991)
9.《建筑施工安全检查标准》(JGJ 59—2011)
10.《施工现场临时用电安全技术规范（附条文说明）》(JGJ 46—2005)
11.《钢筋焊接及验收规程》(JGJ 18—2012)
12.《建筑机械使用安全技术规范》(JGJ 33—2012)
13.《中华人民共和国工程建设标准强制性条文（房屋建筑部分）》

一、单选题

1. 跨度为6m、混凝土强度为C30的现浇混凝土板，当混凝土强度至少应达到(　　)时方可拆除底模。

A. 15N/mm^2　　B. 21N/mm^2　　C. 22.5N/mm^2　　D. 30N/mm^2

2. 现浇混凝土墙板的模板垂直度主要靠(　　)来控制。

A. 对拉螺栓　　B. 模板卡具　　C. 水平支撑　　D. 模板刚度

3. 梁模板承受的荷载是（　　）。

A. 垂直力　　B. 水平力　　C. 垂直力和水平力　　D. 斜向力

4. 跨度较大的梁模板支撑拆除的顺序是（　　）。

A. 先拆跨中　　B. 先拆两端　　C. 无一定要求　　D. 自左向右

5. 模板按（　　）分类，可分为现场拆装式模板、固定式模板和移动式模板。

A. 材料　　B. 结构类型　　C. 施工方法　　D. 施工顺序

6. 梁的截面较小时，木模板的支撑形式一般采用（　　）。

A. 琵琶支撑　　B. 井架支撑　　C. 隧道模　　D. 桁架

7. 钢筋混凝土框架结构中柱、墙的竖向钢筋焊接宜采用（　　）。

A. 电弧焊　　B. 闪光对焊　　C. 电渣压力焊　　D. 搭接焊

8. 施工现场如不能按图样要求钢筋需要代换时应注意征得（　　）同意。

A. 施工总承包单位　　B. 设计单位

C. 单位政府主管部门　　D. 施工监理单位

9. 钢筋骨架的保护层厚度一般用（　　）来控制。

A. 悬空　　B. 水泥砂浆垫块　　C. 木块　　D. 铁丝

10. 冷拉后的 HPB300 钢筋不得用作（　　）。

A. 梁的箍筋　　B. 预应力钢筋　　C. 构件吊环　　D. 柱的主筋

11. 已知某钢筋混凝土梁中的钢筋外包尺寸为 5980mm，钢筋两端弯钩增长值共计 156mm，钢筋中间部位弯折的量度差值为 36mm，则该钢筋下料长度为（　　）mm。

A. 6172　　B. 6100　　C. 6256　　D. 6292

12. 为了防止离析，混凝土自高处倾落的自由高度不应超过（　　）m，应采用串筒、溜管浇筑混凝土。

A. 1　　B. 2　　C. 3　　D. 4

13. 某房屋基础混凝土，按规定留置的一组 C20 混凝土强度试块的实测值为 20、24、28，该混凝土判为（　　）。

A. 合格　　B. 不合格

C. 因数据无效暂不能评定　　D. 优良

14. 一般建筑结构混凝土使用的石子最大粒径不得超过（　　）。

A. 钢筋净距的 1/4　　B. 钢筋净距的 1/2

C. 钢筋净距的 3/4　　D. 40mm

15. 当新浇混凝土的强度不小于（　　）MPa 才允许在上面进行施工活动。

A. 1.2　　B. 2.5　　C. 10　　D. 12

16. 梁、柱混凝土浇筑时应采用（　　）振捣。

A. 表面振捣器　　B. 外部振捣器

C. 内部振捣器　　D. 振动台

17. 一般的楼板混凝土浇筑时宜采用（　　）振捣。

A. 表面振捣器　　B. 外部振捣器

C. 内部振捣器　　D. 振动台

18. 一般混凝土结构养护采用的是（　　）。

A. 自然养护　　B. 加热养护

C. 蓄热养护　　D. 人工养护

19. 蓄热法养护的原理是混凝土在降温至0℃时其强度（　　）不低于临界强度，以防止混凝土冻裂。

A. 达到40%设计强度　　B. 达到设计强度

C. 不高于临界强度　　D. 不低于临界强度

20. 混凝土的试配强度应比设计的混凝土强度标准值提高（　　）。

A. 1个数值　　B. 2个数值

C. $10N/mm^2$　　D. $5N/mm^2$

21. 硅酸盐水泥拌制的混凝土养护时间不得少于（　　）d。

A. 14　　B. 21　　C. 7　　D. 28

22. 火山灰质硅酸盐水泥拌制的大体积混凝土的养护时间不得少于（　　）。

A. 7d　　B. 14d　　C. 21d　　D. 28d

23. 所谓混凝土的自然养护，是指在平均气温不低于（　　）的条件下，在规定时间内使混凝土保持足够的湿润状态。

A. 0℃　　B. 3℃　　C. 5℃　　D. 10℃

24. 在浇筑与柱和墙连成整体的梁和板时，应在柱和墙浇筑完毕后停歇（　　），使其获得初步沉实后，再继续浇筑梁和板。

A. 0.5～1h　　B. 1～1.5h　　C. 1.5～3h　　D. 3～5h

25. 裹砂石法混凝土搅拌工艺正确的投料顺序是（　　）。

A. 全部水泥→全部水→全部骨料

B. 全部骨料→70%水→全部水泥→30%水

C. 部分水泥→70%水→全部骨料→30%水

D. 全部骨料→全部水→全部水泥

26. 预应力混凝土同种钢筋的最大张拉控制应力（　　）。

A. 先张法高于后张法　　B. 先张法低于后张法

C. 先张法与后张法相同　　D. 无法确定

27. 预应力筋放张应满足混凝土应达到设计规定的放张强度，设计没有规定时应（　　）。

A. 不低于75%设计强度　　B. 不高于75%设计强度

C. 不低于50%设计强度　　D. 不高于50%设计强度

28. 预应力受力钢筋接头位置应相互错开，允许钢筋闪光对焊接头面积占受拉钢筋总面积的（　　）。

A. 25%　　B. 50%

C. 不限制　　D. 施工单位自行确定

29. 预应力混凝土的预压应力是利用钢筋的弹性回缩产生的，一般施加在结构的（　　）。

A. 受拉区　　B. 受压区　　C. 受力区　　D. 无法确定

30. 后张法平卧叠浇预应力混凝土构件，张拉（　　）进行。

A. 宜先上后下　　B. 宜先下后上

C. 可不考虑顺序　　D. 无法确定

31. 后张法平卧重叠浇筑的预应力混凝土构件，宜先上后下张拉，为了减小上下层之间因摩擦阻力引起的预应力损失，张拉应力应（　　）。

A. 加大一个恒定值　　B. 逐层减小
C. 逐层加大　　D. 减少一个恒定值

32. 后张法施工时，预应力钢筋张拉锚固后再进行孔道灌浆目的是（　　）。

A. 防止预应力钢筋锈蚀　　B. 增加预应力钢筋与混凝土的黏结力
C. 增加预应力构件强度　　D. 减少预应力钢筋与混凝土的黏结力

33. 施工中采用低电压大强电流使预应力钢筋发热伸长到规定值立即锚固，待预应力钢筋冷却收缩达到建立预应力的方法是（　　）。

A. 先张法　　B. 后张法　　C. 电热法　　D. 无黏结预应力

34. 无须留孔和灌浆，适用于曲线配筋的预应力施工方法属于（　　）。

A. 先张法　　B. 后张法　　C. 电热法　　D. 无黏结预应力

35. 履带式起重机 Q、H 和 R 三个参数相互制约，当（　　）。

A. Q 大→H 大→R 大　　B. Q 大→H 小→R 小
C. Q 大→H 大→R 小　　D. Q 小→H 小→R 小

36. 混凝土预制简支梁的吊点位置宜距梁端为（　　）。

A. 接近梁端　　B. 0.145L　　C. 0.207L　　D. 0.293L

37. 单层厂房结构安装宜采用（　　）。

A. 塔式起重机　　B. 履带式起重机
C. 轮胎式起重机　　D. 桅杆式起重机

38. 当柱子的平卧时抗弯强度不足时宜采用（　　）绑扎法。

A. 斜吊　　B. 直吊　　C. 旋转　　D. 滑行

39. 单层厂房结构安装施工方案中，吊具不需要经常更换、吊装操作程序基本相同、起重机开行路线长的是（　　）。

A. 分件吊装法　　B. 综合吊装法　　C. 一般吊装法　　D. 滑行吊装法

40. 单层厂房结构安装屋架时，吊索与水平线的夹角不宜小于（　　），以免屋架承受过大的横向压力。

A. 30°　　B. 45°　　C. 60°　　D. 75°

41. 完成结构吊装任务的主导因素是正确选用（　　）。

A. 起重机　　B. 塔架　　C. 起重机具　　D. 起重索具

42. 屋架的堆放方式除了有纵向堆放外，还具有（　　）。

A. 横向堆放　　B. 斜向堆放　　C. 叠高堆放　　D. 就位堆放

43. 柱绑扎是采用直吊绑扎法还是斜吊绑扎法主要取决于（　　）。

A. 柱的重量　　B. 柱的截面形式
C. 柱宽面抗弯能力　　D. 柱窄面抗弯能力

44. 柱起吊有旋转法与滑行法，其中旋转法需满足（　　）。

A. 两点共弧　　B. 三点共弧　　C. 降钩升臂　　D. 降钩转臂

45. 24m 以上屋架若验收混凝土抗裂强度不够时，翻身过程中下弦中部着实，立直后下弦应（　　）。

A. 加垫钢块　　B. 中部悬空　　C. 中部部分悬空　　D. 两端悬空

二、多选题

1. 工程中对模板系统的基本要求为（　　）。

A. 保持形状、尺寸、位置的正确性　　B. 有足够的强度

C. 有足够的刚度和稳定性　　D. 装拆方便　　E. 板面光滑

2. 模板配板的原则为优先选用（　　）等内容。

A. 通用性强　　B. 大块模板

C. 种类和块数少　　D. 木板镶拼量小　　E. 强度高

3. 模板拆除的顺序是（　　）。

A. 先支先拆　　B. 先支后拆

C. 非承重的先拆　　D. 非承重的后拆

4. 一般建筑结构混凝土使用的石子最大粒径不得超过（　　）。

A. 钢筋净距的1/4　　B. 结构最小截面尺寸的1/4

C. 实心板厚的1/2　　D. 40mm

5. 钢筋冷拔是在常温下通过特制的钨合金拔丝模多次拉拔成比原直径小的钢筋，使钢筋产生塑性变形，冷拔后的钢筋（　　）。

A. 抗拉强度提高　　B. 塑性提高

C. 抗拉强度降低　　D. 塑性降低

6. 钢筋接头连接的方法有绑扎连接、焊接连接、机械连接。其中较节约钢材的连接方法是（　　）。

A. 搭接绑扎　　B. 闪光对焊

C. 电渣压力焊　　D. 锥螺纹连接　　E. 搭接电弧焊

7. 钢筋工程属隐蔽工程，钢筋骨架除必须满足设计要求的型号、直径、根数和间距外，在混凝土浇筑前还必须验收（　　）等内容。

A. 预埋件　　B. 接头位置

C. 保护层厚度　　D. 绑扎牢固　　E. 表面污染

8. 钢筋对焊接头必须做机械性能试验，包括（　　）。

A. 抗拉试验　　B. 压缩试验

C. 冷弯试验　　D. 屈服试验

9. 钢筋锥螺纹连接方法的优点是（　　）。

A. 螺纹松动对接头强度影响小

B. 应用范围广

C. 不受气候影响

D. 扭紧力矩不准对接头强度影响小

E. 现场操作工序简单、速度快

10. 混凝土浇筑前应做好的隐蔽工程验收有（　　）。

A. 模板和支撑系统　　B. 水泥、砂、石等材料配合比

C. 钢筋骨架　　D. 预埋件　　E. 预埋线管

11. 施工缝处继续浇筑混凝土时要求（　　）。

A. 混凝土抗压强度不小于1.2MPa

B. 除去表面水泥薄膜

C. 松动石子并冲洗干净

D. 先铺水泥浆或与混凝土成分相同的水泥砂浆一层，然后再浇混凝土

E. 增加水泥用量

12. 拌制混凝土时，当水灰比增大，产生的影响是（　　）。

A. 黏聚性差　　B. 强度下降

C. 节约水泥　　D. 容易拌和　　E. 密实度下降

13. 混凝土施工缝宜留在（　　）等部位。

A. 柱的基础顶面

B. 梁的支座边缘

C. 肋形楼板的次梁中间 1/3 梁跨

D. 结构受力较小且便于施工的部位

E. 考虑便于施工的部位

14. 混凝土浇筑后如天气炎热干燥不及时养护，新浇筑混凝土内水分蒸发过快，会使水泥不能充分水化，出现（　　）等现象。

A. 干缩裂缝　　B. 表面起粉

C. 强度低　　D. 凝结速度加快

15. 在配合比和原材料相同的前提下，影响混凝土强度的主要因素有（　　）。

A. 振捣　　B. 养护

C. 龄期　　D. 搅拌

16. 混凝土结构的主要质量要求有（　　）。

A. 内部密实　　B. 表面平整

C. 尺寸准确　　D. 强度高

E. 施工缝结合良好

17. 混凝土结构的蜂窝、麻面和孔洞易发生在（　　）。

A. 钢筋密集处　　B. 模板阴角处

C. 施工缝处　　D. 模板接缝处　　E. 梁的底部

18. 某现浇钢筋混凝土楼板，长为 6m，宽为 2.1m，施工缝可留在（　　）。

A. 距短边一侧 3m 且平行于短边的位置

B. 距短边一侧 1m 且平行于短边的位置

C. 距长边一侧 1m 且平行于长边的位置

D. 距长边一侧 1.5m 且平行于长边的位置

E. 距短边一侧 2m 且平行于短边的位置

19. 施工中混凝土结构产生裂缝的原因是（　　）。

A. 接缝处模板拼缝不严，漏浆

B. 模板局部沉降

C. 拆模过早

D. 养护时间过短

E. 混凝土养护期间内部与表面温差过大

20. 为了防止构件在放张过程中发生翘曲、开裂、预应力筋断裂，先张法预应力筋放张应满足以下规定（　　）。

A. 混凝土应达到设计规定放张强度或不低于75%设计强度

B. 分批对称、相互交错地放张

C. 先同时放张预应力较大区的预应力钢筋

D. 先同时放张预应力较小区的预应力钢筋

E. 所有预应力筋应同时放张

F. 逐排依次放张预应力筋

21. 预应力混凝土后张法施工中适用曲线型预应力筋的有（　　）等方法。

A. 钢管抽芯　　B. 胶管抽芯

C. 预埋波纹管　　D. 无黏结预应力

22. 后张法预应力混凝土当钢筋采用钢绞线时，配套锚具宜采用（　　）。

A. 螺丝端杆锚具　　B. 镦头锚具

C. JM型锚具　　D. XM型锚具

23. 混凝土应达到设计规定强度或不低于75%设计强度，先张法才能放张预应力筋或后张法才能张拉预应力筋，主要是考虑（　　）。

A. 混凝土不会受压破坏

B. 混凝土黏结力不足钢筋易滑动

C. 混凝土弹性回缩大造成预应力损失

D. 施工工艺要求

24. 装配式结构建筑采用分件安装法具有（　　）优点，故采用较多。

A. 每次只安装同类构件

B. 不需经常更换索具，重复操作多，效率高

C. 便于构件矫正和固定先安装的部分结构稳定性好

D. 起重机移动较少

25. 柱子的斜吊法具有（　　）等优点。

A. 绑扎方便，不需要翻动柱身

B. 要求起重高度小

C. 柱子在起吊时抗弯能力强

D. 要求起重高度大

E. 绑扎时需要翻动柱身

26. 单层厂房结构安装施工方案中，应着重解决的是（　　）等问题。

A. 起重设备的选择　　B. 结构吊装方法

C. 起重机开行路线　　D. 构件平面布置

27. 单层厂房结构安装施工方案中，分件吊装法是起重机开行一次吊装（　　）。

A. 一种构件　　B. 两种构件

C. 所有各类构件　　D. 数种构件

28. 利用小型设备安装大跨度空间结构的有（　　）等方法。

A. 分块吊装法　　B. 整体吊装法

C. 整体提升法　　D. 整体顶升法

29. 单层厂房结构安装施工方案中，综合吊装法的主要缺点是（　　）。

A. 起重机开行路线短　　B. 构件校正困难

C. 停机点位置少　　D. 平面布置复杂

E. 起重机操作复杂

三、简答题

1. 定型组合钢模板由哪几部分组成？
2. 模板安装的程序是怎样的？包括哪些内容？
3. 模板在安装过程中，应注意哪些事项？
4. 模板拆除时要注意哪些内容？
5. 拆模应注意哪些内容？
6. 钢筋下料长度应考虑哪些内容？
7. 钢筋为什么要调直？钢筋调直应符合哪些要求？机械调直可采用哪些机械？
8. 钢筋切断有哪几种方法？
9. 钢筋弯曲成型有哪几种方法？
10. 钢筋的接头连接分为哪几类？
11. 钢筋焊接有哪几种形式？
12. 钢筋的冷加工有哪几种形式？钢筋机械冷拉的方式有哪几种？
13. 钢筋的安设方法有哪几种？
14. 钢筋的搭接有哪些要求？
15. 钢筋的现场绑扎的基本程序有哪些？
16. 钢筋安装质量控制的基本内容有哪些？
17. 混凝土工程施工缝的处理要求有哪些？
18. 混凝土施工缝的处理方法有哪些？
19. 混凝土浇筑前应对模板、钢筋及预埋件进行哪些检查？
20. 搅拌机使用前的检查项目有哪些？
21. 普通混凝土投料要求有哪些？
22. 混凝土搅拌质量如何进行外观检查？
23. 混凝土料在运输过程中应满足哪些基本要求？
24. 混凝土的水平运输方式有哪些？
25. 混凝土的垂直运输方式有哪些？
26. 铺料方法有哪些？
27. 如何使用振捣器平仓？
28. 振捣器使用前的检查项目有哪些？
29. 振捣器如何进行操作？
30. 混凝土浇筑后为何要进行养护？
31. 预制混凝土构件的预制场地要求有哪些？
32. 预制混凝土构件的预制方法有哪些？
33. 预制混凝土构件的养护要求有哪些？
34. 预制混凝土构件成品堆放应符合哪些要求？

35. 如何对预制混凝土构件质量进行检验?
36. 试述先张法预应力混凝土构件的生产流程。
37. 先张法预应力混凝土构件生产的台座有哪些要求?
38. 先张法预应力混凝土构件生产的夹具有哪些?
39. 先张法预应力混凝土构件生产的张拉设备有哪些?
40. 先张法预应力混凝土构件生产的张拉控制应力和张拉程序有哪些要求?
41. 先张法预应力筋(丝)如何铺设?
42. 先张法预应力筋如何张拉?
43. 先张法预应力筋如何放张?
44. 后张法预应力混凝土构件生产的夹具有哪些?
45. 后张法预应力混凝土构件生产的张拉控制应力和张拉程序有哪些要求?
46. 后张法预应力筋的下料长度如何计算?
47. 后张法预应力施工孔道如何留设?
48. 试述电热法的施工工艺流程。
49. 试述无黏结预应力混凝土施工方法。
50. 常用的吊索具有哪些?
51. 单层工业厂房结构安装准备工作有哪些?
52. 单层工业厂房吊车梁如何吊装?
53. 单层工业厂房屋架如何吊装?
54. 单层工业厂房屋面板如何吊装?
55. 多层装配式框架结构吊装方案有哪些?
56. 装配式框架结构吊装时,如何选择起重机械?
57. 装配式框架结构吊装时,起重机械如何布置?
58. 装配式框架结构吊装时,如何吊装构件?

四、计算题

1. 钢筋配料计算。一钢筋混凝土梁,高 500mm,宽 250mm,长 4800mm,保护层厚度为 25mm,梁内钢筋的规格及形状如图 4.101 所示。试计算每根钢筋的下料长度。

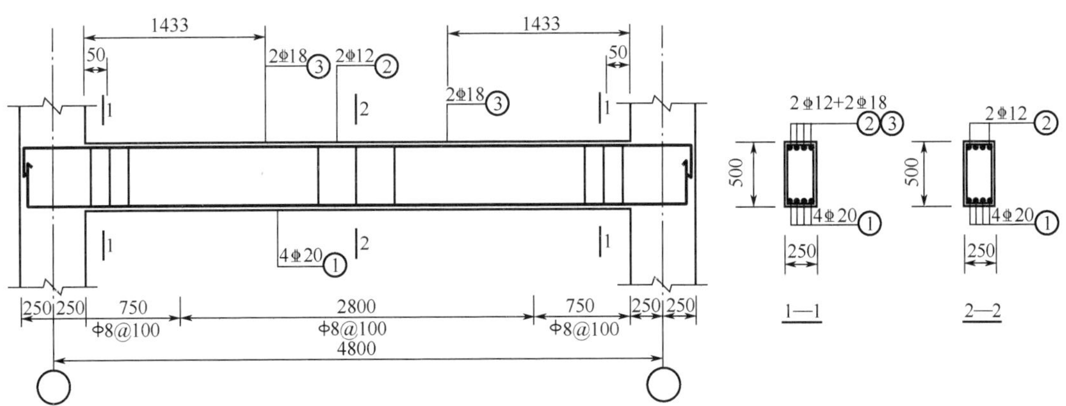

图 4.101 钢筋的规格及形状

2. 已知C20混凝土的实验室配合比为1∶2.52∶4.24，水灰比为0.50，经测定砂的含水率为2.5%，石子的含水率为1%，每$1m^3$混凝土的水泥用量为340kg，则施工配合比为多少？工地采用JZ350型搅拌机搅拌混凝土，出料容量为$0.35m^3$，则每搅拌一次的装料数量为多少？

3. 某3个建筑工地生产的混凝土，实际平均强度均为24.0MPa，设计要求的强度等级均为C20，3个工地的强度变异系数C_v值分别为0.103、0.155和0.251。问这3个工地生产的混凝土强度保证率（P）分别是多少？并比较这3个工地的施工质量控制水平。

4. 某工程设计要求的混凝土强度等级为C30，要求强度保证率$P=95\%$。试求：

(1) 当混凝土强度标准差$\sigma=5.5$MPa时，混凝土的配制强度应为多少？

(2) 若提高施工管理水平，σ降为3.0MPa时，混凝土的配制强度为多少？

(3) 若采用普通硅酸盐水泥42.5级和卵石配制混凝土，用水量为$160kg/m^3$，水泥富余系数$K_c=1.10$。问：从5.5MPa降到3.0MPa，每立方米混凝土可节约水泥多少？

5. 某高层建筑承台板长宽高分别为60m×15m×1m，混凝土强度等级为C30，用42.5级普通硅酸盐水泥，水泥用量为$386kg/m^3$，实验室配合比为1∶2.18∶3.82，水灰比为0.40，若现场砂的含水率为1.5%，石子的含水率为1%，试确定各种材料的用量。

6. 一高层建筑基础底板长宽高分别为60m×20m×2.5m，要求连续浇筑混凝土，施工条件为现场混凝土最大供应量为$60m^3/h$，若混凝土运输时间为1.5h，掺用缓凝剂后混凝土初凝时间为4.5h，若每浇筑层厚度为300mm。

(1) 试确定混凝土浇筑方案（若采用斜面分层方案，要求斜面坡度不小于1∶6）。

(2) 求每小时混凝土的浇筑量。

(3) 求完成浇筑任务所需的时间。

单元5

钢结构工程施工

教学目标

了解钢结构加工常用机具，掌握钢结构施工各工序要求和方法；掌握焊接方法及焊接工艺；掌握高强度螺栓连接施工安装工艺；掌握钢结构工程安装方法；了解钢防腐涂料的类型，掌握防腐涂装方法；熟悉薄涂型防火涂料涂装工艺。

教学要求

能力目标	知识要点	权重
了解钢结构加工常用机具	钢结构加工机具	10%
掌握钢结构施工各工序要求和方法	钢结构的制作工艺	30%
掌握焊接方法选择要求、焊接工艺，掌握高强度螺栓连接工艺	钢结构连接施工工艺	30%
掌握钢结构工程安装方法	钢结构安装工艺	20%
了解钢材表面除锈等级与除锈方法，薄涂型防火涂料涂装工艺	钢结构涂装工程	10%

引例

国家体育场(鸟巢),第29届夏季奥林匹克运动会的主会场,位于北京奥林匹克公园内、北京城市中轴线北端的东侧。建筑面积25.8万m^2,用地面积20.4万m^2。2008年奥运会期间,承担开幕式、闭幕式、田径比赛、男子足球决赛等赛事活动,能容纳观众10万人,其中临时坐席2万个。奥运会后,可容纳观众8万人,可承担特殊重大体育比赛、各类常规赛事以及非竞赛项目,并将成为北京市为市民提供广泛参与体育活动及享受体育娱乐的大型专业场所,成为全国标志性的体育娱乐建筑。

国家体育场的设计方案,是经全球设计招标产生的、由瑞士赫尔佐格和德梅隆设计事务所、奥雅纳工程顾问公司及中国建筑设计研究院联合共同设计的"鸟巢"方案。该设计方案主体由一系列辐射式门式钢桁架围绕碗状坐席区旋转而成,空间结构科学简洁,建筑和结构完整统一,设计新颖,结构独特,成为国内外特有的建筑。其业主单位是由北京市国有资产经营有限责任公司和中信集团联合体共同组建的国家体育场有限责任公司。国家体育场有限责任公司负责项目的投融资、设计、建设、运营和管理。国家体育场于2003年12月24日开工,2006年建成并投入试运行。

国家体育场外壳采用可作为填充物的气垫膜,使屋顶达到完全防水的要求,阳光可以穿过透明的屋顶满足室内草坪的生长需要。比赛时,看台可以通过多种方式进行变化,可以满足不同时期不同观众的要求,奥运期间的20000个临时坐席分布在体育场的最上端,且能保证每个人都能清楚地看到整个赛场。入口、出口及人群流动通过流线区域的合理划分和设计得到了完美的解决。

"鸟巢"外形结构主要由巨大的门式钢架组成,共有24根桁架柱,建筑顶面呈鞍形,长轴为332.3m,短轴为296.4m,最高点高度为68.5m,最低点高度为42.8m。在保持"鸟巢"建筑风格不变的前提下,新设计方案对结构布局、构建截面形式、材料利用率等问题进行了较大幅度的调整与优化。原设计方案中的可开启屋顶被取消,屋顶开口扩大,并通过钢结构的优化大大减少了用钢量。大跨度屋盖支撑在24根桁架柱之上,柱距为37.96m。主桁架围绕屋盖中间的开口呈放射形布置,有22榀主桁架直通或接近直通。为了避免出现过于复杂的节点,少量主桁架在内环附近截断。钢结构大量采用由钢板焊接而成的箱形构件,交叉布置的主桁架与屋面及立面的次结构一起形成了"鸟巢"的特殊建筑造型。主看台部分采用钢筋混凝土框架-剪力墙结构体系,与大跨度钢结构完全脱开。

"鸟巢"钢结构所使用的钢材厚度可达11cm,以前从未在国内生产过。另外,在"鸟巢"顶部的网架结构外表面还将贴上一层半透明的膜。使用这种膜后,体育场内的光线不是直射进来的,而是通过漫反射,使光线更柔和,由此形成的漫射光还可解决场内草坪的维护问题,同时也有遮风挡雨的功能。滑动式的可开启屋顶是体育场结构中必不可少的一部分。当它合上时,体育场将成为一个室内的赛场。除了一些特定的结构需要外,可开启屋顶的结构基本上也是一个网络状的架构,装上充气垫后,成为一个防水的壳体。

整个体育场结构的组件相互支撑,形成网格状的构架,外观看上去就仿若树枝织成的鸟巢,其灰色矿质般的钢网以透明的膜材料覆盖,其中包含着一个土红色的碗状体育场看台。在这里,中国传统文化中镂空的手法、陶瓷的纹路、红色的灿烂与热烈,与现代最先进的钢结构设计完美地相融在一起。整个建筑通过巨型网状结构联系,内部没有一根立柱,看台是一个完整的没有任何遮挡的碗状造型,如同一个巨大的容器,赋予体育场以不可思议的戏剧性和无与伦比的震撼力。这种均匀而连续的环形也将使观众获得最佳的视野，带动他们的兴奋情绪，并激励运动员向更快、更高、更强冲刺。在这里，人，真正被赋予中心的地位。

思考：(1) 钢材是如何加工成构件的？

(2) 单个构件是如何吊装的？

(3) 单个构件之间是如何连接的？

知识点

钢结构厂房是很多现行厂房所采用的结构。其特点是施工方便、速度快、自重小。对普通工业厂房和一般的钢结构厂房都能满足要求。

由于政府部门的引导和支持，钢结构作为绿色环保产品得到公认和发展。其特点是建筑钢材强度高，塑性、韧性好，适用于建造跨度大、高度高、承载重的结构。

(1) 塑性好。结构在一般条件下不会因超载而突然断裂，只增大变形，故易于被发现。此外，尚能将局部高峰应力重分配，使应力变化趋于平缓。

(2) 韧性好。适宜在动力荷载下工作，因此在地震区采用钢结构较为有利。

(3) 质量轻。钢材容重大，强度高，做成的结构却比较轻。以同样跨度承受同样的荷载，钢屋架的重量最多不过为钢筋混凝土屋架的1/4～1/3，冷弯薄壁型钢屋架甚至接近1/10，质量轻，可减轻基础的负荷，降低地基、基础部分的造价，同时还方便运输和吊装。

(4) 材质均匀。力学计算假定比较符合钢结构的实际受力情况，在计算中采用的经验公式不多，从而计算上的不定性较小，计算结果比较可靠。

(5) 制作简便，施工周期短。钢结构构件一般是在金属结构厂制作，施工机械化、准确度和精密皆较高，加工简易而迅速。钢构件较轻，连接简单，安装方便，施工周期短。小量钢结构和轻型钢结构尚可在现场制作，吊装简易。钢结构由于连接的特性，易于加固、改建和拆迁。

(6) 密闭性好。钢结构的钢材和连接（如焊接）的水密性和气密性较好，适宜于要求密闭的板壳结构，如高压容器、油库、气柜、管道等。

(7) 耐腐蚀性差，对涂装要求高。钢材容易锈蚀，对钢结构必须注意防护，特别是薄壁构件要注意，钢结构涂装工艺要求高，在涂油漆以前应彻底除锈，油漆质量和涂层厚度均应符合要求。

钢结构工程是建筑工程施工中的主要工种之一。钢结构工程施工包括钢构件的场内制作，钢结构的吊装、安装，钢结构的涂装等主要施工过程。钢结构施工难度大，施工质量要求高，因此施工前应针对钢结构工程的施工特点，制定合理的施工方案。

课题5.1 钢结构加工机具

5.1.1 测量、画线工具

钢结构加工中的测量、画线工具主要有以下几种。

(1) 钢卷尺。常用的有长度为1m、2m的小钢卷尺和长度为5m、10m、15m、20m、

30m 的大钢卷尺，用钢尺能量到的正确度误差为 0.5mm。

(2) 直角尺。直角尺用于测量两个平面是否垂直和画较短的垂直线。

(3) 卡钳。卡钳有内卡钳、外卡钳两种，如图 5.1 所示。内卡钳用于测量孔内径或槽道大小，外卡钳用于测量零件的厚度和圆柱形零件的外径等。内、外卡钳均属间接量具，需用尺确定数值，因此在使用卡钳时应注意铆钉的紧固，不能松动，以免造成测量错误。

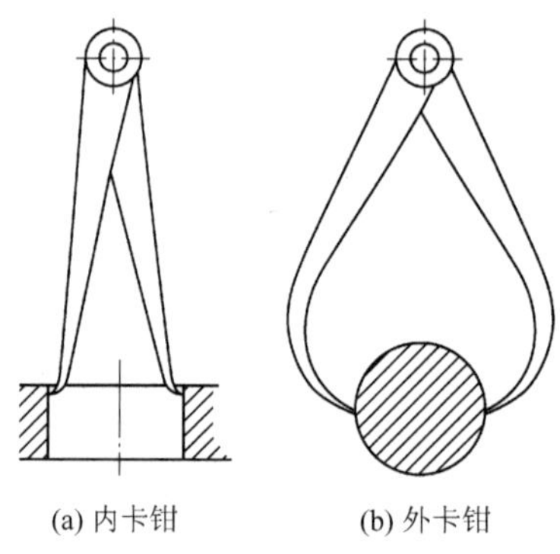
(a) 内卡钳　(b) 外卡钳

图 5.1　卡钳

(4) 画针。画针一般由中碳钢锻制而成，用于较精确零件的画线，如图 5.2 所示。

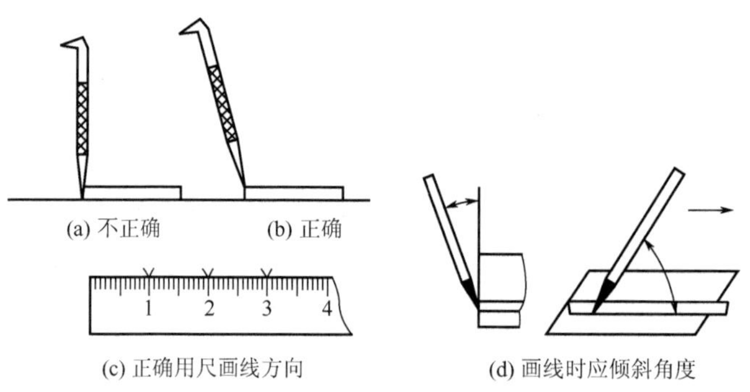

(a) 不正确　(b) 正确

(c) 正确用尺画线方向　(d) 画线时应倾斜角度

图 5.2　画针

(5) 画规及地规。画规是画圆弧和圆的工具，如图 5.3(a) 所示。制造画规时为保证规尖的硬度，应将规尖进行淬火处理。地规由两个地规体和一条规杆组成，用于画较大的圆弧，如图 5.3(b) 所示。

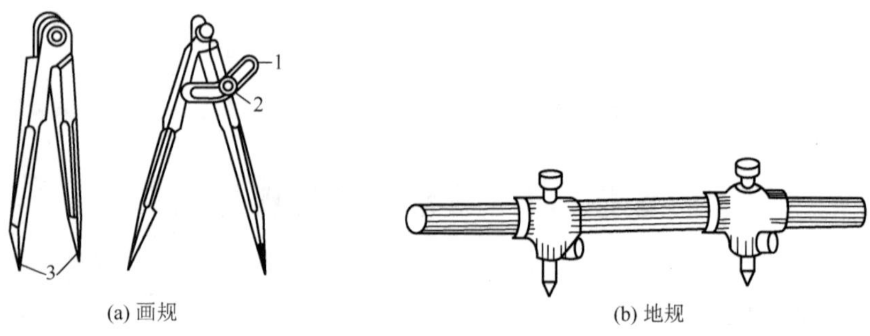

(a) 画规　(b) 地规

图 5.3　画规及地规

1—弧片；2—制动螺栓；3—淬火处

（6）样冲。样冲多用高碳钢制成，其尖端磨成 60°角，并需淬火。样冲是用来在零件上冲打标记的工具，如图 5.4 所示。

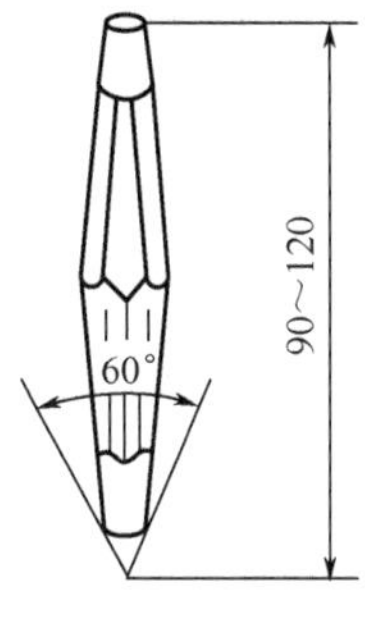

图 5.4　样冲

5.1.2　切割、切削机具

钢结构加工中的切割、切削机具主要有以下几种。

（1）半自动切割机。如图 5.5 所示为半自动切割机的一种，它可由可调速的电动机拖动，沿着轨道可直线运行或做圆运动，这样切割嘴就可以割出直线或圆弧。

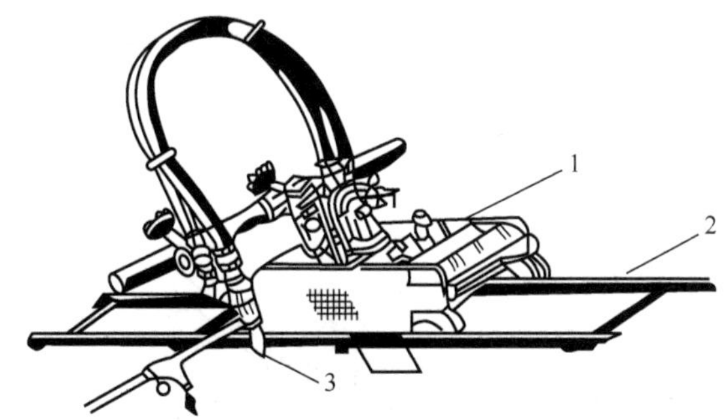

图 5.5　半自动切割机

1—气割小车；2—轨道；3—切割嘴

（2）风动砂轮机。风动砂轮机以压缩空气为动力，携带方便，使用安全可靠，因而得到广泛的应用。风动砂轮机的外形如图 5.6 所示。

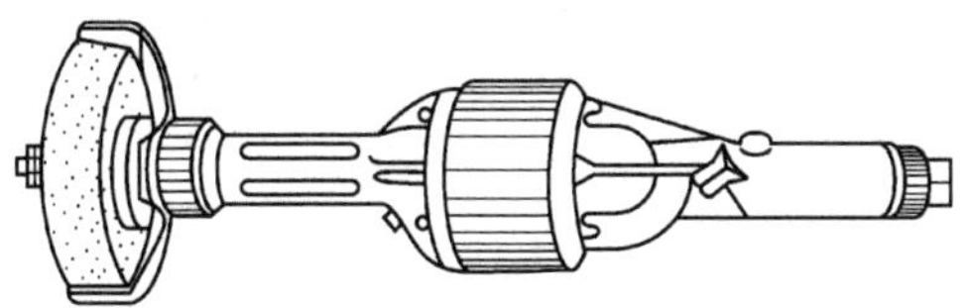

图 5.6　风动砂轮机

（3）电动砂轮机。电动砂轮机由罩壳、砂轮、长端盖、电动机、开关和手把组成，如图 5.7 所示。

（4）风铲。风铲属风动冲击工具，其具有结构简单、效率高、体积小、质量轻等特点，如图 5.8 所示。

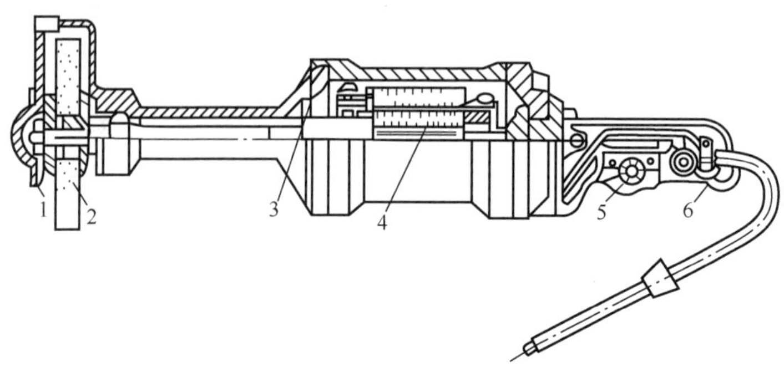

图 5.7 电动砂轮机(手提式)

1—罩壳;2—砂轮;3—长端盖;4—电动机;5—开关;6—手把

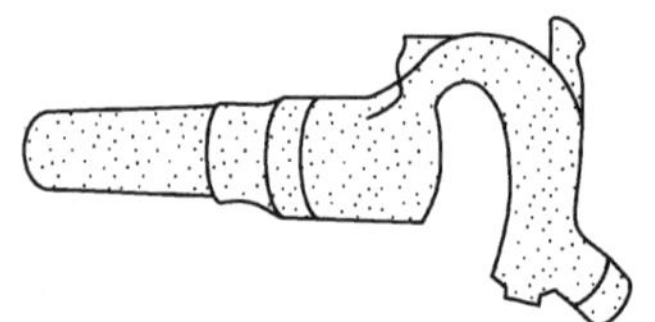

图 5.8 风铲

(5) 砂轮锯。其是由切割动力头、可转夹钳、中心调整机构及底座等部分组成,如图 5.9 所示。

图 5.9 砂轮锯

1—切割动力头;2—中心调整机构;3—底座;4—可转夹钳

(6) 龙门剪板机。龙门剪板机是板材剪切中应用较广的剪板机,其具有剪切速度快、精度高、使用方便等特点。为防止剪切时钢板移动,床面有压料及栅板装置;为控制剪料的尺寸,前后设有可调节的定位挡板等装置,如图 5.10 所示。

(7) 联合冲剪机。联合冲剪机集冲压、剪切、剪断等功能于一体。QA34-25 型联合冲剪机的外形示意图，如图 5.11 所示。型钢剪切头配合相应模具，可以剪断各种型钢；冲头部位配合相应模具，可以完成冲孔、落料等冲压工序；剪切部位可直接剪断扁钢和条状板材料。

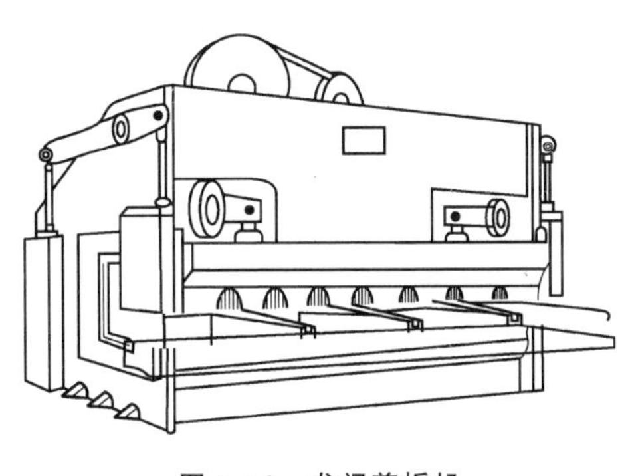

图 5.10 龙门剪板机

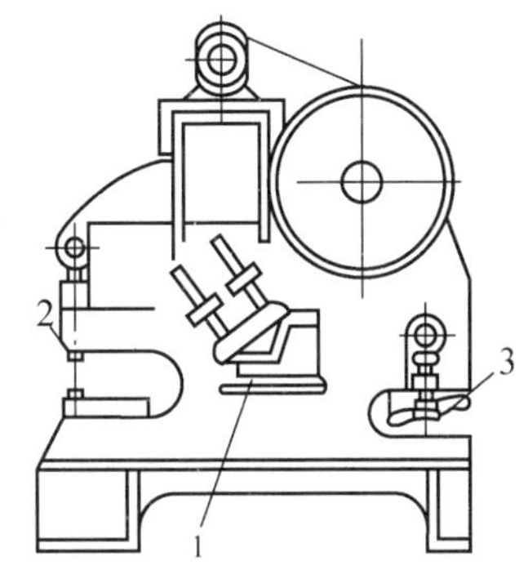

图 5.11 QA34－25 型联合冲剪机

1—型钢剪切头；2—冲头；3—剪切刀

（8）锉刀。锉刀分为普通锉、特种锉和整形锉三种，如图 5.12 所示。

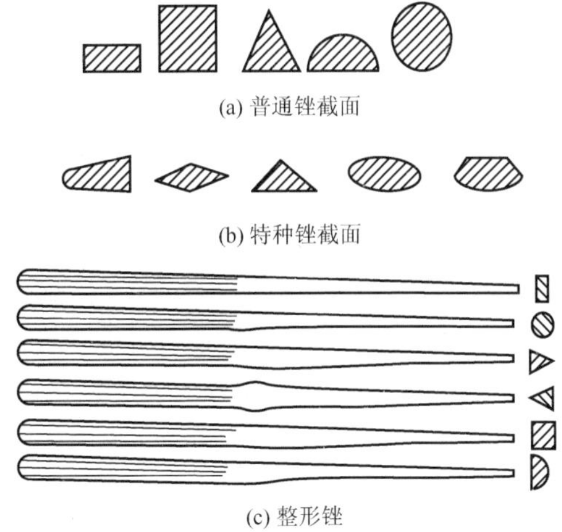

(a) 普通锉截面

(b) 特种锉截面

(c) 整形锉

图 5.12 锉刀

（9）凿子。其主要用来凿削剔除毛坯件表面多余的金属、毛刺、分割材料，切坡口及不便于机械加工的场合，如图 5.13 所示。

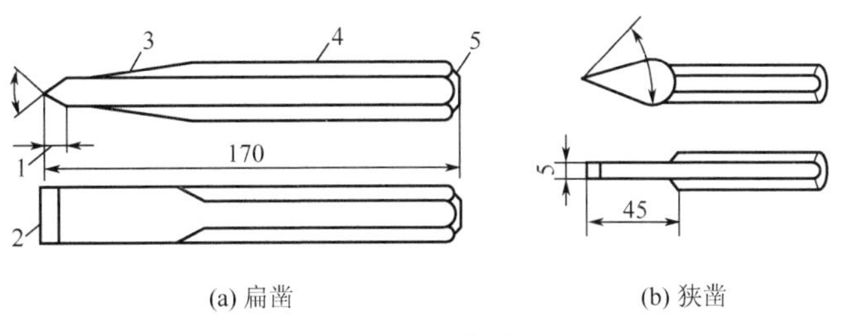

(a) 扁凿 (b) 狭凿

图 5.13 凿子

1—切削部分；2—切削刀；3—斜面；4—柄；5—头

(10) 型锤。常见型锤的形状如图 5.14 所示。

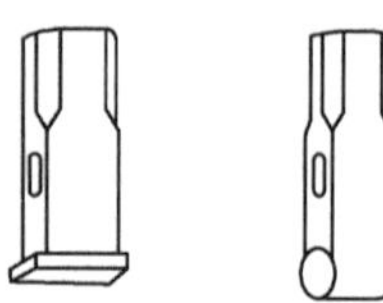
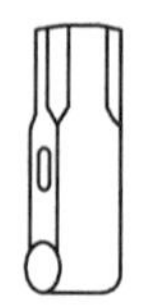
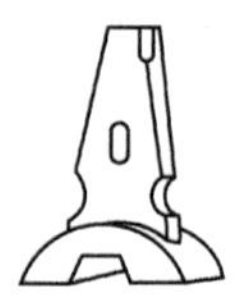
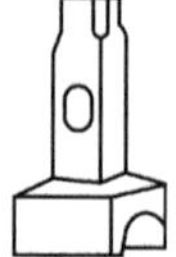

图 5.14　几种常见型锤

5.1.3　其他机具

钢结构加工中的其他机具主要包括钢尺、游标卡尺、手锯、自动气体切割机、等离子切割机、铣边机、矫正机、数据冲床、冲剪机等。

课题 5.2　钢结构的制作工艺

5.2.1　放样和号料

1. 放样工作内容

放样是钢结构制作工艺中的第一道工序，只有放样尺寸准确，才能避免以后各道加工工序的积累误差，才能保证整个工程的质量。

放样的内容包括核对图样的安装尺寸和孔距；以 1∶1 的大样放出节点；核对各部分的尺寸；制作样板和样杆作为下料、弯制、铣、刨、制孔等加工的依据。

放样时以 1∶1 的比例在放样台上利用几何作图方法放出大样。放样检查无误后，用铁皮或塑料板制作样板，用木杆、钢皮或扁铁制作样杆。样板、样杆上应注明工号、图号、零件号、数量及加工边、坡口部位、弯折线和弯折方向、孔径和滚圆半径等。然后用样板、样杆进行号料，如图 5.15 所示。样板、样杆应妥善保存，直至下料结束。

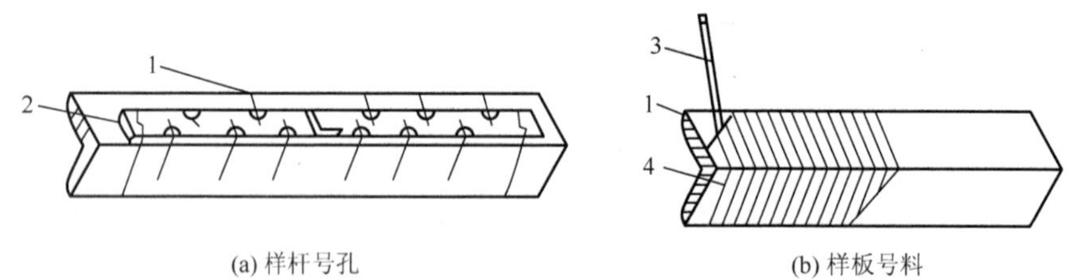

图 5.15　样板和样杆

1—角钢；2—样杆；3—画针；4—样板

2. 号料工作的内容

号料的工作内容包括：检查核对材料；在材料上画出切割、铣、刨、弯曲、钻孔等的加工位置；打冲孔；标出零件编号等。

钢材如有较大弯曲等问题时应先矫正，根据配料表和样板进行套裁，尽可能节约材料。当工艺有规定时，应按规定的方向进行取料，号料应有利于切割和保证零件质量。

3. 放样和号料用工具

放样和号料用工具及设备有：画针、冲子、手锤、粉线、弯尺、直尺、钢卷尺、大钢卷尺、剪子、小型剪板机、折弯机。

用作计量长度的钢盘尺，必须经授权的计量单位计量，且附有偏差卡片，使用时按偏差卡片的记录数值核对其误差数。

结构制作、安装、验收及土建施工用的量具，必须用同一标准进行鉴定，且应具有相同的精度要求。

4. 放样号料应注意的问题

放样号料时应注意以下一些问题。

(1) 放样时，铣、刨的工作要考虑加工余量，焊接构件要按工艺要求放出焊接收缩量，高层钢结构的框架柱应预留弹性压缩量。

(2) 号料时要根据切割方法留出适当的切割余量。

(3) 如果图样要求桁架起拱，放样时上、下弦应同时起拱，起拱后垂直杆的方向仍然垂直于水平线，而不与下弧杆垂直。

(4) 样板、号料的允许偏差要满足要求。

5.2.2 切割

钢材下料切割方法有剪切、冲切、锯切、气割等。施工中采用哪种方法应该根据具体要求和实际条件选用。切割后钢材不得有分层，断面上不得有裂纹，应清除切口处的毛刺或熔渣和飞溅物。气割和机械剪切的允许偏差应符合规定。

1. 气割

气割主要是以氧气与燃料燃烧时产生的高温来熔化钢材，并借喷射压力将溶渣吹去，造成割缝，达到切割金属的目的。但熔点高于火焰温度或难于氧化的材料，则不宜采用气割。氧气与各种燃料燃烧时的火焰温度在2000～3200℃，远远高于铁的熔点，所以气割能切割各种厚度的钢材，设备灵活，费用经济，切割精度也高，是目前广泛使用的切割方法。气割按切割设备分类可分为手工气割、半自动气割、仿型气割、多头气割、数控气割和光电跟踪气割等。其中，手工气割的操作要点主要有以下几点。

(1) 首先点燃割炬，随即调整火焰。

(2) 开始切割时，打开氧气阀门，观察切割氧流线的形状，若为笔直而清晰的圆柱体，并有适当的长度即可正常切割。

(3) 发现嘴头产生鸣爆并发生回火现象，可能因嘴头过热或堵住，或燃料供应不及时，此时需马上处理。

(4) 临近终点时，嘴头应向前进的反方向倾斜，以利于钢板的下部提前割透，使收尾时割缝整齐。

(5) 当切割结束时应迅速关闭氧气阀门，并将割炬抬起，再关闭燃料阀门，最后关闭预热氧阀门。

2. 机械切割

机械切割设备有以下几种。

(1) 带锯机床。带锯机床适用于切断型钢及型钢构件，其效率高，切割精度高。

（2）砂轮锯。砂轮锯适用于切割薄壁型钢及小型钢管，其切口光滑、生刺较薄、易清除，但噪声大、粉尘多。

（3）无齿锯。无齿锯依靠高速摩擦而使工件熔化，形成切口，适用于精度要求较低的构件。其切割速度快，噪声大。

（4）剪板机、型钢冲剪机。其适用于切割薄钢板、压型钢板等，其具有切割速度快、切口整齐、效率高等特点，但是其对刀片要求较高，刀片必须锋利，剪切时要注意调整刀片间隙。

3. 等离子切割

等离子切割适用于切割不锈钢、铝、铜及其合金等，在一些尖端技术上应用广泛。其具有切割温度高、冲刷力大、切割边质量好、变形小、可以切割任何高熔点金属等特点。

5.2.3 矫正和成型

1. 矫正

在钢结构制作过程中，由于原材料变形、切割变形、焊接变形、运输变形等经常影响构件的制作及安装。矫正就是要造成新的变形去抵消已经发生的变形。

型钢的矫正分机械矫正、手工矫正、火焰矫正等。型钢机械矫正是在矫正机上进行的，在使用时要根据矫正机的技术性能和实际使用情况进行选择。手工矫正多数用在小规格的各种型钢上，依靠锤击力进行矫正。火焰矫正是在构件局部用火焰加热，利用金属热胀冷缩的物理性能，冷却时产生很大的冷缩应力来矫正变形。

型钢矫正前首先要确定弯曲点的位置，这是矫正工作不可缺少的步骤。目测法是常用的找弯方法，确定型钢的弯曲点时应注意型钢自重下沉产生的弯曲，对于较长的型钢要放在水平面上，用拉线法测量。型钢矫正后的允许偏差见表 5－1。

表 5－1　型钢矫正后的允许偏差

项次	偏差名称		示意图	允许偏差
1	钢板、扁钢的局部挠曲矢高 f			在 1m 范围内：$\delta>14$，$f\leqslant1.0$；$\delta\leqslant14$，$f\leqslant1.5$
2	角钢、工字钢、槽钢挠曲矢高 f			长度的 1/1000，但不大于 5mm
3	角钢肢的垂直度 Δ			$\Delta\leqslant b/100$，但双肢铆接连接时角钢的角度不得大于 90°
4	翼缘对腹板的垂直度	槽钢		$\Delta\leqslant b/80$（槽钢）
		工字钢、H 形钢		$\Delta\leqslant b/100$，且不大于 2.0（工字钢、H 形钢）

2. 弯曲成型

型钢弯曲的工艺方法有滚圆机滚弯、压力机压弯，还有顶弯、拉弯等。在正式弯曲成型前应先按型材的截面形状、材质规格及弯曲半径制作相应的胎模，经试弯符合要求后方准加工。钢结构零件、部件在矫正和弯曲时，最小弯曲率半径和最大弯曲矢高应符合验收规范要求。

1）钢板卷曲

钢板卷曲一般是通过旋转辊轴对板料进行连续三点弯曲形成的。当制件曲率半径较大时，可在常温状态下卷曲；如曲率半径较小或钢板较厚时，需对钢板加热后再进行卷曲。钢板卷曲按其卷曲类型可分为单曲率卷制和双曲率卷制。单曲率卷制包括对圆柱面、圆锥面和任意柱面的卷制，其操作简便，较常用，如图 5.16 所示。双曲率卷制可实现球面、双曲面的卷制，其制作工艺较复杂。钢板卷曲工艺一般包括预弯、对中和卷曲三个过程。

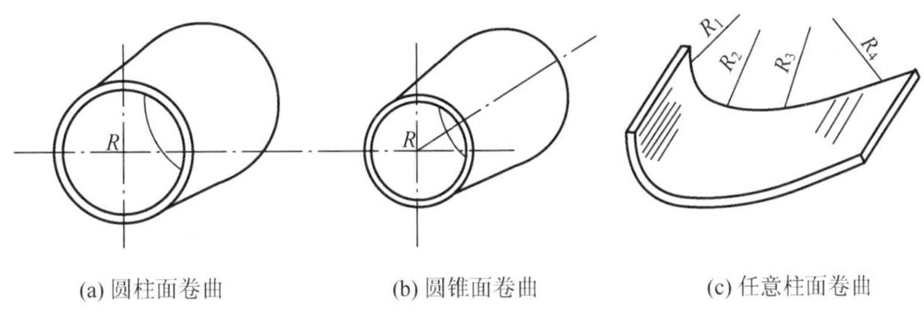

(a) 圆柱面卷曲　(b) 圆锥面卷曲　(c) 任意柱面卷曲

图 5.16　单曲率卷制钢板

2）型材弯曲

型材弯曲包括型钢的弯曲和钢管的弯曲两种。

5.2.4　边缘加工

在钢结构制造中，经过剪切或气割过的钢板边缘，其内部结构会发生硬化和变态。为了保证桥梁或重型吊车梁等重型构件的质量，需要对边缘进行再加工。此外，为了保证焊缝质量，考虑到装配的准确性，要将钢板边缘刨成或铲成坡口，往往还要将边缘刨直或铣平。

一般需要作边缘加工的部位包括吊车梁翼缘板、支座支撑面等具有工艺性要求的加工面，设计图样中有技术要求的焊接坡口；尺寸精度要求严格的加劲板、隔板、腹板及有孔眼的节点板等。常用的边缘加工方法有铲边、刨边、铣边和切割等。

5.2.5　制孔

高强度螺栓的采用，使孔加工在钢结构制造中占有很大比重，在精度上要求也越来越高。

1. 制孔的质量

钢结构中孔的加工质量要求如下。

（1）精制螺栓孔。精制螺栓孔（A、B 级螺栓孔——Ⅰ类孔）的直径应与螺栓公称直径相等，孔应具有 H12 的精度，孔壁表面粗糙度 $R_a \leqslant 12.5\mu m$。其孔径允许偏差应符合规定。

（2）普通螺栓孔。普通螺栓孔（C级螺栓孔——Ⅱ类孔）包括高强度螺栓（大六角头螺栓、扭剪型螺栓等）、普通螺钉孔、半圆头铆钉等的孔。其孔直径应比螺栓杆、钉杆的公称直径大1.0～3.0mm，孔壁粗糙度$R_a \leqslant 25\mu m$。孔的允许偏差应符合要求。

（3）孔距。螺栓孔孔距的允许偏差应符合规定。如果超过偏差，应采用与母材材质相匹配的焊条补焊后重新制孔。

2. 制孔的方法

钢材的制孔通常有钻孔和冲孔两种方法。钻孔是钢结构制作中普遍采用的方法。冲孔是用冲孔设备靠冲裁力产生的孔，孔壁质量差，在钢结构制作中已较少采用。

钻孔有人工钻孔和机床钻孔两种。人工钻孔多用于直径较小、材料较薄的孔；机床钻孔施钻方便快捷，精度高。

除了钻孔之外，还有扩孔、锪孔、铰孔等孔加工类型。扩孔是将已有孔眼扩大到需要的直径，锪孔是将已钻好的孔上表面加工成一定形状的孔，铰孔是将已经粗加工的孔进行精加工以提高孔的光洁度和精度。

5.2.6 组装

组装也称装配、组拼，是把加工好的零件按照施工图的要求拼装成单个构件。钢构件的大小应根据运输道路、现场条件、运输和安装单位的机械设备能力与结构受力的允许条件等来确定。

1. 一般要求

钢结构组装的一般要求如下。

（1）钢构件组装应在平台上进行，平台应测平。用于装配的组装架及胎模要牢固地固定在平台上。

（2）组装工作开始前要编制组装顺序表，组拼时严格按照组装顺序表所规定的顺序进行。

（3）组装时，要根据零件加工编号，严格检验核对其材质、外形尺寸，毛刺飞边要清除干净，对称零件要注意方向，避免错装。

（4）对于尺寸较大、形状较复杂的构件，应先分成几个部分组装成简单组件，再逐渐拼成整个构件，并注意先组装内部组件，再组装外部组件。

（5）组装好的构件或结构单元，应按图样的规定对构件进行编号，并标注构件的重量、重心位置、定位中心线、标高基准线等。构件编号位置要在明显易查处，大构件要在3个面上都编号。

2. 焊接连接的构件组装

钢结构焊接连接的构件组装内容如下。

（1）根据图纸尺寸，在平台上画出构件的位置线，焊上组装架及胎模夹具。组装架离平台面不小于50mm，并用卡兰、左右螺旋丝杠或梯形螺纹作为夹紧调整零件的工具。

（2）每个构件的主要零件位置调整好并检查合格后，把全部零件组装上并进行点焊，使之定形。在零件定位前，要留出焊缝收缩量及变形量。高层建筑钢结构的柱子，两端除增加焊接收缩量的长度之外，还必须增加构件安装后荷载压缩变形量，并留好构件端头和支撑点铣平的加工余量。

(3) 为了减少焊接变形，应该选择合理的焊接顺序，如对称法、分段逆向焊接法、跳焊法等。在保证焊缝质量的前提下，可改变电流快速施焊，以减小热影响区和温度差，减小焊接变形和焊接应力。

5.2.7 表面处理

1. 高强度螺栓摩擦面的处理

采用高强度螺栓连接时，应对构件摩擦面进行加工处理，摩擦面处理后的抗滑移系数必须符合设计文件的要求。

摩擦面的处理方法一般有喷砂、酸洗、砂轮打磨等几种，其中喷砂处理过的摩擦面的抗滑移系数值较高，离散率较小。处理好的摩擦面严禁有飞边、毛刺、焊疤和污损等，不得涂油漆，在运输过程中应防止摩擦面损伤。

构件出厂前应按批做试件检验抗滑移系数，试件的处理方法应与构件相同，检验的最小数值应符合设计要求，并附三组试件供安装时复验抗滑移系数。

2. 构件成品的防腐涂装

钢结构构件在加工验收合格后，应进行防腐涂料涂装。但构件焊缝连接处、高强度螺栓摩擦面处不能做防腐涂装，应在现场安装完后，再补刷防腐涂料。

5.2.8 构件成品验收

钢结构构件制作完成后，应根据《钢结构工程施工质量验收规范》(GB 50205—2001) 及其他相关规范、规程的规定进行成品验收。钢结构构件加工制作质量验收，可按相应的钢结构制作工程或钢结构安装工程检验批的划分原则划分为一个或若干个检验批进行。

构件出厂时，应提交产品质量证明（构件合格证）和下列技术文件。

【知识链接】

(1) 钢结构施工详图，设计更改文件，制作过程中的技术协商文件。

(2) 钢材、焊接材料及高强度螺栓的质量证明书，以及必要的试验报告。

(3) 钢零件及钢部件加工质量检验记录。

(4) 高强度螺栓连接质量检验记录，包括构件摩擦面处抗滑移系数的试验报告。

(5) 焊接质量检验记录。

(6) 构件组装质量检验记录。

课题 5.3 钢结构连接施工工艺

5.3.1 焊接施工

1. 焊接方法选择

焊接是钢结构连接中最主要的连接方法之一，其中使用最广泛的焊接方法是电弧焊。在电弧焊中又以手工焊、埋弧自动焊、半自动焊与 CO_2 气体保护焊为主。焊接的类型、特点和适用范围见表 5-2。

表 5-2　钢结构焊接方法选择

焊接的类型			特　点	适用范围
电弧焊	手工焊	交流焊机	利用焊条与焊件之间产生的电弧热焊接，设备简单，操作灵活，可进行各种位置的焊接，是建筑工地应用最广泛的焊接方法	焊接普通钢结构
		直流焊机	焊接技术与交流焊机相同，成本比交流焊机高，但焊接时电弧稳定	焊接要求较高的钢结构
	埋弧自动焊		利用埋在焊剂层下的电弧热焊接，效率高，质量好，操作技术要求低，劳动条件好，是大型构件制作中应用最广的高效焊接方法	焊接长度较大的对接、贴角焊缝，一般是有规律的直焊缝
	半自动焊		与埋弧自动焊基本相同，操作灵活，但使用不够方便	焊接较短的或弯曲的对接、贴角焊缝
	CO_2气体保护焊		用CO_2或惰性气体保护的实芯焊丝或药芯焊接，设备简单，操作简便，焊接效率高，质量好	用于构件长焊缝的自动焊
电渣焊			利用电流通过液态熔渣所产生的电阻热焊接，能焊大厚度焊缝	用于箱形梁及柱隔板与面板全焊透连接

2. 焊接工艺要点

焊接工艺要点如下。

（1）焊接工艺设计。确定焊接方式、焊接参数及焊条、焊丝、焊剂的规格型号等。

（2）焊条烘烤。焊条和粉芯焊丝使用前必须按质量要求进行烘焙，低氢型焊条经过烘焙后，应放在保温箱内随用随取。

（3）定位点焊。焊接结构在拼接、组装时要确定零件的准确位置，要先进行定位点焊。定位点焊的长度、厚度应由计算确定。电流要比正式焊接提高10%～15%，定位点焊的位置应尽量避开构件的端部、边角等应力集中的地方。

（4）焊前预热。预热可降低热影响区的冷却速度，防止焊接延迟裂纹的产生。预热区在焊缝两侧，每侧宽度均应大于焊件厚度的1.5倍以上，且不应小于100mm。

【知识链接】

（5）焊接顺序确定。一般从焊件的中心开始向四周扩展；先焊收缩量大的焊缝，后焊收缩量小的焊缝；尽量对称施焊；焊缝相交时，先焊纵向焊缝，待冷却至常温后，再焊横向焊缝；钢板较厚时要分层施焊。

（6）焊后热处理。焊后热处理主要是对焊缝进行脱氢处理，以防止冷裂纹的产生。后热处理应在焊后立即进行，保温时间应根据板厚按每25mm板厚保温1h确定。预热及后热均可采用散发式火焰枪进行。

5.3.2　高强度螺栓连接施工

高强度螺栓连接是目前与焊接并举的钢结构的主要连接方法之一。其特点是施工方便、可拆可换、传力均匀、接头刚性好、承载能力大、疲劳强度高、螺母不易松动、结构安全可靠。高强度螺栓从外形上可分为大六角头高强度螺栓（即扭矩形高强度螺栓）和扭剪型高强度螺栓两种。高强度螺栓和与之配套的螺母、垫圈总称为高强度螺栓连接副。

1. 一般要求

高强度螺栓连接的一般要求如下。

(1) 高强度螺栓使用前，应按有关规定对高强度螺栓的各项性能进行检验。运输过程中应轻装轻卸，防止损坏。当包装破损、螺栓有污染等异常现象时，应用煤油清洗，并按高强度螺栓验收规程进行复验，经复验扭矩系数合格后方能使用。

(2) 工地储存高强度螺栓时，应放在干燥、通风、防雨、防潮的仓库内，并且不得沾染脏物。

(3) 安装时，应按当天需用量领取，当天没有用完的螺栓，必须装回容器内，妥善保管，不得乱扔、乱放。

(4) 安装高强度螺栓时接头摩擦面上不允许有毛刺、铁屑、油污、焊接飞溅物。摩擦面应干燥，没有结露、积霜、积雪，并且不得在雨天进行安装。

(5) 使用定扭矩扳子紧固高强度螺栓时，每天都应对定扭矩扳子进行校核，合格后方能使用。

2. 安装工艺

高强度螺栓连接的安装工艺如下。

(1) 一个接头上的高强度螺栓连接，应从螺栓群中部开始安装，向四周扩展，逐个拧紧。对于扭矩型高强度螺栓的初拧、复拧、终拧，每完成一次应涂上相应的颜色或标记，以防漏拧。

(2) 接头如有高强度螺栓连接又有焊接连接时，宜按先栓后焊的方式施工，先终拧完高强度螺栓后再焊接焊缝。

(3) 高强度螺栓应自由穿入螺栓孔内，当板层发生错孔时，允许用铰刀扩孔。扩孔时，铁屑不得掉入板层间。扩孔数量不得超过一个接头螺栓的1/3，扩孔后的孔径不应大于1.2d（d为螺栓直径）。严禁使用气割进行高强度螺栓孔的扩孔。

(4) 一个接头多个高强度螺栓穿入时方向应一致。垫圈有倒角的一侧应朝向螺栓头和螺母，螺母有圆台的一面应朝向垫圈，螺母和垫圈不应装反。

(5) 高强度螺栓连接副在终拧以后，螺栓螺纹外露应为2～3扣，在全部的螺栓中允许有10％的螺栓螺纹外露1扣或4扣。

3. 紧固方法

1) 大六角头高强度螺栓连接副紧固

大六角头高强度螺栓连接副一般采用扭矩法和转角法紧固。

(1) 扭矩法。使用可直接显示扭矩值的专用扳手，分初拧和终拧两次拧紧。初拧扭矩为终拧扭矩的60％～80％，其目的是通过初拧，使接头各层钢板达到充分密贴，终拧扭矩把螺栓拧紧。

(2) 转角法。其是根据构件紧密接触后，螺母的旋转角度与螺栓的预拉力成正比的关系确定的一种方法。操作时分初拧和终拧两次施拧。初拧可用短扳手将螺母拧致使构件靠拢，并做标记。终拧用长扳手将螺母从标记位置拧至规定的终拧位置。转动角度的大小在施工前由试验确定。

2) 扭剪型高强度螺栓紧固

扭剪型高强度螺栓有一特制尾部，采用带有两个套筒的专用电动扳手紧固。紧固时用专用扳手的两个套筒分别套住螺母和螺栓尾部的梅花头，接通电源后，两个套筒按反向旋转，拧断尾部后即达相应的扭矩值。一般用定扭矩扳手初拧，用专用电动扳手终拧。

课题 5.4 钢结构安装工艺

5.4.1 概述

钢结构安装前应进行图纸会审，对施工的场地条件、钢构件核查等相关作业条件进行准备布置，以便于钢结构施工安装工作的顺利开展。

钢结构安装施工中除了起重设备外，还需采用校正构件安装偏差的千斤顶、用于垂直水平运输的卷扬机、用于固定缆风绳的地锚、用于起吊轻型构件的倒链等索具设备。

1. 钢结构工程安装方法

钢结构工程安装方法有分件安装法、节间安装法和综合安装法三种。

1) 分件安装法

分件安装法是指起重机在节间内每开行一次仅安装一种或两种构件。例如，起重机第一次开行中先吊装全部柱子，并进行校正和最后固定。然后依次吊装地梁、柱间支撑、墙梁、吊车梁、托架（托梁）、屋架、天窗架、屋面支撑和墙板等构件，直至整个建筑物吊装完成。有时屋面板的吊装也可在屋面上单独用桅杆或屋面小吊车来进行。

分件吊装法的优点是起重机在每次开行中仅吊装一类构件，吊装内容单一，准备工作简单，校正方便，吊装效率高；有充分时间进行校正；构件可分类在现场顺序预制、排放，场外构件可按先后顺序组织供应；构件预制吊装、运输、排放条件好，易于布置；可选用起重量较小的起重机械，可利用改变起重臂杆长度的方法，分别满足各类构件吊装起重量和起升高度的要求。其缺点是起重机开行频繁，机械台班费用增加；起重机开行路线长；起重臂长度改变需一定的时间；不能按节间吊装，不能为后续工程及早提供工作面，阻碍了工序的穿插；相对的吊装工期较长；屋面板吊装有时需要有辅助机械设备。

分件吊装法适用于一般中小型厂房的吊装。

2) 节间安装法

节间安装法是指起重机在厂房内一次开行中，分节间依次安装所有各类型构件，即先吊装一个节间柱子，并立即加以校正和最后固定，然后接着吊装地梁、柱间支撑、墙梁（连续梁）、吊车梁、走道板、柱头系统、托架（托梁）、屋架、天窗架、屋面支撑系统、屋面板和墙板等构件。一个（或几个）节间的全部构件吊装完毕后，起重机行进至下一个（或几个）节间，再进行下一个（或几个）节间全部构件的吊装，直至吊装完成。

节间安装法的优点是起重机开行路线短，起重机停机点少，停机一次可以完成一个（或几个）节间全部构件的安装工作，可为后期工程及早提供工作面，可组织交叉平行流水作业，缩短工期；构件制作和吊装误差能及时发现并纠正；吊装完一节间，校正固定一节间，结构整体稳定性好，有利于保证工程质量。其缺点是需用起重量大的起重机同时吊各类构件，不能充分发挥起重机效率，无法组织单一构件连续作业；各类构件需交叉配合，场地构件堆放拥挤，吊具、索具更换频繁，准备工作复杂；校正工作零碎，困难；柱子固定时间较长，难以组织连续作业，使吊装时间延长，降低吊装效率；操作面窄，易发生安全事故。

节间安装法适用于采用回转式桅杆进行吊装，或特殊要求的结构（如门式框架）或某种原因局部特殊施工（如急需施工地下设施）时采用。

3）综合安装法

综合安装法是将全部或一个区段的柱头以下部分的构件用分件吊装法吊装，即柱子吊装完毕并校正固定，再按顺序吊装地梁、柱间支撑、吊车梁、走道板、墙梁、托架（托梁），接着按节间综合吊装屋架、天窗架、屋面支撑系统和屋面板等屋面结构构件。整个吊装过程可按三次流水进行，根据结构特性有时也可采用两次流水，即先吊装柱子，然后分节间吊装其他构件。吊装时通常采用两台起重机，一台起重量大的起重机用来吊装柱子、吊车梁、托架和屋面结构系统等，另一台用来吊装柱间支撑、走道板、地梁、墙梁等构件并承担构件卸车和就位排放工作。

综合安装法结合了分件安装法和节间安装法的优点，能最大限度地发挥起重机的能力和效率，缩短工期，是广泛采用的一种安装方法。

2. 钢结构工程安装工艺顺序及流水段划分

钢结构工程吊装顺序是先吊装竖向构件，后吊装平面构件。竖向构件吊装顺序为柱—连系梁—柱间支撑—吊车梁—托架等；单种构件吊装流水作业，既能保证体系纵列形成排架，稳定性好，又能提高生产效率；平面构件吊装顺序主要以形成空间结构稳定体系为原则，工艺流程如图5.17所示。

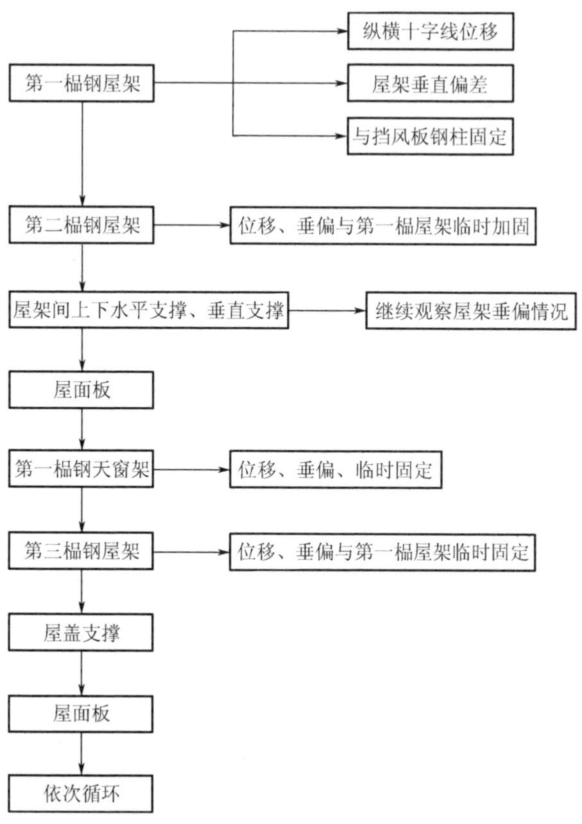

图5.17 平面构件安装顺序工艺流程图

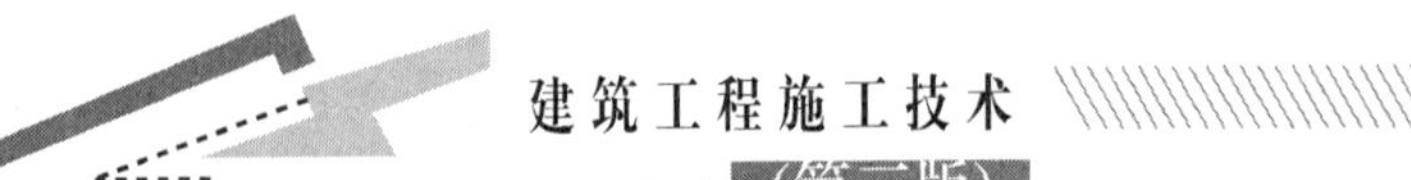

平面流水段的划分应考虑钢结构在安装过程中的对称性和稳定性；立面流水以一节钢柱为单元。每个单元以主梁或钢支撑安装成框架为原则，其次是其他构件的安装。可以采用由一端向另一端进行的吊装顺序，既有利于安装期间结构的稳定，又有利于设备安装单位的进场施工。

履带式起重机跨内综合安装法如图 5.18 所示，其是按照吊装两层装配式框架结构的顺序来进行吊装的。起重机Ⅰ先安装 CD 跨间第 1～2 节间柱 1～4、梁 5～8 形成框架后，再吊装楼板 9，接着吊装第二层梁 10～13 和楼板 14，完成后起重机后退，依次同次吊装第 2～3、第 3～4 节间各层构件；起重机Ⅱ安装 AB、BC 跨柱、梁和楼板，顺序与起重机Ⅰ相同。

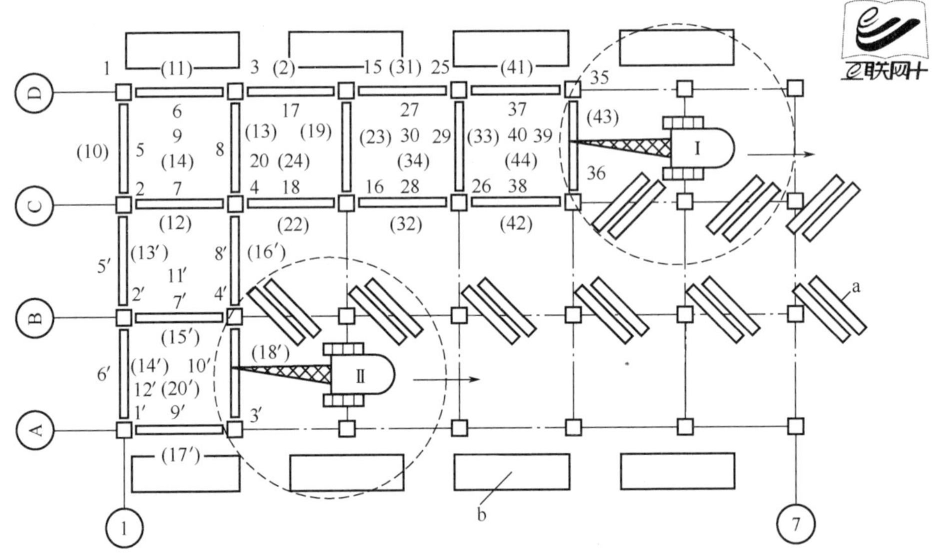

图 5.18　履带式起重机跨内综合安装法

a—柱预制、堆放场地；b—梁板堆放场地；1～44—起重机Ⅰ的吊装顺序；
1′～20′—起重机Ⅱ的吊装顺序井
注：带（　　）的为第 2 层梁板的吊装顺序。

塔式起重机跨外分件安装法如图 5.19 所示，其是按照分层分段流水吊装四层框架的顺序来进行吊装的，划分为四个吊装段进行。起重机先吊装第一吊装段的第一层柱 1～14，再吊装梁 15～33，形成框架；接着吊装第二吊装段的柱、梁，再吊装 1、2 段的楼板；接着进行第 3、4 段吊装，顺序同前。第一施工层全部吊装完成后，接着进行上层吊装。

3. 钢构件的运输和摆放

钢构件的运输和摆放内容如下。

（1）钢构件的运输可采用公路、铁路或海路运输。运输构件时，应根据构件的长度、重量断面形状、运输形式的要求选用合理的运输方式。

（2）大型或重型构件的运输宜编制运输方案。

（3）构件的运输顺序应满足构件吊装进度计划要求。

（4）钢构件的包装应满足构件不失散、不变形和装运稳定牢固的要求。

（5）构件装卸时，应按设计吊点起吊，并应有防止构件损伤的措施。

（6）钢构件中转堆放场，应根据构件尺寸、外形、重量、运输与装卸机械、场地条

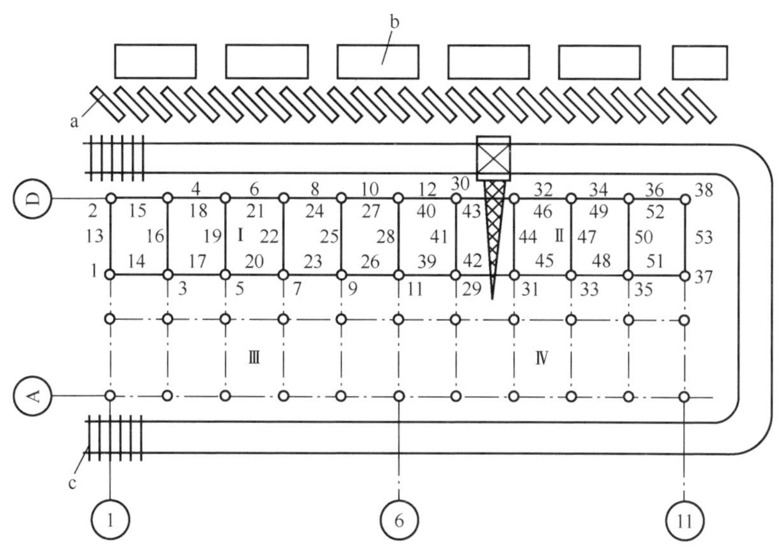

图 5.19 塔式起重机跨外分件安装法

a—柱预制、堆放场地；b—梁板堆放场地；c—塔式起重机轨道；
Ⅰ～Ⅳ—吊装段编号；1～53—构件吊装顺序

件，绘制平面布置图，并尽量减少搬运次数。

(7) 构件堆放场地应平整、坚实、排水良好。

(8) 构件应按种类、型号、安装顺序分区堆放。

(9) 构件堆放应确保不变形、不损坏、有足够的稳定性。

(10) 构件叠放时，其支点应在同一直线上，叠放层数不宜过高。

【参考视频】

5.4.2 钢柱安装

1. 首节钢柱的安装与校正

安装前，应对建筑物的定位轴线、首节柱的安装位置、基础的标高和基础混凝土的强度进行复检，合格后才能进行安装。

1) 柱顶标高调整

根据钢柱实际长度和柱底平整度，利用柱子底板下地脚螺栓上的调整螺母调整柱底标高，以精确控制柱顶标高，如图 5.20 所示。

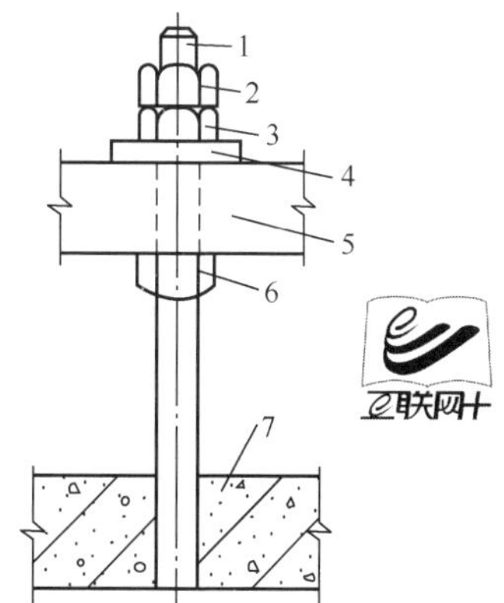

图 5.20 采用调整螺母控制标高

1—地脚螺栓；2—止退螺母；
3—紧固螺母；4—螺母垫圈；
5—柱子底板；6—调整螺母；
7—钢筋混凝土基础

2) 纵横十字线对正

首节钢柱在起重机吊钩不脱钩的情况下，利用制作时在钢柱上画出的中心线与基础顶面十字线对正就位。

3) 垂直度调整

用两台呈 90°的经纬仪投点，采用缆风法校正。在校正过程中不断调整柱底板下螺母，校正完毕后将柱底板上面的两个螺母拧上，缆风松开，使柱身呈自由状态，再用经纬仪复核。如有小偏差，微调下螺

母，无误后将上螺母拧紧。柱底板与基础面间预留的空隙，用无收缩砂浆以捻浆法垫实。

2. 上节钢柱安装与校正

上节钢柱安装时，利用柱身中心线就位，为使上下柱不出现错口，尽量做到上、下柱定位轴线重合。上节钢柱就位后，按照先调整标高，再调整位移，最后调整垂直度的顺序校正。

校正时，可采用缆风校正法或无缆风校正法。目前多采用无缆风校正法，如图 5.21 所示，即利用塔式起重机、钢楔、垫板、撬棍及千斤顶等工具，在钢柱呈自由状态下进行校正。此法施工简单、校正速度快、易于吊装就位和确保安装精度。为适应无缆风校正法，应特别注意钢柱节点临时连接耳板的构造。上下耳板的间隙宜为 15～20mm，以便于插入钢楔。

1）标高调整

钢柱一般采用相对标高安装、设计标高复核的方法。钢柱吊装就位后，合上连接板，穿入大六角头高强度螺栓，但不夹紧，通过吊钩起落与撬棍拨动调节上下柱之间的间隙。量取上柱柱根标高线与下柱柱头标高线之间的距离，符合要求后在上下耳板间隙中打入钢楔限制钢柱下落。正常情况下，标高偏差调整至零。若钢柱制造误差超过 5mm，则应分次调整。

2）位移调整

钢柱定位轴线应从地面控制轴线直接引上，不得从下层柱的轴线引上。钢柱轴线偏移时，可在上柱和下柱耳板的不同侧面夹入一定厚度的垫板加以调整，然后微微夹紧柱头临时接头的连接板。钢柱的位移每次只能调整 3mm，若偏差过大只能分次调整。起重机至此可松开吊钩。校正位移时应注意防止钢柱扭转。

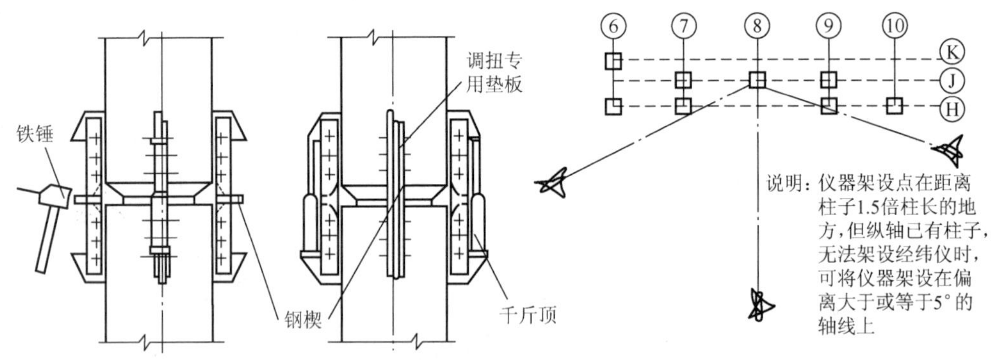

图 5.21 无缆风校正法示意图

3）垂直度调整

用两台经纬仪在相互垂直的位置投点，进行垂直度观测。调整时，在钢柱偏斜方向的同侧锤击钢楔或微微顶升千斤顶，在保证单节柱垂直度符合要求的前提下，将柱顶偏轴线位移校正至零，然后拧紧上下柱临时接头的大六角头高强度螺栓至额定扭矩。

注意：为达到调整标高和垂直度的目的，临时接头上的螺栓孔应比螺栓直径大 4.0mm。由于钢柱制造允许误差一般为－1～＋5mm，螺栓孔扩大后能有足够的余量将钢柱校正准确。

3. 钢梁的安装与校正

钢梁的安装与校正内容如下。

(1) 钢梁安装时，同一列柱，应先从中间跨开始对称地向两端扩展；同一跨钢梁，应先安上层梁再安中下层梁。

(2) 在安装和校正柱与柱之间的主梁时，可先把柱子撑开，跟踪测量、校正，预留接头焊接收缩量，这时柱产生的内力，在焊接完毕焊缝收缩后也就消失了。

(3) 一节柱的各层梁安装好后，应先焊上层主梁后焊下层主梁，以使框架稳固，便于施工。一节柱（3层）的竖向焊接顺序是：上层主梁→下层主梁→中层主梁→上柱与下柱焊接。

每天安装的构件，应形成空间稳定体系，确保安装质量和结构安全。

5.4.3 楼层压型钢板安装

多高层钢结构楼板，一般多采用压型钢板与混凝土叠合层组合而成。一节柱的各层梁安装校正后，应立即安装本节柱范围内的各层楼梯，并铺好各层楼面的压型钢板，进行叠合楼板施工。楼层压型钢板安装工艺流程是：弹线→清板→吊运→布板→切割→压合→侧焊→端焊→封堵→验收→栓钉焊接。

1. 压型钢板安装铺设

压型钢板安装铺设内容如下。

(1) 在铺板区弹出钢梁的中心线。主梁的中心线是铺设压型钢板固定位置的控制线，并决定压型钢板与钢梁熔透焊接的焊点位置；次梁的中心线决定熔透焊栓钉的焊接位置。因压型钢板铺设后难以观察次梁翼缘的具体位置，故将次梁的中心线及次梁翼缘反弹在主梁的中心线上，固定栓钉时再将其反弹在压型钢板上。

(2) 将压型钢板分层分区按料单清理、编号，并运至施工指定部位。

(3) 用专用软吊索吊运。吊运时，应保证压型钢板板材整体不变形、局部不卷边。

(4) 按设计要求铺设。压型钢板铺设应平整、顺直、波纹对正，设置位置正确；压型钢板与钢梁的锚固支承长度应符合设计要求，且不应小于50mm。

(5) 采用等离子切割机或剪板钳裁剪边角。裁减放线时，富余量应控制在5mm范围内。

(6) 压型钢板固定。压型钢板与压型钢板侧板间连接采用咬口钳压合，使单片压型钢板间连成整板；然后用点焊将整板侧边及两端头与钢梁固定，最后采用栓钉固定。为了浇筑混凝土时不漏浆，端部肋应做封端处理。

【知识链接】

2. 栓钉焊接

为使组合楼板与钢梁有效地共同工作，抵抗叠合面间的水平剪力作用，通常采用栓钉穿过压型钢板焊于钢梁上。栓钉焊接的材料与设备有栓钉、焊接瓷环和栓钉焊机。

焊接时，先将焊接用的电源及制动器接上，把栓钉插入焊枪的长口，焊钉下端置入母材上面的瓷环内。按下焊枪电钮，栓钉被提升，在瓷环内产生电弧，在电弧发生后规定的时间内，用适当的速度将栓钉插入母材的融池内。焊完后，立即除去瓷环，并在焊缝的周围去掉卷边，检查焊钉焊接部位。栓钉焊接工序如图5.22所示。

栓钉焊接质量检查如下。

(1) 外观检查。栓钉根部焊脚应均匀，焊脚立面的局部未熔合或不足360°的焊脚应进行修补。

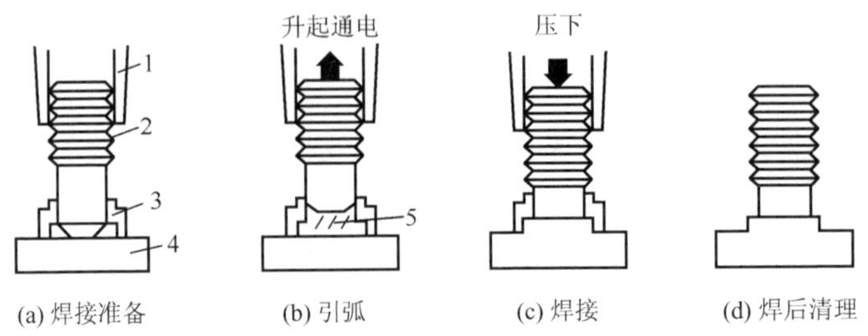

图 5.22　栓钉焊接工序

1—焊枪；2—栓钉；3—瓷环；4—母材；5—电弧

（2）弯曲试验检查。栓钉焊接后应进行弯曲试验检查，可用锤击使栓钉从原来轴线弯曲 30°或采用特制的导管将栓钉弯成 30°，若焊缝及热影响区没有肉眼可见的裂纹，即为合格。

压型钢板及栓钉安装完毕后，即可绑扎钢筋，浇筑混凝土。

5.4.4　轻型门式刚架结构工程

门式刚架结构是大跨度建筑常用的结构形式之一。轻型门式刚架结构是指主要承重结构采用实腹门式刚架，具有轻型屋盖和轻型外墙的单层房屋钢结构。

1. 刚架柱的安装

轻型门式刚架钢柱的安装顺序是：吊装单根钢柱→柱标高调整→纵横十字线位移→垂直度校正。

刚架柱一般采用一点起吊，吊耳放在柱顶处。为防止钢柱变形，也可两点或三点起吊。对于大跨度轻型门式刚架变截面 H 形钢柱，由于柱根小、柱顶大，头重脚轻，且重心是偏心的，因此安装固定后，为防止倾倒需加临时支撑。

2. 刚架斜梁的拼接与安装

轻型门式刚架斜梁的特点是跨度大（构件长）、侧向刚度小，为确保安装质量和安全施工，提高生产效率，减小劳动强度，应根据场地和起重设备条件，最大限度地将扩大拼装工作在地面完成。

刚架斜梁一般采用立放拼接，拼装程序是：将要拼接的单元放在拼装平台上→找平→拉通线→安装普通螺栓定位→安装高强度螺栓→复核尺寸，如图 5.23 所示。

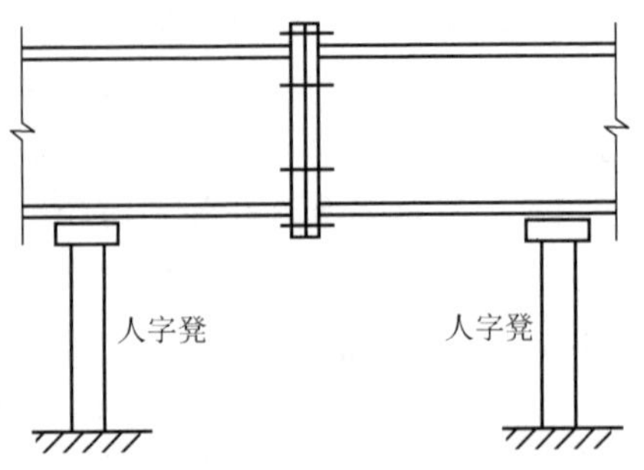

图 5.23　刚架斜梁拼接示意图

斜梁的安装顺序是先从靠近山墙的有柱间支撑的两榀刚架开始，刚架安装完毕后将其间的檩条、支撑、隅撑等全部装好，并检查其垂直度；然后以这两榀刚架为起点，向建筑物另一端顺序安装。除最初安装的两榀刚架外，所有其余刚架间的檩条、墙梁和檐檩的螺栓均应在校准后再拧紧。

斜梁的起吊应选好吊点，大跨度斜梁的吊点须经计算确定。斜梁可选用单机两点或三点、四点起吊，或用铁扁担以减小索具对斜梁产生的压力。对于侧向刚度小、腹板宽厚比大的斜梁，为防止构件扭曲和损坏，应采取多点起吊及双机抬升。

应用案例 5-1

某机库72m长刚架主梁的吊装示意图，如图5.24所示。刚架主梁采用了如下吊装方案：在有支撑的跨间，将两榀梁都在地面拼装成36m长的半跨刚性单元（两半榀梁立放拼装，所有高强度螺栓终拧，除吊点处檩条外所有檩条和跨间支撑均安装到位），由两台汽车吊通过铁扁担吊起两个左半榀梁与各自轴线柱连接后，2号吊机使两个左半榀梁空中定位，1号吊机摘钩后与3号吊机吊起两个右半榀梁与各自轴线柱对接，最后对接中间节点，形成整体刚架。

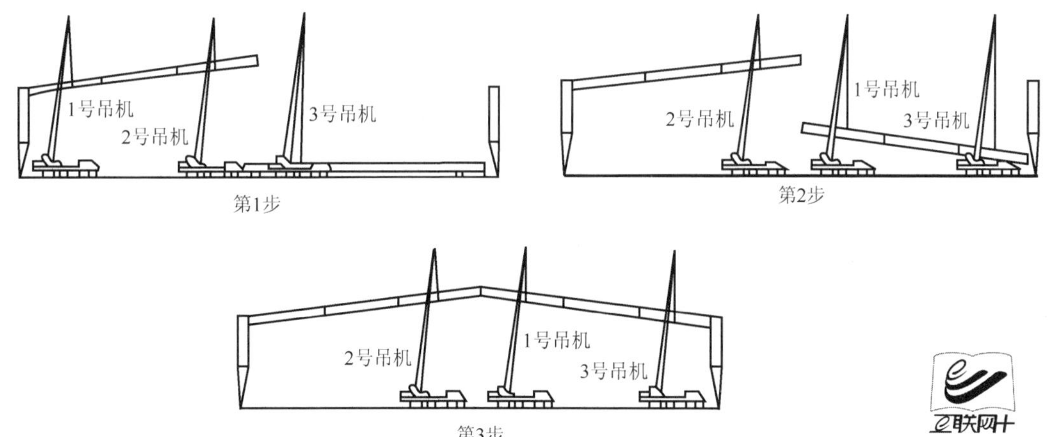

图5.24 刚架主梁吊装示意图

3. 檩条和墙梁的安装

【参考视频】

轻型门式刚架结构的檩条和墙梁，一般采用卷边槽形、Z形冷弯薄壁型钢或高频焊接轻型H形钢。檩条和墙梁通常与焊接在刚架斜梁和柱上的角钢支托连接。檩条和墙梁端部与支托的连接螺栓不应少于两个。

4. 彩钢夹芯板围护结构安装

【参考视频】

轻型门式刚架结构中，目前主要采用彩钢夹芯板（也称彩钢保温板）作围护结构。彩钢夹芯板按功能不同分为屋面夹芯板和墙面夹芯板。屋面板和墙面板的边缘部位，要设置彩钢配件用来防风雨和装饰建筑外形。屋面配件有屋脊件、封檐件、山墙封边件、高低跨泛水件、天窗泛水件、屋面洞口泛水件等；墙面配件有转角件、板底泛水件、板顶封边件、门窗洞口包边件等。彩钢夹芯板安装方法如下。

(1) 实测安装板材的长度，按实测长度核对对应板号的板材长度，必要时对该板材进行剪裁。

(2) 将提升到屋面的板材按排板起始线放置，并使板材的宽度标志线对准起始线；在板长方向两端排出设计要求的构造长度，如图 5.25 所示。

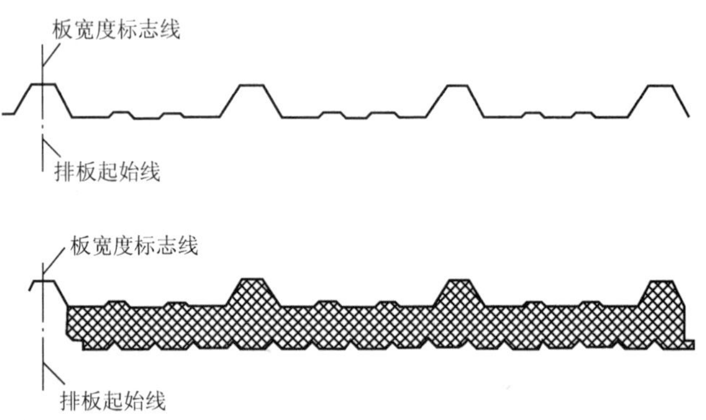

图 5.25 板材安装示意图

(3) 用紧固件紧固板材两端，然后安装第二块板。其安装顺序为先自左（右）至右(左)，后自上而下。

(4) 安装到下一放线标志点处时，复查本标志段内板材安装的偏差，满足要求后进行全面紧固。紧固自攻螺钉时应掌握紧固的程度，紧固过度会使密封垫圈上翻，甚至将板面压得下凹而积水；紧固不够会使密封不到位而出现漏雨。

(5) 安装完后的屋面应及时检查有无遗漏紧固点。

(6) 屋面板的纵、横向搭接，应按设计要求铺设密封条和密封胶，并在搭接处用自攻螺钉或带密封胶的拉铆钉连接，紧固件应设在密封条处。纵向搭接（板短边之间的搭接）时，可将夹芯板的底板在搭接处切掉搭接长度，并除去该部分的芯材。屋面板纵、横向连接节点构造如图 5.26 和图 5.27 所示。

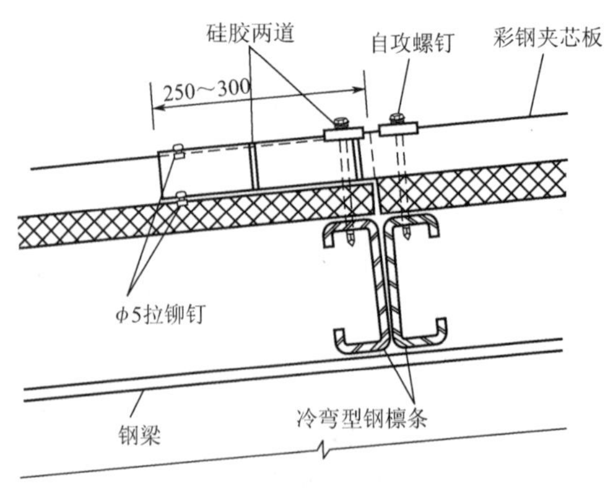

图 5.26 屋面板纵向连接节点

(7) 墙面板安装。夹芯板用于墙面时多为平板，一般采用横向布置，节点构造如图 5.28 所示。墙面板底部表面应低于室内地坪 30～50mm，且应在底面抹灰找平后安装，如图 5.29 所示。

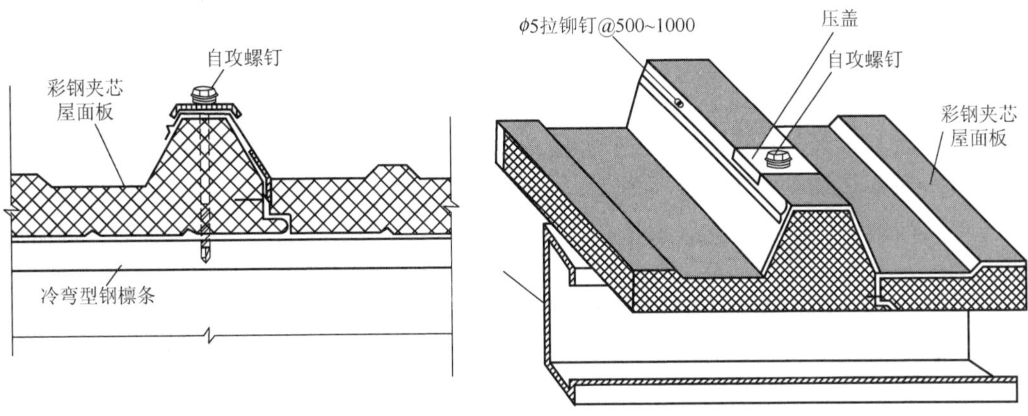

(a) 屋面板横向连接节点构造　　(b) 屋面板横向连接节点透视图

图 5.27　屋面板横向搭接节点

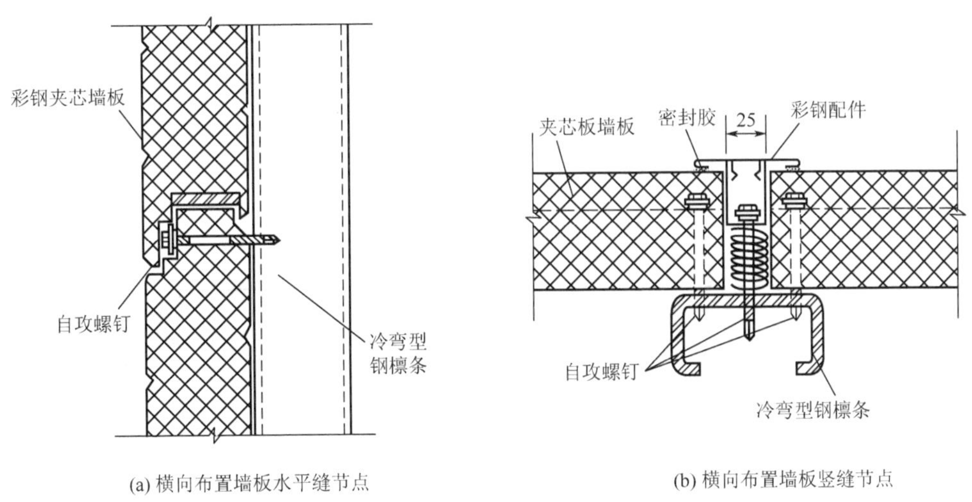

(a) 横向布置墙板水平缝节点　　(b) 横向布置墙板竖缝节点

图 5.28　横向布置墙板水平缝与竖缝节点

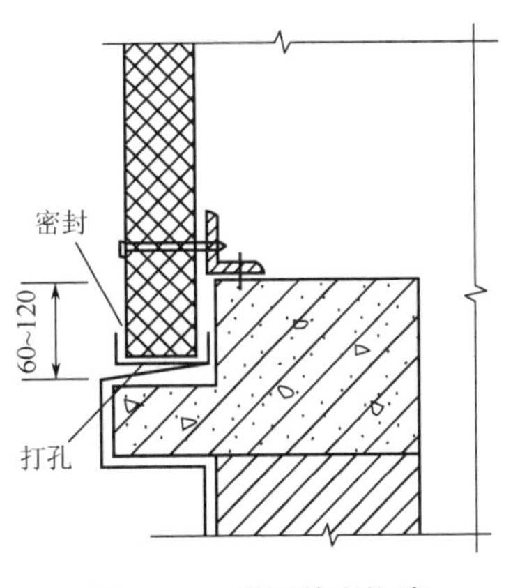

图 5.29　墙面基底构造

课题 5.5 钢结构涂装施工

钢结构在常温大气环境中安装、使用，易被空气中水分、氧和其他污染物腐蚀。钢结构的腐蚀不仅造成经济损失，还直接影响到结构安全。另外，钢材由于其导热快、比热小，虽是一种不燃烧材料，但极不耐火。未加防火处理的钢结构构件在火灾温度下，温度上升很快，只需十几分钟，钢材温度就可达540℃以上，此时钢材的力学性能（如屈服点、抗拉强度、弹性模量及载荷能力等）都将急剧下降；达到600℃时，强度则几乎为零，钢构件不可避免地会扭曲变形，最终导致整个结构的垮塌毁坏。

因此，根据钢结构所处的环境及工作性能采取相应的防腐与防火措施，是钢结构设计与施工的重要内容。目前国内外主要采用涂料涂装的方法进行钢结构的防腐与防火。

5.5.1 钢结构防腐涂装工程

1. 钢材表面除锈等级与除锈方法

钢结构构件制作完毕，经质量检验合格后应进行防腐涂料涂装。涂装前钢材表面应进行除锈处理，以提高底漆的附着力，保证涂层质量。除锈处理后，钢材表面不应有焊渣、焊疤、灰尘、油污、水和毛刺等。

《钢结构工程施工质量验收规范》（GB 50205—2001）规定，钢材表面的除锈方法和除锈等级应与设计文件采用的涂料相适应。当设计无要求时，钢材表面除锈等级应符合的规定见表 5-3。

表 5-3 各种底漆或防锈漆要求最低的除锈等级

涂料品种	除锈等级
油性酚醛、醇酸等底漆或防锈漆	St2
高氯化聚乙烯、氯化橡胶、氯磺化聚乙烯、环氧树脂、聚氨酯等底漆或防锈漆	Sa2
无机富锌、有机硅、过氧乙烯等底漆	Sa2 $\frac{1}{2}$

目前国内各大中型钢结构加工企业一般都具备喷、抛射除锈的能力，所以应将喷、抛射除锈作为首选的除锈方法，而手工和电动工具除锈仅作为喷射除锈的补充手段。随着科学技术的不断发展，不少喷、抛射除锈设备已采用微机控制，具有较高的自动化水平，并配有除尘器，消除粉尘污染。

2. 钢结构防腐涂料

钢结构防腐涂料是一种胶体溶液，涂敷在钢材表面，结成一层薄膜，使钢材与外界腐蚀介质隔绝。涂料分底漆和面漆两种。

底漆是直接涂在钢材表面上的漆，其含粉料多，基料少，成膜粗糙，与钢材表面黏结力强，与面漆结合性好。

面漆是涂在底漆上的漆，其含粉料少，基料多，成膜后有光泽，主要功能是保护下层底漆。面漆对大气和湿气有高度的不渗透性，并能抵抗腐蚀介质、阳光紫外线所引起的风化分解。

钢结构的防腐涂层，可由几层不同的涂料组合而成。涂料的层数和总厚度是根据使用条件来确定的，一般室内钢结构要求涂层总厚度为125μm，即底漆和面漆各两道。高层建筑钢结构一般处在室内环境中，而且要喷涂防火涂层，所以通常只刷两道防锈底漆。

3. 防腐涂装方法

钢结构防腐涂装，常用的施工方法有刷涂法和喷涂法两种。

(1) 刷涂法。应用较广泛，适宜于油性基料刷涂。因为油性基料虽干燥得慢，但渗透性大、流平性好，不论面积大小，刷起来都会平滑流畅。一些形状复杂的构件，使用刷涂法也比较方便。

(2) 喷涂法。施工工效高，适合于大面积施工，对于快干和挥发性强的涂料尤为适合。喷涂的漆膜较薄，为了达到设计要求的厚度，有时需要增加喷涂的次数。喷涂施工比刷涂施工涂料损耗大，一般要增加20%左右。

【参考视频】

5.5.2 钢结构防火涂装工程

钢结构防火涂料能够起到防火作用，主要有三个方面的原因：一是涂层对钢材起屏蔽作用，隔离了火焰，使钢构件不至于直接暴露在火焰或高温之中；二是涂层吸热后，部分物质分解出水蒸气或其他不燃气体，起到消耗热量、降低火焰温度和燃烧速度、稀释氧气的作用；三是涂层本身多孔轻质或受热膨胀后形成炭化泡沫层，热导率均在0.233W/(m・K)以下，阻止了热量迅速向钢材传递，推迟了钢材受热温升到极限温度的时间，从而提高了钢结构的耐火极限。

1. 厚涂型防火涂料涂装

1) 施工方法与机具

厚涂型防火涂料一般采用喷涂施工。机具可为压送式喷涂机或挤压泵，配有能自动调压的0.6～0.9m^3/min的空压机，喷枪口径为6～12mm，空气压力为0.4～0.6MPa。局部修补可采用抹灰刀等工具手工抹涂。

2) 涂料的搅拌与配置

涂料的搅拌与配置内容如下。

(1) 由工厂制造好的单组分湿涂料，现场应采用便携式搅拌器搅拌均匀。

(2) 由工厂提供的干粉料，现场加水或用其他稀释剂调配，应按涂料说明书规定配比混合搅拌，边配边用。

(3) 由工厂提供的双组分涂料，应按配制涂料说明规定的配比混合搅拌，边配边用。特别是化学固化干燥的涂料，配制的涂料必须在规定的时间内用完。

(4) 搅拌和调配涂料，使稠度适宜，即能在输送管道中畅通流动，喷涂后又不会流淌和下坠。

3) 涂装施工操作

涂装施工操作内容如下。

(1) 喷涂应分2～5次完成，第一次喷涂以基本盖住钢材表面即可，以后每次喷涂厚度为5～10mm，一般以7mm左右为宜。通常情况下，每天喷涂一遍即可。

(2) 喷涂时，应注意移动速度，不能在同一位置久留，以免造成涂料堆积流淌；配料及往挤压泵加料应连续进行，不得停顿。

(3) 施工工程中，应采用测厚针检测涂层厚度，直到符合设计规定的厚度，方可停止喷涂。

(4) 喷涂后的涂层要适当维修，对明显的乳突，应采用抹灰刀等工具剔除，以确保涂层表面均匀。

2. 薄涂型防火涂料涂装

1) 施工方法与机具

薄涂型防火涂料涂装施工方法与机具如下。

(1) 喷涂底层、主涂层涂料，宜采用重力（或喷斗）式喷枪，配以能自动调压的 0.6～0.9m^3/min 的空压机。喷嘴直径为 4～6mm，空气压力为 0.4～0.6MPa。

(2) 面层装饰涂料，一般采用喷吐施工，也可以采用刷涂或滚涂的方法。喷涂时，应将喷涂底层的喷嘴直径换为 1～2mm，空气压力调为 0.4MPa。

(3) 局部修补或小面积施工，可采用抹灰刀等工具手工抹涂。

2) 涂装施工操作

涂装施工操作如下。

(1) 底层及主涂层一般应喷 2～3 遍，每遍间隔 4～24h，待前遍基本干燥后再喷后一遍。头遍喷涂以盖住基底面 70%即可，二、三遍喷涂每遍厚度不超过 2.5mm 为宜。施工工程中应采用测厚针检测涂层厚度，确保各部位涂层达到设计规定的厚度。

(2) 面层涂料一般涂饰 1～2 遍。若头遍从左至右喷涂，第二遍则应从右至左喷涂，以确保全部覆盖住下部主涂层。

应 用 案 例 5-2

厂房钢结构施工方案

1. 工程概况

某公司主厂房位于某高技术产业开发区环市路北侧，总占地面积 29165.4m^2，主厂房建筑面积 8043.3m^2，其中 1～4 轴为二层钢筋混凝土结构，4～9 轴为钢筋混凝土柱钢结构屋盖结构，钢结构工程主要包括以下内容：实腹式托梁及屋盖横梁、钢天窗架、屋盖上弦横向水平支撑、天窗水平支撑、屋盖檩条及拉杆、单层隔热材料压型板屋盖和天沟等。

2. 技术说明

1) 材料说明

钢材：主材采用国际 Q235 型钢。

焊接材料：焊条采用 GB E4300～4313 手工电焊条；焊丝采用 GB H08 或 H08A 焊丝。

螺栓：构件连接螺栓均采用普通粗制螺栓（C 级），采用 Q235 钢制作。

屋面板：采用广州 BHP 公司生产的 BHP 双层压型板。

2) 制作、安装要求

制作、安装要求如下。

(1) 钢结构构件制作时均进行 1∶1 放样，如与图样有出入时以放样为准。

(2) 所有对接焊缝的拼接均与母材等强度，其余焊缝按二级要求进行检验。

(3) 构件制作、运输过程中发生的变形，应及时校正后方可进行安装。

3) 除锈与涂装

半成品制作前构件表面要进行打磨处理（除锈），涂刷醇酸红丹防锈底漆二道；制成半成品后表面涂刷醇酸磁漆二道，颜色由甲方自定。

3. 施工及验收规范

(1)《钢结构工程施工质量验收规范》(GB 50205—2001)。

(2)《建筑工程施工质量验收统一标准》(GB 50300—2013)。

(3)《冷弯薄壁型钢结构技术规范》(GB 50018—2002)。

(4)《钢结构设计规范》(GB 50017—2003)。

(5)《空间网格结构技术规程》(JGJ 7—2010)。

(6)《建筑用压型钢板》(GB/T 12755—2008)。

(7)《建筑防腐蚀工程施工规范》(GB 50212—2014)。

(8)《建筑结构荷载规范》(GB 50009—2012)。

(9)《门式刚架轻型房屋钢结构技术规程》(CECS 102—2002)。

4. 施工工艺流程

本工程钢结构构件的加工制作均在主厂房附近铺设的钢平台上完成，原材料由选定的厂家提供。制作工艺流程如图 5.30 所示。安装作业流程如图 5.31 所示。

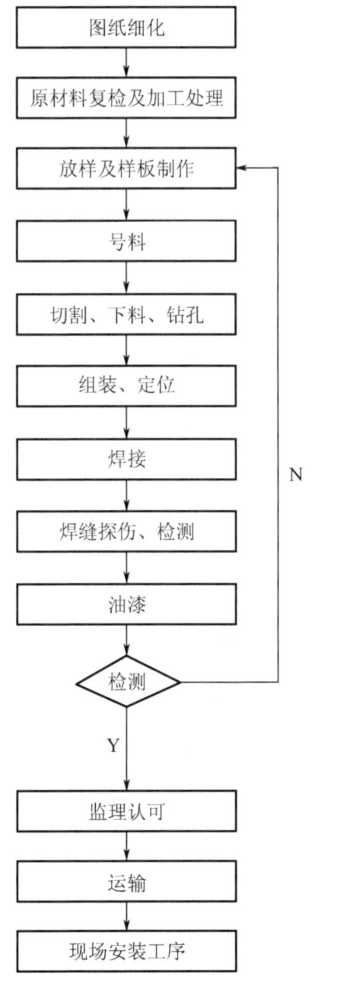

图 5.30　制作工艺流程

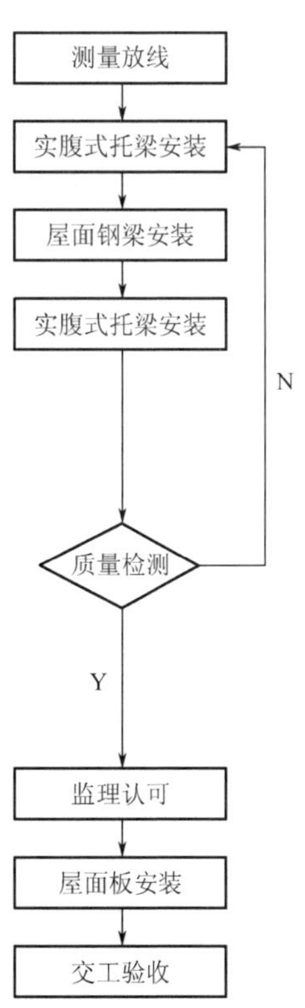

图 5.31　安装作业流程

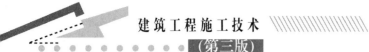

5. 钢结构的制作

由于本工程为一项集制作、运输和安装等的一揽子工程，故确定各分部分项工程施工工艺与方法是保证整个工程“安全、优质、高速”的关键，尤其是钢结构的制作，直接影响到工程的质量，所以必须牢牢地把握此环节。

1) 细部设计

细部设计是制作过程中的最重要的环节之一，是将结构工程的初步设计细化为能直接进行加工制作图的过程。该工程钢结构制作细部设计的主要内容如下。

(1) 实腹式托梁和屋面钢梁的结构细化图，主要是屋面钢梁与托梁的连接节点图及屋面钢梁与钢天窗架的连接节点图。

(2) 钢天窗架的结构细化图，由于钢天窗架的结构较复杂，部分尺寸需由现场制作时放样来定，所以其相应的图样必须细化。

(3) 檩条及水平支撑细化图，主要是与钢梁的连接节点及水平支撑的组装图。

2) 加工制作工艺

本屋盖钢结构面积为 8043.3m^2，其主要构件为屋面钢梁、实腹式托梁、檩条及钢天窗等，所以构件均按图纸要求进行加工制作（除天沟和屋面板由指定厂家定做以外）。

(1) 加工制作准备如图 5.32 所示。

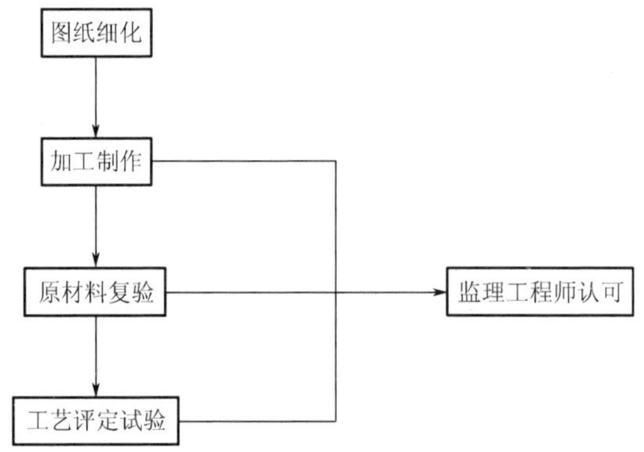

图 5.32 加工制作准备

(2) 材料处理。

① 表面处理。对于有除锈要求的构件，当钢板厚度 $t \leqslant 30$mm 时，应进行抛丸除锈并喷防锈底漆。

对于螺栓连接的啮合面，抛丸或喷丸除锈后不涂底漆让其自然生锈以提高其抗滑移系数（主要是屋面钢梁的拼接端面及钢梁与栓顶预埋件的接触处）。

② 钢板的矫平。为了保证构件制作的精度和外形尺寸公差，钢板应逐张在矫正机上矫平。

(3) 主要钢结构的制作。

① 构件制作所需的主要设备。半自动切割机（主要用于各种钢板的切割下料）、摇臂钻（用于孔洞的加工）、矫正机（用于钢板的矫平及其他构件的变形矫直）、折边机（主要用于钢梁下翼板的弯折成型）、端铣机（对梁的端面进行精加工）、埋弧自动焊机（用于各种直线状的对接焊缝和角接焊缝）、CO_2 气体焊机和直流焊机。

② 组合钢梁的制作。

a. 按要求检查、矫正钢材及进行表面处理。

b. 号料。

c. 按图纸尺寸及放样尺寸进行下料：托梁和屋面梁的腹板与上翼板都按图样尺寸整块切割下料；对于形状不规则的下翼板按放样尺寸整块下料，然后在折边机上弯折成图样所要求的形状；钢梁上的加筋板、连接板及牛腿等均按图纸尺寸下料。

d. 孔位画线，并在钻床上钻孔。

e. 将腹板和翼缘板在胎架上组装，先点焊连接，并定位。

f. 焊接。为了尽可能地减小焊接变形，除了保证钢板在胎架上定位可靠以外，还要采取较好的焊接工艺，采用两台焊机对称施焊；施焊方向应同时从一端向另一端展开；待第一面的焊缝基本冷却后，再翻身焊另一面。

g. 安装连接板、加筋板、牛腿等应先点焊连接，然后再全部焊接。

h. 对焊缝进行无损探伤检测和质量检测：探伤前需完成打磨、清除飞溅和孔边毛刺等清理工作，对不合格的焊缝要进行返修，但焊缝的同一处返修不得超过两次。

i. 涂刷油漆。

j. 质量检验。质量检验工作是对制作构件的最后验收，如发现有质量问题则必须进行及时修正。以保证所有的构件均为合格品，并做好质检记录和质量检测报告。此项工作最后必须由监理认可，而且此项及涂刷油漆项的工作适用于所有构件制作的最后工序。

③ 钢天窗架的制作。

a. 首先按图纸尺寸进行放样，定出所有零件的形状尺寸和装配尺寸，并对连接板等零件制作样板。

b. 号料。

c. 对槽钢、角钢进行切割下料，按样板尺寸对连接板进行切割下料。

d. 按要求的弧度尺寸对角钢进行煨弯加工。

e. 在平台上组装所有的零件，组装好以后，先以点焊连接，然后对各节点进行全部焊接，为防止焊接变形，必须采取相应的措施（如焊前固定等）。

f. 探伤、油漆及质量检验工作同上。

④ 天窗水平支撑、檩条的制作。按图纸要求的尺寸进行切割下料（连接板按照样板尺寸），再钻孔加工；对于天窗水平支撑，先组装两根角钢，以连接板连接并焊接好，然后再组装两端的连接板并焊接。

⑤ 天沟、屋面板及天窗板均在厂家定做，其质量由施工方负责检验，并由监理认可。

3）制造过程中的焊接工作

制作过程中的焊接工作内容如下。

（1）焊接材料的保管和使用。

a. 本工程所使用的焊接材料均应具有生产厂家的产品合格证。

b. 焊接材料使用前应按相应的规范和标准的要求，进烘箱焙烘后存入保温箱内备用。

c. 焊工需携焊条保温筒，随取随用；焊条放入保温筒 4h 未用完应退回烘箱，按要求重新焙烘后才能使用。

（2）焊接工艺评定。为了保证焊接质量，对于结构中的主要接头形式应根据《钢结构工程施工质量验收规范》（GB 50205—2001）的有关规定进行一系列的工艺评定，以确定最佳的焊接方法和焊接工艺规范参数来指导实际施工。

4）机械加工

机械加工内容如下。

(1) 机械加工表面的光洁度应满足施工图的要求。

(2) 钻孔时均应采用钻模，钻模上应标明一组孔的中心线和第一孔的横向中心线，以便钻模定位。钻孔时，钻模与工件之间应可靠固定。

(3) 钻成孔周边的毛刺应打磨干净。

(4) 钢梁的对接端面进行加工时，加工面与梁的中心线之间的偏差值和所要求的偏差值的差应小于1/500。

5）冷加工与热加工

(1) 火工矫正。在制作过程中所产生的较大变形必须采用火工矫正的方式。但在矫正时，当温度大于600℃时不允许浇水冷却。

(2) 弯料工作可以在常温下进行，也可以在加热的条件下进行，但加热弯料时不得在蓝脆温度（200～400℃）范围内进行。常温弯料时，弯曲半径应大于或等于2倍的板厚。弯料完成后应检查零件弯曲处有无开裂。

6）质量检查

质量检查内容如下。

(1) 钢结构构件制作完工后，应进行外形尺寸的检验，并符合《钢结构工程施工质量验收规范》(GB 50205—2001) 的有关要求。

(2) 对于焊缝质量，应按设计要求，对对接焊缝和要求焊透角焊缝应进行超声波探伤，并符合《钢结构工程施工质量验收规范》(GB 50205—2001) 的有关规定，对于不合格的焊缝，除了返修外，还应扩大探伤范围。同一焊缝最多只能返修两次。对所有焊缝均应进行外观检查，并符合《钢结构工程施工质量验收规范》(GB 50205—2001) 的有关规定。

(3) 对于《钢结构工程施工质量验收规范》(GB 50205—2001) 规范中没有明确规定的部分内容，可以参照美国国家标准《钢结构焊接规范（美标）》(ANSI/AWSD1.1—1992) 的有关规定进行检验。

7）标记与包装

每根构件制成后，都应标明构件的杆件号。标记字样尺寸为高150mm、宽120mm。汉字字样为仿宋体。字样应事先采用1mm的白铁皮制成以备使用。为了防止损坏构件表面的涂漆，对于运输及吊装过程中需捆绑的部位应采用麻袋等柔性物包裹，其他均为裸装。

6. 钢结构的安装

1）钢结构安装工程的施工准备工作

钢结构安装开工前应具备的条件如下。

(1) 混凝土施工。在钢结构安装开工前，土建混凝土柱的施工进度一定要满足全部施工进度的要求，而且要保证混凝土柱的结构强度达到支撑钢结构的设计强度要求以及柱顶预埋件的质量要求。

(2) 钢构件制作与堆放。钢构件的制作顺序应严格按照现场的钢结构安装顺序来安排，而且要保证现场堆放的半成品构件满足日吊装计划的要求。在现场事先按钢结构安装总平面图准备好一块平整、密实、排水良好、交通方便的钢构件堆场。钢梁、檩条、支撑等主要构件运至该现场，应分类、分型号堆放整齐，保证取件方便并有专人负责发放。

(3) 机械设备。安装钢结构所使用的设备，如汽车式起重机、卷扬机、自制小车、电焊机等包括附件及随机用具要到达现场，并有专人负责检查保养，保证其运转性能良好、附件齐全。

(4) 连接件。钢结构的连接件如螺栓、焊条等到达现场专用仓库，由专人负责保管发放。

(5) 辅助材料及用具。安装钢结构所用的工具、设备、安全措施、防护用品及辅助材料，如氧气、乙炔、CO_2气体、铁丝、缆风绳、铁楔等准备齐全，运到现场专用仓库，并经检验合格，由专人保管发放。

(6) 三脚架及脚手架。用于拼装钢梁的三脚架及搭设作业平台用的脚手架料（钢管、螺栓、接头、脚手板等）运到现场，并由专业架子工配合搭设。

2) 吊装设备的选择与布置

根据本工程的吊装特点（起重量不大、起重高度不大等），进行设备的选择与布置时需认真考虑以下几点。

(1) 能满足本工程钢结构安装施工的整体工程量和进度的要求。

(2) 满足各榀构件吊装施工顺序的要求，保证各构件相互间不发生干扰的前提下，尽可能地布置合理。

(3) 满足最大起重构件的起重量要求。

(4) 满足最大吊装高度的要求。

(5) 满足以上各条件的情况下，考虑经济合理。

最终，选择与布置的吊装设备如下。

(1) 本工程选择用两台汽车式起重机（一台为25t，另一台为8t）完成所有钢结构的吊装施工。

(2) 汽车式起重机的布置。根据该主厂房结构布置的特点（即横向三连跨的屋架），在施工过程中按Ⅰ、Ⅱ、Ⅲ区域依次进行安装施工。钢结构的安装施工实行流水作业，所以相应的汽车式起重机也必须按照流水作业的程序来布置。先用一台汽车式起重机（25t）先行吊装实腹式托梁和现场拼装好的屋面钢梁。另一台汽车式起重机（8t）滞后，用于吊装水平支撑、钢天窗架、檩条、拉杆、天沟和屋面板等构件。

3) 测量放线

对于土建施工的柱顶预埋铁件，须检测其平面和标高位置偏差。要求埋件偏位不大于5mm，标高误差小于5mm，轴线测设控制在$L/10000$以内。

由轴线控制桩测设每个柱顶的纵横轴线、钢梁的安装位置线，每个柱顶的轴线间距应使用钢尺整尺丈量，防止分段丈量的误差累积。

由基准点的标高检测预埋铁件的标高。当平面或标高偏差超出规范允许值时，混凝土面用高标号砂浆找平，预埋钢板表面用整块薄钢垫板调整。

4) 钢结构的吊装

钢结构的吊装分为钢梁和钢天窗架两部分。

(1) 钢梁的吊装。

① 钢梁的分段。屋面钢梁每跨平分为两段，采取现场拼装，然后整跨吊装，实腹式托梁采取整跨制作、吊装。

② 钢梁与柱以及钢梁与托梁的节点形式。钢梁与柱采用预埋螺栓临时连接，最后焊接。钢梁与托梁也采用螺栓临时连接，最后焊接。

③ 作业平台的搭设。在钢梁与柱以及钢梁与托梁的节点处均需搭设作业平台，可以利用土建施工的脚手架或自搭龙门架（沿柱的四周搭设），作业平台需铺设跳板，平台设在低于节点 1.2m 处。作业平台的安全维护措施要保证。

④ 实腹式托梁的吊装。

a. 倒运与放置。托梁直接倒运至其所跨接的两根柱附近，并沿其安装的轴线方向，平置于地面，下垫枕木。

b. 吊点的设置与准备。吊点的设置要考虑吊装简便、稳定可靠，还要避免钢梁发生变形。该钢梁采用钢丝绳捆绑吊装，吊点对称设置于托梁的两端部。为了防止钢梁起吊后在空中摆动以及便于吊装就位，需要在钢梁的两端各设置一根长约 15m 的麻绳，用于人工牵拉。

c. 起吊方式。采用汽车式起重机从地面平置位置直接起吊，一次性吊装到位。

d. 就位与临时连接。将托梁准确安装到轴线位置上方，通过柱顶预埋螺栓来临时固定。

⑤ 屋面钢梁的吊装。

a. 倒运与放置。屋面钢梁倒运至各施工区域（Ⅰ、Ⅱ、Ⅲ）内靠近边轴线（A、D、G）附近区域，沿 A、D、G 轴线方向平置（下垫枕木），然后进行现场拼装。此放置方式主要是考虑到不阻碍汽车式起重机工作的运行路线。

b. 拼装。利用四副三脚架将屋面钢梁进行拼装，通过倒链调整和人工辅助对接到位，上好螺栓临时连接，然后使此时要检测的整跨屋面钢梁的长度尺寸、扭曲度、侧弯度等控制在规范允许的范围以内，最后拧紧螺栓。

c. 吊点的设置与准备。吊点对称设置，采用钢丝绳捆绑吊装。

d. 起吊方式。屋面钢梁拼装好以后，用汽车式起重机直接从拼装位置起吊（此时钢梁沿 A、D、G 轴线方向），然后吊臂沿顺时针方向转过 90°，最后吊装到位。

e. 就位与临时固定。屋面钢梁就位后，校正使其轴线误差控制在规范允许的范围以内，然后通过柱顶锚栓和连接螺栓临时固定。

(2) 钢天窗架的吊装。

a. 钢天窗架与屋面梁采用耳板临时连接过渡，就位准确后进行焊接。

b. 吊点设置与起吊方式。钢天窗架整体吊装，先将钢天窗架在地面枕木垫块上直立起来，然后起吊，吊点对称设置于两个十字形节点处，用钢丝绳捆绑吊装。

c. 就位与临时连接。钢天窗架吊装到位后与屋面钢梁上的牛腿以螺栓临时连接固定。

(3) 天窗水平支撑、檩条及拉杆等的吊装。均采取整根吊装，到位后以螺栓连接。

(4) 天沟、屋面板及天窗板的吊装。由厂家供应的这些构件吊装搁置在屋面檩条上后，由人工进行安装。

5) 钢结构的安装校正

钢结构的安装校正内容如下。

(1) 钢梁的安装校正。实腹式托梁与屋面钢梁吊装并临时固定完成后，应在测量工的监视下，利用千斤顶、倒链及铁楔等对钢梁的轴线偏差、垂直度偏差、直线度、挠度进行校正，使安装误差控制在允许的范围内。

钢梁的轴线度、垂直度、直线度、挠度均可通过经纬仪、水准仪来达到测量校正的目的。

(2) 檩条的安装校正。主要以水平尺来校正其平直度、以拉线来控制其标高，保证所有的檩条在同一屋面平面上。以钢垫块和拉杆来进行安装调整。

(3) 钢天窗架的校正。主要以放线来控制其相对于屋脊梁的偏差，以直尺和水平尺控制其相对于屋面梁的标高。

(4) 水平支撑等的校正。主要以直尺来控制，通过花篮螺钉来调整。

单元小结

本单元内容包括钢结构的制作工艺、钢结构的安装、钢结构连接施工工艺、钢结构安装工艺、钢结构涂装工艺等部分。熟悉钢结构的制作及安装常用的机具、构件制作加工工艺、安装及涂装工艺，以保证钢结构施工的顺利进行。

钢结构构件由于类型多、技术复杂、制作工艺要求严格，一般均由专业工厂来加工制作。钢结构构件的加工制作，包括加工制作前的准备、零件加工、构件组装、成品表面处理等。

钢结构连接主要采用焊接和高强度螺栓连接。钢结构焊接广泛使用的是电弧焊，在电弧焊中又以手工焊、埋弧自动焊、半自动焊、CO_2气体保护焊为主；在某些特殊场合，则必须使用电渣焊。焊接工艺要点包括焊接工艺设计、焊条烘烤、定位点焊、焊前预热、焊接顺序确定、焊后热处理等。高强度螺栓分为大六角头高强度螺栓（扭矩形高强度螺栓）和扭剪型高强度螺栓两种。高强度螺栓连接包括螺栓安装和紧固两个程序。

多层及高层钢结构工程规模大、结构复杂、工期长、专业性强，其安装施工应根据建筑物的平面形状、结构形式、安装机械的数量和位置等，合理划分安装施工流水区段，确定安装顺序，编制构件安装顺序表。多层及高层钢结构施工，主要包括构件吊点设置与起吊、构件安装与校正、楼层压型钢板安装等。

轻型门式刚架结构工程包括门式刚架结构的安装和彩板围护结构安装。门式刚架结构是大跨建筑常用的结构形式之一，属平面杆系结构。门式刚架结构安装工艺流程为：钢柱安装→钢柱校正→斜梁地面拼装→斜梁安装、临时固定→钢柱重校→高强度螺栓紧固→复校→安装檩条、拉杆→钢结构验收。

彩钢板围护结构是指将彩色有机涂层钢板按设计要求经工厂或现场加工成的屋面板或墙面板，用各种紧固件和各种泛水配件组装成的围护结构。其安装施工过程包括：放线、板材安装、门窗安装、配件安装等。配件的安装时，应作二次放线。

钢结构的防腐与防火，目前主要采用涂料涂装的方法。钢结构构件防腐涂装前，钢材表面应进行除锈处理。除锈方法可分为喷射或抛射除锈、手工和动力工具除锈、火焰除锈三种类型。钢结构防腐涂装，常用的施工方法有刷涂法和喷涂法两种。钢结构防火涂装前钢材表面应除锈，并根据设计要求涂装防腐底漆。防火涂料按涂层的厚度分为薄涂型钢结构防火涂料和厚涂型钢结构防火涂料两类。薄涂型防火涂料和厚涂型防火涂料一般均采用喷涂法施工。

推荐阅读资料

1.《钢结构工程施工质量验收规范》(GB 50205—2001)

2.《建筑用压型钢板》(GB/T 12755—2008)

3.《建筑防腐蚀工程施工规范》(GB 50212—2014)

4.《建筑结构荷载规范》(GB 50009—2012)

5.《门式刚架轻型房屋钢结构技术规程》(CECS 102—2002)

习　题

一、单选题

1. 熔点较高的金属宜采用的切割方法是（　　）。
   A. 机械切割法　B. 气割法　C. 砂轮切割法　D. 等离子切割法

2. 钢结构拼装前的主要准备工作是（　　）。
   A. 检查剖口截面　B. 测量放线
   C. 卡具、角钢的数量　D. 施工流向

3. 较厚的钢结构构件通常要开坡口，其目的不是（　　）。
   A. 提高焊接质量　B. 使根部能够焊透
   C. 易于清除熔渣　D. 减小焊接热影响范围

4. 关于普通螺栓级别的说法正确的是（　　）。
   A. A级螺栓是精制螺栓　B. C级螺栓是精制螺栓
   C. A、B级均为精制螺栓　D. B级螺栓为半粗质螺栓

5. 高强度螺栓与普通螺栓之间的主要区别是（　　）。
   A. 是否抗剪　B. 抗腐蚀性好　C. 耐火性好　D. 是否铆接

6. 钢结构螺栓紧固时必须从中心开始施拧，同时还要求（　　）。
   A. 不对称施拧　B. 对称施拧
   C. 先松后紧施拧　D. 强力一次施拧

7. 钢结构焊缝热裂纹的防止措施之一是控制焊缝的（　　）。
   A. 宽度　B. 长度　C. 化学成分　D. 厚度

8. 螺栓长度大小通常是指螺栓螺头内侧到螺杆端头的长度，一般都是以（　　）mm进制。
   A. 2　B. 5　C. 3　D. 10

9. 在用高强度螺栓进行钢结构安装中，（　　）连接是目前被广泛采用的基本连接形式。
   A. 摩擦型　B. 摩擦-承压型
   C. 承压型　D. 张拉型

10. 钢结构安装时，螺栓的紧固次序应按（　　）进行。
    A. 从两边对称向中间　B. 从中间开始，对称向两边
    C. 从一端向另一端　D. 从中间向四周扩散

11. 对钢结构构件进行涂饰时，（　　）适用于油性基料的涂料。
    A. 弹涂法　B. 刷涂法　C. 擦拭法　D. 喷涂法

12. 对钢结构构件进行涂饰时，（　　）适用于快干性和挥发性强的涂料。
    A. 弹涂法　B. 刷涂法　C. 擦拭法　D. 喷涂法

13. 钢结构防火涂料的黏结强度及（　　）应符合国家现行标准的规定。

A. 抗压强度　　B. 抗拉强度　　C. 抗剪强度　　D. 拉伸长度

14. 当钢屋架（天窗架）安装过程中垂直偏差过大时，应在屋架间加设（　　），以增强稳定性。

A. 垂直支撑　　B. 水平支撑　　C. 剪刀撑　　D. 斜向支撑

15. 在钢结构安装过程中，为防止焊接时夹渣、未焊透、咬肉，焊条应在（　　）℃下烘 2h。

A. 500　　B. 200　　C. 300　　D. 400

16. 钢结构施工中，螺杆、螺母和垫圈应配套使用，螺纹应高出螺帽（　　）扣，以防使用松扣降低顶紧力。

A. 2　　B. 3　　C. 4　　D. 5

17. 钢结构涂装后至少在（　　）h 内应保护免受雨淋。

A. 1　　B. 2　　C. 3　　D. 4

二、多选题

1. 钢结构采用螺栓连接时，常用的连接形式主要有（　　）连接。

A. 平接　　B. 搭接　　C. T 形

D. Y 形　　E. X 形

2. 在高强螺栓施工中，摩擦面的处理方法有（　　）。

A. 喷砂（丸）法　　B. 化学处理-酸洗法

C. 砂轮打磨法　　D. 汽油擦拭法

E. 钢丝刷人工除锈

3. 钢结构构件的防腐施涂的顺序一般是（　　）。

A. 先上后下　　B. 先易后难　　C. 先左后右

D. 先阴角后阳角　　E. 先内后外

4. 钢结构组装的方法包括地样法和（　　）。

A. 仿形复制装配法　　B. 立装法

C. 卧装法　　D. 胎模装配法

E. 顺序装配法

5. 钢结构的主要焊接方法有（　　），在施工现场安装时常用的是（　　）。

A. 电阻焊　　B. 电弧焊　　C. 气焊

D. 埋弧焊　　E. 电渣压力焊

6. 高强度螺栓连接施工的主要检验项目包括螺栓实物最小荷载检验以及（　　）。

A. 扭剪型高强度螺栓连接副预应力复验

B. 高强度螺栓连接副扭矩检验

C. 高强度大六角头螺栓连接副扭矩系数复验

D. 高强度螺栓连接摩擦面的抗滑系数检验

E. 高强度螺栓抗拉强度验算

7. 为防止焊接时夹渣、未焊透、咬肉，最后一层焊缝距母材表面间距符合要求的是（　　）mm。

A. 1　　B. 1.5　　C. 2

D. 2.5　　E. 3

8. 焊接件材质和焊条不明时，应进行（　　），合格后才能使用。

A. 可焊性检验　　B. 机械性能检验

C. 焊条直径检验　　D. 焊接件材质厚度检验

E. 化学分析

9. 钢结构的优点主要有（　　）。

A. 强度高　　B. 自重轻　　C. 耐火性好

D. 质地均匀　　E. 可靠性高

三、简答题

1. 钢结构加工机具有哪些?
2. 什么叫放样、画线? 零件加工主要有哪些工序?
3. 钢构件组装的一般要求是什么?
4. 钢结构焊接的类型主要有哪些? 简述钢结构焊接的工艺要点。
5. 高强度螺栓主要有哪两种类型? 简述高强度螺栓连接的安装工艺和紧固方法。
6. 简述多层及高层钢结构安装施工流水段的划分原则及构件安装顺序。
7. 多层及高层钢结构构件是如何进行吊点设置与起吊的?
8. 简述多层及高层钢结构构件的安装与校正方法。
9. 简述多层及高层钢结构工程楼层压型钢板的安装工序。
10. 简述门式刚架结构的安装工艺流程。
11. 简述彩钢板围护结构屋面板的安装工序。
12. 钢材表面除锈等级分为哪三种类型? 防腐涂装主要采用哪两种施工方法?
13. 钢结构防火涂料按涂层的厚度分为哪两类? 主要施工方法是什么?

单元6

防水及屋面工程施工

教学目标

了解建筑物防水工程的构造组成及有关规定；熟悉防水施工顺序及防水工程施工中容易出现的常见质量问题及质量验收规范；掌握一般建筑防水工程的常规施工工艺、施工方法及原理；能选择和制定常规防水工程合理的施工方案、编写一般建筑防水工程施工技术交底；能进行常规防水工程的质量检验。

教学要求

能力目标	知识要点	权重
掌握地下防水施工工艺和质量标准要求	地下防水施工	30%
掌握室内防水施工工艺及施工质量标准要求	室内防水施工	10%
熟悉外墙防水施工工艺	外墙防水施工	15%
熟悉屋面工程施工工艺流程及操作要求	屋面工程施工	25%
熟悉雨期施工和冬期施工措施	雨期施工和冬期施工措施	20%

引例

随着近年来我国建筑技术的发展，大跨度、轻型和高层建筑日益增多，屋面结构的造型变化多样，地下建筑应用广泛，而停车场、运动场、花园等屋面的出现，又使屋面功能大大增加，但是自20世纪80年代以来，房屋渗漏成为我国工程建设中非常突出的问题。在原建设部组织的对各地区竣工房屋的调查中，发现屋面存在不同程度渗漏的占抽查总数的35%。房屋渗漏直接影响到房屋的使用功能与用户安全，也给国家造成了巨大经济损失。在房屋渗漏治理过程中，由于措施不当，效果不好，以致出现“年年漏、年年修，年年修、年年漏”的现象。

思考：对于建筑物渗漏水问题如何预防和解决？

课题 6.1 地下工程防水施工

6.1.1 防水方案

目前，地下防水工程的方案主要有以下几种。

(1) 采用防水混凝土结构。通过调整配合比或掺入外加剂等方法，来提高混凝土本身的密实度和抗渗性，使其成为具有一定防水能力的整体式混凝土或钢筋混凝土结构。

(2) 在地下结构表面另加防水层。如抹水泥砂浆防水层或贴涂料防水层等。

(3) 采用防水加排水措施。排水方案通常可用盲沟排水、渗排水与内排法排水等方法把地下水排走，以达到防水的目的。

《地下防水工程质量验收规范》(GB 50208—2011) 根据防水工程的重要性、使用功能和建筑物类别的不同，按围护结构允许渗漏水的程度，将地下工程防水等级分为四级，各级标准应符合表6-1的要求。

表 6-1 地下工程防水等级标准

防水等级	防水标准
一级	不允许渗水，结构表面无湿渍
二级	(1) 不允许漏水，结构表面可有少量湿渍 (2) 房屋建筑地下工程：总湿渍面积不应大于总防水面积（包括顶板、墙面、地面）的1/1000；任意100m^2防水面积上的湿渍不超过2处，单个湿渍的最大面积不大于0.1m^2 (3) 其他地下工程：湿渍总面积不应大于总防水面积的2/1000；任意100m^2防水面积上的湿渍不超过3处，单个湿渍的最大面积不大于0.2m^2；其中，隧道工程平均渗水量不大于0.05L/(m^2·d)，任意100m^2防水面积上的渗水量不大于0.15L/(m^2·d)
三级	(1) 有少量漏水点，不得有线流和漏泥沙 (2) 任意100m^2防水面积上的漏水或湿渍点数不超过7处，单个漏水点的最大漏水量不大于2.5L/d，单个湿渍的最大面积不大于0.3m^2
四级	(1) 有漏水点，不得有线流和漏泥沙 (2) 整个工程平均漏水量不大于2L/(m^2·d)，任意100m^2防水面积上的平均漏水量不大于4L/(m^2·d)

6.1.2 防水混凝土施工

【参考视频】

1. 防水混凝土的基本要求

防水混凝土的基本要求如下。

(1) 防水混凝土可通过调整配合比，或掺加外加剂、掺合料等措施配制而成，其抗渗等级不得小于P6。

(2) 防水混凝土的施工配合比应通过试验确定，试配混凝土的抗渗等级应比设计要求提高0.2MPa。

(3) 防水混凝土应满足抗渗等级要求，并应根据地下工程所处的环境和工作条件，满足抗压、抗冻和抗侵蚀性等耐久性要求。

防水混凝土结构是指因本身的密实性而具有一定防水能力的整体式混凝土或钢筋混凝土结构。防水混凝土适用于有防水要求的地下整体式混凝土结构。

防水混凝土一般分为普通防水混凝土、外加剂防水混凝土和膨胀剂或膨胀水泥防水混凝土三大类。外加剂防水混凝土又分为引气剂防水混凝土、减水剂防水混凝土、三乙醇胺防水混凝土、氯化铁防水混凝土等。

2. 防水混凝土施工内容

防水混凝土施工内容如下。

1) 防水混凝土施工缝的处理

防水混凝土应连续浇筑，宜少留施工缝。当留设施工缝时，应符合下列规定。

(1) 墙体水平施工缝不应留在剪力最大处或底板与侧墙的交接处，应留在高出底板表面不小于300mm的墙体上。拱（板）墙结合的水平施工缝，宜留在拱（板）墙接缝线以下150～300mm处。墙体有顶留孔洞时，施工缝距孔洞边缘不应小于300mm。

(2) 垂直施工缝应避开地下水和裂隙水较多的地段，并宜与变形缝相结合。

2) 防水混凝土的施工工艺

防水混凝土的施工工艺如下。

(1) 模板安装。防水混凝土所有模板，除满足一般要求外，应特别注意模板拼缝严密不漏浆，构造应牢固稳定，固定模板的螺栓（或铁丝）不宜穿过防水混凝土结构。固定模板用的螺栓必须穿过混凝土结构时，可采用工具式螺栓、螺栓加堵头、螺栓上加焊方形止水环等做法。止水环尺寸及环数应符合设计规定。如设计无规定，则止水环应为10cm×10cm的方形止水环，且不少于一环。

① 工具式螺栓做法。用工具式螺栓将固定模板用螺栓固定并拉紧，以压紧固定模板。拆模时将工具式螺栓取下，再以嵌缝材料及聚合物水泥砂浆将螺栓凹槽封堵严密，如图6.1所示。

② 螺栓加焊止水环做法。在对拉螺栓中部加焊止水环，止水环与螺栓必须满焊严密。拆模后应沿混凝土结构边缘将螺栓割断，如图6.2所示。此法将消耗所用螺栓。

③ 预埋套管加焊止水环做法。套管采用钢管，其长度等于墙厚（或其长度加上两端垫木的厚度之和等于墙厚），兼具撑头作用，以保持模板之间的设计尺寸。止水环在套管上满焊严密。支模时在预埋套管中穿入对拉螺栓拉紧固定模板。拆模后将螺栓抽出，套管内以膨胀水泥砂浆封堵密实。套管两端有垫木的，拆模时连同垫木一并拆除，除密实封堵

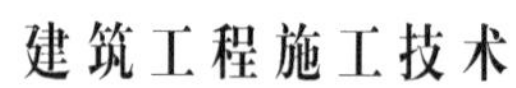

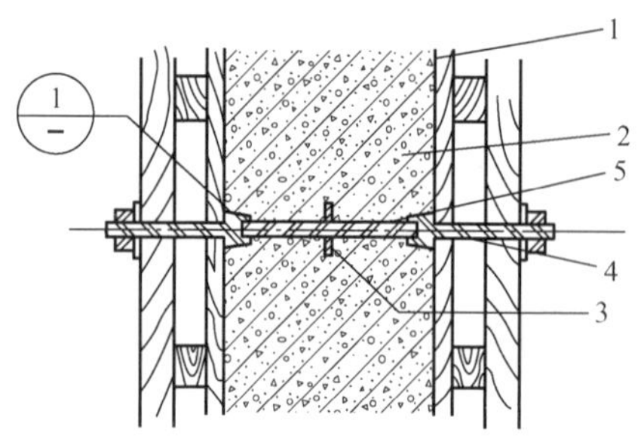

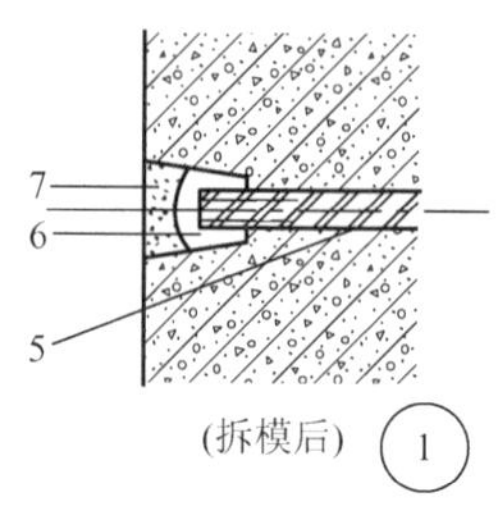

图 6.1 工具式螺栓做法

1—模板；2—结构混凝土；3—工具式螺栓；4—固定模板用螺栓；
5—嵌缝材料；6—密封材料；7—聚合物水泥砂浆

套管外，还应将两端垫木留下的凹坑用同样的方法封实，如图 6.3 所示。此法可用于抗渗要求一般的结构。

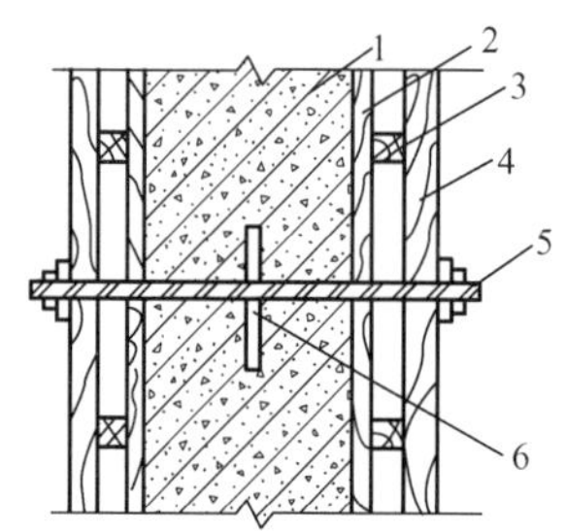

图 6.2 螺栓加焊止水环做法

1—围护结构；2—模板；3—小龙骨；
4—大龙骨；5—螺栓；6—止水环

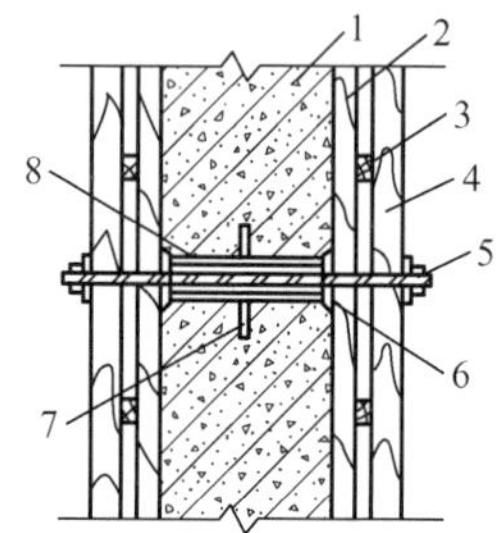

图 6.3 预埋套管加焊止水环做法

1—防水结构；2—模板；3—小龙骨；
4—大龙骨；5—螺栓；6—垫木；
7—止水环；8—预埋套管

(2) 钢筋施工。钢筋施工前做好钢筋绑扎前的除污、除锈工作。绑扎钢筋时，应按设计规定留足保护层，且迎水面钢筋保护层厚度不应小于 50mm。应以相同配合比的细石混凝土或水泥砂浆制成垫块，将钢筋垫起，以保证保护层厚度。严禁以垫铁或钢筋头垫钢筋，或将钢筋用铁钉及铁丝直接固定在模板上。钢筋应绑扎牢固，避免因碰撞、振动使绑扣松散、钢筋移位，造成露筋。钢筋及绑扎铁丝均不得接触模板。采用铁马凳架设钢筋时，在不便取掉铁马凳的情况下，应在铁马凳上加焊止水环。在钢筋密集的情况下，更应注意绑扎或焊接质量，并用自密实高性能混凝土浇筑。

(3) 混凝土搅拌。选定配合比时，其试配要求的抗渗强度值应较其设计值提高 0.2MPa，并准确计算及称量每种用料，投入混凝土搅拌机。外加剂的掺入方法应遵从所选外加剂的使用要求。

(4) 混凝土运输。混凝土运输过程中应采取措施防止混凝土拌合物产生离析，以及坍落度和含气量的损失，同时要防止漏浆。

防水混凝土拌合物在常温下应于 0.5h 以内运至现场；运送距离较远或气温较高时，可掺入缓凝型减水剂，缓凝时间宜为 6～8h。

(5) 混凝土的浇筑和振捣。在结构中若有密集管群，以及预埋件或钢筋稠密之处，不易使混凝土浇捣密实时，应选用免振捣的自密实高性能混凝土进行浇筑。

在浇筑大体积结构中，遇有预埋大管径套管或面积较大的金属板时，其下部的倒三角形区域不易浇捣密实而形成空隙，造成漏水，为此，可在管底或金属板上预先留置浇筑振捣孔，以利于浇捣和排气，浇筑后再将孔补焊严密。

混凝土浇筑应分层进行，每层厚度不宜超过 30～40cm，相邻两层浇筑时间间隔不应超过 2h，夏季可适当缩短。混凝土在浇筑地点须检查坍落度，每工作班至少检查两次。普通防水混凝土坍落度不宜大于 50mm。

防水混凝土必须采用高频机械振捣，振捣时间宜为 10～30s，以混凝土泛浆和不冒气泡为准，要振捣密实，避免漏振、欠振和超振。掺加引气剂或引气型减水剂时，应采用高频插入式振捣器振捣密实。

(6) 混凝土的养护。防水混凝土的养护对其抗渗性能影响极大，特别是早期湿润养护更为重要，一般在混凝土进入终凝（浇筑后 4～6h）时即应覆盖，浇水湿润养护不少于 14d。防水混凝土不宜用电热法养护和蒸汽养护。

(7) 模板拆除。由于防水混凝土要求较严，因此不宜过早拆模。拆模时混凝土的强度必须超过设计强度等级的 70%，混凝土表面温度与环境之差不得大于 15℃，以防止混凝土表面产生裂缝。拆模时应注意勿使模板和防水混凝土结构受损。

(8) 防水混凝土结构的保护。地下工程的结构部分拆模后，经检查合格后，应及时回填。回填前应将基坑清理干净，无杂物且无积水。回填土应分层夯实。地下工程周围 800mm 以内宜用灰土、黏土或粉质黏土回填；回填土中不得含有石块、碎砖、灰渣、有机杂物及冻土；回填施工应均匀对称进行。回填后地面建筑周围应做不小于 800mm 宽的散水，其坡度宜为 5%，以防地表水侵入地下工程。

完工后的防水结构，严禁再在其上打洞。若结构表面有蜂窝麻面，应及时修补。修补时应先用水冲洗干净，涂刷一道水胶比为 0.4 的水泥浆，再用水胶比为 0.5 的 1：2.5 水泥砂浆填实抹平。

6.1.3 水泥砂浆防水层施工

1. 防水砂浆

防水砂浆包括聚合物水泥防水砂浆、掺外加剂或掺合料的防水砂浆，宜采用多层抹压法施工。水泥砂浆防水层可用于地下工程主体结构的迎水面或背水面，不应用于受持续振动或温度高于 80℃的地下工程防水。水泥砂浆防水层应在基础垫层、初期支护、围护结构及内衬结构验收合格后施工。

水泥砂浆的品种和配合比设计应根据防水工程要求确定。聚合物水泥防水砂浆层厚度单层施工宜为 6～8mm，双层施工宜为 10～12mm；掺外加剂或掺合料的防水砂浆层厚度宜为 18～20mm。水泥砂浆防水层的基层混凝土强度或砌体用的砂浆强度均不应低于设计值的 80%。

2. 防水砂浆的施工要求

1）一般要求

防水砂浆施工的一般要求如下。

(1) 基层表面应平整、坚实、清洁，并应充分湿润、无明水。基层表面的孔洞、缝隙，应采用与防水层相同的防水砂浆堵塞并抹平。施工前应将预埋件、穿墙管预留凹槽内嵌填密封材料后，再对水泥砂浆层进行施工。

（2）防水砂浆的配合比和施工方法应符合所掺材料的相关规定，其中聚合物水泥防水砂浆的用水量应包括乳液中的含水量。水泥砂浆防水层应分层铺抹或喷射，铺抹时应压实、抹平，最后一层表面应提浆压光。聚合物水泥防水砂浆拌和后应在规定时间内用完，施工中不得任意加水。

（3）水泥砂浆防水层各层应紧密黏合，每层宜连续施工；必须留设施工缝时，应采用阶梯坡形槎，但离阴阳角处的距离不得小于 200mm。

（4）水泥砂浆防水层不得在雨天、五级及以上大风中施工。冬期施工时，气温不应低于 5℃。夏季不宜在 30℃以上或烈日照射下施工。

（5）水泥砂浆防水层终凝后，应及时进行养护，养护温度不宜低于 5℃，并应保持砂浆表面湿润，养护时间不得少于 14d。

（6）聚合物水泥防水砂浆未达到硬化状态时，不得浇水养护或直接受雨水冲刷，硬化后应采用干湿交替的养护方法。潮湿环境中，可在自然条件下养护。

2）基层处理

基层处理十分重要，是保证防水层与基层表面结合牢固、不空鼓和密实不透水的关键。基层处理包括清理、浇水、刷洗、补平等工序，使基层表面保持潮湿、清洁、平整、坚实、粗糙。

（1）混凝土基层的处理。

① 新建混凝土工程处理。拆除模板后，立即用钢丝刷将混凝土表面刷毛，并浇水冲刷干净。

② 旧混凝土工程处理。补做防水层时需用钻子、剁斧、钢丝刷将表面凿毛，清理平整后再冲水，用棕刷刷洗干净。

③ 混凝土基层表面凹凸不平、蜂窝孔洞的处理。超过 1cm 的棱角及凹凸不平处，应剔成慢坡形，并浇水清洗干净，用素灰和水泥砂浆分层找平（图 6.4）。混凝土表面的蜂窝孔洞，应先将松散不牢的石子除掉，浇水冲洗干净，用素灰和水泥砂浆交替抹到与基层面相平（图 6.5）。混凝土表面的蜂窝麻面不深，石子黏结较牢固，只需用水冲洗干净后，用素灰打底，水泥砂浆压实找平即可（图 6.6）。

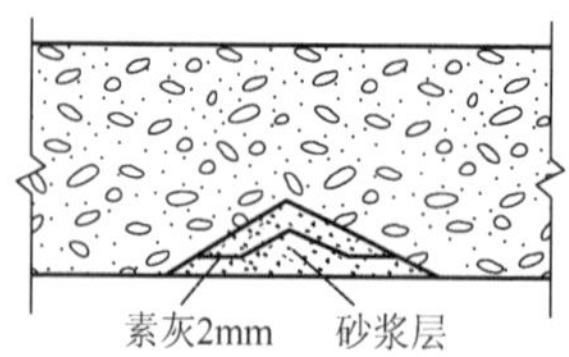

图 6.4　基层凹凸不平的处理

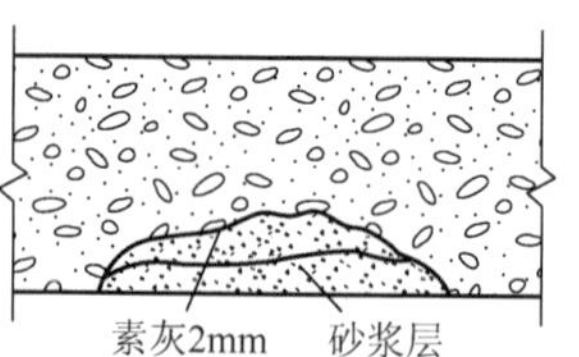

图 6.5　蜂窝孔洞的处理

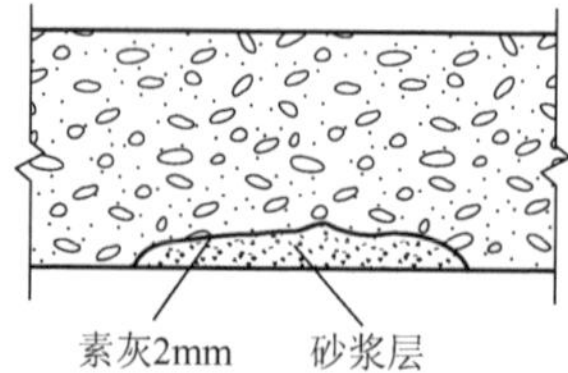

图 6.6　蜂窝麻面的处理

④ 混凝土结构的施工缝要沿缝剔成八字形凹槽，用水冲洗后，用素灰打底，水泥砂浆压实抹平，如图 6.7 所示。

(2) 砖砌体基层的处理。对于新砌体，应将其表面残留的砂浆等污物清除干净，并浇水冲洗。对于旧砌体，要将其表面酥松表皮及砂浆等污物清理干净，至露出坚硬的砖面，并浇水冲洗。对于石灰砂浆或混合砂浆砌的砖砌体，应将缝剔深 1cm，缝内呈直角，如图 6.8 所示。

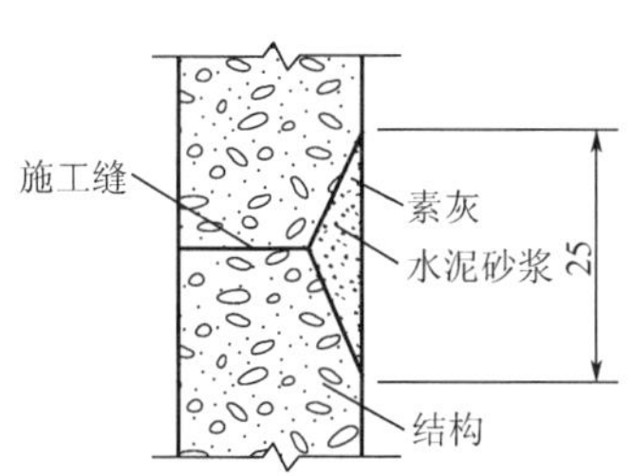

图 6.7　混凝土结构施工缝的处理

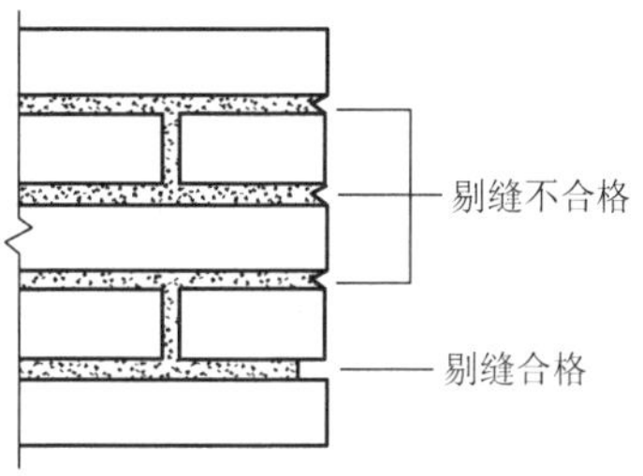

图 6.8　砖砌体的剔缝

3. 防水砂浆的施工方法

1) 普通水泥砂浆防水层的施工

普通水泥砂浆防水层的施工分为以下两种情况。

(1) 混凝土顶板与墙面防水层的操作。

第一层：素灰层，厚 2mm。先抹一道 1mm 厚素灰，用铁抹子往返用力刮抹，使素灰填实基层表面的孔隙。随即在已刮抹过素灰的基层表面再抹一道厚 1mm 的素灰找平层，抹完后，用湿毛刷在素灰层表面按顺序涂刷一遍。

第二层：水泥砂浆层，厚 4～5mm。在素灰层初凝时抹第二层水泥砂浆层，要防止素灰层过软或过硬，要使水泥砂浆层薄薄压入素灰层厚度的 1/4 左右，抹完后，在水泥砂浆初凝时用扫帚按顺序向一个方向扫出横向条纹。

第三层：素灰层，厚 2mm。在第二层水泥砂浆凝固并具有一定强度（常温下间隔一昼夜）时，适当浇水湿润，方可进行第三层操作，其方法同第一层。

第四层：水泥砂浆层，厚 4～5mm。按照第二层的操作方法将水泥砂浆抹在第三层上，抹后在水泥砂浆凝固前水分蒸发过程中，分次用铁抹子压实，一般以抹压 3～4 次为宜，最后再压光。

第五层：第五层是在第四层水泥砂浆抹压两遍后，用毛刷均匀地将水泥浆涂刷在第四层表面，随第四层抹实压光。

(2) 砖墙面和拱顶防水层的操作。第一层是刷一道水泥浆，厚度约为 1mm，用毛刷往返涂刷均匀，涂刷后，可抹第二、三、四层等，其操作方法与混凝土基层防水相同。

2) 地面防水层的操作

地面防水层操作与墙面、顶板操作不同的地方是，素灰层（一、三层）不采用刮抹的方法，而是把拌和好的素灰倒在地面上，用棕刷往返用力涂刷均匀，第二层和第四层是在素灰层初凝前后把拌和好的水泥砂浆层按厚度要求均匀地铺在素灰层上，按墙面、顶板操作要求抹压，各层厚度也均与墙面、顶板防水层相同。地面防水层在施工时要防止踩踏，应由里向外顺序进行，如图 6.9 所示。

3）特殊部位的施工

结构阴阳角处的防水层均需抹成圆角，阴角直径为 5cm，阳角直径为 1cm。防水层的施工缝需留斜坡阶梯形槎，槎子的搭接要依照层次操作顺序层层搭接。留槎的位置一般留在地面上，也可留在墙面上，所留的槎子均需离阴阳角 20cm 以上，如图 6.10 所示。

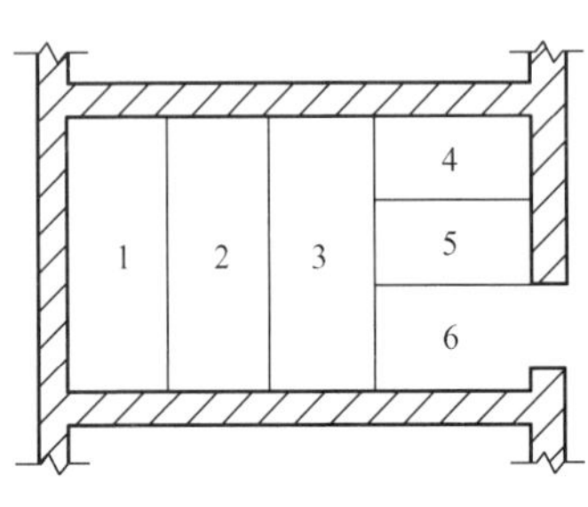

图 6.9　地面防水层施工顺序

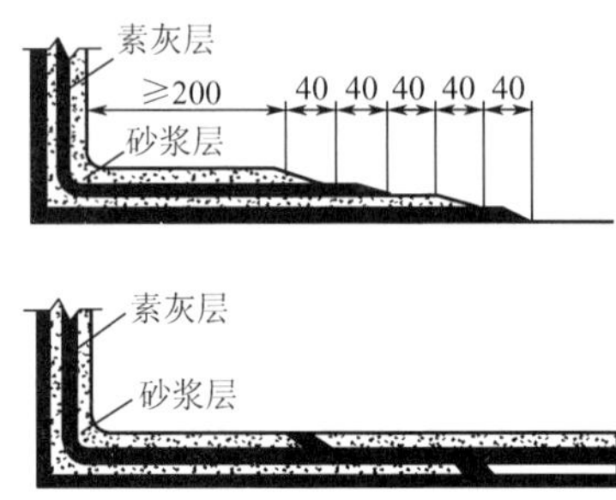

图 6.10　防水层接槎处理

6.1.4　卷材防水层施工

1. 防水卷材的主要类型

防水卷材按原材料性质分类主要有沥青防水卷材、高聚物改性沥青防水卷材和合成高分子防水卷材三大类。

1）沥青防水卷材

沥青防水卷材的传统产品是石油沥青纸胎油毡。由于其原料 80％左右是沥青，而沥青类建筑防水卷材在生产过程中会产生较大污染，加之工艺落后、耗能高、资源浪费，自 1999 年以来，国家及地方政府不断发文，曾勒令除新型改性沥青类产品以外的其他产品逐步退市，并一再提高技术标准。从 2008 年开始，工信部、国家发改委、国家质检总局等部门也分别从淘汰落后产能、调整产业结构、管理生产许可证准入等方面，限制沥青类防水卷材的生产量。

2）高聚物改性沥青防水卷材

高聚物改性沥青防水卷材使用的高聚物改性沥青，是在石油沥青中添加聚合物，以改善沥青的感温性差、低温易脆裂、高温易流淌等不足。用于沥青改性的聚合物较多，主要以 SBS（苯乙烯-丁二烯-苯乙烯合成橡胶）为代表的弹性体聚合物和以 APP（无规聚丙烯合成树脂）为代表的塑性体聚合物两大类。卷材的胎体主要使用玻璃纤维毡和聚酯毡等高强材料，主要品种有 SBS 改性沥青防水卷材、APP 改性沥青防水卷材、PVC 改性焦油沥青防水卷材、再生胶改性沥青防水卷材、废橡胶粉改性沥青防水卷材和其他改性沥青防水卷材等。

SBS 改性沥青防水卷材的特点是低温柔性好、弹性和延伸率大、纵横向强度均匀性好，不仅可以在低寒、高温气候条件下使用，并在一定程度上可以避免结构层由于伸缩开裂对防水层构成的威胁。APP 改性沥青防水卷材的特点是耐热度高、热熔性好，适合热熔法施工，因而更适合高温气候或有强烈太阳辐射地区的建筑屋面防水。

3）合成高分子防水卷材

合成高分子防水卷材是一类无胎体的卷材。其特点是拉伸强度大、断裂伸长率高、抗撕裂强度大、耐高低温性能好等，因而对环境气温变化和结构基层伸缩、变形、开裂等状况具有较强的适应性。此外，由于其耐腐蚀性和抗老化性好，可以延长卷材的使用寿命，降低防水工程的综合费用。

合成高分子防水卷材按其原料可分为合成橡胶和合成树脂两大类。当前最具代表性的产品是合成橡胶类的三元乙丙橡胶（EPDM）防水卷材和合成树脂类的聚氯乙烯（PVC）防水卷材。

此外，我国还研制出多种橡塑共混防水卷材，其中氯化聚乙烯-橡胶共混防水卷材具有代表性，其性能指标接近三元乙丙橡胶防水卷材。由于其原材料与价格有一定的优势，推广应用量正逐步扩大。

2. 防水卷材的使用要求

卷材防水层宜用于经常处于地下水环境，且受侵蚀性介质作用或受振动作用的地下工程；应敷设在混凝土结构的迎水面；用于建筑物地下室时，应敷设在结构底板垫层至墙体防水设防高度的结构基面上；用于单建式的地下工程时，应从结构底板垫层敷设至顶板基面，并应在外围形成封闭的防水层。

防水卷材的品种规格和层数，应根据地下工程防水等级、地下水位高低及水压力作用状况、结构构造形式和施工工艺等因素确定。

3. 防水卷材的施工方法

地下防水工程一般把卷材防水层设置在建筑结构的外侧迎水面上，称为外防水。外防水有两种设置方法，即外防内贴法和外防外贴法。外防水层的铺贴法可以借助土压力压紧，并与结构一起抵抗有压地下水的渗透和侵蚀作用，防水效果良好，采用比较广泛。

铺贴卷材的基层必须牢固、无松动现象；基层表面应平整干净；阴阳角处均应做成圆弧形或钝角。铺贴卷材前，应在基面上涂刷基层处理剂。当基层较潮湿时，应涂刷湿固化型胶粘剂或潮湿界面隔离剂。基层处理剂应与卷材和胶粘剂的材性相容，可采用喷涂法或涂刷法施工。喷涂应均匀一致，不露底，待表面干燥后，再铺贴卷材。铺贴卷材时，每层的沥青胶要求涂布均匀，厚度一般为1.5～2.5mm。外贴法铺贴卷材应先铺平面，后铺立面，平、立面交接处应交叉搭接；内贴法宜先铺垂直面，后铺水平面，铺贴垂直面时应先铺转角，后铺大面。墙面铺贴时应待冷底子油干燥后自下而上进行。

卷材接槎的搭接长度：高聚物改性沥青卷材为150mm，合成高分子卷材为100mm。当使用两层卷材时，上下两层和相邻两幅卷材的接缝应错开1/3～1/2幅宽，并不得互相垂直铺贴。在立面与平面的转角处，卷材的接缝应留在平面距立面不小于600mm处。在所有转角处均应铺贴附加层并仔细粘贴紧密。粘贴卷材时应展平压实，卷材与基层和各层卷材间必须粘贴紧密，搭接缝必须用沥青胶仔细封严。最后一层卷材贴好后，应在其表面均匀涂刷一层1～1.5mm的热沥青胶，以保护防水层。铺贴高聚物改性沥青卷材时应采用热熔法施工，在幅宽内卷材底表面均匀加热，使卷材的黏结面材料加热呈熔融状态后，立即与基层或已粘贴好的卷材黏结牢固，但对厚度小于3mm的高聚物改性沥青防水卷材不能采用热熔法施工。铺贴合成高分子卷材要采用冷粘法施工，所使用的胶粘剂必须与卷材材性相容。

1）外防内贴法

外防内贴法是浇筑混凝土垫层后，在垫层上将永久保护墙全部砌好，将卷材防水层铺贴在垫层和永久保护墙上的方法，如图6.11所示，其施工程序如下。

（1）在已施工好的混凝土垫层上砌筑永久保护墙，保护墙全部砌好后，用1∶3水泥砂浆在垫层和永久保护墙上抹找平层。保护墙与垫层之间须干铺一层油毡。

（2）找平层干燥后即涂刷冷底子油或基层处理剂，干燥后方可铺贴卷材防水层，铺贴时应先铺立面、后铺平面，先铺转角、后铺大面。在全部转角处应铺贴卷材附加层，附加层可为两层同类油毡或一层抗拉强度较高的卷材，并应仔细粘贴紧密。

（3）卷材防水层铺完经验收合格后即应做好保护层。立面可抹水泥砂浆、贴塑料板，或用氯丁系胶粘剂粘铺石油沥青纸胎油毡；平面可抹水泥砂浆，或浇筑不小于50mm厚的细石混凝土。

（4）进行需防水结构的施工，将防水层压紧。如为混凝土结构，则永久保护墙可当一侧模板；结构顶板卷材防水层上的细石混凝土保护层厚度不应小于70mm，防水层如为单层卷材，则其与保护层之间应设置隔离层。

（5）结构完工后，方可回填土。

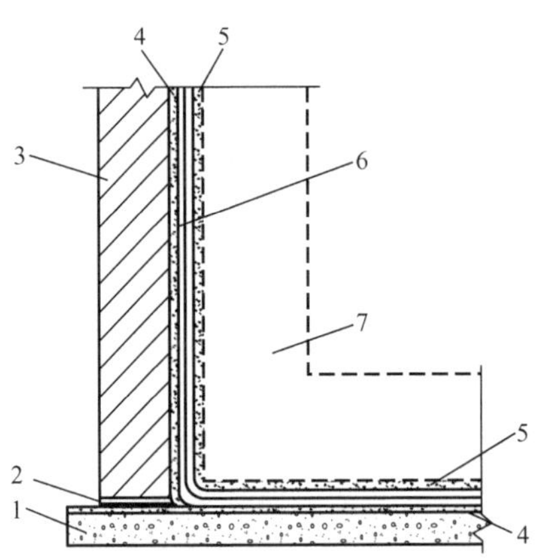

图6.11　外防内贴法示意图

1—混凝土垫层；2—干铺油毡；3—永久性保护墙；4—找平层；
5—保护层；6—卷材防水层；7—需防水的结构

2）外防外贴法

外防外贴法是将立面卷材防水层直接敷设在需防水结构的外墙外表面，其施工程序如下。

（1）先浇筑需防水结构的底面混凝土垫层；在垫层上砌筑永久性保护墙，墙下铺一层干油毡。墙的高度不小于需防水结构底板厚度再加100mm。

（2）在永久性保护墙上用石灰砂浆接砌临时保护墙，墙高为300mm并抹1∶3水泥砂浆找平层；在临时保护墙上抹石灰砂浆找平层并刷石灰浆。如用模板代替临时性保护墙，则应在其上涂刷隔离剂。

（3）待找平层基本干燥后，即可根据所选卷材的施工要求进行铺贴。

（4）在大面积铺贴卷材之前，应先在转角处粘贴一层卷材附加层，然后进行大面积铺贴，先铺平面、后铺立面。在垫层和永久性保护墙上应将卷材防水层空铺，在临时保护墙（或模板）上应将卷材防水层临时贴附，并分层临时固定在其顶端。

（5）浇筑需防水结构的混凝土底板和墙体；在需防水结构外墙外表面抹找平层。

（6）主体结构完成后，铺贴立面卷材时，应先将接槎部位的各层卷材揭开，并将其表面清理干净，如卷材有局部损伤，应及时进行修补。当使用两层卷材接槎时，卷材应错槎接缝，上层卷材应盖过下层卷材。卷材的甩槎、接槎做法如图 6.12 和图 6.13 所示。

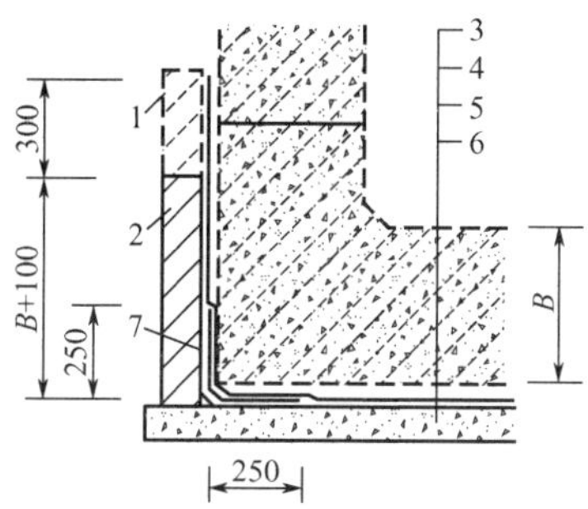

图 6.12　卷材防水层甩槎做法

1—临时保护墙；2—永久保护墙；3—细石混凝土保护层；4—卷材防水层；
5—水泥砂浆找平层；6—混凝土垫层；7—卷材加强层

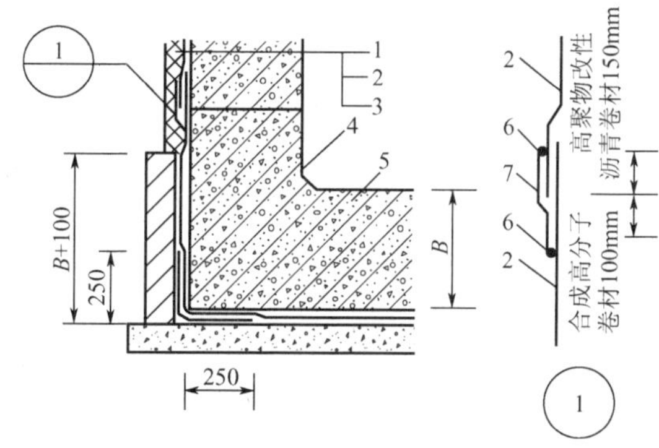

图 6.13　卷材防水层接槎做法

1—结构墙体；2—卷材防水层；3—卷材保护层；4—卷材加强层；
5—结构底板；6—密封材料；7—盖缝条

（7）待卷材防水层施工完毕，并经过检查验收合格后，应及时做好卷材防水层的保护结构。保护结构的几种做法如下。

① 砌筑永久保护墙，并每隔 5～6m 及在转角处断开，断开的缝中填以卷材条或沥青麻丝；保护墙与卷材防水层之间的空隙应随砌随以砌筑砂浆填实，保护墙完工后方可回填土。注意在砌保护墙的过程中切勿损坏防水层。

② 抹水泥砂浆，在涂抹卷材防水层最后一道沥青胶结材料时，应趁热撒上干净的热砂或散麻丝，冷却后随即抹一层 10～20mm 的 1∶3 水泥砂浆，水泥砂浆经养护达到强度后，即可回填土。

【参考视频】

③ 贴塑料板，在卷材防水层外侧直接用氯丁系胶粘固定 5～6mm 厚的聚乙烯泡沫塑料板，完工后即可回填土。也可用聚乙酸乙烯乳液粘贴 40mm 厚的聚苯乙烯泡沫塑料板代替。

3）提高卷材防水层质量的措施

提高卷材防水层质量的措施有以下几条。

(1) 采用点粘、条粘、空铺的措施可以充分发挥卷材的延伸性能，有效地减少卷材被拉裂的可能性。具体做法是：点粘法时，每平方米卷材下粘五点（100mm×100mm），粘贴面积不大于总面积的6%；条粘法时，每幅卷材两边各与基层粘贴150mm宽；空铺法时，卷材防水层周边与基层粘贴800mm宽。

(2) 增铺卷材附加层。对变形较大、易遭破坏或易老化部位，如变形缝、转角、三面角，以及穿墙管道周围、地下出入口通道等处，均应铺设卷材附加层。附加层可采用同种卷材加铺1～2层，也可用其他材料做增强处理。

(3) 做密封处理。在分格缝、穿墙管道周围、卷材搭接缝，以及收头部位应做密封处理。施工中，要重视对卷材防水层的保护。

6.1.5 涂料防水层施工

1. 常用的防水涂料类型

常用的防水涂料主要有以下几种。

1) 沥青防水涂料

该类涂料的主要成膜物质是以乳化剂配制的乳化沥青和填料组成。在Ⅲ级防水卷材屋面上单独使用时的厚度不应小于8mm，每平方米涂布量约为8kg，因而需多遍涂抹。由于这类涂料的沥青用量大、含固量低、弹性和强度等综合性能较差，在防水工程中已逐渐被淘汰。

2) 高聚物改性沥青防水涂料

该类涂料的品种有以化学乳化剂配制的乳化沥青为基料，掺加氯丁橡胶或再生橡胶水乳液的防水涂料；还有众多的溶剂型改性沥青涂料，如氯丁橡胶沥青涂料、SBS橡胶沥青涂料、丁基橡胶沥青涂料等。

3) 合成高分子防水涂料

该类涂料的类型有水乳型、溶剂型和反应型三种。其中综合性能较好的品种是反应型的聚氨酯类防水涂料。

聚氨酯类防水涂料是以甲组分（聚氨酯预聚体）与乙组分（固化剂）按一定比例混合的双组分涂料。常用的品种有聚氨酯防水涂料（不掺加焦油）和焦油聚氨酯防水涂料两种。聚氨酯防水涂料大多为彩色，固体含量高，具有橡胶状弹性，延伸性好，拉伸强度和抗撕裂强度高，耐油、耐磨、耐海水侵蚀，使用温度范围宽，涂膜反应速度易于调整，因而是一种综合性能好的高档次涂料，但其价格也较高。焦油聚氨酯防水涂料为黑色，气味较大，反应速度不易调整，性能易出现波动。由于焦油对人体有害，故这种涂料不能用于冷库内壁和饮水工程；室内施工时应采取通风措施。

2. 防水涂料的使用要求

无机防水涂料宜用于地下工程结构主体的背水面；有机防水涂料宜用于主体结构的迎水面，用于背水面的有机防水涂料应具有较高的抗渗性，且与基层有较好的黏结性。

防水涂料品种的选择应符合下列规定。

(1) 潮湿基层宜选用与潮湿基面黏结力大的无机防水涂料或有机防水涂料，也可采用先涂无机防水涂料而后再涂有机防水涂料构成复合防水涂层。

(2) 冬期施工宜选用反应型涂料。

(3) 埋置深度较深的重要工程、有振动或有较大变形的工程，宜选用高弹性防水涂料。

(4) 有腐蚀性的地下环境宜选用耐腐蚀性较好的有机防水涂料，并应做刚性保护层。

(5) 聚合物水泥防水涂料应选用Ⅱ型产品。

采用有机防水涂料时，基层阴阳角应做成圆弧形，阴角直径宜大于 50mm，阳角直径宜大于 10mm，在底板转角部位应增加胎体增强材料，并应增涂防水涂料。

防水涂料宜采用外防外涂或外防内涂，如图 6.14 和图 6.15 所示。

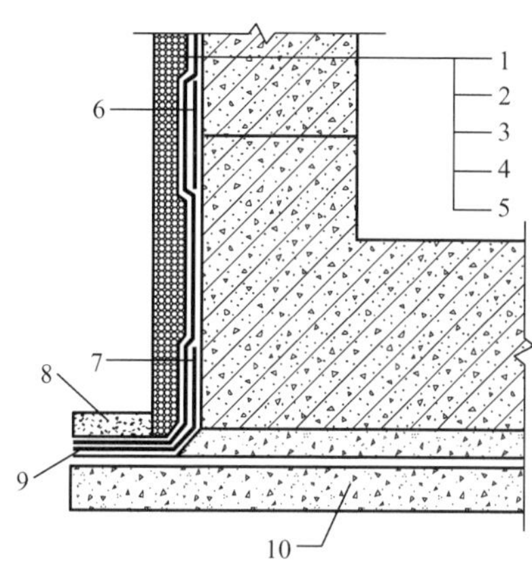

图 6.14 防水涂料外防外涂构造

1—保护墙；2—砂浆保护层；3—涂料防水层；4—砂浆找平层；5—结构墙体；
6—涂料防水层加强层；7—涂料防水加强层；8—涂料防水层搭接部位保护层；
9—涂料防水层搭接部位；10—混凝土垫层

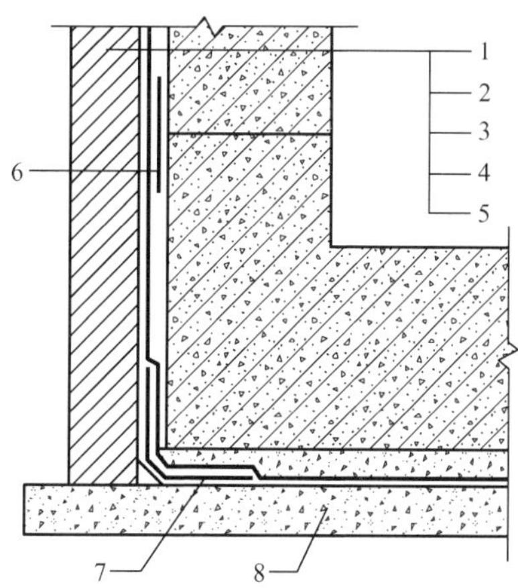

图 6.15 防水涂料外防内涂构造

1—保护墙；2—涂料保护层；3—涂料防水层；4—找平层；5—结构墙体；
6—涂料防水层加强层；7—涂料防水加强层；8—混凝土垫层

掺外加剂、掺合料的水泥基防水涂料厚度不得小于 3.0mm；水泥基渗透结晶型防水涂料的用量不应小于 1.5kg/m^2，且厚度不应小于 1.0mm；有机防水涂料的厚度不得小于 1.2mm。

3. 防水涂料的施工方法

防水涂料涂膜施工的顺序：基层处理—涂刷底层卷材（即聚氨酯底胶、增强涂布或增补涂布）—涂布第一道涂膜防水层（聚氨酯涂膜防水材料、增强涂布或增补涂布）—涂布第二道（或面层）涂膜防水层（聚氨酯涂膜防水材料）—稀撒石渣—铺抹水泥砂浆—设置保护层。

涂布顺序为先垂直面，后水平面；先阴阳角及细部，后大面。每层涂布方向应互相垂直。

（1）涂布与增补涂布。在阴阳角、排水口、管道周围、预埋件及设备根部、施工缝或开裂处等需要增强防水层抗渗性的部位，应做增强或增补涂布。

增强或增补涂布可在粉刷底层卷材后进行，也可以在涂布第一道涂膜防水层以后进行，还可以将增强涂布夹在每相邻两层涂膜之间进行。

增强涂布的做法：在涂布增强膜中敷设玻璃纤维布，用板刷涂刮驱赶气泡，将玻璃纤维布紧密地粘贴在基层上，不得出现空鼓或皱折。这种做法一般为条形。增补涂布为块状，做法同增强涂布，但可做多层涂抹。

增强或增补涂布与基层卷材是组成涂膜防水层的最初涂层，对防水层的抗渗性能具有重要作用，因此涂布操作时要认真仔细，保证质量，不得有气孔、鼓泡、皱折、翘边，玻璃布应按设计规定搭接，且不得露出面层表面。

（2）涂布第一道涂膜防水层。在前一道卷材固化干燥后，应先检查其上是否有残留气孔或气泡，如无，即可涂布施工，如有，则应使用橡胶板刷将混合料用力压入气孔填实补平，然后再进行第一层涂膜施工。

涂布第一道聚氨酯防水材料，可用塑料板刷均匀涂刮，厚薄一致，厚度约为1.5mm。

平面或坡面施工后，在防水层未固化前不宜上人踩踏，涂抹施工过程中应留出施工退路，可以分区分片用后退法涂刷施工。

在施工温度低或混合液流动度低的情况下，涂层表面留有板刷或抹子涂后的刷纹，为此应预先在混合搅拌液内适当加入二甲苯稀释，用板刷涂抹后，再用滚刷滚涂均匀，涂膜表面即可变得平滑。

（3）涂布第二道涂膜防水层。第一道涂膜固化后，即可在其上涂刮第二道涂膜，方法与第一道相同，但涂刮方向应与第一道施工垂直。涂布第二道涂膜与第一道相间隔的时间应以第一道涂膜的固化程度（手感不黏）确定，一般不小于24h，也不大于72h。

当24h后涂膜仍发黏，而又需涂刷下一道时，可先涂一些涂膜防水材料，然后再上人操作，不影响施工质量。

（4）稀撒石渣。在第二道涂膜固化之前，在其表面稀撒粒径约为2mm的石渣，涂膜固化后，这些石渣即牢固地黏结在涂膜表面，其作用是增强涂膜与其保护层的黏结能力。

（5）设置保护层。最后一道涂膜固化干燥后，即可设置保护层。保护层可根据建筑要求设置相适宜的形式：立面、平面可在稀撒石渣上抹水泥砂浆，铺贴瓷砖、陶瓷锦砖；一般房间的立面可以铺抹水泥砂浆，平面可铺设缸砖或水泥方砖，也可抹水泥砂浆或浇筑混凝土；若用于地下室墙体外壁，可在稀撒石渣层上抹水泥砂浆保护层，然后回填土。

6.1.6 地下工程混凝土结构细部构造防水施工

1. 变形缝

设置变形缝是为了适应地下工程由于温度、湿度作用及混凝土收缩、徐变而产生的水平变位，以及地基不均匀沉降而产生的垂直变位，以保证工程结构的安全和满足密封防水的要求。在这个前提下，还应考虑其构造合理、材料易得、工艺简单、检修方便等要求。

变形缝应满足密封防水、适应变形、施工方便、检修容易等要求。用于伸缩的变形缝宜少设，可根据不同的工程结构类别、工程地质情况采用后浇带、加强带、诱导缝等替代措施。

变形缝与施工缝均用外贴式止水带（中埋式）时，其相交部位宜采用十字配件，如图 6.16 所示。变形缝用外贴式止水带的转角部位宜采用直角配件，如图 6.17 所示。

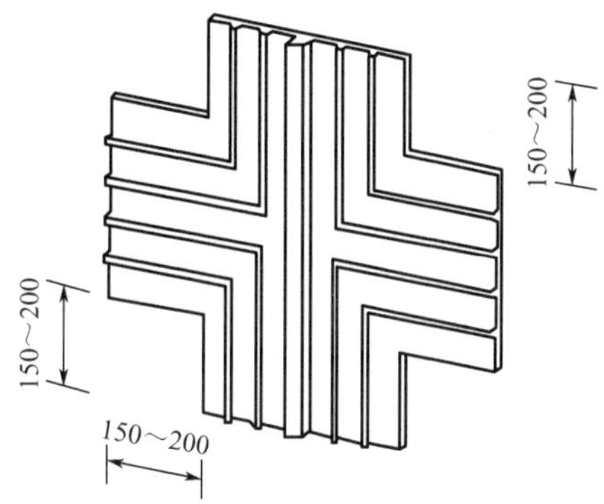

图 6.16　外贴式止水带在施工缝与变形缝相交处的十字配件

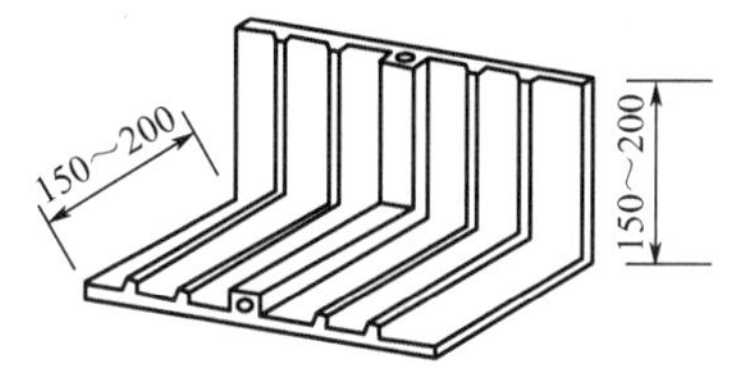

图 6.17　外贴式止水带在转角处的直角配件

（1）止水带施工应符合下列规定。

① 止水带埋设位置应准确，其中间空心圆环应与变形缝的中心线重合。

② 止水带应固定，顶、底板内止水带应成盆状安设。

③ 中埋式止水带先施工一侧混凝土时，其端模应支撑牢固，并应严防漏浆。

④ 止水带的接缝宜为一处，应设在边墙较高位置上，不得设在结构转角处，接头宜采用热压焊接。

⑤ 中埋式止水带在转弯处应做成圆弧形，（钢边）橡胶止水带的转角半径不应小于 200mm，转角半径应随止水带的宽度增大而相应加大。

（2）安设于结构内侧的可卸式止水带施工时应符合下列规定。

① 所需配件应一次配齐。

② 转角处应做成 45°折角，并应增加紧固件的数量。

(3) 密封材料嵌填施工时，应符合下列规定。

① 缝内两侧基面应平整、干净、干燥，并应刷涂与密封材料相容的基层处理剂。

② 嵌缝底部应设置背衬材料。

③ 嵌填应密实连续、饱满，并应黏结牢固。

在缝表面粘贴卷材或涂刷涂料前，应在缝上设置隔离层。卷材防水层、涂料防水层的施工应符合规定。

2. 后浇带

【参考视频】

后浇带是在地下工程不允许留设变形缝，而实际长度超过了伸缩缝的最大间距所设置的一种刚性接缝。虽然先后浇筑混凝土的接缝形式和防水混凝土施工缝大致相同，但后浇带位置与结构形式、地质情况、荷载差异等有很大关系，故后浇带应按设计要求留设。后浇带应在两侧混凝土干缩变形基本稳定后施工，混凝土的收缩变形一般在龄期为6周后才能基本稳定，在条件许可时，间隔时间越长越好。

后浇带的一般要求如下。

(1) 后浇带宜用于不允许留设变形缝的工程部位。

(2) 后浇带应在其两侧混凝土龄期达到42d后再施工；高层建筑的后浇带施工应按规定时间进行。

(3) 后浇带应采用补偿收缩混凝土浇筑，其抗渗和抗压强度等级不应低于两侧混凝土。

(4) 后浇带应设在受力和变形较小的部位，其间距和位置应按结构设计要求确定，宽度宜为700～1000mm。

(5) 后浇带两侧可做成平直缝或阶梯缝，其防水构造形式宜采用图6.18～图6.20所示构造。

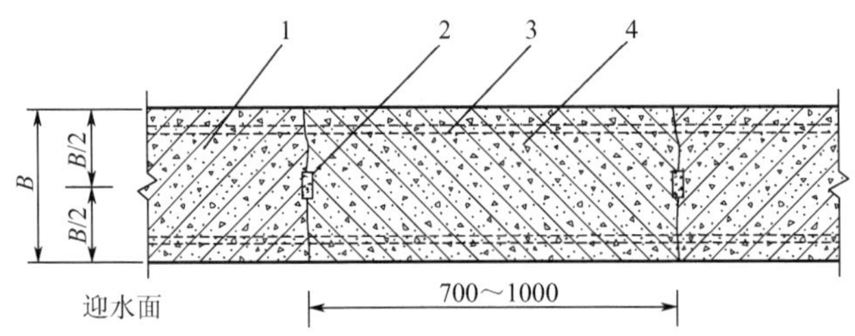

图6.18 后浇带防水构造(一)

1—先浇混凝土；2—遇水膨胀止水条(胶)；3—结构主筋；4—后浇补偿收缩混凝土

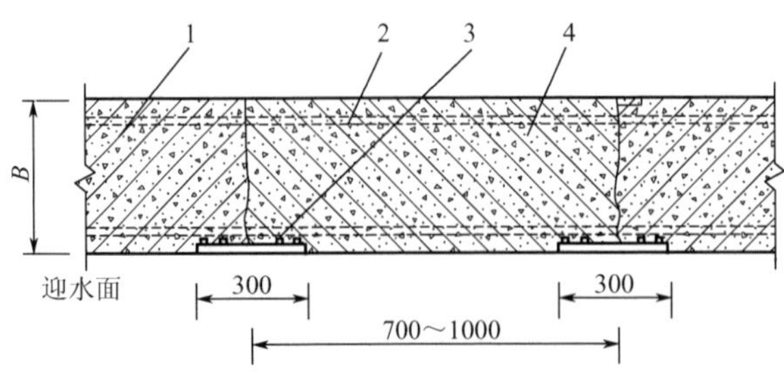

图6.19 后浇带防水构造(二)

1—先浇混凝土；2—结构主筋；3—外贴式止水带；4—后浇补偿收缩混凝土

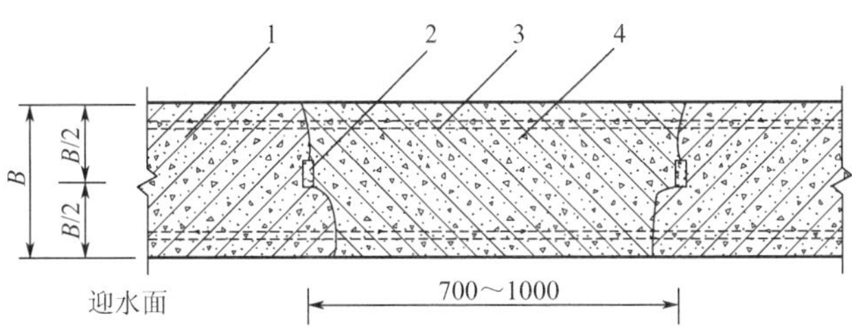

图 6.20　后浇带防水构造（三）

1—先浇混凝土；2—遇水膨胀止水条（胶）；3—结构主筋；4—后浇补偿收缩混凝土

（6）采用掺膨胀剂的补偿收缩混凝土，水中养护 14d 后的限制膨胀率不应小于 0.015%，膨胀剂的掺量应根据不同部位的限制膨胀率设定值经试验确定。

后浇带混凝土施工前，后浇带部位和外贴式止水带应防止落入杂物和损伤外贴止水带。后浇带混凝土应一次浇筑，不得留设施工缝；混凝土浇筑后应及时养护，养护时间不得少于 28d。

后浇带需超前止水时，后浇带部位的混凝土应局部加厚，并应增设外贴式或中埋式止水带，如图 6.21 所示。

【知识链接】

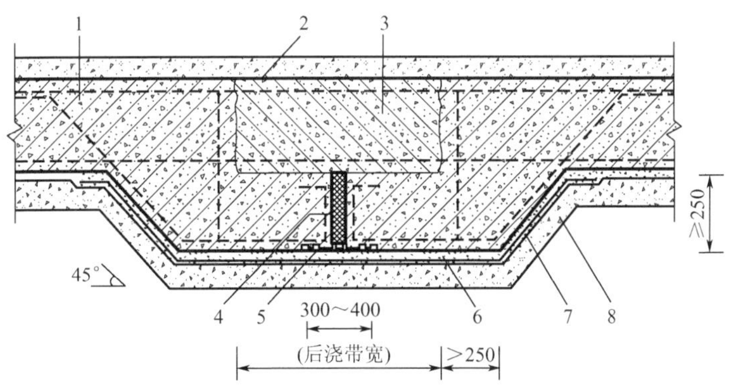

图 6.21　后浇带超前止水构造

1—混凝土结构；2—钢丝网片；3—后浇带；4—填缝材料；5—外贴式止水带；
6—细石混凝土保护层；7—卷材防水层；8—垫层混凝土

课题 6.2　室内防水工程施工

6.2.1　施工要求

1. 防水材料要求

室内防水主要是厕浴间和厨房的防水，厕浴间和厨房防水材料的要求如下。

（1）厕浴间和厨房防水材料一般有合成高分子防水涂料、聚合物水泥防水涂料、水泥基渗透结晶型防水材料、界面渗透型防水材料与涂料复合、聚乙烯丙纶防水卷材与聚合物水泥黏结料等。选用防水材料时，其材料性能指标必须符合相关材料质量标准，应达到验收要求。

(2) 使用高分子防水涂料、聚合物水泥防水涂料时，防水层厚度不应小于1.2mm；水泥基渗透结晶型防水涂膜厚度不应小于0.8mm或用料不应小于$0.8kg/m^2$；界面渗透型防水液与柔性防水涂料复合施工时厚度不应小于0.8mm；聚乙烯丙纶防水卷材与聚合物水泥黏结料复合施工时，其厚度不应小于1.8mm。

采用防水材料复合施工时要求如下。

① 刚性防水材料与柔性涂料复合使用时，刚性材料宜放在下部。

② 两种柔性材料复合使用时，材料应具有相容性。

③ 厨房、厕浴间防水层现场使用的增强附加层的胎体材料可选用无纺布或低碱玻璃纤维布，其质量应符合有关材料标准要求。

④ 基层处理剂与卷材、涂料、黏结料均应分别配套且材性相容。

2. 排水坡度（含找坡层）要求

排水坡度（含找坡层）的要求如下。

(1) 地面向地漏处排水坡度应为1%～2%。

(2) 地漏处排水坡度，从地漏边缘向外50mm内排水坡度为5%。

(3) 大面积公共厕浴间地面应分区，每一个分区设一个地漏。区域内排水坡度为2%，坡度直线长度不大于3m。

3. 防水构造要求

室内防水构造要求如下。

1) 楼地面结构层

预制钢筋混凝土圆孔板板缝通过厕浴间时，板缝间应用防水砂浆堵严抹平，缝上加一层宽度为250mm的胎体增强材料，并涂刷两遍防水涂料。

2) 防水基层（找平层）

用配合比1∶2.5或1∶3.0水泥砂浆找平，厚度为20mm，抹平压光。

3) 地面防水层、地面与墙面阴阳角处理

地面防水层应做在地面找平层之上，饰面层以下。地面四周与墙体连接处，防水层往墙面上返250mm以上；地面与墙面阴阳角处先做附加层处理，再做四周立墙防水层。

4) 管根防水

管根防水内容如下。

(1) 管根孔洞在立管定位后，楼板四周缝隙用1∶3水泥砂浆堵严。缝隙大于20mm时，可用细石防水混凝土堵严，并做底模。

(2) 在管根与混凝土（或水泥砂浆）之间应留凹槽，槽深10mm、宽20mm。凹槽内嵌填密封膏。

(3) 管根平面与管根周围立面转角处应做涂膜防水附加层。

(4) 预设套管措施。必要时在立管外设置套管，一般套管高出铺装层地面20mm，套管内径要比立管外径大2～5mm，空隙内嵌填密封膏。

套管安装时，在套管周边预留10mm×10mm的凹槽，凹槽内嵌填密封膏。

5) 饰面层

防水层上做20mm厚水泥砂浆保护层，在其上做地面砖等饰面层，材料由设计选定。

6）墙面与顶板防水

墙面与顶板应做防水处理。有淋浴设施的厕浴间墙面，防水层高度不应小于1.8m，并与楼地面防水层交圈。顶板防水处理方案由设计确定。

6.2.2 厕浴间和厨房防水施工工艺

结合以往成熟的施工经验，厕浴间和厨房的防水施工工艺和作业要求可按使用要求和选材选择。

1. 聚合物乳液（丙烯酸）防水涂料施工

1）施工机具

聚合物乳液（丙烯酸）防水涂料施工机具如下。

(1) 清理基面工具：开刀、凿子、锤子、钢丝刷、扫帚、抹布。

(2) 涂覆工具：滚子、刷子。

2）施工工艺

聚合物乳液（丙烯酸）防水涂料施工工艺流程为：清理基层—涂刷底部防水层—细部附加层—涂刷中、面层防水层—防水层第一次蓄水试验—保护层或饰面层施工—第二次蓄水试验。

聚合物乳液（丙烯酸）防水涂料施工操作要点如下。

(1) 清理基层。基层表面必须将浮土打扫干净，清除杂物、油渍、明水等。

(2) 涂刷底部防水层。取丙烯酸防水涂料倒入一个空桶中约2/3，少许加水稀释并充分搅拌，用滚刷均匀地涂刷底层，用量约为0.4kg/m^2，待手摸不粘手后进行下一道工序。

(3) 涂刷细部附加层。

① 嵌填密封膏。按设计要求在管根等部位的凹槽内嵌填密封膏，密封材料应压嵌严密，防止裹入空气，并与缝壁黏结牢固，不得有开裂、鼓泡和下塌现象。

② 地漏、管根、阴阳角等易漏水部位的凹槽内，用丙烯酸防水涂料涂覆找平。

③ 在地漏、管根、阴阳角和出入口等易发生漏水的薄弱部位，需增加一层胎体增强材料，宽度不得小于300mm，搭接宽度不得小于100mm，施工时先涂刷丙烯酸防水涂料，再铺增强层材料，然后再涂刷两遍丙烯酸防水涂料。

(4) 涂刷中、面层防水层。取丙烯酸防水涂料，用滚刷均匀地涂在底层防水层上面，每遍为0.5～0.8kg/m^2，其下层增强层和中层必须连续施工，不得间隔，若厚度不够，加涂一层或数层以达到设计规定的涂膜厚度要求。

(5) 第一次蓄水试验。在做完全部防水层固化48h以后，蓄水24h，未出现渗漏为合格。

(6) 保护层或饰面层施工。第一次蓄水合格后，即可做保护层或饰面施工。

(7) 第二次蓄水试验。在保护层或饰面层施工完工后，应进行第二次蓄水试验，以确保防水工程质量。

3）成品保护

成品保护内容如下。

(1) 操作人员应严格保护好已完工的防水层，非防水施工人员不得进入现场踩踏。

(2) 为确保排水畅通，地漏、排水口应避免杂物堵塞。

(3) 施工时严防涂料污染已做好的其他部位。

4）注意事项

施工中的注意事项如下。

（1）5℃以下不得施工。

（2）不宜在特别潮湿或不通风的环境中施工。

（3）涂料应存放在5℃以上的阴凉干燥处。存放地点及施工现场必须通风良好，严禁烟火。

2. 单组分聚氨酯防水涂料施工

单组分聚氨酯防水涂料是以异氰酸酯、聚醚为主要原料，配以各种助剂制成，属于无有机溶剂挥发型合成高分子的单组分柔性防水涂料。

1）施工机具

单组分聚氨酯防水涂料施工机具如下。

（1）涂料涂刮工具：橡胶刮板。

（2）地漏、转角处等涂料涂刷工具：油漆刷。

（3）清理基层工具：铲刀。

（4）修补基层工具：抹子。

2）施工工艺

单组分聚氨酯防水涂料施工工艺流程为：清理基层—细部附加层施工—第一遍涂膜施工—第二遍涂膜施工—第三遍涂膜施工—第一次蓄水试验—保护层、饰面层施工—第二次蓄水试验。

单组分聚氨酯防水涂料施工操作要点如下。

（1）清理基层。基层表面必须认真清扫干净。

（2）细部附加层施工。厕浴间的地漏、管根、阴阳角等处应用单组分聚氨酯涂料涂刮一遍做附加层处理。

（3）第一遍涂膜施工。以单组分聚氨酯涂料用橡胶刮板在基层表面均匀涂刮，厚度一致，涂刮量以0.6～0.8kg/m^2为宜。

（4）第二遍涂膜施工。在第一遍涂膜固化后，再进行第二遍聚氨酯涂料涂刮。对平面的涂刮方向应与第一遍涂刮方向相垂直，涂刮量与第一遍相同。

（5）第三遍涂膜和黏砂粒施工。第二遍涂膜固化后，进行第三遍聚氨酯涂料涂刮，达到设计厚度。在最后一遍涂膜施工完毕尚未固化时，在其表面应均匀地撒上少量干净的粗砂，以增加与即将覆盖的水泥砂浆保护层之间的黏结。

厕浴间和厨房防水层经多遍涂刷，单组分聚氨酯涂膜总厚度应不小于1.5mm。

（6）当涂膜固化完全并经第一次蓄水试验验收合格才可进行保护层、饰面层施工。

3. 聚合物水泥防水涂料施工

聚合物水泥防水涂料（简称JS防水涂料）以聚合物乳液和水泥为主要原料，加入其他添加剂制成液料与粉料两部分，使用时按规定比例混合拌匀。

1）施工机具

聚合物水泥防水涂料施工机具如下。

（1）基层清理工具：锤子、凿子、铲子、钢丝刷、扫帚。

（2）取料配料工具：台秤、搅拌器、材料桶。

(3) 涂料涂覆工具：滚刷、刮板、刷子等。

2) 施工工艺

聚合物水泥防水涂料施工工艺流程为：清理基层—底面防水层—细部附加层施工—涂刷中间防水层施工—涂刷表面防水层—第一次蓄水试验—保护层、饰面层施工—第二次蓄水试验。

聚合物水泥防水涂料施工操作要点如下。

(1) 清理基层。表面必须彻底清扫干净，不得有浮尘、杂物、明水等。

(2) 涂刷底面防水层。底层用料由专人负责材料配制，先按表6-2的配合比分别称出配料所用的液料、粉料、水，在桶内用手提电动搅拌器搅拌均匀，使粉料均匀分散。

表6-2 防水涂料配合比

防水涂料类别		按重量配合比
Ⅰ型	底层涂料	液料：粉料：水＝10：(7～10)：14
	中、面层涂料	液料：粉料：水＝10：(7～10)：(0～2)
Ⅱ型	底层涂料	液料：粉料：水＝10：(10～20)：14
	中、面层涂料	液料：粉料：水＝10：(10～20)：(0～2)

用滚刷或油漆刷均匀地涂刷成底面防水层，不得露底，一般用量为0.3～0.4kg/m^2。待涂层固化后，才能进行下一道工序。

(3) 细部附加层施工。对地漏、管根、阴阳角等易发生漏水的部位，应进行密封或加强处理。按设计要求在管根等部位的凹槽内嵌填密封膏，密封材料应压嵌严密，防止裹入空气，并与缝壁黏结牢固，不得有开裂、鼓泡和下塌现象。在地漏、管根、阴阳角和出入口等易发生漏水的薄弱部位，可加一层增强胎体材料，材料宽度不小于300mm，搭接宽度应不小于100mm。施工时先涂一层JS防水涂料，再铺胎体增强材料，最后再涂一层JS防水涂料。

(4) 涂刷中、面防水层。按设计要求和表6-2提供的防水涂料配合比，将配制好的Ⅰ型或Ⅱ型JS防水涂料，均匀涂刷在底面防水层上。每遍涂刷量以0.8～1.0kg/m^{2}为宜(涂料用量均为液料和粉料的原材料用量，不含稀释加水量)。多遍涂刷(一般3遍以上)，直到达到设计规定的涂膜厚度要求。大面涂刷涂料时，不得加铺胎体，如设计要求增加胎体时，需使用耐碱网格布或40g/m^{2}的聚酯无纺布。

(5) 第一次蓄水试验。在最后一遍防水层固化48h后蓄水24h，以无渗漏为合格。

(6) 保护层或饰面层施工。第一次蓄水试验合格后，即可做保护层、饰面层施工。

(7) 第二次蓄水试验。在保护层或饰面层完工后，进行第二次蓄水试验，确保厕浴间和厨房的防水工程质量。

3) 成品保护

成品保护内容如下。

(1) 操作人员应严格保护已做好的涂膜防水层。涂膜防水层未干时，严禁在上面踩踏；在做完保护层以前，任何与防水作业无关的人员不得进入施工现场；在第一次蓄水试验合格后应及时做好保护层，以免损坏防水层。

(2) 地漏或排水口要防止杂物堵塞，确保排水畅通。

（3）施工时，涂膜材料不得污染已做好饰面的墙壁、卫生洁具、门窗等。

4）注意事项

施工中的注意事项如下。

（1）防水涂料的配制应计量准确，搅拌均匀。

（2）涂料涂刷施工时应按操作工艺严格执行，保证涂膜厚度，注意工序间隔时间。粉料应存放在干燥处，液料存放温度在5℃以上的阴凉处。配制好的防水涂料应在3h内用完。

（3）厕浴间施工时应有良好的照明及通风条件。

4. 水泥基渗透结晶型防水材料施工

水泥基渗透结晶型防水材料包括水泥基渗透结晶型的防水涂料和防水砂浆两种类型。

1）水泥基渗透结晶型防水涂料施工

水泥基渗透结晶型防水涂料是一种刚性防水材料，其与水作用后，材料中含有的活性化学物质通过载体向混凝土内部渗透，在混凝土中形成不溶于水的结晶体，填塞毛细孔道从而使混凝土致密、防水。

水泥基渗透结晶型防水涂料包括浓缩剂、增效剂两部分（这两种材料都是粉状材料），其化学活性较强，经与水拌和调配成浆料为防水涂料。其中，浓缩剂浆料直接刷涂或喷涂于混凝土表面；增效剂浆料用于浓缩剂涂层的表面，在浓缩剂涂层上形成坚硬的表层，可增强浓缩剂的渗透效果，当单独使用于结构表面时，起防潮作用。

还有一种水泥基渗透结晶型防水剂（又称掺合剂），其是以专有的多种特殊活性化学物质为主要原料，配以各种其他辅料制成的，属于水泥基渗透结晶型刚性防水材料。

（1）水泥基渗透结晶型防水涂料的主要施工机具：手用钢丝刷、电动钢丝刷、凿子、锤子、计量水和料的器具、拌料器具、专用尼龙刷、油漆刷、喷雾器具、胶皮手套等。

（2）水泥基渗透结晶型防水涂料的作业条件。

① 水泥基渗透结晶型防水涂料不得在环境温度低于4℃时使用。

② 基层应粗糙、干净、湿润。无论新浇筑的或旧的混凝土基面，均应用水润湿透（但不得有明水）。新浇筑的混凝土以浇筑后24～72h为涂料最佳使用时段。

③ 基层不得有缺陷部位，否则应进行处理，然后方可进行施工。

（3）水泥基渗透结晶型防水涂料的施工工艺。

① 工艺流程为：基层检查—基层处理—制浆—重点部位加强处理—第一遍涂刷涂料—第二遍涂刷涂料—养护—检验。

② 操作要点。

a. 基层检查。检查混凝土基层有无裂纹、孔洞、有机物、油漆和杂物等。

b. 基层处理。先修理缺陷部位，如封堵孔洞，除去有机物、油漆等其他黏结物，遇有大于0.4mm以上的裂纹，应进行裂缝修理；对蜂窝结构或疏松结构均应凿除，松动杂物用水冲刷至见到坚实的混凝土基面，涂刷浓缩剂浆料，用量为1kg/m^2，再用防水砂浆填补、压实，掺合剂的掺量为水泥含量的2%；打毛混凝土基面，使毛细孔充分暴露。底板与边墙相交的阴角处加强处理。用浓缩剂料团（浓缩剂粉∶水＝5∶1，用抹子调和2min即可使用）趁潮湿嵌填于阴角处，用手锤或抹子捣固压实。

c. 制浆。防水涂料总用量不小于0.8kg/m^2，浓缩剂不小于0.4kg/m^2，增效剂不小于0.4kg/m^2。

制浆工艺：按防水涂料∶水＝5∶2（体积比）将粉料与水倒入容器内，搅拌3～

5min，混合均匀。一次制浆不宜过多，要在 20min 内用完，混合物变稠时要频繁搅动，中间不得加水、加料。

d. 重点部位加强处理。厨房、厕浴间的地漏、管根、阴阳角、非混凝土或水泥砂浆基面等处用柔性涂料做加强处理。做法同柔性涂料或参考细部构造做法，厕浴间下水立管防水做法如图 6.22 所示，地漏防水做法如图 6.23 所示。

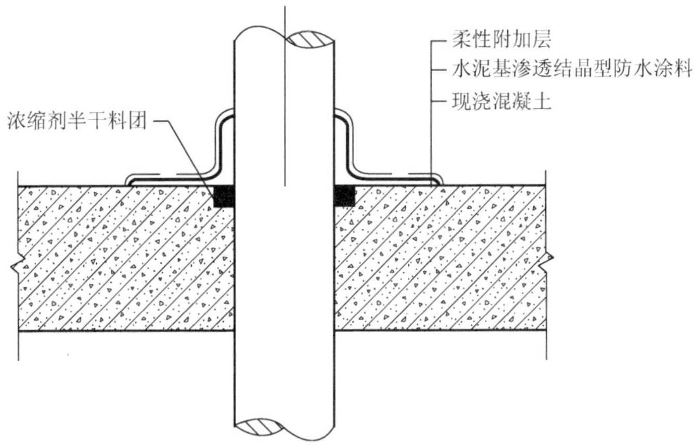

图 6.22 厕浴间下水立管防水做法

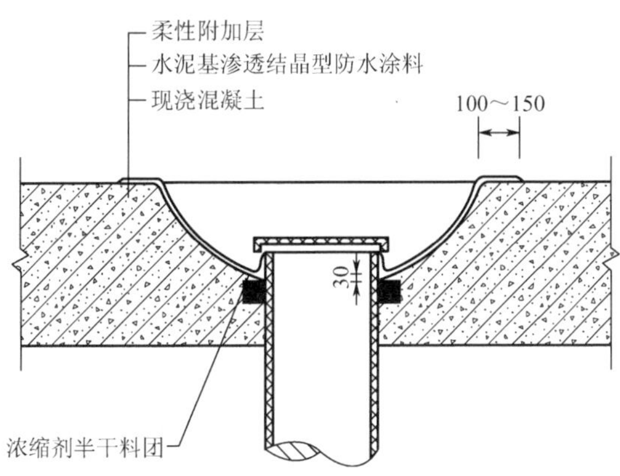

图 6.23 地漏防水做法

e. 第一遍涂刷涂料。涂料涂刷时需用半硬的尼龙刷，不宜用抹子、滚筒、油漆刷等；涂刷时应来回用力，以保证凹凸处都能涂上，涂层要求均匀，不应过薄或过厚，控制在单位用量之内。

f. 第二遍涂刷涂料。待上道涂层终凝 6～12h 后，仍呈潮湿状态时进行，如第一遍涂层太干则应先喷洒些雾水后再进行增效剂涂刷。此遍涂层也可使用相同量的浓缩剂。

g. 养护。养护必须用干净的水，在涂层终凝后做喷雾养护，不应出现明水，一般每天需喷雾水 3 次，连续数天，在热天或干燥天气应多喷几次，使其保持湿润状态，防止涂层过早干燥。蓄水试验需在养护完 3～7d 后进行。

h. 检验。涂料涂层施工后，需检查涂层是否均匀，用量是否准确、有无漏涂，如有缺陷应及时修补。经蓄水试验合格后，进行下一道工序施工。

(4) 成品保护及安全注意事项。

① 保护好防水涂层，在养护期内任何人员不得进入施工现场。

② 地漏要防止杂物堵塞，确保排水畅通。

③ 拌料和涂刷涂料时应戴胶皮手套。

④ 防水涂料必须储存在干燥的环境中，最低温度为7℃，一般储存条件下有效期为1年。

2）水泥基渗透结晶型防水砂浆施工

水泥基渗透结晶型防水砂浆由水泥基渗透结晶型掺合剂、硅酸盐水泥、中（粗）砂（含泥量不大于2%）按比例混合而成。

(1) 水泥基渗透结晶型防水砂浆的主要施工机具如下。

① 基面处理工具：手用钢丝刷、电动钢丝刷、凿子、锤子等。

② 计量工具：计量防水剂、水泥、砂子、水等。

③ 拌和材料及运料工具：锹、桶、砂浆搅拌机、推车等。

④ 施抹防水砂浆工具：抹子。

⑤ 地漏等细部构造涂刷工具：油漆刷。

⑥ 防水层养护工具：喷雾器具。

(2) 水泥基渗透结晶型防水砂浆的作业条件。

① 水泥基渗透结晶型防水材料不得在环境温度低于4℃时使用；雨天不得施工。

② 基层应粗糙、干净，以提供充分开放的毛细管系统，以利于渗透。

③ 基层需要润湿，无论新浇筑的或是旧的混凝土基面，都应用水润湿，但不得有明水；基层有缺陷时应修补处理后方可进行施工。

(3) 水泥基渗透结晶型防水砂浆的施工工艺。

① 工艺流程为：基层检查—基层处理—重点部位加强处理—第一遍涂刷水泥净浆—拌制防水砂浆—涂抹防水砂浆—加分格缝—养护。

② 操作要点。

a. 基层检查。检查混凝土基层有无油漆、有机物、杂物、孔洞或大于0.4mm的裂纹等缺陷。

b. 基层处理。先处理缺陷部位、封堵孔洞，除去有机物、油漆等其他黏结物，清除油污及疏松物等，如有0.4mm以上的裂纹，应先进行裂缝修理；沿裂缝两边凿出20mm（宽）×30（深）mm的U形槽，用水冲净、润湿后，除去明水，沿槽内涂刷浆料后用浓缩剂半干料团（粉水比为6∶1）填满、夯实；遇有蜂窝或疏松结构均应凿除，将所有松动的杂物用水冲刷掉，直至见到坚实的混凝土基面，涂刷灰浆（粉水比为5∶2），用量为1kg/m^2，再用防水砂浆填补、压实，防水剂的掺量为水泥用量的2%～3%。

经处理过的混凝土基面，不应存留任何悬浮物等物质。底板与边墙相交的阴角处做加强处理。用浓缩剂料团（防水剂粉水比为5∶1，用抹子调和2min即可使用）趁潮湿嵌填于阴角处，用手锤或抹子捣固压实。

c. 重点部位加强处理。厕浴间和厨房的地漏、管根、阴阳角等处用柔性涂料做附加层处理，方法同柔性涂料施工，参照图6.24所示的立管做法。

d. 第一遍涂刷水泥净浆。用油漆刷等将水泥净浆涂刷在基层上，用量为1～2kg/m^2。

e. 拌制防水砂浆。人工搅拌时，配合比为水泥∶砂∶水∶防水剂=1∶2.5（3）∶0.5∶2（3），将配好量的硅酸盐水泥与砂预混均匀后再在中间留有盛水坑；将配好量的防水剂与水在容器中搅拌均匀后倒入盛水坑中拌匀，再与水泥砂子的混合物混合搅拌成稠浆状；机械搅拌时，将按比例配好量的砂子、防水剂、水泥、水依次放入搅拌机内，搅拌 3min，即可使用。

f. 涂抹防水砂浆。将制备好的防水砂浆均匀地铺摊在处理过的结构基层上，并用抹子用力抹平、压实，不得有空鼓、裂纹现象，如发生此类现象应及时修复；所有的施工方法按防水砂浆的标准施工方法进行。陶粒、砖等砌筑墙面在做地面砂浆防水层时可进行侧墙的防水砂浆层的施抹。

g. 加分格缝。防水砂浆施工面积大于 36m^{2}时应加分格缝，缝隙用柔性嵌缝膏嵌填。

h. 养护。防水砂浆层养护必须用干净水做喷雾养护，不应出现明水，一般每天需喷雾水 3 次，连续 3～4d，在热天或干燥天气应多喷几次，用湿草垫或湿麻袋片覆盖养护，保持湿润状态，防止防水砂浆层过早干燥。蓄水试验需在养护完 3～7d 后进行，蓄水验收合格后才可进行下一道工序施工。

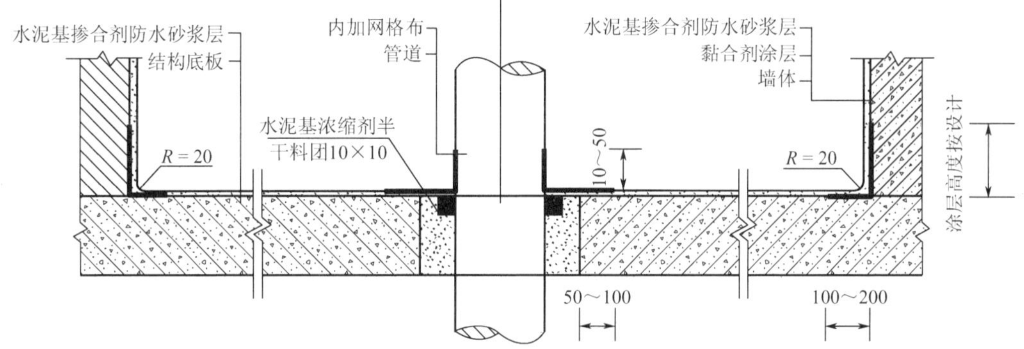

图 6.24 水泥基渗透结晶性防水砂浆立管做法

(4) 成品保护及安全注意事项。

【知识链接】

① 严格保护已做好的防水层。在养护期内任何人员不得进入施工现场。

② 地漏应防止杂物堵塞，确保排水畅通。

③ 拌料时应戴胶皮手套。

④ 水泥基渗透结晶型防水砂浆材料必须储存在干燥环境中，最低温度为 7℃，储存有效期为 1 年。

课题 6.3 外墙防水施工

6.3.1 外保温外墙防水防护施工

外保温外墙防水防护施工内容如下。

(1) 保温层应固定牢固，表面平整、干净。

(2) 外墙保温层的抗裂砂浆层施工应符合下列规定。

① 抗裂砂浆层的厚度、配合比应符合设计要求。当内掺纤维等抗裂材料时，比例应符合设计要求，并应搅拌均匀。

② 当外墙保温层采用有机保温材料时，抗裂砂浆施工时应先涂刮界面处理材料，然后分层抹压抗裂砂浆。

③ 抗裂砂浆层的中间宜设置耐碱玻璃纤维网格布或金属网片。金属网片应与墙体结构固定牢固。玻璃纤维网格布铺贴应平整无皱折，两幅间的搭接宽度不应小于50mm。

④ 抗裂砂浆应抹平压实，表面无接槎印痕，网格布或金属网片不得外露。防水层为防水砂浆时，抗裂砂浆表面应搓毛。

⑤ 抗裂砂浆终凝后应进行保湿养护。防水砂浆养护时间不宜少于14d；养护期间不得受冻。

6.3.2 无外保温外墙防水防护施工

无外保温外墙防水防护施工内容如下。

(1) 外墙结构表面的油污、浮浆应清除，孔洞、缝隙应堵塞抹平，不同结构材料交接处的增强处理材料应固定牢固。

(2) 外墙结构表面宜进行找平处理，找平层施工应符合下列规定。

① 外墙结构表面清理干净后，方可进行界面处理。

② 界面处理材料的品种和配合比应符合设计要求，拌和应均匀一致，无粉团、沉淀等缺陷。涂层应均匀，不露底。待表面收水后，方可进行找平层施工。

③ 找平层砂浆的强度和厚度应符合设计要求，厚度在10mm以上时，应分层压实、抹平。

(3) 外墙防水层施工前，宜先做好节点处理，再进行大面积施工。

(4) 防水砂浆施工应符合下列规定。

① 基层表面应为平整的毛面，光滑表面应做界面处理，并充分润湿。

② 防水砂浆的配制应符合下列规定。

a. 配合比应按照设计要求，通过试验确定。

b. 配制乳液类聚合物水泥防水砂浆前，乳液应先搅拌均匀，再按规定比例加入拌和料中搅拌均匀。

c. 干粉类聚合物水泥防水砂浆应按规定比例加水搅拌均匀。

d. 粉状防水剂配制普通防水砂浆时，应先将规定比例的水泥、砂和粉状防水剂干拌均匀，再加水搅拌均匀。

e. 液态防水剂配制普通防水砂浆时，应先将规定比例的水泥和砂干拌均匀，再加入用水稀释的液态防水剂搅拌均匀。

③ 配制好的防水砂浆宜在1h内用完；施工中不得任意加水。

④ 界面处理材料涂刷厚度应均匀、覆盖完全。收水后应及时进行防水砂浆的施工。

⑤ 防水砂浆涂抹施工应符合下列规定。

a. 厚度大于10mm时应分层施工，第二层涂抹应在前一层指触不粘时进行，各层应黏结牢固。

b. 每层宜连续施工。当需留槎时，应采用阶梯坡形槎，接槎部位离阴阳角不得小于200mm；上下层接槎应错开300mm以上。接槎应依层次顺序操作、层层搭接紧密。

c. 喷涂施工时，喷枪的喷嘴应垂直于基面，合理调整压力、喷嘴与基面距离。

d. 涂抹时应压实、抹平；遇气泡时应挑破，保证铺抹密实。

e. 抹平、压实应在初凝前完成。

⑥ 窗台、窗楣和凸出墙面的腰线等部位上表面的流水坡应找坡准确，外口下沿的滴水线应连续、顺直。

⑦ 砂浆防水层分格缝的留设位置和尺寸应符合设计要求。分格缝的密封处理应在防水砂浆达到设计强度的80%后进行，密封前应将分格缝清理干净，密封材料应嵌填密实。

⑧ 砂浆防水层转角宜抹成圆弧形，圆弧半径应不小于5mm，转角抹压应顺直。

⑨ 门框、窗框、管道、预埋件等与防水层相接处应留8～10mm宽的凹槽，密封处理应符合规范要求。

⑩ 砂浆防水层未达到硬化状态时，不得浇水养护或直接受雨水冲刷。聚合物水泥防水砂浆硬化后应采用干湿交替的养护方法；普通防水砂浆防水层应在终凝后进行保湿养护。养护时间不宜少于14d。养护期间不得受冻。

(5) 防水涂料施工应符合下列规定。

① 施工前应先对细部构造进行密封或增强处理。

② 涂料的配制和搅拌应符合下列规定。

a. 双组分涂料配制前，应将液体组分搅拌均匀。配料应按照规定要求进行，不得任意改变配合比。

b. 应采用机械搅拌，配制好的涂料应色泽均匀，无粉团、沉淀。

③ 涂膜防水层的基层应干燥；防水涂料涂布前，应先涂刷基层处理剂。

④ 涂膜应多遍完成，后遍涂布应在前遍涂层干燥成膜后进行。挥发性涂料的每遍用量不宜大于0.6kg/m^2。

⑤ 每遍涂布应交替改变涂层的涂布方向，同一涂层涂布时，先后接槎宽度宜为30～50mm。

⑥ 涂膜防水层的甩槎应避免污损，接涂前应将甩槎表面清理干净，接槎宽度不应小于100mm。

⑦ 胎体增强材料应铺贴平整、排除气泡，不得有皱折和胎体外露，胎体层充分浸透防水涂料；胎体的搭接宽度不应小于50mm。胎体的底层和面层涂膜厚度均不应小于0.5mm。

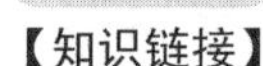
【知识链接】

⑧ 涂膜防水层完工并经验收合格后，应及时做好饰面层。饰面层施工时应有成品保护措施。

课题6.4 屋面工程施工

【参考视频】

6.4.1 找坡层和找平层施工

为了便于敷设隔汽层和防水层，必须在结构层或保温层表面做找平处理。在找坡层、找平层施工前，首先要检查其敷设的基层情况，如屋面板安装是否牢固，有无松动现象；基层局部是否凹凸不平，凹坑较大时应先填补；保温层表面是否平整，厚薄是否均匀；板状保温材料是否铺平垫稳；用保温材料找坡是否准确等。基层的质量包括结构层和找平层的刚度、平整度、强度、表面完整程度及基层含水率等。

找平层是防水层的依附层，其质量的好坏将直接影响到防水层的质量，所以要求找平层必须做到"五要、四不、三做到"。

"五要"：一要坡度准确、排水流畅；二要表面平整；三要坚固；四要干净；五要干燥。

"四不"：一是表面不起砂；二是表面不起皮；三是表面不酥松；四是表面不开裂。

“三做到”：一要做到混凝土或砂浆配比准确；二要做到表面二次压光；三要做到充分养护。

当屋面保温层、找平层因施工时含水率过大或遇雨水浸泡不能及时干燥，而又要立即敷设柔性防水层时，必须将屋面做成排汽屋面，以避免因防水层下部水分汽化造成防水层起鼓破坏，避免因保温层因含水率过高造成保温性能降低。如果采用低吸水率（小于6%）的保温材料时，就可以不必做排汽屋面。

找坡层和找平层的基层的施工应符合下列规定。

（1）应清理结构层、保温层上面的松散杂物，凸出基层表面的硬物应剔平扫净。

（2）抹找坡层前，宜对基层洒水润湿。

（3）突出屋面的管道、支架等根部，应用细石混凝土堵实和固定。

（4）对不易与找平层结合的基层应做界面处理。

找坡层和找平层所用材料的质量和配合比应符合设计要求，并应准确计量和机械搅拌；找坡应按屋面排水方向和设计坡度要求进行，找坡层最薄处厚度不宜小于20mm；找坡材料应分层敷设和适当压实，表面宜平整和粗糙，并应适时浇水养护；找平层应在水泥初凝前压实抹平，水泥终凝前完成收水后应二次压光，并应及时取出分格条。养护时间不得少于7d。

卷材防水层的基层与突出屋面结构的交接处，以及基层的转角处，找平层均应做成圆弧形，且应整齐平顺。找平层圆弧半径应符合表6-3的规定。

表6-3　找平层圆弧半径

卷材种类	圆弧半径/mm
高聚物改性沥青防水卷材	50
合成高分子防水卷材	20

找坡层和找平层的施工环境温度不宜低于5℃。

6.4.2　保温层和隔热层施工

1. 保温隔热材料

屋面保温隔热材料宜选用聚苯乙烯硬质泡沫保温板、聚氨酯硬质泡沫保温板、喷涂硬泡聚氨酯或绝热玻璃棉等。

采用机械固定施工方法的块状保温隔热材料应单独固定，其具体固定方法见表6-4。

表6-4　采用机械固定施工方法的块状保温隔热材料的固定方法

<table>
<tr><th colspan="2">保温隔热材料</th><th colspan="2">每块板固定件最少数量</th><th>固定位置</th></tr>
<tr><td rowspan="2">发泡聚苯板</td><td>挤塑聚苯板（XPS）</td><td>4个</td><td>任一边长≤1.2m</td><td>四个角，固定垫片距离板材边缘不大于150mm</td></tr>
<tr><td>模塑聚苯板（EPS）</td><td>6个</td><td>任一边长>1.2m</td><td>四个角及沿长向中线均匀布置，固定垫片距离板材边缘不大于150mm</td></tr>
<tr><td colspan="2">玻璃棉板、矿渣棉板、岩棉板</td><td>2个</td><td>—</td><td>沿长向中线均匀布置</td></tr>
</table>

注：其他类型的保温隔热板材固定件布置由系统供应商建议提供。

2. 保温材料的贮运、保管与验收

保温材料的贮运、保管应符合下列规定。

(1) 保温材料应采取防雨、防潮、防火的措施，并应分类存放。

(2) 板状保温材料搬运时应轻拿轻放。

(3) 纤维保温材料应在干燥、通风的房屋内贮存，搬运时应轻拿轻放。

进场的保温材料应检验下列项目。

(1) 板状保温材料应检验表观密度或干密度、压缩强度或抗压强度、导热系数、燃烧性能。

(2) 纤维保温材料应检验表观密度、导热系数、燃烧性能。

3. 保温层的施工环境温度

保温层的施工环境温度应符合下列规定。

(1) 干铺的保温材料可在负温度下施工。

(2) 用水泥砂浆粘贴的板状保温材料的施工环境温度不宜低于 5℃。

(3) 喷涂硬泡聚氨酯的施工环境温度宜为 15～35℃，空气相对湿度宜小于 85%，风速不宜大于三级。

(4) 现浇泡沫混凝土的施工环境温度宜为 5～35℃。

4. 保温层施工

保温层施工的内容如下。

(1) 板状材料保温层施工应符合下列规定。

① 基层应平整、干燥、干净。

② 相邻板块应错缝拼接，分层敷设的板块上下层接缝应相互错开，板间缝隙应采用同类材料嵌填密实。

③ 采用干铺法施工时，板状保温材料应紧靠在基层表面上，并应铺平垫稳。

④ 采用黏结法施工时，胶粘剂应与保温材料相容，板状保温材料应贴严、粘牢，在胶粘剂固化前不得上人踩踏。

⑤ 采用机械固定法施工时，固定件应固定在结构层上，固定件的间距应符合设计要求。

(2) 纤维材料保温层施工应符合下列规定。

① 基层应平整、干燥、干净。

② 纤维保温材料在施工时，应避免重压，并应采取防潮措施。

③ 纤维保温材料敷设时，平面拼接缝应贴紧，上下层拼接缝应相互错开。

④ 屋面坡度较大时，纤维保温材料宜采用机械固定法施工。

⑤ 在敷设纤维保温材料时，应做好劳动保护工作。

(3) 喷涂硬泡聚氨酯保温层施工应符合下列规定。

① 基层应平整、干燥、干净。

② 施工前应对喷涂设备进行调试，并应对喷涂试块进行材料性能检测。

③ 喷涂时喷嘴与施工基面的间距应由试验确定。

④ 喷涂硬泡聚氨酯的配合比应准确计量，发泡厚度应均匀一致。

⑤ 一个作业面应分遍喷涂完成，每遍喷涂厚度不宜大于 15mm，硬泡聚氨酯喷涂后 20min 内严禁上人。

⑥ 喷涂作业时，应采取防止污染的遮挡措施。

(4) 现浇泡沫混凝土保温层施工应符合下列规定。

① 基层应清理干净，不得有油污、浮尘和积水。

② 现浇泡沫混凝土应按设计要求的干密度和抗压强度进行配合比设计，拌制时应计量准确，并应搅拌均匀。

③ 泡沫混凝土应按设计的厚度设定浇筑面标高线，找坡时宜采取挡板辅助措施。

④ 泡沫混凝土的浇筑出料口离基层的高度不宜超过 1m，泵送时应采取低压泵送。

⑤ 泡沫混凝土应分层浇筑，一次浇筑厚度不宜超过 200mm，终凝后应进行保湿养护，养护时间不得少于 7d。

5. 隔汽层施工

隔汽层施工应符合下列规定。

(1) 隔汽层施工前，基层应进行清理，宜进行找平处理。

(2) 屋面周边隔汽层应沿墙面向上连续敷设，高出保温层上表面不得小于 150mm。

(3) 采用卷材做隔汽层时，卷材宜空铺，卷材搭接缝应满粘，其搭接宽度不应小于 80mm；采用涂膜做隔汽层时，涂料涂刷应均匀，涂层不得有堆积、起泡和露底现象。

(4) 穿过隔汽层的管道周围应进行密封处理。

6. 倒置式屋面保温层施工

倒置式屋面是把原屋面“防水层在上，保温层在下”的构造设置倒置过来，将憎水性或吸水率较低的保温材料放在防水层上，使防水层不易损伤，提高耐久性，并可防止屋面结构内部结露。倒置式屋面保温层具有节能、保温隔热、延长防水层使用寿命、施工方便、劳动效率高、综合造价经济等特点。

【知识链接】

保温材料应选用高热绝缘系数、低吸水率的新型材料，如聚苯乙烯泡沫塑料、聚乙烯泡沫塑料、聚氨酯泡沫塑料、泡沫玻璃等，也可选用蓄热系数和热绝缘系数都较大的水泥聚苯乙烯复合板等保温材料。

倒置式屋面的主防水层（保温层之下的防水层）应选用合成高分子防水材料和中高档高聚物改性沥青防水卷材，也可选用改性沥青涂料与卷材复合防水；不宜选用刚性防水材料和松散憎水性材料，如防水宝、拒水粉等，也不宜选用胎基易腐烂的防水材料和易腐烂的涂料或加筋布等。

倒置式屋面保温层的施工工艺流程为：基层清理检查、工具准备、材料检验—节点增强处理—防水层施工、检验—保温层敷设、检验—现场清理—保护层施工—验收。概括起来，整个工艺流程可以分为以下三个部分。

(1) 防水层施工。根据不同的材料，采用相应的施工方法和工艺施工、检验。

(2) 保温层施工。保温材料可以直接干铺或用专用黏结剂粘贴，聚苯板不得选用溶剂型黏结剂粘贴。保温材料接缝处可以是平缝也可以是企口缝，接缝处可以灌入密封材料以连成整体。块状保温材料的施工应采用斜缝排列，以利于排水。

当采用现喷硬泡聚氨酯保温材料时，要在成型的保温层面进行分格处理，以减少收缩开裂。大风天气和雨天不得施工，同时注意喷施人员的劳动保护。

(3) 面层施工，分为以下两种情况。

① 上人屋面。采用 40～50mm 厚钢筋细石混凝土作面层时，应按刚性防水层的设计要求进行分格缝的节点处理；采用混凝土块材作上人屋面保护层时，应用水泥砂浆坐浆平

铺，板缝用砂浆勾缝处理。

② 不上人屋面。当屋面是非功能性上人屋面时，可采用平铺预制混凝土板的方法进行压埋，预制板要有一定强度，厚度也应不小于 30mm。选用卵石或砂砾作保护层时，其直径应为 20～60mm，铺埋前，应先敷设 250g/m² 的聚酯纤维无纺布或油毡等隔离，再铺埋卵石，并要注意雨水口的畅通。压置物的质量应保证最大风力时保温板不被刮起和保证保温层在积水状态下不浮起。聚苯乙烯保温层不能直接受太阳照射，以防紫外线照射导致老化，还应避免与溶剂接触以及在高温环境下（80℃以上）使用。

7. 屋面排汽构造施工

保温层材料若采用吸水率低（<6%）的材料，当它们不会再吸水时，保温性能就能得到保证。如果保温层采用吸水率大的材料，施工时如遇雨水或施工用水侵入，造成很大含水率时，由于许多工程找平层已施工，一时无法干燥，就会导致防水层起鼓，所以为了避免这种情况，人们就想办法使屋面在使用过程中逐渐将水分蒸发（需几年或几十年时间），过去采取被称为“排汽屋面”的技术措施，也有人称之为呼吸屋面，如图 6.25 和图 6.26 所示。其就是在保温层中设置纵横排汽道，在交叉处安放向上的排汽管，目的是当温度升高时，屋面水分蒸发，气体沿排汽道、排汽管与大气连通，不会产生压力，从而保护防水层。排汽屋面要求排汽道不得堵塞。这种做法确实有一定的效果，所以在规范中规定如果保温层含水率过高（超过 15%）时，不管设计时是否有规定，施工时都必须做排汽屋面处理。

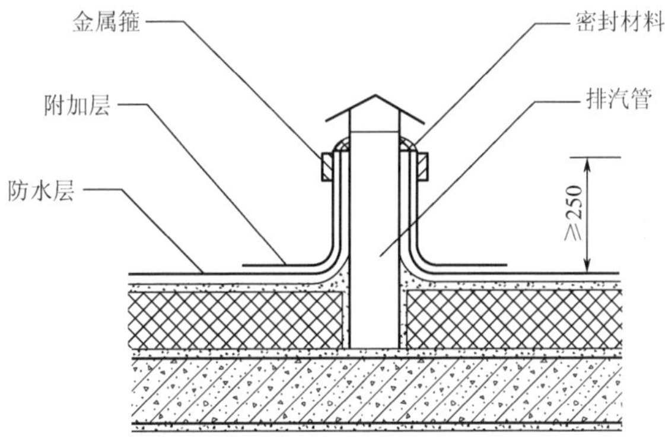

图 6.25　直立排汽出口构造

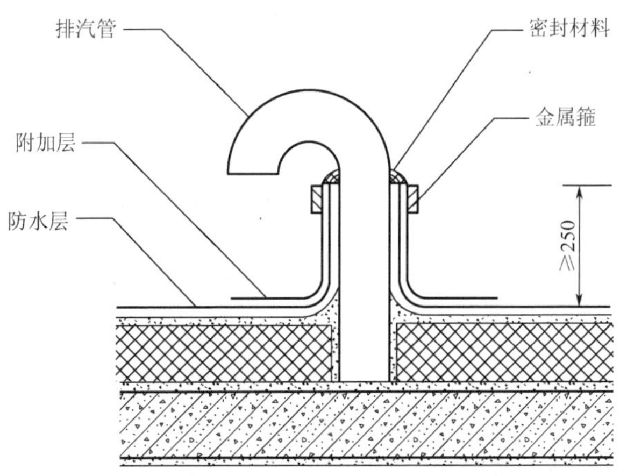

图 6.26　弯形排汽出口构造

【知识链接】

8. 种植隔热层施工

种植隔热层施工应符合下列规定。

(1) 种植隔热层挡墙或挡板施工时，留设的泄水孔位置应准确，不得堵塞。

(2) 凹凸型排水板宜采用搭接法施工，搭接宽度应根据产品的规格具体确定；网状交织排水板宜采用对接法施工；采用陶粒作排水层时，敷设应平整，厚度应均匀。

(3) 过滤层土工布敷设应平整、无皱折，搭接宽度不应小于100mm，搭接宜采用黏合或缝合处理；土工布应沿种植土周边向上敷设至种植土高度。

(4) 种植土层的荷载应符合设计要求；种植土、植物等应在屋面上均匀堆放，且不得损坏防水层。

9. 架空隔热层施工

架空隔热层施工应符合下列规定。

(1) 架空隔热层施工前，应将屋面清扫干净，并应根据架空隔热制品的尺寸弹出支座中线。

(2) 在架空隔热制品支座底面，应对卷材、涂膜防水层采取加强措施。

(3) 敷设架空隔热制品时，应随时清扫屋面防水层上的落灰、杂物等，操作时不得损伤已完工的防水层。

(4) 架空隔热制品的敷设应平整、稳固，缝隙应勾填密实。

10. 蓄水隔热层施工

蓄水隔热层施工应符合下列规定。

(1) 蓄水池的所有孔洞应预留，不得后凿。所设置的溢水管、排水管和给水管等，应在混凝土施工前安装完毕。

(2) 每个蓄水区的防水混凝土应一次施工完毕，不得留置施工缝。

(3) 蓄水池的防水混凝土施工时，环境气温宜为5～35℃，并应避免在冬期和高温期施工。

(4) 蓄水池的防水混凝土完工后，应及时进行养护，养护时间不得少于14d，蓄水后不得断水。

(5) 蓄水池的溢水口标高、数量、尺寸应符合设计要求；过水孔应设在分仓墙底部；排水管应与水落管连通。

6.4.3 屋面卷材防水层施工

1. 防水卷材的选用

防水卷材的选用应遵循下列原则。

(1) 根据当地历年最高气温、最低气温、屋面坡度和使用条件等因素，选择耐热度、柔性相适应的卷材。

(2) 根据地基变形程度，结构形式，当地年温差、日温差和振动等因素，选择拉伸性相适应的卷材。

(3) 根据屋面防水卷材的暴露程度，选择耐紫外线、耐穿刺、耐老化保持率或耐霉性能相适应的卷材。

(4) 自粘橡胶沥青防水卷材和自粘聚酯毡改性沥青防水卷材（0.5mm厚铝箔覆面者除外），不得用于外露的防水层。

2. 防水卷材的贮运、保管及验收

防水卷材的贮运、保管及验收应遵循下列规定。

(1) 防水卷材的贮运、保管应符合下列规定。

① 不同品种、规格的卷材应分别堆放。

② 卷材应贮存在阴凉通风处，应避免雨淋、日晒和受潮，严禁接近火源。

③ 卷材应避免与化学介质及有机溶剂等有害物质接触。

(2) 进场的防水卷材应检验下列项目。

① 高聚物改性沥青防水卷材的可溶物含量、拉力、最大拉力时延伸率、耐热度、低温柔性、不透水性。

② 合成高分子防水卷材的断裂拉伸强度、扯断伸长率、低温弯折性、不透水性。

(3) 胶粘剂和胶粘带的贮运、保管应符合下列规定。

① 不同品种、规格的胶粘剂和胶粘带，应分别用密封桶或纸箱包装。

② 胶粘剂和胶粘带应贮存在阴凉通风的室内，严禁接近火源和热源。

(4) 进场的基层处理剂、胶粘剂和胶粘带，应检验下列项目。

① 沥青基防水卷材用基层处理剂的固体含量、耐热性、低温柔性、剥离强度。

② 高分子胶粘剂的剥离强度、浸水168h后的剥离强度保持率。

③ 改性沥青胶粘剂的剥离强度。

④ 合成橡胶胶粘带的剥离强度、浸水168h后的剥离强度保持率。

(5) 卷材防水层的施工环境温度应符合下列规定。

① 热熔法和焊接法不宜低于－10℃。

② 冷粘法和热粘法不宜低于5℃。

③ 自粘法不宜低于10℃。

3. 卷材防水层基层要求

卷材防水层基层应坚实、干净、平整，应无孔隙、起砂和裂缝。基层的干燥程度应根据所选防水卷材的特性确定。

采用基层处理剂时，其配制与施工应符合下列规定。

(1) 基层处理剂应与防水卷材相容。

(2) 基层处理剂应配比准确，并应搅拌均匀。

(3) 喷、涂基层处理剂前，应先对屋面细部进行涂刷。

(4) 基层处理剂可选用喷涂或涂刷施工工艺，喷、涂应均匀一致，干燥后应及时进行卷材施工。

4. 卷材铺贴顺序和卷材搭接

(1) 卷材铺贴顺序。卷材铺贴应按“先高后低，先远后近”的顺序施工。高低跨屋面，应先铺高跨屋面，后铺低跨屋面；在同高度大面积的屋面，应先铺离上料点较远的部位，后铺离上料点较近部位。

应先细部结构处理，后大面积由屋面最低标高向上铺贴。卷材大面积铺贴前，应先做好节点密封处理、附加层和屋面排水较集中部位（屋面与水落口连接处、檐口、天沟、檐沟、屋面转角处、板端缝等）的处理、分格缝的空铺条处理等，然后由屋面最低标高处向上施工。铺贴天沟、檐沟卷材时，宜顺天沟、檐沟方向铺贴，从水落口处向分水线方向铺贴，以减少搭接。卷材宜平行屋脊铺贴，上下层卷材不得相互垂直铺贴。立面或大坡面铺贴卷材时，应采用满粘法，并宜减少卷材短边搭接，如图 6.27 所示。

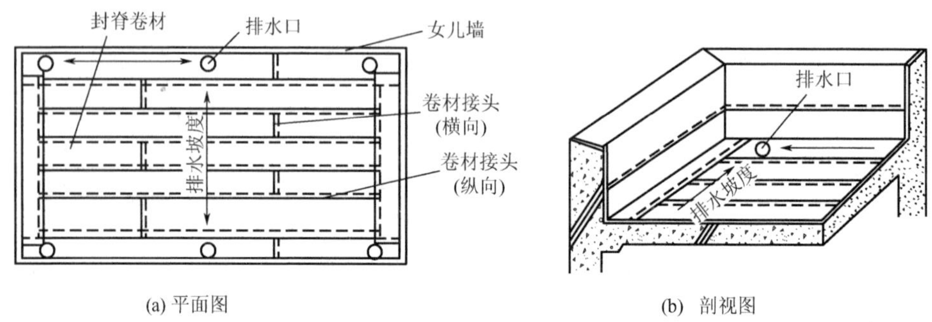

图 6.27　卷材配置示意图

为了保证防水层的整体性，减少漏水的可能性，屋面防水工程应尽量不划分施工段；当需要划分施工段时，施工段的划分宜设在屋脊、天沟、变形缝等处。

(2) 卷材搭接。卷材搭接缝应符合下列规定。

① 平行屋脊的搭接缝应顺流水方向，搭接缝宽度应符合规范规定。

② 同一层相邻两幅卷材短边搭接缝错开不应小于 500mm。

③ 上下层卷材长边搭接缝应错开，且不应小于幅宽的 1/3。

④ 当卷材叠层敷设时，上下层不得相互垂直铺贴，以免在搭接缝垂直交叉处形成挡水条。叠层敷设的各层卷材，在天沟与屋面的连接处应采取叉接法搭接，搭接缝应错开，如图 6.28 和图 6.29 所示；接缝宜留在屋面或天沟侧面，不宜留在沟底。

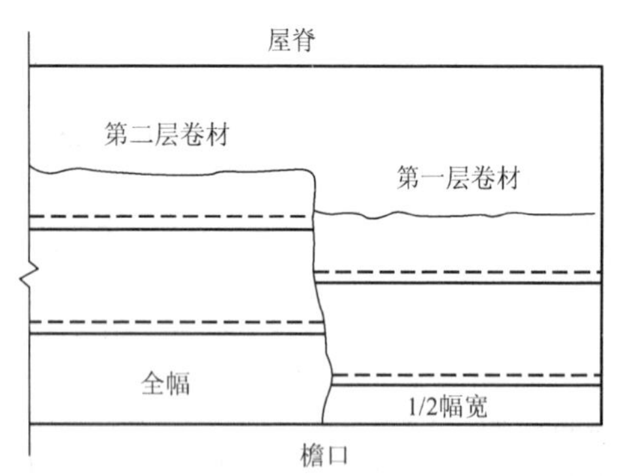

图 6.28　二层卷材铺贴

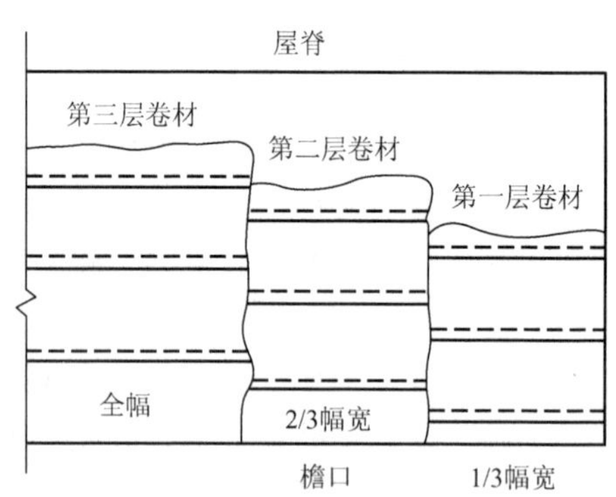

图 6.29　三层卷材铺贴

卷材铺贴的搭接方向，主要考虑到坡度大或受振动时卷材易下滑，尤其是含沥青（温感性大）的卷材，高温时软化下滑常有发生。对于高分子卷材的铺贴方向要求不严格，为便于施工，一般顺屋脊方向铺贴，搭接方向应顺流水方向，不得逆流水方向，避免流水冲刷接缝，使接缝损坏。垂直屋脊方向铺卷材时，应顺大风方向。在铺贴卷材时，不得污染檐口的外侧和墙面。高聚物改性沥青防水卷材和合成高分子防水卷材的搭接缝，宜用材料性能相容的密封材料封严。

卷材铺贴搭接方向及要求见表 6-5。

表 6－5　卷材铺贴搭接方向及要求

屋面坡度	铺贴方向和要求
小于 3∶100	卷材宜平行屋脊方向，即顺平面长向为宜
(3∶100)～(3∶20)	卷材可平行或垂直屋脊方向铺贴
大于 3∶20 或受振动	沥青卷材应垂直屋脊铺贴，改性沥青卷材宜垂直屋脊铺贴，高分子卷材可平行或垂直屋脊铺贴
大于 1∶4	应垂直屋脊铺贴，并应采取固定措施，固定点还应密封

卷材搭接宽度见表 6－6。

表 6－6　卷材搭接宽度　　单位：mm

卷材种类		铺贴方法			
		短边搭接		长边搭接	
		满粘法	空铺、点粘、条粘法	满粘法	空铺、点粘、条粘法
沥青防水卷材		100	150	70	100
高聚物改性沥青防水卷材		80	100	80	100
合成高分子防水卷材	胶粘剂	80	100	80	100
	胶粘带	50	60	50	60
	单焊缝	60（有效焊接宽度不小于 25）			
	双焊缝	80（有效焊接宽度 10×2 空腔宽）			

5. 卷材施工工艺

卷材与基层的连接方式有四种（表 6－7）：满粘、空铺、条粘、点粘。在工程应用中应根据建筑部位、使用条件、施工情况，选用其中一种或两种，并且在图纸上应该注明。

表 6－7　卷材与基层连接方式

连接方式	具体做法	适应条件
满粘法	又称全粘法，即在铺粘防水卷材时，卷材与基面全部黏结牢固的施工方法，通常热熔法、冷粘法、自粘法使用这种方法粘贴卷材	屋面防水面积较小，结构变形不大，找平层干燥
空铺法	铺贴防水卷材时，卷材与基面仅在四周一定宽度内黏结，其余部分不粘的施工方法。施工时檐口、屋脊、屋面转角、伸出屋面的出气孔、烟囱根等部位，采用满粘法，黏结宽度不小于 800mm	适应于基层潮湿，找平层水汽难以排出及结构变形较大的屋面
条粘法	铺贴防水卷材时，卷材与屋面采用条状黏结的施工方法，每幅卷材黏结面不少于 2 条，每条黏结宽度不少于 150mm，檐口、屋脊、伸出屋面管口等细部做法同空铺法	适应结构变形较大、基面潮湿、排气困难的层面
点粘法	铺贴防水卷材时，卷材与基面采用点粘的施工方法，要求每平方米范围内至少有 5 个黏结点，每点面积不少于 100mm×100mm，屋面四周黏结，檐口、屋脊、伸出屋面管口等细部做法同空铺法	适应于结构变形较大、基面潮湿、排气有一定困难的屋面

高聚物改性沥青防水卷材粘接方法见表6－8。

表6－8　高聚物改性沥青防水卷材粘接方法

项目	热　熔　法	冷　粘　法	自　粘　法
1	幅宽内应均匀加热，熔融至光亮黑色，卷材基面均匀加热	基面涂刷基面处理剂	基面涂刷基面处理剂
2	不得过分加热，以免烧穿卷材	卷材底面、基面涂刷胶粘剂，涂刷均匀，不漏底，不堆积	边铺边撕去底层隔离纸
3	热熔后立即滚铺	根据胶粘剂性能及气温，控制涂胶后的最佳黏结时间，一般用手触及表面似粘非粘为最佳	滚压、排气、粘牢
4	滚压排气，使之平展，粘牢，不得有皱折	铺贴排气粘牢后，溢口的胶合剂随即刮平封口	搭接部分用热风焊枪加热，溢出自粘胶时随即刮平封口
5	搭接部位溢出热熔胶后，随即刮平封口	—	铺贴立面及大坡面时应先加热粘牢固定

合成高分子改性沥青防水卷材粘接方法见表6－9。

表6－9　合成高分子改性沥青防水卷材粘接技术要求

项目	冷　粘　法	自　粘　法	热风焊接法
1	在找平层上均匀涂刷基面处理剂	同高聚物改性沥青防水卷材	基面应清扫干净
2	在基面、卷材底面涂刷配套胶粘剂		卷材铺放平顺，搭接尺寸正确
3	控制黏合时间，一般用手触及表面，以胶粘剂不粘手为最佳时间		控制热风加热温度和时间
4	黏合时不得用力拉伸卷材，避免卷材铺贴后处于受拉状态		卷材排气、铺平
5	辊压、排气、粘牢		先焊长边搭接缝，后焊短边搭接缝
6	清理卷材搭接缝的搭接面，涂刷接缝专用胶，辊压、排气、粘牢		机械固定

卷材的施工工艺如下。

(1) 卷材冷粘法施工工艺。

冷粘法施工是指在常温下采用胶粘剂等材料进行卷材与基层、卷材与卷材间黏结的施工方法。一般合成高分子卷材采用胶粘剂、胶粘带粘贴施工，聚合物改性沥青采用冷玛蹄脂粘贴施工。卷材采用自粘胶铺贴施工也属冷粘法施工工艺。该工艺在常温下作业，不需要加热或明火，施工方便、安全，但要求基层干燥，胶粘剂的溶剂（或水分）充分挥发，否则不能保证黏结的质量。冷粘法施工选择的胶粘剂应与卷材配套、相容且黏结性能满足设计要求。

冷粘法铺贴卷材应符合下列规定。

① 胶粘剂涂刷应均匀，不得露底、堆积；卷材空铺、点粘、条粘时，应按规定的位置及面积涂刷胶粘剂。

② 应根据胶粘剂的性能与施工环境、气温条件等，控制胶粘剂涂刷与卷材铺贴的间隔时间。

③ 铺贴卷材时应排除卷材下面的空气，并应辊压、粘贴牢固。

④ 铺贴的卷材应平整顺直，搭接尺寸应准确，不得扭曲、皱折；搭接部位的接缝应满涂胶粘剂，应辊压、粘贴牢固。

⑤ 合成高分子卷材铺好压粘后，应将搭接部位的黏合面清理干净，并应采用与卷材配套的接缝专用胶粘剂，在搭接缝黏合面上应涂刷均匀，不得露底、堆积，应排除缝间的空气，并应辊压、粘贴牢固。

⑥ 合成高分子卷材搭接部位采用胶粘带黏结时，黏合面应清理干净，必要时可涂刷与卷材及胶粘带材性相容的基层胶粘剂，撕去胶粘带隔离纸后应及时黏合接缝部位的卷材，并应辊压、粘贴牢固；低温施工时，宜采用热风机加热。

⑦ 搭接缝口应用材性相容的密封材料封严。

卷材冷粘法施工工艺具体步骤如下。

【参考视频】

① 涂刷胶粘剂。底面和基层表面均应涂胶粘剂。卷材表面涂刷基层胶粘剂时，先将卷材展开摊铺在旁边平整干净的基层上，用长柄滚刷蘸胶粘剂均匀涂刷在卷材的背面，不得涂刷得太薄而露底，也不能涂刷得过多而产生聚胶。还应注意在搭接缝部位不得涂刷胶粘剂，此部位应留作涂刷接缝胶粘剂，留置宽度即卷材搭接宽度。

涂刷基层胶粘剂的重点和难点与涂刷基层处理剂相同，即阴阳角、平立面转角处、卷材收头处、排水口、伸出屋面管道根部等节点部位。这些部位有增强层时应用接缝胶粘剂，涂刷工具宜用油漆刷。涂刷时，切忌在一处来回涂滚，以免将底胶“咬起”形成凝胶而影响质量。

② 卷材的铺贴。各种胶粘剂的性能和施工环境不同，有的可以在涂刷后立即粘贴卷材，有的则需待溶剂挥发一部分后才能粘贴卷材，尤以后者居多，因此要控制好胶粘剂涂刷与卷材铺贴的间隔时间。一般要求基层及卷材上涂刷的胶粘剂达到表面干燥程度，其间隔时间与胶粘剂性能及气温、湿度、风力等因素有关，通常为10～30min，施工时可凭经验确定，用指触不粘手时即可开始粘贴卷材。间隔时间的控制是冷粘贴施工的难点，这对黏结力和黏结的可靠性影响很大。

卷材铺贴时应对准已弹好的粉线，并且在铺贴好的卷材上弹出搭接宽度线，以便进行第二幅卷材铺贴时，能以此为准进行铺贴。

平面上铺贴卷材时，一般可采用以下两种方法进行。

一种是抬铺法，在涂布好胶粘剂的卷材两端各安排一个工人，拉直卷材，中间根据卷材的长度安排1～4个人，同时将卷材沿长向对折，使涂布胶粘剂的一面向外，抬起卷材，将一边对准搭接缝处的粉线，再翻开上半部卷材铺在基层上，同时拉开卷材使之平服。操作过程中，对折、抬起卷材、对粉线、翻平卷材等工序，几人均应同时进行。

另一种是滚铺法，将涂布完胶粘剂并达到要求干燥度的卷材用 ϕ50～100mm 的塑料管或原来用来装运卷材的纸筒芯重新成卷，使涂布胶粘剂的一面朝外，成卷时两端要平整，不应出现笋状，以保证铺贴时能对齐粉线，并要注意防止砂子、灰尘等杂物粘在卷材表面。成卷后用一根 ϕ30mm×1500mm 的钢管穿入中心的塑料管或纸筒芯内，由两人分别持钢管两端，抬起卷材的端头，对准粉线，固定在已铺好的卷材顶端搭接部位或基层面上，抬卷材两人同时匀速向前展开卷材，并随时注意将卷材边缘对准粉线，并应使卷材铺贴平整，直到铺完一幅卷材。

每铺完一幅卷材，应立即用干净而松软的长柄压辊（一般重 30～40kg）滚压，使其粘贴牢固。滚压应从中间向两侧边移动，做到排气彻底。平立面交接处，则先粘贴好平面，经过转角，由下向上粘贴卷材，粘贴时切勿拉紧，要轻轻沿转角压紧压实，再往上粘贴，同时排出空气，最后用手持压辊滚压密实，滚压时要从上往下进行。

③ 搭接缝的粘贴。卷材铺好压粘后，应将搭接部位的结合面清除干净，可用棉纱蘸少量汽油擦洗，然后采用油漆刷均匀涂刷接缝胶粘剂，不得出现露底、堆积现象。涂胶量可按产品说明控制，待胶粘剂表面干燥后（指触不粘）即可进行黏合。黏合时应从一端开始，边压合边驱除空气，不许有气泡和皱折现象，然后用手持压辊顺边认真仔细辊压一遍，使其黏结牢固。三层重叠处最不易压严，要用密封材料预先加以填封，否则将会成为渗水通道。

搭接缝全部粘贴后，缝口要用密封材料封严，密封时用刮刀沿缝刮涂，不能留有缺口，密封宽度不应小于 10mm。

（2）卷材热粘法施工工艺。

热粘法是指采用热玛蹄脂或采用火焰加热熔化热熔防水卷材底层的热熔胶进行黏结的施工方法。常用的有 SBS 或 APP（APAO）改性沥青热熔卷材、热玛蹄脂或热熔改性沥青黏结胶粘贴的沥青卷材或改性沥青卷材。这种工艺主要针对含有沥青为主要成分的卷材和胶粘剂，它采取科学有效的加热方法，对热源作了有效的控制，为以沥青为主的防水材料的应用创造了广阔的天地，同时取得良好的防水效果。

厚度小于 3mm 的卷材严禁采用热熔法施工，因为小于 3mm 的卷材在加热热熔底胶时极易烧坏胎体或烧穿卷材。大于 3mm 的卷材在采用火焰加热器加热卷材时既不能过分加热，以免烧穿卷材或使底胶焦化，也不能加热不充分，以免卷材不能很好地与基层粘牢。所以必须加热均匀，来回摆动火焰，使沥青呈光亮即止。热熔卷材铺贴常采取滚铺法，即边加热卷材边立即滚推卷材铺贴于基层，并用刮板用力推刮排出卷材下的空气，使卷材铺平，不皱折、不起泡，与基层粘贴牢固。推刮或辊压时，以卷材两边接缝处溢出沥青热熔胶为最适宜，并将溢出的热熔胶回刮封边。铺贴卷材也应弹好标线，铺贴应顺直，搭接尺寸准确。

热粘法铺贴卷材应符合下列规定。

① 熔化热熔型改性沥青胶结料时，宜采用专用导热油炉加热，加热温度不应高于 200℃，使用温度不宜低于 180℃。

② 粘贴卷材的热熔型改性沥青胶结料厚度宜为 1.0～1.5mm。

③ 采用热熔型改性沥青胶结料铺贴卷材时，应随刮随滚铺，并应展平压实。

卷材热粘法施工工艺如下。

【参考视频】

① 滚铺法。这是一种不展开卷材而边加热烘烤边滚动卷材铺贴的方法。滚铺法的步骤如下。

a. 起始端卷材的铺贴。将卷材置于起始位置，对好长、短方向搭接缝，滚展卷材1000mm左右，掀开已展开的部分，开启喷枪点火，喷枪头与卷材保持50～100mm的距离，与基层呈30°～45°，将火焰对准卷材与基层交接处，同时加热卷材底面热熔胶面和基层，至热熔胶层出现黑色光泽、发亮至稍有微泡出现，慢慢放下卷材平铺于基层，然后进行排气辊压，使卷材与基层黏结牢固。当起始端铺贴至剩下300mm左右长度时，将其翻放在隔热板上，用火焰加热余下起始端基层后，再加热卷材起始端的余下部分，然后将其粘贴于基层。

b. 滚铺。卷材起始端铺贴完成后即可进行大面积滚铺。持枪人位于卷材滚铺的前方，按上述方法同时加热卷材和基层，条粘时只需加热两侧边，加热宽度各为150mm左右。推滚卷材的人蹲在已铺好的卷材起始端上面，等卷材充分加热后缓缓推压卷材，并随时注意卷材的平整顺直和搭接缝宽度。其后紧跟一人用棉纱团等从中间向两边抹压卷材，赶出气泡，并用刮刀将溢出的热熔胶刮压接边缝。另一个人用压辊压实卷材，使之与基层粘贴密实。

② 展铺法。展铺法是先将卷材平铺于基层，再沿边掀起卷材予以加热粘贴。此方法主要适用于条粘法铺贴卷材，其施工方法如下。

a. 先将卷材展铺在基层上，对好搭接缝，按滚铺法的要求先铺贴好起始端卷材。

b. 拉直整幅卷材，使其无皱折、无波纹，能平坦地与基层相贴，并对准长边搭接缝，然后对末端做临时固定，防止卷材回缩，可采用站人等方法。

c. 由起始端开始熔贴卷材，掀起卷材边缘约200mm高，将喷枪头伸入侧边卷材底下，加热卷材边宽约200mm的底面热熔胶和基层，边加热边向后退。然后另一人用棉纱团等由卷材中间向两边赶出气泡，并抹压平整。再由紧随的操作人员持辊压实两侧边卷材，并用刮刀将溢出的热熔胶刮压平整。

d. 铺贴到距末端1000mm左右长度时，撤去临时固定，按前述滚压法铺贴末端卷材。

③ 搭接缝施工。热熔卷材表面一般有一层防粘隔离纸，因此在热熔黏结接缝之前，应先将下层卷材表面的隔离纸烧掉，以利搭接牢固严密。

操作时，由持枪人手持烫板（隔火板）柄，将烫板沿搭接粉线后退，喷枪火焰随烫板移动，喷枪应离开卷材50～100mm，贴近烫板。移动速度要控制合适，以刚好熔去隔离纸为宜。烫板和喷枪要密切配合，以免烧损卷材。排气和辊压方法与前述相同。

当整个防水层熔贴完毕后，所有搭接缝应用密封材料涂封严密。

(3) 卷材自粘法施工工艺。

自粘型卷材在工厂生产时，在其底面涂有一层压敏胶，胶粘剂表面敷有一层隔离纸。施工时只要剥去隔离纸，即可直接铺贴。自粘型卷材通常为高聚物改性沥青卷材，施工一般可采用满粘法和条粘法进行铺贴。采用条粘法时，需与基层脱离的部位可在基层上刷一层石灰水或加铺一层撕下的隔离纸。铺贴时为增加黏结强度，基层表面也应涂刷基层处理剂；干燥后应及时铺贴卷材，可采用滚铺法或抬铺法进行。

自粘法铺贴卷材应符合下列规定。

① 铺粘卷材前，基层表面应均匀涂刷基层处理剂，干燥后应及时铺贴卷材。

② 铺贴卷材时，应将自粘胶底面的隔离纸完全撕净。

③ 铺贴卷材时，应排除卷材下面的空气，并应辊压、粘贴牢固。

④ 铺贴的卷材，应平整顺直，搭接尺寸应准确，不得扭曲、皱折；低温施工时，立面、大坡面及搭接部位宜采用热风机加热，加热后应随即粘贴牢固。

⑤ 搭接缝口应采用材性相容的密封材料封严。

铺贴自粘型卷材施工工艺如下。

① 滚铺法。如图 6.30 所示，操作小组由 5 人组成，2 人用 1500mm 长的管材，穿入卷材芯孔一边一人架空慢慢向前转动，一人负责撕拉卷材底面的隔离膜，一名有经验的操作工负责铺贴并尽量排除卷材与基层之间的空气，一名操作工负责在铺好的卷材面进行滚压及收边。

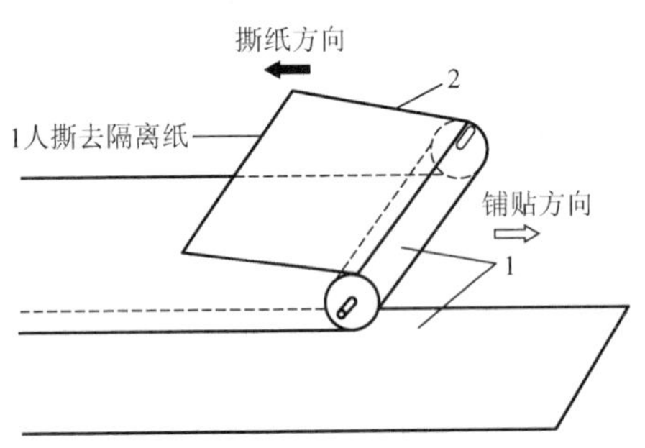

图 6.30　滚铺法

开卷后撕掉卷材端头 500～1000mm 长的隔离纸，对准长边线和端头的位置贴牢就可以进行铺贴了。负责转动铺开卷材的二人还要看好卷材的铺贴和撕拉隔离膜的操作情况，一般保持 1000mm 长左右。在自然松弛状态下对准长边线粘贴。底面的隔离膜必须全部撕净。使用铺卷材器时，要对准卷材的边线滚动。

卷材铺贴的同时应从中间和向前方顺压，使卷材与基层之间的空气全部排出；在铺贴好的卷材上用压辊滚压平整，确保无皱折、无扭曲、无鼓包等缺陷。

卷材的接口处用手持小辊沿接缝顺序滚压，要将卷材末端处滚压严实，并使黏结胶略有外露为好。

卷材的搭接部分要保持洁净，严禁掺入杂物，上下层及相邻两幅的搭接缝均应错开，长短边搭接宽度不少于 80mm。如遇气温低，搭接处黏结不牢，可用加热器适当加热，确保粘贴牢固。溢出的自粘胶随即刮平封口。

② 抬铺法。抬铺法是先将待铺卷材剪好，反铺于基层上，并剥去卷材全部隔离纸后再铺贴卷材的方法。该法适合于较复杂的铺贴部位，或隔离纸不易掀剥的场合。施工时按下述方法进行。

首先根据基层形状裁剪卷材。裁剪时，将卷材铺展在待铺部位，实测基层尺寸（考虑搭接宽度）裁剪卷材。然后将剪好的卷材认真仔细地剥除隔离纸，用力要适度，已剥开的隔离纸与卷材宜成锐角，这样不易拉断隔离纸。如出现小片隔离纸粘连在卷材上时，可用小刀仔细挑出，实在无法剥离时，应用密封材料加以涂盖。全部隔离纸剥离完毕后，将卷材带胶面朝外，沿长向对折卷材。然后抬起并翻转卷材，使搭接边转向搭接粉线。当卷材较长时，在中间安排数人配合，一起将卷材抬到待铺位置，使搭接边对准粉线，从短边搭接缝开始沿长向铺放好搭接缝侧半幅卷材，然后再铺放另半幅。在铺放过程中，各操作人员要默契配合，铺贴的松紧与滚铺法相同。铺放完毕后再进行排气、辊压。

③ 立面和大坡面的铺贴。由于自粘型卷材与基层的黏结力相对较低，在立面或大坡面上，卷材容易产生下滑现象，因此在立面或大坡面上粘贴施工时，宜用手持式汽油喷灯将卷材底面的胶粘剂适当加热后再进行粘贴、排气和辊压。

④ 搭接缝粘贴。自粘型卷材上表面常带有防粘层（聚乙烯膜或其他材料），在铺贴卷材前，应将相邻卷材待搭接部位上表面的防粘层先熔化掉，使搭接缝能黏结牢固。操作时，用手持汽油喷灯沿搭接粉线进行。黏结搭接缝时，应掀开搭接部位卷材，宜用扁头热风枪加热卷材底面胶粘剂，加热后随即粘贴、排气、辊压，溢出的自粘胶随即刮平封口。搭接缝粘贴密实后，所有接缝口均用密封材料封严，宽度不应小于 10mm。

(4) 卷材热风焊接法施工工艺。

热风焊接法施工是指采用热空气加热热塑性卷材的黏合面进行卷材与卷材接缝黏结的施工方法，卷材与基层间可采用空铺、机械固定、胶粘剂黏结等方法。热风焊接法主要适用于树脂型（塑料）卷材。焊接工艺结合机械固定使防水设防更有效。目前采用焊接工艺的材料有 PVC 卷材、高密度和低密度聚乙烯卷材。这类卷材热收缩值较高，最适宜用于有埋置的防水层，宜采用机械固定，点粘或条粘工艺。它强度大，耐穿刺好，焊接后整体性好。

热风焊接卷材在施工时，首先应将卷材在基层上铺平顺直，切忌扭曲、皱折，并保持卷材清洁，尤其在搭接处，要求干燥、干净，不能有油污、泥浆等，否则会严重影响焊接效果，造成接缝渗漏。如果采取机械固定的，应先行用射钉固定；若用胶黏结的，也需要先行粘接，留准搭接宽度。焊接时应先焊长边，后焊短边，否则一旦有微小偏差，长边很难调整。

热风焊接卷材防水施工工艺的关键是接缝焊接，焊接的参数是加热温度和时间，而加热的温度和时间与施工时的气候，如温度、湿度、风力等有关。优良的焊接质量必须使用经培训而真正熟练掌握加热温度、时间的工人才能保证。

焊接法铺贴卷材应符合下列规定。

① 对热塑性卷材的搭接缝可采用单缝焊或双缝焊，焊接应严密。

② 焊接前，卷材应铺放平整、顺直，搭接尺寸应准确，焊接缝的结合面应清理干净。

③ 应先焊长边搭接缝，后焊短边搭接缝。

④ 应控制加热温度和时间，焊接缝不得漏焊、跳焊或焊接不牢。

(5) 卷材热熔法施工工艺。

热熔法铺贴卷材应符合下列规定。

① 火焰加热器的喷嘴距卷材面的距离应适中，幅宽内加热应均匀，应以卷材表面熔融至光亮黑色为度，不得过分加热卷材；厚度小于 3mm 的高聚物改性沥青防水卷材，严禁采用热熔法施工。

② 卷材表面沥青热熔后应立即滚铺卷材，滚铺时应排除卷材下面的空气。

③ 搭接缝部位宜以溢出热熔的改性沥青胶结料为度，溢出的改性沥青胶结料宽度宜为 8mm，并宜均匀顺直；当接缝处的卷材上有矿物粒或片料时，应用火焰烘烤及清除干净后再进行热熔和接缝处理。

④ 铺贴卷材时应平整顺直，搭接尺寸应准确，不得扭曲。

热熔法铺贴卷材施工工艺如下。

① 清理基层。剔除基层上的隆起异物，清除基层上的杂物，清扫干净尘土。

② 涂刷基层处理剂。高聚物改性沥青卷材施工，按产品说明书配套使用，基层处理

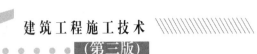

剂应与铺贴的卷材材性相容。可将氯丁橡胶沥青胶粘剂加入工业汽油稀释，搅拌均匀，用长把滚刷均匀涂刷于基层表面上，常温经过 4h 后，开始铺贴卷材。

③ 节点附加增强处理。待基层处理剂干燥后，按设计节点构造图做好节点（女儿墙、水落管、管根、檐口、阴阳角等细部）的附加增强处理。

④ 定位、弹线。在基层上按规范要求，排布卷材，弹出基准线。

⑤ 热熔铺贴卷材。按弹好的基准线位置，将卷材沥青膜底面朝下，对正粉线，点燃火焰喷枪（喷灯）对准卷材底面与基层的交接处，使卷材底面的沥青熔化。喷枪头距加热面 50～100mm，与基层成 30°～45°角为宜。当烘烤到沥青熔化，卷材底有光泽并发黑，有一薄的熔层时，即辊压密实。这样边烘烤边推压，当端头只剩下 300mm 左右时，将卷材翻放于隔热板上加热，同时加热基层表面，粘贴卷材并压实，如图 6.31 所示。

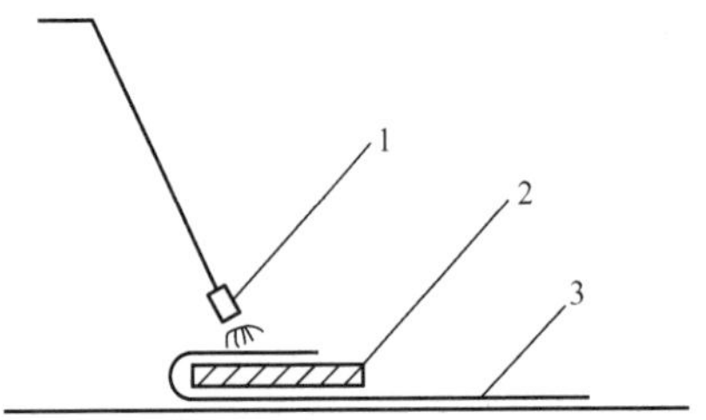

图 6.31　用隔热板加热卷材端头

1—喷枪；2—隔热板；3—卷材

⑥ 搭接缝黏结。搭接缝黏结之前，先熔烧下层卷材上表面搭接宽度内的防粘隔离层。处理时，操作者一手持烫板，一手持喷枪，使喷枪靠近烫板并距卷材 50～100mm，边熔烧，边沿搭接线后退。为防火焰烧伤卷材其他部位，烫板与喷枪应同步移动。处理完毕隔离层，即可进行接缝黏结，如图 6.32 所示。

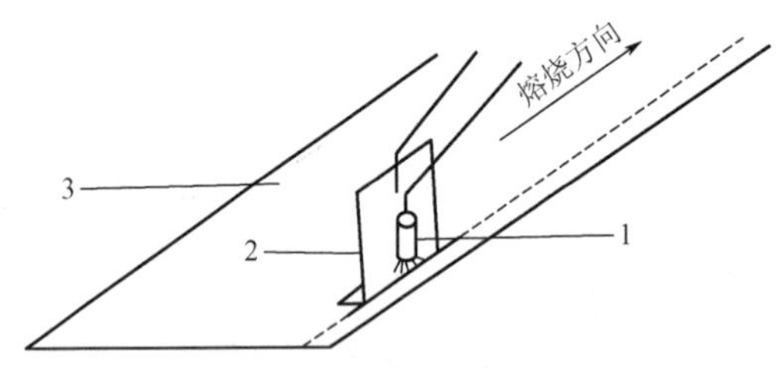

图 6.32　熔烧处理卷材上表面防粘隔离层

1—喷枪；2—烫板；3—已铺下层卷材

施工时应注意：幅宽内应均匀加热，烘烤时间不宜过长，防止烧坏面层材料；热熔后立即滚铺，滚压排气，使之平展、粘牢、无皱折；滚压时，以卷材边缘溢出少量的热熔胶为宜，溢出的热熔胶应随即刮封接口；整个防水层粘贴完毕，所有搭接缝用密封材料予以严密封涂。

⑦ 蓄水试验。卷材铺贴完毕后 24h，按要求进行检验。平屋面可采用蓄水试验，蓄水深度为 20mm，蓄水时间不宜少于 72h；坡屋面可采用淋水试验，持续淋水时间不少于 2h，屋面以无渗漏和积水、排水系统通畅为合格。

(6) 机械固定法铺贴卷材施工工艺。

机械固定法铺贴卷材应符合下列规定。

① 固定件应与结构层连接牢固。

② 固定件间距应根据抗风揭试验和当地的使用环境与条件确定，并不宜大于 600mm。

③ 卷材防水层周边 800mm 范围内应满粘，卷材收头应采用金属压条钉压固定和做密封处理。

6.4.4 涂膜防水层施工

1. 防水涂料和胎体增强材料的贮运、保管及验收

(1) 防水涂料和胎体增强材料的贮运、保管，应符合下列规定。

① 防水涂料包装容器应密封，容器表面应标明涂料名称、生产厂家、执行标准号、生产日期和产品有效期，并应分类存放。

② 反应型和水乳型涂料贮运和保管环境温度不宜低于 5℃。

③ 溶剂型涂料贮运和保管环境温度不宜低于 0℃，并不得日晒、碰撞和渗漏。保管环境应干燥、通风，并应远离火源、热源。

④ 胎体增强材料贮运、保管环境应干燥、通风，并应远离火源、热源。

(2) 进场的防水涂料和胎体增强材料应检验下列项目。

① 高聚物改性沥青防水涂料的固体含量、耐热性、低温柔性、不透水性、断裂伸长率或抗裂性。

② 合成高分子防水涂料和聚合物水泥防水涂料的固体含量、低温柔性、不透水性、拉伸强度、断裂伸长率。

③ 胎体增强材料的拉力、延伸率。

2. 涂膜防水层的施工环境温度

涂膜防水层的施工环境温度应符合下列规定。

(1) 水乳型及反应型涂料宜为 5～35℃。

(2) 溶剂型涂料宜为－5～35℃。

(3) 热熔型涂料不宜低于－10℃。

(4) 聚合物水泥涂料宜为 5～35℃。

3. 涂膜防水层的基层要求

涂膜防水层基层应坚实平整，排水坡度应符合设计要求，否则会导致防水层积水；同时防水层施工前基层应干净、无孔隙、起砂和裂缝，以保证涂膜防水层与基层有较好的黏结强度。

溶剂型、热熔型和反应固化型防水涂料，涂膜防水层施工时，基层要求干燥，否则会导致防水层成膜后出现空鼓、起皮现象。水乳型或水泥基类防水涂料对基层的干燥度没有严格要求，但从成膜质量和涂膜防水层与基层黏结强度来考虑，干燥的基层比潮湿的基层有利。基层处理剂的施工应符合规范规定。

4. 防水涂料配料

双组分或多组分防水涂料应按配合比准确计量，应采用电动机具搅拌均匀，已配制的涂料应及时使用。配料时，可加入适量的缓凝剂或促凝剂调节固化时间，但不得将其加入已固化的涂料。

5. 涂膜防水层施工要求

(1) 涂膜防水层施工应符合下列规定。

① 防水涂料应多遍均匀涂布，涂膜总厚度应符合设计要求。

② 涂膜间夹铺胎体增强材料时，宜边涂布边铺胎体。胎体应铺贴平整，排除气泡，并应与涂料黏结牢固。在胎体上涂布涂料时，应使涂料浸透胎体，并且覆盖完全，不得有胎体外露现象。最上面的涂膜厚度不应小于1.0mm。

③ 涂膜施工应先做好细部处理，再进行大面积涂布。

④ 屋面转角及立面的涂膜应薄涂多遍，不得流淌和堆积。

(2) 涂膜防水层施工工艺应符合下列规定。

① 水乳型及溶剂型防水涂料宜选用滚涂或喷涂施工。

② 反应固化型防水涂料宜选用刮涂或喷涂施工。

③ 热熔型防水涂料宜选用刮涂施工。

④ 聚合物水泥防水涂料宜选用刮涂施工。

⑤ 所有防水涂料用于细部构造时，宜选用刷涂或喷涂施工。

6. 涂膜防水的操作方法

涂膜防水的操作方法有涂刷法、涂刮法、喷涂法，见表6-10。

表6-10 涂膜防水的操作方法

操作方法	具体做法	适应范围
涂刷法	(1) 用刷子涂刷一般采用蘸刷法，也可边倒涂料边用刷子刷匀，涂布垂直面层的涂料时，最好采用蘸刷法。涂刷应均匀一致，倒料时要注意涂料应均匀倒洒，不可在一处倒得过多，否则涂料难以刷开，造成涂膜厚薄不均匀现象。涂刷时不能将气泡裹进涂层中，如遇气泡应立即消除。涂刷遍数必须按事先试验确定的遍数进行 (2) 涂布时应先涂立面，后涂平面。在立面或平面涂布时，可采用分条或按顺序进行。分条进行时，每条宽度应与胎体增强材料宽度一致，以免操作人员踩踏到刚涂好的涂层 (3) 前一遍涂料干燥后，方可进行下一层涂膜的涂刷。涂刷前应将前一遍涂膜表面的灰尘、杂物等清理干净，同时还应检查前一遍涂层是否有缺陷，如气泡、露底、漏刷，胎体材料皱折、翘边、杂物混入涂层等不良现象，如果存在上述质量问题，应先进行修补，再涂布下一道涂料 (4) 后续涂层的涂刷，材料用量控制要严格，用力要均匀，涂层厚薄要一致，仔细认真涂刷。各道涂层之间的涂刷方向应相互垂直，以提高防水层的整体性和均匀性。涂层接槎处，在每遍涂刷时应退槎50～100mm，接槎时也应超过50mm，以免接槎不严造成渗漏 (5) 刷涂施工质量要求涂膜厚薄一致，平整光滑，无明显接槎。施工操作中不应出现流淌、皱纹、漏底、刷花和起泡等弊病	用于刷涂立面和细部节点处理及黏度较小的高聚物改性沥青防水涂料和合成高分子涂料

（续）

操作方法	具体做法	适应范围
涂刮法	（1）涂刮就是利用刮刀，将厚质防水涂料均匀地涂刮在防水基层上，形成厚度符合设计要求的防水涂膜 （2）涂刮时应用力按刀，使刮刀与被涂面的倾斜角为50°～60°，按刀要用力均匀 （3）涂层厚度控制采用预先在刮板上固定铁丝（或木条）或在屋面上做好标志的方法。铁丝（或木条）的高度应与每遍涂层厚度要求一致 （4）刮涂时只能来回刮1次，不能往返多次刮涂，否则将会出现“皮干里不干”现象 （5）为了加快施工进度，可采用分条间隔施工，待先批涂层干燥后，再抹后批空白处。分条宽度一般为0.8～1.0m，以便抹压操作，并与胎体增强材料宽度相一致 （6）待前一遍涂料完全干燥后（干燥时间不宜少于12h）可进行下一遍涂料施工。后一遍涂料的刮涂方向应与前一遍刮涂方向垂直 （7）当涂膜出现气泡、皱折不平、凹陷、刮痕等情况，应立即进行修补。补好后才能进行下一道涂膜施工	用于黏度较大的高聚物改性沥青防水涂料和合成高分子防水涂料的大面积施工
喷涂法	（1）喷涂施工是利用压力或压缩空气将防水涂料涂布于防水基层面上的机械施工方法，其特点是：涂膜质量好，工效高，劳动强度低，适用于大面积作业 （2）作业时，喷涂压力为0.4～0.8MPa，喷枪移动速度一般为400～600mm/min，喷嘴至受喷面的距离一般应控制在400～600mm （3）喷枪移动的范围不能太大，一般直线喷涂800～1000mm后，拐弯180°向后喷下一行。根据施工条件可选择横向或竖向往返喷涂 （4）第一行与第二行喷涂面的重叠宽度，一般应控制在喷涂宽度的1/3～1/2，以使涂层厚度比较一致 （5）每一涂层一般要求两遍成活，横向喷涂一遍，再竖向喷涂一遍。两遍喷涂的时间间隔由防水涂料的品种及喷涂厚度而定 （6）如有喷枪喷涂不到的地方，应用油刷刷涂	用于黏度较小的高聚物改性沥青防水涂料和合成高分子防水涂料的大面积施工

7. 涂膜防水层的施工工艺

涂膜防水常规施工程序：施工准备工作—板缝处理及基层施工—基层检查及处理—涂刷基层处理剂—节点和特殊部位附加增强处理—涂布防水涂料、铺贴胎体增强材料—防水层清理与检查整修—保护层施工。

其中，板缝处理及基层施工、基层检查及处理是保证涂膜防水施工质量的基础，防水涂料的涂布和胎体增强材料的敷设是最主要和最关键的工序。

涂膜防水的施工与卷材防水层一样，也必须按照“先高后低、先远后近”的原则进

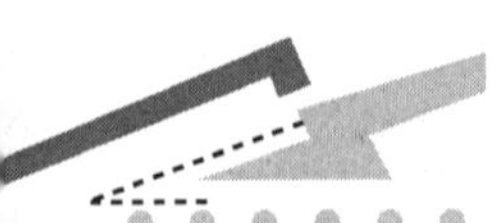

行，即遇有高低跨的屋面，一般先涂布高跨屋面，后涂布低跨屋面；在相同高度的大面积屋面上，要合理划分施工段，施工段的交接处应尽量设在变形缝处，以便于操作和运输顺序的安排，在每段中要先涂布离上料点较远的部位，后涂布较近的部位；先涂布排水较集中的水落口、天沟、檐口，再往高处涂布至屋脊或天窗下；先做节点、附加层，然后再进行大面积涂布；一般涂布方向应顺屋脊方向，如有胎体增强材料时，涂布方向应与胎体增强材料的铺贴方向一致。

(1) 防水涂料的涂布。根据防水涂料种类的不同，防水涂料可以采用涂刷、刮涂或机械喷涂的方法涂布。

涂布前，应根据屋面面积、涂膜固化时间和施工速度估算好一次涂布用量，确定配料量，保证在固化干燥前用完，这一规定对于双组分反应固化型涂料尤为重要。已固化的涂料不能与未固化的涂料混合使用，否则会降低防水涂膜的质量。涂布的遍数应按设计要求的厚度事先通过试验确定，以便控制每遍涂料的涂布厚度和总厚度。胎体增强材料上层的涂布不应少于两遍。

涂料涂布应分条或按顺序进行。分条进行时，每条的宽度应与胎体增强材料的宽度相一致，以免操作人员踩踏刚涂好的涂层。每次涂布前应仔细检查前遍涂层有无缺陷，如气泡、露底、漏刷、胎体增强材料皱折、翘边、杂物混入等现象，如发现上述问题，应先进行修补，再涂布后遍涂层。立面部位涂层应在平面涂布前进行，而且应采用多次薄层涂布，尤其是流平性好的涂料，否则会产生流坠现象，使上部涂层变薄，下部涂层增厚，影响防水性能。

(2) 胎体增强材料的敷设。胎体增强材料的敷设方向与屋面坡度有关。屋面坡度小于3∶20时可平行屋脊敷设，屋面坡度大于3∶20时，为防止胎体增强材料下滑，应垂直屋脊敷设。敷设时由屋面最低标高处开始向上操作，使胎体增强材料搭接顺流水方向，避免呛水。

胎体增强材料搭接时，其长边搭接宽度不得小于50mm，短边搭接宽度不得小于70mm。采用两层胎体增强材料时，由于胎体增强材料的纵向和横向延伸率不同，因此上下层胎体应同方向敷设，使两层胎体材料有一致的延伸性。上下层的搭接缝还应错开，其间距不得小于1/3幅宽，以免产生重缝。

胎体增强材料的敷设可采用湿铺法或干铺法施工。当涂料的渗透性较差或胎体增强材料比较密实时，宜采用湿铺法施工，以便涂料可以很好地浸润胎体增强材料。铺贴好的胎体增强材料不得有皱折、翘边、空鼓等缺陷，也不得有露白现象。铺贴时切忌拉伸过紧，刮平时也不能用力过大，敷设后应严格检查表面是否有缺陷或搭接不足问题，否则应进行修补后才能进行下一道工序的施工。

(3) 细部节点的附加增强处理。屋面细部节点，如天沟、檐沟、檐口、泛水、出屋面管道根部、阴阳角和防水层收头等部位，均应加铺有胎体增强材料的附加层。一般先涂刷1～2遍涂料，铺贴裁剪好的胎体增强材料，使其贴实、平整，干燥后再涂刷一遍涂料。

6.4.5 接缝密封防水施工

【参考视频】

1. 接缝密封防水材料

接缝密封防水材料有如下几种。

(1) 接缝密封材料。接缝种类及其对应的密封材料见表6-11。

表6-11 接缝种类及其对应的密封材料

项次	接缝种类	主要考虑因素	密封材料
1	屋面板接缝	(1) 剪切位移 (2) 耐久性 (3) 耐热度	改性沥青 塑料油膏 聚氯乙烯胶泥
2	水落口杯节点	(1) 耐热度 (2) 拉伸压缩循环性能	硅酮系
3	天沟、檐沟节点	同屋面板接缝	—
4	檐口、泛水卷材收头节点	(1) 黏结性 (2) 流淌性	改性沥青 塑料油膏
5	刚性屋面分格缝节点	(1) 水平位移 (2) 耐热度	硅酮系 聚氨酯密封膏 水乳丙烯酸

(2) 背衬材料。背衬材料常选用聚乙烯闭孔泡沫体和沥青麻丝。其作用是控制密封膏嵌入深度，确保两面粘接，从而使密封材料有较大的自由伸缩能力，提高变形能力。

(3) 隔离条。隔离条一般有四氟乙烯条、硅酮条、聚酯条、氯乙烯条和聚乙烯泡沫条等，其作用与背衬材料相同，主要用于接缝较浅的部位，如檐口、泛水卷材收头、金属管道根部等节点处。

(4) 防污条。防污条要求黏性恰当，其作用是保持黏结物不对界面两边造成污染。

(5) 基层处理剂。基层处理剂一般与密封材料配套供应。

2. 密封材料的贮运、保管及验收

(1) 密封材料的贮运、保管应符合下列规定。

① 密封材料运输时应防止日晒、雨淋、撞击、挤压。

② 密封材料的贮运、保管环境应通风、干燥，防止日光直接照射，并应远离火源、热源。乳胶型密封材料在冬季时应采取防冻措施。

③ 密封材料应按类别、规格分别存放。

(2) 进场的密封材料检验。进场的密封材料应检验下列项目。

① 改性石油沥青密封材料的耐热性、低温柔性、拉伸黏结性、施工度。

② 合成高分子密封材料的拉伸模量、断裂伸长率、定伸黏结性。

3. 接缝密封防水的施工环境温度

接缝密封防水的施工环境温度应符合下列规定。

(1) 改性沥青密封材料和溶剂型合成高分子密封材料宜为0～35℃。

(2) 乳胶型及反应型合成高分子密封材料宜为5～35℃。

4. 密封防水部位的基层

密封防水部位的基层应符合下列规定。

(1) 密封防水部位的基层应牢固，表面应平整、密实，不得有裂缝、蜂窝、麻面、起皮和起砂等现象。

(2) 密封防水部位的基层应清洁、干燥、无油污、无灰尘。

(3) 嵌入的背衬材料与接缝壁间不得留有空隙。

(4) 密封防水部位的基层宜涂刷基层处理剂，涂刷应均匀，不得漏涂。

5. 密封材料防水施工要求

密封材料防水施工要求如下。

(1) 改性沥青密封材料防水施工应符合下列规定。

① 采用冷嵌法施工时，宜分次将密封材料嵌填在缝内，并应防止裹入空气。

② 采用热灌法施工时，应由下向上进行，并宜减少接头。密封材料熬制及浇灌温度，应按不同材料要求严格控制。

(2) 合成高分子密封材料防水施工应符合下列规定。

① 单组分密封材料可直接使用；多组分密封材料应根据规定的比例准确计量，并应拌和均匀。每次拌和量、拌和时间和拌和温度，应按所用密封材料的要求严格控制。

② 采用挤出枪嵌填时，应根据接缝的宽度选用口径合适的枪嘴，应均匀挤出密封材料嵌填，并应由底部逐渐充满整个接缝。

③ 密封材料嵌填后，应在密封材料表面干燥前用腻子刀嵌填修整。

密封材料嵌填应密实、连续、饱满，应与基层黏结牢固；表面应平滑，缝边应顺直，不得有气泡、孔洞、开裂、剥离等现象。

对嵌填完毕的密封材料，应避免碰损及污染；固化前不得踩踏。

6. 施工准备及施工工艺

接缝密封防水施工前应根据密封材料的种类、施工方法选用施工机具，见表 6-12。

表 6-12　密封材料施工机具

方法		具体做法	适用
热灌法		采用塑化炉加热，将锅内材料加温，使其熔化，加热温度为 110～130℃，然后用灌缝车或鸭嘴壶将密封材料灌入缝中，浇灌时的温度不低于 110℃	平面接缝
冷嵌法	批刮法	密封材料不需要加热，手工嵌填时可用腻子刀或刮刀将密封材料分次刮到缝槽两侧的粘接面，然后将密封材料填满整个接缝	平面、立面及节点接缝
	挤出法	可采用专用的挤出枪，并根据接缝的宽度选用合适的枪嘴，将密封材料挤入接缝内。若采用管装密封材料时，可将包装筒塑料嘴斜向切开作为枪嘴，将密封材料挤入接缝内	

缝槽应清洁、干燥、表面应密实、牢固、平整，否则应予以清洗和修整。用直尺检查接缝的宽度和深度，必须符合设计要求，一般接缝的宽度和深度见表 6-13。如尺寸不符合要求，应修整。

表 6-13 一般接缝的宽度和深度

接缝间距/m	0～2.0	2.0～3.5	3.5～5.0	5.0～6.5	6.5～8.0
最小缝宽/mm	10	15	20	25	30
嵌缝深度/mm	8±2	10±2	12±2	15±3	15±3

接缝密封防水施工工艺：嵌填背衬材料—敷设防污条—刷涂基层处理剂—嵌填密封材料—保护层施工。其施工要点如下。

(1) 嵌填背衬材料。先将背衬材料加工成与接缝宽度和深度相符合的形状（或选购多种规格），然后将其压入接缝里，如图 6.33 所示。

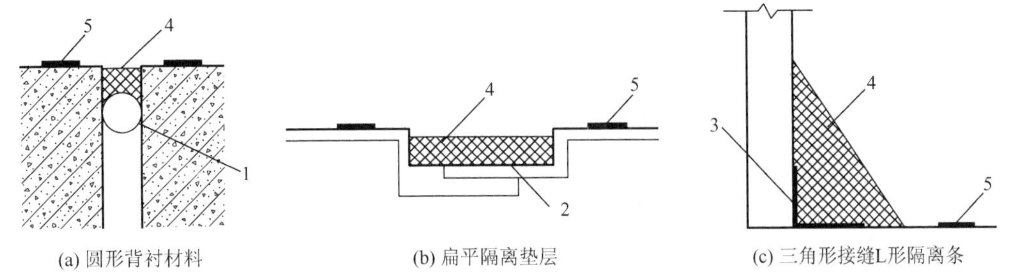

图 6.33 背衬材料的嵌填

1—圆形背衬材料；2—扁平隔离垫层；3—L 形隔离条；
4—密封防污胶条；5—遮挡防污胶条

(2) 敷设防污条。防污条粘贴要成直线，保持密封膏线条美观。

(3) 刷涂基层处理剂。单组分基层处理剂摇匀后即可使用，双组分基层处理剂须按产品说明书配比，用机械搅拌均匀，一般需搅拌 10min。用刷子将接缝周边涂刷薄薄的一层，要求刷匀，不得漏涂和出现气泡、斑点，表面干燥后应立即嵌填密封材料，表面干燥时间一般为 20～60min，如超过 24h 应该重新涂刷。

(4) 嵌填密封材料。密封材料的嵌填按施工方法分为热灌法和冷嵌法两种，其施工方法及适用范围见表 6-12。热灌时应从低处开始向上连续进行，先灌垂直屋脊板缝，遇纵横交叉时，应向平行屋脊的板缝两端各延伸 150mm，并留成斜槎。灌缝一般宜分两次进行，第一次先灌缝深的 1/3～1/2，用竹片或木片将油膏沿缝两边反复搓擦，使之不露白槎，第二次灌满并略高于板面和板缝两侧各 20mm。密封材料在嵌填完毕但未干前，用刮刀用力将其压平与修整，并立即揭去遮挡条，养护 2～3d，养护期间不得碰损或污染密封材料。

(5) 保护层施工。密封材料表面干燥后，按设计要求做保护层。如无设计要求，可用密封材料稀释做“一布二涂”的涂膜保护层，宽度为 200～300mm。

6.4.6 保护层和隔离层施工

防水层不但要起到防水作用，而且还要抵御大自然的雨水冲刷、紫外线、臭氧、酸雨、温差变化等，这些都会对防水层造成损害，使防水层提前老化或失去防水功能，因此防水层应加保护层，以延长防水层的使用寿命。这在功能上讲是合理的，在经济上也是合算的。一般地，有了保护层，防水层的寿命至少延长一倍以上，如果做成倒置式屋面，寿命将延长更多。目前采用的保护层是根据不同的防水材料和屋面功能决定的。

施工完的防水层应进行雨后观察、淋水或蓄水试验，并应在合格后再进行保护层和隔离层的施工。保护层和隔离层施工前，防水层或保温层的表面应平整、干净。保护层和隔离层施工时，应避免损坏防水层或保温层。块体材料、水泥砂浆、细石混凝土保护层表面的坡度应符合设计要求，不得有积水现象。

1. 材料的贮运、保管

保护层材料的贮运、保管应符合下列规定。

(1) 水泥贮运、保管时应采取防尘、防雨、防潮措施。

(2) 块体材料应按类别、规格分别堆放。

(3) 浅色涂料的贮运、保管环境温度，反应型及水乳型不宜低于5℃，溶剂型不宜低于0℃。

(4) 溶剂型涂料保管环境应干燥、通风，并应远离火源和热源。

隔离层材料的贮运、保管应符合下列规定。

(1) 塑料膜、土工布、卷材贮运时，应防止日晒、雨淋、重压。

(2) 塑料膜、土工布、卷材保管时，应保证室内干燥、通风。

(3) 塑料膜、土工布、卷材的保管环境应远离火源、热源。

2. 施工环境温度

保护层的施工环境温度应符合下列规定。

(1) 块体材料干铺不宜低于−5℃，湿铺不宜低于5℃。

(2) 水泥砂浆及细石混凝土宜为5～35℃。

(3) 浅色涂料不宜低于5℃。

隔离层的施工环境温度应符合下列规定。

(1) 干铺塑料膜、土工布、卷材可在负温下施工。

(2) 铺抹低强度等级砂浆宜为5～35℃。

3. 施工工艺

1) 浅色涂层的施工

浅色涂层可在防水层上涂刷，涂刷面除了应干净外，还应干燥，涂膜应完全固化，刚性层应硬化干燥。涂刷时应均匀，不露底，不堆积，一般应涂刷两遍以上。

浅色涂料保护层施工应符合下列规定。

(1) 浅色涂料应与卷材、涂膜相容，材料用量应根据产品说明书的规定使用。

(2) 浅色涂料应多遍涂刷，当防水层为涂膜时，应在涂膜固化后进行。

(3) 涂层应与防水层黏结牢固，厚薄应均匀，不得漏涂。

(4) 涂层表面应平整，不得流淌和堆积。

2) 金属反射膜的粘铺

金属反射膜在工厂生产时一般敷于热熔改性沥青卷材表面，也可以用胶粘剂粘贴于涂膜表面。在现场将金属反射膜粘铺于涂膜表面时，应两人滚铺，从膜下排出空气后，立即辊压、粘牢。

3) 蛭石、云母粉、粒料（砂、石片）撒布

这些粒料如用于热熔改性沥青卷材表面时，应在工厂生产时黏附。在现场将这些粒料

粘铺于防水层表面是在涂刷最后一遍热玛蹄脂或涂料后，立即均匀撒铺粒料并轻轻地辊压一遍，待完全冷却或干燥固化后，再将上面未粘牢的粒料扫去。

4）纤维毡、塑料网格布的施工

纤维毡一般在四周用压条钉压固定于基层上，中间可采取点粘固定，塑料网格布在四周也应固定，中间均应用咬口连接。

5）块体敷设

在敷设块体前应先用点粘法铺贴一层聚酯毡。块体有各式各样的混凝土制品，只要铺摆就可以。如果是上人屋面，则要求用坐砂、坐浆铺砌。块体施工时应铺平垫稳，缝隙均匀一致。

块体材料保护层敷设应符合下列规定。

（1）在砂结合层上敷设块体时，砂结合层应平整，块体间应预留 10mm 的缝隙，缝内应填砂，并应用 1∶2 水泥砂浆勾缝。

（2）在水泥砂浆结合层上敷设块体时，应先在防水层上做隔离层，块体间应预留 10mm 的缝隙，缝内应用 1∶2 水泥砂浆勾缝。

（3）块体表面应洁净、色泽一致，应无裂纹、掉角和缺楞等缺陷。

6）水泥砂浆、聚合物水泥砂浆或干粉砂浆铺抹

铺抹砂浆也应按设计要求，如需隔离层，则应先铺一层无纺布，再按设计要求铺抹砂浆，抹平压光，并按设计分格，也可以在硬化后用锯切割，但必须注意不可伤及防水层，锯割深度为砂浆厚度的 1/3～1/2。

7）混凝土、钢筋混凝土施工

混凝土、钢筋混凝土保护层施工前应在防水层上做隔离层，隔离层可采用低标号砂浆（石灰黏土砂浆）、油毡、聚酯毡、无纺布等。隔离层应铺平，然后铺放绑扎配筋，支好分格缝模板，浇筑细石混凝土，也可以全部浇筑硬化后用锯切割混凝土缝，但缝中应填嵌密封材料。

6.4.7 瓦屋面施工

瓦屋面采用的木质基层、顺水条、挂瓦条的防腐、防火及防蛀处理，以及金属顺水条、挂瓦条的防锈蚀处理，均应符合设计要求。屋面木质基层应铺钉牢固、表面平整；钢筋混凝土基层的表面应平整、干净、干燥。

防水垫层的敷设应符合下列规定。

（1）防水垫层可采用空铺、满粘或机械固定。

（2）防水垫层在瓦屋面构造层次中的位置应符合设计要求。

（3）防水垫层宜自下而上平行于屋脊敷设。

（4）防水垫层应顺流水方向搭接，搭接宽度应符合规范规定。

（5）防水垫层应敷设平整，下道工序施工时，不得损坏已敷设完成的防水垫层。

持钉层的敷设应符合下列规定。

（1）屋面无保温层时，木质基层或钢筋混凝土基层可视为持钉层。钢筋混凝土基层不平整时，宜用 1∶2.5 的水泥砂浆进行找平。

（2）屋面有保温层时，保温层上应按设计要求做细石混凝土持钉层，内配钢筋网应骑跨屋脊，并应绷直与屋脊和檐口、檐沟部位的预埋锚筋连牢。预埋锚筋穿过防水层或防水

垫层时，破损处应进行局部密封处理。

(3) 水泥砂浆或细石混凝土持钉层可不设分格缝；持钉层与突出屋面结构的交接处应预留 30mm 宽的缝隙。

1. 烧结瓦、混凝土瓦屋面

烧结瓦、混凝土瓦的贮运、保管应轻拿轻放，不得抛扔、碰撞；进入现场后应堆垛整齐。进场的烧结瓦、混凝土瓦应检验抗渗性、抗冻性和吸水率等项目。顺水条应顺流水方向固定，间距不宜大于 500mm，顺水条应铺钉牢固、平整。挂瓦条时应拉通线，挂瓦条的间距应根据瓦片尺寸和屋面坡长经计算确定，挂瓦条应铺钉牢固、平整，上棱应成一条直线。

敷设瓦屋面时，瓦片应均匀分散堆放在两坡屋面基层上，严禁集中堆放；应由两坡从下向上同时对称敷设；瓦片应铺成整齐的行列，并应彼此紧密搭接，做到瓦榫落槽、瓦脚挂牢、瓦头排齐，且无翘角和张口现象，檐口应成一直线；脊瓦搭盖间距应均匀，脊瓦与坡面瓦之间的缝隙应用聚合物水泥砂浆填实抹平，屋脊或斜脊应顺直；沿山墙一行瓦宜用聚合物水泥砂浆做出披水线。

檐口第一根挂瓦条应保证瓦头出檐口 50～70mm；屋脊两坡最上面的一根挂瓦条，应保证脊瓦在坡面瓦上的搭盖宽度不小于 40mm；钉檐口条或封檐板时，均应高出挂瓦条 20～30mm。

烧结瓦、混凝土瓦屋面完工后，应避免屋面受物体冲击，严禁任意上人或堆放物件。

2. 沥青瓦屋面

不同类型、规格的沥青瓦应分别堆放，贮存温度不应高于 45℃，并且应平放贮存；应避免雨淋、日晒、受潮，并应注意通风和避免接近火源。进场的沥青瓦应检验可溶物含量、拉力、耐热度、柔度、不透水性、叠层剥离强度等项目。

敷设沥青瓦前，应在基层上弹出水平及垂直基准线，并应按线敷设。檐口部位宜先敷设金属滴水板或双层檐口瓦，并应将其固定在基层上，然后再敷设防水垫层和起始瓦片。

沥青瓦应自檐口向上敷设，起始层瓦应由瓦片经切除垂片部分后制得，且起始层瓦沿檐口应平行敷设并伸出檐口 10mm，再用沥青基胶结材料和基层黏结；第一层瓦应与起始层瓦叠合，但瓦切口应向下指向檐口；第二层瓦应压在第一层瓦上且露出瓦切口，但不得超过切口长度。相邻两层沥青瓦的拼缝及切口应均匀错开。

檐口、屋脊等屋面边沿部位的沥青瓦之间、起始层沥青瓦与基层之间，应采用沥青基胶结材料满粘牢固。在沥青瓦上钉固定钉时，应将钉垂直钉入持钉层内；固定钉穿入细石混凝土持钉层的深度不应小于 20mm，穿入木质持钉层的深度不应小于 15mm，固定钉的钉帽不得外露在沥青瓦表面。每片脊瓦应用两个固定钉固定；脊瓦应顺年最大频率风向搭接，并应搭盖住两坡面沥青瓦每边不小于 150mm；脊瓦与脊瓦的压盖面不应小于脊瓦面积的 1/2。

沥青瓦屋面与立墙或伸出屋面的烟囱、管道的交接处应做泛水，在其周边与立面 250mm 的范围内应敷设附加层，然后在其表面用沥青基胶结材料满粘一层沥青瓦片。

敷设沥青瓦屋面的天沟应顺直，瓦片应黏结牢固，搭接缝应密封严密，排水应通畅。

6.4.8 金属板屋面施工

金属板应用专用吊具安装，吊装和运输过程中不得损伤金属板材；金属板堆放地点宜选择在安装现场附近，堆放场地应平整坚实且便于排除地表水。金属板应边缘整齐、表面光滑、色泽均匀、外形规则，不得有扭翘、脱膜和锈蚀等缺陷。进场的彩色涂层钢板及钢带应检验屈服强度、抗拉强度、断后伸长率、镀层重量、涂层厚度等项目。

金属面绝热夹芯板的贮运、保管应采取防雨、防潮、防火措施；夹芯板之间应用衬垫隔离，并应分类堆放，避免受压或机械损伤。进场的金属面绝热夹芯板应检验剥离性能、抗弯承载力、防火性能等项目。

金属板屋面的构件及配件应有产品合格证和性能检测报告，其材料的品种、规格、性能等应符合设计要求和产品标准的规定。

金属板屋面施工应在主体结构和支承结构验收合格后进行。金属板屋面施工前应根据施工图纸进行深化排板图设计。金属板敷设时，应根据金属板板型技术要求和深化设计排板图进行。施工测量应与主体结构测量相配合，其误差应及时调整，不得积累；施工过程中应定期对金属板的安装定位基准点进行校核。金属板的长度应根据屋面排水坡度、板型连接构造、环境温差及吊装运输条件等综合确定，横向搭接方向宜顺主导风向；当在多维曲面上雨水可能翻越金属板板肋横流时，金属板的纵向搭接应顺流水方向。金属板敷设过程中应对金属板采取临时固定措施，当天就位的金属板材应及时连接固定，其安装应平整、顺滑，板面不应有施工残留物；檐口线、屋脊线应顺直，不得有起伏不平的现象。

金属板屋面施工完毕，应进行雨后观察、整体或局部淋水试验，檐沟、天沟应进行蓄水试验，并应填写淋水和蓄水试验记录，完工后，应避免屋面受物体冲击，并且不能对金属面板进行焊接、开孔等作业，严禁任意上人或堆放物件。

6.4.9 玻璃采光顶施工

玻璃采光顶部件在搬运时应轻拿轻放，严禁发生互相碰撞；采光玻璃在运输中应采用有足够承载力和刚度的专用货架；部件之间应用衬垫固定，并应相互隔开；采光顶部件应放在专用货架上，存放场地应平整、坚实、通风、干燥，并严禁与酸碱等物质接触。

玻璃采光顶施工应在主体结构验收合格后进行；采光顶的支承构件与主体结构连接的预埋件应按设计要求埋设。施工测量应与主体结构测量相配合，测量偏差应及时调整，不得积累；施工过程中应定期对采光顶的安装定位基准点进行校核。其支承构件、玻璃组件及附件，以及材料的品种、规格、色泽和性能应符合设计要求和技术标准的规定。

玻璃采光顶施工完毕后，应进行雨后观察、整体或局部淋水试验，檐沟、天沟应进行蓄水试验，并应填写淋水和蓄水试验记录。

（1）框架支承玻璃采光顶的安装施工应符合下列规定。

① 应根据采光顶分格测量，确定采光顶各分格点的空间定位。

② 支承结构应按顺序安装，采光顶框架组件安装就位、调整后应及时紧固；不同金属材料的接触面应采用隔离材料。

③ 采光顶的周边封堵收口、屋脊处压边收口、支座处封口处理，均应敷设平整且固定可靠。

④ 采光顶天沟、排水槽、通气槽及雨水排出口等细部构造应符合设计要求。

⑤ 装饰压板应顺流水方向设置，表面应平整，接缝应符合设计要求。

（2）点支承玻璃采光顶的安装施工应符合下列规定。

① 应根据采光顶分格测量，确定采光顶各分格点的空间定位。

② 钢桁架及网架结构安装就位、调整后应及时紧固；钢索杆结构的拉索、拉杆预应力施加应符合设计要求。

③ 采光顶应采用不锈钢驳接组件装配，爪件安装前应精确定出其安装位置。

④ 玻璃宜采用机械吸盘安装，并应采取必要的安全措施。

⑤ 玻璃接缝应采用硅酮耐候密封胶。

⑥ 中空玻璃钻孔周边应采取多道密封措施。

（3）明框玻璃组件组装应符合下列规定。

① 玻璃与构件槽口的配合应符合设计要求和技术标准的规定。

② 玻璃四周密封胶条的材质、型号应符合设计要求，镶嵌应平整、密实，胶条的长度宜大于边框内槽口长度的1.5%～2.0%。胶条在转角处应斜面断开，并应用胶粘剂黏结牢固。

③ 组件中的导气孔及排水孔设置应符合设计要求，组装时应保持孔道通畅。

④ 明框玻璃组件应拼装严密，框缝密封应采用硅酮耐候密封胶。

（4）隐框及半隐框玻璃组件组装应符合下列规定。

① 玻璃及框料黏结表面的尘埃、油渍和其他污物，应分别使用带溶剂的擦布和干擦布清除干净，并应在清洁后1h内嵌填密封胶。

② 结构黏结材料应采用硅酮结构密封胶，其性能应符合现行国家标准《建筑用硅酮结构密封胶》（GB 16776—2005）的有关规定；硅酮结构密封胶应在有效期内使用。

③ 硅酮结构密封胶应嵌填饱满，并应在温度15～30℃、相对湿度50%以上、洁净的室内进行，不得在现场嵌填。

④ 硅酮结构密封胶的黏结宽度和厚度应符合设计要求，胶缝表面应平整光滑，不得出现气泡。

⑤ 硅酮结构密封胶固化期间，组件不得长期处于单独受力状态。

（5）玻璃接缝密封胶的施工应符合下列规定。

① 玻璃接缝密封应采用硅酮耐候密封胶，其性能应符合现行行业标准《幕墙玻璃接缝用密封胶》（JC/T 882—2001）的有关规定，密封胶的级别和模量应符合设计要求。

【知识链接】

② 密封胶的嵌填应密实、连续、饱满，胶缝应平整光滑、缝边顺直。

③ 玻璃间的接缝宽度和密封胶的嵌填深度应符合设计要求。

④ 不宜在夜晚、雨天嵌填密封胶，嵌填温度应符合产品说明书规定，嵌填密封胶的基面应清洁、干燥。

课题6.5 雨期和冬期施工

6.5.1 雨期施工

防水工程及屋面工程施工在雨期应遵循下列原则。

（1）卷材层面应尽量在雨季前施工，并同时安装屋面的落水管。

（2）雨天严禁进行油毡屋面施工，油毡、保温材料不准淋雨。

（3）雨天屋面工程宜采用“湿铺法”施工工艺，“湿铺法”就是在“潮湿”基层上铺贴卷材，先喷刷1～2道冷底子油，喷刷工作宜在水泥砂浆凝结初期进行操作，以防基层浸水。如基层已浸水，应等基层面干燥后再铺贴油毡，如基层潮湿且干燥有困难时，可采用排气屋面。

6.5.2 冬期施工

冬期进行屋面防水工程施工应选择无风晴朗天气，并应根据使用的防水材料控制其施工气温界限，以及利用日照条件提高面层温度。在迎风面应设置活动的挡风装置。

在施工中有交叉作业时，应合理安排隔汽层、保温层、找平层、防水层的施工工序，并应做到连续操作。对已完成部位应及时覆盖，以免受潮、受冻。

(1) 保温层施工。冬期施工采用的屋面保温材料应符合设计要求，不得含有冰雪、冻块和杂质。干铺的保温层可在负温下施工，采用沥青胶结的整体保温层和板状保温层应在气温不低于－10℃时施工，采用水泥、石灰或乳化沥青胶结的整体保温层和板状保温层应在气温不低于 5℃时施工。

雪天或五级风及以上的天气不得施工。

(2) 找平层施工。水泥砂浆找平层可掺入防冻剂。当采用氯化钠防冻剂时，宜选用普通硅酸盐水泥或矿渣硅酸盐水泥，严禁使用高铝水泥。砂浆强度不应低于 3.5MPa，施工时的气温不应低于－7℃。

采用沥青砂浆作找平层时，基层应干燥、平整，不得有冰层或积雪。基层应先满涂冷底子油 1～2 道，待冷底子油干燥后，方可做找平层。施工时应采取分段流水作业和保温等措施。沥青砂浆施工温度应符合要求。找平层应牢固坚实，表面无凹凸、起砂、起鼓现象。如有积雪、残留冰霜、杂物等，应清扫干净。

(3) 防水层、隔汽层施工。沥青卷材施工的环境温度不应低于 5℃。当气温较低且屋面防水层采用卷材时，可采用热熔法和冷粘法施工。

热熔法施工温度不应低于－10℃，宜使用高聚物改性沥青防水卷材。涂刷基层处理剂宜使用快挥发的溶剂，涂刷后应干燥 10h 及以上，干燥后应及时铺贴。卷材接缝的边缘及末端收头部位应以密封材料做嵌缝处理，必要时也可在经过密封处理的末端收头处再用掺防冻剂的水泥砂浆做压缝处理。

冷粘法施工温度不宜低于－5℃，宜使用合成高分子防水卷材。涂布基层处理时应将聚氨酯涂膜防水材料按甲料∶乙料∶二甲苯＝1∶1.5∶3 的比例配料，搅拌均匀，涂在基层表面上，干燥时间不应少于 10h。采用聚氨酯涂料做附加层处理时，按甲料∶乙料＝1∶1.5 的比例，厚度不小于 1.5min，并应在固化 36h 以后，方能进行下一工序施工。铺贴立面或大坡面合成高分子防水卷材宜用满粘法。接缝采用配套的接缝胶粘剂，接缝口应用密封材料封严，其宽度不应小于 10mm。

当采用溶剂型涂料做防水层时，施工环境温度不应低于－5℃，在雨天、雪天、5 级风及以上时不得施工。涂料贮运环境温度不宜低于 0℃，并应避免碰撞，保管环境应干燥、通风并远离火源。基层处理剂可由有机溶剂稀释而成，充分搅拌，涂刷均匀，干燥后方可进行涂膜施工。涂膜防水层应由两层以上涂层组成，总厚度应达到设计要求，其成膜厚度不应小于 2mm。施工时可采用涂刮或喷涂。当涂刮施工时，每遍涂刮的推进方向宜与前一遍互相垂直，并在前一遍涂料干燥后，方可进行后一遍涂料施工。在涂层中夹铺胎体增强材料时，位于胎体下面的涂层厚度不应小于 1mm，胎体上面的涂层不应少于两层。

隔汽层可采用气密性好的单层卷材铺设，采用花铺法施工，卷材搭接宽度不应小于80mm。采用防水涂料时，宜选用溶剂型涂料。隔汽层施工的温度不应低于－5℃。

单元小结

本单元主要讲述地下防水、室内防水、外墙防水、屋面工程、雨期施工和冬期施工措施。

地下防水工程介绍地下防水工程卷材防水、结构自防水等几种常见防水形式的施工方法和施工操作要点，以及施工质量缺陷和预防措施。要求重点掌握卷材防水内贴法和外贴法的施工工艺和防水混凝土的施工工艺，同时了解水泥砂浆和冷胶料防水的施工特点。

室内防水主要介绍了厕浴间和厨房防水材料、防水构造等的要求，聚合物乳液（丙烯酸）防水涂料施工、单组分聚氨酯防水涂料施工、聚合物水泥防水涂料施工、水泥基渗透结晶型防水材料施工等的施工工艺。外墙防水主要介绍外保温外墙防水防护施工、无外保温外墙防水防护施工的要求和方法。

在屋面防水工程中，重点介绍了卷材防水铺贴方法、铺贴要求、铺贴顺序及刚性防水屋面的适用范围。要求重点掌握卷材、涂膜、刚性防水层的施工程序及技术要点，也要了解屋面接缝密封防水施工的技术要求。屋面保温工程要求掌握常用保温材料种类、要求及倒置式屋面构造特点。

不论地下防水工程、室内防水、外墙防水还是屋面防水工程，细部和节点做法是防水的薄弱环节和防水工程质量保证的关键，学习过程应引起高度的重视。

推荐阅读资料

1.《建筑工程施工质量验收统一标准》(GB 50300—2013)
2.《硬泡聚氨酯保温防水工程技术规范》(GB 50404—2007)
3.《屋面工程技术规范》(GB 50345—2012)
4.《聚氨酯防水涂料》(GB/T 19250—2013)
5.《屋面工程质量验收规范》(GB 50207—2012)
6.《地下防水工程质量验收规范》(GB 50208—2011)
7.《混凝土矿物掺合料应用技术规程》(DB11/T 1029—2013)
8.《地下工程防水技术规范》(GB 50108—2008)

习题

一、单选题

1. 建筑物外墙抹灰应选择（　　）。

A. 麻刀灰　　B. 纸筋灰　　C. 混合砂浆　　D. 水泥砂浆

2. 当屋面坡度小于3∶100，卷材应（　　）屋脊方向铺贴。

A. 平行　　B. 垂直

C. 一层平行，一层垂直　　D. 由施工单位自行决定

3. 地下防水混凝土的施工缝应留在墙身上，并距墙身洞口边不宜少于（　　）mm。

A. 200　　B. 300　　C. 400　　D. 500

4. 刚性防水屋面分隔缝纵横向间距不宜大于（　　）mm，分格面积以 $20m^2$ 为宜。

A. 3000　　B. 4000　　C. 5000　　D. 6000

5. 合成高分子卷材使用的黏结剂应使用（　　）的，以免影响黏结效果。

A. 高品质　　B. 同一种类

C. 由卷材生产厂家配套供应　　D. 不受限制

6. 当屋面坡度小于 3∶20 时，卷材应（　　）铺贴。

A. 平行屋脊

B. 垂直于屋脊

C. 第一层平行屋脊，第二层垂直屋脊

D. 第一层垂直屋脊，第二层平行屋脊

7. 细石混凝土屋面防水层中应配置直径为 4mm、间距 200mm 的双向钢筋网片以抵抗（　　）造成混凝土防水层开裂，钢筋网片在分格缝处应断开。

A. 混凝土干缩　　B. 地基不均匀沉降

C. 屋面荷载　　D. 太阳照射

8. 地下结构使用的防水方案中应用较广泛的是（　　）。

A. 盲沟排水　　B. 混凝土结构　　C. 防水混凝土结构　　D. 止水带

9. 当屋面坡度小于 3∶100 时，沥青防水卷材的铺贴方向宜（　　）。

A. 平行于屋脊　　B. 垂直于屋脊

C. 与屋脊成 45°　　D. 下层平行于屋脊，上层垂直于屋脊

10. 当屋面坡度大于 3∶20 或受振动时，沥青防水卷材的铺贴方向应（　　）。

A. 平行于屋脊　　B. 垂直于屋脊

C. 与屋脊成 45°　　D. 上下层相互垂直

11. 当屋面坡度大于（　　）%时，应采取防止沥青卷材下滑的固定措施。

A. 3　　B. 10　　C. 15　　D. 25

12. 屋面防水层施工时，同一坡面的防水卷材，最后铺贴的应为（　　）。

A. 水落口部位　　B. 天沟部位　　C. 沉降缝部位　　D. 大屋面

13. 粘贴高聚物改性沥青防水卷材，使用最多的是（　　）。

A. 热黏结剂法　　B. 热熔法　　C. 冷粘法　　D. 自粘法

14. 采用条粘法铺贴屋面卷材时，每幅卷材两边的粘贴宽度不应小于（　　）mm。

A. 50　　B. 100　　C. 150　　D. 200

15. 在涂膜防水屋面施工的工艺流程中，基层处理剂干燥后的第一项工作是（　　）。

A. 基层清理　　B. 节点部位增强处理

C. 涂布大面防水涂料　　D. 铺贴大面积增强材料

16. 屋面刚性防水层的细石混凝土最好采用（　　）拌制。

A. 火山灰水泥　　B. 矿渣硅酸盐水泥

C. 普通硅酸盐水泥　　D. 粉煤灰水泥

17. 地下工程的防水卷材的设置与施工最宜采用（　　）法。

A. 外防外贴　　B. 外防内贴　　C. 内防外贴　　D. 内防内贴

18. 地下卷材防水层未作保护结构前，应保持地下水位低于卷材底部不少于（　　）mm。

A. 200　　B. 300　　C. 500　　D. 1000

19. 对地下卷材防水层的保护层，以下说法不正确的是（　　）。

A. 顶板防水层上用厚度不少于 70mm 的细石混凝土保护

B. 底板防水层上用厚度不少于 40mm 的细石混凝土保护

C. 侧墙防水层可用软保护

D. 侧墙防水层可铺抹 20mm 厚 1∶3 水泥砂浆保护

20. 防水混凝土迎水面的钢筋保护层厚度不得少于（　　）mm。

A. 25　　B. 35　　C. 50　　D. 100

21. 高分子卷材正确的铺贴施工工序是（　　）。

A. 底胶→卷材上胶→滚铺→上胶→覆层卷材→着色剂

B. 底胶→滚铺→卷材上胶→上胶→覆层卷材→着色剂

C. 底胶→卷材上胶→滚铺→覆层卷材→上胶→着色剂

D. 底胶→卷材上胶→上胶→滚铺→覆层卷材→着色剂

22. 沥青基涂料正确的施工顺序是（　　）。

A. 准备→基层处理→涂布→铺设　　B. 准备→涂布→基层处理→铺设

C. 准备→基层处理→铺设→涂布　　D. 准备→铺设→基层处理→涂布

23. 卷材防水施工时，在天沟与屋面的连接处采用交叉法搭接且接缝错开，其接缝不宜留设在（　　）。

A. 天沟侧面　　B. 天沟底面　　C. 屋面　　D. 天沟外侧

二、多选题

1. 屋面铺贴防水卷材应采用搭接法连接，其要求包括（　　）。

A. 相邻两幅卷材的搭接缝应错开

B. 上下层卷材的搭接缝应对正

C. 平行于屋脊的搭接缝应顺水流方向搭接

D. 垂直于屋脊的搭接缝应顺年最大频率风向搭接

E. 搭接宽度应符合规定

2. 连续多跨屋面卷材的铺贴次序应为（　　）。

A. 先高跨后低跨　　B. 先低跨后高跨　　C. 先近后远

D. 先远后近　　E. 先屋脊后天沟

3. 采用热熔法粘贴卷材的工序包括（　　）。

A. 铺撒热沥青胶　　B. 滚铺卷材　　C. 赶压排气

D. 辊压黏结　　E. 刮封接口

4. 合成高分子防水卷材的粘贴方法有（　　）。

A. 热熔法　　B. 热粘法　　C. 冷粘法

D. 自粘法　　E. 热风焊接法

5. 对屋面涂膜防水增强胎体施工的正确做法包括（　　）。

A. 屋面坡度大于 3∶20 时应垂直于屋脊铺设

B. 铺设应由高向低进行

C. 长边搭接宽度不得小于 50mm

D. 上下层胎体不得相互垂直铺设

E. 上下层胎体的搭接位置应错开 1/3 幅宽以上

6. 油毡防水层起鼓的原因是（　　）。

A. 不清洁，有积灰

B. 基层面潮湿

C. 基层面冷底子油涂刷不匀，有的地方漏刷

D. 涂刷施工时沥青胶温度较低，与油毡粘贴不牢

E. 阴雨天或雾天施工

7. 对卷材防水层的铺贴方向要求是（　　）。

A. 屋面坡度大于 3∶20 时垂直于屋脊铺贴

B. 屋面坡度在（1∶20）～（3∶20）之间，卷材各层平行与垂直于屋脊交替铺贴

C. 屋面坡度小于 3∶100 时卷材平行于屋脊铺贴

D. 铺贴应由高向低施工

8. 高分子防水卷材屋面施工有（　　）优点，所以是国家推广使用的新型建材。

A. 寿命长　　B. 价格低

C. 施工方便　　D. 避免高温作业

9. 高分子防水卷材具有（　　）等优点，是国家推广使用的升级换代的建筑材料。

A. 耐久性好　　B. 价格低　　C. 可以冷加工

D. 可单层防水　　E. 质量轻

10. 地下防水工程渗漏部位易发生在（　　）。

A. 墙面和底板　　B. 施工缝处　　C. 穿墙管道处

D. 混凝土浇筑有缺陷处　　E. 混凝土强度低的部位

11. 石油沥青卷材满贴法，卷材搭接宽度长边不应（　　）mm，短边不应（　　）mm。

A. 小于 70　　B. 大于 70

C. 小于 100　　D. 大于 100

12. 屋面找平层和细石混凝土防水层均应设分格缝，其目的是防止（　　）造成开裂。

A. 基础沉降　　B. 温度变形

C. 混凝土干缩　　D. 混凝土强度低

13. 防水屋面与高分子卷材施工配套使用的辅材有（　　）等材料。

A. 冷底子油　　B. 基层处理剂　　C. 基层胶粘剂

D. 接缝胶粘剂　　E. 表面着色剂

14. 水泥砂浆找平层是卷材防水层的基层，它的质量好坏对防水施工效果有很大影响，因此要求水泥砂浆找平层（　　）。

A. 平整坚实　　B. 无起砂

C. 无开裂、无起壳　　D. 高强度

15. 为了防止卷材防水层起鼓，要求基层（　　），避免雨、雾、霜天施工。

A. 干燥　　B. 无起砂

C. 平整　　D. 高强度

16. 为了保证防水混凝土施工质量，要求（　　）。

A. 混凝土浇筑密实　　B. 养护时间不少于 7d

C. 养护时间不少于14d　　D. 处理好施工缝

E. 处理好固定模板的穿墙螺栓

17. 防水混凝土是通过（　　）来提高密实性和抗渗性的，使其具有一定的防水能力。

A. 提高混凝土强度　　B. 大幅度提高水泥用量

C. 调整配合比　　D. 掺外加剂

18. 在地下防水混凝土结构中，（　　）等是防水薄弱部位。

A. 施工缝　　B. 固定模板的穿墙螺栓处

C. 穿墙管处　　D. 变形缝处

E. 基础地板

19. 屋面刚性防水层施工的正确做法是（　　）。

A. 防水层与女儿墙的交接处应做柔性密封处理

B. 防水层内应避免埋设过多管线

C. 屋面坡度宜为（2∶100）～(3∶100)，应使用材料做法找坡

D. 防水层的厚度不小于40mm

E. 钢筋网片保护层的厚度不应小于10mm

三、简答题

1. 试述沥青卷材屋面防水层的施工过程。
2. 常用防水卷材有哪些种类?
3. 刚性防水屋面的隔离层如何施工？分格缝如何处理？简述其施工要点。
4. 卷材屋面保护层有哪几种做法?
5. 试述涂膜防水屋面的施工过程。
6. 简述屋面保温工程保温层的铺设施工要点。
7. 倒置式屋面的保温层应如何施工?
8. 简述倒置式屋面施工工艺流程。
9. 简要回答卷材地下防水外贴法、内贴法施工要点。
10. 补偿收缩混凝土防水层怎样施工?
11. 影响普通防水混凝土抗渗性的主要因素有哪些？防水混凝土所用的材料有什么要求?
12. 防水混凝土是如何分类的？各有哪些特点?
13. 卫生间防水有哪些特点?
14. 聚氨酯涂膜防水有哪些优缺点？有哪些施工工序?
15. 卫生间涂膜防水施工应注意哪些事项?

单元7

装饰工程施工

教学目标

掌握抹灰施工工艺；掌握饰面板及饰面砖施工工艺；了解钢丝网架夹芯板隔墙、木龙骨隔墙、轻钢龙骨隔墙、平板玻璃隔墙等的施工工艺；了解木门窗、塑料门窗、铝合金门窗等的施工工艺，了解建筑涂料、油漆涂料等的施工工艺，了解裱糊工程施工工艺，了解玻璃幕墙材料、构造要求及玻璃幕墙安装工艺。

教学要求

能力目标	知识要点	权重
了解装饰工程常用施工机具	常用施工机具	5%
掌握抹灰施工工艺	抹灰施工工艺	20%
掌握饰面板、饰面砖施工工艺	饰面板施工	20%
了解整体面层、板块面层、木竹面层施工等的施工工艺	地面工程	10%
了解木骨架罩面板顶棚、轻钢骨架罩面板顶棚施工工艺	吊顶施工	10%
了解钢丝网架夹芯板隔墙、木龙骨隔墙、轻钢龙骨隔墙、平板玻璃隔墙等的施工工艺	轻质隔墙工程	5%
了解木门窗、塑料门窗、铝合金门窗等的施工工艺	门窗工程	10%
了解建筑涂料、油漆涂料等的施工工艺	涂饰工程	10%
了解裱糊工程施工工艺	裱糊工程施工	5%
了解玻璃幕墙材料、构造要求及玻璃幕墙安装工艺	幕墙工程	5%

引例

某工程为宾馆配套娱乐设施的内部装修，包括内部的室内设计及连接宾馆大堂的入口及通道的装饰，1 层、2 层为宾馆的 KTV 区、3 层为美容美发区。因项目所在地附近为居民区，所以设计在营造浪漫梦幻的娱乐气氛同时注意了对噪声的控制，最大可能地减少对周边环境的影响。

(1) KTV 部分的外墙窗口均在窗户内部用轻质隔墙进行封闭；1、2 层内部的消防疏散通道新增设甲级防火门，以减少噪声的泄露。在接待区用白色、棕色、黑色石材做钢琴键盘形拼花处理，走廊的墙面采用了乳胶漆和金属墙纸的相间处理，以适度的灯光点缀。

(2) KTV 包间地面均为阻燃圈绒地毯，便于声波的吸收，以确保音响效果得以发挥。墙面的造型以大芯板为木基层，在其背面做防火一级处理，木造型与墙体的间隙采用隔声棉填充，其面饰为金属墙纸间或艺术软包。其余墙面为砂浆漆，减少了墙面的光滑程度、便于声波形成漫反射。KTV 包间的天花吊顶采用 60 系列不上人轻钢龙骨 9mm 纸面石膏板吊顶，面饰乳胶漆。

(3) 美容美发区走廊地面为仿古地砖，墙面主体为米色乳胶漆饰面，镶嵌胡桃木造型。天花为 60 系列不上人轻钢龙骨 9mm 纸面石膏板吊顶，面饰乳胶漆。

(4) 除注明外所有内门均为黑胡桃木饰面门框及门扇，防火门门扇面饰黑胡桃木。木质品均做硝基半哑光清漆处理，乳胶漆均以一底二面方式施工。所有木基层背面均做一级防火处理。定制的布艺沙发面层材料均应为阻燃型材料。

思考：各个部位如何施工？

知识点

建筑装饰工程是以科学的施工工艺，为保护建筑主体结构，满足人们的视觉要求和使用功能，从而对建筑物和主体结构的内外表面进行的装设和修饰，并对建筑及其室内环境进行艺术加工和处理。建筑装饰工程是建筑施工的重要组成部分，主要包括抹灰、吊顶、饰面、玻璃、涂料、裱糊、刷浆和门窗等工程。

装饰工程的施工顺序对保证施工质量起着控制作用。室外抹灰和饰面工程的施工，一般应自上而下进行；高层建筑采取措施后，可分段进行；室内装饰工程的施工，应待屋面防水工程完工后，并在不致被后续工程所损坏和污染的条件下进行；室内抹灰在屋面防水工程完工前施工时，必须采取防护措施。室内吊顶、隔墙的罩面板和花饰等工程，应待室内地（楼）面湿作业完工后施工。室内装饰工程的施工顺序，应符合以下规定。

(1) 抹灰、饰面、吊顶和隔断工程，应待隔墙、钢木门、窗框、暗装管道、电线管和电器预埋件、预制钢筋混凝土楼板灌缝完工后进行。

(2) 钢木门窗及其玻璃工程，根据地区气候条件和抹灰工程的要求，可在湿作业前进行；铝合金、塑料、涂色镀锌钢板门窗及其玻璃工程，宜在湿作业完工后进行，如需在湿作业前进行，必须加强保护。

(3) 有抹灰基层的饰面板工程、吊顶及轻型花饰安装工程，应待抹灰工程完工后进行。

(4) 涂料、刷浆工程以及吊顶、隔断、罩面板的安装，应在塑料地板、地毯、硬质纤维等地（楼）面的面层和明装电线施工前，管道设备试压后进行。木地（楼）板面层的最后一遍涂料，应待裱糊工程完工后进行。

（5）裱糊工程应待顶棚、墙面、门窗及建筑设备的涂料和刷浆工程完工后进行。

课题 7.1　常用施工机具

7.1.1　木结构施工机具

常用的木结构施工机具有以下几个。

1. 电动圆锯

电动圆锯又称木材切割机，如图 7.1 所示，主要用于切割木夹板、木方条、装饰板等。施工时，常把电动圆锯反装在工作台面下，并使圆锯片从工作台面的开槽处伸出台面，以便切割木板和木方。

电动圆锯使用时，双手握稳电锯，开动手柄上的电钮，让其空转至正常速度，再进行锯切工作。操作者应戴防护眼镜或把头偏离锯片径向范围，以免木屑乱飞击伤眼睛。

2. 电动曲线锯

电动曲线锯又称为电动线锯、垂直锯、直锯机、线锯机等，如图 7.2 所示。它由电动机、往复机构、机壳、开关、手柄、锯条等零件组成。电动曲线锯可以在金属、木材、塑料、橡胶、泡沫塑料板等材料上切割直线或曲线，以及锯割复杂形状和曲率半径小的几何图形。电动曲线锯的锯条可分为粗齿、中齿、细齿三种，其中粗齿锯条适用于锯割木材，中齿锯条适用于锯割有色金属板材、层压板，细齿锯条适用于锯割钢板。

图 7.1　电动圆锯

图 7.2　电动曲线锯

电动曲线锯锯割前应根据加工件的材料种类选取合适的锯条。若在锯割薄板时发现工件有反跳现象，表明锯齿太大，应调换细齿锯条。锯割时向前的推力不能太猛，转角半径不宜小于 50mm。若卡住应立刻切断电源，退出锯条，再进行锯割。在锯割时不能将曲线锯任意提起，以防损坏锯条。在使用过程中，若发现不正常声响、火花过大、外壳过热、不运转或运转过慢时，应立即停锯，检查修复后再用。

3. 电刨

电刨又称手提式电刨、木工电刨，如图 7.3 所示，由电机、刨刀、刨刀调整装置和护板等组成。其主要用于刨削木材或木结构件。开关带有锁定装置并附有台架的电刨，还可以翻转固定于台架上，作小型台刨使用。

图 7.3　电刨

电刨使用前，要检查电刨的各部件完整性和绝缘情况，确认没有问题后，方可投入使用。

操作时，双手前后握刨，推刨时，平稳匀速向前移动，刨到工件尽头时应将机身提起，以免损坏刨好的工件表面。

4. 电动木工修边机

电动木工修边机也称倒角机（图 7.4），由电机、刀头及可调整角度的保护罩组成，配用各种成形铣刀，用于对各种木质工件的边棱或接口处进行整平、斜面加工或图形切割、开槽等。

使用时应用手正确把握，沿着加工件均匀运动，速度不宜太快，按事先设定的边线进行操作，以免损坏物件，使用后应切断电源，清除灰尘。

5. 打钉枪

打钉枪用于木龙骨上钉木夹板、纤维板、刨花板、石膏板等板材和各种装饰木线条。

打钉枪按驱动方式分，有电动和气动两种。电动打钉枪插入 220V 电源插座就可直接使用（图 7.5）。气动打钉枪需与气泵连接。操作时用钉枪嘴压在需钉接处，再按下开关即可把钉子压入所钉面材内。

图 7.4　电动木工修边机

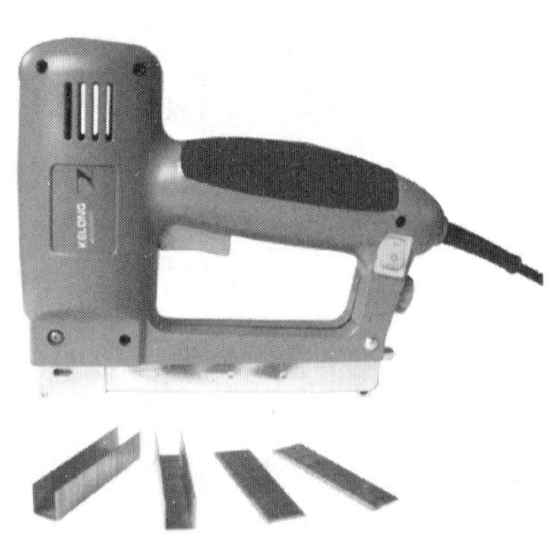

图 7.5　电动打钉枪

7.1.2 金属结构施工机具

常用的金属结构施工机具有以下几种。

1. 型材切割机

型材切割机（图 7.6），可分为单速型材切割机和双速型材切割机两种，它主要由电动机、切割动力头、变速机构、可转夹钳、砂轮片等部件组成，主要用于切割金属型材。它根据砂轮磨损原理，利用高速旋转的薄片砂轮进行切割，也可改换合金锯片切割木材、硬质塑料等，多用于金属内外墙板、铝合金门窗安装、吊顶等装饰装修工程施工。

操作时用锯板上的夹具夹紧工件，按下手柄使砂轮片轻轻接触工件，平稳、匀速地进行切割。因切割时有大量火星飞溅，须注意远离木器、油漆等易燃物品。

2. 电动角向磨光机

电动角向磨光机是供磨削用的电动工具，如图 7.7 所示。它由电机、传动机构、磨头和防护罩等组成，主要用于对金属型材进行磨光、除锈、去毛刺等作业，使用范围比较广泛。

图 7.6 型材切割机

图 7.7 电动角向磨光机

磨光机使用的砂轮必须是增强纤维树脂砂轮，安全线速度不小于 80m/s。使用的电缆和插头具有加强绝缘性能，不能任意用其他导线和插头更换或接长。操作时用双手平握住机身，再按下开关。以砂轮片的侧面轻触工件，并平稳地向前移动，磨到尽头时应提起机身，不可在工件上来回推磨，以免损坏砂轮片。电动角向磨光机转速很快，振动大，应保持磨光机的清洁，经常清除油垢和灰尘。

3. 射钉枪

射钉枪是一种直接完成型材安装固定技术的工具，如图 7.8 所示。它主要由活塞、弹膛组件、击针、击针弹簧及枪体外套等部分组成。在装饰工程施工中，由枪击击发射钉弹，以弹内燃料的能量，将各种射钉直接钉入钢铁、混凝土或砖砌体等材料中去。射钉种类主要有一般射钉、螺纹射钉、带孔射钉三种。

使用射钉枪前要认真检查枪的完好程度，操作者最好经过专门训练。射击的基体必须稳固坚实，并且有抵抗射击冲力的刚度。扣动扳机后如发现子弹不发火，应再次按在基体上扣动扳机，如仍不发火，应仍保持原射击位置数秒后，再来回拉伸枪管，使下一颗子弹进入枪膛，再扣动扳机。

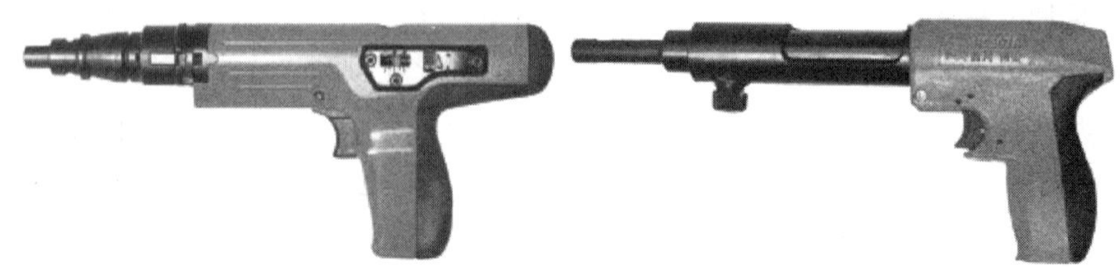

图 7.8　射钉枪

7.1.3　钻孔机具

常用的钻孔机具有以下几种。

1. 轻型手电钻

轻型手电钻又称手枪钻、手电钻、木工电钻（图 7.9），是用来对木材、塑料件、金属件等材料或工件进行小孔径钻孔的电动工具。操作时，注意钻头应垂直平稳进给，防止跳动和摇晃。要经常清除钻头旋出的碎渣，以免钻头扭断在工件中。

图 7.9　轻型手电钻

2. 冲击电钻

冲击电钻是带冲击的、可调节式旋转的特种电钻。冲击电钻由单相串激电机、传动机构、旋冲调节机构及壳体等部分组成。其主要用于混凝土结构、砖结构、瓷砖地砖的钻孔，以便安装膨胀螺栓或木楔。

使用前，应检查冲击电钻的完好情况，包括机体、绝缘、电线、钻头等有无损坏。根据冲击、旋转要求，把调节开关调好，钻头垂直于工作面冲转。如使用中发现声音和转速不正常时，要立即停机检查；使用后，要及时进行保养。电钻旋转正常后方可作业，钻孔时不能用力过猛。使用双速电钻时，一般钻小孔时用高速，钻大孔时用低速。

3. 电锤

电锤主要由单相串激式电机、传动箱、曲轴、连杆、活塞机构、保险离合器、刀夹机构、手柄等组成，如图 7.10 所示。其主要用于混凝土等结构表面剔、凿和打孔作业。作冲击钻使用时，则用于门窗、吊顶和设备安装中的钻孔，埋置膨胀螺栓。

使用电锤打孔时，首先要保证电源的电压与铭牌上的规定相符，电锤各部件紧固螺钉必须牢固，根据钻孔开凿情况选择合适的钻头，并安装牢靠。操作时工具必须垂直于工作面，不允许工具在孔内左右摆动，以免扭坏工具。电锤多为断续工作制，切勿长期连续使用，以免烧坏电动机。

图 7.10 电锤

课题 7.2 抹灰施工

7.2.1 抹灰工程施工要求

1. 抹灰工程分类

抹灰工程按照抹灰施工的部位分为室外抹灰和室内抹灰。通常室内各部位的抹灰叫作内抹灰，如内墙、楼地面、天棚抹灰等；室外各部位的抹灰叫作外抹灰，如外墙面、雨篷和檐口抹灰等。按使用材料和装饰效果不同分为一般抹灰和装饰抹灰两大类。一般抹灰有水泥石灰砂浆、水泥砂浆、聚合物水泥砂浆、麻刀灰、纸筋灰、石膏灰等；装饰抹灰有水刷石、水磨石、斩假石（剁斧石）、干粘石、拉毛灰、洒毛灰、喷砂、喷涂、滚涂、弹涂等。

一般抹灰按使用要求、质量标准不同分为普通抹灰和高级抹灰两种。

(1) 普通抹灰的质量要求分层涂抹、赶平、表面应光滑、洁净、接槎平整，分格缝应清晰，适用于一般居住、公共和工业建筑，以及高级建筑物中的附属用房等。

(2) 高级抹灰要求分层涂抹、赶平、表面应光滑、洁净、颜色均匀、无抹纹、接槎平整，分格缝和灰线应清晰美观，阴阳角方正。高级抹灰适用于大型公共建筑、纪念性建筑物，以及有特殊要求的高级建筑等。

2. 抹灰层的组成

为了使抹灰层与基层黏结牢固，防止起鼓开裂，并使抹灰层的表面平整，保证工程质量，抹灰层应分层涂抹。

抹灰层一般由底层、中层和面层组成。底层主要起与基层（基体）黏结的作用，中层主要起找平作用，面层主要起装饰美化作用。各层厚度和使用砂浆品种应视基层材料、部位、质量标准及各地气候情况决定。抹灰层的一般做法见表 7－1。

表 7-1　抹灰层的一般做法

层次	作　用	基层材料	一般做法
底层	主要起与基层黏结的作用，兼起初步找平作用。砂浆稠度为10～20cm	砖墙	(1) 室内墙面一般采用石灰砂浆或水泥混合砂浆打底 (2) 室外墙面、门窗洞口外侧壁、屋檐、勒脚、压檐墙以及湿度较大的房间和车间宜采用水泥砂浆或水泥混合砂浆
		混凝土	(1) 宜先刷素水泥浆一道，采用水泥砂浆或混合砂浆打底 (2) 高级装修顶板宜用乳胶水泥砂浆打底
		加气混凝土	宜用水泥混合砂浆、聚合物水泥砂浆或掺增稠粉的水泥砂浆打底。打底前先刷一遍胶水溶液
		硅酸盐砌块	宜用水泥混合砂浆或掺增稠粉的水泥砂浆打底
		木板条、苇箔、金属网基层	宜用麻刀灰、纸筋灰或玻璃丝灰打底，并将灰浆挤入基层缝隙内，以加强拉结
		平整光滑的混凝土基层，如顶棚、墙体	可不抹灰，采用刮粉刷石膏或刮腻子处理
中层	主要起找平作用。砂浆稠度 7～8cm		(1) 基本与底层相同。砖墙则采用麻刀灰、纸筋灰或粉刷石膏 (2) 根据施工质量要求可以一次抹成，也可以分遍进行
面层	主要起装饰作用。砂浆稠度 10cm		(1) 要求平整、无裂纹，颜色均匀 (2) 室内一般采用麻刀灰、纸筋灰、玻璃丝灰或粉刷石膏；高级墙面用石膏灰。保温、隔热墙面按设计要求 (3) 室外常用水泥砂浆、水刷石、干粘石等

3. 抹灰层的平均总厚度

抹灰层的平均总厚度，应不大于下列数值。

(1) 顶棚。板条、现浇混凝土和空心砖抹灰为 15mm；预制混凝土抹灰为 18mm；金属网抹灰为 20mm。

(2) 内墙。普通抹灰两遍做法（一层底层，一层面层）为 18mm；普通抹灰三遍做法（一层底层，一层中层和一层面层）为 20mm；高级抹灰为 25mm；

(3) 外墙抹灰为 20mm；勒脚及凸出墙面部分抹灰为 25mm。

(4) 石墙抹灰为 35mm。

控制抹灰层平均总厚度的目的，主要是为了防止抹灰层脱落。

抹灰工程一般应分遍进行，以便黏结牢固，并能起到找平和保证质量的作用。如果一层抹得太厚，由于内外收水快慢不同，容易产生开裂，甚至起鼓脱落。每遍抹灰厚度一般控制如下。

(1) 抹水泥砂浆每遍厚度为5～7mm。

(2) 抹石灰砂浆或混合砂浆每遍厚度为7～9mm。

(3) 抹灰面层用麻刀灰、纸筋灰、石膏灰、粉刷石膏等罩面时，经赶平、压实后，其厚度麻刀灰不大于3mm；纸筋灰、石膏灰不大于2mm，粉刷石膏不受限制。

(4) 混凝土内墙面和楼板平整光滑的底面，可采用腻子分遍刮平，总厚度为2～3mm。

(5) 板条、金属网用麻刀灰、纸筋灰抹灰的每遍厚度为3～6mm。

水泥砂浆和水泥混合砂浆的抹灰层，应待前一层抹灰层凝结后，方可涂抹后一层；石灰砂浆抹灰层，应待前一层七八成干后，方可涂抹后一层。

4. 一般抹灰的材料

一般抹灰的材料如下。

(1) 水泥。抹灰常用的水泥为不小于32.5级的普通硅酸盐水泥和矿渣硅酸盐水泥。水泥的品种、强度等级应符合设计要求。出厂日期超过3个月的水泥，应经试验后方能使用，受潮后结块的水泥应过筛试验后使用。水泥体积的安定性必须合格。

(2) 石灰膏和磨细生石灰粉。块状生石灰须经熟化成石灰膏才能使用，在常温下，熟化时间不应少于15d；用于罩面的石灰膏，在常温下，熟化的时间不得少于30d。

将块状生石灰碾碎磨细后的成品，即为磨细生石灰粉。罩面用的磨细生石灰粉的熟化时间不得少于3d。使用磨细生石灰粉粉饰，不仅具有节约石灰、适合冬季施工的优点，而且粉饰后不易出现膨胀、鼓皮等现象。

(3) 石膏。抹灰用石膏，一般用于高级抹灰或抹灰龟裂的补平，多采用乙级建筑石膏，使用时磨成细粉无杂质，细度要求通过0.15mm筛孔，筛余量不大于10%。

(4) 粉煤灰。粉煤灰作为抹灰掺合料，可以节约水泥，提高和易性。

(5) 粉刷石膏。粉刷石膏是以建筑石膏粉为基料，加入多种添加剂和填充料等配制而成的一种白色粉料，其是一种新型的装饰材料。常见的粉刷石膏有面层粉刷石膏、基层粉刷石膏、保温粉刷石膏等。

(6) 砂。抹灰用砂最好是中砂，或粗砂与中砂混合掺用，可以用细砂，但不宜于特细砂。抹灰用砂要求颗粒坚硬、洁净，使用前需要过筛（筛孔不大于5mm），不得含有黏土（不超过2%）、草根、树叶、碱质及其他有机物等有害杂质。

(7) 麻刀、纸筋、稻草、玻璃纤维。麻刀、纸筋、稻草、玻璃纤维在抹灰层中起拉结和骨架作用，可提高抹灰层的抗拉强度，增加抹灰层的弹性和耐久性，使抹灰层不易裂缝脱落。

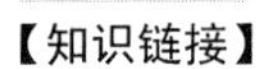
【知识链接】

除了一般抹灰和装饰抹灰以外，还有采用特种砂浆进行的具有特殊要求的抹灰。例如，钡砂（重晶石）砂浆抹灰，对X射线和γ射线有阻隔作用，常用作X射线探伤室、X射线治疗室、同位素实验室等墙面抹灰。还有应用膨胀珍珠岩、膨胀蛭石作为骨料的保温隔热砂浆抹灰，不但具有保温隔热吸声性能，还具有无毒、无臭、不燃烧、质量密度轻的特点。

7.2.2 一般抹灰施工工艺

1. 抹灰基体的表面处理

为保证抹灰层与基体之间能黏结牢固，不致出现裂缝、空鼓和脱落等现象，在抹灰前

【参考视频】

基体表面上的灰土、污垢、油渍等应清除干净，基体表面凹凸明显的部位应在施工前先剔平或用水泥砂浆补平。基体表面应具有一定的粗糙度。砖石基体面灰缝应砌成凹缝式，使砂浆能嵌入灰缝内与砖石基体黏结牢固。混凝土基体表面较光滑，应在表面先刷一道水泥浆或喷一道水泥砂浆疙瘩，如刷一道聚合物水泥浆效果会更好。加气混凝土表面抹灰前应清扫干净，并需刷一道聚合物胶水溶液，然后才可抹灰。板条墙或板条顶棚，各板条之间应预留 8～10mm 缝隙，以便底层砂浆能压入板缝内结合牢固。当抹灰总厚度≥35mm 时应采取加强措施。不同材料基体交接处表面的抹灰，应采取防开裂的加强措施，当采用加强网时，加强网与各基体的搭接宽度不应小于 100mm，如图 7.11 所示。对于容易开裂的部位，也应先设加强网以防止开裂。门窗框与墙连接处的缝隙，应用水泥砂浆嵌塞密实，以防因振动而引起抹灰层剥落、开裂。

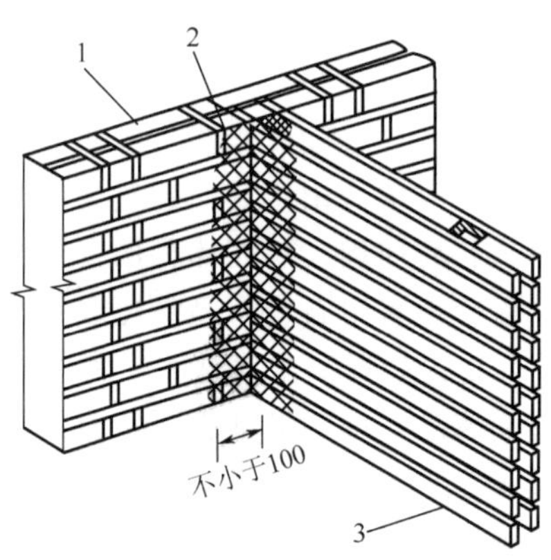

图 7.11　不同基层接缝处理

1—砖墙；2—钢丝网；3—板条墙

2. 设置标筋

为了有效地控制墙面抹灰层的厚度与垂直度，使抹灰面平整，抹灰层涂抹前应设置标筋（又称冲筋），作为底层及中层抹灰的依据。

设置标筋时，先用托线板检查墙面的平整垂直程度，据以确定抹灰厚度（最薄处不宜小于 7mm），再在墙两边上角离阴角边 100～200mm 处按抹灰厚度用砂浆做一个四方形（边长约 50mm）标准块，称为灰饼，然后根据灰饼，用托线板或线锤吊挂垂直，做墙面下角的两个灰饼（高低位置一般在踢脚线上口），随后以上角和下角左右两灰饼面为准拉线，每隔 1.2～1.5m 上下加做若干灰饼，如图 7.12 所示。待灰饼稍干后在上下灰饼之间用砂浆抹上一条宽 100mm 左右的垂直灰埂，此即为标筋，作为抹底层及中层的厚度控制和赶平的标准。

顶棚抹灰一般不做灰饼和标筋，而是在靠近顶棚四周的墙面上弹一条水平线以控制抹灰层厚度，并作为抹灰找平的依据。

3. 做护角

室内外墙面、柱面和门窗洞口的阳角容易受到碰撞而损坏，故该处应采用 1∶2 水泥砂浆做暗护角，其高度不应低于 2m，每侧宽度不应小于 50mm，待砂浆收水稍干后，用捋角器抹成小圆角，如图 7.13 所示。要求抹灰阳角线条清晰、挺直、方正。

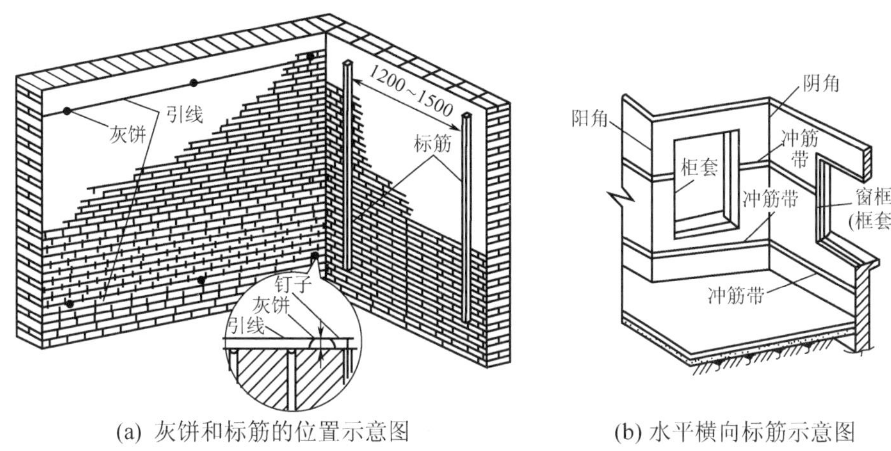

(a) 灰饼和标筋的位置示意图　　(b) 水平横向标筋示意图

图 7.12　挂线做标准灰饼及标筋

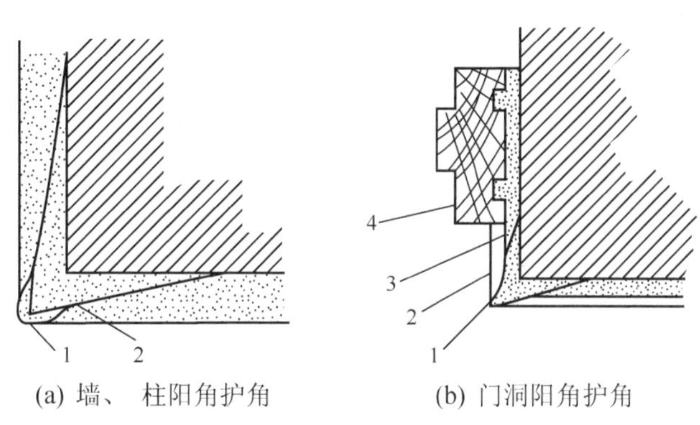

(a) 墙、柱阳角护角　　(b) 门洞阳角护角

图 7.13　阳角护角

1—水泥砂浆护角；2—墙面砂浆；3—嵌缝砂浆；4—门框

4. 抹灰层的涂抹

当标筋稍干后，即可进行抹灰层的涂抹。涂抹应分层进行，以免一次涂抹厚度较厚，砂浆内外收缩不一致而导致开裂。一般涂抹水泥砂浆时，每遍厚度以5～7mm为宜；涂抹石灰砂浆和水泥混合砂浆时，每遍厚度以7～8mm为宜。

分层涂抹时，应防止涂抹后一层砂浆时破坏已抹砂浆的内部结构而影响与前一层的黏结，应避免几层湿砂浆合在一起造成收缩率过大，导致抹灰层开裂、空鼓。因此，水泥砂浆和水泥混合砂浆应待前一层凝结后，再涂抹后一层；石灰砂浆应待前一层发白（约七八成干）后，再涂抹后一层。抹灰用的砂浆应具有良好的工作性（和易性），以便于操作。砂浆稠度一般宜控制为底层抹灰砂浆100～120mm；中层抹灰砂浆70～80mm。底层砂浆与中层砂浆的配合比应基本相同。中层砂浆强度不能高于底层，底层砂浆强度不能高于基体，以免砂浆在凝结过程中产生较大的收缩应力，破坏强度较低的抹灰底层或基体，导致抹灰层产生裂缝、空鼓或脱落。另外，底层砂浆强度与基体强度相差过大时，由于收缩变形性能相差悬殊也易产生开裂和脱离，故混凝土基体上不能直接抹石灰砂浆。

为使底层砂浆与基体黏结牢固，抹灰前基体一定要浇水湿润，以防止基体过干而吸去砂浆中的水分，使抹灰层产生空鼓或脱落。砖基体一般宜浇水两遍，使砖面渗水深度达

8～10mm。混凝土基体宜在抹灰前 1d 即浇水，使水渗入混凝土表面 2～3mm。如果各层抹灰相隔时间较长，已抹灰砂浆层较干时，也应浇水湿润，才可抹下一层砂浆。

抹灰层除用手工涂抹外，还可利用机械喷涂。机械喷涂抹灰可将砂浆的拌制、运输和喷涂过程有机地衔接起来。

5. 罩面压光

室内常用的面层材料如麻刀石灰、纸筋石灰、石膏灰等应分层涂抹，每遍厚度为 1～2mm，经赶平压实后，面层总厚度对于麻刀石灰不得大于 3mm；对于纸筋石灰、石膏灰不得大于 2mm。罩面时应待底子灰五六成干后进行，如底子灰过干应先浇水湿润，分纵横两遍涂抹，最后用钢抹子压光，不得留抹纹。

室外抹灰常用水泥砂浆罩面。由于面积较大，为了不显接槎，防止抹灰层收缩开裂，一般应设有分格缝，留槎位置应留在分格缝处。由于大面积抹灰罩面抹纹不易压光，在阳光照射下极易显露而影响墙面美观，故水泥砂浆罩面宜用木抹子抹成毛面。为防止色泽不匀，应用同一品种与规格的原材料，由专人配料，采用统一的配合比，底层浇水要均匀，干燥程度基本一致。

7.2.3 装饰抹灰施工工艺

装饰抹灰是采用装饰性强的材料，或用不同的处理方法及加入各种颜料，使建筑物具备某种特定的色调和光泽。随着建筑工业生产的发展和人民生活水平的提高，这方面取得了很大发展，也出现了很多新的工艺。

装饰抹灰的底层和中层的做法与一般抹灰要求相同，面层根据材料及施工方法的不同而具有不同的形式。下面介绍几种常用的饰面。

1. 水刷石

水刷石多用于室外墙面的装饰抹灰。对于高层建筑大面积水刷石，为加强底层与混凝土基体的黏结，防止空鼓、开裂，墙面要加钢筋做拉结网。施工时先用 12mm 厚的 1：3 水泥砂浆打底找平，待底层砂浆终凝后，在其上按设计的分格弹线安装分格木条，用水泥浆在两侧黏结固定，以防大片面层收缩开裂。然后将底层浇水润湿后刮水泥浆（水灰比 0.37～0.40）一道，以增加面层与底层的黏结。随即抹上稠度为 5～7cm、厚 8～12mm 的水泥石子浆［水泥：石子＝1：(1.25～1.50)］面层，拍平压实，使石子密实且分布均匀。当水泥石子浆开始凝固时（大致是以手指按上去无指痕，用刷子刷石子，石子不掉下为准)，用刷子从上而下蘸水刷掉石子间表层水泥浆，使石子露出灰浆面 1～2mm 为度。刷洗时间要严格掌握，刷洗过早或过度，则石子颗粒露出灰浆面过多，容易脱落；刷洗过晚，则灰浆洗不净，石子不显露，饰面浑浊不清晰，影响美观。水刷石的外观质量标准是石粒清晰、分布均匀、紧密平整、色泽一致、不得有掉粒和接槎痕迹。

2. 干粘石

干粘石主要是用于外墙面的装饰抹灰，施工时是在已经硬化的底层水泥砂浆层上按设计要求弹线分格，根据弹线镶嵌分格木条。将底层浇水润湿后，抹上一层 6mm 厚 1：(2～2.5) 的水泥砂浆层，随即紧跟着再抹一层 2mm 厚的 1：0.5 水泥石灰膏浆黏结层，同时将配有粒径为 4～6mm 的石子甩粘拍平压实。拍时不得把砂浆拍出来，以免影响美观，要使石子嵌入深度不小于石子粒径的 1/2，持有一定强度后洒水养护。

上述方法为手工甩石子，也可用喷枪将石子均匀有力地喷射于黏结层上，用铁抹子轻轻压一遍，使表面搓平。干粘石的质量要求是石粒黏结牢固、分布均匀、不掉石粒、不露浆、不漏粘、颜色一致。

3. 斩假石（剁斧石）

斩假石又称剁斧石，是仿制天然石料的一种饰面，用不同的骨料或掺入不同的颜料，可以仿制成仿花岗石、玄武石、青条石等。施工时先用 1∶（2～2.5）水泥砂浆打底，待 24h 后浇水养护，硬化后在表面洒水湿润，刮素水泥浆一道，随即用 1∶1.25 水泥石子浆（内掺 30%石屑）罩面，厚为 10mm；抹完后要注意防止日晒或冰冻，并养护 2～3d（强度达 60%～70%）即可试剁，如石子颗粒不发生脱落便可正式斩假加工；加工时用剁斧将面层斩毛，剁的方向要一致，剁纹深浅要均匀，一般两遍成活，分格缝周边、墙角、柱子的棱角周边留 15～20mm 不剁，即可做出似用石料砌成的装饰面。

4. 拉毛灰和洒毛灰

拉毛灰是将底层用水湿透，抹上 1∶(0.05～0.3)∶(0.5～1) 水泥石灰罩面砂浆，随即用硬棕刷或铁抹子进行拉毛。棕刷拉毛时，用刷蘸砂浆往墙上连续垂直拍拉，拉出毛头。铁抹子拉毛时，则不蘸砂浆，只用抹子黏结在墙面随即抽回，要做到拉的快慢一致、均匀整齐、色泽一致、不露底，在一个平面上要一次成活，避免中断留槎。

洒毛灰（又称撒云片）是用茅草小帚蘸 1∶1 水泥砂浆或 1∶1∶4 水泥石灰砂浆，由上往下洒在湿润的底层上，洒出的云朵须错乱多变、大小相称、空隙均匀，形成大小不一而有规律的毛面。也可在未干的底层上刷上颜色，再不均匀地洒上罩面灰，并用抹子轻轻压平，使其部分地露出带色的底子灰，使洒出的云朵具有浮动感。

5. 喷涂饰面

喷涂饰面工艺是用挤压式灰浆泵或喷斗将聚合物水泥砂浆经喷枪均匀喷涂在墙面底层上。这种砂浆由于掺入聚合物乳液因而具有良好的和易性及抗冻性，能提高装饰面层的表面强度与黏结强度。根据涂料的稠度和喷射压力的大小，以质感区分，可喷成砂浆饱满、呈波纹状的波面喷涂和表面布满点状颗粒的粒状喷涂。该饰面底层为厚 10～13mm 的 1∶3 水泥砂浆，喷涂前须喷或刷一道胶水溶液（108 胶∶水＝1∶3），使基层吸水率趋近于一致，并确保与喷涂层黏结牢固。喷涂层厚 3～4mm，粒状喷涂应连续 3 遍完成；波面喷涂必须连续操作，喷至全部泛出水泥浆但又不至流淌为好。在大面喷涂后，按分格位置用铁皮刮子沿靠尺刮出分格缝。喷涂层凝固后再喷罩一层有机硅疏水剂，要求表面平整，颜色一致，花纹均匀，不显接槎。

6. 滚涂饰面

滚涂饰面是将带颜色的聚合物砂浆均匀涂抹在底层上，随即用平面或带有拉毛、刻有花纹的橡胶、泡沫塑料滚子，滚出所需的图案和花纹。其分层施工步骤：①10～13mm 厚水泥砂浆打底，木抹子搓平；②粘贴分格条（施工前在分格处先刮一层聚合物水泥浆，滚涂前将涂有聚合物胶水溶液的电工胶布贴上，等饰面砂浆收水后揭下胶布）；③3mm 厚色浆罩面，随抹随用辊子滚出各种花纹；④待面层干燥后，喷涂有机硅水溶液。

滚涂砂浆的配合比为水泥∶骨料（砂子、石屑或珍珠岩）＝1∶(0.5～1)，再掺入占水泥量 20%的 108 胶和 0.3%的木钙减水剂。手工操作滚涂分干滚、湿滚两种。干滚时滚子不蘸水、滚出的花纹较大，工效较高；湿滚时滚子反复蘸水，滚出的花纹较小。

滚涂工效比喷涂低，但便于小面积局部应用。滚涂应一次成活，多次滚涂易产生翻砂现象。

7. 弹涂饰面

弹涂饰面是用电动弹力器分几遍将不同色彩的聚合物水泥色浆弹到墙面上，形成1～3mm的圆状色点。由于色浆一般由2～3种颜色组成，不同色点在墙面上相互交错、相互衬托，犹如水刷石、干粘石，也可做成单色光面、细麻面、小拉毛拍平等多种形式。这种工艺可在墙面上做底灰，再做弹涂饰面，也可直接弹涂在基层平整的混凝土板、加气板、石膏板、水泥石棉板等板材上。弹涂器有手动和电动两种，后者工效高，适合大面积施工。

弹涂的做法是在1∶3水泥砂浆打底的底层砂浆面上，洒水润湿，待干至六七成时进行弹涂。先喷刷底色浆一道，弹分格线，贴分格条，弹头道色点，待稍干后即弹两道色点，最后进行个别修弹，再进行喷射树脂罩面层。

课题 7.3　饰面板与饰面砖施工

饰面工程是在墙柱表面镶贴或安装具有保护和装饰功能的块料而形成的饰面层。块料的种类可分为饰面板和饰面砖两大类。饰面板有石材饰面板（包括天然石材和人造石材）、金属饰面板、塑料饰面板、镜面玻璃饰面板等；饰面砖有釉面瓷砖、外墙面砖、陶瓷锦砖和玻璃马赛克等。

7.3.1　饰面板施工

1. 大理石、磨光花岗石、预制水磨石饰面施工

1）薄型小规格块材

薄型小规格块材一般厚度在10mm以下，边长小于400mm，可采用粘贴方法。

薄型小规格块材工艺流程为：基层处理→吊垂直、套方、找规矩、贴灰饼→抹底层砂浆→弹线分格→排块材→浸块材→镶贴块材→表面勾缝与擦缝。

(1) 进行基层处理和吊垂直、套方、找规矩，可参见镶贴面砖施工要点有关部分。需要注意同一墙面不得有一排以上的非整砖，并应将其镶贴在较隐蔽的部位。

(2) 在基层湿润的情况下，先刷108胶素水泥浆一道（内掺水重10%的108胶），随刷随打底；底灰采用1∶3水泥砂浆，厚度约12mm，分两遍操作，第一遍约5mm，第二遍约7mm，待底灰压实刮平后，将底子灰表面划毛。

(3) 待底子灰凝固后便可进行分块弹线，随即将已湿润的块材抹上厚度为2～3mm的素水泥浆，内掺水重20%的108胶进行镶贴（也可以用胶粉），用木槌轻敲，用靠尺找平找直。

2）大规格块材

大规格块材一般边长大于400mm，镶贴高度超过1m，可采用安装方法。

大规格块材工艺流程为：施工准备（钻孔、剔槽）→穿铜丝或镀锌丝与块材固定→绑扎、固定钢筋网→吊垂直、找规矩弹线→安装大理石、磨光花岗石或预制水磨石→分层灌浆→擦缝。

(1) 钻孔、剔槽。安装前先将饰面板按照设计要求用台钻打眼，事先应钉木架使钻头直对板材上端面，在每块板的上、下两个面打眼，孔位打在距板宽的两端 1/4 处，每个面各打两个眼，孔径为 5mm，深度为 12mm，孔位距石板背面以 8mm 为宜（指钻孔中心）。如大理石、磨光花岗石或预制水磨石，板材宽度较大时，可以增加孔数。钻孔后用金刚錾子把石板背面的孔壁轻轻剔一道槽，深 5mm 左右，连同孔洞形成象鼻眼，以备埋卧铜丝之用，如图 7.14 所示。

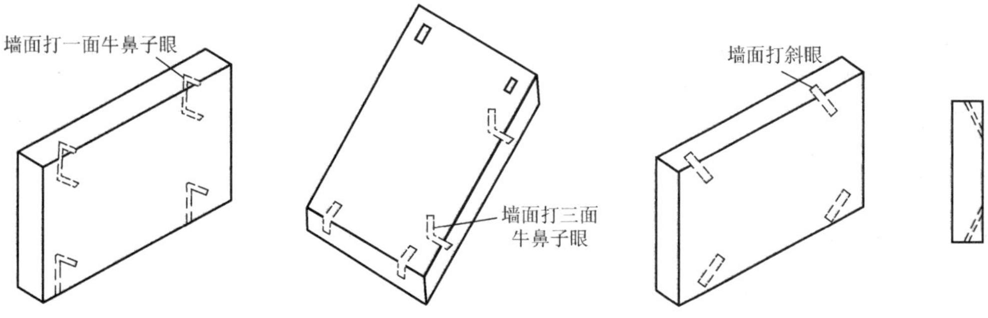

图 7.14　饰面板材打眼示意图

若饰面板规格较大，特别是预制水磨石和磨光花岗石板，如下端不好拴绑镀锌铁丝或铜丝时，也可在未镶贴饰面板的一侧，采用手提轻便小薄砂轮（4～5mm），按规定在板高的 1/4 处上、下各开一槽（槽长 3～4mm，槽深约 12mm 与饰面板背面打通，竖槽一般居中，也可偏外，但以不损坏外饰面和不反碱为宜），可将镀锌铁丝或铜丝卧入槽内，便可拴绑与钢筋网固定。

(2) 穿钢丝或镀锌铁丝。把备好的铜丝或镀锌铁丝剪成长 20cm 左右，一端用木楔粘环氧树脂将铜丝或镀锌铁丝进孔内固定牢固，另一端将铜丝或镀锌铁丝顺孔槽弯曲并卧入槽内，使大理石、磨光花岗石或预制水磨石板上、下端面没有铜丝或镀锌铁丝突出，以便和相邻石板接缝严密。

(3) 绑扎钢筋网。首先剔出墙上的预埋筋，把墙面镶贴大理石、磨光花岗石或预制水磨石的部位清扫干净。先绑扎一道竖向 ϕ6mm 钢筋，并把绑好的竖筋用预埋筋弯压于墙面。横向钢筋为绑扎大理石、磨光花岗石或预制水磨石板材所用，如板材高度为 60cm 时，第一道横筋在地面以上 10cm 处与主筋绑牢，用作绑扎第一层板材的下口固定铜丝或镀锌铁丝。第二道横筋绑在 50cm 水平线上 7～8cm，比石板上口低 2～3cm 处，用于绑扎第一层石板上口固定铜丝或镀锌铁丝，再往上每 60cm 绑一道横筋即可。

(4) 弹线。首先将大理石、磨光花岗石或预制水磨石的墙面、柱面和门窗套用大线坠从上至下找出垂直（高层应用经纬仪找垂直）。应考虑大理石、磨光花岗石或预制水磨石板材厚度、灌注砂浆的空隙和钢筋网所占尺寸，一般大理石、磨光花岗石或预制水磨石外皮距结构面的厚度应以 5～7cm 为宜。找出垂直后，在地面上顺墙弹出大理石、磨光花岗石或预制水磨石板等外轮廓尺寸线（柱面和门窗套等同）。此线即为第一层大理石、磨光花岗石或预制水磨石等的安装基准线。编好号的大理石、磨光花岗石或预制水磨石板等在弹好的基准线上画出就位线，每块留 1mm 缝隙（如设计要求拉开缝，则按设计规定留出缝隙）。

(5) 安装大理石、磨光花岗石或预制水磨石。按部位取石板并舒直铜丝或镀锌铁丝，将石板就位，石板上口外仰，右手伸入石板背面，把石板下口铜丝或镀锌铁丝绑扎在横筋上。绑扎时不要太紧，可留余量，只要把铜丝或镀锌铁丝和横筋拴牢即可（灌浆后即可锚固），把石板竖起，便可绑大理石、磨光花岗石或预制水磨石板上口铜丝或镀锌铁丝，并用木楔垫稳，块材与基层间的缝隙（灌浆厚度）一般为 30～50mm。用靠尺板检查调整木楔，再拴紧铜丝或镀锌铁丝，依次向另一方进行。柱面可按顺时针方向安装，一般先从正面开始。第一层安装完毕再用靠尺板找垂直，水平尺找平整，方尺找阴阳角方正，在安装石板时如出现石板规格不准确或石板之间的空隙不符，应用铅皮垫牢，使石板之间缝隙均匀一致，并保持第一层石板上口的平直。找完垂直、平整、方正后，把调成粥状的石膏贴在大理石、磨光花岗石或预制水磨石板上下之间，使这二层石板结成一整体，木楔处也可粘贴石膏，再用靠尺板检查有无变形，等石膏硬化后方可灌浆（如设计有嵌缝塑料软管者，应在灌浆前塞放好）。

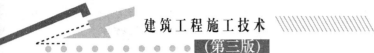

(6) 灌浆。把配合比为 1∶2.5 水泥砂浆放入半截大桶加水调成粥状（稠度一般为 8～12cm），用铁簸箕舀浆徐徐倒入，注意不要碰大理石、磨光花岗石或预制水磨石板，边灌边用橡皮锤轻轻敲击石板面，使灌入砂浆排气。第一层浇灌高度为 15cm，不能超过石板高度的 1/3；第一层灌浆很重要，因要锚固石板的下口铜丝又要固定石板，所以要轻轻操作，防止碰撞和猛灌。如发生石板外移错动，应立即拆除重新安装。

第一次灌入 15cm 后停 1～2h，等砂浆初凝，此时应检查是否有移动，再进行第二层灌浆，灌浆高度一般为 20～30cm，待初凝后再继续灌浆。第三层灌浆至低于板上口 5～10cm 处为止。

【参考视频】

(7) 擦缝。全部石板安装完毕后，清除所有石膏和余浆痕迹，用布擦洗干净，并按石板颜色调制色浆嵌缝，边嵌边擦干净，使缝隙密实、均匀、干净、颜色一致。

(8) 柱子贴面。安装柱面大理石或预制水磨石、磨光花岗石，其弹线、钻孔、绑钢筋和安装等工序与镶贴墙面方法相同，要注意灌浆前用木方钉成槽形木卡子，双面卡住大理石板或预制水磨石板，以防止灌浆时大理石、磨光花岗石或预制水磨石板外胀。

夏季安装室外大理石、磨光花岗石或预制水磨石时，应有防止暴晒的可靠措施。

2. 大理石、花岗石干挂施工

干挂法的操作工艺包括选材、钻孔、基层处理、弹线、板材铺贴和固定五道工序。除钻孔和板材固定工序外，其余做法均同大理石、磨光花岗石、预制水磨石饰面施工。

1) 钻孔

由于相邻板材是用不锈销钉连接的，因此钻孔位置一定要准确，以便使板材之间的连接水平一致、上下平齐。钻孔前应在板材侧面按要求定位后，用电钻钻成直径为 5mm，孔深为 12～15mm 的圆孔，然后将直径为 5mm 的销钉插入孔内。

2) 板材的固定

用膨胀螺钉将固定和支撑板块的连接件固定在墙面上，如图 7.15 所示。连接件是根据墙面与板块销孔的距离，用不锈钢加工成 L 形。为便于安装板块时调节销孔和膨胀螺钉的位置，在 L 形连接件上留槽形孔眼，待板块调整到正确位置时，随即拧紧膨胀螺钉螺帽进行固结，并用环氧树脂胶将销钉固定。

3. 金属饰面板施工

金属饰面板一般采用铝合金板、彩色压型钢板和不锈钢钢板制成，用于内外墙面、屋

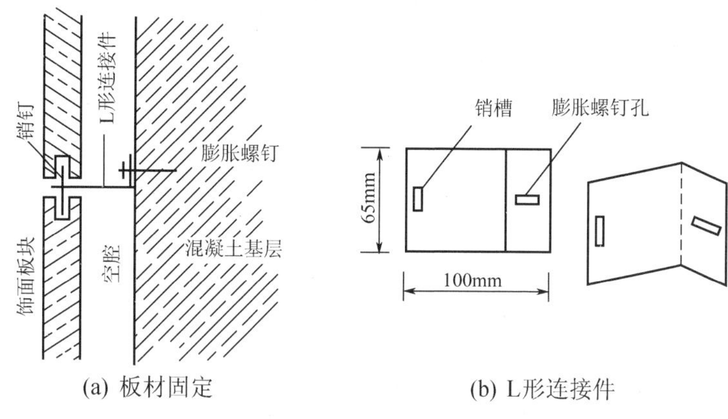

(a) 板材固定　　(b) L形连接件

图 7.15　用膨胀螺栓固定板材

面、顶棚等的装饰。其也可与玻璃幕墙或大玻璃窗配套应用，以及在建筑物四周的转角部位、玻璃幕墙的伸缩缝、水平部位的压顶等配套应用。

1）吊直、套方、找规矩、弹线

首先根据设计图样的要求和几何尺寸，对镶贴金属饰面板的墙面进行吊直、套方、找规矩，并依次实测和弹线，确定饰面墙板的尺寸和数量。

2）固定骨架的连接件

骨架的横竖杆件是通过连接件与结构固定的，而连接件与结构之间，可以与结构的预埋件焊牢，也可以在墙上打膨胀螺栓。因后一种方法比较灵活，尺寸误差较小，容易保证位置的准确性，因而实际施工中采用得比较多。在墙上打螺栓时须在螺栓位置画线，按线开孔。

3）固定骨架

骨架应预先进行防腐处理。安装骨架位置要准确，结合要牢固。安装后应全面检查中心线、表面标高等。对高层建筑外墙，为了保证饰面板的安装精度，宜用经纬仪对横竖杆件进行贯通。变形缝、沉降缝等应妥善处理。

4）金属饰面安装

墙板的安装顺序是从每面墙的竖向第一排下部第一块板开始，自下而上安装。安装完该面墙的第一排再安装第二排。每安装铺设10排墙板后，应吊线检查一次，以便及时消除误差。为了保证墙面外观质量，螺栓位置必须准确，并采用单面施工的钩形螺栓固定，使螺栓的位置横平竖直。固定金属饰面板的方法，常用的主要有两种：一种是将板条或方板用螺钉拧到型钢或木架上，这种方法耐久性较好，多用于外墙；另一种是将板条卡在特制的龙骨上，此法多用于室内。

板与板之间的缝隙一般为10～20mm，多用橡胶条或密封垫弹性材料处理。当饰面板安装完毕，要注意在易于被污染的部位用塑料薄膜覆盖保护，易被划、碰的部位应设安全栏杆保护。

5）收口构造

水平部位的压顶、端部的收口、伸缩缝的处理、两种不同材料的交接处理等，不仅关系到装饰效果，而且对使用功能也有较大的影响。因此，一般多用特制的两种材质性能相似的成型金属板进行妥善处理。

窗台、女儿墙的上部，均属于水平部位的压顶处理，即用铝合金板盖住，使之能阻挡风雨浸透。水平桥的固定，一般先在基层焊上钢骨架，然后用螺栓将盖板固定在骨架上。盖板之间的连接采取搭接的方法（高处压低处，搭接宽度符合设计要求，并用胶密封）。

墙面边缘部位的收口处理，用颜色相似的铝合金成型板将墙板端部及龙骨部位封住。

墙面下端的收口处，用一条特制的披水板将板的下端封住，同时将板与墙之间的缝隙盖住，防止雨水渗入室内。

【知识链接】

伸缩缝、沉降缝的处理，首先要适应建筑物伸缩、沉降的需要，同时也应考虑装饰效果。此外，此部位也是防水的薄弱环节，其构造节点应周密考虑。一般可用氯丁橡胶带起连接、密封作用。

墙板的外内包角及钢窗周围的泛水板等须在现场加工的异形件，应参考图样，对安装好的墙面进行实测套足尺，确定其形状尺寸，使其加工准确、便于安装。

7.3.2 饰面砖施工

外墙面砖施工工艺流程为：基层处理→吊垂直、套方、找规矩→贴灰饼→抹底层砂浆→弹线分格→排砖→浸砖→镶贴面砖→面砖勾缝与擦缝。

【参考视频】

1. 基层为混凝土墙面时的施工工艺

1）基层处理

首先将凸出墙面的混凝土剔平，对大钢模施工的混凝土墙面应凿毛，并用钢丝刷满刷一遍，再浇水湿润。如果基层混凝土表面很光滑，也可采取如下的“毛化处理”办法，即先将表面尘土、污垢清扫干净，用10%火碱水将板面的油污刷掉，随之用净水将碱液冲净、晾干，然后用1∶1水泥细砂浆内掺水重20%的108胶，喷或用笤帚将砂浆甩到墙上，其甩点要均匀，终凝后浇水养护，直至水泥砂浆疙瘩全部粘到混凝土光面上，并有较高的强度（用手掰不动）为止。

2）吊垂直、套方、找规矩、贴灰饼

若建筑物为高层时，应在四大角和门窗口边用经纬仪打垂直线找直；如果建筑物为多层时，可从顶层开始用特制的大线坠绷铁丝吊垂直，然后根据面砖的规格尺寸分层设点、做灰饼。横线以楼层为水平基准线交圈控制，竖线则以四周大角和通天柱或垛子为基准线控制，应全部为整砖。每层打底时则以此灰饼作为基准点进行冲筋，使其底层灰做到横平竖直。同时要注意找好凸出檐口、腰线、窗台、雨篷等饰面的流水坡度和滴水线（槽）。

3）抹底层砂浆

先刷一道掺水重10%的108胶水泥素浆，紧跟着分层分遍抹底层砂浆（常温时采用配合比为1∶3的水泥砂浆），第一遍厚度约为5mm，抹后用木抹子搓平，隔天浇水养护；待第一遍六七成干时，即可抹第二遍，厚度8～12mm，随即用木杠刮平、木抹子搓毛，隔天浇水养护，若需要抹第三遍时，其操作方法同第二遍，直至把底层砂浆抹平为止。

4）弹线分格

待基层灰六七成干时，即可按图样要求分段分格弹线，同时也可进行面层贴标准点的工作，以控制面层出墙尺寸及垂直、平整。

5）排砖

根据大样图及墙面尺寸进行横竖向排砖，以保证面砖缝隙均匀，符合设计图样要求，注意大墙面、通天柱子和垛子要排整砖，以及在同一墙面上的横竖排列，均不得有一行以上的非整砖。非整砖行应排在次要部位，如窗间墙或阴角处等。但也要注意一致和对称。如遇有突出的卡件，应用整砖套割吻合，不得用非整砖随意拼凑镶贴。

6）浸砖

外墙面砖镶贴前，首先要将面砖清扫干净，放入净水中浸泡2h以上，取出待表面晾干或擦干净后方可使用。

7）镶贴面砖

镶贴应自上而下进行。高层建筑采取措施后，可分段进行。在每一分段或分块内的面砖，均为自下而上镶贴。从最下一层砖下皮的位置线先稳好靠尺，以此托住第一皮面砖。在面砖外皮上口拉水平通线，作为镶贴的标准。

在面砖背面可采用1∶2水泥砂浆或1∶0.2∶2＝水泥∶白灰膏∶砂的混合砂浆镶贴，砂浆厚度为6～10mm，贴砖后用灰铲柄轻轻敲打，使之附线，再用钢片开刀调整竖缝，并用小杠通过标准点调整平面和垂直度。

另外一种做法是，用1∶1水泥砂浆加水重20％的108胶，在砖背面抹3～4mm厚，粘贴即可。但此种做法其基层灰必须抹得平整，而且砂子必须用窗纱筛后使用。

另外，也可用胶粉来粘贴面砖，其厚度为2～3mm，用此种做法其基层灰必须更平整。

如要求面砖拉缝镶贴时，面砖之间的水平缝宽度用米厘条控制，米厘条用贴砖砂浆与中层灰临时镶贴，米厘条贴在已镶贴好的面砖上口，为保证其平整，可临时加垫小木楔。

女儿墙压顶、窗台、腰线等部位平面也要镶贴面砖时，除流水坡度应符合设计要求外，还应采取平面面砖压立面面砖的做法，预防向内渗水，引起空裂；同时还应采取立面中最低一排面砖必须压底平面面砖，并低出底平面面砖3～5mm的做法，让其起滴水线（槽）的作用，防止尿檐而引起空裂。

8）面砖勾缝与擦缝

面砖铺贴拉缝时，用1∶1水泥砂浆勾缝，先勾水平缝再勾竖缝，勾好后要求凹进面砖外表面2～3mm。若横竖缝为干挤缝，或小于3mm者，应用白水泥配颜料进行擦缝处理。面砖缝子勾完后，用布或棉丝蘸稀盐酸擦洗干净。

2. 基层为砖墙面时的施工工艺

基层为砖墙面时的施工工艺如下。

(1) 抹灰前，墙面必须清扫干净，浇水湿润。

(2) 大墙面和四角、门窗口边弹线找规矩，必须由顶层到底层一次进行，弹出垂直线，并决定面砖出墙尺寸，分层设点、做灰饼。横线以楼层为水平基线交圈控制，竖线则以四周大角和通天垛、柱子为基准线控制。每层打底时则以灰饼作为基准点进行冲筋，使其底层灰做到横平竖直。同时要注意找好突出檐口、腰线、窗台、雨篷等饰面的流水坡度。

(3) 抹底层砂浆：先把墙面浇水湿润，然后用1∶3水泥砂浆刮一道（约6mm厚），紧跟着用同强度等级的灰与冲筋抹平，随即用木杠刮平，木抹子搓毛，隔天浇水养护。

其他同基层为混凝土墙面的做法。

3. 基层为加气混凝土墙面时的施工工艺

基层为加气混凝土墙面时的施工工艺如下。

(1) 用水湿润加气混凝土表面，修补缺棱掉角处。修补前，先刷一道聚合物水泥浆，然后用1∶3∶9＝水泥∶白灰膏∶砂子混合砂浆分层补平，隔天刷聚合物水泥浆并抹1∶1∶6混合砂浆打底，木抹子搓平，隔天浇水养护。

(2) 用水湿润加气混凝土表面，在缺棱掉角处刷聚合物水泥浆一道，用1∶3∶9混合砂浆分层补平，待干燥后，钉金属网一层并绷紧。在金属网上分层抹1∶1∶6混合砂浆打底（最好采取机械喷射工艺），砂浆与金属网应结合牢固，最后用木抹子轻轻搓平，隔天浇水养护。

其他做法同基层为混凝土墙面的做法。

课题 7.4 地 面 施 工

7.4.1 地面工程层次构成及面层材料

按照《建筑工程施工质量验收统一标准》(GB 50300—2013）的规定，地面工程中，整体面层包括水泥混凝土面层、水泥砂浆面层、水磨石面层、水泥钢（铁）屑面层、防油渗面层、不发火（防爆的）面层；板块面层包括砖面层（陶瓷锦砖、缸砖、陶瓷地砖和水泥化砖面层)、大理石面层和花岗石面层、预制板块面层（水泥混凝土板块、水磨石板块面层)、料石面层（条石、块石面层)、塑料板面层、活动地板面层、地毯面层；木竹面层包括实木地板面层、实木复合地板面层、中密度（强化）复合地板面层、木（竹）地板面层等。

7.4.2 整体面层施工

1. 水泥砂浆地面施工

水泥砂浆地面施工工艺流程为基层处理→找标高、弹线→洒水湿润→抹灰饼和标筋→搅拌砂浆→刷水泥浆结合层→铺水泥砂浆面层→木抹子搓平→铁抹子压第一遍→第二遍压光→第三遍压光→养护。

(1) 基层处理。先将基层上的灰尘扫掉，用钢丝刷和錾子刷净、剔掉灰浆皮和灰渣层，用10%的火碱水溶液刷掉基层上的油污，并用清水及时将碱液冲净。

(2) 找标高弹线。根据墙上的＋50cm水平线，往下量测出面层标高，并弹在墙上。

(3) 洒水湿润。用喷壶将地面基层均匀洒水一遍。

(4) 抹灰饼和标筋（或称冲筋)。根据房间内四周墙上弹的面层标高水平线，确定面层抹灰厚度（不应小于20mm)，然后拉水平线开始抹灰饼（5cm×5cm)，横竖间距为1.5～2.0m，灰饼上平面即为地面面层标高。

如果房间较大，为保证整体面层平整度，还须抹标筋（或称冲筋)，将水泥砂浆铺在灰饼之间，宽度与灰饼宽相同，用木抹子拍抹成与灰饼上表面相平一致。铺抹灰饼和标筋的砂浆材料配合比均与抹地面的砂浆相同。

(5) 搅拌砂浆。水泥砂浆的体积比宜为1∶2（水泥∶砂)，其稠度不应大于35mm，强度等级不应小于 M15。为了控制加水量，应使用搅拌机搅拌均匀，颜色一致。

（6）刷水泥浆结合层。在铺设水泥砂浆之前，应涂刷水泥浆一层，其水灰比为 0.4～0.5（涂刷之前要将抹灰饼的余灰清扫干净再洒水湿润），涂刷面积不要过大，随刷随铺面层砂浆。

（7）铺水泥砂浆面层。涂刷水泥浆之后紧跟着铺水泥砂浆，在灰饼之间（或标筋之间）将砂浆铺均匀，然后用木刮杠按灰饼（或标筋）高度刮平，铺砂浆时如果灰饼（或标筋）已硬化，木刮杠刮平后，同时将利用过的灰饼（或标筋）敲掉，并用砂浆填平。

（8）木抹子搓平。木刮杠刮平后，立即用木抹子搓平，从内向外退着操作，并随时用 2m 靠尺检查其平整度。

（9）铁抹子压第一遍。木抹子抹平后，立即用铁抹子压第一遍，直到出浆为止，如果砂浆过稀表面有泌水现象时，可均匀撒一遍干水泥和砂（1∶1）的拌合料（砂子要过 3mm 筛），再用木抹子用力抹压，使干拌料与砂浆紧密结合为一体，吸水后用铁抹子压平。如有分格要求的地面，在面层上弹分格线，用劈缝溜子开缝，再用溜子将分缝内压至平、直、光。上述操作均在水泥砂浆初凝之前完成。

（10）第二遍压光。面层砂浆初凝后，人踩上去有脚印但不下陷时，用铁抹子压第二遍，边抹压边把坑凹处填平，要求不漏压，表面压平、压光。有分格的地面压过后，应用溜子溜压，做到缝边光直、缝隙清晰、缝内光滑顺直。

（11）第三遍压光。在水泥砂浆终凝前进行第三遍压光（人踩上去稍有脚印），铁抹子抹上去不再有抹纹时，用铁抹子把第二遍抹压时留下的全部抹纹压平、压实、压光（必须在终凝前完成）。

（12）养护。地面压光完工后 24h，铺锯末或其他材料覆盖洒水养护，保持湿润，养护时间不少于 7d，当抗压强度达 5MPa 才能上人。

2. 水磨石地面施工

水磨石地面施工工艺流程为。基层处理→找标高→弹水平线→铺抹找平层砂浆→养护→弹分格线→镶分格条→拌制水磨石拌合料→涂刷水泥浆结合层→铺水磨石拌合料→滚压、抹平→试磨→粗磨→细磨→磨光→草酸清洗→打蜡上光。

（1）基层处理。将混凝土基层上的杂物清理干净，不得有油污、浮土。用钢錾子和钢丝刷将沾在基层上的水泥浆皮錾掉铲净。

（2）找标高弹水平线。根据墙面上的＋50cm 标高线，往下量测出磨石面层的标高，弹在四周墙上，并考虑其他房间和通道面层的标高要相互一致。

（3）抹找平层砂浆。

① 根据墙上弹出的水平线，留出面层厚度（10～15mm 厚），抹 1∶3 水泥砂浆找平层，为了保证找平层的平整度，先抹灰饼（纵横方向间距 1.5m 左右），直径大小 8～10cm。

② 灰饼砂浆硬结后，以灰饼高度为标准，抹宽度为 8～10cm 的纵横标筋。

③ 在基层上洒水湿润，刷一道水灰比为 0.4～0.5 的水泥浆，面积不得过大，随刷浆随铺抹 1∶3 找平层砂浆，并用 2m 长刮杠以标筋为标准进行刮平，再用木抹子搓平。

（4）养护。抹好找平层砂浆后养护 24h，待抗压强度达到 1.2MPa，方可进行下道工序施工。

（5）弹分格线。根据设计要求的分格尺寸，一般采用 1m×1m。在房间中部弹十字线，计算好周边的镶边宽度后，以十字线为准可弹分格线。如果设计有图案要求时，应按设计要求弹出清晰的线条。

(6) 镶分格条。用小铁抹子抹稠水泥浆将分格条固定住（分格条安在分格线上），抹成截面呈 30°八字形，如图 7.16 所示，高度应低于分格条条顶 3mm，分格条应平直（上平必须一致）、牢固、接头严密，不得有缝隙，作为铺设面层的标志。另外在粘贴分格条时，在分格条十字交叉接头处，为了使拌合料填塞饱满，在距交点 40～50mm 内不抹水泥浆，如图 7.17 所示。

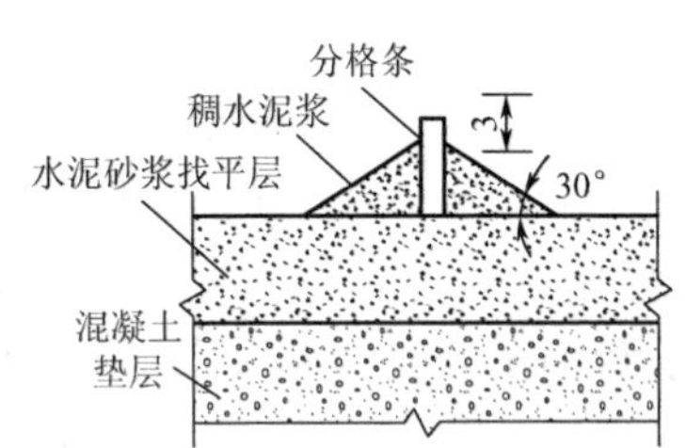

图 7.16 现制水磨石地面镶嵌分格条剖面示意

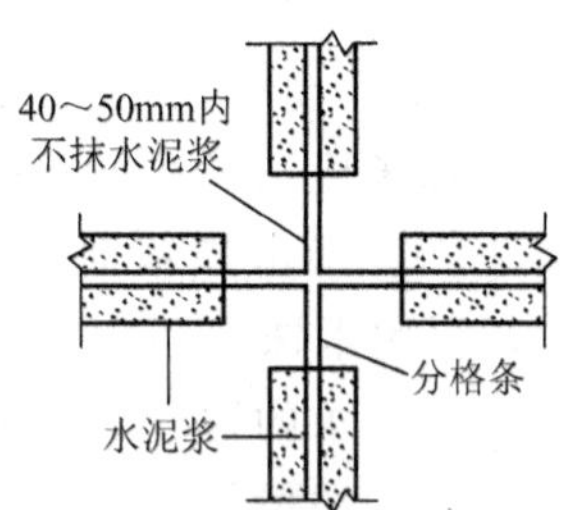

图 7.17 分格条交叉处正确的粘贴方法

当分格条采用铜条时，应预先在两端头下部 1/3 处打眼，穿入 22 号铁丝，锚固于下口八字角水泥浆内。镶条后 12h 后开始浇水养护，最少 2d，一般洒水养护 3～4d，在此期间房间应封闭，禁止各工序进行。

(7) 拌制水磨石拌合料（或称石渣浆）。

① 拌合料的体积比宜采用 1∶（1.5～2.5）（水泥∶石粒），要求配合比准确，拌和均匀。

② 使用彩色水磨石拌合料时，除彩色石粒外，还应加入耐光耐碱的矿物颜料，其掺入量为水泥重量的 3%～6%，普通水泥与颜料配合比、彩色石子与普通石子配合比，在施工前都须经实验室试验后确定。同一彩色水磨石面层应使用同厂、同批颜料。在拌制前应根据整个地面所需的用量，将水泥和所需颜料一次统一配好、配足。配料时不仅用铁铲拌和，还要用筛子筛匀后，用包装袋装起来存放在干燥的室内，避免受潮。彩色石粒与普通石粒拌和均匀后，集中贮存待用。

③ 各种拌合料在使用前加水拌和均匀，稠度约 6cm。

(8) 涂刷水泥浆结合层：先用清水将找平层洒水湿润，涂刷与面层颜色相同的水泥浆结合层，其水灰比宜为 0.4～0.5，要刷均匀，也可在水泥浆内掺加胶粘剂，要随刷随铺拌合料，刷的面积不要过大，防止浆层风干导致面层空鼓。

(9) 铺设水磨石拌合料。

① 水磨石拌合料的面层厚度，除有特殊要求的以外，宜为 12～18mm，并应按石料粒径确定。铺设时将搅拌均匀的拌合料先铺抹分格条边，后铺入分格条方框中间，用铁抹子由中间向边角推进，在分格条两边及交角处应特别注意压实抹平，随抹随用直尺进行平度检查。如局部地面铺设过高时，应用铁抹子将其挖去一部分，再将周围的水泥石子浆拍挤抹平（不得用刮杠刮平）。

② 几种颜色的水磨石拌合料不可同时铺抹，要先铺抹深色的，后铺抹浅色的，待前一种凝固后，再铺后一种（因为深颜色的掺矿物颜料多，强度增长慢，影响机磨效果）。

(10) 滚压、抹平。用滚筒液压前，先用铁抹子或木抹子在分格条两边宽约 10cm 范围内轻轻拍实（避免将分格条挤移位）。滚压时用力要均匀（要随时清掉粘在滚筒上的石碴），应从横竖两个方向轮换进行，达到表面平整密实、出浆石粒均匀为止。待石粒浆稍收水后，再用铁抹子将浆抹平、压实，如发现石粒不均匀之处，应补石粒浆再用铁抹子拍平、压实。24h 后浇水养护。

(11) 试磨。一般根据气温情况确定养护天数，温度在 20～30℃时 2～3d 即可开始机磨，过早开磨石粒易松动；过迟则会磨光困难。所以需进行试磨，以面层不掉石粒为准。

(12) 粗磨。第一遍用 60～90 号金刚石磨，使磨石机机头在地面上走横“8”字形，边磨边加水（如磨石面层养护时间太长，可加细砂，加快机磨速度），随时清扫水泥浆，并用靠尺检查平整度，直至表面磨平、磨匀，分格条和石粒全部露出（边角处用人工磨成同样效果），用水清洗晾干，然后用较浓的水泥浆（如掺有颜料的面层，应用同样掺有颜料配合比的水泥浆）擦一遍，特别是面层的洞眼小，孔隙要填实抹平，脱落的石粒应补齐，浇水养护 2～3d。

(13) 细磨。第二遍用 90～120 号金刚石磨，要求磨至表面光滑为止。然后用清水冲净，满擦第二遍水泥浆，仍注意小孔隙要细致擦严密，然后养护 2～3d。

(14) 磨光。第三遍用 200 号细金刚石磨，磨至表面石子显露均匀，无缺石粒现象，平整、光滑，无孔隙为度。

普通水磨石面层磨光遍数不应少于 3 遍，高级水磨石面层的厚度、磨光遍数及油石规格应根据设计确定。

(15) 草酸擦洗。为了取得打蜡后显著的效果，在打蜡前磨石面层要进行一次适量限度的酸洗，一般均用草酸进行擦洗，使用时，先用水加草酸混合成约 10%浓度的溶液，用扫帚蘸取溶液洒在地面上，再用油石轻轻磨一遍；磨出水泥及石粒本色，再用水冲洗软布擦干。此道操作必须在各工种完工后才能进行，经酸洗后的面层不得再受污染。

(16) 打蜡上光。将蜡包在薄布内，在面层上薄薄涂一层，待干后用钉有帆布或麻布的木块代替油石，装在磨石机上研磨，用同样方法再打第二遍蜡，直到光滑洁亮为止。

7.4.3 板块面层施工

【参考视频】

大理石、花岗石地面施工工艺流程为：准备工作→试拼→弹线→试排→刷水泥浆及铺砂浆结合层→铺大理石板块（或花岗石板块）→灌缝、擦缝→打蜡。

(1) 准备工作。

① 以施工大样图和加工单为依据，熟悉了解各部位尺寸和做法，弄清洞口、边角等部位之间的关系。

② 基层处理。将地面垫层上的杂物清理干净，用钢丝刷刷掉黏结在垫层上的砂浆，并清扫干净。

(2) 试拼。在正式铺设前，对每一房间的板块，应按图案、颜色、纹理试拼，将非整块板对称排放在房门靠墙部位，试拼后按两个方向编号排列，然后按编号码放整齐。

(3) 弹线。为了检查和控制板块的位置，在房间内拉十字控制线，弹在混凝土垫层上，并引至墙面底部，然后依据墙面＋50cm 标高线找出面层标高，在墙上弹出水平标高线，弹水平线时要注意室内与楼道面层标高要一致。

(4) 试排。在房间内的两个相互垂直的方向铺两条干砂，其宽度大于板块宽度，厚度不小于3cm、结合施工大样图及房间实际尺寸，把板块排好，以便检查板块之间的缝隙，核对板块与墙面、柱、洞口等部位的相对位置。

(5) 刷水泥素浆及铺砂浆结合层。试铺后将干砂和板块移开，清扫干净，用喷壶洒水湿润，刷一层素水泥浆（水灰比为0.4～0.5，刷的面积不要过大，随铺砂浆随刷）。根据板面水平线确定结合层砂浆厚度，拉十字控制线，开始铺结合层干硬性水泥砂浆［一般采用1∶（2～3）的干硬性水泥砂浆，干硬程度以手捏成团，落地即散为宜］，厚度控制在放板块时宜高出面层水平线3～4mm。铺好后用大杠刮平，再用抹子拍实找平（铺摊面积不得过大）。

(6) 铺砌板块。

① 板块应先用水浸湿，待擦干或表面晾干后方可铺设。

② 根据房间拉的十字控制线，纵横各铺一行，作为大面积铺砌标筋用。依据试拼时的编号、图案及试排时的缝隙（板块之间的缝隙宽度，当设计无规定时不应大于1mm），在十字控制线交点开始铺砌。先试铺，即搬起板块对好纵横控制线铺落在已铺好的干硬性砂浆结合层上，用橡皮锤敲击木垫板（不得用橡皮锤或木槌直接敲击板块），振实砂浆至铺设高度后，将板块掀起移至一旁，检查砂浆表面与板块之间是否相吻合，如发现有空虚之处，应用砂浆填补，然后正式镶铺，先在水泥砂浆结合层上满浇一层水灰比为0.5的素水泥浆（用浆壶浇均匀），再铺板块，安放时四角同时往下落，用橡皮锤或木槌轻击木垫板，根据水平线用铁水平尺找平，铺完第一块，向两侧和后退方向顺序铺砌。铺完纵、横行之后有了标准，可分段分区依次铺砌，一般房间是先里后外进行，逐步退至门口，便于成品保护，但必须注意与楼道相呼应。也可从门口处往里铺砌，板块与墙角、镶边和靠墙处应紧密砌合，不得有空隙。

(7) 灌缝、擦缝。在板块铺砌后1～2昼夜进行灌浆擦缝。根据大理石（或花岗石）颜色，选择相同颜色矿物颜料和水泥（或白水泥）拌和均匀，调成1∶1稀水泥浆，用浆壶徐徐灌入板块之间的缝隙中（可分几次进行），并用长把刮板把流出的水泥浆刮向缝隙内，至基本灌满为止。灌浆1～2h后，用棉纱团蘸原稀水泥浆擦缝与板面擦平，同时将板面上水泥浆擦净，使大理石（或花岗石）面层的表面洁净、平整、坚实，以上工序完成后，面层加以覆盖，养护时间不应少于7d。

(8) 打蜡。当水泥砂浆结合层达到强度后（抗压强度达到1.2MPa时），方可进行打蜡，使面层达到光滑洁亮。

【知识链接】

7.4.4 木(竹)面层施工

【参考视频】

普通木（竹）地板和拼花木地板按构造方法不同，有实铺和空铺两种，如图7.18所示。空铺是由木搁栅、企口板、剪刀撑等组成，一般均设在首层房间。当搁栅跨度较大时，应在房中间加设地垄墙，地垄墙顶上要铺油毡或抹防水砂浆及放置沿缘木。实铺是木搁栅铺在钢筋混凝土板或垫层上，它是由木搁栅及企口板等组成。其施工工艺流程为：安装木搁栅→钉木地板→刨平→净面细刨、磨光→安装踢脚板。

1. 安装木搁栅

木搁栅的安装，采用空铺法还是实铺法是不同的。

(1) 空铺法。在砖砌基础墙上和地垄墙上垫放通长沿椽木，用预埋的铁丝将其捆绑

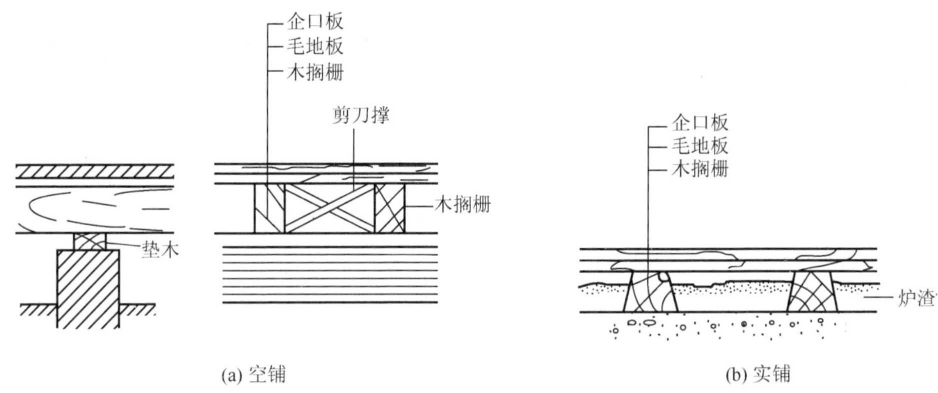

图 7.18 木板面层构造做法示意图

好，并在沿椽木表面画出各木搁栅的中线，然后将木搁栅对准中线摆好，端头离开墙面约30mm的缝隙，依次将中间的木搁栅摆好，当顶面不平时，可用垫木或木楔在木搁栅底下垫平，并将其钉牢在沿缘木上，为防止木搁栅活动，应在固定好的木搁栅表面临时钉设木拉条，使之互相牵拉着，木搁栅摆正后，在木搁栅上按剪刀撑的间距弹线，然后按线将剪刀撑钉于木搁栅侧面，同一行剪刀撑要对齐顺线，上口齐平。

(2) 实铺法。楼层木地板的铺设，通常采用实铺法施工，应先在楼板上弹出各木搁栅的安装位置线（间距约400mm）及标高。将木搁栅（断面呈梯形，宽面在下）放平、放稳，并找好标高，将预埋在楼板内的铁丝拉出，捆绑好木搁栅（如未预埋镀锌铁丝，可按设计要求用膨胀螺栓等固定木搁栅），然后把干炉渣或其他保温材料塞满两木搁栅之间。

2. 钉木地板

钉木地板内容如下。

(1) 条板铺钉。空铺的条板铺钉方法为剪刀撑钉完之后，可从墙的一边开始铺钉企口条板，靠墙的一块板应离墙面有10～20mm的缝隙，以后逐块排紧，用钉从板侧凹角处斜向钉入，钉长为板厚的2～2.5倍，钉帽要砸扁，企口条板要钉牢、排紧。板的排紧方法一般可在木搁栅上钉扒钉一只，在扒钉与板之间夹一对硬木楔，打紧硬木楔就可以使板排紧。钉到最后一块企口板时，因无法斜着钉，可用明钉钉牢，钉帽要砸扁，冲入板内。企口板的接头要在木搁栅中间，接头要互相错开，板与板之间应排紧，木搁栅上临时固定的木拉条，应随企口板的安装随时拆去，铺钉完之后及时清理干净，先应垂直木纹方向粗刨一遍，再依顺木纹方向细刨一遍。

实铺条板铺钉方法同上。

(2) 拼花木地板铺钉。硬木地板下层一般都钉毛地板，可采用纯棱料，其宽度不宜大于120mm，毛地板与木搁栅成45°或30°方向铺钉，并应斜向钉牢，板间缝隙不应大于3mm，毛地板与墙之间应留10～20mm缝隙，每块毛地板应在每根木搁栅上各钉两个钉子固定，钉子的长度应为板厚的2.5倍。铺钉拼花地板前，宜先铺设一层沥青纸（或油毡），以隔声和防潮用。

在铺打硬木拼花地板前，应根据设计要求的地板图案，应在房间中央弹出图案墨线，再按墨线从中央向四边铺钉。有镶边的图案，应先钉镶边部分，再从中央向四边铺钉，各块木板应相互排紧，对于企口拼装的硬木地板，应从板的侧边斜向钉入毛地板中，钉头不要露出；钉长为板厚的2～2.5倍，当木板长度小于30cm时，侧边应钉两个钉子，长度大于30cm时，应钉入3个钉子，板的两端应各钉1个钉子固定。板块间缝隙不应大于0.3mm，面层与墙之间缝隙，应以木踢脚板封盖。钉完后，清扫干净刨光，刨刀吃口不应过深，防止板面出现刀痕。

（3）拼花地板黏结。采用沥青胶结料铺贴拼花木板面层时，其下一层应平整、洁净、干燥，并应先涂刷一遍同类底子油，然后用沥青胶结料随涂随铺，其厚度宜为2mm，在铺贴时木板块背面也应涂刷一层薄而均匀的沥青胶结料。

当采用胶粘剂铺贴拼花板面层时，胶粘剂应通过试验确定。胶粘剂应存放在阴凉通风、干燥的室内。超过生产期3个月的产品，应取样检验，合格后方可使用。超过保质期的产品，不得使用。

3. 净面细刨、磨光

地板刨光宜采用地板刨光机（或六面刨），转速在5000rad/min以上。长条地板应顺水纹刨，拼花地板应与地板木纹成45°斜刨。刨时不宜走得太快，刨口不要过大，要多走几遍，地板刨光机不用时应先将机器提起关闭，防止啃伤地面。机器刨不到的地方要用手刨，并用细刨净面。地板刨平后，应使用地板磨光机磨光，所用砂布应先粗后细，砂布应绷紧绷平，磨光方向及角度与刨光方向相同。

木地板油漆、打蜡详见装饰工程木地板油漆工艺标准。

课题7.5 吊顶与轻质隔墙施工

7.5.1 吊顶施工

【参考视频】

吊顶有直接式顶棚和悬吊式顶棚两种形式。直接式顶棚按施工方法和装饰材料的不同，可分为直接刷（喷）浆顶棚、直接抹灰顶棚、直接粘贴式顶棚（用胶粘剂粘贴装饰面层）；悬吊式顶棚按结构形式分为活动式装配吊顶、隐蔽式装配吊顶、金属装饰板吊顶、开敞式吊顶和整体式吊顶（灰板条吊顶）等。

1. 木骨架罩面板顶棚施工

木骨架罩面板顶棚施工工艺为：安装吊点紧固件→沿吊顶标高线固定沿墙边龙骨→刷防火涂料→在地面拼接木搁栅（木龙骨架）→分片吊装→与吊点固定→分片间的连接→预留孔洞→整体调整→安装胶合板→后期处理。

1）安装吊点紧固件

安装吊点紧固件步骤如下。

（1）用冲击电钻在建筑结构底面按设计要求打孔，钉膨胀螺钉。

（2）用直径必须大于5mm的射钉，将角铁等固定在建筑底面上。

（3）利用事先预埋的吊筋固定吊点。

2）沿吊顶标高线固定沿墙边龙骨

遇水泥混凝土墙面，可用水泥钉将木龙骨固定在墙面上。若是砖墙和混凝土墙时，先用冲击钻在墙面标高线以上10mm处打孔（孔的直径应大于12mm，在孔内下木楔，木楔的直径要稍大于孔径），木楔下入孔内要达到牢固配合。木楔下完后，木楔和墙面应保持在同一平面，木楔间距为0.5～0.8mm。然后将边龙骨用钉固定在墙上。边龙骨断面尺寸应与吊顶木龙骨断面尺寸相同，边龙骨固定后其底边与吊顶标高线应齐平。

3）刷防火涂料

木吊顶龙骨筛选后要刷三遍防火涂料，待晾干后备用。

4）在地面拼接木搁栅（木龙骨架）

先把吊顶面上需分片或可以分片的尺寸位置定出，根据分片的尺寸进行拼接前的安排。拼接接法是将截面尺寸为25mm×30mm的木龙骨，在长木方向上按中心线距300mm的尺寸开出深15mm、宽25mm的凹槽。然后按凹槽对凹槽的方法拼接，在拼口处用小圆钉或胶水固定。通常是先拼接大片的木搁栅，再拼接小片的木搁栅，但木搁栅最大片不能大于$10m^2$。

5）分片吊装

平面吊顶的吊装先从一个墙角位置开始，将拼接好的木搁栅托起至吊顶标高位置。对于高度低于3.2m的吊顶木搁栅，可在木搁栅举起后用高度定位杆支撑，使木搁栅的高度略高于吊顶标高线，高度大于3m时，则用铁丝在吊点上做临时固定。

6）与吊点固定

与吊点固定有以下三种方法。

（1）用木方固定。先用木方按吊点位置固定在楼板或屋面板的下面，然后，再用吊筋木方与固定在建筑顶面的木方钉牢。吊筋长短应大于吊点与木搁栅表面之间的距离100mm左右，便于调整高度。吊筋应在木龙骨的两侧固定后再截去多余部分。吊筋与木龙骨钉接处每处不许少于两只铁钉。如木龙骨搭接间距较小，或钉接处有劈裂、腐朽、虫眼等缺陷，应换掉或立刻在木龙骨的吊挂处钉挂上200mm长的加固短木方。

（2）用角铁固定。在需要上人和一些重要的位置，常用角铁做吊筋与木搁栅固定连接。其方法是在角铁的端头钻2～3个孔做调整。角铁在木搁栅的角位上，用两只木螺钉固定。

（3）用扁铁固定。将扁铁的长短先测量截好，在吊点固定端钻出两个调整孔，以便调整木搁栅的高度。扁铁与吊点件用M6螺栓连接，扁铁与木龙骨用两只木螺钉固定。扁铁端头不得长出木搁栅下平面。

7）分片间的连接

分片间的连接有两种情况：当两分片木搁栅在同一平面对接时，先将木搁栅的各端头对正，然后用短木方进行加固；当分片木搁栅不在同一平面时，平面吊顶处于高低面连接，先用一条木方斜拉地将上下两平面木搁栅架定位，再将上下平面的木搁栅用垂直的木方条固定连接。

8）预留孔洞

预留灯光盘、空调风口、检修孔位置。

9）整体调整

各个分片木搁栅连接加固完后，在整个吊顶面下用尼龙线或棒线拉出十字交叉标高线，检查吊顶平面的平整度，吊顶应起拱，一般可按7～10m跨度为3/1000的起拱量，10～15m跨度为5/1000起拱量。

10）安装胶合板

安装胶合板内容如下。

(1) 按设计要求将挑选好的胶合板正面向上，按照木搁栅分格的中心线尺寸，在胶合板正面上画线。

(2) 板面倒角。在胶合板的正面四周按宽度为2～3mm刨出45°倒角。

(3) 钉胶合板。将胶合板正面朝下，托起到预定位置，使胶合板上的画线与木搁栅中心线对齐，用铁钉固定。钉距为80～150mm，钉长为25～35mm，钉帽应砸扁钉入板内，钉帽进入板面0.5～1mm，钉眼用油性腻子抹平。

(4) 固定纤维板。钉距为80～120mm，钉长为20～30mm，钉帽进入板面0.5mm。钉眼用油性腻子抹平。硬质纤维板用前应先用水浸透，自然阴干后安装。

(5) 胶合板、纤维板、木丝板要钉木压条，先按图纸要求的间距尺寸在板面上弹线。以墨线为准，将压条用钉子左右交错钉牢，钉距不应大于200mm，钉帽应砸扁顺着木纹打入木压条表面0.5～1mm，钉眼用油性腻子抹平。木压条的接头处，用小齿锯制角，使其严密平整。

11) 后期处理

按设计要求进行刷油、裱糊、喷涂，最后安装PVC塑料板。

2. 轻钢骨架罩面板顶棚施工

轻钢骨架罩面板顶棚施工工艺为：弹顶棚标高水平线→画龙骨分档线→安装主龙骨吊杆→安装主龙骨→安装次龙骨→安装罩面板→刷防锈漆→安装压条。

1) 弹顶棚标高水平线

根据楼层标高水平线，用尺竖向量至顶棚设计标高，沿墙、往四周弹顶棚标高水平线。

2) 画龙骨分档线

按设计要求的主、次龙骨间距布置，在已弹好的顶棚标高水平线上划龙骨分档线。

3) 安装主龙骨吊杆

弹好顶棚标高水平线及龙骨分档线后，确定吊杆下端头的标高，按主龙骨位置及吊挂间距，将吊杆无螺纹的一端与楼板预埋钢筋连接固定。未预埋钢筋时可使用膨胀螺栓。

4) 安装主龙骨

安装主龙骨内容如下。

(1) 配装吊杆螺母。

(2) 在主龙骨上安装吊挂件。

(3) 安装主龙骨：将组装好吊挂件的主龙骨，按分档线位置使吊挂件穿入相应的吊杆螺栓，拧好螺母。

(4) 主龙骨相接处装好连接件，拉线调整标高、起拱和平直。

(5) 安装洞口附加主龙骨，按图集相应节点构造，设置连接卡固件。

(6) 钉固边龙骨，采用射钉固定。设计无要求时，射钉间距为1000mm。

5) 安装次龙骨

安装次龙骨内容如下。

(1) 按已弹好的次龙骨分档线，卡放次龙骨吊挂件。

(2) 吊挂次龙骨：按设计规定的次龙骨间距，将次龙骨通过吊挂件吊挂在大龙骨上，设计无要求时，一般间距为500～600mm。

(3) 当次龙骨长度需多根延续接长时，用次龙骨连接件，在吊挂次龙骨的同时相接，调直固定。

(4) 当采用T形龙骨组成轻钢骨架时，次龙骨的卡档龙骨应在安装罩面板时，每装一块罩面板先后各装一根卡档次龙骨。

6) 安装罩面板

在安装罩面板前必须对顶棚内的各种管线进行检查验收，并经打压试验合格后，才允许安装罩面板。顶棚罩面板的品种繁多，一般在设计文件中应明确选用的种类、规格和固定方式。罩面板与轻钢骨架固定的方式分为罩面板自攻螺钉钉固法、罩面板胶黏结固法、罩面板托卡固定法三种。

(1) 罩面板自攻螺钉钉固法。在已装好并经验收的轻钢骨架下面，按罩面板的规格、拉缝间隙、进行分块弹线，从顶棚中间顺通长次龙骨方向先装一行罩面板，作为基准，然后向两侧伸延分行安装，固定罩面板的自攻螺钉间距为150～170mm。

(2) 罩面板胶黏结固法。按设计要求和罩面板的品种、材质选用胶黏结材料，一般可用401胶黏结，罩面板应经选配修整，使厚度、尺寸、边楞一致和整齐。每块罩面板黏结时应预装，然后在预装部位龙骨框底面刷胶，同时在罩面板四周边宽10～15mm的范围刷胶，经5min后，将罩面板压粘在预装部位；每间顶棚先由中间行开始，然后向两侧分行黏结。

(3) 罩面板托卡固定法。当轻钢龙骨为T形时，多为托卡固定法安装。

T形轻钢骨架通长次龙骨安装完毕，经检查标高、间距、平直度和吊挂荷载符合设计要求，垂直于通长次龙骨弹分块及卡档龙骨线。罩面板安装由顶棚的中间行次龙骨的一端开始，先装一根边卡档次龙骨，再将罩面板槽托入T形次龙骨翼缘或将无槽的罩面板装在T形翼缘上，然后安装另一侧长档次龙骨。按上述程序分行安装，最后分行拉线调整T形明龙骨。

7) 刷防锈漆

轻钢骨架罩面板顶棚，碳钢或焊接处未做防腐处理的表面（如预埋件、吊挂件、连接件、钉固附件等），在各工序安装前应刷防锈漆。

8) 安装压条

罩面板顶棚如设计要求有压条，待一间顶棚罩面板安装后，经调整位置，使拉缝均匀，对缝平整，按压条位置弹线，然后接线进行压条安装。其固定方法宜用自攻螺钉，螺钉间距为300mm，也可用胶黏结料粘贴。

7.5.2 轻质隔墙施工

1. 钢丝网架夹芯板隔墙施工

钢丝网架夹芯板是以三维构架式钢丝网为骨架，以膨胀珍珠岩、阻燃型聚苯乙烯泡沫塑料、矿棉、玻璃棉等轻质材料为芯材，由工厂制成的面密度为4～20kg/m^{2}的钢丝网架夹芯板，然后在其两面喷抹20mm厚水泥砂浆面层的新型轻质墙板。

钢丝网架夹芯板隔墙施工工艺为：清理→弹线→墙板安装→墙板加固→管线敷设→墙面粉刷。

1) 弹线

在楼地面、墙体及顶棚面上弹出墙板双面边线，边线间距为80mm（板厚），用线坠吊垂直，以保证对应的上下线在一个垂直平面内。

2) 墙板安装

钢丝网架夹芯板墙体施工时，按排列图将板块就位，一般是按由下至上、从一端向另一端的顺序安装。

(1) 将结构施工时预埋的两根直径为 6mm，间距为 400mm 的锚筋与钢丝网架焊接或用钢丝绑扎牢固。也可通过直径为 8mm 的胀铆螺栓加 U 形码（或压片），或打孔植筋，把板材固定在结构梁、板、墙、柱上。

(2) 板块就位前，可先在墙板底部安装位置满铺 1∶2.5 水泥砂浆垫层，砂浆垫层厚度不小于 35mm，使板材底部填满砂浆。有防渗漏要求的房间，应做高度不低于 100mm 的细石混凝土墙垫，待其达到一定强度后，再进行钢丝网架夹芯板安装。

(3) 墙板拼缝、墙体阴阳角、门窗洞口等部位，均应按设计构造要求采用配套的钢网片覆盖或槽形网加强，用箍码固定或用钢丝绑牢。钢丝网架边缘与钢网片相交点用钢丝绑扎紧固，其余部分相交点可相隔交错扎牢，不得有变形、脱焊现象。

(4) 板材拼接时，接头处芯材若有空隙，应用同类芯材补充、填实、找平。门窗洞口应按设计要求进行加强，一般洞口周边设置的槽形网（300mm）和洞口四角设置的 45°加强钢网片（可用长度不小于 500mm 的“之”字条）应与钢网架用金属丝捆扎牢固。如设置洞边加筋，应与钢丝网架用金属丝绑扎定位；如设置通天柱，应与结构梁、板的预留锚筋或预埋件焊接固定。门窗框安装，应与洞口处的预埋件连接固定。

(5) 墙板安装完成后，检查板块间以及墙板与建筑结构之间的连接，确定是否符合设计规定的构造要求及墙体稳定性的要求，并检查暗设管线、设备等隐蔽部分施工质量，以及墙板表面平整度是否符合要求；同时对墙板安装质量进行全面检查。

3) 管线敷设

安装暗管、暗线与暗盒等应与墙板安装相配合，在抹灰前进行。按设计位置将板材的钢丝剪开，剔除管线通过位置的芯材，把管、线或设备等埋入墙体内，上、下用钢筋码与钢丝网架固定，周边填实。埋设处表面另加钢网片覆盖补强，钢网片与钢丝网架用点焊连接或用金属丝绑扎牢固。

4) 墙面粉刷

钢丝网架夹芯板墙体安装完毕并通过质量检查，即可进行墙面抹灰。

(1) 将钢丝网架夹芯板墙体四周与建筑结构连接处（25～30mm）的缝隙用 1∶3 水泥砂浆填实。清理好钢丝网架与芯材结构的整体稳定效果，墙面做灰饼、设标筋；重要的阳角部位应按国家标准规定及设计要求做护角。

(2) 水泥砂浆抹灰层施工可分 3 遍完成，底层厚 12～15mm；中层厚 8～10mm；罩面层厚 2～5mm。水泥砂浆抹灰层的平均总厚度不小于 25mm。

(3) 可采用机械喷涂抹灰。若人工抹灰时，以自下而上为宜。底层抹灰后，应用木抹子反复揉搓，使砂浆密实并与墙体的钢丝网及芯材紧密黏结，且使抹灰表面保持粗糙。待底层砂浆终凝后，适当洒水润湿，即抹中层砂浆，表面用刮板找平、挫毛。两层抹灰均应采用同一配合比的砂浆。水泥砂浆抹灰层的罩面层，应按设计要求的装饰材料抹面。当罩面层需掺入其他防裂材料时，应经试验合格后方可使用。在钢丝网架夹芯墙板的一面喷灰时，注意防止芯材位置偏移。尚应注意，每一水泥砂浆抹灰层的砂浆终凝后，均应洒水养护；墙体两面抹灰的时间间隔，不得小于 24h。

2. 木龙骨隔墙施工

木龙骨隔墙工程是采用木龙骨作墙体骨架，以 4～25mm 厚的建筑平板作罩面板，组装而成的室内非承重轻质墙体，称为木龙骨隔墙。

1）木龙骨隔墙的种类

木龙骨隔墙分为全封隔墙、有门窗隔墙和隔断三种，其结构形式不尽相同。大木方构架结构的木隔墙，通常用50mm×80mm或50mm×100mm的大木方做主框架，框体规格为@500的方框架或500mm×800mm的长方框架，再用4～5mm厚的木夹板做基面板。该结构多用于墙面较高较宽的隔墙。为了使木隔墙有一定的厚度，常用25mm×30mm带凹槽木方做成双层骨架的框体，每片规格为@300或@400，间隔为150mm，用木方横杆连接。单层小木方构架常用25mm×30mm的带凹槽木方组装，框体@300，多用于3m以下隔墙或隔断。

2）施工工艺

木龙骨隔墙工程施工工艺为：弹线→钻孔→安装木骨架→安装饰面板→饰面处理。

（1）弹线、钻孔。在需要固定木隔墙的地面和建筑墙面上弹出隔墙的边缘线和中心线，画出固定点的位置，间距300～400mm，打孔深度在45mm左右，用膨胀螺栓固定。如用木楔固定，则孔深应不小于50mm。

（2）安装木骨架。

① 木骨架的固定通常是在沿墙、沿地和沿顶面处。对隔断来说，主要是靠地面和端头的建筑墙面固定。如端头无法固定，则常用铁件来加固端头，加固部位主要是在地面与竖木方之间。对于木隔墙的门框竖向木方，均应用铁件加固，否则会使木隔墙颤动、门框松动及木隔墙松动。

② 如果隔墙的顶端不是建筑结构，而是吊顶，处理方法区分不同情况而定。对于无门隔墙，只需相接缝隙小，平直即可；对于有门的隔墙，考虑到振动和碰动，所以顶端必须加固，即隔墙的竖向龙骨应穿过吊顶面，再与建筑物的顶面进行固定。

③ 木隔墙中的门框是以门洞两侧的竖向木方为基体，配以挡位框、饰边板或饰边线条组合而成；大木方骨架隔墙门洞竖向木方较大，其挡位框可直接固定在竖向木方上；小木方双层构架的隔墙，因其木方小，应先在门洞内侧钉上厚夹板或实木板之后，再固定挡位框。

④ 木隔墙中的窗框是在制作时预留的，然后用木夹板和木线条进行压边定位；隔断墙的窗也分固定窗和活动窗，固定窗是用木压条把玻璃板固定在窗框中，活动窗与普通活动窗一样。

（3）安装饰面板。

墙面木夹板的安装方式主要有明缝和拼缝两种。明缝固定是在两板之间留一条有一定宽度的缝，图样无规定时，缝宽以8～10mm为宜；明缝如不加垫板，则应将木龙骨面刨光，明缝的上下宽度应一致，锯割木夹板时，应用靠尺来保证锯口的平直度与尺寸的准确性，并用零号砂纸修边。拼缝固定时，要对木夹板正面四边进行倒角处理（45°×3mm），以使板缝平整。

3. 轻钢龙骨隔墙施工

采用轻钢龙骨作墙体骨架，以4～25mm厚的建筑平板作罩面板，组装而成的室内非承重轻质墙体，称为轻钢龙骨隔墙。

1）材料要求

隔墙所用的轻钢龙骨主件及配件、紧固件（包括射钉、膨胀螺钉、镀锌自攻螺钉、嵌缝料等）均应符合设计要求；轻钢龙骨还应满足防火及耐久性要求。

2）施工工艺

轻钢龙骨隔墙施工工艺为：基层清理→定位放线→安装沿顶龙骨、沿地龙骨及边端竖龙骨→安装竖向龙骨→安装横向龙骨→安装通贯龙骨（采用通贯龙骨系列时）、横撑龙骨、水电管线→安装门窗洞口部位的横撑龙骨→各洞口的龙骨加强及附加龙骨安装→检查骨架安装质量并调整校正→安装墙体一侧罩面板→板面钻孔安装管线固定件→安装填充材料→安装另一侧罩面板→接缝处理→墙面装饰。

（1）施工前应先完成基本的验收工作，石膏罩面板安装应在屋面、顶棚和墙抹灰完成后进行。

（2）弹线定位。墙体骨架安装前，按设计图样检查现场，进行实测实量，并对基层表面予以清理。在基层上按龙骨的宽度弹线，弹线应清晰，位置应准确。

（3）安装沿地、沿顶龙骨及边端竖龙骨。沿地、沿顶龙骨及边端竖龙骨可根据设计要求及具体情况采用射钉、膨胀螺钉或按所设置的预埋件进行连接固定。沿地、沿顶龙骨固定射钉或胀铆螺钉固定点间距，一般为 600～800mm。边端竖龙骨与建筑基体表面之间，应按设计规定设置隔声垫或满嵌弹性密封胶。

（4）安装竖向龙骨。竖龙骨的长度应比沿地、沿顶龙骨内侧的距离尺寸短 15mm。竖龙骨准确垂直就位后，即用抽芯铆钉将其两端分别与沿地、沿顶龙骨固定。

（5）安装横向龙骨。当采用有配件龙骨体系时，其通贯龙骨在水平方向穿过各条竖龙骨上的贯通孔，由支撑卡在两者相交的开口处连接稳固。对于无配件龙骨体系，可将横向龙骨（可由竖龙骨截取或采用加强龙骨等配套横撑型材）端头剪开折弯，用抽芯铆钉与竖龙骨连接固定。

（6）墙体龙骨骨架的验收。龙骨安装完毕，有水电设施的工程，尚需由专业人员按水电设计进行暗管、暗线及配件等安装进行检查验收。墙体中的预埋管线和附墙设备按设计要求采取加强措施。在罩面板安装之前，应检查龙骨骨架的表面平整度、立面垂直度及稳定性。

4. 平板玻璃隔墙施工

平板玻璃隔墙龙骨常用的有金属龙骨平板玻璃隔墙和木龙骨平板玻璃隔墙。常用的金属龙骨为铝合金龙骨。下面主要介绍铝合金龙骨的平板玻璃隔墙安装方法。隔墙的构造做法及施工安装基本上与玻璃门窗工程相同。其施工工艺流程为：弹线→铝合金下料→安装框架→安装玻璃。

1）弹线

主要弹出地面、墙面位置线及高度线。

2）铝合金下料

首先是精确画线，精度要求为±0.5mm，画线时注意不要碰坏型材表面。下料要使用专门的铝材切割机，要求尺寸准确、切口平滑。

3）安装框架

半高铝合金玻璃隔断通常是先在地面组装好框架后，再竖立起来固定，通高的铝合金玻璃隔墙通常是先固定竖向型材，再安装框架横向型材。铝合金型材相互连接主要是用铝角和自攻螺钉。铝合金型材与地面、墙面的连接则主要是用铁脚固定法。

型材的安装连接主要是竖向型材与横向型材的垂直结合，目前所采用的方法主要是铝角件连接法。铝角件连接的作用有两个方面，一方面是连接，另一方面是起定位作用，防止型材安装后转动。对铝角连接件的基本要求是有一定的强度和尺寸准确，所用的铝角通常是厚铝角，其厚度为 3mm 左右。铝角件与型材的固定，通常使用自攻螺钉，规格为半圆头 M4×20 或 M5×20。

需要注意的是，为了美观，自攻螺钉的安装位置应在较隐蔽处。通常的处理方法，如对接处在 1.5m 以下，自攻螺钉头安装在型材的下方；如对接处在 1.8m 以上，自攻螺钉安装在型材的上方。在固定铝角件时还应注意其弯角的方向。

4）安装玻璃

建议使用安全玻璃，如钢化玻璃的厚度不小于 5mm，夹层玻璃的厚度不小于 6.38mm，对于无框玻璃隔墙应使用厚度不小于 10mm 的钢化玻璃，以保证使用的安全性。

玻璃安装应符合门窗工程的有关规定。铝合金隔墙的玻璃安装方式有两种：一种是安装于活动窗扇上；另一种是直接安装于型材上。前者需在制作铝合金活动窗时同时安装，其安装方法见门窗工程单元。在型材框架上安装玻璃，应先按框洞的尺寸缩 3～5mm 裁玻璃，以防止玻璃的不规整和框洞尺寸的误差，而造成装不上玻璃的问题。玻璃在型材框架上的固定，应用与型材同色的铝合金槽条，在玻璃两侧夹定，槽条可用自攻螺钉与型材固定，并在铝槽与玻璃间加玻璃胶密封。

平板玻璃隔墙的玻璃边缘不得与硬性材料直接接触，玻璃边缘与槽底空隙不应小于 5mm。玻璃嵌入墙体、地面和顶面的槽口深度应符合相关规定，当玻璃厚 5～6mm 时，为 8mm；当玻璃厚 8～12mm 时，为 10mm。玻璃与槽口的前后空隙也应符合有关规定，当玻璃厚 5～6mm 时，为 2.5mm；当玻璃厚 8～1.2mm 时，为 3mm。这些缝隙用弹性密封胶或橡胶条填嵌。

玻璃底部与槽底空隙间，应用不少于两块的 PVC 垫块或硬橡胶垫块支撑，支撑块长度不小于 10mm。玻璃平面与两边槽口空隙应使用弹性定位块衬垫，定位块长度不小于 25mm。支撑块和定位块应设置在距槽角不小于 300mm 或 1/4 边长的位置。

对于纯粹为采光而设置的平板落地玻璃分隔墙，应在距地面 1.5～1.7m 处的玻璃表面用装饰图案设置防撞标志。

【知识链接】

课题 7.6 门窗施工

常见的门窗类型有木门窗、铝合金门窗、塑料门窗、彩板门窗和特种门窗。门窗工程的施工可分为两类，一类是由工厂预先加工拼装成型，在现场安装；另一类是在现场根据设计要求加工制作即时安装。

【参考视频】

7.6.1 木门窗安装

木门窗安装工艺为：弹线找规矩→决定门窗框安装位置→决定安装标高→掩扇、门框安装样板→窗框、扇、安装→门框安装→门扇安装。

（1）结构工程经过监督站验收达到合格后，即可进行门窗安装施工。首先，应从顶层用大线坠吊垂直，检查窗口位置的准确度，并在墙上弹出安装位置线，对不符线的结构边楞进行处理。

（2）根据室内 50cm 的平线检查窗框安装的标高尺寸，对不符线的结构边棱进行处理。

（3）室内外门框应根据图纸位置和标高安装，为保证安装的牢固，应提前检查预埋木砖数量是否满足。1.2m 高的门，每边预埋两块木砖；高 1.2～2m 的门，每边预埋木砖 3 块；高 2～3m 的门，每边预埋木砖 4 块。每块木砖上应钉两根长 10cm 的钉子，将钉帽砸扁，顺木纹钉入木门框内。

（4）木门框安装应在地面工程和墙面抹灰施工以前完成。

（5）采用预埋带木砖的混凝土块与门窗框进行连接的轻质隔断墙，其混凝土块预埋的数量，也应根据门高度设 2 块、3 块、4 块，用钉子使其与门框钉牢。采用其他连接方法的，应符合设计要求。

（6）做样板。把窗扇根据图样要求安装到窗框上，此道工序称为掩扇。对掩扇的质量，按验评标准检查缝隙大小，五金安装位置、尺寸、型号，以及牢固性，符合标准要求后作为样板，并以此作为验收标准和依据。

（7）弹线安装门窗框扇。应考虑抹灰层厚度，并根据门窗尺寸、标高、位置及开启方向，在墙上画出安装位置线。有贴脸的门窗立框时，应与抹灰面齐平；有预制水磨石窗台板的窗，应注意窗台板的出墙尺寸，以确定立框位置；中立的外窗，如外墙为清水砖墙勾缝时，可稍移动，以盖上砖墙立缝为宜。窗框的安装标高，以墙上弹 50cm 平线为准，用木楔将框临时固定于窗洞内，为保证相隔窗框的平直，应在窗框下边拉小线找直，并用铁水平将平线引入洞内作为立框时的标准，再用线坠校正吊直。黄花松窗框安装前，应先对准木砖位置钻眼，便于钉钉。

（8）若隔墙为加气混凝土条板时，应按要求的木砖间距钻 ϕ30mm 的孔，孔深 7～10cm，并在孔内预埋木橛粘 108 胶水泥浆打入孔中（木橛直径应略大于孔径 5mm，以便其打入牢固），待其凝固后，再安装门窗框。

（9）木门扇的安装。

① 先确定门的开启方向及小五金型号、安装位置，以及对开门扇扇口的裁口位置及开启方向（一般右扇为盖口扇）。

② 检查门尺寸是否正确，边角是否方正，有无窜角，检查门高度应量门的两个立边，检查门宽度应量门口的上、中、下三点，并在扇的相应部位定点画线。

③ 将门扇靠在柜上画出相应的尺寸线，如果扇大，则应根据框的尺寸将大出的部分刨去，若扇小应绑木条，且木条应绑在装合页的一面，用胶粘后并用钉子打牢，钉帽要砸扁，顺木纹送入框内 1～2mm。

④ 第一次修刨后的门扇应以能塞入口内为宜，塞好后用木楔顶住临时固定，按门扇与口边缝宽尺寸是否合适，画第二次修刨线，标出合页槽的位置（距门扇的上下端各 1/10，且避开上、下冒头）。同时应注意口与扇安装的平整。

⑤ 门扇第二次修刨，缝隙尺寸合适后，即安装合页。应先用线勒子勒出合页的宽度，根据上下冒头 1/10 的要求，定出合页安装边线，分别从上下边线往里量出合页长度，剔合页槽，以槽的深度来调整门扇安装后与框的平整，刨合页槽时应留线，不应剔得过大、过深。

⑥ 合页槽剔好后，即安装上下合页，安装时应先拧一个螺钉，然后关上门检查缝隙是否合适，口与扇是否平整，无问题后方可将螺钉全部拧上。木螺钉应钉入全长 1/3，拧入 2/3，如木门为黄花松或其他硬木时，安装前应先打眼，眼的孔径为木螺钉直径的 0.9 倍，眼深为螺钉长的 2/3，打眼后再拧螺钉，以防安装劈裂或将螺钉拧断。

⑦ 安装对开扇时，应将门扇的宽度用尺量好，再确定中间对口缝的裁口深度。如采用企口榫时，对口缝的裁口深度及裁口方向应满足装锁的要求，然后将四周刨到准确尺寸。

⑧ 五金安装应符合设计图纸的要求，不得遗漏，一般门锁、碰珠、拉手等距地高度为95～100cm，插销应在拉手下面，对开门装暗插销时，安装工艺同自由门。

⑨ 安装玻璃门时，一般玻璃裁口在走廊内。厨房、厕所玻璃裁口在室内。

⑩ 门扇开启后易碰墙，为固定门扇位置，应安装门碰头，对有特殊要求的关闭门，应安装门扇开启器，其安装方法，参照产品安装说明书的要求。

7.6.2 塑料门窗安装

塑料门窗安装工艺为：弹线找规矩→门窗洞口处理→安装连接件的检查→塑料门窗外观检查→按图示要求运到安装地点→塑料门窗安装→门窗四周嵌缝→安装五金配件→清理。

(1) 本工艺应采用后塞口施工，不得先立口后进行结构施工。

(2) 检查门窗洞口尺寸是否比门窗框尺寸大3cm，否则应先行剔凿处理。

(3) 按图纸尺寸放好门窗框安装位置线及立口的标高控制线。

(4) 安装门窗框上的铁脚。

(5) 安装门窗框，并按线就位找好垂直度及标高，用木楔临时固定，检查正侧面垂直度及对角线，合格后，用膨胀螺栓将铁脚与结构牢固固定好。

(6) 嵌缝。门窗框与墙体的缝隙应按设计要求的材料嵌缝，如设计无要求时用沥青麻丝或泡沫塑料填实。表面用厚度为5～8mm的密封胶封闭。

(7) 门窗附件安装。安装时应先用电钻钻孔，再用自攻螺钉拧入，严禁用铁锤或硬物敲打，防止损坏框料。

(8) 安装后注意成品保护，防污染，防电焊火花烧伤，损坏面层。

7.6.3 铝合金门窗

1. 准备工作及安装质量要求

检查铝合金门窗成品及构配件各部位，如发现变形，应予以校正和修理；同时还要检查洞口标高线及几何形状，预埋件位置、间距是否符合规定，埋设是否牢固。不符合要求的，应纠正后才能进行安装。安装质量要求是位置准确、横平竖直、高低一致、牢固严密。

2. 安装方法

先安装门窗框，后安装门窗扇，用后塞口法。

3. 施工要点

铝合金门窗施工要点如下。

(1) 将门窗框安放到洞口中正确位置，用木楔临时定位。

(2) 拉通线进行调整，使上、下、左、右的门窗分别在同一竖直线、水平线上。

(3) 框边四周间隙与框表面距墙体外表面尺寸一致。

(4) 仔细校正其正侧面垂直度、水平度及位置合格后，楔紧木楔。

(5) 再校正一次后，按设计规定的门窗框与墙体或预埋件连接固定方式进行焊接固定。常用的固定方法有预留洞燕尾铁脚连接、射钉连接、预埋木砖连接、膨胀螺钉连接、预埋铁件焊接连接等，如图 7.19 所示。

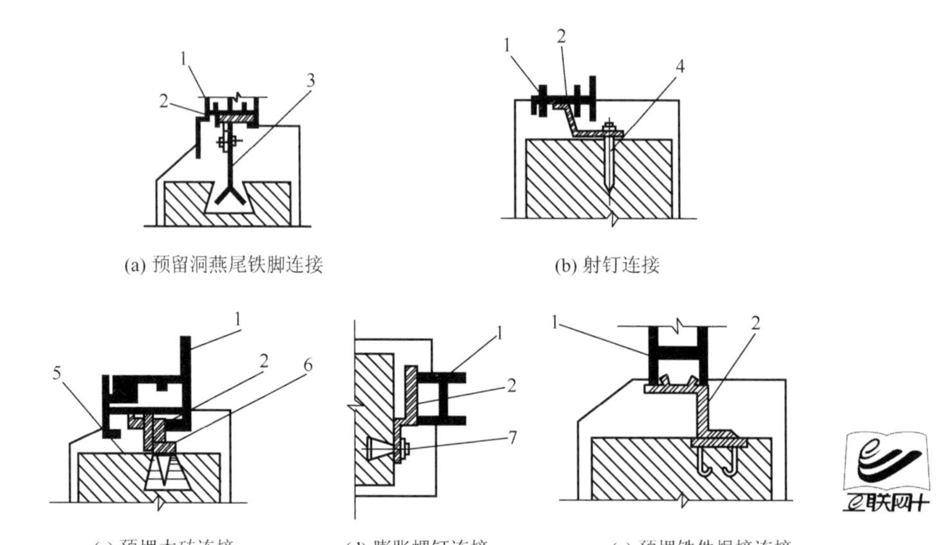

图 7.19　铝合金门窗常用固定方法

1—门窗框；2—连接铁件；3—燕尾铁脚；4—射（钢）钉；5—木砖；6—木螺钉；7—膨胀螺钉

(6) 窗框安装质量检查合格后，用 1∶2 的水泥砂浆或细石混凝土嵌填洞口与门窗框间的缝隙，使门窗框牢固地固定在洞内。

① 嵌填前应先把缝隙中的残留物清除干净，然后浇湿。

② 拉直检查外形平直度的直线。

③ 嵌填操作应轻而细致，不破坏原安装位置，应边嵌填边检查门窗框是否变形移位。

④ 嵌填时应注意不可污染门窗框和不嵌填部位，嵌填必须密实饱满不得有间隙，也不得松动或移动木楔，并洒水养护。

⑤ 在水泥砂浆未凝固前，绝对禁止在门窗框上工作，或在其上搁置任何物品，待嵌填的水泥砂浆凝固后，才可取下木楔，并用水泥砂浆抹严框周围缝隙。

(7) 窗扇的安装。

① 质量要求。位置正确、平直，缝隙均匀，严密牢固，启闭灵活，启闭力合格，五金零配件安装位置准确，能起到各自的作用。

② 施工操作要点。推拉式门窗扇，应先装室内侧门窗扇，后装室外侧的门窗扇；固定扇应装在室外侧，并固定牢固，不会脱落，确保使用安全；平开式门窗扇应装于门窗框内，要求门窗扇关闭后四周压合严密，搭接量一致，相邻两门窗扇在同一平面内。

(8) 门窗框与墙体连接固定时应满足以下规定。

① 窗框与墙体连接必须牢固，不得有任何松动现象。

② 焊接铁件应对称地排列在门窗框两侧，相邻铁件宜内外错开，连接铁件不得露出装饰层。

③ 连接铁件时，应用橡胶或石棉布或石棉板遮盖门窗框，不得烧损门窗框，焊接完

毕后应清除焊渣，焊接应牢固，焊缝不得有裂纹和漏焊现象，严禁在铝框上拴接地线或打火（引弧）。

④ 固接件离墙体边缘应不小于50mm，且不能装在缝隙中。

⑤ 窗框与墙体连接用的预埋件连接铁件、紧固件规格和要求，必须符合设计的规定，见表7-2。

表7-2 紧固件材料表

紧固件名称	规格/mm	材料或要求
膨胀螺钉	$\geqslant 8\times L$	45号钢镀锌、钝化
自攻螺钉	$\geqslant 4\times L$	15号钢HRC50～58钝化，镀锌
钢钉、射钉	$\phi 4\sim\phi 5.5\times 6$	Q235钢
木螺钉	$\geqslant 5\times L$	Q235钢
预埋钢板	$\Delta=6$	Q235钢

课题7.7 涂饰施工

7.7.1 饰料的组成和分类

1. 涂料的组成

涂料的组成成分有以下几种。

(1) 主要成膜物质。主要成膜物质也称胶粘剂或固着剂，是决定涂料性质的最主要成分，它的作用是将其他组分黏结成一整体，并附着在被涂基层的表层形成坚韧的保护膜。它具有单独成膜的能力，也可以黏结其他组分共同成膜。

(2) 次要成膜物质。次要成膜物质也是构成涂膜的组成部分，但它自身没有成膜的能力，要依靠主要成膜物质的黏结才可成为涂膜的一个组成部分。例如，颜料就是次要成膜物质，其对涂膜的性能及颜色有重要作用。

(3) 辅助成膜物质。辅助成膜物质不能构成涂膜或不是构成涂膜的主体，但对涂料的成膜过程有很大影响，或对涂膜的性能起一定辅助作用，它主要包括溶剂和助剂两大类。

2. 涂料的分类

建筑涂料的产品种类繁多，一般按下列几种方法进行分类。

(1) 按使用的部位不同，可分为外墙涂料、内墙涂料、顶棚涂料、地面涂料、门窗涂料、屋面涂料等。

(2) 按涂料的特殊功能不同，可分为防火涂料、防水涂料、防虫涂料、防霉涂料等。

(3) 按涂料成膜物质的组成不同，可分为以下几种。

① 油性涂料，指传统的以干性油为基础的涂料，即以前所称的油漆。

② 有机高分子涂料，包括聚乙酸乙烯系、丙烯酸树脂系、环氧系、聚氨酯系、过氯乙烯系等，其中以丙烯酸树脂系建筑涂料性能优越。

③ 无机高分子涂料，包括有硅溶胶类、硅酸盐类等。

④ 有机无机复合涂料，包括聚乙烯醇水玻璃涂料、聚合物改性水泥涂料等。

(4) 按涂料分散介质（稀释剂）的不同可分为以下几种。

① 溶剂型涂料，它是以有机高分子合成树脂为主要成膜物质，以有机溶剂为稀释剂，加入适量的颜料、填料及辅助材料，经研磨而成的涂料。

② 水乳型涂料，它是在一定工艺条件下在合成树脂中加入适量乳化剂形成的以极细小的微粒形式分散于水中的乳液，以乳液中的树脂为主要成膜物质，并加入适量颜料、填料及辅助材料经研磨而成的涂料。

③ 水溶型涂料，以水溶性树脂为主要成膜物质，并加入适量颜料、填料及辅助材料经研磨而成的涂料。

(5) 按涂料所形成涂膜的质感可分为以下几种。

① 薄涂料，又称薄质涂料。它的黏度低，刷涂后能形成较薄的涂膜，表面光滑、平整、细致，但对基层凹凸线型无任何改变作用。

② 厚涂料，又称厚质涂料。它的特点是黏度较高，具有触变性，上墙后不流淌，成膜后能形成有一定粗糙质感的较厚的涂层，涂层经拉毛或滚花后富有立体感。

③ 复层涂料，原称喷塑涂料，又称浮雕型涂料、华丽喷砖，其由封底涂料、主层涂料与罩面涂料三种涂料组成。

7.7.2 建筑涂料的施工

各种建筑涂料的施工过程大同小异，大致上包括基层处理、刮腻子与磨平、涂料施涂三个阶段工作。

【参考视频】

1. 基层处理

基层处理的工作内容包括基层清理和基层修补。

(1) 混凝土及抹灰面的基层处理。为保证涂膜能与基层牢固黏结在一起，基层表面必须干燥、洁净、坚实，无酥松、脱皮、起壳、粉化等现象，基层的表面的泥土、灰尘、污垢、黏附的砂浆等应清扫干净，酥松的表面应予铲除。为保证基层表面平整，缺棱掉角处应用1∶3水泥砂浆（或聚合物水泥砂浆）修补，表面的麻面、缝隙及凹陷处应用腻子填补修平。混凝土或抹灰面基层应干燥，当涂刷溶剂型涂料时，含水率不得大于8%，当涂刷乳液型涂料时，含水率不得大于10%。

(2) 木材与金属基层的处理及打底子。为保证涂膜与基层黏结牢固，木材表面的灰尘、污垢和金属表面的油渍、鳞皮、锈斑、焊渣、毛刺等必须清除干净。木料表面的裂缝等在清理和修整后应用石膏腻子填补密实、刮平收净，用砂纸磨光以使表面平整。木材基层缺陷处理好后表面上应做打底子处理，使基层表面具有均匀吸收涂料的性能，以保证面层的色泽均匀一致。金属表面应刷防锈漆，涂料施涂前被涂物件的表面必须干燥，以免水分蒸发造成涂膜起泡，一般木材含水率不得大于12%，金属表面不得有湿气，木基层含水率不得大于12%。

2. 刮腻子与磨平

涂膜对光线的反射比较均匀，因而在一般情况下不易觉察的基层表面细小的凹凸不平和砂眼，在涂刷涂料后由于光影作用都将显现出来，影响美观。所以基层必须刮腻子数遍予以找平，并在每遍所刮腻子干燥后用砂纸打磨，保证基层表面平整光滑。需要刮腻子的遍数，视涂饰工程的质量等级、基层表面的平整度和所用的涂料品种而定。

3. 涂料施涂

涂料在施涂前及施涂过程中，必须充分搅拌均匀。用于同一表面的涂料，应注意保证颜色一致。涂料黏度应调整合适，使其在施涂时不流坠、不显刷纹，如需稀释应用该种涂料所规定的稀释剂稀释。涂料的施涂遍数应根据涂料工程的质量等级而定。施涂溶剂型涂料时，后一遍涂料必须在前一遍涂料干燥后进行；施涂乳液型和水溶性涂料时后一遍涂料必须在前一遍涂料表面干燥后进行。每一遍涂料不宜施涂过厚，应施涂均匀，各层必须结合牢固。

涂料的施涂方法有刷涂、滚涂、喷涂、刮涂和弹涂等。

(1) 刷涂。它是用油漆刷、排笔等将涂料刷涂在物体表面上的一种施工方法。此法操作方便，适应性广，除极少数流平性较差或干燥太快的涂料不宜采用外，大部分薄涂料或云母片状厚质涂料均可采用。刷涂顺序是先左后右、先上后下、先过后面、先难后易。

(2) 滚涂（或称辊涂）。它是利用滚筒（或称辊筒、涂料辊）蘸取涂料并将其涂布到物体表面上的一种施工方法。滚筒表面有的是粘贴合成纤维长毛绒，也有的是粘贴橡胶（称为橡胶压辊），当压辊表面为凸出的花纹图案时，即可在涂层上滚压出相应的花纹。

(3) 喷涂。它是利用压力或压缩空气将涂料涂布于物体表面的一种施工方法。涂料在高速喷射的空气流带动下，呈雾状小液滴喷到基层表面上形成涂层。喷涂的涂层较均匀，颜色也较均匀，施工效率高，适用于大面积施工。可使用各种涂料进行喷涂，尤其是外墙涂料用得较多。

喷涂的效果与质量由喷嘴的直径、喷枪距墙的距离、工作压力与喷枪移动的速度有关，是喷涂工艺的四要素。喷涂时空气压缩机的压力，一般是控制在 0.4～0.7MPa，气泵的排气量不小于 0.6m³/h；喷嘴距喷涂面的距离，以喷涂后不流挂为准，一般为 40～60cm。喷嘴应与被涂面垂直且做平行移动，运行中速度保持一致，如图 7.20 所示。纵横方向做 S 形移动。当喷涂两个平面相交的墙角时，应将喷嘴对准墙角线，如图 7.21 所示。

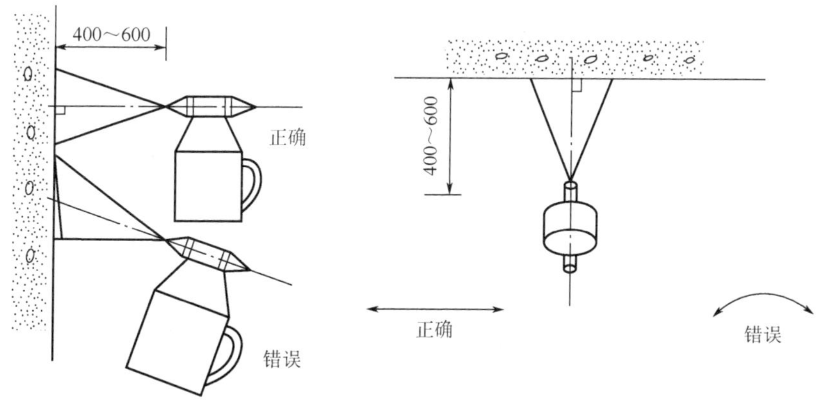

图 7.20　喷枪与喷涂面的相对位置（单位：mm）

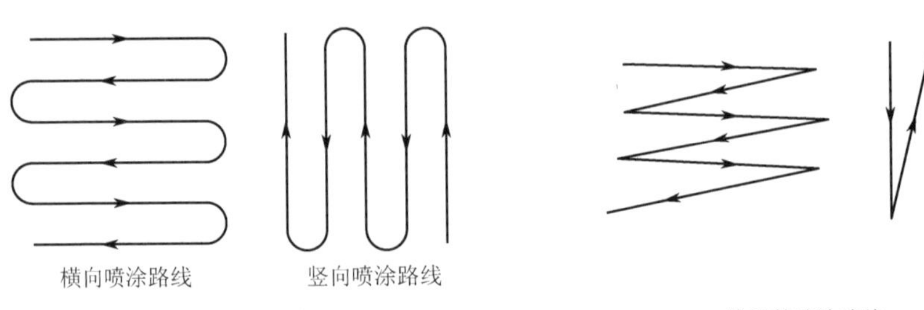

图 7.21 喷涂路线

(4) 刮涂。它是利用刮板将涂料厚浆均匀地批刮于饰涂面上，形成厚度为 1～2mm 的厚涂层。刮涂常用于地面厚层涂料的施涂。

(5) 弹涂。它是利用弹涂器通过转动的弹棒将涂料以圆点形状弹到被涂面上的一种施工方法。若分数次弹涂，每次用不同颜色的涂料，被涂面由不同色点的涂料装饰，相互衬托，可使饰面增加装饰效果。

7.7.3 油漆涂料施工

【参考视频】

油漆工程是一个专业性及技艺性较强的技术工程，从其主要材料如油漆、稀释剂、腻子、润粉、着色颜料及染料（水色、酒色和油色)、研磨抛光和上蜡材料的使用，到清除、嵌批、打磨、配料和涂饰等工序均十分复杂且要求严格。因此，建筑装饰的中、高级油漆工程，必须严格执行油漆施工操作规程。

油漆工程的基层面主要是木质基层、抹灰基层。抹灰基层的处理参考内墙涂料基层处理。木基层主要有门窗、家具、木装修（木墙裙、隔断、顶棚）等。一般松木等软材类的木料表面，以采用混色涂料或清漆面的普通、中等涂料较多；硬材类的木材表面则多采用漆片、蜡克面的清漆，属于高级涂料。

油漆涂料施工工艺为：基层处理→润粉→着色→打磨→配料→涂刷面层。

1. 基层处理、润粉、着色

木质基层的木材本身除了木质素外，还含有油脂、单宁等。这些物质的存在，使涂层的附着力和外观质量都会受到影响。涂料对木制品表面的要求是平整光滑、少节疤、棱角整齐、木纹颜色一致等。因此，必须对木基层进行处理。

(1) 基层处理。木基层的含水率不得大于 12%；木材表面应平整，无尘土、油污等妨碍涂饰施工质量的污染物，施工前应用砂纸磨平。钉眼应用腻子填平，打磨光滑；木制品表面的缝隙、毛刺、掀岔及脂囊应进行处理，然后用腻子刮平、打光。较大的脂囊和节疤应剔除后用木纹相同的木料修补；木料表面的树脂、单宁、色素等应清除干净。

(2) 润粉。润粉是指在木质材料面的涂饰工艺中，采用填孔料以填平管孔并封闭基层和适当着色，同时可起到避免后续涂膜塌陷及节省涂料的作用。填孔料分为水性填孔料和油性填孔料两种，其配比做法见表 7－3。

表7-3 木质材料面的润粉及其应用

润粉	材料配比（质量比）	配制方法及应用
水性填孔料（水老粉）	大白粉65%～72%，水28%～36%，颜料适量	按配合比要求将大白粉和水搅拌成糊状与颜料拌和均匀，然后再与原有大白粉糊上下充分搅拌均匀，不能有结块现象；颜料的用量应使填孔料的色泽略浅于样板木纹表面或管孔内的颜色 优点：施工方便，着色均匀 缺点：处理不当易使木纹膨胀，附着力较差，透明度低
油性填孔料（油老粉）	大白粉60%，清油10%，松香水20%，煤油10%，颜料适量	配制方法与水性填孔料相同 优点：木纹不会膨胀，不易收缩开裂，干燥后坚固，着色效果好，透明度高，附着力强，吸收上层涂料少 缺点：干燥较慢，操作不如水性填孔料方便

(3) 着色。为了更好地突出木材表面的美丽花纹，常采用基层着色工艺，即在木质基面上涂刷着色剂，着色分为水色、酒色和油色三种不同的做法，其材料组成见表7-4。

表7-4 木质基层面透明涂饰时着色的材料组成

着色	材料组成	染色特点
水色	常用黄纳粉、黑纳粉等酸性染料溶解于热水中（染料占10%～20%）	优点：透明，无遮盖力，保持木纹清晰 缺点：耐光照性能差，易产生褪色
酒色	在清虫胶清漆中掺入适量品色的染料，即成为着色虫胶漆	透明，清晰显露木纹，耐光照性能较好
油色	用氧化铁系材料、哈巴粉、锌钡白、大白粉等调入松香水中再加入清油或清漆等，调制成稀浆	优点：由于采用无机颜料作为着色剂，所以耐光照性能良好，不易褪色 缺点：透明度较低，显露木纹不够清晰

2. 打磨

打磨工序是使用研磨材料对被涂物面进行研磨平整的过程，对于油漆涂层的平整光滑、附着力及被涂物面的棱角、线脚、外观质量等方面均有重要影响。常用的砂纸和砂布代号是根据磨料的粒径来划分的，砂布代号数字越大则磨粒越粗；而砂纸则恰恰相反，代号越大则磨粒越细。

油漆涂饰的打磨操作，包括对基层的打磨、层间打磨，以及面层的打磨；打磨的方式又分为干磨与湿磨。打磨必须是在基层或漆膜干实后进行；水性腻子或不宜浸水的基层不能采用湿磨，但含铅的油漆涂料必须湿磨；漆膜坚硬不平或软硬相差较大时，需选用锋利的磨料打磨。干磨是指使用木砂纸、铁砂布、浮石等的一般研磨操作；湿磨则是为了防止漆膜打磨时受热变软而使漆尘黏附于磨粒间影响打磨效率与质量，故将砂纸（或浮石）蘸水或润滑剂进行研磨。

3. 配料

根据设计、样板或操作所需，将油漆饰面施工所需的原材料按配比调制的工序称为配料，如色漆调配、腻子调配、木质基层、填孔料及着色剂的调配等。配料在油漆涂饰施工中是一项重要的基本技术，它直接影响涂施、漆膜质量和耐久性。此外，根据油漆涂料的应用特点，油漆技工常需对油漆的黏度（稠度）、品种性能等做必要的调配，其中最基本的事项和做法包括施工稠度的控制、油性漆的调配（油性漆易沉淀，使用时须加入清油等）、硝基漆韧性的调配（掺加适量增韧剂等）、醇酸漆油度的调配（面漆与底漆的调兑等）、无光色漆的调配（普通油基漆掺加适度颜料使漆膜平坦、光泽柔和且遮盖力强）等。

4. 涂刷面层

涂刷面层时应注意以下几点。

(1) 涂刷涂料时，应做到横平竖直、纵横交错、均匀一致。在涂刷顺序上应先上后下、先内后外、先浅色后深色，按木纹方向理平理直。

(2) 涂刷混色涂料，一般不少于4遍；涂刷清漆时，一般不少于5遍。

(3) 当涂刷清漆时，在操作上应当注意色调均匀，拼色一致，表面不可显露刷纹。

课题7.8　裱糊施工

裱糊工程就是在墙面、顶棚表面用黏结材料把塑料壁纸、复合壁纸、墙布和绸缎等薄型柔性材料贴到上面，形成装饰效果的施工工艺。裱糊的基层可以是清水平整的混凝土面、抹灰面、石膏板面、纤维水泥加压板面等。但基层必须光滑、平整，可用批刮腻子、砂纸磨平等方法，无鼓包、凹坑、毛糙等现象。裱糊工序应待顶棚、墙面、门窗及建筑设备的油漆、刷浆工序完成后进行。裱糊前要将突出基层表面的设备或附件先卸下；如为木基层则钉帽应打进表面，并涂防锈漆和抹油性腻子刮平；表面为混凝土、抹灰面、含水率不得大于8%，木制品不得大于12%。裱糊的基层表面要求颜色一致，阴阳角先做成小圆弧角。对易透底的壁纸等材料，在基层表面先刷一遍乳胶漆，使颜色一致。冬期施工，应在具备采暖的条件下进行。

【参考视频】

1. 材料要求

裱糊施工的材料如下。

(1) 石膏、大白、滑石粉、聚乙酸乙烯乳液、羧甲基纤维素、108胶、各种型号的壁纸、胶粘剂等。

(2) 壁纸：为保证裱糊质量，各种壁纸、墙布的质量应符合设计要求和相应的国家标准。

(3) 胶粘剂、嵌缝腻子、玻璃网格布等，应根据设计和基层的实际需要提前备齐。但胶粘剂应满足建筑物的防火要求，避免在高温下因胶粘剂失去黏结力使壁纸脱落而引起火灾。

2. 使用工具

裱糊施工的使用工具如下。

(1) 裁剪用的工具：工作台1m×2m，钢直尺、钢卷尺、裁刀或剪刀。

(2) 弹线工具：线锤、粉袋、铝质水平尺。

(3) 裱糊工具：脚手架（高的顶棚用）、人字梯、塑料刮板、橡皮刮板、排笔、大油刷、壁纸刀、小辊子、白毛巾、棉丝、塑料桶、海绵块、毛刷、羊毛辊刷、胶质辊筒、牛皮纸、电熨斗等。

3. 作业条件

裱糊施工的作业条件如下。

(1) 混凝土和墙面抹灰已完成，且经过干燥，含水率不高于8%；木材制品含水率不得大于12%。

(2) 水电及设备、顶墙上的预留预埋件已安装完。

(3) 门窗油漆已完成。

(4) 有水磨石地面的房间，出光、打蜡已完，并将面层磨石保护好。

(5) 墙面清扫干净，如有凸凹不平、缺棱掉角或局部面层损坏，提前修补好并应干燥，预制混凝土表面提前刮石膏腻子找平。

(6) 事先将凸出墙面的设备部件等卸下收存好，待壁纸粘贴完后再将其部件重新装好复原。

(7) 如基层色差大，设计选用的又是易透底的薄型壁纸，粘贴前应先进行基层处理，使其颜色一致。

(8) 对湿度较大的房间和经常潮湿的墙体表面，如需做裱糊时，应采用有防水性能的壁纸和胶粘剂等材料。

(9) 如房间较高应提前准备好脚手架，房间不高，应提前钉设木凳。

(10) 对施工人员进行技术交底时，应强调技术措施和质量要求。大面积施工前应先做样板间，经质检部门鉴定合格后，方可组织班组施工。

4. 施工工艺程序

裱糊的工艺程序以基层、裱糊材料不同而工序不同，一般裱糊施工工艺为：清扫基层→接缝处糊条→找补腻子、磨砂纸→满刮腻子、磨平→涂刷铅油一遍涂刷底胶一遍→墙面画准线→壁纸浸水润湿→壁纸涂刷胶粘剂→基层涂刷胶粘剂→墙上纸裱糊→拼缝、搭接、对花→赶压胶粘剂、气泡→裁边→擦净挤出的胶液→清理修整。

5. 裱糊顶棚壁纸

裱糊顶棚壁纸步骤如下。

(1) 基层处理。清理混凝土顶面，满刮腻子：首先将混凝土顶面的灰渣、浆点、污物等清刮干净，并用笤帚将粉尘扫净，满刮腻子一道。腻子的体积配合比为聚乙酸乙烯乳液：石膏或滑石粉：2%羧甲基纤维素溶液＝1∶5∶3.5。腻子干后磨砂纸，满刮第二遍腻子，待腻子干后用砂纸磨平、磨光。

(2) 吊直、套方、找规矩、弹线。首先应将顶子的对称中心线通过吊直、套方、找规矩的办法弹出中心线，以便从中间向两边对称控制。墙顶交接处的处理原则：凡有挂镜线的按挂镜线，没有挂镜线的则按设计要求弹线。

(3) 计算用料、裁纸。根据设计要求决定壁纸的粘贴方向，然后计算用料、裁纸。应按所量尺寸每边留出2～3cm余量，如采用塑料壁纸，应在水槽内先浸泡2～3min后拿出，抖去余水，将纸面用净毛巾擦干。

(4) 刷胶、糊纸。在纸的背面和顶棚的粘贴部位刷胶，应注意按壁纸宽度刷胶，不宜过宽，铺贴时应从中间开始向两边铺粘。第一张一定要按已弹好的线找直粘牢，应注意纸的两边各甩出1～2cm不压死，以满足与第二张铺粘时的拼花压控对缝的要求。然后依上法铺粘第二张，两张纸搭接1～2cm，用钢板尺比齐，两人将尺按紧，一人用劈纸刀裁切，随即将搭槎处两张纸条撕去，用刮板带胶将缝隙压实刮牢。随后将顶子两端阴角处用钢板尺比齐、拉直，用刮板及辊子压实，最后用湿毛巾将接缝处辊压出的胶痕擦净，依次进行。

(5) 修整。壁纸粘贴完后，应检查是否有空鼓不实之处，接槎是否平顺，有无翘进现象，胶痕是否擦净，有无小包，表面是否平整，多余的胶是否清擦干净等，直至符合要求为止。

6. 裱糊墙面壁纸

裱糊墙面壁纸步骤如下。

(1) 基层处理。如混凝土墙面可根据原基层质量的好坏，在清扫干净的墙面上满刮1～2道石膏腻子，干后用砂纸磨平、磨光；若为抹灰墙面，可满刮大白腻子1～2道找平、磨光，但不可磨破灰皮；石膏板墙用嵌缝腻子将缝堵实堵严，粘贴玻璃网格布或丝绸条、绢条等，然后局部刮腻子补平。

(2) 吊垂直、套方、找规矩、弹线。首先应将房间四角的阴阳角通过吊垂直、套方、找规矩，并确定从哪个阴角开始按照壁纸的尺寸进行分块弹线控制（习惯做法是进门左阴角处开始铺贴第一张）。有挂镜线的按挂镜线，没有挂镜线的按设计要求弹线控制。

(3) 计算用料、裁纸。按已量好的墙体高度放大2～3cm，按此尺寸计算用料、裁纸，一般应在案子上裁割，将裁好的纸用湿毛巾擦后，折好待用。

(4) 刷胶、糊纸。应分别在纸上及墙上刷胶，其刷胶宽度应相吻合，墙上刷胶一次不应过宽。糊纸时从墙的阴角开始铺贴第一张，按已画好的垂直线吊直，并从上往下用手铺平，刮板刮实，并用小辊子将上、下阴角处压实。第一张粘好留1～2cm（应拐过阴角约2cm)，然后粘铺第二张，依同法压平、压实，与第一张搭槎1～2cm，要自上而下对缝，拼花要端正，用刮板刮平，用钢板尺在第一、第二张搭槎处切割开，将纸边撕去，边槎处带胶压实，并及时将挤出的胶液用湿毛巾擦净，然后用同法将接顶、接踢脚的边切割整齐，并带胶压实。墙面上遇有电门、插销盒时，应在其位置上破纸作为标记。在裱糊时，阳角不允许甩槎接缝，阴角处必须裁纸搭缝，不允许整张纸铺贴，避免产生空鼓与皱折。

(5) 花纸拼接。纸的拼缝处花形要对接拼搭好，铺贴前应注意花形及纸的颜色力求一致，墙与顶壁纸的搭接应根据设计要求而定，一般有挂镜线的房间应以挂镜线为界，无挂镜线的房间则以弹线为准。花形拼接如出现困难时，错槎应尽量甩到不显眼的阴角处，大面不应出现错槎和花形混乱的现象。

(6) 壁纸修整。糊纸后应认真检查，对墙纸的翘边翘角、气泡、皱折及胶痕未擦净等，应及时处理和修整使之完善。

课题7.9 幕墙施工

【参考视频】

建筑幕墙是指由金属构件与各种板材组成的悬挂在主体结构上，不承担主体的结构荷载与作用的建筑外维护结构。建筑幕墙按其面层材料的不同可分为玻璃幕墙、石材幕墙、金属幕墙等，本节主要介绍玻璃幕墙的构造及施工工艺。

7.9.1 玻璃幕墙种类

玻璃幕墙分有框玻璃幕墙和无框全玻璃幕墙。而有框玻璃幕墙又分为明框、隐框和半隐框玻璃幕墙三种。无框全玻璃幕墙分底座式全玻璃幕墙、吊挂式全玻璃幕墙和点式连接式全玻璃幕墙等多种。

（1）明框玻璃幕墙。玻璃镶嵌在铝框内、四边都有铝框的幕墙构件，横梁、立柱均外露。

（2）隐框玻璃幕墙。玻璃用结构硅酮胶黏结在铝框上，铝框全部隐蔽在玻璃后面。

（3）半隐框玻璃幕墙。玻璃两对边嵌在铝框内，两对边用结构胶黏结在铝框上。形成立柱外露、横梁隐蔽的竖框横隐的玻璃幕墙或横梁外露、竖框隐蔽的竖隐横框的玻璃幕墙。

（4）全玻璃幕墙。使用大面积玻璃板，而且支撑结构也采用玻璃肋，称全玻幕墙。高度小于4.5m的全玻璃幕墙，可直接以下部为支撑，即落地式全玻璃幕墙，如图7.22所示；超过4.5m的全玻璃幕墙，宜在上部悬挂，玻璃肋通过结构硅酮胶与面玻璃黏合，即悬挂式全玻璃幕墙，如图7.23所示。

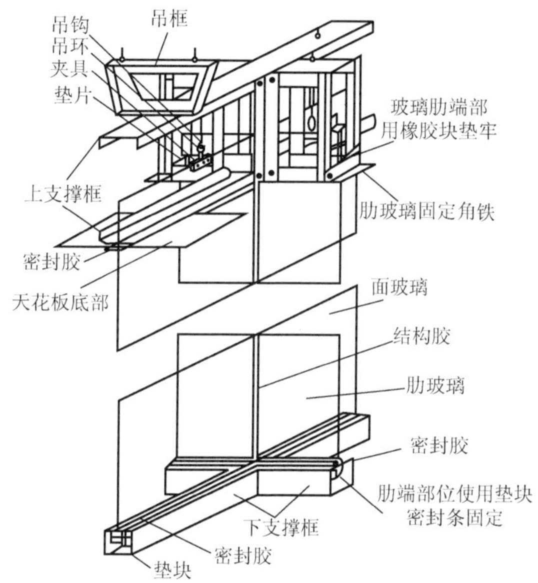

图7.22 落地式全玻璃幕墙结构示意

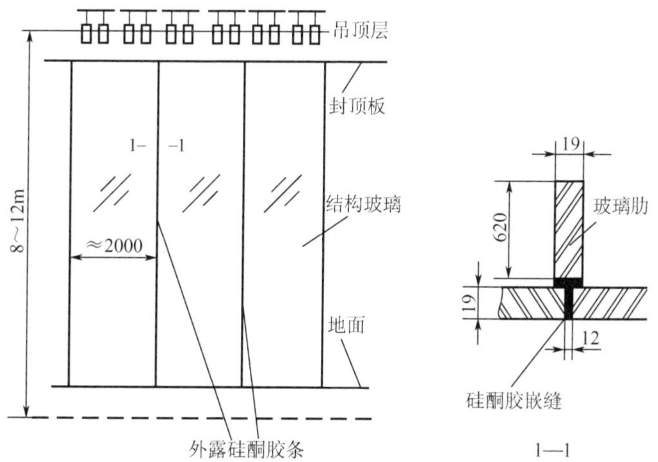

图7.23 悬挂式全玻璃幕墙结构示意

（5）挂架式玻璃幕墙。采用四爪式不锈钢挂件与立柱焊接，挂件的每个爪与一块玻璃的一个孔相连接，即一个挂件同时与4块玻璃相连接，如图7.24所示。

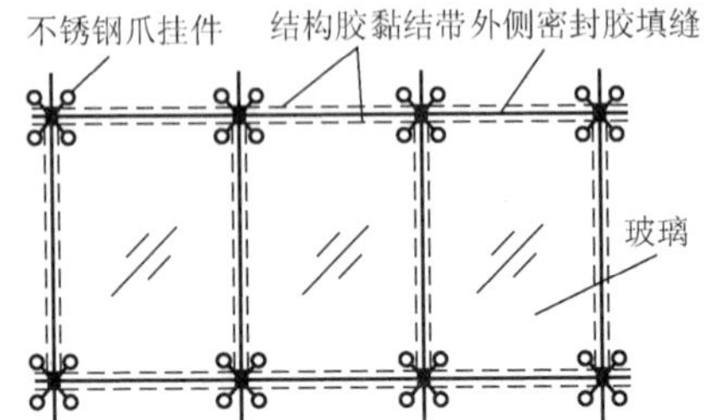

图7.24　挂架式玻璃幕墙

7.9.2　玻璃幕墙材料及构造要求

玻璃幕墙的主要材料包括玻璃、铝合金型材、钢材、五金件及配件、结构胶及密封材料、防火、保温材料等。因幕墙不仅承受自重荷载，还要承受风荷载、地震荷载和温度变化作用的影响，因此幕墙必须安全可靠，使用的材料必须符合国家或行业标准规定的质量要求。

（1）具有防雨水渗漏性能：设泄水孔，用耐候嵌缝密封材料宜用氯丁胶或砖橡胶。

（2）设冷凝水排出管道。

（3）不同金属材料接触处，设置绝缘垫片，采取防腐措施。

（4）立柱与横梁接触处，应设柔性垫片。

（5）隐框玻璃拼缝宽不宜小于15mm，作为清洗机轨道的玻璃竖缝不小于40mm。

（6）幕墙下部设绿化带，入口处设遮阳棚、雨篷。

（7）设防撞栏杆。

（8）玻璃与楼层隔墙处缝隙填充料使用不燃烧材料。

（9）玻璃幕墙自身应形成防雷体系，并与主体结构防雷体系连接。

7.9.3　玻璃幕墙安装

玻璃幕墙的施工方式除挂架式和无骨架式外，还有单元式（工厂组装）和元件式（现场组装）两种。单元式玻璃幕墙施工是将立柱、横梁和玻璃板材在工厂已拼装为一个安装单元（一般为一层楼高度），然后在现场整体吊装就位，如图7.25所示；元件式玻璃幕墙施工是将立柱、横梁和玻璃等材料分别运到工地现场，进行逐件安装就位，如图7.26所示。由于元件式安装不受层高和柱网尺寸的限制，是目前应用较多的安装方法，它适用于明框、隐框和半隐框玻璃幕墙，其主要工序如下。

1. 测量放线

将骨架的位置弹到主体结构上。放线工作应根据主体结构施工大的基准轴线和水准点进行。对于由横梁、立柱组成的幕墙骨架，先弹出立柱的位置，然后再将立柱的锚固点确定。待立柱通长布置完毕，将横梁弹到立柱上。如果是全玻璃安装，则首先将玻璃的位置线弹到地面上，再根据外边缘尺寸确定锚固点。

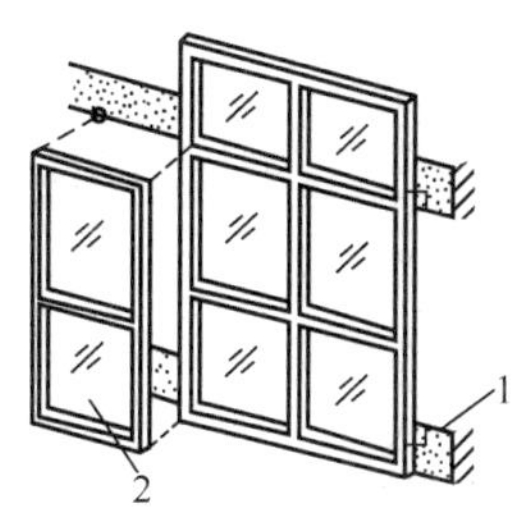

图 7.25 单元式玻璃幕墙

1—楼板；2—玻璃幕墙板

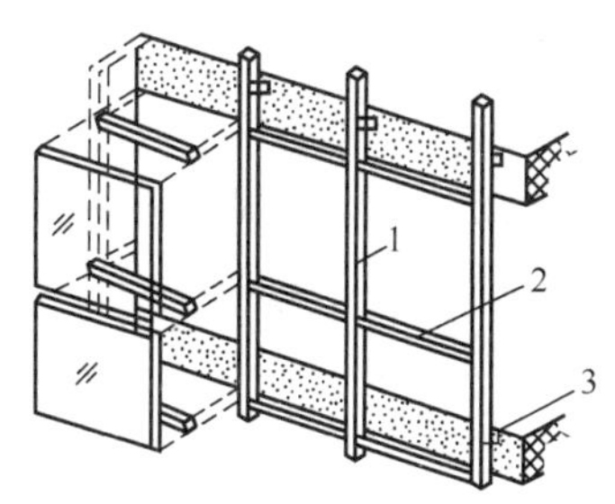

图 7.26 元件式玻璃幕墙

1—立柱；2—横梁；3—楼板

2. 预埋件检查

幕墙与主体结构连接的预埋件应在主体结构施工过程中按设计要求进行埋设，在幕墙安装前检查各预埋件位置是否正确，数量是否齐全。若预埋件遗漏或位置偏差过大，应会同设计单位采取补救措施。补救方法应采用植锚栓补设预埋件，同时应进行拉拔试验。

3. 骨架施工

骨架安装是根据放线的位置采用连接件与主体结构上的预埋件相连。连接件与主体结构是通过预埋件或后埋锚栓固定，当采用后埋锚栓固定时，应通过试验确定锚栓的承载力。骨架安装先安装立柱，再安装横梁。上下立柱通过芯柱连接，如图 7.27 所示，横梁与立柱的连接根据材料不同，可以采用焊接、螺栓连接、穿插件连接或用角铝连接。

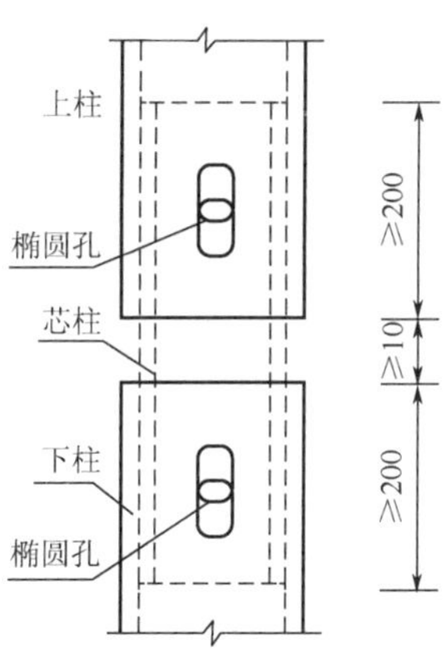

图 7.27 上下立柱连接方法

4. 玻璃安装

玻璃的安装因幕墙的类型不同而不同。钢骨架，因型钢没有镶嵌玻璃的凹槽，多用窗框过渡，将玻璃安装在铝合金窗框上再将铝合金窗框与骨架相连。铝合金型材的幕墙框架，在成型时已经将固定玻璃的凹槽随同断面一次挤压成型，可以直接安装玻璃。玻璃与金属之间不能直接接触，玻璃底部设防振垫片，侧面与金属之间用封缝材料嵌缝。对隐框玻璃幕墙，在玻璃框安装前应对玻璃及四周的铝框进行清洁，保证嵌缝耐候胶能可靠黏结。安装前玻璃的镀膜面应粘贴保护膜加以保护，交工前全部揭除。安装时对于不同的金属接触面应设防静电垫片。

5. 密缝处理

玻璃或玻璃组件安装完后，应立即使用耐候密封胶嵌缝密封，保证玻璃幕墙的气密性、水密性等性能。嵌缝密封做法如图 7.28～图 7.30 所示。玻璃幕墙使用的密封胶其性能必须符合规范规定。耐候密封胶必须是中性单组分胶，酸碱性胶不能使用。使用前，应经国家认可的检测机构对与硅酮结构胶相接触的材料进行相容性和剥离黏结性试验，并应对邵氏硬度和标准状态下的拉伸黏结性能进行复验。

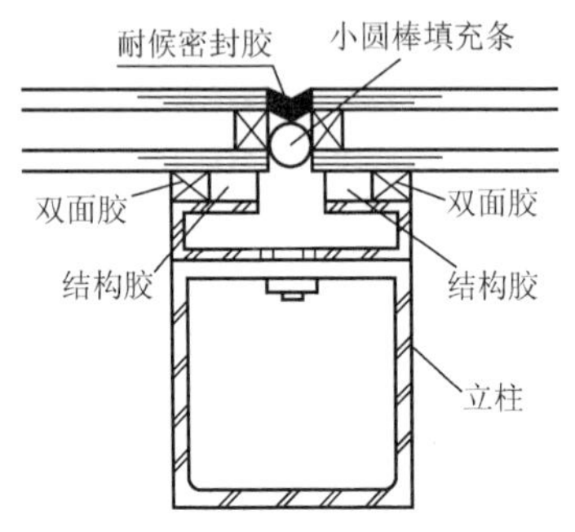

图 7.28　隐框幕墙耐候胶嵌缝

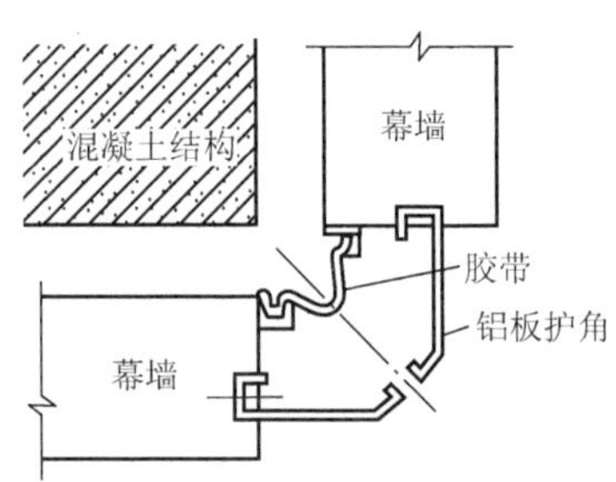

图 7.29　幕墙转角封缝构造

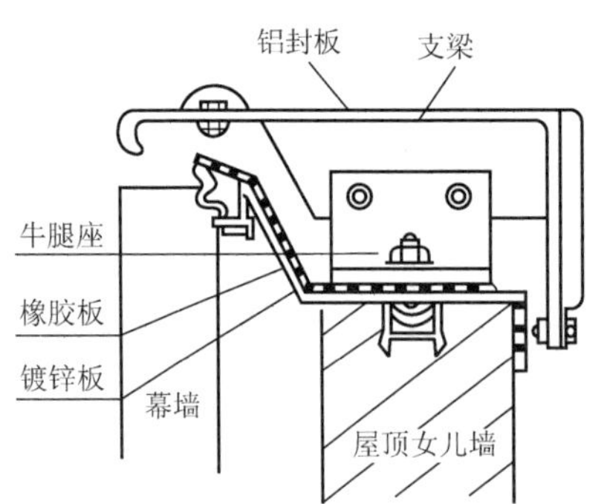

图 7.30　幕墙顶部封缝做法

6. 清洁维护

玻璃安装完后，应从上往下用中性清洁剂对玻璃幕墙表面及外露构件进行清洁，清洁剂使用前应进行腐蚀性检验，证明对铝合金和玻璃无腐蚀作用后方可使用。

课题 7.10　冬期和雨期施工

7.10.1　冬期施工措施

1. 热作法施工

热作法施工是利用房屋的永久或临时热源来保持操作环境的温度，使抹灰砂浆硬化和固结，常用于室内抹灰。热源有火炉、蒸汽、远红外线加热器等。

室内抹灰以前，宜先做好屋面防水层及室内封闭保温。室内抹灰的养护温度不应低于

5℃。水泥砂浆层应在潮湿的条件下养护，并应通风、换气。用冻结法砌筑的墙，室外抹灰应待其完全解冻后施工；室内抹灰应待抹灰的一面解冻深度不小于砖厚的一半时方可施工。不得采用热水冲刷冻结的墙面或用热水消除墙面的冰霜。砂浆应在搅拌棚中集中搅拌，并应在运输中保温，要随用随拌，防止冻结。

室内抹灰工程结束后，在7d以内，应保持室内温度不低于5℃。抹灰层可采取加温措施加速干燥。当采用热空气加温时，应注意通风，排除湿气。

2. 冷作法施工

冷作法施工是指在砂浆中掺入防冻剂，然后在不采取保温措施的情况下进行抹灰，适用于装饰要求不高、小面积的外墙抹灰工程。

当抹灰基层表面有冰、霜、雪时，可采用与抹灰砂浆同浓度的防冻剂溶液冲刷，并应清除表面的尘土。

7.10.2 饰面工程

冬期室内饰面工程施工可采用热空气或带烟囱的火炉取暖，并应设有通风、排湿装置。冬期室外饰面工程施工宜采用暖棚法施工，棚内温度不应低于5℃，并按常温施工方法操作。

饰面板就位固定后，用1∶2.5水泥砂浆灌浆，保温养护时间不少于7d。

外面饰面石材应根据当地气温条件及吸水率要求选材。当采用螺栓固定的干作业法施工时，锚固螺栓应做防水、防锈处理。

釉面砖及外墙面砖在冬期施工时宜在2%盐水中浸泡2h，并在晾干后方可使用。

7.10.3 油漆、刷浆、裱糊、玻璃工程

油漆、刷浆、裱糊、玻璃工程应在采暖条件下进行施工。当需要在室外施工时，其最低环境温度不应低于5℃，遇有大风、雨、雪应停止施工。

刷调合漆时，应在其内加入调合漆重量2.5%的催干剂和5%的松香水，施工时应排除烟气和潮气，防止失光和发黏不干。

室外刷浆应保持施工均衡，粉浆类料浆宜采用热水配制，随用随配，并做料浆保温，料浆使用温度宜保持在15℃左右。

裱糊工程施工时，混凝土或抹灰基层含水率不应大于8%。施工中当室内温度高于20℃，且相对湿度不大于80%时，应开窗换气，防止壁纸打皱起泡。

玻璃工程冬期施工时，应将玻璃、镶嵌用合成橡胶等材料运到有采暖设备的室内，操作地点环境温度不应低于5℃。

外墙铝合金、塑料框、大扇玻璃不宜在冬期安装。

7.10.4 雨期施工措施

雨天不准进行室外抹灰，至少应能预测1～2d的天气变化情况。对已经施工的墙面，应注意防止雨水污染。室内抹灰应尽量在做完屋面后进行，至少也应做完屋面找平层，并铺一层油毡。雨天不宜做罩面油漆施工。

应用案例 7-1

某大厦装饰工程施工方案

1. 工程概况

某大厦位于某市中主干道与环城路交叉口，总建筑面积 31458m^2（其中地下室 3922m^2），建筑高度75.6m，局部突出构筑物最高点为98.1m，室内±0.000 相当于绝对高程40.75m。工程集营业、办公、会议、调度、通信自动化计算机中心于一体，并配置中央空调、观景电梯、客梯、车库、广播室、消防控制等设备。工程设计为钢筋混凝土框架-剪力墙结构，地下 1 层，主楼 21 层，裙楼 9 层；主楼基础采用人工挖孔桩，裙楼采用独立基础。建筑结构安全等级为一级，7 度抗震设防。该工程装修标准如下。

(1) 外墙面装饰。玻璃幕墙（隐框及半隐框）、铝合金板与带形窗组合幕墙（隐框），主框 150 系列以上，8mm 厚绿色镀膜玻璃和干挂花岗石板材；门厅口镜面不锈钢板外包面。

(2) 内墙面装饰。普通房间为白色乳胶漆面层，车库墙面为 201 耐冲洗涂料；卫生间为印花瓷砖至顶；大厅、电梯前室、门套、休息厅为大理石面层至顶；大小会议室、业务广播室、会议电视室为 9 层水曲柳胶合板墙身软包；空调机房、水泵房、冷冻机房为矿棉装饰吸声板。

(3) 顶棚装饰。普通房间为中等粉刷白色乳胶漆面层；楼梯间、电梯前室、设备用房为轻钢龙骨矿棉装饰吸声板。

(4) 楼地面工程。公共部分为磨光花岗石面层；车库、一般房间为水泥砂浆面层；调度室、控制室等为架空抗静电底板；卫生间为防滑地砖面层。

2. 内外墙粉刷工程基层处理

内外墙粉刷工程基层处理内容如下。

(1) 粉刷前做好灰饼和冲筋，然后修补打凿凹凸之外，砂浆厚度过大时，应分遍补灰，最后以灰饼冲筋为准，用长刮尺刮平。

(2) 用 1∶2 水泥砂浆打底，施工顺序为：浇水湿润基层→找规矩、做灰饼→设置标筋→阳角做护角→抹底灰、中灰→抹窗台板。施工前，将墙面砂浆眼及凸出部分剔平，将穿墙管道的孔洞填嵌，并洒水湿润。光滑的混凝土墙面应凿毛或在墙面上刷一道水泥浆掺10%胶水，以增加黏结力。用托线板和靠尺检查整个墙面的垂直度和平整度，以确定抹灰厚度，根据抹灰厚度做 50mm×50mm 的灰饼，根据灰饼做上、中、下 3 条标筋。在内墙阳角、柱角处，用 1∶2 水泥砂浆做护角，高 1.8m，当标筋有了一定强度后，洒水湿润墙面，在两筋之间用力抹上底灰，用木抹子压实，底灰略低于标筋。待底灰六七成干后，以垫平标筋为准，抹上中层灰，用长刮尺刮至与标筋齐平，不平处补抹砂浆，然后刮平；紧接着用木抹子搓压，使表面平整密实。

(3) 施工前，先做一块样板，经有关部门检查认可后，方可大面积施工，而且必须召集操作工人进行质量、安全技术交流。

(4) 标筋做完后，需经检查合格后方可抹底灰。

(5) 严格执行三检制度，坚持自检互检并做记录。

(6) 抹灰在凝结前应防止快干、水冲、撞击和振动。

(7) 门窗框缝需派专人浇水湿润，并用砂浆填塞密实。

(8) 基层表面的污垢、隔离剂必须清除干净，以防空鼓。

(9) 底层砂浆在终凝前，不准抢抹中层砂浆，砂浆已硬化时，不允许再用抹子用力搓抹。

(10) 粉刷所用水泥需出厂合格证，并经试验合格后方可投入使用。

3. 顶棚吊顶工程

顶棚吊顶工程施工顺序：弹线→安装吊杆→安装龙骨及配件→安置面板。

(1) 依据顶棚设计标高，四周沿墙面弹线作为顶棚安装的标准线，其水平允许偏差±5mm。

(2) 依据大样图确定吊点位置弹线，并复验吊点间距，吊点间距一般不上人顶棚为1.2～1.5m。吊顶预埋件在混凝土浇筑前必须预埋，对于漏埋或新增加的吊顶、吊点需用膨胀螺钉补齐。

(3) 吊杆采用 ϕ8mm 钢筋，安装时上端与预埋件焊牢，下端套丝并配好螺帽。吊杆端头螺纹外露长度不小于 3mm。

(4) 安装大龙骨时，应将大龙骨吊挂件连接在吊杆上，拧紧螺钉卡牢。大龙骨安装完后应进行调平，并应考虑顶棚起拱高度 1/200。

(5) 中龙骨用中吊挂件固定在大龙骨下面，吊挂件上端搭在大龙骨上，横撑龙骨与中龙骨垂直装在罩面板的拼接处，横撑龙骨与中龙骨采用中小连接杆件连接，再安装沿边的异形龙骨和铝角条。

(6) 矿棉装饰板用自攻螺钉与龙骨固定，嵌入硅酸钙板 0.5～1mm，钉眼用腻子补平。

4. 木门安装

木门安装分下面两步进行。

(1) 在安装门框时，应先按建筑平面图上所示的门位置，在墙口画出门框的边线，按设计要求及施工说明进行安装，当门框立起后，框底与地面上门位对齐，用线锤及靠尺校正，并检查门框标高是否正确，如果不符应随时纠正。然后将门框与墙木桩钉牢固定。

(2) 安装门扇时，要检查框扇质量、型号与尺寸是否与设计相符，如框扇发现偏歪或扭曲时，应及时修改。缝宽度应根据规范要求进行施工。

5. 花岗石地面

为了保证本工程花岗石地面质量，施工时应注意如下几点。

(1) 铺前应先把混凝土垫层表面余留砂浆、杂物清扫干净，浇水湿润。

(2) 地面找好标高，根据花岗石规格，四周墙脚弹出分块及水平控制线，柱四周边线应另行弹线(结合层厚度一般 3cm 左右)。

(3) 铺设须按两个方向控制水平线，如有凹凸不平处应先填平或凿平，先铺板块带起标筋作用。先由房间中部及两柱中间往两侧后退铺砌。铺时先在基层刷一遍掺有水泥重量4%～5%的 108 胶水、水灰比为 0.4～0.5 的素水泥浆，上铺 1∶2 干硬性水泥砂浆，用铁抹拍实、抹平后先试铺，然后再揭开板块，用掺 108 胶的水泥浆分别铺在基层上和板块底面上进行镶铺。铺砌时板块要四角同时下落，对齐缝格，并用木槌(或橡皮锤)敲平敲实，并拉线找平、对直。如发现空鼓，板凹凸不平或接缝不直，应将板块掀起进行加浆或减浆和理缝，铺好一排后，拉通线检查一次平直度。

(4) 花岗石铺砌完后3d内禁止上人行走，5d内禁止在上面推小车。

6. 墙面镶贴大理石、板材

本工程大厅、电梯前室、梯井门套、休息厅大理石面层至顶，JCTA陶瓷黏合剂粘贴，20mm厚1∶2水泥砂浆底层。为了保证墙面镶贴大理石板材质量，要求石材表面应平整，边缘应整齐，棱角不得损坏，并应具有产品合格证。施工前，应按厂牌、品种、型号、规格和颜色进行选配分类。

花岗石饰面板，表面不得有隐伤、风化等缺陷。工程安装质量注意事项如下。

(1) 墙面和柱面安装大理石板材时，应先抄平，分块弹线，并按弹线尺寸及花纹图案进行预拼和编号。

(2) 固定饰面板用的钢筋网，应与锚固件连接牢固，锚固件应在结构施工时埋设。

(3) 大理石板材安装前，应将其侧面和背面清扫干净，并修边打眼，每块板的上、下边打眼数量均不得少于2个，并用防锈金属丝穿入孔内。

7. 干挂花岗石板材

干挂花岗石板材内容如下。

(1) 施工准备。施工人员熟悉图样要求，领会设计意图，按图下料，进行石材、挂件的委托加工及组织进场堆放。对结构预埋的干挂骨架的预埋进行复核、除锈等处理。

(2) 施工顺序为：脚手架搭设→基层测量、放线→骨架安装→平面校核分格封闭校核→挂件安装→电焊挂件检查复核→挂板→嵌缝→清洗板面→脚手架拆除。

(3) 施工工艺及操作要点。在外墙基层面按板材规格弹出水平线及垂直线，竖向骨架固定在每层结构框架梁上，横向骨架与竖向焊接连成井字骨架，石板材用3mm×60mm×30mm不锈钢片，一端双向插入板材槽内并以101硅胶黏结，一端用不锈钢螺栓固定在横向骨架上，核正后加以电焊。

基层放线要通盘考虑，竖向以最边缘的窗边线为基准线，横向以±0.000为基准线由下而上，按板材的规格布置横向骨架。

(4) 挂板安装。

① 板材开槽，在挂板四角离磨光面8mm处切割4mm宽、15mm深的沟槽。

② 用双面胶纸在板材四周固定好10mm×3mm（宽×厚）橡皮条（离板光面5～6mm)。安装挂板时，自下而上，由一端向另一端逐块安装。每次安装都应试挂，调整连接件位置，准确无误后电焊挂件固定，沟槽内填塞101硅胶。

③ 挂板安装完毕后，在板缝橡皮外打上耐候胶。打胶前，先在板缝两侧贴上防护胶布，以防胶水污染板面。

8. 铝合金装饰板外墙

铝合金装饰板工程质量要求高，技术难度大，因此，在施工前应认真查阅图样，领会设计意图，并详细进行技术交底，使操作者能够主动地做好每一道工序，细小的节点也能认真执行。

(1) 施工前按设计要求确定计划，板的断面设计要用固定格一致，同时要处理好钉头的隐蔽有立面效果，承重骨架、连接构件要按照设计要求进行采购、安装。

(2) 铝合金装饰板墙安装施工程序为：放线→固定骨架的连接件→固定骨架→安装铝合金装饰板→收口构造处理。

(3) 操作方法。

① 放线。固定骨架，首先要将骨架的位置弹到基层上。放线前要检查结构的质量(垂直度与平整度等)，如有差错，可随时进行调整。

② 固定骨架的连接件。骨架的横竖杆件是通过连接件与结构固定，而连接件与结构之间可与结构的预埋件焊牢，在连接件施工时，要保证牢固（焊缝的长、高度等），对型钢一类的连接件，其表面应镀锌，焊缝应刷防锈漆。

③ 固定骨架。骨架要先进行防腐处理，安装位置要准确，结合要牢固，安装后要检查标高、中心线，为保证精度，要用经纬仪对横竖杆件进行贯通。沿沉降缝、变截面处等应妥善处理，使之满足使用要求。

④ 板与板之间的间隙一般为10～20mm，用橡胶条或密封胶等弹性材料处理。

⑤ 铝合金装饰板安装完毕后，在易被污染的部位，要用塑料薄膜覆盖保护，易被划、碰的部位，应设安全防护栏杆。

9. 水泥砂浆地面

根据水泥砂浆地面经常存在起砂、开裂、空裂等通病，施工时应引起重视，认真克服通病，以保证水泥砂浆地面的质量。

(1) 水泥砂浆地面应分两遍成活，底层用1∶2∶5水泥砂浆，厚度为25mm，砂应用中粗砂，其泥量不超过2%，水灰比控制在0.5以内。面层用1∶2水泥砂浆压光。

(2) 清理基层。施工前必须将浮灰、垃圾等清理干净，并用水冲刷干净，光滑面必须用锤子凿毛。

(3) 先在操作面四周墙面弹出水平线，根据水平线按设计要求的标高在四周做灰饼，按两边灰饼拉线做中间灰饼，如有坡度的地方应做灰饼、标筋找坡，标筋间距1.5m左右，墙边也必须标筋。

(4) 抹底层灰时，先在地面薄撒一层水泥粉，浇水，用扫帚扫匀，再抹水泥砂浆，以标筋为准，用木刮尺刮平，再用木抹子抹平。然后再抹面层水泥砂浆，用铁抹刀压光3遍。

(5) 水泥砂浆地面若面积较大，应按规范要求增设玻璃条分隔，以防产生不规则裂缝。

(6) 地面水泥砂浆终凝后，应浇水养护，养护时间和浇水次数应根据气候情况而定，一般不得少于7d，1d浇水3次。在强度未达到50MPa以前，不许在水泥面上踩踏。

10. 玻璃幕墙的安装施工

玻璃幕墙的安装施工内容如下。

(1) 玻璃幕墙拟由具有省建委审批注册资质的装修装饰公司进行设计及施工。设计图由设计院签字批准，并编制幕墙施工组织设计，并对工人作详细技术、质量、安全交底。在结构施工中应准确预埋幕墙所需的预埋件。

(2) 安装玻璃幕墙的构件及零附件的材料品种、规格、色泽和性能，应符合设计要求。

(3) 玻璃幕墙与主体结构连接的预埋件，应在主体结构施工时按设计要求埋设。预埋件应牢固，位置准确，预埋件的标高偏差不大于10mm，预埋件位置与设计位置的偏差不应大于20mm。

(4) 玻璃幕墙分格轴线的测量应与主体结构的测量配合，其误差应及时调整，不得积累。

（5）连接件安装。清除预埋件表面杂物并除锈，在复核后的位置把连接件焊接于预埋件上，焊缝的长度、饱满度应符合设计及规范要求，焊缝处要刷两遍锌铬防锈漆。

（6）框架的安装应将立柱与连接件连接，然后连接件再与主体预埋件连接，并应进行调整和固定。将横梁两端的连接件及弹性橡胶垫安装在立柱的预定位置，并应安装牢固，其接缝应严密。同一层的横梁安装应由下向上进行。当安装完一层高度时，应进行检查、调整、校正、固定，使其符合质量要求。

玻璃幕墙立柱安装就位、调整后应及时紧固。玻璃幕墙安装的临时螺栓等在构件安装、就位、调整、紧固后应及时拆除。现场焊接或高强度螺栓紧固的构件固定后，应及时进行防锈处理。玻璃幕墙中与铝合金接触的螺栓及金属配件应采用不锈钢或轻金属制品。

（7）玻璃安装前应将表面尘土和污物擦拭干净。热反射玻璃安装应向室内，非镀膜面朝向室外。玻璃与构件不得直接接触。玻璃四周与构件凹槽底应保持一定空隙，每块玻璃下部应设不少于两块弹性定位垫块；垫块的宽度与槽口宽度应相同，长度不应小于100mm；玻璃两边嵌入量及空隙应符合规范要求。

玻璃四周橡胶条应按规定型号选用，镶嵌应平整，橡胶条长度宜比边框内槽口长1.5%～2%，其断口应留在四角；斜面断开后应拼成预定的设计角度，并应用黏结剂黏结牢固后嵌入槽内。

（8）玻璃幕墙四周与主体结构之间的缝隙，应采用防火的保温材料填塞；内外表面应采用密封连续封闭，接缝应严密不漏水。

（9）铝合金装饰压板应符合设计要求，表面应平整，色彩应一致，不得有肉眼可见的变形、波纹和凹凸不平，接缝应均匀严密。

（10）玻璃幕墙施工过程中应分层进行抗雨水渗漏性能检查。

（11）硅酮密封胶在接缝内应形成相对两面黏结，并不得三面黏结。

（12）玻璃幕墙安装施工应对下列项目进行隐蔽验收：预埋件的预埋安装；构件与主体结构的连接节点的安装；幕墙四周、幕墙内表面与主体结构之间间隙节点的安装；幕墙伸缩缝、沉降缝、防震缝及墙面转角节点的安装；幕墙防雷接地节点的安装。

（13）玻璃幕墙的保护。清洗玻璃幕墙的构件、玻璃和密封等应制定保护措施。不得使其发生碰撞变形、变色、污染和排水管堵塞等现象；施工中玻璃幕墙及其构件表面的黏附物应及时进行清除；玻璃幕墙工程安装完成后，应制定清扫方案；清洗玻璃和构件应采用中性清洗剂，清洗前应进行腐蚀性检验。中性清洗剂清洗后应及时用清水冲洗干净。

单元小结

本单元主要介绍了楼地面装饰工程，墙柱面装饰工程，天棚工程，门窗工程，油漆、涂料、裱糊工程等的施工工艺。在学习中，要着重了解各种建筑装饰材料的特点、质量要求和应用情况；熟悉其构造做法、主要施工工艺、操作要点以及工程质量验收标准。

推荐阅读资料

1.《建筑工程施工质量验收统一标准》(GB 50300—2013)
2.《建筑装饰装修工程质量验收规范》(GB 50210—2001)
3.《住宅装饰装修工程施工规范》(GB 50327—2001)

4.《建筑内部装修设计防火规范》(GB 50222—1995)

5.《建筑施工高处作业安全技术规范》(JGJ 80—1991)

6.《建筑地面工程施工质量验收规范》(GB 50209—2010)

7.《建筑施工安全检查标准》(JGJ 59—2011)

8.《施工现场临时用电安全技术规范(附条文说明)》(JGJ 46—2005)

9.《建筑机械使用安全技术规程》(JGJ 33—2001)

10.《中华人民共和国工程建设标准强制性条文(房屋建筑部分)》

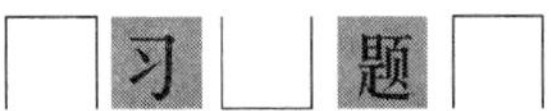

一、单选题

1. 抹灰工程中的中级抹灰标准是(　　)。

A. 一底层,一面层　B. 一底层,一中层,一面层

C. 一底层,数层中间,一面层　D. 一底层,一中层,数层面层

2. 建筑物外墙抹灰应选择(　　)。

A. 石灰砂浆　B. 混合砂浆　C. 水泥砂浆　D. 装饰抹灰

3. 建筑物一般室内墙基层抹灰应选择(　　)。

A. 麻刀灰　B. 纸筋灰　C. 混合砂浆　D. 水泥砂浆

4. 抹灰工程中的基层抹灰主要作用是(　　)。

A. 找平　B. 与基层黏结　C. 装饰　D. 填补墙面

5. 抹灰工程中的中层抹灰主要作用是(　　)。

A. 找平　B. 与基层黏结　C. 装饰　D. 增加承重能力

6. 抹灰工程应遵循的施工顺序是(　　)。

A. 先室内后室外　B. 先室外后室内　C. 先下面后上面　D. 先复杂后简单

7. 喷涂抹灰属于(　　)。

A. 一般抹灰　B. 中级抹灰　C. 高级抹灰　D. 装饰抹灰

8. 外墙抹灰的总厚度一般不大于(　　)mm。

A. 15　B. 20　C. 25　D. 30

9. 下列(　　)不属于装饰抹灰的种类。

A. 干粘石　B. 斩假石　C. 高级抹灰　D. 喷涂

10. 釉面瓷砖的接缝宽度控制在约(　　)mm。

A. 0.5　B. 1.0　C. 1.5　D. 2.0

11. 大块花岗石或大理石施工时的施工顺序为(　　)。

A. 临时固定→灌细石混凝土→板面平整

B. 灌细石混凝土→临时固定→板面平整

C. 临时固定→板面平整→灌细石混凝土

D. 板面平整→灌细石混凝土→临时固定

12. 常用的铝合金板墙的安装施工顺序是(　　)。

A. 放线→骨架安装→铝合金板安装→收口处理

B. 放线→铝合金板安装→骨架安装→收口处理

C. 放线→骨架安装→收口处理→铝合金板安装

D. 放线→收口处理→骨架安装→铝合金板安装

13. 面砖主要用于外墙饰面，其黏结层通常采用聚合物水泥浆，黏结层厚度宜控制在(　　)mm。

A. 3～4　　B. 4～6　　C. 6～10　　D. 10～14

14. 马赛克施工后期，在纸面板上刷水湿润通常在（　　)min 后揭纸并调整缝隙。

A. 10　　B. 20　　C. 30　　D. 45

二、多选题

1. 外墙饰面砖的空鼓脱落的原因有（　　）。

A. 面砖质量差　　B. 黏结砂浆强度低

C. 粘贴面砖时敲击次数多　　D. 基层有灰尘和油污

E. 黏结砂浆收缩应力大于黏结力

2. 装饰工程项目多，工程量大，主要是手工操作，因此（　　）。

A. 耗用主材多　　B. 施工期长　　C. 耗用劳动量多

D. 耗用材料品种多　　E. 需要大型机械设备多

3. 机械喷涂抹灰可（　　)，是取代目前全人工抹灰施工的方向。

A. 水平提高工效　　B. 缩短工期　　C. 减轻劳动强度　　D. 提高抹灰平整度

4. 抹灰工程中灰饼和标筋的作用是（　　）。

A. 防止抹灰层开裂　　B. 控制抹灰层厚度

C. 控制抹灰层平整度　　D. 控制抹灰层垂直度

5. 墙面抹灰，为了减少收缩裂缝应（　　）。

A. 控制每层抹灰层厚度　　B. 控制抹灰材料质量

C. 使用的材料中水泥量要多一点　　D. 控制每层抹灰间隙时间

E. 不同基层的交接处应先铺一层金属网或纤维布

6. 楼地面水泥砂浆抹灰层起砂，开裂的主要原因是（　　）。

A. 天气干燥　　B. 没有及时养护

C. 砂太细，含泥量大　　D. 水泥用量少

E. 过早上人

7. 涂料施工前要求基层（　　)，这样才能粘贴牢固。

A. 平整光滑　　B. 平整粗糙　　C. 洁净，无浮灰油污

D. 干燥　　E. 预先要浇水湿润

8. 机械喷涂抹灰可减轻劳动强度、缩短工期、提高工效，但不能取代目前人工（　　）施工。

A. 找平　　B. 刮糙　　C. 基层抹灰　　D. 罩面

9. 墙面砖粘贴施工前要求基层（　　)，这样才能粘贴牢固。

A. 平整光滑　　B. 平整粗糙　　C. 洁净，无浮灰油污

D. 干燥　　E. 预先要浇水湿润

三、简答题

1. 简述石材地面施工工艺与水磨石地面施工工艺的相同点与不同点。
2. 简述抹灰工程的组成和作用。
3. 简述内墙抹灰的施工工艺流程及施工方法。
4. 简述木天棚的施工工艺。
5. 简述各种门窗工程的施工工艺的相同点与不同点。
6. 简述一般玻璃木墙施工工艺。

参 考 文 献

[1] 本书编写组. 建筑施工手册 [M]. 5版. 北京: 中国建筑工业出版社, 2012.

[2] 姚谨英. 建筑施工技术 [M]. 3版. 北京: 中国建筑工业出版社, 2007.

[3] 陈守兰. 建筑施工技术 [M]. 北京: 科学出版社, 2005.

[4] 应惠清. 土木工程施工技术 [M]. 上海: 同济大学出版社, 2006.

[5] 张厚先, 王志清. 建筑施工技术 [M]. 北京: 机械工业出版社, 2003.

[6] 宁仁歧. 建筑施工技术 [M]. 北京: 高等教育出版社, 2004.

[7] 廖代广. 土木工程施工技术 [M]. 武汉: 武汉理工大学出版社, 2002.

[8] 李继业. 建筑施工技术 [M]. 北京: 科学出版社, 2001.

[9] 毛鹤琴. 土木工程施工 [M]. 武汉: 武汉理工大学出版社, 2004.

[10] 林瑞铭, 舒适. 建筑施工 [M]. 天津: 天津大学出版社, 1989.

[11] 钟汉华. 混凝土工程施工机械设备使用指南 [M]. 郑州: 黄河水利出版社, 2002.

[12] 王玮, 孙武. 基础工程施工 [M]. 北京: 中国建筑工业出版社, 2010.

[13] 孔定娥. 基础工程施工 [M]. 合肥: 合肥工业出版社, 2010.

[14] 冉瑞乾. 建筑基础工程施工 [M]. 北京: 中国电力出版社, 2011.

[15] 董伟. 地基与基础工程施工 [M]. 重庆: 重庆大学出版社, 2013.

北京大学出版社高职高专土建系列教材书目

序号	书　　名	书　　号	编著者	定价	出版时间	配套情况
"互联网+"创新规划教材						
1	建筑工程概论	978-7-301-25934-4	申淑荣等	40.00	2015.8	PPT/二维码
2	建筑构造(第二版)	978-7-301-26480-5	肖　芳	42.00	2016.1	APP/PPT/二维码
3	建筑三维平法结构图集(第二版)	978-7-301-29049-1	傅华夏	68.00	2018.1	APP
4	建筑三维平法结构识图教程(第二版)	978-7-301-29121-4	傅华夏	68.00	2018.1	APP/PPT
5	建筑构造与识图	978-7-301-27838-3	孙　伟	40.00	2017.1	APP/二维码
6	建筑识图与构造	978-7-301-28876-4	林秋怡等	46.00	2017.11	PPT/二维码
7	建筑结构基础与识图	978-7-301-27215-2	周　晖	58.00	2016.9	APP/二维码
8	建筑工程制图与识图(第2版)	978-7-301-24408-1	白丽红等	34.00	2016.8	APP/二维码
9	建筑制图习题集(第二版)	978-7-301-30425-9	白丽红等	28.00	2019.5	APP/答案
10	建筑制图(第三版)	978-7-301-28411-7	高丽荣	38.00	2017.7	APP/PPT/二维码
11	建筑制图习题集(第三版)	978-7-301-27897-0	高丽荣	35.00	2017.7	APP
12	AutoCAD 建筑制图教程(第三版)	978-7-301-29036-1	郭　慧	49.00	2018.4	PPT/素材/二维码
13	建筑装饰构造(第二版)	978-7-301-26572-7	赵志文等	39.50	2016.1	PPT/二维码
14	建筑工程施工技术(第三版)	978-7-301-27675-4	钟汉华等	66.00	2016.11	APP/二维码
15	建筑施工技术(第三版)	978-7-301-28575-6	陈雄辉	54.00	2018.1	PPT/二维码
16	建筑施工技术	978-7-301-28756-9	陆艳侠	58.00	2018.1	PPT/二维码
17	建筑施工技术	978-7-301-29854-1	徐　淳	59.50	2018.9	APP/PPT/二维码
18	高层建筑施工	978-7-301-28232-8	吴俊臣	65.00	2017.4	PPT/答案
19	建筑力学(第三版)	978-7-301-28600-5	刘明晖	55.00	2017.8	PPT/二维码
20	建筑力学与结构(少学时版)(第二版)	978-7-301-29022-4	吴承霞等	46.00	2017.12	PPT/答案
21	建筑力学与结构(第三版)	978-7-301-29209-9	吴承霞等	59.50	2018.5	APP/PPT/二维码
22	工程地质与土力学（第三版）	978-7-301-30230-9	杨仲元	50.00	2019.3	PPT/二维码
23	建筑施工机械(第二版)	978-7-301-28247-2	吴志强等	35.00	2017.5	PPT/答案
24	建筑设备基础知识与识图(第二版)	978-7-301-24586-6	靳慧征等	47.00	2016.8	二维码
25	建筑供配电与照明工程	978-7-301-29227-3	羊　梅	38.00	2018.2	PPT/答案/二维码
26	建筑工程测量(第二版)	978-7-301-28296-0	石　东等	51.00	2017.5	PPT/二维码
27	建筑工程测量(第三版)	978-7-301-29113-9	张敬伟等	49.00	2018.1	PPT/答案/二维码
28	建筑工程测量实验与实训指导(第三版)	978-7-301-29112-2	张敬伟等	29.00	2018.1	答案/二维码
29	建筑工程资料管理(第二版)	978-7-301-29210-5	孙　刚等	47.00	2018.3	PPT/二维码
30	建筑工程质量与安全管理(第二版)	978-7-301-27219-0	郑　伟	55.00	2016.8	PPT/二维码
31	建筑工程质量事故分析(第三版)	978-7-301-29305-8	郑文新等	39.00	2018.8	PPT/二维码
32	建设工程监理概论（第三版）	978-7-301-28832-0	徐锡权等	44.00	2018.2	PPT/答案/二维码
33	工程建设监理案例分析教程(第二版)	978-7-301-27864-2	刘志麟等	50.00	2017.1	PPT/二维码
34	工程项目招投标与合同管理(第三版)	978-7-301-28439-1	周艳冬	44.00	2017.7	PPT/二维码
35	建设工程招投标与合同管理(第四版)	978-7-301-29827-5	宋春岩	42.00	2018.9	PPT/答案/试题/教案
36	工程项目招投标与合同管理(第三版)	978-7-301-29692-9	李洪军等	47.00	2018.8	PPT/二维码
37	建设工程项目管理（第三版）	978-7-301-30314-6	王　辉	40.00	2018.8	PPT/二维码
38	建设工程法规(第三版)	978-7-301-29221-1	皇甫婧琪	44.00	2018.4	PPT/二维码
39	建筑工程经济(第三版)	978-7-301-28723-1	张宁宁等	36.00	2017.9	PPT/答案/二维码
40	建筑施工企业会计（第三版）	978-7-301-30273-6	辛艳红	44.00	2019.3	PPT/二维码
41	建筑工程施工组织设计(第二版)	978-7-301-29103-0	鄢维峰等	37.00	2018.1	PPT/答案/二维码
42	建筑工程施工组织实训(第二版)	978-7-301-30176-0	鄢维峰等	41.00	2019.1	PPT/二维码
43	建筑施工组织设计	978-7-301-30236-1	徐运明等	43.00	2019.1	PPT/二维码
44	建筑工程计量与计价——透过案例学造价(第二版)	978-7-301-23852-3	张　强	59.00	2017.1	PPT/二维码
45	建筑工程计量与计价	978-7-301-27866-6	吴育萍等	49.00	2017.1	PPT/二维码
46	建筑工程计量与计价(第三版)	978-7-301-25344-1	肖明和等	65.00	2017.1	APP/二维码
47	安装工程计量与计价(第四版)	978-7-301-16737-3	冯　钢	59.00	2018.1	PPT/答案/二维码
48	建筑工程材料	978-7-301-28982-2	向积波等	42.00	2018.1	PPT/二维码
49	建筑材料与检测(第二版)	978-7-301-25347-2	梅　杨等	35.00	2015.2	PPT/答案/二维码
50	建筑材料与检测	978-7-301-28809-2	陈玉萍	44.00	2017.11	PPT/二维码
51	建筑材料与检测实验指导（第二版）	978-7-301-30269-9	王美芬等	24.00	2019.3	二维码
52	市政工程概论	978-7-301-28260-1	郭　福等	46.00	2017.5	PPT/二维码
53	市政工程计量与计价(第三版)	978-7-301-27983-0	郭良娟等	59.00	2017.2	PPT/二维码

序号	书　名	书　号	编著者	定价	出版时间	配套情况
54	市政管道工程施工	978-7-301-26629-8	雷彩虹	46.00	2016.5	PPT/二维码
55	市政道路工程施工	978-7-301-26632-8	张雪丽	49.00	2016.5	PPT/二维码
56	市政工程材料检测	978-7-301-29572-2	李继伟等	44.00	2018.9	PPT/二维码
57	中外建筑史(第三版)	978-7-301-28689-0	袁新华等	42.00	2017.9	PPT/二维码
58	房地产投资分析	978-7-301-27529-0	刘永胜	47.00	2016.9	PPT/二维码
59	城乡规划原理与设计(原城市规划原理与设计)	978-7-301-27771-3	谭婧婧等	43.00	2017.1	PPT/素材/二维码
60	BIM 应用：Revit 建筑案例教程	978-7-301-29693-6	林标锋等	58.00	2018.9	APP/PPT/二维码/试题/教案
61	居住区规划设计（第二版）	978-7-301-30133-3	张　燕	59.00	2019.5	PPT/二维码
	"十二五"职业教育国家规划教材					
1	★建筑装饰施工技术(第二版)	978-7-301-24482-1	王　军	37.00	2014.7	PPT
2	★建筑工程应用文写作(第二版)	978-7-301-24480-7	赵　立等	50.00	2014.8	PPT
3	★建筑工程经济(第二版)	978-7-301-24492-0	胡六星等	41.00	2014.9	PPT/答案
4	★工程造价概论	978-7-301-24696-2	周艳冬	31.00	2015.1	PPT/答案
5	★建设工程监理(第二版)	978-7-301-24490-6	斯　庆	35.00	2015.1	PPT/答案
6	★建筑节能工程与施工	978-7-301-24274-2	吴明军等	35.00	2015.5	PPT
7	★土木工程实用力学(第二版)	978-7-301-24681-8	马景善	47.00	2015.7	PPT
8	★建筑工程计量与计价(第三版)	978-7-301-25344-1	肖明和等	65.00	2017.1	APP/二维码
9	★建筑工程计量与计价实训(第三版)	978-7-301-25345-8	肖明和等	29.00	2015.7	
	基础课程					
1	建设法规及相关知识	978-7-301-22748-0	唐茂华等	34.00	2013.9	PPT
2	建筑工程法规实务(第二版)	978-7-301-26188-0	杨陈慧等	49.50	2017.6	PPT
3	建筑法规	978-7301-19371-6	董　伟等	39.00	2011.9	PPT
4	建设工程法规	978-7-301-20912-7	王先恕	32.00	2012.7	PPT
5	AutoCAD 建筑绘图教程(第二版)	978-7-301-24540-8	唐英敏等	44.00	2014.7	PPT
6	建筑 CAD 项目教程(2010 版)	978-7-301-20979-0	郭　慧	38.00	2012.9	素材
7	建筑工程专业英语(第二版)	978-7-301-26597-0	吴承霞	24.00	2016.2	PPT
8	建筑工程专业英语	978-7-301-20003-2	韩　薇等	24.00	2012.2	PPT
9	建筑识图与构造(第二版)	978-7-301-23774-8	郑贵超	40.00	2014.2	PPT/答案
10	房屋建筑构造	978-7-301-19883-4	李少红	26.00	2012.1	PPT
11	建筑识图	978-7-301-21893-8	邓志勇等	35.00	2013.1	PPT
12	建筑识图与房屋构造	978-7-301-22860-9	贠　禄等	54.00	2013.9	PPT/答案
13	建筑构造与设计	978-7-301-23506-5	陈玉萍	38.00	2014.1	PPT/答案
14	房屋建筑构造	978-7-301-23588-1	李元玲等	45.00	2014.1	PPT
15	房屋建筑构造习题集	978-7-301-26005-0	李元玲	26.00	2015.8	PPT/答案
16	建筑构造与施工图识读	978-7-301-24470-8	南学平	52.00	2014.8	PPT
17	建筑工程识图实训教程	978-7-301-26057-9	孙　伟	32.00	2015.12	PPT
18	◎建筑工程制图(第二版)(附习题册)	978-7-301-21120-5	肖明和	48.00	2012.8	PPT
19	建筑制图与识图(第二版)	978-7-301-24386-2	曹雪梅	38.00	2015.8	PPT
20	建筑制图与识图习题册	978-7-301-18652-7	曹雪梅等	30.00	2011.4	
21	建筑制图与识图(第二版)	978-7-301-25834-7	李元玲	32.00	2016.9	PPT
22	建筑制图与识图习题集	978-7-301-20425-2	李元玲	24.00	2012.3	PPT
23	新编建筑工程制图	978-7-301-21140-3	方筱松	30.00	2012.8	PPT
24	新编建筑工程制图习题集	978-7-301-16834-9	方筱松	22.00	2012.8	
	建筑施工类					
1	建筑工程测量	978-7-301-16727-4	赵景利	30.00	2010.2	PPT/答案
2	建筑工程测量实训(第二版)	978-7-301-24833-1	杨凤华	34.00	2015.3	答案
3	建筑工程测量	978-7-301-19992-3	潘益民	38.00	2012.2	PPT
4	建筑工程测量	978-7-301-28757-6	赵　昕	50.00	2018.1	PPT/二维码
5	建筑工程测量	978-7-301-22485-4	景　铎等	34.00	2013.6	PPT
6	建筑施工技术	978-7-301-16726-7	叶　雯等	44.00	2010.8	PPT/素材
7	建筑施工技术	978-7-301-19997-8	苏小梅	38.00	2012.1	PPT
8	基础工程施工	978-7-301-20917-2	董　伟等	35.00	2012.7	PPT
9	建筑施工技术实训(第二版)	978-7-301-24368-8	周晓龙	30.00	2014.7	
10	PKPM 软件的应用(第二版)	978-7-301-22625-4	王　娜等	34.00	2013.6	
11	◎建筑结构(第二版)(上册)	978-7-301-21106-9	徐锡权	41.00	2013.4	PPT/答案
12	◎建筑结构(第二版)(下册)	978-7-301-22584-4	徐锡权	42.00	2013.6	PPT/答案

序号	书　　名	书　　号	编著者	定价	出版时间	配套情况
13	建筑结构学习指导与技能训练(上册)	978-7-301-25929-0	徐锡权	28.00	2015.8	PPT
14	建筑结构学习指导与技能训练(下册)	978-7-301-25933-7	徐锡权	28.00	2015.8	PPT
15	建筑结构(第二版)	978-7-301-25832-3	唐春平等	48.00	2018.6	PPT
16	建筑结构基础	978-7-301-21125-0	王中发	36.00	2012.8	PPT
17	建筑结构原理及应用	978-7-301-18732-6	史美东	45.00	2012.8	PPT
18	建筑结构与识图	978-7-301-26935-0	相秉志	37.00	2016.2	
19	建筑力学与结构	978-7-301-20988-2	陈水广	32.00	2012.8	PPT
20	建筑力学与结构	978-7-301-23348-1	杨丽君等	44.00	2014.1	PPT
21	建筑结构与施工图	978-7-301-22188-4	朱希文等	35.00	2013.3	PPT
22	建筑材料(第二版)	978-7-301-24633-7	林祖宏	35.00	2014.8	PPT
23	建筑材料与检测(第二版)	978-7-301-26550-5	王　辉	40.00	2016.1	PPT
24	建筑材料与检测试验指导(第二版)	978-7-301-28471-1	王　辉	23.00	2017.7	PPT
25	建筑材料选择与应用	978-7-301-21948-5	申淑荣等	39.00	2013.3	PPT
26	建筑材料检测实训	978-7-301-22317-8	申淑荣等	24.00	2013.4	
27	建筑材料	978-7-301-24208-7	任晓菲	40.00	2014.7	PPT/答案
28	建筑材料检测试验指导	978-7-301-24782-2	陈东佐等	20.00	2014.9	PPT
29	◎地基与基础(第二版)	978-7-301-23304-7	肖明和等	42.00	2013.11	PPT/答案
30	地基与基础实训	978-7-301-23174-6	肖明和等	25.00	2013.10	PPT
31	土力学与地基基础	978-7-301-23675-8	叶火炎等	35.00	2014.1	PPT
32	土力学与基础工程	978-7-301-23590-4	宁培淋等	32.00	2014.1	PPT
33	土力学与地基基础	978-7-301-25525-4	陈东佐	45.00	2015.2	PPT/答案
34	建筑施工组织与进度控制	978-7-301-21223-3	张廷瑞	36.00	2012.9	PPT
35	建筑施工组织项目式教程	978-7-301-19901-5	杨红玉	44.00	2012.1	PPT/答案
36	钢筋混凝土工程施工与组织	978-7-301-19587-1	高　雁	32.00	2012.5	PPT
37	建筑施工工艺	978-7-301-24687-0	李源清等	49.50	2015.1	PPT/答案
	工程管理类					
1	建筑工程经济	978-7-301-24346-6	刘晓丽等	38.00	2014.7	PPT/答案
2	建筑工程项目管理(第二版)	978-7-301-26944-2	范红岩等	42.00	2016. 3	PPT
3	建设工程项目管理(第二版)	978-7-301-28235-9	冯松山等	45.00	2017.6	PPT
4	建筑施工组织与管理(第二版)	978-7-301-22149-5	翟丽旻等	43.00	2013.4	PPT/答案
5	建设工程合同管理	978-7-301-22612-4	刘庭江	46.00	2013.6	PPT/答案
6	建筑工程招投标与合同管理	978-7-301-16802-8	程超胜	30.00	2012.9	PPT
7	工程招投标与合同管理实务	978-7-301-19035-7	杨甲奇等	48.00	2011.8	ppt
8	工程招投标与合同管理实务	978-7-301-19290-0	郑文新等	43.00	2011.8	ppt
9	建设工程招投标与合同管理实务	978-7-301-20404-7	杨云会等	42.00	2012.4	PPT/答案/习题
10	工程招投标与合同管理	978-7-301-17455-5	文新平	37.00	2012.9	PPT
11	建筑工程安全管理(第 2 版)	978-7-301-25480-6	宋　健等	42.00	2015.8	PPT/答案
12	施工项目质量与安全管理	978-7-301-21275-2	钟汉华	45.00	2012.10	PPT/答案
13	工程造价控制(第 2 版)	978-7-301-24594-1	斯　庆	32.00	2014.8	PPT/答案
14	工程造价管理(第二版)	978-7-301-27050-9	徐锡权等	44.00	2016.5	PPT
15	建筑工程造价管理	978-7-301-20360-6	柴　琦等	27.00	2012.3	PPT
16	工程造价管理(第 2 版)	978-7-301-28269-4	曾　浩等	38.00	2017.5	PPT/答案
17	工程造价案例分析	978-7-301-22985-9	甄　凤	30.00	2013.8	PPT
18	建设工程造价控制与管理	978-7-301-24273-5	胡芳珍等	38.00	2014.6	PPT/答案
19	◎建筑工程造价	978-7-301-21892-1	孙咏梅	40.00	2013.2	PPT
20	建筑工程计量与计价	978-7-301-26570-3	杨建林	46.00	2016.1	PPT
21	建筑工程计量与计价综合实训	978-7-301-23568-3	龚小兰	28.00	2014.1	
22	建筑工程估价	978-7-301-22802-9	张　英	43.00	2013.8	PPT
23	安装工程计量与计价综合实训	978-7-301-23294-1	成春燕	49.00	2013.10	素材
24	建筑安装工程计量与计价	978-7-301-26004-3	景巧玲等	56.00	2016.1	PPT
25	建筑安装工程计量与计价实训(第二版)	978-7-301-25683-1	景巧玲等	36.00	2015.7	
26	建筑水电安装工程计量与计价(第二版)	978-7-301-26329-7	陈连姝	51.00	2016.1	PPT
27	建筑与装饰装修工程工程量清单(第二版)	978-7-301-25753-1	翟丽旻等	36.00	2015.5	PPT
28	建筑工程清单编制	978-7-301-19387-7	叶晓容	24.00	2011.8	PPT
29	建设项目评估(第二版)	978-7-301-28708-8	高志云等	38.00	2017.9	PPT
30	钢筋工程清单编制	978-7-301-20114-5	贾莲英	36.00	2012.2	PPT
31	建筑装饰工程预算(第二版)	978-7-301-25801-9	范菊雨	44.00	2015.7	PPT
32	建筑装饰工程计量与计价	978-7-301-20055-1	李茂英	42.00	2012.2	PPT

序号	书　名	书　号	编著者	定价	出版时间	配套情况
33	建筑工程安全技术与管理实务	978-7-301-21187-8	沈万岳	48.00	2012.9	PPT
	建筑设计类					
1	建筑装饰 CAD 项目教程	978-7-301-20950-9	郭　慧	35.00	2013.1	PPT/素材
2	建筑设计基础	978-7-301-25961-0	周圆圆	42.00	2015.7	
3	室内设计基础	978-7-301-15613-1	李书青	32.00	2009.8	PPT
4	建筑装饰材料(第二版)	978-7-301-22356-7	焦　涛等	34.00	2013.5	PPT
5	设计构成	978-7-301-15504-2	戴碧锋	30.00	2009.8	PPT
6	设计色彩	978-7-301-21211-0	龙黎黎	46.00	2012.9	PPT
7	设计素描	978-7-301-22391-8	司马金桃	29.00	2013.4	PPT
8	建筑素描表现与创意	978-7-301-15541-7	于修国	25.00	2009.8	
9	3ds Max 效果图制作	978-7-301-22870-8	刘　晗等	45.00	2013.7	PPT
10	Photoshop 效果图后期制作	978-7-301-16073-2	脱忠伟等	52.00	2011.1	素材
11	3ds Max & V-Ray 建筑设计表现案例教程	978-7-301-25093-8	郑恩峰	40.00	2014.12	PPT
12	建筑表现技法	978-7-301-19216-0	张　峰	32.00	2011.8	PPT
13	装饰施工读图与识图	978-7-301-19991-6	杨丽君	33.00	2012.5	PPT
14	构成设计	978-7-301-24130-1	耿雪莉	49.00	2014.6	PPT
15	装饰材料与施工(第 2 版)	978-7-301-25049-5	宋志春	41.00	2015.6	PPT
	规划园林类					
1	居住区景观设计	978-7-301-20587-7	张群成	47.00	2012.5	PPT
2	园林植物识别与应用	978-7-301-17485-2	潘　利等	34.00	2012.9	PPT
3	园林工程施工组织管理	978-7-301-22364-2	潘　利等	35.00	2013.4	PPT
4	园林景观计算机辅助设计	978-7-301-24500-2	于化强等	48.00	2014.8	PPT
5	建筑•园林•装饰设计初步	978-7-301-24575-0	王金贵	38.00	2014.10	PPT
	房地产类					
1	房地产开发与经营(第 2 版)	978-7-301-23084-8	张建中等	33.00	2013.9	PPT/答案
2	房地产估价(第 2 版)	978-7-301-22945-3	张　勇等	35.00	2013.9	PPT/答案
3	房地产估价理论与实务	978-7-301-19327-3	褚菁晶	35.00	2011.8	PPT/答案
4	物业管理理论与实务	978-7-301-19354-9	裴艳慧	52.00	2011.9	PPT
5	房地产营销与策划	978-7-301-18731-9	应佐萍	42.00	2012.8	PPT
6	房地产投资分析与实务	978-7-301-24832-4	高志云	35.00	2014.9	PPT
7	物业管理实务	978-7-301-27163-6	胡大见	44.00	2016.6	
	市政与路桥					
1	市政工程施工图案例图集	978-7-301-24824-9	陈亿琳	43.00	2015.3	PDF
2	市政工程计价	978-7-301-22117-4	彭以舟等	39.00	2013.3	PPT
3	市政桥梁工程	978-7-301-16688-8	刘　江等	42.00	2010.8	PPT/素材
4	市政工程材料	978-7-301-22452-6	郑晓国	37.00	2013.5	PPT
5	路基路面工程	978-7-301-19299-3	偶昌宝等	34.00	2011.8	PPT/素材
6	道路工程技术	978-7-301-19363-1	刘　雨等	33.00	2011.12	PPT
7	城市道路设计与施工	978-7-301-21947-8	吴颖峰	39.00	2013.1	PPT
8	建筑给排水工程技术	978-7-301-25224-6	刘　芳等	46.00	2014.12	PPT
9	建筑给水排水工程	978-7-301-20047-6	叶巧云	38.00	2012.2	PPT
10	数字测图技术	978-7-301-22656-8	赵　红	36.00	2013.6	PPT
11	数字测图技术实训指导	978-7-301-22679-7	赵　红	27.00	2013.6	PPT
12	道路工程测量(含技能训练手册)	978-7-301-21967-6	田树涛等	45.00	2013.2	PPT
13	道路工程识图与 AutoCAD	978-7-301-26210-8	王容玲等	35.00	2016.1	PPT
	交通运输类					
1	桥梁施工与维护	978-7-301-23834-9	梁　斌	50.00	2014.2	PPT
2	铁路轨道施工与维护	978-7-301-23524-9	梁　斌	36.00	2014.1	PPT
3	铁路轨道构造	978-7-301-23153-1	梁　斌	32.00	2013.10	PPT
4	城市公共交通运营管理	978-7-301-24108-0	张洪满	40.00	2014.5	PPT
5	城市轨道交通车站行车工作	978-7-301-24210-0	操　杰	31.00	2014.7	PPT
6	公路运输计划与调度实训教程	978-7-301-24503-3	高福军	31.00	2014.7	PPT/答案
	建筑设备类					
1	建筑设备识图与施工工艺(第 2 版)	978-7-301-25254-3	周业梅	44.00	2015.12	PPT
2	水泵与水泵站技术	978-7-301-22510-3	刘振华	40.00	2013.5	PPT
3	智能建筑环境设备自动化	978-7-301-21090-1	余志强	40.00	2012.8	PPT
4	流体力学及泵与风机	978-7-301-25279-6	王　宁等	35.00	2015.1	PPT/答案

注：✎为“互联网+”创新规划教材；★为“十二五”职业教育国家规划教材；◎为国家级、省级精品课程配套教材，省重点教材。如需相关教学资源如电子课件、习题答案、样书等可联系我们获取。联系方式：010-62756290，010-62750667，pup_6@163.com，欢迎来电咨询。